Henning Oeltjenbruns

Organisation der Produktion nach dem Vorbild Toyotas

Analyse, Vorteile und detaillierte Voraussetzungen
sowie die Vorgehensweise zur erfolgreichen
Einführung am Beispiel eines globalen
Automobilkonzerns

Vorsitzender der Promotionskommission:
Univ. Prof. Dr.-Ing. habil. H.-J. Barth

Hauptberichterstatter:
Univ. Prof. Dr.-Ing. U. Bracht

Berichterstatter:
Univ. Prof. Dr.-Ing. U. Draugelates

Das vorliegende Buch ist die inhaltlich unveränderte Wiedergabe der Dissertation, die der Fakultät für Bergbau, Hüttenwesen und Maschinenwesen der Technischen Universität Clausthal am 4. Juli 2000 zur Erlangung des Grades eines Doktor-Ingenieurs von Dipl.-Wirtschafts-Ing. Henning Oeltjenbruns vorgelegt wurde.

D 104
Dissertation TU Clausthal 2000

Innovationen der Fabrikplanung und -organisation

Band 3

Henning Oeltjenbruns

Organisation der Produktion nach dem Vorbild Toyotas

Analyse, Vorteile und detaillierte Voraussetzungen sowie die Vorgehensweise zur erfolgreichen Einführung am Beispiel eines globalen Automobilkonzerns

D 104 (Diss. TU Clausthal)

Shaker Verlag
Aachen 2000

Die Deutsche Bibliothek - CIP-Einheitsaufnahme

Oeltjenbruns, Henning:
Organisation der Produktion nach dem Vorbild Toyotas : Analyse, Vorteile und detaillierte Voraussetzungen sowie die Vorgehensweise zur erfolgreichen Einführung am Beispiel eines globalen Automobilkonzerns /
Henning Oeltjenbruns. Aachen : Shaker, 2000
(Innovationen der Fabrikplanung und -organisation; Bd. 3;
Hrsg. Univ.-Prof.Dr.-Ing. Uwe Bracht)
Zugl.: Clausthal, Techn. Univ., Diss., 2000
ISBN 3-8265-7966-6

Printed in Germany.

ISBN 3-8265-7966-6
ISSN 1615-5211

Shaker Verlag GmbH • Postfach 1290 • 52013 Aachen
Telefon: 02407 / 95 96 - 0 • Telefax: 02407 / 95 96 - 9
Internet: www.shaker.de • eMail: info@shaker.de

Vorwort des Herausgebers

Nur die erfolgreiche Gestaltung und Weiterentwicklung industrieller Wertschöpfung kann auf Dauer unseren Lebensstandard und die Errungenschaften der sozialen Marktwirtschaft absichern. Die Produktion bildet nach wie vor das Rückgrat einer modernen, im globalen Wettbewerb stehenden Industrie-, Dienstleistungs- und Informationsgesellschaft. Umfassendes Wissen und stetig neue Erkenntnisse auf den Gebieten der Fabrikplanung und Produktionsorganisation sind existentiell notwendig.
Die unternehmerische Bedeutung der Fabrikplanung u. -organisation ist im gleichen Maße gestiegen, wie sich die Innovationszyklen von Produkten, Fertigungs- und Logistiksystemen sowie der Arbeitsorganisation verkürzt haben. Um die vorhandene Marktposition zu festigen oder um Wettbewerbsvorteile zu erlangen, muß jede Unternehmensleitung neben dem Produkt und der Technologie auch die Produktionsstrukturen ständig analysieren, sie rechtzeitig an die zu erwartenden Marktentwicklungen anpassen und gegebenenfalls erneuern.

Die erhöhten Ansprüche an die Gestaltung und Wandlungsfähigkeit von Produktionsstrukturen im turbulenten Umfeld erfordern ein effizientes Projektmanagement und eine durchgehende rechnergestützte Planungsunterstützung. In der vorliegenden Reihe – Innovationen der Fabrikplanung und -organisation – sollen neue Methoden und Instrumente zur Planung und Optimierung von Produktionssystemen und -abläufen einer breiten Leserschaft in verständlicher Form vorgestellt werden. Es sind Forschungsergebnisse die häufig in enger Zusammenarbeit mit der Industrie am Institut für Maschinelle Anlagentechnik und Betriebsfestigkeit der Technischen Universität Clausthal im Bereich Anlagenprojektierung und Materialflußlogistik entstanden sind.

Ein gemeinsamer systemtechnischer Ansatz kennzeichnet die Fachgebiete Anlagenplanung und Logistik, deren technische, informationstechnische , organisatorische und wirtschaftliche Fragestellungen ganzheitlich und zukunftsweisend zu beantworten sind. Die Lösungsstrategien beinhalten sowohl eine theoretische, planerische und simulierende Seite als auch die konkrete Ausgestaltung von Prozeßketten, Organisationsformen und Abläufen.

In der Vergangenheit wurden Produktionsstrategien, Programme und Teilebedarfe nicht selten aufgrund persönlicher Einschätzung und Erfahrung festgelegt. Heute sind mit Hilfe mathematischer, wissensbasierter Modelle hinreichende Prognosen und Szenarien zu entwickeln und das Komplexitätsmanagement muß bereits bei der Entwicklung variantenreicher Serienprodukte einsetzen.

Früher wurden die darauf aufbauenden Produktionsstrukturen in der Regel nur statisch geplant und für dynamische Betrachtungen allenfalls Mittelwerte herangezogen. Um in Zukunft falsche oder überhöhte Investitionen und unnötige Folgekosten zu vermeiden, sind bestehende und zu planende Anlagen umfassend dynamisch zu analysieren und optimieren. Hierfür bietet sich die inzwischen bis zur Virtuellen Realität entwickelte Simulationstechnik an. Mit ihr kann der Planungsprozeß entscheidend beschleunigt und verbessert, sowie die Planungsqualität und -sicherheit erheblich erhöht werden.

Nicht zuletzt gilt es, die in den Produktions- und Logistiksystemen arbeitenden Menschen wieder stärker in den Mittelpunkt zu stellen, ihre Bedürfnisse zu respektieren und ihnen genügend Raum für Engagement und Verantwortung mit effizienten Formen der Arbeitsorganisation zu geben, die Verschwendung vermeiden und eine stetige Steigerung des Produktionsflusses ermöglichen.

Clausthal, im August 2000

Univ.-Prof. Dr.-Ing. Uwe Bracht

Vorwort des Verfassers

Die vorliegende Dissertation begleitete den mehrjährigen Prozeß der Definition und Einführung eines konzernweiten Produktionssystems im DaimlerChrysler-Konzern. Dieser Prozeß erstreckte sich ausgehend von ersten Erfahrungen mit dem Toyota Produktionssystem im Jahr 1995 im Rahmen der Neuerrichtung eines Montagewerkes in Alabama, USA, über Produktionssystem-Erfahrungen in deutschen und brasilianischen Werken sowie die systematische, konzernweite Analyse von Best-Practise-Beispielen bis in die Startphase der Einführung des DaimlerChrysler Produktionssystems im Jahr 1999.

Die wissenschaftliche Betreuung erfolgte durch Herrn Professor Uwe Bracht, dem Leiter des Instituts für Maschinelle Anlagentechnik und Betriebsfestigkeit an der Technischen Universität Clausthal. Ihm gilt mein besonderer Dank für das entgegengebrachte Vertrauen und die Betreuung der Dissertation. Herrn Professor Ulrich Draugelates danke ich für die Übernahme der Zweitberichterstattung.

Herrn Dr. Reinhard Hesse und Manfred Ziegler aus dem Werk Bremen danke ich für ihre Diskussionsbereitschaft und zahlreichen Anregungen. Mein besonderer Dank gilt Michael Stauch, der mir häufig als kompetenter Diskussionspartner zum Thema Produktionssysteme zur Verfügung stand. Den Kollegen Jose de Carlos Nascimento und Jose Suster danke ich für die vielen Erläuterungen zur Kaizenphilosophie im Werk São Bernardo der Mercedes-Benz do Brasil.

Herrn William Taylor, Werkleiter Mercedes-Benz U.S. International, Tuscaloosa, Alabama danke ich für die zahlreichen Diskussionen, die mich zum vertieften Einstieg in dieses Thema bewegt haben. Danken möchte ich auch den Projektleitern des DaimlerChrysler Arbeitskreises Produktionssysteme Michael Thomas, Steve Weisenstein und Mike Anselmi für Ihre Zusammenarbeit und inhaltliche Unterstützung.

Ferner möchte ich mich bei den zahlreichen Teilnehmern aus Industrie und Wissenschaft bedanken, die im Rahmen der Expertenbefragung dazu beitrugen die Ergebnisse dieser Arbeit abzusichern.

Danken möchte ich ebenso Martin Lawaczeck, Oliver Meyer und Jörg Orthmann, die mir durch ihre Unterstützung die Erstellung der Arbeit erleichtert haben.

Mein ganz besonderer Dank gilt schließlich meiner Frau Meike Stahmer für die entgegengebrachte Geduld.

São Paulo, im Juli 2000

Henning Oeltjenbruns

Kurzfassung

Das Toyota Produktionssystem (TPS) als Synonym für japanische Produktions- bzw. Arbeitsorganisationsformen hat mit den Kennzahlenvergleichen der MIT-Studie zu Beginn der 90'er Jahre in Industrie und Wissenschaft hohe Aufmerksamkeit erfahren. Vor dem Hintergrund des gestiegenen Kostendruckes in der durch Globalisierung und Fusionen geprägten Automobilindustrie versuchten viele Unternehmen eine Verschlankung ihrer Prozesse durch die ansatzweise Einführung von Produktionssystemelementen zu erreichen. Nach anfänglicher Euphorie war jedoch Ende der 90'er Jahre in Europa eine deutliche Reduzierung der Aktivitäten festzustellen, ohne daß gravierende Erfolge bei der Optimierung von Produktionsabläufen zu erkennen waren. Folgende Umstände können als ursächlich dafür angesehen werden:

- Die Erfolge des TPS wurden durch die Kennzahlenvergleiche belegt. Eine detaillierte Herleitung der zugrundeliegenden Ursachen unterblieb jedoch.
- Das TPS wurde in seinen Grundelementen häufig vereinfacht beschrieben. Es fehlt eine detaillierte Darstellung aller Haupt- und Subelemente sowie die praktische Ausweisung der relevanten Instrumente und Abläufe im Produktionsbereich.
- Die ganzheitliche Einführung <u>aller</u> Produktionssystemelemente wurde häufig gefordert, ohne jedoch die Interdependenzen zwischen PS-Elementen und ihren Funktionen näher zu betrachten und damit Konsequenzen aus der Einführung von Insellösungen vorherbestimmen zu können.
- Grundsätzliche Strategien zur Einführung von Produktionssystemen (PS) werden in der Literatur genannt, allerdings häufig mit dem Fokus auf der Teilefertigung. Eine detaillierte Anleitung speziell zur Einführung in den Montagebereichen der Automobilindustrie findet sich bisher nicht.

Im Verlauf dieser Arbeit werden das Toyota Produktionssystem und einige seiner Derivate anhand praktischer Beispiele aus der Automobilindustrie erläutert. Die Vorteile des TPS gegenüber traditionellen Formen der Produktionsorganisation werden verdeutlicht und kritischen Rückmeldungen aus Industrie und Wissenschaft gegenübergestellt. Die Zerlegung von Produktionssystemen in Haupt- und Subelemente und ihre Ausgestaltung in Bezug auf Standorte unterschiedlicher (Firmen-) Kulturen soll zu einem besseren Verständnis der komplexen Thematik führen. Projekte zur Einführung von Produktionssystemen differenzieren sich weiterhin in Neuplanungen ‚auf der grünen Wiese' (Greenfields) gegenüber traditionellen Standorten mit festgefügten Verhaltensmustern der Mitarbeiter (Brownfields) und bei den unterschiedlichen Strategien der PS-Einführung.

Im Hinblick auf die Ganzheitlichkeit von PS-Einführungen werden die Funktionen von PS-Elementen und ihre vielfältigen Interdependenzen analysiert. Daraus ergeben sich wiederum Aufschlüsse über die Konsequenzen von 'Insellösungen' und Anleitungen zur Reihenfolgebildung bzw. schrittweisen Einführung vor dem Hintergrund begrenzter Ressourcen.

Ausgewählte Meßgrößen sollen zur Fortschrittskontrolle einer PS-Einführung eingesetzt werden und damit eine Bewertung der Güte der getroffenen Maßnahmen erlauben.

Ebenso werden Einflußfaktoren für eine erfolgreiche PS-Einführung definiert, welche Bezug nehmen auf generelle Rahmenbedingungen, kulturelle Einflüsse, den Änderungsprozeß in einer Organisation, Widerstände und geeignete Gegenmaßnahmen, Maßnahmen zur 'Pflege' eines Produktionssystems, Strategien zur Einführung sowie Unzulänglichkeiten des TPS in Bezug auf seine Übertragung außerhalb der japanischen Kultur.

Die erarbeiteten Ergebnisse werden als Hypothesen formuliert und anschließend im Rahmen einer internationalen Expertenbefragung sowie anhand einer vergleichenden Betrachtung von ausgewählten Produktionsstandorten validiert.

Die Erkenntnisse werden dann in einer Methodik zur Produktionssystem-Einführung zusammenfassend dargestellt. Diese Methodik bietet die Möglichkeit für verschiedene Unternehmenskonfigurationen eine detaillierte Vorabplanung einer Produktionssystem-Einführung unter simultaner Beachtung der erarbeiteten Einflußfaktoren vorzunehmen.

In der Ergebnisdiskussion werden vor dem Hintergrund der Ergebnisse aus Expertenbefragungen und Standortevergleichen Antworten auf die eingangs gestellten Kernfragen sowie Empfehlungen für die Einführung von Produktionssystem-Elementen generiert.

Die Darstellung der Thematik Produktionssysteme im Gesamtkontext weiterer Maßnahmen zur Unternehmensoptimierung unter Bezugnahme auf potentielle Folgethemen runden diese Arbeit ab.

Inhaltsverzeichnis

1. Einführung

1.1 Die Entwicklung von Produktionssystemen

> *„Sobald etwas – irgend etwas - produziert werden soll, muß es Regeln oder eine systematische Methodik zur Produktion eines Gutes geben. Die Tatsache ob die Mitarbeiter diese Regeln (dieses System) verstanden haben oder nicht, hat einen entscheidenden Einfluß auf Produktqualität, Kosten, Arbeitssicherheit und alle anderen Bestimmungsgrößen von Erfolg oder Mißerfolg"*
>
> Toyota Motor Company.

Vor dem Hintergrund der bald 100-jährigen Geschichte der Fließfertigung, begründet durch die Modell-T-Fertigung Henry Fords, stellt sich immer häufiger die Frage nach den Zielen und der Effektivität dieser ***Form der Produktionsorganisation***. Die Massenfertigung hat sich seit ihrer Einführung zu einem immer komplexeren System mit hohen Mitarbeiterzahlen und Lagerbeständen entwickelt. Verschwendung von Ressourcen findet sich in vielfältiger Weise. Die Durchgängigkeit und damit die Einsehbarkeit des Produktionsprozesses ist für viele Beteiligte nicht mehr gegeben. Das Verhältnis von Management zu Mitarbeitern ist durch ***Mißtrauen*** und konträre Zielorientierung geprägt. Der Wunsch des Einzelnen zur Optimierung von Abläufen scheitert häufig an der Komplexität und dem hohen Grad an Bürokratie in traditionell strukturierten Unternehmen und führt bei den Mitarbeitern zu ***Hilflosigkeit, Gleichgültigkeit*** und ***innerer Kündigung***.

Das Erkennen eines Mißstandes erfordert ***Vergleichsmöglichkeiten***. Nur wenn man einen gegebenen Zustand, wie z.B. die Massenfertigung, gegen ein anderes System vergleichen kann, können Vor- und Nachteile aufgezeigt werden. Bis zu der Anfang der 90'er Jahre veröffentlichten ***MIT-Studie*** über die Effektivität japanischer Unternehmen der Automobilindustrie und der Prägung des Begriffs ***Lean Production*** bzw. schlanke Produktion konnten sich Großserienfertiger lediglich mit ihresgleichen messen.

Lean Production ist die umgangssprachliche Beschreibung des ***Toyota Produktionssystems,*** welches sich beschreiben läßt als „mehr Produktion mit weniger eingesetzten Mitteln": weniger Lagerbestand, weniger Verschwendung, weniger Produktionsaufwand (bzw. Mitarbeiter), weniger Flächenbedarf. Nach den Ergebnissen der MIT-Studie wurden für die Automobilindustrie im internationalen Vergleich Kennwertebereiche folgender möglicher Reduzierungen aufgezeigt - 50% der Mitarbeiteranzahl, 10% der Lagerbestände, 50% des Flächenbedarf, 50% des Planungsaufwands, 50 – 66% der Entwicklungszeit, 12% der ursprünglichen Zuliefereranzahl und 30% weniger Montagefehler bzw. Qualitätsmängel [Wom90].

Kapitel 1 (Einführung) definiert den Begriff Produktionssystem. Als Grundlage dient das Toyota Produktionssystem, welches als Urvater aller späteren Derivate angesehen werden kann. Die Entstehung des TPS, seine Beziehung zum Taylorismus sowie die Abgrenzung zu verwandten Bezeichnungen wird beschrieben. Die Bestimmungsgrößen[1] der heutigen Automobilindustrie werden den Unzulänglichkeiten traditioneller Produktionsorganisationsformen gegenübergestellt. Bestimmungsgrößen und Trends der heutigen Automobilindustrie werden in ihrer Wechselwirkung zu Produktionssystemen angesprochen und einige Beispielunternehmen aus Nordamerika und Europa genannt. Ebenso werden erste kritische Rückmeldungen aus dem Nutzerumfeld dargestellt.

Kapitel 2 (Aufgabenstellung) beschäftigt sich mit den zugrundeliegenden 4 Kernfragen dieser Arbeit nach den *Vorteilen* eines Produktionssystems, geeigneten *Meßgrößen*, *Einflußfaktoren* und *Einführungsstrategien*. Ausgewählte Produktionsstandorte der DaimlerChrysler AG repräsentieren Beispiele für unterschiedliche Ausgangssituationen bei der Einführung von Produktionssystemen.

Kapitel 3 (Das Toyota Produktionssystem im Vergleich zu modernen Derivaten) erläutert detailliert die Elemente des Toyota Produktionssystems anhand von Beispielen im Produktionsbereich. Produktionssystem-Derivate verschiedener DaimlerChrysler-Standorte dienen als Vergleich. Abschließend werden die Elemente des TPS hinsichtlich ihrer Interdependenzen und Funktionen analysiert und Auswirkungen des selektiven Einführens nur vereinzelter Elemente aufgezeigt.

In ***Kapitel 4 (Hypothesen zur Produktionssystem-Einführung)*** werden die Einflußfaktoren für eine erfolgreiche Produktionssystemeinführung definiert. Um eine spätere Validierung der Faktoren zu erlauben,

---

[1] Vgl. Kapitel 1.3.1 *Die Bestimmungsgrößen der heutigen Automobilproduktion*

werden diese in Form von ca. 130 Hypothesen formuliert – aufgeteilt in die Gruppen Rahmenbedingungen, kulturelle Einflüsse, Grundhaltung / Werte und Normen, Bedeutung für die Organisation, Einführungs- / Änderungsprozeß, Funktion der PS-Elemente, Pflege eines PS, Meßgrößen der erfolgreichen Einführung, Vorteile eines PS gegenüber westlichen Produktionsorganisationsformen sowie Lücken / potentielle Unzulänglichkeiten. Ferner wird eine ideale Schrittreihenfolge zur Einführung eines Produktionssystems gebildet, welche später als Referenzablauf bei der Betrachtung der Fallstudienstandorte eingesetzt wird.

In ***Kapitel 5 (Validierung durch Expertenbefragung und Fallstudienvergleich)*** erfolgt die Validierung der Hypothesen am Beispiel von Standorten der Kategorien Greenfield- und Brownfield-Projekte. Die Bedeutung der Einflußfaktoren für den PS-Einführungsprozeß wird aus dem Grad der Befürwortung bzw. Ablehnung der Hypothesen der Expertenbefragung abgeleitet. Ferner werden die Einführungsstrategien der Fallstudienstandorte in Relation zur Referenzmethode bewertet.

In ***Kapitel 6*** wird eine ***Methodik zur Einführung eines Produktionssystems*** auf andere Produktionsstandorte vorgestellt. Die Methodik wurde auf Stimmigkeit hin untersucht, indem alle inneren sowie äußeren Einflußfaktoren im Vorfeld erörtert und diese wiederum durch Expertenbefragung und Abgleich mit Fallstudienstandorten validiert wurden.

In ***Kapitel 7*** erfolgt eine ***Diskussion der Ergebnisse*** aus Expertenbefragung und Standortbetrachtung, in der die betrachteten Ergebnisse dieser Arbeit kritisch beleuchtet werden. Daneben werden Hauptprobleme der Übertragung auf traditionell strukturierte Standorte erörtert.

Kapitel 8 (Zusammenfassung und Ausblick) schließt mit einer Abschätzung zur mittelfristigen Entwicklung von Produktionssystemen im Gesamtkontext aller Prozesse zur Unternehmensoptimierung. Die Einschränkungen der Arbeit und potentielle Folgethemenstellungen werden dargestellt.

Durch die praxisbezogene Betrachtung dieses Themas im Hinblick auf mehrere Werke mit jeweils unterschiedlichen Ausgangssituationen soll ein generelles Verständnis für das Thema Produktionssysteme als auch Hinweise für die Einführung im Unternehmen vermittelt werden.

1.1.1 Toyota – eine Erfolgsstory

„Das Geheimnis der schlanken Fertigung ist die ***konsequente Anwendung bewährter Techniken***. Der Weg zum ***‚do it right the first time‘***[2] ist nur durch einen schrittweisen Lernprozeß möglich. Diese vielen kleinen Schritte der Verbesserung resultieren letztendlich in einer Wandlung des Unternehmens zu höherer Effizienz. Dieses ‚Geheimnis‘ kann auf jede Industrie, Situation oder Kultur übertragen werden“ [Kit96].

Das Toyota Management identifizierte früh die Themen *Qualität*, *bedarfsorientierte Materialversorgung* und *kontinuierliche Verbesserung* auf Basis der *Arbeitsplatzorganisation* und *Standardisierung* von Prozessen als Handlungsfelder mit hoher Priorität und hat sie im Toyota Produktionssystem zusammengefaßt und dokumentiert. Durch die erfolgreiche Übertragung der im Produktionssystem beschriebenen Methoden und Instrumente und deren konsequente Anwendung entwickelte sich diese Form der Produktionsorganisation zum Modell erfolgreicher Unternehmensführung.

Bis Anfang der 80'er Jahre, zu Zeiten des ausschließlichen Exports japanischer Fahrzeuge nach Europa und Nordamerika, wurde die Produktivität japanischer Unternehmen mit ***kulturspezifischen Verhaltensmerkmalen***[3] und der damit einhergehenden Verdrängung von eigenen Bedürfnissen begründet. Freizeitorientierung und Individualismus in Europa und Nordamerika ließen die Übertragung japanischer Produktionssysteme auf westliche Automobilwerke als wenig erfolgreich erscheinen.

Den entscheidenden Gegenbeweis liefern japanische Automobilkonzerne seit Beginn der 80er Jahre mit der Errichtung von sogenannten ***‘Transplants’***[4]. Die ersten Beispiele entstanden in den USA, später dann auch in Europa mit dem Schwerpunkt in Großbritannien. Hintergrund war die steigende Diskriminierung japanischer Automobilprodukte auf dem US-Markt. Japanische Konzerne konnten sich jedoch der Zahlung von Einfuhrzöllen und der Kritik der Vernichtung einheimischer Arbeitsplätze durch Fahrzeugimporte durch den Aufbau von Produktionsstätten in den USA und später auch in Europa erfolgreich entziehen.

[2] engl. = mache es beim ersten Mal richtig bzw. fehlerfrei

[3] Zu den Grundwerten der japanischen (Unternehmens-) Kultur zählen Disziplin, Senioritätsprinzip, Obrigkeitshörigkeit, Loyalität zum Unternehmen und Gruppenorientierung.

[4] Bei *Transplants* handelt es sich um das Übertragen (*Transplantieren*) japanischer Automobilwerke nach Europa und Nordamerika. Hierbei wurden bisher überwiegend bestehende Fahrzeuge im Ausland industrialisiert. Der Werksaufbau, die Betriebsmittel als auch arbeitswirtschaftliche Elemente der Produktionsmethodik werden bei der Errichtung eines Transplants übertragen.

Während ursprünglich von japanischen Unternehmen eine Marktpräsenz im Rahmen von ***'Joint Ventures'***[5]geschaffen wurde, so stieg mit wachsender Marktkenntnis die Bereitschaft, eigenständige Produktionsstätten zu gründen. Eines der ersten Joint-Ventures war die Wiedereröffnung eines vormals geschlossen General-Motors Werkes im kalifornischen Freemont durch eine Kooperation mit Toyota. Durch die Bereitschaft der rekrutierten überwiegend vormaligen GM-Mitarbeiterschaft zum Erlernen der TPS-Elemente, konnte sich die ***'New United Motor Manufacturing, Inc.'*** (NUMMI) innerhalb von nur zwei Produktionsjahren von einem ineffizienten Montagewerk, welches vormals durch Alkohol- und Drogenprobleme, einen hohen Krankenstand von durchschnittlich 20%, schlechte Qualität und eine militante Arbeitnehmervertretung gekennzeichnet war, zum Musterkind des GM-Konzerns entwickeln. Gemeinsam mit der Gewerkschaft wurden viele Elemente von NUMMI später auf andere GM-Werke übertragen [Conv87]. Jüngste Beispiele dafür sind u.a. das neue ***GM-Werk in Eisenach***[6], wo Produktionssystemelemente konsequent umgesetzt wurden und welches heute zu den produktivsten Automobilwerken in Europa zählt sowie das Montagewerk der ***Mercedes-Benz M-Klasse in Tuscaloosa, Alabama***[7], welches durch den hohen Einfluß ehemaliger Toyota-Manager gekennzeichnet ist.

Heute verfügen alle bedeutenden japanischen Automobilhersteller über Fertigungen im Ausland, die zum Teil bereits eigene Produkt-Entwicklungsbereiche beschäftigen, um besser auf lokalspezifische Produktanforderungen reagieren zu können. Aus dem reinen 'transplantieren' von Produkten und Fertigungsstätten wurden damit eigenständige Unternehmen, die u.a. mit gleichen Argumenten werben, wie zuvor ihre US-amerikanische Konkurrenz (Sicherung der lokalen Arbeitsplätze).

Hervorzuheben ist die Tatsache, daß Transplants lokale Mitarbeiter einstellten und lediglich das Management ganz oder teilweise durch Japaner besetzt war. Diese Transplants erzielten binnen kurzer Zeit vergleichbare Erfolge bei Produktivität, Qualität und Kosteneffektivität wie ihre Partnerwerke in Japan. Damit wurde der Beweis angetreten, daß die Überlegenheit japanischer Automobilkonzerne nicht auf kulturspezifische Eigenschaften rein japanischer Mitarbeiter zurückzuführen ist. Vielmehr liegt die Ursache in der ***Art der Produktionsmethodik*** bzw. ***Produktionsorganisation,*** mit der lokale Mitarbeiter in den USA und Europa zu ähnlichen Höchstleistungen motiviert werden.

Die ***Bedeutung Toyotas in den USA*** als Importeur japanischer Automobile hat ihren ***Ursprung*** bereits in den fünfziger Jahren. Die Nachfrage wuchs jedoch erst mit dem Beginn der ***Erdölkrisen*** in den frühen 70'er und 80'er Jahren auf ein signifikantes Niveau. Während die US-amerikanische Automobilindustrie mit ihren technisch veralteten Fahrzeugen niedriger Qualität kollabierte, konnten Fahrzeuge japanischer Hersteller aufgrund ihrer geringen Treibstoffverbräuche eine steigende Kundschaft ansprechen. Vor diesem Hintergrund erinnert man sich an die sogenannten ***'Buy-American'*** Kampagnen US-amerikanischer Hersteller[8]. Mit der Errichtung von Fertigungsstätten in den USA hat sich die ***Rolle von Toyota*** von einem reinen Importeur preisgünstiger Kleinwagen zu einem Anbieter attraktiver Arbeitsplätze und Produzent extrem wettbewerbsfähiger und qualitativ hochwertiger Automobile entwickelt. Als viertgrößter Anbieter mit 8% Marktanteil, folgt Toyota heute direkt den 'Großen Drei' in den USA (Ford, General Motors, DaimlerChrysler). Seit den frühen 90'er Jahren verzeichnet Toyota in den USA steigende Verkaufszahlen und Profitmargen. In den übrigen Weltmärkten konnte Toyota seine Position weiter ausbauen. Im ***Heimatmarkt Japan*** lag Toyota mit ca. 38% weit vor Nissan als Nummer 2 mit 22%. In Südostasien verfügt Toyota über 21% Marktanteil und damit ca. doppelt soviel wie der Hauptkonkurrent Mitsubishi. Schwachpunkte bleiben der wirtschaftlich instabile südamerikanische Markt sowie Europa, wo Toyota sich gegen eine technisch anspruchsvolle Konkurrenz durchsetzen muß. Gegenwärtig plant Toyota jedoch im Rahmen seiner Produktoffensive die Errichtung eines neuen Montagestandortes in Europa [Tal97].

---

[5] Unter einem '*Joint Venture*' versteht man die Kooperation zweier Unternehmen mit dem Ziel eine für beide Seiten erfolgreiche Zusammenarbeit zu beginnen. Im Falle der japanischen Transplants handelt es sich um eine sogenannte 'Win-Win' Situation - die Japaner erhalten Marktzugang und Importzollnachlässe durch lokale Produktion und die US-Amerikaner haben Gelegenheit japanische Produktionsmethoden zu erlernen.

[6] 1992 wurde in Eisenach, im Bundesland Sachsen, die Fertigung von Modellen der Opelbaureihen 'Astra' und 'Vectra' aufgenommen. Das Werk in Eisenach zeichnet sich durch hohe Produktivität und starke Einbindung der Mitarbeiter aus.

[7] 1997 wurde in Tuscaloosa, Alabama, im strukturschwachen Südosten der USA, die Serienproduktion des Sport-Utility Off-Roaders Mercedes-Benz M-Klasse aufgenommen. Unter dem Einfluß zahlreicher ehemaliger Toyota Mitarbeiter im Management konnten viele Elemente des TPS gemeinsam mit Grundwerten der Daimler-Benz AG zu einem erweiterten Produktionssystem verschmolzen werden. Tuscaloosa zählt, gemeinsam mit dem A-Klasse Werk in Rastatt und seinem Anfang 1999 eröffneten Schwesterwerk in Juiz de Fora, Brasilien zu den modernsten Standorten der Daimler-Chrysler AG.

[8] Die ‚Buy-American' Kampagnen waren geprägt durch negativ gefärbte Presse und spektakuläre Zertrümmerungsaktionen japanischer Fahrzeuge, mit denen die Bevölkerung vom Kauf dieser abgehalten werden sollte. Ebenso wurden Kriterien wie die Sicherung heimischer Arbeitsplätze als Kaufargumente angeführt.

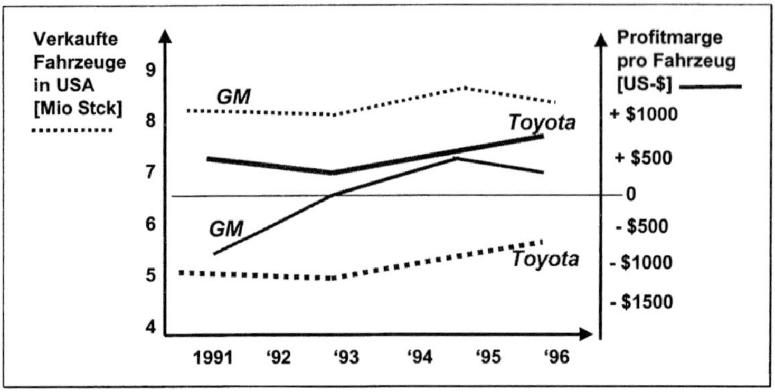

Bild 1.1.1.a: Entwicklung der Pkw-Verkaufszahlen und Gewinnspannen General Motors und Toyotas [Tal97]

"Die Bevölkerung begrüßte uneingeschränkt den Bau unserer Fabriken in ihren Regionen ... und sie hatte ein Interesse daran zu sehen, welchen Einfluß die Werke auf die lokalen Arbeitsbedingungen, Zulieferer, etc. haben würde.... wir waren bestrebt zu zeigen, daß Toyota Werke ihren Mitarbeitern Möglichkeiten bieten neue Fähigkeiten und Eigeninitiative zu erlernen. Wir wollten unseren zukünftigen Mitarbeitern zeigen, wie unser (Toyota-) Produktionssystem ihre Arbeit erfüllend machen würde, wie es den Mitarbeiter Verantwortung für die Gestaltung ihrer Arbeitsplätze überträgt..." [Tmc96].

Im Gegensatz zu den großen drei US-amerikanischen Automobilherstellern (Ford, General Motors, Chrysler), welche die überwiegende Anzahl ihrer Fabriken im Bundesstaat Michigan im Einzugsgebiet von 'Motown'[9] Detroit unterhalten, fokussierte die Strategie Toyotas bei der Auswahl von Produktionsstandorten deutlich auf Gebiete ländlicher Struktur mit einem entsprechenden Überangebot an Arbeitskräften.

Eines der insgesamt vier Toyota Transplants in den USA ist das 1989 eröffnete ***Montagewerk in Georgetown*** im Bundesstaat Kentucky im Südosten der USA[10]. Bereitwillig öffnet sich Toyota an mehreren Tagen der Woche interessierten Werksbesuchern. Neben reinen ***Werksbesichtigungen*** gibt es ebenso spezielle kostenlose Touren für Führungskräfte und Ingenieure verbunden mit ausgiebigen Diskussionsrunden, in denen das Gesehene vertieft werden kann. Diese Veranstaltungen sind oftmals schon Monate im voraus ausgebucht. Obwohl insbesondere Vertreter der Konkurrenz teilnehmen, gibt es ***keine Restriktionen*** hinsichtlich der Zugänglichkeit der verschiedenen Produktionsbereiche mit Ausnahme von Pilotbändern bei Modellneuanläufen.

In Kooperation mit der lokalen 'University of Kentucky' in Lexington, an der 1995 das ***Institut für Lean Manufacturing*** eingerichtet wurde, werden Seminare in Lean Manufacturing (LM) Techniken angeboten. Jeweils im Mai wird die ***Lean Manufacturing Konferenz*** abgehalten, auf der Vertreter verschiedenster Industriezweige ihre Erfahrungen im Zusammenhang mit der Einführung von LM-Produktionssystemen diskutieren.

Die Offenheit, mit der Toyota seine Fertigungsstätten präsentiert, basiert auf der Erfahrung, daß das reine ***Kopieren von Elementen*** des Toyota Produktionssystems, wie z.B. die Einführung von Kanban-Karten, Andon-Boards sowie Qualitätszirkeln nicht den erhofften Erfolg hinsichtlich einer Optimierung der Produktionseffizienz allein bringen wird. Der eigentliche Erfolg des Toyota Produktionssystems liegt nicht in seinen einzelnen Elementen, sondern ist vielmehr ***im Zusammenspiel aller Elemente*** begründet. Trotz jahrelanger Versuche der Imitation hat es bisher kein Konkurrenzunternehmen geschafft, einen ähnlich hohen Standard hinsichtlich Fertigung, Qualität sowie Produktentwicklung zu erreichen.

Während das Toyota Produktionssystem seine Effizienz bereits seit Jahrzehnten in Japan unter Beweis stellt, so ist die Übertragung auf ausländische Standorte mit unterschiedlichen Kulturen weiterhin eine Herausforderung. Die erfolgreiche Einführung des TPS innerhalb der Fabrik erfordert den selbstlosen Einsatz TPS-erfahrener Produktionsmanager sowie einer gut trainierten Mitarbeiterschaft. Außerhalb der

---

[9] ‚Motown' als Kurzform für ‚Motortown' = engl. für Autostadt

[10] In Georgetown, Kentucky wird sehr erfolgreich das mittlerweile dreifach überarbeitete Modell Camry sowie der neue Minivan Viento produziert. 1997 wurde der Camry zum bestverkauften Mittelklassefahrzeug in den USA gekürt.

Werksgrenzen ist ein Netz eingespielter Zulieferer erforderlich, welche ihre Produktion synchron mit den Produktionsbedarfen bei Toyota betreiben.

Obwohl das Toyota Produktionssystem spätestens seit der Veröffentlichung der MIT-Studie[11] von vielen Firmen in allen Einzelheiten untersucht und in vielen Veröffentlichungen beschrieben, sowie viele dieser Elemente in Produktionsstätten installiert wurden, scheint es bis heute in Ermangelung gleichwertiger Beispiele ***noch nicht vollkommen verstanden*** zu sein. Während die Einzelelemente des TPS leicht verständlich erscheinen, so stellt deren ganzheitliche Implementierung und Koordination eine anspruchsvolle Aufgabe dar. Insbesondere die Vermittlung der TPS-Philosophien von der obersten Managementebene bis auf die Werkerebene erfordert nachhaltigen Einsatz, um die Verantwortungsdelegation bis auf die Arbeitsebene in der Produktion zu realisieren.

Die ***Hauptprinzipien des TPS*** lassen sich auf ***drei Kernthesen*** zusammenfassen:

1. Erhöhung des Produktionsflusses,
2. Vermeidung von Verschwendung sowie
3. Einbindung der Mitarbeiter und Respektierung ihrer Bedürfnisse.

Im Gegensatz zu traditionell ausgerichteten Unternehmen, in denen die Mitarbeiter im Leistungslohn eher zur Überproduktion neigen um ihre Arbeitsquoten zu erreichen, gilt bei Toyota die Überproduktion als gravierendste Form der Verschwendung. Es gilt, den Produktionsprozeß so gleichmäßig wie nur möglich zu gestalten, um Über- oder Unterproduktion jedweder Art zu vermeiden. Jeder Produktionsprozeß wird bestimmt durch die Nachfrage des nachgelagerten Prozesses - die Produktion wird damit rein bedarfsorientiert gesteuert. In diesem Zusammenhang man spricht bei Toyota vom ***Pull System*** mit seinen Elementen ***Single-Piece-Flow*** oder ***Continuous Flow Processing***[12].

Die Vermeidung einer weiteren Form von Verschwendung, den innerbetrieblichen Lagerbeständen, hat zur Folge, daß sowohl auf den Werkern als auch auf den Zulieferern ein hoher Druck lastet, die Produktion nach einem vorgegebenen Produktionsplan zu erfüllen und im Bedarfsfall auch kurzfristig vereinbarte Überstunden zwecks Aufholung von Produktionsrückständen zu arbeiten.

Der größte Mehrwert des Toyota Produktionssystems liegt jedoch in seiner ***Fähigkeit zum Wandel***, d.h. sich den rasch ändernden Umfeldbedingungen anpassen zu können, begründet. Deutlich wird dies u.a. an den Modifikationen der Produktionsstätten. Während die Toyota-Werke Anfang der 90'er Jahre durch steigende Automatisierung gekennzeichnet waren, so kehrte sich dieser Trend in letzter Zeit wieder um, nachdem die Systeme sich als zu teuer und unflexibel erwiesen. Der Erfolg Toyotas ist weiterhin in seiner ***Fähigkeit zum Lernen*** begründet. Durch ***systematische Fehleranalyse*** und ***standardisierte Prozesse*** hat sich eine Unternehmenskultur entwickelt, welche aus ihren Fehlern lernt [Tal97].

Diese Grundeinstellung der kontinuierlichen Verbesserung von Prozessen, im TPS auch ***'Kaizen'***[13] genannt, konnte später ebenfalls von der Produktion auf andere Geschäftsprozesse des Unternehmens übertragen werden. So erzeugte das Toyota Produktionssystem Anfang der 90'er Jahre als Folge der fortlaufenden Optimierung von Produktionsprozessen mehr Fahrzeuge als der Markt nachfragte – und leider auch zu überhöhten Kosten. Die Folge war die ***Umstrukturierung der Produktentwicklung*** von einer ***Funktionalstruktur***, die sich an den Bauräumen bzw. Konstruktionsgruppen eines Fahrzeuges orientierte, zu einer ***Spartenorganisation***, wobei die Sparten jeweils Verantwortung für ein Gesamtfahrzeug übernehmen.

Die Spartenorganisation ermöglicht eine ***Parallelentwicklung von Fahrzeugvarianten*** wie z.B. Limousine, Coupé oder Pick-Up und führt durch die Parallelverwendung von Gleichteilen zu kürzeren Produktentwicklungszeiträumen und frühzeitigerem Kapitalrückfluß. Studien des MIT haben ergeben, daß Toyota durch diese Art der Produktentwicklung bis zu 50% in Entwicklungsstunden und 15% in 'Time-to-Market'[14] einsparen kann. Einige neuere Modelle konnten in einem Industrierekord von 14,5 Monaten[15] vom

---

[11] 1990 identifizierte die MIT-Studie (Massachusetts Institute of Technology) nach den Entwicklungsländern (Brasilien, Taiwan) die europäischen Massenhersteller als die ineffizientesten. Die durchschnittliche europäische Fabrik benötigte 1990 35,5 Arbeitsstunden, um einen Pkw zu produzieren; vergleichsweise waren es in den USA 24,9 und in Japan 16,8 Stunden. Außerdem lieferte ein Wagen, der langsamer gebaut wurde, keine Garantie für bessere Qualität: europäische Fabriken hatten im Durchschnitt 76,4 Montagedefekte pro 100 Autos – im Vergleich zu 52,1 Fehlern in Japan.

[12] engl. = kontinuierliche Fließfertigung mit Losgröße 1

[13] Kaizen = jap.: Kai = Veränderung; Zen = Gutes, Kaizen als der Prozeß der Veränderung zum Besseren

[14] Unter dem Begriff ‚Time to Market' versteht man den gesamten Produktentstehungsprozeß, d.h. den Zeitraum vom ersten Design bis zur Markteinführung.

Designentscheid bis Produktionsbeginn entwickelt werden.

Bei Toyota sind ebenso die ***Toyota-Zulieferer*** in den Verbesserungsprozeß eingebunden. Toyota, welches im Vergleich zu anderen Automobilherstellern mit durchschnittlich nur 30% eigener Fertigungstiefe einen hohen Anteil der Wertschöpfung durch seine Zulieferer erarbeiten läßt, hat früh erkannt, daß die Güte eines Produktionsprozesses durch sein schwächstes Glied bestimmt wird. Um die Zulieferer mit der Produktionseffizienz eines Toyota Montagewerkes zu ***synchronisieren***, forcierte Toyota frühzeitig die Implementierung von Instrumenten zur ***Übertragung von Produktions- und Entwicklungs-Know-how***. Potentielle Zulieferer erhalten für einige Monate Unterstützung durch Toyota-Ingenieure, welche vor Ort in Vorbereitung auf einen Zuliefervertrag mit Toyota Produktionsabläufe, Logistik sowie Qualitätsmanagement optimieren. Trotz rechtlicher Eigenständigkeit sind die Zulieferer aufgrund ihrer hohen Ausrichtung auf Toyota als Haupt- oder Einzelkunden eng mit dem Unternehmen verzahnt. Dieses Netz von gebundenen Zulieferern bezeichnet man in Japan als ‚***Keiretsu***'.

Anreize zum Erlernen des TPS schuf Toyota bei seinen direkten Zulieferern durch die Vereinbarung von ***jährlich fallenden Teilekosten***. Auf diesem Ansatz beharrte Toyota ebenso in Zeiten fallender Erträge. Nachdem in den 60'er Jahren die direkten Zulieferer alle die Grundsätze des TPS übernommen hatten, wurden in den Wirtschaftskrisen der folgenden Jahrzehnte ebenso die Zulieferer der zweiten und dritten Reihe zur Optimierung veranlaßt. Durch diese Maßnahme gelang es Toyota im Gegensatz zu allen anderen japanischen Automobilherstellern bis in die heutige Zeit und insbesondere vor dem Hintergrund der aktuellen Asienkrise profitabel zu produzieren [Har98].

Trotz aller Erfolge Toyotas in Georgetown erweist sich das Toyota Produktionssystem weiterhin als ***schwierig übertragbar*** auf Fertigungsstandorte außerhalb Japans. Die reibungslose Integration von Produktion, Entwicklung und Logistik erfordert die Ausrichtung auf ein gemeinsames Ziel sowie die spannungsarme Kommunikation von (TPS-) erfahrenen Managern und der Belegschaft. Diese Erfordernisse, waren bisher nur in Japan verfügbar. Obwohl Toyota mittlerweile 30% seiner Fahrzeuge im Ausland produziert und die US-Transplants im Hinblick auf Produktionseffizienz und Qualität den US-amerikanischen Markt anführen, ist ihre Produktionszeit pro Fahrzeug immer noch 30% - 50% höher als in vergleichbaren japanischen Toyota-Werken [Tal97]. Die Philosophie des TPS erfordert menschliche ***Verhaltensweisen*** bzw. ***Werte & Normen***, welche für Nicht-Japaner oftmals nur schwer nachvollziehbar sind. So eignen sich bestimmte Kulturen besser oder schlechter für die Übertragung des TPS. Vor dem Hintergrund der Globalisierung von Unternehmen und den sinkenden Absatzzahlen im Heimatland Japan muß sich Toyota in verstärktem Maße den steigenden Herausforderungen stellen. Davon wird auch das Toyota Produktionssystem betroffen sein.

1.1.2 Die historische Entwicklung des Toyota Produktionssystems

Die Automobilindustrie hat einen größeren Einfluß auf unser Leben als viele Menschen glauben mögen. Bereits zweimal im Laufe des 20. Jahrhunderts hat sie die Art und Weise wie wir Produkte herstellen geändert. Nach dem ersten Weltkrieg waren es Henry Ford und Alfred Sloan von General Motors, welche die ***handwerkliche Einzelstückfertigung*** von Automobilen in die ***Massenfertigung*** überführten.

Zu Beginn dieses Jahrhunderts konnten sich lediglich wohlhabende Mitbürger ein Automobil leisten, welches speziell bei einem Karosseriebauer beauftragt wurde. Jedes Fahrzeug wurde individuell handwerklich als Unikat gefertigt, denn es gab keine Meßlehren. Getrieben von der Austauschbarkeit und verbesserten Montagefähigkeit der Teile wurde durch Henry Ford das Fließband eingeführt. Durch die Verwendung von standardisierten Meßlehren konnten von nun an hohe ***Maßhaltigkeit*** bei Teilen und damit deren ***Austauschbarkeit*** gewährleistet werden.

Neben den Teilen perfektionierte Henry Ford ebenso die Austauschbarkeit von Mitarbeitern. Um 1915, auf dem Höhepunkt der wirtschaftlichen Konjunktur, war der Mitarbeiter in den Ford-Werken lediglich für einen geringen, standardisierten Arbeitsumfang, z.B. das Anziehen einer Mutter, verantwortlich. Aufgrund des niedrigen Einarbeitungsbedarfes ließen sich Mitarbeiter jederzeit austauschen. Mit der Entwicklung von Schneidwerkzeugen & Pressen, welche die spanabhebende Bearbeitung bzw. Kaltumformung von gehärtetem Stahl in hohen Stückzahlen erlaubten, entwickelte sich in immer stärkerem Maße der Bedarf von indirekten Produktionsmitarbeitern für Instandhaltung, Logistik, Qualitätssicherung sowie eine Vielzahl von Ingenieuren für die Ablaufplanung.

---

[15] Es gilt bei diesen extrem kurzen Produktentstehungszeiträumen die Besonderheit japanischer Entwicklungen zu berücksichtigen, welche durch die vergleichsweise hohe Übernahme von bis zu 70% Gleichteilen aus Vorgängermodellen gekennzeichnet sind (vgl. Modellwechsel Toyota Camry 1997).

Um diese Vielzahl von Aufgaben und Mitarbeitern zu organisieren, führte Henry Ford das ***Konzept der vertikalen Integration***[16] ein. Einhergehend mit der steigenden Komplexität des Automobils und aller davon betroffenen Geschäftsprozesse wuchsen ebenso die Organisationsstrukturen der Automobilunternehmen und schufen damit eine Bürokratie, wie sie noch heute offensichtlich in vielen Großunternehmen ist. Die Fähigkeit dieser Unternehmen zum Wandel wurde damit ebenso in immer stärkerem Maße eingeschränkt.

Die Massenproduktion nach dem Vorbild Henry Fords war die treibende Kraft in der Automobilindustrie während der nächsten 50 Jahre und wurde letztlich in allen Industrienationen übernommen – mit Ausnahme Japans. Obwohl ***1950*** der junge ***Kiichiro Toyoda*** das ***Ford River Rouge Werk***[17] studierte, stellte sich bald heraus, daß die unterschiedlichen Rahmendaten Japans eine direkte Kopie der Massenfertigung nicht erlaubten. Hauptkriterien für die Ablehnung der Massenproduktion waren u.a. die (noch) geringe Nachfrage sowie der Mangel an qualifizierten Mitarbeitern, Rohstoffen und Betriebsmitteln.

Kiichiro Toyoda und sein Produktionsmanager, Taiichi Ohno, heute beide als Pioniere des Toyota Production Systems bekannt, experimentierten während der folgenden 20 Jahre an neuen Ideen und Techniken, die sich im Laufe der 80er Jahre zum bis heute erfolgreichsten Produktionssystem entwickelten. Die ***Ursprünge des TPS*** liegen dennoch tief im historischen Fertigungssystem des Henry Ford verwurzelt.

Die ***Hauptelemente des Fordschen Produktionssystems*** (auch als ***'Fordismus'*** im Gegensatz zum 'Toyotismus' bekannt) werden alle noch heute in modernen Automobilwerken eingesetzt:

1. Das ***Fließband***, welches die Fahrzeuge durch die Abfolge der Montageprozesse transportiert und damit erstmals die Arbeit zum Mitarbeiter brachte und nicht umgekehrt.

2. Die ***Arbeitsteilung***, die jeden Mitarbeiter nur einen einzelnen Schritt in der Montageprozeßkette verrichten ließ. Durch die Aufteilung der Fahrzeugmontage in einfache, sich wiederholende Schritte konnte Henry Ford die Effizienz seiner Werke erheblich steigern (Standardisierung u. Taktzeit).

3. Die ***integrierte Zulieferkette für Teile und Material***. Durch die Standardisierung von Teilen und Direktzulieferung von Teilen an ihre Verbauorte, reduzierte Ford die Maßtoleranzen von Teilen und steigerte ihre Verbaubarkeit.

Die wirtschaftlichen Umstände Japans in den späten 40'er Jahren bewirkten jedoch einige entscheidende ***Verbesserungen*** des Fordschen Produktionssystems. Der Fahrzeugbedarf in Japan war gemessen an den Produktionsvolumina Detroits verschwindend gering - die Nutzung von modellspezifischen, teuren Werkzeugen ebenso wie die Produktion von hohen Losgrößen in Verbindung mit exzessiver Lagerhaltung waren damit in Japan nicht wirtschaftlich tragbar. In Folge mußten japanische Automobilhersteller ihre Anlagen entsprechend ***flexibel gestalten***, um gleichzeitig mehrere verschiedene Modelltypen fertigen zu können. Weiterhin mußten sie Methoden entwickeln, um eine ***verläßliche Materialbereitstellung ohne große Teilelagerbestände*** zu gewährleisten.

Die Nachkriegszeit Japans Anfang der 50'er Jahre war gekennzeichnet durch Rezession und Streiks. Am Höhepunkt der Arbeitslosigkeit kamen Unternehmen und Gewerkschaften zu einem Einverständnis. Die Arbeitnehmervertretungen stimmten dem teilweisen Arbeitsplatzabbau im Rahmen der notwendigen Firmenrestrukturierungen zu. Die verbleibenden Arbeitnehmer erhielten eine ***Arbeitsplatzzusage auf Lebenszeit*** und eine Beteiligung an der Profitentwicklung des Unternehmens – sie zeigten naturgemäß ein höheres Eigeninteresse an der Optimierung von Prozessen, Reduzierung von Verschwendung und damit steigender Qualität und Wettbewerbsfähigkeit der Produkte.

In den USA war die Entwicklung der Arbeitnehmervertretungen konträr geprägt. Die Gewerkschaften erhielten im Zuge der Arbeitskräfteverknappung bei gleichzeitigem Anstieg der Marktnachfrage eine immer stärkere Rolle und übten entsprechenden Druck auf die Arbeitgeberseite aus. Es entwickelten sich detaillierte Klassifizierungen von Arbeitnehmern bzw. Aufgabenfeldern in klassischer vertikaler Differenzierung über verschiedene Industriebranchen und zusätzlich horizontaler Staffelung in

[16] Unter dem Konzept der vertikalen Integration versteht man die Bildung von vertikalen Hierarchien, d.h. Linienfunktionen wie Entwicklung, Werksplanung, Einkauf, Vertrieb und Produktion sind alle ‚nebeneinander' angeordnet – Kennzeichen sind ein mangelnder Informationsaustausch und ein Produktentwicklungsprozeß, der die Linienbereiche nur schrittweise nacheinander einbindet. Im Sinne des Simultaneous Engineerings sind moderne Unternehmen in einer Spartenorganisation strukturiert. Für jede Produktreihe werden interdisziplinäre Plattformteams aus Vertretern der Linienbereiche gebildet, die zeitlich parallel arbeiten und zu frühzeitiger Berücksichtigung aller Bedarfe (Kundenorientierung, montagegerechtes Design, etc.) beitragen und den Entwicklungszeitraum wesentlich verkürzen.

[17] *River Rouge*, Detroit, war das zweite Ford-Werk, welches, aufgrund der hohen Nachfrage des Modell T, 1919 sechs Meilen außerhalb Detroits am Detroit River eröffnet wurde. Wie schon sein Vorgänger *Highland Park*, war auch *River Rouge* strikt nach den Grundsätzen der Fließbandfertigung aufgebaut. *River Rouge* zeichnete sich durch eine hohe Fertigungstiefe aus. So wurden Eisenerz und Kohle per Schiff angeliefert, welches später zu Motorgußteilen verarbeitet wurden [Pol95].

Aufgabenumfänge unterschiedlicher Wertigkeit. Diese Gruppen wurden wiederum durch eine Vielzahl von Gewerkschaften bei Lohnforderungen vertreten.

Während in den USA die vorwiegend ungelernte Mitarbeiterschaft in jeweils spezifische Aufgaben eingearbeitet wurde und dort auch ohne weitere Rotation verblieb, mußten japanische Arbeitnehmer kurzfristig auf Produktionsprogrammänderungen reagieren. Es entwickelte sich eine entsprechend flexibel einsetzbare Mitarbeiterschaft (***'Multiskilled Work Force'***).

In den USA galt eine arbeitnehmerfeindliche ***'Hire & Fire'***[18] Mentalität bei Mindestlöhnen als Normalität, welche einher ging mit wenig motivierten Mitarbeitern, hohem Fehlstand, geringer Kontinuität bei Gruppenarbeit und Optimierungsprozessen. Die Folge waren hohe Kosten bei gleichzeitig niedriger Produktqualität.

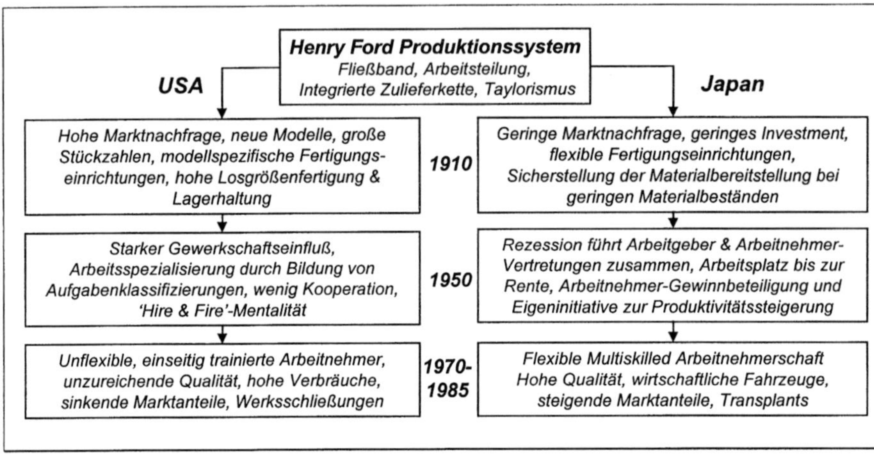

Bild 1.1.2.a: Parallele Entwicklung der Automobilindustrie in USA und Japan

Die Werker in traditionellen US-Fabriken haben kein oder wenig Mitspracherecht bei der Gestaltung der Arbeitsabläufe oder -plätze. Dementsprechend gering ist ihr Interesse an der Prozeßoptimierung. Die Konfrontation von Prozeßplanern und Werkern ist alltäglich. Das TPS dagegen betont die ***Integration der Mitarbeiter***. Verantwortung wird an die Spezialisten, die Werker am Band, delegiert, welche im Rahmen des kontinuierlichen Verbesserungsprozesses ihre Arbeitsabläufe und -plätze mitgestalten.

An der ***Entwicklung des Toyota Produktionssystems*** waren maßgeblich vier Männer beteiligt: *Sakichi Toyoda*, der Erfinder der automatischen Webstühle, sein Sohn *Kiichiro Toyoda*, der Begründer der Toyota Automobilsparte, dessen Vetter *Eiji Toyoda*, der spätere Präsident der Toyota Motor Company sowie der Toyota Ingenieur *Taiichi Ohno*, der die verschiedenen Elemente des Toyota Produktionssystems zusammenführte und vervollkommnte.

Sakichi Toyoda entwickelte **1902** einen Webstuhl, der sich automatisch abschaltete, sobald einer der Webfäden riß. Ab diesem Zeitpunkt konnte damit ein Maschinenführer mehrere Webstühle gleichzeitig betreiben. Dieses System wurde später auf die Automobilindustrie übertragen und ist Bestandteil des TPS als Element ***Jidoka*** bzw. Autonomation[19].

Kiichiro Toyoda übernahm **1930** den Aufbau der Toyota Automobilsparte. Er reiste zu diesem Zweck in die USA und studierte intensiv das ***Ford Produktionssystem***. Er ist maßgeblich für die Einführung des Fließbandes in Japan verantwortlich, jedoch mit einer Adaption an die geringeren Produktionsvolumina der japanischen Industrie. Kiichiro Toyoda löste den Zielkonflikt zwischen Fließbandfertigung und geringen Stückzahlen, indem er jede Station nur exakt die von der nachgelagerten Station nachgefragte Teilemenge produzieren ließ - und zwar die richtige Menge nur zum Zeitpunkt der Nachfrage. Teilefertigung,

---

[18] engl. = Einstellen & ,Feuern', Entlassen

[19] Vgl. Kap. 3.1.2.3 *Das Element Jidoka (Autonomation)*

Materialtransport und -bereitstellung fanden simultan und synchron durchgängig entlang der gesamten Produktionsprozeßkette statt. Die Grundlage für das ***'Just-in-Time System'*** war damit gelegt.

Taiichi Ohno fügte schließlich die Elemente des TPS zu einem ***integrierten Gesamtsystem*** zusammen. Ohno, der spätere Executive Vice President der Toyota Motor Corporation, begann seine Karriere **1940** als Leiter einer Werkstattfertigung. Bereits damals experimentierte er mit unterschiedlichen Werkzeugwechselvorrichtungen, um die Durchlaufzeit von Produkten zu verringern. Jedoch erst der Besuch in den USA 1956 verhalf ihm zu völlig neuen Einsichten in Bezug auf die Just-in-Time-Fertigung.

Obwohl Ohno viele Automobilwerke besichtigte, hinterließen die ***US-amerikanischen Supermärkte*** den nachhaltigsten Eindruck auf ihn. Es faszinierte ihn die simple und doch sinnvolle Weise mit der die Kundenbedürfnisse in Supermärkten erfüllt wurden. Nach dem ***FIFO-Prinzip***[20] wurden dem Kunden die Waren präsentiert, der sie ohne Wartezeiten abrufen und an der Kasse bezahlen konnte. Material wurde jeweils von hinten in die Regale nachgefüllt und zwar immer strikt nach Verbrauch. Eine Veralterung von Waren durch zu hohe Bestellung oder Vermischung von neuen und alten Waren war damit ausgeschlossen. Ohno übertrug dieses Supermarktprinzip der Materialbereitstellung auf die Produktionslinien Toyotas. Jeder Arbeitsprozeß wurde der ‚Kunde' des jeweils vorgelagerten Prozesses und umgekehrt dieser der ‚Supermarkt' für den nachgelagerten Arbeitsprozeß. Diese Form der bedarfsorientierten Materialversorgung wurde später unter der Bezeichnung ***Pull System*** zu einem Hauptelement des Toyota Produktionssystems.

Die Rolle des Garanten für die Kontinuität beim fortdauernden Kampf der TPS-Einführung in den Toyota-Werken und bei seinen Zulieferern übernahm der Präsident ***Eiji Toyoda***, eine der anspruchsvollsten und schwierigsten Persönlichkeiten der Welt, der Ohno entsprechend unterstützte [Wom97].

Die japanische Wirtschaftskrise von **1950** fand seinen Höhepunkt bei Toyota mit der Ankündigung von einem ***30%igen Stellenabbau***. Die anschließenden Arbeitsniederlegungen der Belegschaft zwangen den Toyota-Präsidenten *Kiichiro Toyoda* zum Rücktritt. Interessanterweise fiel das Streikende mit dem Beginn des Koreakrieges zusammen. Die US-Amerikaner beauftragten Toyota mit der Fertigung von Armee-Lkws und die Produktion mußte innerhalb kürzester Zeit wieder auf ein hohes Niveau gefahren werden. Vor dem Hintergrund des Traumas der Personalentlassungen galt es, die Produktivität ohne Neueinstellungen zu steigern.

Genau dies war der Ansatzpunkt für die Ideen Ohnos. In einer dauernden Konfrontation mit Mitarbeitern und Vorgesetzten setzte sich er für neue Prozesse und Methoden ein, die oftmals in krassem Widerstand zu Gewohntem standen. Die Entwicklung des TPS innerhalb der Toyota-Werke war direkt gekoppelt an die Karriere Ohnos. Mit seiner Beförderung **1953** zum General Manager der Motoren- und Getriebefertigung und **1960** zum Werkleiter des Motomashi Werkes wurden wichtige TPS-Elemente wie das Andon-Board und die Just-in-Time-Belieferung durch Zulieferer eingeführt.

Nachdem **1960** die Grundsätze des TPS in den Fabriken Toyotas eingeführt waren, suchte Ohno nach weiteren Potentialen zur Produktivitätssteigerung. Er forderte die Zulieferer auf, ihre Lieferungen Just-in-Time an Toyota abzugeben. Da die Zulieferer weiterhin innerhalb ihrer Unternehmen die Fertigung kleiner Losgrößen nicht beherrschten, installierte Ohno eine Art Beraterteam, das sogenannte ***Production Research Office***, das er selber schulte [Wom97]. Die Zulieferunternehmen wurden durch diese Beraterteams produktionssystemseitig auf ein hohes Niveau gebracht, aufgefordert eigene interne Prozeßberaterteams zu installieren und jeden Schritt ihrer Geschäftsprozeßkette ebenfalls schlank zu trimmen. Die Toyota Motor Company forcierte diesen Wandlungsprozeß, indem sie für jedes Teil jährlich eine ***Einsparungsquote*** verlangte.

Mit dem Eintreten der ersten ***Ölkrise 1973*** und den damit verbundenen Absatzeinbrüchen bei jedoch bleibenden Einsparungsforderungen von Seiten Toyotas, erkannten die sogenannten ‚Tier 1-Supplier'[21], daß sie diesen Preiskampf nur durch weitere Produktivitätssteigerungen bei ihren eigenen Zulieferern realisieren konnten. Somit war das Toyota Produktionssystem Ende der 70'er Jahre auf alle am Produktionsprozeß beteiligten Bereiche und Unternehmen verbreitet.

Toyota gilt heute als internationaler Best Practise Standard für Produktionsoptimierung und Produktqualität. Die Erfolge von Toyota haben viele ***Unternehmen inspiriert, dieses Modell zu kopieren*** und zu verbessern. Es entwickelten sich eine Reihe von Produktionssystem-Derivaten, deren Elemente in der Mehrzahl auf das Toyota Produktionssystem zurückzuführen sind.

---

[20] Fifo = 'First-in, first-out, gemeint ist das Abrufen von Ware aus Lagerbeständen nach Lagerzeitraum – diejenigen Waren, die als erstes eingelagert wurden, werden bei Bedarf als erstes wieder abgerufen.

[21] Als ‚Tier 1 Supplier' bezeichnet man diejenigen Zulieferer, welche Module direkt an die Montagewerke liefern. Als ‚Tier 2 Supplier' werden dementsprechend die vorgelagerten Hersteller für Komponenten und Kleinteile bezeichnet.

1.1.3 Das Toyota Produktionssystem und der Taylorismus

Obwohl nach populärwissenschaftlicher Ansicht scheinbare große Gegensätze zwischen den Ideen des Taylorismus und den Grundwerten des sogenannten ***Toyotismus*** liegen, haben detaillierte wissenschaftliche Analysen der Entstehungsgeschichte des TPS viele Gemeinsamkeiten nachgewiesen.

1.1.3.1 Die Grundzüge des Taylorismus

Die Geschichte der Schlanken Produktion hatte seine Ursprünge nicht in Japan sondern in den USA. Der Begriff ***Taylorismus*** ist zurückzuführen auf den Arbeitswissenschaftler *Frederik Winslow Taylor,* welcher am Ende 19. Jahrhunderts mit seinen Bewegungs- und Zeitstudien menschlicher Arbeitsabläufe der Vorläufer unserer heutigen Arbeitswirtschaft war. Von 1895 an veröffentlichte Taylor eine Reihe von Schriften, in denen er versuchte, die Methoden der experimentellen Wissenschaft auf den Produktionsbetrieb zu übertragen. Aus seinem wichtigsten Buch *The Principles of Scientific Management* leitet sich später der Begriff ***Wissenschaftliche Betriebsführung*** als Synonym für ***Taylorismus*** ab. Taylors Maxime lautete: „Ersatz des persönlichen Arbeiterurteils durch eine Wissenschaft" [Sim96]. Durch die detaillierte Analyse der Arbeitsgänge und ihre Zerlegung in Einzelschritte konnten Arbeitsvorgänge exakt zeitlich geplant und nicht-wertschöpfende Umfänge identifiziert und vermieden werden – hier zeigen sich bereits erste Parallelen zu den Standardarbeitsblättern im TPS.

Systematische Personalauswahl	Ermittlung der am besten geeigneten Arbeitskraft für einen Arbeitsablauf, um optimale Bewegungsabläufe zu garantieren
Kurze Pausen	Einführung kurzer Pausen (Steigerung quantitativer und fachlicher Arbeitsleistung)
Leistungslohn	Halten der Leistungsbereitschaft auf hohem Niveau (z.B. durch Akkordlohn)
Arbeitsplatz-Gestaltung	Arbeitswissenschaftliche Gestaltung des Arbeitsplatzes (Licht, Temperatur, Farbe, Layout) zur Optimierung der Mitarbeiterleistungsfähigkeit
Arbeitsteilung	Kurze Mitarbeiter-Anlernzeiten neuer durch reduzierte Arbeitsanforderungen
Trennung von Arbeitsvor-bereitung und -Ausführung	Schaffen einer spezialisierten Leistungs- und Kontrollfunktion (spezialisierte Funktionsmeister) zur Kontrolle und Überwachung des Produktionsmitarbeiters. Mitarbeiter erhielten ihre Anweisungen von bis zu acht unterschiedlich spezialisierten Meistern. (Trennung von Hand- und Kopfarbeit)

Tabelle 1.1.3.a: Merkmale des Taylorismus

Die Hauptziele des Taylorismus umfaßten zum einen die ***Transparenz des Produktionsprozesses*** für die Betriebsleitung (überschaubar, berechenbar, kontrollierbar) und zum anderen die ***Mitarbeitermotivation*** durch Anreizsysteme zur Leistungssteigerung (Akkord). Der Taylorismus fand seinen sichtbarsten Ausdruck im Fließband, das es ermöglichte, den Produktionsprozeß als ***räumlich-zeitliches Kontinuum*** darzustellen. In allen tayloristischen Nachfolgekonzepten wurde immer wieder versucht, den Mitarbeiter der ***Fließband-Maschine*** anzupassen. Bis der Toyotismus den umgekehrten Weg versuchte, nämlich die Maschine bzw. den Arbeitsprozeß dem Menschen anzupassen.

Durch die frühzeitige Erkennung der ***Fixkostendegression durch Produktivitätssteigerung*** und höhere Stückzahlen in den USA konnten sich die Grundsätze des Taylorismus zügig in den Fertigungsbetrieben durchsetzen. In Unternehmen, in denen Taylor die Betriebsführung organisierte, verdoppelte sich die Produktivität pro Mann und Maschine im Zeitraum von drei Jahren. Um 1940 hatten daher mehr als 90% aller US-Industriefirmen die Rationalisierungs- und Anreizsysteme des F.W. Taylor übernommen. Ein besonderes Beispiel für Produktivitätssteigerung wird an der Entwicklung der Produktionsbedingungen der Ford Motor Company von 1908 bis 1913 deutlich.

Jahr	Produktionsbedingungen bei der Ford Motor Company 1908 - 1913	Vorgangsdauer
1908	Arbeiter holen sich Teile aus der Werkstatt, bearbeiten sie individuell und montieren sie am Fahrzeug; lange Ausbildungszeiten erforderlich	514 min
1909	Standardisierte Massenfertigung und perfekte Austauschbarkeit von Teilen, jeder Arbeiter führte nur 1 Arbeitsschritt aus, ging von Pkw zu Pkw	2,3 min
1913	Einführung des Fließbandes, das Fahrzeug wurde am Arbeiter vorbeigeführt, kurze Anlernzeiten in Minuten	1,19 min

Tabelle 1.1.3.b: Tayloristische Erfolge am Beispiel der Ford Motor Company [Sim96]

Trotz aller Erfolge des Taylorismus wurden bald auch die ***Restriktionen*** gegenüber den Produktionsmitarbeitern deutlich und ***Kritik***, u.a. auch von Seiten Toyotas, laut. So wurde Taylor vorgeworfen, seine Grundsätze zur wissenschaftlichen Betriebsführung wären verantwortlich für die Degradierung des Mitarbeiters zum ‚***Homo oeconomicus***', der von seiner Grundhaltung her als träge galt und daher kontinuierlich durch materielle Gratifikation oder Sanktion zur Arbeit angehalten werden mußte.

Restriktionen des Taylorismus	
Trennung von Hand- und Kopfarbeit	Alle geistigen Elemente wurden aus der Tätigkeit des Arbeiters eliminiert. Eigenes Wissen, Ideen und durch Generationen gewonnene Erfahrungen im Rahmen der Werkstattfertigung konnten nicht mehr in den Arbeitsprozeß eingebracht werden.
Enteignung des arbeitenden Menschen von seinen Kenntnissen und Fähigkeiten	Kopfarbeit war das Privileg der Führungsmannschaft, d.h. des Managements, der Entwickler, Ingenieure und Funktionsmeister. Die Grundsätze der wissenschaftlichen Betriebsführung wurden nur von dieser Gruppe verstanden und zum Nutzen aller angewendet.
Extreme Arbeitsteilung	Die Aufteilung in kleinste Montageschritte führte zu einer Entfremdung zwischen dem Mitarbeiters und dem Endprodukt. Die Folge waren Demotivierung, Unachtsamkeit und mangelnde Qualität.
Festgeschriebene betriebliche Abläufe	Betriebliche Abläufe werden in das Korsett der formalen Organisation gepreßt und erlauben keinen Raum für Eigeninitiative und Kreativität
Reine Leistungsorientierung	Die Mitarbeiterauswahl folgt dem Grundsatz bester Qualifikation und gibt schwachen Mitarbeitern wenig Chancen. Die Einführung der Leistungsentlohnung schafft eine vordergründige Harmonie, Dauerhöchstleistungen werden zur Bezugsbasis
Degradierung der Mitarbeiter als austauschbaren Faktor	Der Produktionsmitarbeiter wurde als austauschbares Gut betrachtet, der sich lediglich aufgrund entsprechender Lohnanreize für die Arbeit interessierte. Psychische, seelische und soziale Aspekte der Mitarbeiter blieben im Produktionsprozeß fortan unberücksichtigt.

Tabelle 1.1.3.c: Restriktionen des Taylorismus

Nach Aussagen japanischer Unternehmensführer liegt die ***Ursache für mangelnde Produktivität*** westlicher Industrien in der Anwendung des tayloristischen Betriebsführungsmodells. Während westliche Unternehmen weiterhin Kreativität auf Entwicklung und Management beschränken und die dort gewonnenen Ideen top-down der Belegschaft vorgeben, haben japanische Industrien schon lange die Notwendigkeit der Einbindung *aller* Mitarbeiter erkannt. Um im Zuge des steigenden Wettbewerbsdruckes in einem globalen Markt überleben zu können, ist es erforderlich, alle verfügbare Kreativität zu nutzen – insbesondere diejenige der Produktionsmitarbeiter.

Trotz aller Kritik basierte Taylors Weltanschauung auf den Grundlagen des ***Positivismus*** und des Quäkertum[22]. Mit der wissenschaftlichen Beschreibung von Arbeitsabläufen und Gründung eines ‚***Arbeitsbureaus***', versuchte Taylor die Grundlage für eine ***leistungsgerechte Entlohnung*** und sorgfältige Auswahl und Ausbildung von Mitarbeitern zu legen. Taylors Ideal war die "***menschbetonte Manufaktur mit dem Menschen als quantifizierbaren Teil des Systems***" [Bra97a].

Leider hat sich die heutige ***Arbeitsvorbereitung*** in vielen Unternehmen zu einem bürokratischen Moloch entwickelt, welche keine Planungsunterstützung bei der Auslegung von Montageabläufen bietet, sondern lediglich als Kontrollinstanz mit Hilfe von Zeitaufnahmen nach Refa die Mitarbeiterentlohnung absichert. Das Verhältnis zwischen Arbeitsvorbereitern und Produktionsmitarbeitern ist entsprechend durch Mißtrauen gekennzeichnet und unterstützt in seinem Selbstverständnis als ‚***Zeitenkontrollfunktion***' keine Maßnahmen zur Fertigungszeitenreduzierung nach dem Vorbild des Toyota Produktionssystems.

In vielen Industrieunternehmen zeigt sich jedoch allmählich eine ***Wende***. Die Bereiche der Arbeitsvorbereitung / Arbeitswirtschaft werden zunehmend abgebaut und die ehemaligen ‚Zeitenkontrolleure' als Ablaufplaner in die Produktionsleistungscenter integriert. Dem Produktionsmitarbeiter wird durch aktive Einbindung in den Planungsprozeß die Aufgabe übertragen, eigenständig im Sinne des kontinuierlichen Verbesserungsprozesses, die nicht-wertschöpfenden Umfänge seiner Tätigkeiten zu reduzieren.

---

[22] Quäkertum = im 17.Jahrhundert von Charles Fox, englischer liberaler Politiker und späterer Außenminister, begründete christliche Gemeinschaft, gekennzeichnet durch religiösen Ernst und praktische, soziale Frömmigkeit.

Deutlich wird jedoch, daß die grundsätzlich positiven Intentionen Taylors in großem Mißklang zum Ruf des Taylorismus stehen. Man spricht daher auch vom ***realen Taylorismus***, welcher im Einklang steht mit dem Toyotismus sowie der ***menschengerechten Produktion*** [Bra97a].

1.1.3.2 Prägung des Toyota Produktionssystems durch den Taylorismus

Mitte des 19. Jahrhundert verzeichnete die japanische Industrie eine verstärkte Öffnung gegenüber westlichen Methoden der Produktionsorganisation. Mit Beginn der sogenannten ‚***Meiji Restoration***'[23] wurden die wirtschaftlichen und politischen Ziele Japans verstärkt auf Industrialisierung und Modernisierung ausgerichtet. *Conti & Warner* argumentieren, daß der ***Taylorismus einen deutlich stärkeren Einfluß auf die japanische Industrie*** hatte, als bisher angenommen. Die Elemente des Taylorismus sind daher, wenngleich angepaßt durch spezifische japanische kulturelle Faktoren, ein wichtiger Bestandteil der bisher als typisch japanisch interpretierten Grundwerte wie das Senioritätsprinzip (*nenko*), lebenslange Beschäftigungsgarantie (*shushin koyo*) und unternehmensspezifische Gewerkschaften [Con93].

Die Ideen Taylors fanden noch vor Beginn des ersten Weltkrieges durch Bücher und Berater Einzug in die japanische Industrie[24]. Frühe Anwender der Methoden des Scientific Management waren ab 1912 japanische Firmen wie *National Railways* und *Nippon Electric*. Insbesondere für die japanische Textilindustrie zeigten sie Managementlösungen für die wachsenden Probleme am Arbeitsplatz sowie der Mitarbeiterrekrutierung auf [Kiz91]. Anstelle von erfahrenen älteren Mitarbeitern sollten junge Mitarbeiter nun durch ***Standardisierte Arbeitsablaufbeschreibungen*** angeleitet werden. ***Zeitstudien*** sowie ***Kostenrechnung*** und ***striktere Qualitätskontrollen*** wurden eingeführt. Japanische Universitäten begannen ab **1915** die Grundsätze Taylors zu vermitteln. So führte *Yusukawa Electric* ein tayloristisches Leistungslohnprinzip und *Tokyo Electric* erste Experimente zur statistischen Prozeßkontrolle ein.

Obwohl die Ford Motor Company als auch General Motors bereits **1925** erste CKD-Montagewerke in Yokohama und Osaka errichteten, hatte der Taylorismus erst nach dem zweiten Weltkrieg stärkeren Einfluß auf die ***japanische Automobilindustrie***. Als Beispiele sind hier die verfeinerten Methoden der Zeit- und Bewegungsstudien zu nennen. Wenngleich die Nachfrageschwankungen der japanischen Automobilindustrie zu hohen Fluktuationsraten bei Toyota-Mitarbeitern führten, die Mitarbeiter als ‚Objekte der Arbeitsbestandssteuerung' degradierte, lag in dieser ***konstanten Anpassung der Kapazität*** an die Erfordernisse des Marktes die Grundlage für Toyotas JIT Philosophie.

Auffällig ist weiterhin, daß beide Philosophien ***gleiche Zielgrößen*** favorisieren – diese jedoch unterschiedlich realisierten. Sowohl Toyota als auch tayloristisch strukturierte Unternehmen erfordern konstant hohe Produktionszahlen bei niedrigen Stückkosten, um die hohen Fixkosten[25] abzudecken. Während in der Fordschen Massenproduktion eine unterbrechungsfreie Fertigung durch große Material- und Halbfertigteilepuffer sichergestellt wurde, setzte Toyota auf den ***Single-Piece-Flow***[26] ohne zwischengeschaltete Puffer. Dieses wiederum erfordert störungsfreie, robuste Prozesse und Reduzierung von Toleranz- bzw. Abweichungssensitivität.

Durch das Splitten der Arbeitsvorgänge in kleinste Teilabschnitte, gemäß dem Taylorismus, konnten nicht-wertschöpfende Umfänge als Verschwendung eliminiert und wiederholbare Arbeitsvorgänge anhand standardisierter Prozeßdokumentationen gewährleistet werden. Während nach den Ansätzen des Scientific Management die Festlegung und strikte Einhaltung ‚***einer besten Methode***' für jede Tätigkeit betont wird, existiert bei Toyota eine hohe Einbindung der Mitarbeiter bei der Gestaltung der Arbeitsabläufe, verbunden mit entsprechender Methodenschulung zur ***Prozeßoptimierung***. Der aktuelle Standard wird befolgt, kann jedoch jederzeit durch einen besseren Vorschlag als neuer Standard abgelöst werden. Durch den Einsatz von wissenschaftlichen Methoden zur Optimierung der Arbeitsschritte sollen die Mitarbeiter also nicht entmündigt, sondern vielmehr zum ***Erlernen dieser Methoden*** und damit aktiven Mitarbeit an der Gestaltung effektiverer Prozesse angehalten werden.

---

[23] Definition ‚Meiji Restoration' = die Meiji-Regierung wurde aufgrund ihrer Unfähigkeit die wirtschaftlichen und sozialen Änderungsprozesse in Japan zu steuern, 1968 durch eine neue Regierung ersetzt, welche ihre Ziele verstärkt auf Industrialisierung und Modernisierung ausrichtete.

[24] Taylors Schrifttum, wie „The Principles of Scientific Management", „The Secret of Saving Lost Motion" sowie „Secrets for Eliminating Futile Work and Increasing Production" und „A Report on Observations" seiner Anhänger Yukinori und Toshiro wurden 1912 in japanischer Übersetzung in Millionenauflagen verkauft.

[25] Unter anderem ein Resultat der japanischen lebenslangen Arbeitsplatzgarantie

[26] Unter Single-Piece-Flow versteht man die Fertigung nach Losgröße 1 bei direkter Verkettung von Arbeitsstationen unter Vermeidung von jedlichen Zwischenmaterialpuffern, vgl. dazu Kapitel 3.1.2.2.2 *Continuous Flow Processing*.

Trotz der Argumente, daß das Toyota Produktionssystem dem Werker mehr Freiraum, mehr Autonomie, mehr eigene Kreativität bei der Arbeitsplatz- und Prozeßgestaltung bietet, wird andererseits die ***verstärkte Überwachung*** kritisiert. Schlanke Produktionen werden der „Intensivierung des Arbeitsprozesses als ein Resultat der gestiegenen Überwachung der Tätigkeiten von Mitarbeitern, gestiegener Verantwortlichkeit, dem Leistungsdruck innerhalb der Teams sowie gegenüber den internen Kunden und der hohen Erwartungshaltung bei der Beteiligung am kontinuierlichen Verbesserungsprozeß" bezichtigt [Con93].

In Anbetracht des weltweiten wirtschaftlichen Erfolges des Toyotismus und dem damit verbundenen Einfluß auf die Qualität des Berufsalltags, stellen *Conti* und *Warner* abschließend die ***(eher philosophische) Frage***, ob „die Vorteile von lebenslanger Beschäftigung und Möglichkeiten der stärkeren Einbeziehung von eigenem Urteilsvermögen bei der Arbeitsplatzoptimierung ein angemessener Ausgleich für die hohe Arbeitsbelastung in einem toyotistischen Unternehmen sind?" Eine Antwort wird im Laufe der folgenden Kapitel erarbeitet. Ein detaillierter Vergleich des Taylorismus und Toyotismus findet sich im Anhang 11.1 dieser Arbeit.

1.2 Abgrenzung des Begriffs 'Toyota Produktionssystem'

Durch den MIT-Mitarbeiter *John F. Krafcik* wurde Anfang der 90'er Jahre der Begriff ***Lean Production*** begründet [Kra88]. Krafcik benutzte den Begriff ***Lean*** (schlank) als Gegensatz zu ***buffered*** (gepuffert) zur Kategorisierung von Produktionssystemen. Gepuffert bedeutet, daß westliche Hersteller sich mit einer umfangreichen Lagerhaltung (auch zwischen einzelnen Stationen) gegen Produktionsausfälle absichern, mit überzähligen Arbeitskräften gegen Personalengpässe und mit großzügigen Nacharbeitszonen gegen schlechte (nachzubessernde) Produktqualität. Toyota betrachtet diese kostenintensiven Absicherungen als Verschwendung und baut sie gezielt ab [Rud96a].

Lean Production oder auch Lean Management ist kein Konzept, dem ein theoretisches Grundmodell zugrunde liegt. Es ist vielmehr das Produkt einer Vorgehensweise, das aus den Alltagsproblemen des Pkw-Herstellers Toyota heraus entstanden ist. Man kann Lean Production daher als eine ***Zustandsbeschreibung des Toyotismus*** beschreiben. Da letztlich *alle* Geschäftsprozesse eines Unternehmens ‚verschlankt' werden sollen, ist der Begriff ***Lean Management*** treffender als Lean Production. Die Erreichung des Toyotismus wiederum basiert aus dem konsequenten Zusammenspiel aller Elemente des Toyota Produktionssystems. *Masaaki Imai*, Begründer der Kaizenphilosophie, verweist darauf, daß das japanische Wort für ‚Management' ebenso für ‚Steuerung / Kontrolle' steht. Durch den Einsatz des TPS-Elementes *Visual Management* stellen japanische Unternehmen ihre Prozesse „unter Kontrolle" [Ima97].

Die heute meist verwendeten Begriffe im Zusammenhang mit neuen Produktionskonzepten lauten geordnet nach der Häufigkeit ihrer Nennung *Lean Management, Kaizen, Total Quality Management (TQM), Kontinuierlicher Verbesserungsprozeß (KVP)* und *Business Process Reengineering (BPR)*. Sie lassen sich prinzipiell hinsichtlich ihres zeitlichen und organisatorisch-strukturellen Einflusses in drei Kategorien einteilen:

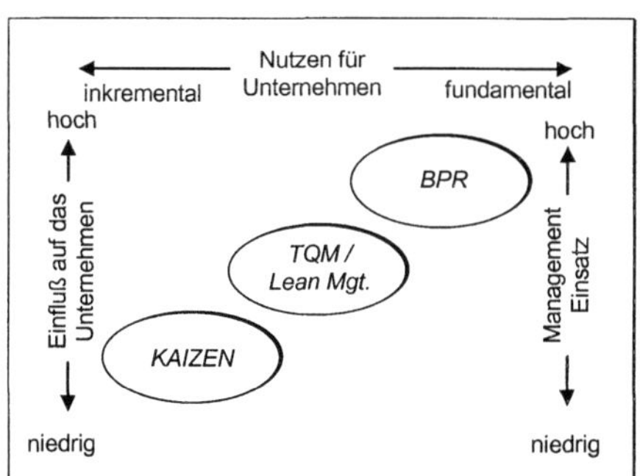

Bild 1.2.a: Einordnung von Kaizen, Lean Management und Business Reengineering [Bran94]

1. ***Kaizen / Kontinuierlicher Verbesserungsprozeß***: Die Grundhaltung dieser Ansätze ist, daß jeder Prozeß und damit jedes Produkt (eines Prozesses) sich immer weiter verbessern lassen. Die Innovation erfolgt hierbei in vielen inkrementalen Schritten, in Optimierungen, welche durchaus lokal zu kurzfristigen Verbesserungen führen, die in ihrer Gesamtheit aber erst langfristig den großen Erfolg dem Unternehmen bescheren werden.
2. ***Lean Management / Total Quality Management:*** Durch den ebenfalls langfristig angelegten

Wertewandel bei Management und Belegschaft soll eine ganzheitliche Verbesserung der Prozesse erreicht werden.

3. ***Business (Process) Reengineering:*** dieser Ansatz steht für ein fundamentales Überdenken und radikale Neugestaltung von Abläufen und Prozessen. Das BPR beschränkt sich nicht nur auf die bereichsbezogene Optimierung der Ablauforganisation, sondern hat ebenso weitreichende strukturelle Änderungen der Aufbauorganisation zur Folge [Gab97].

Auf einen wertenden Vergleich soll an dieser Stelle zunächst verzichtet werden. Es geht vielmehr um die prinzipielle Einordnung der inhaltlich ähnlichen Ansätze im Hinblick auf Einfluß, Nutzen und Partizipation des Managements.

Neben den oben genannten Philosophien gibt es zahlreiche weitere Beschreibungen für Optimierungen, welche als Teilaspekte den oberen Hauptthemen zugeordnet werden können. Analysiert man die Konzepte auf ihre detaillierten Inhalte, so wird deutlich, daß es sich überwiegend um identische Prozesse und Instrumente handelt, die teilweise in unterschiedlicher Konstellation zueinander aufgebaut sind, jedoch in ihrer Gesamtheit letztlich die ***gleichen Ziele*** verfolgen (Qualitätsverbesserung und Produktivitätssteigerung).

Lange bevor unter dem Druck der Ergebnisse der MIT-Studie westliche Unternehmen gezwungen waren, sich im Detail mit den japanischen Produktionskonzepten auseinanderzusetzen, wurden ***Teilaspekte des TPS*** implementiert – so z.B. die Gruppenarbeit. Es handelte sich jedoch stets um ***Insellösungen***, welche für sich allein nicht wirklich tiefgreifende Verbesserungen der Unternehmensprozesse zur Folge hatten. Erst mit dem Druck Japans und anderer asiatischer ‚Tigerstaaten' war der ***Paradigmenwechsel*** im Denken und Handeln von Mitarbeitern und Führungskräften möglich – viele richtige Ansätze und Vorgehensweisen aus vorherigen Jahrzehnten finden sich bei genauerer Betrachtung heute als Teilumfänge der modernen Produktionskonzepte wieder [Sim96].

Die Definition der Begründer *Womack* und *Krafcik* zielt ab auf den ***verringerten Ressourcenbedarf***: *Lean Production* ist ‚schlank', weil sie von allem weniger einsetzt als die Massenfertigung. Eine detaillierte Aussage bieten die Kennzahlenvergleiche der MIT-Studie.

Lean Production – Vergleich von Kennzahlen der MIT-Studie				
	Jap. Werke in Japan	**Jap. Werke in USA**	**US-Werke in USA**	**Werke in Europa**
Produktivität [Std./Fzg.]	16,8	21,2	25,1	36,2
Montagefehler [x/100 Fzg]	60,0	65,0	82,3	97,0
Fläche [qm/Fzg+a]	0,5	0,8	0,7	0,7
Größe Nacharbeitsbereich [% der Montagefläche]	4,1	4,9	12,9	14,4
Lagerbestand [Tage für 8 Teile]	0,2	1,6	2,9	2,0
Arbeiter in Teams [%]	69,3	71,3	17,3	0,6
Job Rotation (4=Maximum; 0=keine)	3,0	2,7	0,9	1,9
Verbesserungsvorschläge [x/MA+a]	61,6	1,4	0,4	0,4
Abwesenheit (%)	5,0	4,8	11,7	12,1

Tabelle 1.2.a: Vergleichszahlen japanischer, US-amerikanischer & europäischer Werke [Wom90].

Stand der obengenannten Angaben ist **1990.** Seither wurden große Anstrengungen sowohl in europäischen als auch amerikanischen Werken unternommen worden, um die dargestellten offenen Potentiale zu kompensieren – jedoch ist der kontinuierliche Verbesserungsprozeß ebenso bei japanischen Unternehmen entsprechend fortgesetzt worden!

1.3 Die traditionell strukturierte Automobilindustrie

Vergleicht man die Automobilproduktion zu Zeiten Henry Fords mit der heutigen Situation, so fällt insbesondere die hohe Typenvielfalt auf, die wiederum zu steigenden Anforderungen an die Produktentwicklung, an effizientere und vor allem flexiblere Produktionsanlagen und an die Mitarbeiterqualifizierung führt [Tmc85]. Diese Bestimmungsgrößen sind Variablen, die ebenso in modernen Produktionssystemen nach dem Vorbild des Toyota Produktionssystems zu berücksichtigen sind.

1.3.1 Die Bestimmungsgrößen der heutigen Automobilproduktion

Standortfaktoren / Globalisierung: Die Berücksichtigung von Marktspezifika sowie Akzeptanz durch Arbeitsplatzsicherung erfordern das Produzieren *in* den Weltmärkten. Kleinere effiziente Montagestandorte erfordern die schnelle Übertragbarkeit von Produktions-Know-how und Qualitätssicherungssystemen.

Teilevielfalt: Trotz wachsender Teilevereinheitlichung durch Plattformkonzepte sind moderne Fahrzeuge durch eine hohe Komplexität und Teilevielfalt gekennzeichnet. Bedarfsorientierte Materialversorgung und enge Zusammenarbeit mit Zulieferern sind erforderlich.

Kurze Produktlebenszyklen bei langer Nutzungsdauer erfordern simultane Entwicklungszeiträume für neue komplexe Produkte von der Entwicklung bis zum Produktionsanlauf mit entsprechender Weitsicht in zukünftige Markttrends, flexible Mitarbeiter und Fertigungsprozesse, hohe Produktqualität (inklusive regionalspezifische Produktanforderungen) sowie langfristige Betriebssicherheit und Zuverlässigkeit.

Flexibilität: Die Automobilfertigung als Integration unterschiedlichster Fertigungsprozesse mit vielen tausend Anbauteilen aus verschiedensten Materialien resultiert in einen weiterhin hohen Anteil an manuellen Arbeitsschritten mit hohen Anforderungen an Mitarbeiterintegration und –Schulung. Gemeinsam mit häufigen Modellwechseln ist eine sichere Prozeßbeherrschung bei gleichzeitiger schneller Adaption an neue Modelle erforderlich.

Qualität und Kostensensitivität: Marken- und Techniktransparenz der Kunden erfordern insbesondere von traditionellen Herstellern im Luxussegment ein verstärktes Augenmerk auf effiziente QS-Systeme.

1.3.2 Die Unzulänglichkeiten traditioneller Formen der Produktionsorganisation

Um den Mehrwert von Produktionssystemen erkennen zu können, ist es wichtig sich die bestehenden Mißstände in traditionell strukturierten Unternehmen zu verdeutlichen. Häufige genannte Probleme sind:

Das ***Verhältnis Management zu Mitarbeitern*** ist geprägt durch Mißtrauen und mangelnde Kommunikation. Ein Teamkonzept kann nicht wirklich entstehen, da Produktionsmitarbeiter nicht als gleichwertige Teamkollegen im Produktionsprozeß akzeptiert werden.

Die ***Trennung von Kopf- und Handarbeit*** resultiert in mangelnder Einbeziehung der Produktionsmitarbeiter, ihre Kreativität wird nicht genutzt. Das Berufsbild *Process Engineer* als Bindeglied zwischen Produktion und Planung ist nicht existent.

Kein geordneter Verbesserungsprozeß: Ohne anfängliche Arbeitsplatzorganisation können keine Verbesserungspotentiale aufgezeigt werden. Ohne Standardisierung kann keine systematische iterative Optimierung jeweils basierend auf einem beschriebenen und damit bekannten Standard erfolgen.

Täglich neufestgelegte Taktzeit (und damit aktualisierte Arbeitsverteilung) aufgrund von hohem ‚Krankenstand' (mangelnder Motivation) verhindert die Kontinuität in der Gruppenarbeit und den Einsatz von Standardarbeitsblättern.

Es ist ***keine gleichmäßig ausgelastete Produktion*** realisierbar aufgrund häufiger kurzfristiger Kompensation von Nachfragefluktuationen.

Die ***fehlende Akzeptanz standardisierter Arbeitsabläufe*** ist begründet im scheinbarem Widerspruch zwischen hohem Ausbildungsstand (Selbstverständnis) der Facharbeiter und den Standards als Vorgabe der Planung, welche nicht in Zusammenarbeit mit Werkern erarbeitet werden.

Die hohe Störanfälligkeit der komplexen Anlagentechnik ist verantwortlich für das ***Fehlen einer bedarfsorientierten Materialversorgung*** mit geringsten Materialbeständen. Sicherheitsbestände behindern das Erkennen von verdeckten Produktionsprozeßproblemen.

Produktionsstückzahlen beeinträchtigen die Konsequenz zur Verbesserung. Eine durchgängige, konsequente Unterstützung seitens des Managements ist oftmals nicht gegeben. Dies ist verbunden mit dem ***einseitig-oberflächlichen Interesse am Produktionssystem,*** d.h. dem Einführen von Insellösungen ohne Verständnis des Gesamtsystems, der Funktion einzelner PS-Elemente sowie ihrer Interdependenzen.

1.4 Produktionssysteme in der Automobilindustrie

Produktionssysteme finden sich heute in vielen Industrieunternehmen. Aufgerüttelt durch die MIT Studie haben insbesondere die Automobilunternehmen Produktionssysteme als Derivate des TPS in ihren Werken installiert.

1.4.1 Produktionssysteme in den USA / NAFTA

Die Produktionssystem-Applikationen der nord-amerikanischen Automobilindustrie umfassen neben japanischen Transplants ebenso die drei traditionellen Hersteller Ford, General Motors und DaimlerChrysler. Letztere haben versucht ihren Informationsrückstand bei Produktionssystemen insbesondere durch die Gründung von ***Joint-Ventures*** mit japanischen Herstellern auszugleichen. Wenngleich damit nicht eine flächendeckende Umstrukturierung aller bestehenden Werke verbunden war, so schuf man sich ***Experimentierfelder***, in denen gute Beispiele studiert und ggf. übernommen werden konnten. Klassische Transplants in strukturschwachen Regionen fernab der traditionellen Automobilstandorte wurden seit Mitte der 80er Jahre durch die japanischen Hersteller Toyota, Honda, Nissan und Mitsubishi gegründet [Flo92].

Hersteller und Kategorie	***Standorte in den USA / NAFTA***	***Produkte (Produktionssysteme)***
Kategorie Transplants		
Honda	St. Paul, Minnesota	Accord, Civic, Legend
Mitsubishi Diamondstar	Michigan	Eclipse, Diamante
Nissan	Smyrna, Tennessee	Quest, Pick-Up Truck
Toyota Georgetown	Lexington, Kentucky	Camry, Viento (TPS)
Toyota Canada	Windsor, Ontario, Canada	Corolla (TPS)
Toyota	Indiana, USA	Pick-Up Trucks (TPS)
Kategorie Joint Ventures		
Ford & Mazda	Flat Rock, Michigan	Ford / Mazda Pick-Up Trucks (FPS)
Ford & Mazda	Hermosillo, Mexico	Pacer (FPS)
CAMI (GM & Suzuki)	Ingersoll, Ontario, Canada	Geo Metro, Geo Tracker (TPS)
NUMMI (GM & Toyota)	Freemont, Kalifornien	Corolla & GM Nova (TPS)
Kategorie neue Werke traditioneller Hersteller		
Saturn (General Motors)	Tennessee	Mittelklassewagen Marke Saturn (TPS)
Chrysler	Zahlreiche Standorte	Pkw, Pick-Ups (COS)
BMW	Spartanburg, South Carolina	Roadster
Mercedes-Benz US, Int.	Tuscaloosa, Alabama	M-Klasse Geländewagen (MBUSI-PS)

Tabelle 1.4.1.a: Produktionssysteme an Standorten der nordamerikanischen Automobilindustrie

1.4.2 Produktionssysteme in Europa

In Europa sind seit Mitte der 90er Jahre ebenfalls verstärkt Automobilstandorte mit japanisch geprägten Produktionssystemen entstanden. Neben der Neustrukturierung in bestehenden Standorten, sind insbesondere neue Standorte Auslöser für die Implementierung von PS gewesen. Dabei wurden überwiegend Standorte in strukturschwachen Gebieten mit hoher Arbeitslosenquote ausgewählt.

Hersteller und Kategorie	***Standorte in Europa***	***Produkte (Produktionssysteme)***
Kategorie Transplants		
Nissan	Sunderland, England	versch. Modelle
Toyota	Frankreich	Yaris (ab 2001)
Kategorie neue Werke traditioneller Hersteller		
Audi AG	Ingolstadt & Györ, Ungarn	Versch. Modelle (Audi Produktionssystem)
Eurostar	Graz, Östereich	Voyager (Chrysler Operating System)
Ford	Saarlouis, Saarland	Escort (Ford Produktionssystem)
Mercedes-Benz AG	Rastatt, Baden-Württemberg	A-Klasse (Rastatter Produktionssystem)
Opel AG	Eisenach & Antwerpen	Astra (Opel Produktionssystem)
Porsche AG	Zuffenhausen & Finnland	911, Boxter (Porsche Produktionssystem)

Tabelle 1.4.2.a: Produktionssysteme der europäischen Automobilindustrie

1.5 Personalpolitik in TPS geprägten Unternehmen

In ihrer kritischen Betrachtung der Arbeitsbedingungen im Nissan-Transplant Sunderland in Großbritannien, relativieren *Garrahan* und *Stewart* die Vorzüge japanischer Transplants in Form von „Qualität, Flexibilität und Teamarbeit" als „Kontrolle, Ausbeutung und Überwachung" [Gar92]. *Palmer* analisierte hierzu als Fallstudien drei in Großbritannien ansässige Transplants. Er argumentiert, daß durch die Anwendung der ‚Verschwendungsprinzipien' Muri, Mura und Muda ein Produktionssystem geschaffen wird, welches mangels entsprechender Puffer (=Verschwendung) eine höhere Abhängigkeit der Prozesse von der aktiven Unterstützung der Belegschaft erfordert. Im Umkehrschluß erfordert dies die Installation von Systemen bzw. Prozessen, welche es dem Werker unmöglich machen, gegen die Interessen des Unternehmen zu handeln. In Großbritannien werden hier zwei Ausprägungen deutlich: die ***dem Unternehmen verbundene*** oder die ***stark kontrollierte, überwachte Belegschaft*** [Pal96]. Während die Form der kontrollierten Belegschaft kein Vertrauensverhältnis und daher langfristig keine wirkliche Motivation der Mitarbeiter erwarten läßt, finden Methoden des ***Human Resource Management*** (HRM) eine steigende Bedeutung in japanischen Unternehmen, um ***Committment***[27] durch die Verfolgung gemeinsamer Interessen zu erreichen.

Human Resource Management (HRM) ist gekennzeichnet durch die Schaffung von Leistungsbereitschaft infolge gemeinsamer Interessensverfolgung. In mehreren Schritten (Abschaffung interner Bereichsgrenzen und Statusunterschiede, die Gleichschaltung von Leistungen der Mitarbeiter, den Aufbau eines effektiven Informationsaustausches zwischen Management und Belegschaft, Gruppenarbeit) soll zunächst die Unternehmenskultur von ‚uns und Ihnen' zu lediglich ‚uns', d.h. Schaffung eines ‚***Wir-Gefühls***' optimiert werden. In einem zweiten Schritt soll dann über die Flexibilisierung der Arbeit unter Einbeziehung indirekter Tätigkeiten dem Mitarbeiter die Chance zu eigener Weiterbildung, Mitbestimmung am Arbeitsplatz und Vermeidung von monotonen Tätigkeiten gegeben werden. Die für japanische Unternehmen spezifischen Ansätze zur Schaffung eines Wandels vom ***Überwachungsmodell*** zum ***Committment Modell*** wurden von *Walton* erläutert.

Vergleichsfaktoren	***Committment Modell***	***Aspekte der japanischen Praxis***
Prinzipien der Arbeitsgestaltung	Individuelle Eigenverantwortlichkeit zur Optimierung der Arbeitsabläufe Häufiger Einsatz von Arbeitsteams als autonome, eigenverantwortliche Einheiten Flexible Definition von Arbeitsumfängen abhängig von aktuellen Anforderungen	Kaizen, Qualitätszirkel, Total Quality Management (TQM) Autonome Arbeitsteams, Gruppenbesprechungen, Zellenfertigung Flexibilität bei Arbeitsaufgaben
Management-hierarchie, Strukturen, Systeme, Managementstil	Flache Hierarchie mit Systemen zur gegenseitigen Regelkommunikation Minimale Statusunterschiede um Fokus von Hierarchieebenen zu nehmen	Flache Hierarchie, 2-Wege-Kommunikation Produktionsmitarbeiter mit gleichem Status, Büros im Produktionsbereich
Vergütung	Individuelle Gehaltshöhe in Abhängigkeit von Fähigkeiten & Qualifikation	Gehalt anteilig abhängig von Qualifikation
Beschäftigungs-garantien	Zusage, daß Beteiligung von Rationalisierungen nicht zum Arbeitsplatzverlust führt	Flexibilität bei Arbeitsaufgaben Beförderung nur innerhalb des Unternehmens
Information der Beschäftigten	Partizipation der Mitarbeiter bei vielfältigen Anlässen Frei zugängliche Unternehmensdaten	Gruppen ‚Briefings', Kaizen, Qualitätszirkel, Personalvertretungen Regelmäßige Unternehmensbericht-erstattung gegenüber Mitarbeitern
Arbeitnehmerplanung und -Vertretung	Gemeinsame Mitarbeiterbedarfsplanung und vertrauensvolles Arbeitnehmer-Arbeitsgeberverhältnis Gewerkschaftsvertreter und Mitarbeiter definieren ihre Rollen neu	Personalrat, Beschränkung auf 1 Gewerkschaft (=USA-spezifisch) Vereinbarungen zur Vermeidung von Arbeitsniederlegungen, Management befürwortet Gewerkschaftszugehörigkeit

Tabelle 1.5.a: High Committment Modell – von Kontrolle zu Vertrauen [Walt85]

[27] Committment (engl.) = Verpflichtung bzw. Verbindlichkeit der Mitarbeiter und des Management zur gemeinsamen Verfolgung beiderseitiger Ziele.

Das Ziel einer ***High Committment-Strategie*** liegt in der Schaffung einer ***Atmosphäre hohen Vertrauens***, wo Konflikte durch beiderseitige Interessenvertretung und Kooperation ersetzt werden. Kontrolle ist zwar Bestandteil dieses Systems, aber für den einzelnen Mitarbeiter eher selbst geschaffen als durch Vorgesetzte initiiert. Entsprechende Unternehmensrichtlinien zur Führung und Kontrolle der Mitarbeiter werden daher als essentielle Elemente der Unternehmensstrategie gesehen, welche der Unterstützung der Produktion dienen.

Das HRM ist bestrebt die Verfolgung der sogenannten ***'harten' Unternehmensinstrumente***, wie Qualitätskontrolle und Produktionssteuerung mit den ***'soften'*** Instrumenten, wie Mitarbeiterführung und Motivation in Einklang zu halten. Beide Seiten sind für den Unternehmenserfolg wichtig. Sie repräsentieren lediglich die entgegengesetzten Enden des gesamten Unternehmensbildes [Tre88]. Die Umsetzung der neuen partnerschaftlichen Vereinbarungen zwischen Management und Arbeitnehmern kann durch HRM unterstützt werden, stellt jedoch, wie Erfahrungen zeigen, einen langwierigen Prozeß zur Wandlung der Unternehmenskultur dar.

1.6 Kritische Anmerkungen zum Toyota Produktionssystem

Die Ansätze der Lean Production bzw. Grundzüge des Toyota Produktionssystems fanden bei Vertretern aus Wissenschaft und Industrie ***nicht nur positive Resonanz***. Insbesondere Vertreter der Arbeitswissenschaften sowie der Gewerkschaften werteten den Einfluß auf die europäische und US-amerikanische Industrie als kritisch. So wurden angewandte japanische Formen der Produktionsorganisation weniger als Maßnahmen zur Schaffung gegenseitigen Vertrauens und Verpflichtung interpretiert, sondern als Instrumente zur ***stärkeren Kontrolle der Mitarbeiter***.

Delbridge und *Turnbull* kritisieren, daß „Teamarbeit, Job Rotation und flexible Gestaltung der Arbeitsumfänge nicht Maßnahmen zur Erschließung verborgener Mitarbeiternutzenreserven im Sinne des HRM zu höherem Committment, Mitarbeitereinbindung, etc. sind, sondern Werkzeuge zur Stärkung der Mitarbeiterkontrolle sind" [Delb92]. Aufgrund nicht vorhandener Personal- und Materialpuffer, erfordert die Anfälligkeit japanischer Produktionssysteme Maßnahmen zur Steuerung und Überwachung der Produktion. In der Konsequenz dieses Denkansatzes lassen sich alle Aspekte der japanischen Produktionsorganisation ***ebenso negativ interpretieren*** – nämlich als Maßnahmen zur Stärkung des Einflusses des Managements über die Mitarbeiter. Das sogenannte ***'Multi-Skilling'***[28] dient nach dieser Betrachtungsweise nicht prinzipiell der breiten Mitarbeiterqualifikation, sondern steht im Sinne des ***'Multi-Tasking'***, dem universellen Einsatz von Mitarbeitern mit geringem Trainingsstand, für monotone und wenig anspruchsvolle Aufgaben.

Eine ***flexibel einsetzbare Mitarbeiterschaft***, ein Hauptelement des Toyota Production System, macht Werker in den Augen der Kritiker ***austauschbar***. Weiterhin wird die ***Delegation von Verantwortung*** für Produktqualität an die Werker als Maßnahme zur gegenseitigen Überwachung von Mitarbeitern gewertet. Zusätzlich werden Mitarbeiter durch den Einsatz von elektronischen oder mechanischen Fehlervermeidungssystemen (***Poka-Yoke***) kontinuierlich überwacht und durch angeschlossene Displays zur Fehlerfortschreibung öffentlich bloßgestellt.

Mangelnde Sorgfalt bei der Analyse der TPS-Elemente ist ein Kritikpunkt, welcher u.a. den Autoren der MIT-Studie *Womack* und *Roos*, vorgeworfen wird. [Rud96a]. *Rudolph* definiert das TPS hingegen als „ein System ***erfolgreich praktizierter Rationalisierungsmethoden***, ... dessen Ziel eine gleichmäßig fließende, sich an der Dauerleistungsgrenze bewegende Produktion" ist.

Gendo und *Konschak* [Pas99] kritisieren die MIT-Studie als mangelhaft recherchiert und die darin als Innovationen dargestellten Produktionssystem-Elemente als ***'alten Wein in neuen Schläuchen'***. Ihrer Meinung nach haben die MIT-Forscher unter der Last des hohen Erfolgsdruckes seitens der an der Studie beteiligten westlichen Automobilhersteller[29] und bedingt durch mangelnde Kenntnis von japanischem Managementverständnis aktuelle westliche Vorstellungen zu einem ***Post-Tayloristischem Produktionsmanagement*** in die TPS-Elemente 'hinein-interpretiert'. Nach *Gendo* und *Konschak* ist das Ergebnis der MIT-Studie eine völlige ***Fehlinterpretation*** der japanischen Unternehmensrealität. Die Wahrheit liegt nach Meinung des Autors dazwischen und die Erfolge des TPS in Bezug auf

[28] Unter 'Multi-Skilling' versteht man im Sinne des Toyota Production System die breite Ausbildung / Schulung der Mitarbeiter, um sie sowohl flexibel in den Montagebereichen zu rotieren, in der Teilefertigung als alleiniger Mehrmaschinenbediener zum Betrieb ganzer Fertigungszellen einzusetzen, sowie durch die Integration von Nebentätigkeiten die Mitarbeiterauslastung zu optimieren. Während der Fokus beim 'Multi-Skilling' auf den 'Skills', also den Fähigkeiten bzw. Qualifikationen des Mitarbeiters liegt, beschreibt das 'Multi-Tasking' lediglich das Parallele Bearbeiten mehrerer Aufgaben.

[29] Die MIT-Studie wurde Ende der 80er Jahre mit Investitionen von ca. 5 Mio US-$ seitens vieler westlicher Automobilhersteller gefördert.

Produktionseffizienz und Produktqualität sind unbestritten. Basierend auf eigenen Erfahrungen[30] soll an dieser Stelle eine Bewertung der Aussagen der MIT-Forscher sowie der Essener Ostasienspezialisten vorgenommen werden.

Kritik-punkte	**Womack & Roos, MIT**	**Gendo & Konschak, Essen**	**Meinung des Autors**
‚Neue' Praktiken	Das Konzept des TPS wird als ‚zweite Revolution in der Automobilindustrie' gepriesen. Gravierende Reduzierungen bei Materialbestand, Qualität, Fertigungsstunden, Nacharbeit und Flächenbedarf	Alle Techniken (der MIT-Studie) sind in der BWL und Japan-Forschung seit Jahrzehnten bekannt und erforscht. „Ursache des (japanischen) Leistungswunders sind uralte Managementtechniken, deren Existenz in jap. Firmen und Vorteilhaftigkeit nicht nachgewiesen ist".	Die Erfolge des japanischen Produktionssystemmodells sind unbestritten. Die angewandten Methoden sind einfach, einleuchtend und pragmatisch, sind im Westen lange bekannt, haben u.a. ihre Ursprünge im Taylorismus – Kernpunkt ist: sie werden nur im TPS konsequent angewendet!
Post-Tayloris-mus	TPS Bestandteile sind flache Hierarchien, Gruppenarbeit und Entscheidungs-dezentralisation.	Die MIT-Forscher haben gezielt nach westlichen Vorstellungen post-tayloristischen Produktions-managements gesucht und diese auf die TPS-Philosophie appliziert.	Hierarchien sind in Japan nach außen auf wenige Stufen begrenzt. Nach innen weisen sie jedoch zahlreiche Abstufungen zur Motivation der Mitarbeiter auf. Transplants versuchen durch wenige Stufen eine Differenzierung zu vermeiden. Die Vergütung auf der Werkerebene ist einheitlich.
Gruppen-arbeit & Arbeits-belastung	Teamarbeit nach japanischem Verständnis wird mit der Gruppenarbeit in Europa gleichgestellt.	Jap. Teamarbeit ist als kontinuierliche Ausdünnung der Belegschaft bis zur physischen & psychischen Leistungsgrenze beschrieben.	Das TPS ist ausgerichtet auf kontinuierliche Eliminierung von Verschwendung. Die Arbeitsbelastung erscheint nach westlichen Standards als zu hoch; sie basiert jedoch auf (von Werkern kontrollierten) Zeitstudien. Hinsichtlich Gruppenfunktion, Autonomie, Sprecherfunktion und Rotation sind ‚Teamarbeit' und ‚Gruppenarbeit' vergleichbar!
Job Enrich-ment / Enlarge-ment	Die Monotonie der Montagetätigkeit wird durch Integration von Nebentätig-keiten gemildert, d.h. eine Arbeitsbereicherung hinsichtlich Umfang und Entscheidungs-autorität findet statt.	Reine Kostenreduzierung durch Verlagerung von einfachen Routinetätigkeiten auf geringer bezahlte Werker, oft als unbezahlte Zusatztätigkeit nach Schichtende.	Die Delegation von Nebentätigkeiten dient sowohl der Kostenersparnis durch präventive Vermeidung und der Reduzierung von Montonie = Mitbestimmung am Arbeitsplatz. Bezahlte Zeitanteile für Nebentätigkeiten sind ausgewiesen. In Überzeit werden nur Fehlfahrzeuge produziert; diese in Europa und USA in bezahlter Überzeit.

Tabelle 1.6.a: Aussagenvergleich der MIT-Studie [Gen99] – Teil 1

[30] Neben zahlreichen Werksbesuchen in nordamerikanischen Transplants japanischer Hersteller, bezieht der Autor sich auf die mehrjährigen Tätigkeiten als ‚Process Engineer' (Produktionsingenieur einer Montagelinie) in den stark Toyota-/ TPS-beeinflußten Werken Tuscaloosa, Alabama und São Bernardo, Brasilien der DaimlerChrysler AG.

Parallel-tätigkeiten	Keine Aussage	Hohe Rationalisierung durch ‚White-Collar'-Spezialisten –2-3fache Parallelarbeiten	In TPS-Produktionen gibt es keine ‚White-Collars'[31] mehr. Sie sind als ‚Process Engineers' als Support der Produktion eingesetzt. Die Qualitätskontrollen (während und nach der Montage) sind essentielle Umfänge zur Vermeidung von Nacharbeit und zeitlich berücksichtigt.
Ausnut-zung der Tages-arbeitszeit	Keine Aussage	Im TPS ist das tägliche Pensum so ‚ausgereizt', daß vorzeitige Arbeitsniederlegung und Smalltalk erst nach Schichtende stattfinden.	Prinzipiell richtig, allerdings ist die Taktzeit so gewählt, daß der Werker innerhalb seiner Station den Arbeitsumfang schafft. Das ‚Vorarbeiten'[32]ist nicht vorgesehen.
Mobbing durch Kollegen	Bestandsreduzie-rungen durch den Einsatz von Pull System und Kanban. Visualisierung von Fehlerquellen / -Stationen zur Vermeidung von Wiederholungen.	Bestandsreduzierungen wirken als künstlicher Prozeßdruck auf die Mitarbeiter. Durch individuelles Verschulden eines Bandstillstandes entsteht Mobbing unter Kollegen.	Das Kanban-System stellt eine einfache Steuerungsart der bedarfsorientierten Materialversorgung (Pull System) dar. Es erlaubt die Fließfertigung ohne aufwendige Sicherheitspuffer. Die Visualisierung ist in gewisserweise eine Sanktion, reduziert aber Wiederholungsfehler wirkungsvoll. Mobbing ist nur bei unbezahlter Überstunden-Regelung zu erwarten.
Selbst-kontrolle der Gruppe / Integration des Vorge-setzten	Maximale Delegation von Verantwortung an die Gruppe durch Ausdünnung der ersten Hierarchieebene	Es findet keine ‚Integration' des Teamleiters statt, sondern lediglich seine Mitarbeit am Band. Die Vorteile sind ständige Nähe zur Kontrolle und Disziplinierung der Gruppen-mitglieder.	Der ‚Teamleader'[33] ist verantwortlich für alle administrativen / organisatorischen Umfänge. Daneben fungiert er als ‚Springer' bei Ausfallzeiten der Gruppenmitglieder. Durch die Einbindung in die Montagearbeit kann er aktuelle Probleme und Optimierungspotentiale deutlich besser bewerten als freigestellte Meister in westlichen Betrieben.
Tayloris-mus	Der Toyotismus als Revolution in der Produktion und damit Abkehr von Taylorismus bzw. Fordismus.	Die Ausweitung des Fließbandprinzips auf die Materialversorgung im Toyotismus ist eine Weiterentwicklung des Taylorismus.	Der Toyotismus stellt die konsequente Umsetzung der tayloristischen Ideen unter Integration der flexiblen Kleinserienfertigung dar. Wie in Kapitel 1.1.3.2 dargestellt, waren die wirklichen Intentionen Taylors positiver Art.

Tabelle 1.6.a: Aussagenvergleich der MIT-Studie [Gen99] – Teil 2

Parker und *Slaughter* prägen den Begriff ‚***Management by Stress***' [Par88], welcher heute als Synonym für straff durchorganisierte Produktionsorganisationsformen gilt. *Rudolph* setzt sich insbesondere mit der Kritik von *Dohse et al.* [Doh84] auseinander, welche die ***Thesen*** aufstellen, daß:

- „Toyotismus eine Weiterentwicklung des Taylorismus und Fordismus[34] sei, die nicht (mehr) nur

[31] Als ‚White-Collars' werden im englischen Sprachgebrauch die Angestellten bezeichnet – demzufolge die Produktionsmitarbeiter als ‚Blue Collars'.

[32] Als ‚Vorarbeiten' oder auch ‚Bandtourismus' bezeichnet man das Verbauen von Teilen in einer Zeit kleiner Planzeit und in vorgelagerten Stationen außerhalb des eigentlichen Verbauortes. Intention der Werker ist das Erarbeiten von Extra-Pausen. Als Konsequenz behindern sich Werker gegenseitig durch Konzentration in vorgelagerten Stationen und verursachen Beschädigungen von Karossen durch das Tragen von Teilen entlang der Montagelinie. Durch Vorarbeiten wird das Konzept der Zeitstudien und damit ermüdungsarmen Arbeitsabläufe sabotiert. Im TPS wird nach einer gleichmäßigen Taktzeit bis Schichtende produziert bzw. in bezahlter (nur in USA und Europa, in Japan unbezahlte) Überzeit durch Störungen verursachte fehlende Karossen nachgearbeitet.

[33] *Teamleader* als Leiter der Gruppe in der Produktion – nicht zu verwechseln mit dem Teamleiter als Führungskraft des mittleren Managements in deutschen Werken.

[34] Die Form der Produktionsorganisation, wie sie zu Zeiten Henry Fords u.a. im Industriekomplex River Rouge praktiziert wurde, wird unter der Bezeichung *Fordismus* oftmals als konsequente Umsetzung des Taylorismus interpretiert. *Hesse* charakterisiert den Taylorismus / Fordismus als eine „Zerlegung der kompletten Montagetätigkeiten am Produkt in kurzzyklische, sich ständig

körperliche, sondern auch geistige Fähigkeiten der Mitarbeiter nach besten Kräften ausnutzt",

- Toyotismus „geradezu die Potenzierung fordistischer Organisationsprinzipien bei weitgehend uneingeschränkter Managementmacht" sei, und versucht diese durch entsprechende Reflektion zu validieren.

<table>
<tr><th>Kritik am TPS seitens Dohse et al.</th><th>Reflektion seitens Rudolph</th></tr>
<tr><td>Zeitstudienfachleute in japanischen Unternehmen sind als ehemalige Bandarbeiter mit den Tricks der versteckten Arbeitserleichtung vertraut. Sie rationalisieren Montagezeiten unter Berücksichtigung dieser Potentiale.</td><td rowspan="4">Ziel des TPS ist die Vermeidung von Verschwendung, d.h. von unnötigen, nicht wertschöpfenden Umfängen. Durch Entfall unfreiwilliger Wartezeiten und Installation eines kontinuierlich fließenden Tätigkeitsablaufs kann die Belastung des Mitarbeiters verringert werden.

Die Effizienz der Arbeit wird damit gesteigert ohne Arbeitsintensivierung bzw. Mehrarbeit. Die Arbeit wird einfacher und schneller ausführbar, zum Wohl des Mitarbeiters und des Unternehmens.

Das TPS schließt zwar Streßfaktoren aber auch Motivationsfaktoren ein. Die Mitarbeiter unterliegen hohen, aber nicht gleichbedeutend zu hohen Anforderungen. Demnach kann nicht pauschal von Ausbeutung gesprochen werden.</td></tr>
<tr><td>Das Nullpufferprinzip wird neben der Produktionssteuerung ebenso bei der Personalplanung eingesetzt, d.h. es wird gezielt mit personeller Unterbesetzung gearbeitet.</td></tr>
<tr><td>Indirekte Tätigkeiten werden als Arbeitsbereicherung an die Produktionsmitarbeiter delegiert – bei Beibehaltung der Taktzeiten ergibt sich eine Arbeitsintensivierung.</td></tr>
<tr><td>Das Prinzip der Reißleine wird vom Management als Instrument zur Visualisierung von Unterauslastung mißbraucht – solange die Reißleine nur Unterstützung anfordert wird an der Kapazitätsgrenze produziert, erst bei Bandstillstand werden zusätzlich Mitarbeiter gewährt.</td></tr>
<tr><td>Das betriebliche Vorschlagswesen stellt eine Ausnutzung der geistigen Kräfte der Mitarbeiter dar.</td><td>Bei geringen Prämien pro individuellem Vorschlag zeigt sich, daß der Erfolg in der Gesamtmenge der Vorschläge liegt. Die Verbesserungen sind deshalb so wichtig, weil sie die Motivation der Mitarbeiter durch Beteiligung steigern.</td></tr>
<tr><td>Produktionsausfälle werden durch Mehrarbeit nach Schichtende[35] ausgeglichen. Als Folge helfen sich Mitarbeiter nicht nur bei der Beseitigung von technischen Defekten, sondern überwachen sich gegenseitig und fordern fehlende Kollegen zur Wiederaufnahme der Arbeit auf.</td><td>Wie bereits angesprochen gilt diese Kritik nicht für europäische, nordamerikanische und brasilianische TPS-Standorte. Tarif- bzw. Arbeitnehmerschutzgesetze stellen eine entsprechende Vergütung der Überzeit sicher (Anmerkung des Autors).</td></tr>
<tr><td>In japanischen Fabriken herrschen schlechte Arbeitsbedingungen.</td><td>Moderne japanische Werke sind ihren westlichen Gegenstücken mittlerweile in vielen Punkten überlegen und berücksichtigen aktuelle arbeitswissenschaftliche Erkenntnisse.</td></tr>
</table>

Tabelle 1.6.b: Kritiken am Konzept der Lean Production und ihre Reflektion

wiederholende kleine Arbeitsumfänge am Band mit den Vorteilen der schnellen Einarbeitung ungelernter Arbeitskräfte, hoher Auslastung von Betriebsmitteln, vielfältigem Einsatz von Automatisierung bei geringer Flexibilität, einseitiger Belastung und hoher Monotonie, erheblichen Taktausgleichzeiten infolge unterschiedlicher Produktvarianten. Weitere Kennzeichen sind geplante Zeitvorgaben nach MTM, vielfältiger Einsatz von Entkopplungspuffern zur Kompensation von Störungen, Pushprinzip beim Materialfluß sowie die Auflage großer Serien mit entsprechend hohem Lagerbestand. Das Ziel des Fordismus / Taylorismus ist die Minimierung von Mensch- und Maschinenzeit pro Produktionseinheit sowie Stückzahl als oberste Maxime" [Hes91].

35 Hier sollte unterschieden werden, daß in Europa oder Nordamerika bestehende Transplants aufgrund von Tarifverträgen, die Überzeiten entsprechend vergelten müssen – an japanischen Standorten wird der Ausgleich von Produktionsausfällen jedoch vom Management als unentgeltliche Maßnahme erwartet.

Die genannten Kritikpunkte finden mittlerweile auch in japanischen Unternehmensleitungen Beachtung. So sah die japanische Automobilwerkergewerkschaft (JAW) 1992 ***häufige Modellwechsel*** und ***lange Tagesarbeitszeiten*** als Ursache für die hohe physische und psychische Belastung der Produktionsmitarbeiter. Aufgrund der ***Verknappung von Arbeitskräften*** und steigenden Bedürfnissen der vermehrt westlich orientierten Japaner sahen sich japanische Unternehmen gezwungen die Arbeitsbedingungen in ihren Produktionsstandorten den europäischen Standards anzupassen.

Trotz all dieser Kritiken ist es den japanischen Investoren aber gelungen für ihre Transplants in Europa und Nordamerika eine fähige Mitarbeiterschaft zu rekrutieren, die scheinbar gewillt ist sich den Anforderungen einer TPS-Umgebung zu fügen bzw. unfähig ist, sich ihrer zu widersetzen. Zwischenfälle aus nordamerikanischen Transplants zeigen jedoch auch, daß trotz des HRM-Ansatzes Probleme wie ***Mitarbeiterboykott*** bzw. ***Infragestellen des Managements*** durch die Belegschaft weiterhin bestehen. Studien in nicht gewerkschaftlich organisierten Transplants haben Beispiele für individuelle oder gruppenweise auftretende Sabotage, direkte Konfrontationen sowie Verweigerung bei der Teilnahme an ‚freiwilligen' Aktivitäten des Unternehmens ergeben. Eine ***Vergleichsstudie*** von mehreren japanischen ***Transplants in Großbritannien*** wies deutliche Schwierigkeiten des Managements nach, Probleme latenten Arbeitnehmerwiderstands erfolgreich zu lösen. Ebenso wurde deutlich, daß die Implementierung von (standardisierten) Richtlinien allein nicht ausreicht, sondern vielmehr die Analyse ihrer umfeldspezifischen Auswirkungen auf Mitarbeiter, Prozesse und das Unternehmen erforderlich ist. Für die Beispiele in Großbritannien bedeutete dies, die nur teilweise Übertragung bekannter Richtlinien neben der Einbeziehung von lokalen Besonderheiten [Pal96].

Es besteht weiterhin ein Zielkonflikt zwischen den schwankenden Arbeitskräftebedarfen und einer lebenslangen Arbeitsplatzgarantie. Zur Lösung dieses Konfliktes, teilt Toyota seine Belegschaft in feste Mitarbeiter und befristet tätige Mitarbeiter ein [Wom97]. Ein Phänomen, wie es auch in deutschen Unternehmen in stärkerem Maße auftritt; mit dem Unterschied, daß z.B. das deutsche Arbeitsrecht die Verlängerung von befristeten Arbeitsverhältnissen nur zweimal zuläßt. Danach muß ein neuer Mitarbeiter eingesetzt werden oder der Befristete in ein permanentes Arbeitsverhältnis überführt werden.

1.7 Trends in der Automobilindustrie und ihre Auswirkungen auf Produktionssysteme

Die oben genannten Kritiken am TPS zwangen die Fahrzeughersteller in Japan, später auch weltweit in ihren Transplants, zu einem Überdenken der bestehenden Systeme. Eine Orientierung erfolgte unter anderem an den ***soziotechnischen Erfahrungen*** der europäischen Hersteller. An Maßnahmen erwuchsen u.a. eine steigende Automatisierung bei belastungskritischen Arbeitsabläufen, die Errichtung von Werken in strukturschwachen Gebieten unter Akzeptierung von branchenfremden Mitarbeitern sowie die Verbesserung der Arbeitsbedingungen (***Quality of Working Life*** – QWL).

Änderung Automatisierung	***Neue Standorte***	***Verbesserung der QWL***
Einführung von ***gepufferten Montagelinien*** bei Toyota	Neues **Toyota**-Werk in Tahar mit großzügigeren Platzverhältnissen, geringerem Lärmpegel	Soziotechnisches Konzept von ***Arbeitsinseln*** nach dem Vorbild Volvo in Kleinserienfertigung des **Honda** NSX
Aufteilung der vormals verketteten Endmontage in mehrere, durch Puffer ***entkoppelte Kurzlinien*** (***Kumi***) im Toyota Tsutsumi-Werk	Neues **Nissan**-Werk in Kyushu – Ersatz Montageband durch Rollwagen	***Revision des Vorschlagswesens*** (Kaizen) – in Miyata-Werk keine Verpflichtung mehr aber Einreichen nur realistischer Vorschläge
‚Lean Automation Equipment': Niedrige Kosten & Investment, flexibel bei Modellwechsel, hohe Verläßlichkeit, Mensch-Maschine-Interface und wartungsfreundlich	Neues **Toyota**-Werk in Tahara mit 15% Automatisierung der Montage (3x höher als bisher)	Reduzierung ergonomisch kritischer ***Arbeitsbedingungen*** durch TVAL[36] und Automatisierung

[36] In Zusammenarbeit mit Arbeitswissenschaftlern entwickelte Toyota die Methode ‚Toyota Verification of Assembly Line' (TVAL), welche entwickelt wurde um die Arbeitsbelastung bei insbesondere schweren Bewegungsprozessen zu bewerten und konsequent durch Automation bzw. Handhabungsgeräte zu ersetzen [Sey94].

Als Experiment wurde 1991 im Toyota-Miyata Werk das entkoppelte in ein ***kontinuierliches Arbeitsschichtmodell*** überführt.	Neues **Toyota**-Miyata-Werk in Kyushu als Testwerk für QWL-Maßnahmen, errichtet als Greenfield in strukturschwacher Region	***QWL-Maßnahmen*** Miyata Werk: Geräusch-minderung bei Fördertechnik, Handhabungsgeräte, höhenverstellbare Plattformen, ausreichende Ausleuchtung
	Nissan eröffnet mensch-orientierte Fabrik in Kanda, welche neben ergonomischen ebenso Umweltschutzaspekte einbezieht	***Inhaltlich abgeschlossene Arbeitsumfänge*** anstelle Fokus auf möglichst geringen Taktausgleich durch extreme Arbeitsteilung

Tabelle 1.7.a: Maßnahmen japanischer Unternehmen als Ergebnis der wachsenden Kritik und sinkender Verfügbarkeit von qualifizierten Produktionsmitarbeitern [Ben96]

Die aktuellen Trends in der japanischen Automobilindustrie werden in der Literatur als ***Post-Lean*** bzw. ***Post-Toyotismus*** bezeichnet. Die Ironie dieser Entwicklungen liegt in ihrer ***Gegenläufigkeit***. Während Europa versucht sich den bekannten (d.h. mittlerweile veralteten) Maßstäben japanischer Formen der Produktionsorganisation anzupassen, orientieren sich aktuelle japanische Unternehmen an den mitarbeitergerechten Arbeitsplatzbedingungen und Erfahrungen europäischer Hersteller und Arbeitswissenschaftler [Ben96].

Aus den Beispielen wurde ein ***langsamer Wandel*** des eher strikten TPS mit dem obersten Ziel zur Reduzierung von Verschwendung zur einer leicht abgemilderten Version mit soziotechnischen Elementen europäischer Hersteller deutlich. Ebenso war ein Trend zu ***steigender Automation der Montagebereiche*** festzustellen. Als ein bedeutendes Merkmal der Neu-Orientierung in der Fahrzeugmontage ist die ***Unterteilung in Kurzlinien***, welche durch Fahrzeugpuffer getrennt sind, zu werten. Diese nachhaltige Änderung wird als klassischer soziotechnischer Bestandteil europäischer Montagewerke interpretiert. Im Sinne der Ganzheitlichkeit sollen für den Werker die Montageabschnitte jeweils ***in sich abgeschlossene Einheiten*** bilden, um ihm ein Gefühl der Zielerreichung, des eigenen Beitrags zu einem abgeschlossenen Montageumfang zu vermitteln und den Einfluß seiner Arbeit auf das Gesamtergebnis transparenter werden zu lassen.

Eine weitere Optimierung der Montageabläufe steht im Zusammenhang mit der ***Fahrzeugmodulmontage***[37]. Hierbei werden Module sequentiell Just-in-Time an das Hauptmontageband geliefert. Der Vorteil besteht in der reduzierten Hauptmontagezeit und der Verringerung von Taktausgleichen, da die Variantenbildung bereits in der Vormontage stattfand. Dieser Ansatz entspricht der Forderung des TPS nach einer synchronisierten Fließfertigung mit Losgröße 1.

Zur Optimierung von Produktneuanläufen werden heute verstärkt ***Try-Out-Konzepte*** in der Fabrik eingeführt. Man unterscheidet hier in Produkt-Try-Out, Planungs-Try-Out und Fertigungs-Try-Out. Durch das sogenannte ‚Ausprobieren' zu Beginn der Vorserienfertigung lassen sich potentielle Montage- bzw. Anlagenprobleme im Vorfeld erkennen und beheben [Weißg91]. Try-Outs helfen Standardarbeitsabläufe zu validieren und, gemäß TPS, bereits in der Vorserie nicht wertschöpfende Umfänge zu eliminieren.

Produkt-Try-Out in der Entwicklungsphase	Überprüfen von Bauteilen auf fertigungsgerechte Gestaltung, Montage-freundlichkeit, Prozeßfähigkeit, Qualitätszielvorgaben, Produktoptimierung
Planungs-Try-Out in der Pilotserie	Erprobung und Optimierung von Arbeitsorganisation, Arbeitsablauf-sequenzen, Arbeitsumfeld, Arbeitsmethoden, Hilfsmitteln, Taktausgleich
Fertigungs-Try-Out in der Fabrik	Erprobung und Optimierung der Fertigungseinrichtungen, Mitarbeiterschulung und Einarbeitung des Personals

Tabelle 1.7.b: Try-Out-Konzepte

Neben der Produktmodularisierung findet sich als weiterer Trend ebenso die ***Prozeßmodularisierung*** oder auch ***Segmentierung der Fabrik*** in sogenannte ***Fraktale***. Dabei handelt es sich um selbstständige Montageeinheiten, welche die Baugruppen eines Fahrzeuges eigenverantwortlich herstellen. Man spricht

[37] Unter Modulen versteht man in der Automobilindustrie größere Baugruppen wie z.B. ein komplett vormontiertes und gestestetes Cockpit, Frontmodul (Kühler, Kühlerbrücke, Scheinwerfer, Stoßfänger), oder Türen bzw. Heckklappenmodule.

hier auch von ‚Fabriken innerhalb der Fabrik'. Hintergrund der Segmentierung in Fraktale ist die wachsende Notwendigkeit einer Flexibilität von Produktprogramm, Betriebsmitteln und Belegschaft. Diese kann nur durch dezentrale, dynamische Organisationsstrukturen gewährleistet werden [Küh94]. Die Vorteile der Segmentierung liegen ferner in der Verkürzung der Durchlaufzeit, da die Module parallel gefertigt werden können (z.B. Chassis und Karosserie) und in der Erhaltung einer kundenwirksamen Variantenvielfalt auf hohem Qualitätsniveau – ohne die Nachteile der früheren Taktausgleiche.

TPS-Elemente /-Ziele	***Einfluß der Prozeßmodularisierung (Fabriksegmentierung)***
Visual Management	Eigenständige Montageeinheiten erlauben das ‚Herunterbrechen' der Unternehmensziele bis auf Montageabschnitte bzw. Zellenfertigungen. Dadurch werden eigenverantwortliches Handeln, unternehmerisches Denken und Zieltransparenz für alle Prozeßbeteiligten gefördert.
Fließfertigung	Teilefertigung, Vor- und Hauptmontage und externe Modulmontage bei Zulieferern müssen synchronisiert betrieben werden. Unter Vermeidung von Puffern ergibt sich eine Fließfertigung mit Losgröße 1.
Geringste Lieferzeiten	Die Verkürzung der Durchlaufzeit trägt direkt zur schnelleren Abwicklung von Kundenbestellungen bei.

Tabelle 1.7.c: Auswirkungen der Prozeßmodularisierung auf TPS-Elemente

Die Fraktale Fabrik unterstützt mit ihren parallelen Montagekurzlinien das sogenannte ***Plattformkonzept***[38], d.h. Fahrzeuge gleicher Plattformen aber unterschiedlicher Ausgestaltung bei Karosserie und Anbauteilen können in Abhängigkeit ihrer Konstruktionsspezifika getrennt parallel oder gemeinsam sequentiell produziert werden [Web97]. Die Prozeßmodularisierung unterstützt damit die TPS-Elemente und –Ziele Visual Management, Fließfertigung und Pull-System sowie geringste Lieferzeiten.

Kapitel 1 führte in die Entstehung des Toyota Produktionssystems ein und erläuterte in diesem Zusammenhang die Bestimmungsgrößen der Automobilindustrie. Der Ursprung des TPS im Taylorismus sowie seine Positionierung zu anderen Ansätzen der Unternehmensoptimierung wurden dargestellt. Kritische Rückmeldungen halfen das TPS aus einer neutralen Perspektive zu betrachten. Aktuelle Trends in der Automobilindustrie wurden in ihrem Wirkungsverhältnis zu Produktionssystemelementen aufgezeigt.

---

[38] Unter Plattformkonzept versteht man die Nutzung von gleichen Bodengruppen und Fahrwerken bei Fahrzeugen ähnlicher Größe. Beispiele bei Volkswagen sind der Golf IV, der Audi A3 sowie der Octavia. Der Vorteil liegt in der Einsparung von Entwicklungsaufwendungen.

2. Aufgabenstellung

Das Toyota Produktionssystem als Synonym für japanisch geprägte Formen der Produktionsorganisation hat nicht zuletzt durch die Kennzahlenvergleiche der ***MIT-Studie*** zu Beginn der 90er Jahre in allen Industriezweigen ***hohe Aufmerksamkeit*** erfahren. Vor dem Hintergrund des steigenden Kostendruckes in vielen durch Globalisierung und Fusionen geprägten Industrien, versuchten viele Unternehmen die Verschlankung ihrer Prozesse durch die Einführung von Produktionssystemen zu erreichen. Nach ***anfänglicher Euphorie*** war jedoch Ende der 90'er Jahre in Europa eine ***deutliche Reduzierung der Aktivitäten*** zu erkennen, ohne daß gravierende Erfolge bei der Optimierung von Produktionsabläufen zu erkennen sind – so auch in der Automobilindustrie.

Der Autor führt diese Situation auf mehrere ***Umstände*** zurück:

A) Die Erfolge des TPS wurden im Rahmen der Kennzahlenvergleiche dargestellt. Eine wirklich detaillierte Herleitung der zugrundeliegenden Ursachen unterblieb jedoch.

B) Das TPS wurde in seinen Grundelementen häufig vereinfacht beschrieben. Es fehlt jedoch weiterhin eine detaillierte Darstellung aller Hauptelemente, der vielzähligen Subelemente sowie praktische Ausweisung der Instrumente und Abläufe im Produktionsbereich.

C) Auf die Forderung nach einer ganzheitlichen Einführung <u>aller</u> Produktionssystemelemente wurde häufig verwiesen. Eine genaue Untersuchung des Beziehungsgeflechtes zwischen den PS-Elementen soll u.a. in dieser Studie erarbeitet werden, um daraus Schlüsse über die Auswirkungen von Insellösungen ziehen zu können.

D) Grundsätzliche Strategien zur Einführung von Produktionssystemen wurden in der Literatur genannt. Allerdings häufig mit dem Fokus auf die Teilefertigung; eine detaillierte Hilfestellung insbesondere bei der Einführung in den Werken der Automobilindustrie findet sich bisher nicht.

Der Fokus der Dissertation ist aus mehreren Gründen auf die ***Automobilindustrie*** gerichtet: Das TPS hatte dort seinen Ursprung; die Fahrzeugmontage bietet mit ihrem hohem Anteil manueller Arbeitsumfänge eine hohe Wahrscheinlichkeit für das Auftreten von Montagefehlern und es besteht in der heutigen Konfiguration traditioneller Aufbauwerke ein weiterhin hohes Kostenreduzierungspotential durch die Eliminierung nicht-wertschöpfender Arbeitsumfänge. Die Arbeit beschränkt sich daher im Wesentlichen auf eine Betrachtung der Produktionssystem-Elemente, wie sie in der Fahrzeugmontage zur Anwendung kommen. Spezifische TPS-Elemente der Teilefertigung werden nur am Rande behandelt.

Die Aufgabenstellung der Dissertation umfaßt die Erörterung von ***vier Kernfragen***, die zu einem besseren Verständnis der Merkmale und Anforderungen an die Einführung eines Produktionssystems in einem Montagewerk führen sollen. Dem Leser sollen ferner praxisbezogene Handlungsvorschläge vermittelt werden, die im eigenen Unternehmen umgesetzt werden können.

Für die Reflektion der erarbeiteten Ergebnisse werden ausgewählte Produktionsstandorte des DaimlerChrysler Konzerns[39] vorgestellt, welche in einer vergleichenden Untersuchung als ***Beispiele für unterschiedliche Ausgangssituationen*** bei der Einführung eines Produktionssystems dienen sollen.

2.1 Kernfrage 1: Was sind die Vorteile des Toyota Produktionssystems gegenüber westlichen Formen der Produktionsorganisation ?

Die Vorteile des Toyota Produktionssystems im Vergleich zu traditionellen Formen der Produktionsorganisation lassen sich aus einer übergeordneten Sicht relativ leicht beschreiben[40]. Hierzu gehören z.B. höhere Produktqualität und Mitarbeiterproduktivität. Lagerbestände sowie im Umlauf befindliches Material zeigen deutlich geringere Werte auf als bei traditionellen Wettbewerbern, die Mitarbeiter weisen einen höheren Grad der Einbindung in die Unternehmensziele auf, verfügen über eine breitere Schulung in ihren Produktionsbereichen und können entsprechend flexibel auf Probleme, Bedarfsschwankungen oder Neuproduktanläufe reagieren. Durch die Eliminierung jeglicher Art von Verschwendung könne die Produktionskosten nachhaltig gesenkt werden.

---

[39] Die ausgewählten Produktionsstandorte sind dem Autor durch mehrjährige Aufenthalte bekannt (Ausnahme Juiz de Fora). Sie repräsentieren typische Ausgangssituationen von Green- und Brownfields. Die Ergebnisse lassen sich entsprechend für vergleichbare Standorte außerhalb des DaimlerChrysler Konzerns verallgemeinern.

[40] Vgl. Anhang 11.2 Merkmale des TPS im Vergleich zu traditionellen Produktionsorganisationsformen

Im Verlauf dieser Arbeit sollen diese Vorteile den Mißständen traditioneller Produktionsorganisations-Formen gegenübergestellt werden. Durch die Erarbeitung der komplexen Wirkzusammenhänge zwischen den verschiedenen Elementen des Toyota Produktionssystems soll eine Kausalität zwischen den Vorteilen dieser Produktionsorganisationsform und bestimmten PS-Elementen aufgezeigt werden.

2.2 Kernfrage 2: Anhand welcher Meßgrößen läßt sich die erfolgreiche Einführung eines Produktionssystemes überprüfen?

Die Einführung eines Produktionssystems stellt ein oftmals ***mehrjähriges Projekt*** dar, welches nicht nur die Produktionsorganisation nach äußerlichen Gestaltungsmerkmalen wie Produktionsfluß, Betriebsmittelanordnung, Visualisierung und Standardisierung ändert, sondern ebenso bei Führungskräften und Mitarbeitern einen Bewußtseinswandel auslösen muß. Insbesondere bei langfristig bestehenden Unternehmen mit festgefügten Traditionen und Verhaltensmustern sind entsprechende Widerstände seitens der Belegschaft und des Managements zu erwarten.

Ein ***Monitoring*** von zuvor definierten Meßgrößen ist insbesondere im Rahmen einer unternehmensweiten Produktionssystemeinführung von hoher Bedeutung. Im Zuge des zeitaufwendigen Wandlungsprozesses geht oftmals die Transparenz zu effektiv stattgefundenen Verbesserungen verloren. Ohne geeignete Meßgrößen wird die Fortführung einer PS-Einführung häufig in Frage gestellt.

Neben klassischen ***Meßgrößen***[41] zur Erfassung der Unternehmensproduktivität, sollen weitere Kriterien definiert werden, nach denen sich im Sinne einer Fortschrittskontrolle die Güte einer PS-Einführung mit dem Ziel einer wirklichen Optimierung der Unternehmensprozesse messen läßt. Zu berücksichtigen ist die eher langfristige Auslegung von TPS-Verbesserungsmaßnahmen, die nicht über kurzfrist-orientierte Meßgrößen zu rechtfertigen sind.

2.3 Kernfrage 3: Welche Einflußfaktoren sind zu beachten, damit ein Produktionssystem erfolgreich eingeführt werden kann ?

Ähnlich der Komplexität der Wirkzusammenhänge der einzelnen Produktionssystemelemente im ***Innenverhältnis***, so bestehen für ein Produktionssystem ebenso im ***Außenverhältnis*** eine Reihe von Einflußfaktoren, die sich während der Einführungsphase sowie im laufenden Betrieb sowohl förderlich als auch hinderlich auswirken können.

Zu den Einflußfaktoren[42] zählen u.a. standortspezifische Rahmenbedingungen und länderspezifische, kulturelle Einflüsse. Ein tiefgreifendes Verständnis der PS-Philosophie, der PS-Elemente und ihrer Funktionen, der zu erwartenden Änderung in der Unternehmensorganisation sowie der internen Abläufe ist von ebenso hoher Bedeutung wie der begleitende Änderungsprozeß, welcher Widerstände vermeiden hilft und die Ganzheitlichkeit einer Produktionssystemeinführung sicherstellt.

2.4 Kernfrage 4: Welche Strategien der Produktionssystemeinführung sind sinnvoll ?

Bei der Einführung eines Produktionssystems sind verschiedene Vorgehensweisen bekannt. Es soll hier geklärt werden, wie sie sich voneinander differenzieren und welche Vorteile und Nachteile sie auszeichnen.

In Bezug auf die unterschiedlichen Standortkonfigurationen der zu betrachtenden Beispielstandorte soll jeweils eine Empfehlung für eine bestimmte Strategie ausgesprochen werden.

2.4.1 Ausgangssituationen der Unternehmen

Entschließt sich ein Unternehmen für die Einführung eines Produktionssystems, so liegt häufig eine von zwei konträren Ausgangssituationen[43] vor, welche völlig unterschiedliche Einflüsse und Auswirkungen auf das Produktionssystem aufweisen.

Im ersten Fall wird das Unternehmen bzw. der Produktionsstandort neu gegründet und soll, neben anderen technischen und organisatorischen Innovationen, als Organisationsform ein Produktionssystem erhalten. Hier

[41] Vgl. Anhang 11.3 Meßgrößen zur Beurteilung der Produktionssystem-Einführung und zum Vergleich von PS

[42] Vgl. Anhang 11.4 Einflußfaktoren bei der Einführung von Produktionssystemen

[43] Zwischen diesen Extremsituationen gibt es natürlich verschiedenste Abstufungen – hier sollen aufgrund der Häufigkeit jedoch schwerpunkt nur die obengenannten Situationen betrachtet werden.

sprechen wir von einer ‚grüne Wiese Planung', einem sogenannten ***Greenfield***. Im zweiten Fall handelt es sich oftmals um ein traditionell strukturiertes Unternehmen, welches entweder bei Produktionseffizienz und Kosten eine deutliche Lücke zum Wettbewerber aufweist und aufgrund von massiven wirtschaftlichen Schwierigkeiten einen genügend hohen Änderungswillen zur Einführung eines Produktionssystems aufbringt. Diesen Unternehmenstyp bezeichnet man als ***Brownfield***.

Die Kriterien zur Differenzierung von Green- und Brownfields[44] umfassen u.a. die Stellung der Mitarbeiter im Unternehmen hinsichtlich dem Grad ihrer Einbindung, ihren Verhaltensmustern, ihrer Qualifikation und ihrem Selbstverständnis. Die Größe des Unternehmens hat einen entscheidenden Einfluß auf zu erwartende Widerstände, notwendige Kapazitäten zur Koordination der PS-Einführung und letztlich auf die Auswahl einer geeigneten Vorgehensweise.

2.4.2 Strategien der Einführung

Die Wahl einer Strategie zur Einführung eines Produktionssystems ist abhängig von zahlreichen Einflußfaktoren[45]. Zu berücksichtigen sind u.a. Koordinationsaufwand bzw. Dauer der PS-Einführung in Abhängigkeit von Unternehmensgröße und Vorgehensweise, Maßnahmen zur Multiplikation der neuen Prinzipien, Motivation und Einbindung der Mitarbeiter sowie den zu erwartenden Grad der Optimierung, welcher je nach Ansatz unterschiedlich sein kann. Aus der Betrachtung von Produktionssystemeinführungen lassen sich prinzipiell drei Ansätze unterscheiden:

Die ***werksweite Einführung*** versucht ähnlich dem Greenfieldansatz alle PS-Elemente gleichmäßig auf alle Produktionsbereiche des Unternehmens zu übertragen, d.h. die verschiedenen Elemente oftmals noch simultan oder zu mindestens innerhalb eines kurzen Zeitrahmens einzuführen.

Die ***bereichsbegrenzte Einführung*** zielt auf die vollständige Einführung aller PS-Elemente in einem einzelnen, möglichst in sich abgeschlossenen, autonomen Produktionsbereichs. Während die Transformation dieses Produktionsbereiches noch in wenigen Monaten durchzuführen ist, wird eine anschließende Übertragung auf das gesamte Unternehmen mehrere Jahre in Anspruch nehmen.

Die ***lokalspezifische stichpunktartige Einführung*** folgt dem Kaizen- bzw. KVP-Ansatz, wonach an ausgewählten Problembereichen der Produktion Verbesserungen durch Kaizen-Projekte erreicht werden. Kurzfristige Erfolge unter Einbeziehung der betroffenen Mitarbeiter schaffen Vertrauen. Jedoch kann eine tiefgreifende Verbesserung der Unternehmenseffizienz nur auf diesem Weg nicht erreicht werden. Es besteht zudem die Gefahr das Gesamtziel aus den Augen zu verlieren.

Die Dissertation soll zu der oben genannten Fragestellung einen Beitrag leisten zur besseren Bestimmung einer Unternehmensausgangssituation. Darauf aufbauend soll die Erarbeitung einer spezifischen Empfehlung einer PS-Einführungsstrategie in Bezug auf die Einflußfaktoren unterschiedlicher Unternehmens-konfigurationen erfolgen.

2.5 Fallstudien aus der Automobilindustrie

Die Fallstudienstandorte, welche bei der späteren Ergebnisdiskussion als Referenzwerke eingesetzt werden sollen unterscheiden sich in ***Greenfields*** und ***Brownfields***. Bei den Greenfields handelt es sich um neu geschaffene Standorte, welche in strukturschwachen Gebieten Mitarbeiter ohne Industrieerfahrung einstellten. Beispielstandorte sind die Werke ***Tuscaloosa***, Alabama, USA und ***Juiz de Fora***, Minas Gerais, Brasilien. Die Brownfields werden durch traditionelle Standorte mit festgefügten Verhaltensmustern und wenigen bis keinen Produktionssystemvorkenntnissen vertreten. Beispielstandorte sind die Werke ***São Bernardo***, Brasilien und ***Bremen***, Deutschland.

2.5.1 Greenfield 1: Mercedes-Benz US International, Inc., Tuscaloosa

- ***Konzept***: Im Sinne eines Transplants konzipiertes erstes Automobilmontagewerk der Daimler-Benz AG im Ausland (Tuscaloosa, Alabama), Eröffnung 1996, Produktion Geländewagen M-Klasse
- ***Region***: Strukturschwach, Produktionsmitarbeiter ohne Industrieerfahrung, keine Gewerkschaften

[44] Vgl. Anhang 11.5 Vergleich von Green- und Brownfields als Ausgangssituationen einer PS-Einführung

[45] Vgl. Anhang 11.6 Einführungsstrategien und Einflußfaktoren im direkten Vergleich

- ***Produktionssystem***: Know-how-Transfer aus zahlreichen japanischen Transplants in den USA durch bewußte Mitarbeiter-Abwerbung von Toyota, Nissan, Mitsubishi, eines der ersten eigenständigen Produktionssystem-Beispiele der DaimlerChrysler AG[46]
- ***Produktionskennzahlen***: 1.500 MA, 80.000 Fahrzeuge pro Jahr, 2-Schicht-Betrieb (entkoppelt)

2.5.2 Greenfield 2: Mercedes-Benz do Brasil, Werk Juiz de Fora

- ***Konzept***: Im Sinne des Transplant-Konzeptes konzipiertes zweites Automobilmontagewerk der Daimler-Benz AG im Ausland (Juiz de Fora, Brasilien), Eröffnung 1999, Produktion A-Klasse
- ***Region***: Strukturschwach, Produktionsmitarbeiter mit wenig Industrieerfahrung, schwache Gewerkschaftspräsenz ohne nennenswerten Einfluß
- ***Produktionssystem***: Know-how-Transfer aus dem A-Klasse Mutterwerk Rastatt, welches bereits seit 1996 ein Produktionssystem betreibt.
- ***Produktionskennzahlen***: 1.500 MA, 70.000 Fahrzeuge pro Jahr (Plan), 2-Schicht-Betrieb (gekoppelt)

2.5.3 Brownfield 1: Mercedes-Benz do Brasil, Werk São Bernardo

- ***Konzept***: Traditionell strukturierter Standort seit 1963, hohe Fertigungstiefe[47], patriarchalisch strukturiertes Montagewerk für leichte bis schwere Lkw und Busfahrgestelle
- ***Region***: Industriestandort, Produktionsmitarbeiter mit hoher Industrieerfahrung, Gewerkschaftsvertretung
- ***Produktionssystem***: seit 1994 vielfältige Erfahrungen mit dem Kaizen-Ansatz zur kontinuierlichen Verbesserung von Prozessen gesammelt, heute produktionsseitig deutlich schlanker organisiert, trotzdem Produktivität noch zu gering und Fixkosten zu hoch
- ***Produktionskennzahlen***: 9.000 MA, 30.000 Lkw + 120.000 Aggregate pro Jahr, 2-Schicht-Betrieb (gekoppelt).

2.5.4 Brownfield 2: DaimlerChrysler AG, Werk Bremen

- ***Konzept***: Traditionell strukturierter Standort seit 1984, mittlere Fertigungstiefe, Montagewerk für Limousinen und Sportwagen
- ***Region***: Strukturschwache Region, Produktionsmitarbeiter mit hoher Industrieerfahrung, Gewerkschaftsvertretung
- ***Produktionssystem***: trotz vieler Motivationsprogramme zur Einbindung von Mitarbeitern sehr geringe Erfahrungen auf dem Gebiet des Produktionssystems. Seit Mitte 1999 in der Vorbereitung zur Einführung des DaimlerChrysler Produktionssystems.
- ***Produktionskennzahlen***: 16.000 MA, 240.000 Fahrzeuge pro Jahr, 2- und 3-Schicht-Betrieb (gekoppelt)

---

[46] Parallel wurde im Werk Rastatt das stark durch deutsche Elemente geprägte Rastatter Produktionssystem eingeführt.

[47] Die Mercedes-Benz do Brasil am Standort São Bernardo verfügte bis in die 80'er Jahre über eigene Preßwerk- und Gießereikapazitäten, welche im Rahmen der Fertigungstiefenreduzierung kontinuierlich abgebaut wurden.

3 Das Toyota Produktionssystem im Vergleich zu modernen Derivaten

Die Betrachtung des Toyota Produktionssystems erfolgt aus der spezifischen Sicht eines Fahrzeugmontagewerkes. Ausprägungen von PS-Elementen der Teilefertigung wurden bewußt nicht betrachtet, da sie einerseits in der Literatur bereits häufig beschrieben wurden[48] und andererseits den Rahmen dieser Arbeit sprengen würden. Ausgehend vom Original Toyota werden weitere Produktionssystem-Derivate aus DaimlerChrysler Werken vorgestellt. Ziel ist die Verdeutlichung eines gemeinsamen Ursprunges bei kulturspezifischen Ausprägungen.

Gegen Ende des Kapitels erfolgt eine vergleichende Betrachtung der Produktionssysteme hinsichtlich gemeinsamer Schwerpunkte sowie eine Analyse der Interdependenzen zwischen den PS-Elementen. Daraus abgeleitet werden den einzelnen PS-Elementen Funktionen zugewiesen, die wiederum Einfluß auf eine mögliche Reihenfolgebildung bei ihrer Einführung haben.

3.1 Das Toyota Produktionssystem

Das Toyota Produktionssystem (TPS) repräsentiert den Ursprung bzw. das Vorbild aller heute in der Industrie implementierten Produktionssysteme. Betrachtet man das TPS detailliert im Vergleich zu seinen Derivaten, vermißt man einzelne Elemente, wie z.B. die Gruppenarbeit. Dies ist u.a. durch eine gewisse Selbstverständlichkeit dieser Elemente in der japanischen Kultur[49] bedingt. Zum Verständnis der Funktionsweise des TPS ist die Kenntnis dieser scheinbar fehlenden Elemente aber um so wichtiger!

3.1.1 Grundsätze des TPS

Obwohl sich die Philosophie des TPS grundsätzlich auf fast alle Arten der Fertigung von Gütern übertragen läßt, zeigt es seine Vorteile insbesondere bei Produktionsabläufen, welche durch einen hohen Grad an manuellen Tätigkeiten gekennzeichnet sind. Als Beispiel mag hier die Montage von Teilen nach dem Fordschen Fließbandprinzip dienen.

Ziel des TPS ist es, die sogenannte ***‚Unreasonableness'*** (engl. = Unvernünftigkeit / Übertriebenheit) aus den Produktionsprozessen zu eliminieren. Unvernünftigkeit zeigt sich in vielen ***Erscheinungsformen***: Mitarbeiter, welche Ressourcen verbrauchen ohne eine Wertschöpfung zu erbringen, Fehler, die Nacharbeit erfordern, überflüssige Arbeitsschritte, Warten auf Teile, mangelnde Kommunikation zwischen Produktentwicklung, Produktion und Vertrieb, ungenügende Qualität, mangelnde Fürsorge und Arbeitsmoral der Mitarbeiter, mangelnde Kenntnis der verfügbaren Produktionskapazitäten bei der Programmplanung, zu viele oder zu wenige Teile sowie ein Entlohnungssystem, daß auf Anwesenheit und nicht auf Leistungsfähigkeit und Lernwillen basiert.

Um ein sinnvolles (vernünftiges = reasonable) Arbeitsumfeld zu schaffen, bedarf es ***standardisierter Abläufe***. Nur durch die detaillierte Beschreibung von Arbeitsschritten und Festlegung <u>einer</u> quasi-optimalen Vorgehensweise (= Standard), ist Qualität wiederholbar zu produzieren.

Um dem Produktionsprozeß die Schwankungen zu nehmen, ist es wichtig die Produktion immer dem aktuellen Bedarf anzupassen – und zwar durchgängig von der Auftragsannahme bis zur Produktauslieferung. Dazu bedarf es einer bedarfsorientierten Steuerung des Produktionsflusses. Im Rahmen des TPS spricht man hier von ***‚Pull System'*** (Teile werden nur bei Bedarf von der nachfolgenden Station abgezogen) und ***‚Single-Piece-Flow'*** (keine Fertigung von Losen, sondern Teil-für-Teil-Fertigung). Diese Eigenschaften sind Voraussetzung für eine flexible Fertigung ohne Materialpuffer und einem ‚ready for anything mode'[50].

In einem ‚reasonable' (vernünftigen) Produktionsumfeld ist standardisierte Arbeit die Bedingung für gleichbleibend hohe Qualität. Jeder Arbeitsumfang muß in seine elementaren Schritte zerlegt und in einer standardisierten Weise immer wieder gleich abgearbeitet werden. Standardisierte Arbeit ermöglicht ebenso die kritische Analyse jedes Arbeitsschrittes im Hinblick auf Ergonomie und Arbeitssicherheit, Qualität, Produktivität und Kostennutzen.

---

[48] Vgl. /Ken94/, /Suz89/

[49] Die Gruppenorientierung kann als ein zentrales Element der japanischen Kultur betrachtet werden.

[50] ‚Ready for anything' = engl. für ‚bereit für die Fertigung von jeder Art von Produkten'

3.1.1.1 Definitionen des Toyota Produktionssystems

Die ***Toyota Motor Company*** selbst definiert das Toyota Produktionssystem als einen "integrierten Produktionsansatz unter der Nutzung von bestehenden Einrichtungen, Materialien und Arbeitskräften so effizient wie möglich mit dem Fokus auf der Eliminierung von Verschwendung ('Muda'), ungleichmäßige Produktionsauslastung ('Mura') und Überbeanspruchung ('Muri'). Das System produziert Fahrzeuge Just-in-Time und eine hohe Produktqualität ist 'eingebaut' (d.h. prozeßimmanent) basierend auf dem Jidoka Ansatz" [Tmc85].

Häufig genannt ist ebenso die Erklärung des TPS durch einen Vergleich zwischen Massenfertigung und Handwerksfertigung. "Das TPS kombiniert die Vorzüge von handwerklicher und Massenfertigung unter Vermeidung der hohen Kosten ersterer und Unflexibilität letzterer. .... Das TPS ist ebenso beschrieben als 'Lean Production', da es im Vergleich zur Massenfertigung weniger Arbeitskraft, Lagerbestände, Fertigungsfläche, Maschineninvestment benötigt und damit weniger Fehler produziert... " [Bal97].

Rudolph zeigt auf, daß "fast alle Elemente des TPS entwickelt wurden, um in Zeiten extrem knapper Ressourcen nach dem Zweiten Weltkrieg mit einem Minimum an Aufwand ein Maximum an Produkten herstellen zu können. Jede Form der Verschwendung mußte vermieden werden, und der Erfolg des Produktionssystems führte zu dessen konsequenter Weiterentwicklung. So läßt es sich als System erfolgreich praktizierter Rationalisierungsmethoden bezeichnen" [Rud96a].

Meier, Berater für Lean Manufacturing und langjähriger Mitarbeiter im Toyotawerk in Georgetown, Kentucky, USA beschreibt die Vermeidung von Verschwendung als zugrundeliegendes Basiskonzept. Ein schlankes Produktionssystem stellt die Basis zur Vermeidung von Verschwendung dar. Das Produktionssystem ist ausgelegt um Probleme in der Produktion schnell und offensichtlich aufzuzeigen. Durch die Integration von Puffern zwischen Prozeßschritten wird bei traditionellen Fertigungssystemen ein Problem im Prozeßschritt A oftmals nicht erkannt oder nicht als gravierend empfunden, weil der Puffer den Prozeßschritt nicht zum Erliegen kommen läßt. "Ein schlankes Produktionssystem schafft weiterhin eine Atmosphäre der Eile und Notwendigkeit zur Problemlösung. Maschinen müssen verläßlich sein, Abwesenheit gering gehalten, Materialbelieferung muß Just-in-Time erfolgen und ein gleichmäßiges Produktionsprogramm eingehalten werden. Ein schlankes Produktionssystem betont den schwächsten Punkt der Wertschöpfungskette - bei seinem Bruch wird es verstärkt bzw. der Prozeß verbessert und damit die Möglichkeit zur Entdeckung des nächsten Schwachpunktes gegeben" [Mei97].

3.1.1.2 Die Ziele des Toyota Produktionssystems

Die Automobilindustrie unterliegt heutzutage in verstärktem Maße großen Schwankungen hinsichtlich Produktänderungen, Markttrends, der Abhängigkeit von Rohmaterial- und Zuliefererpreisen. Toyota war sich sehr früh dieser Einflüsse bewußt und versuchte fortan seine Unternehmenspolitik auf größtmögliche Unabhängigkeit durch aktives, frühzeitiges Agieren auf Änderungen der äußeren Einflüsse auszurichten. Toyota sieht die Hauptursache für variierende Profitlevel der Automobilhersteller in den unterschiedlich hohen Produktionskosten. Aus dieser Erkenntnis heraus hat sich das TPS über Jahre hinweg kontinuierlich entwickelt. Um sich ein Verständnis für die Elemente und Funktionsweise des TPS erarbeiten zu können, ist es zunächst wichtig die damit verbundenen Ziele zu beschreiben.

Toyotas Unternehmensziele sind, die Gesellschaft mit folgendem zu versorgen:

1) Ein Fahrzeug mit der ***allerhöchsten Qualität***, 2) zu den ***niedrigstmöglichen Kosten*** und 3) mit den ***geringsten Lieferzeiten***." Hieraus leiten sich die direkten ***Ziele des Toyota Produktionssystems*** ab:

1. ***Produktivität***: Kostenreduzierung durch die Beseitigung jeglicher Art von Verschwendung.
2. ***Qualität***: Prozesse, die es erlauben eine hohe, wiederholbare Produktqualität zu erzeugen.
3. ***Flexibilität***: Schaffung von Arbeitsplätzen & Mitarbeitern, die schnell auf Änderungen reagieren können.
4. ***Humanität***: Die Erreichung dieser Ziele steht in direktem Einklang mit dem Humanisieren von Arbeitsplätzen und Respektieren der Bedürfnisse der Mitarbeiter, welche dieses System leben.

Die obengenannten Ziele werden u.a. durch die vollständige Eliminierung aller nicht wertschöpfenden Arbeitsumfänge[51] vom Produktionsprozeß realisiert, d.h. die ***Beseitigung von Muda*** (jap. = Verschwendung). Die Schwierigkeiten im Zusammenhang mit dem Erreichen dieser Ziele sind systemimmanent für die Automobilindustrie. Toyota beschreibt diese Schwierigkeiten folgendermaßen:

---

[51] Unter nichtwertschöpfenden Arbeitsumfängen versteht man Arbeitsschritte im Produktenstehungsprozeß, welche zu keiner direkten Wertsteigerung am Produkt führen, also Nebentätigkeiten wie z.B. Laufwegezeiten um Teile vom Materialanlieferungspunkt zum Verbauort zu bringen. Im Rahmen der kontinuierlichen Verbesserung muß es das Bestreben der Produktionsmitarbeiter als auch der zuständigen 'Process Engineers' sein diese nicht wertschöpfenden Umfänge zu identifizieren und sie durch geschickte Neuorganisation der Arbeitsplätze als auch -abläufe künftig zu vermeiden.

"Es ist nicht sehr schwierig ein Fahrzeug höchster Qualität zu produzieren - aber es ist sehr schwer dieses zu geringen Kosten zu tun. Es ist ebenso nicht sehr schwierig ein Fahrzeug zu geringen Kosten zu produzieren - aber es ist extrem schwierig dabei höchste Qualität zu sichern und die Bedürfnisse der Mitarbeiter zu respektieren. Durch den Einkauf von Billigmaterialien und -teilen lassen sich die Herstellkosten senken - aber die Produktqualität wird ebenfalls gesenkt! Die Zahlung niedriger Löhne ist ein weiteres Unternehmensinstrument zur Kosteneinsparung. Sofern jedoch Mitarbeitereinsatz nicht entsprechend entlohnt wird, wird sich dieser Einsatz verringern. Das TPS unterstützt die ***maximale Einbeziehung der Mitarbeiter*** und Toyota glaubt an die entsprechende Entlohnung seiner Mitarbeiter für deren Einsatz. Mitarbeiterinitiative und -kreativität stellen das Kernstück des TPS dar. Entscheidungsfindungsprozesse sollten demnach in größtmöglicher Weise das Wissen der Spezialisten im Produktionsprozeß einbeziehen: die Erfahrung der Produktionsmitarbeiter!" [Tmc85]

Zu den oben genannten Anforderungen des Produktionsalltages zählt weiterhin die ***Sicherstellung der Produktlieferfähigkeit*** nach den Kundenbedürfnissen mit kürzestmöglicher Lieferzeit. Dieses erfordert ein hohes Maß an Flexibilität der Produktionsmitarbeiter, Planer, Zulieferer, Spediteure, etc. Um diese scheinbar unvereinbaren Ziele erreichen zu können, ist es notwendig, ***Standards zu vereinbaren***, welche Arbeitssicherheit und Einfachheit der Arbeitsabläufe gewährleisten. Für den weiteren Verlauf dieser Ausarbeitung wird der Leser gebeten, die Beschreibungen des TPS vor dem Hintergrund der folgenden drei Fragestellungen zu reflektieren:

1. ***Wie muß die Produktion in einem Montagewerk gesteuert werden, so daß nur die Fertigung des wirklichen Bedarfs erfolgt ?***
2. ***Was ist erforderlich, um Qualität in ein Produkt / Fahrzeug als Teil des Fertigungsprozesses 'einzubauen' ?***
3. ***Was sind die Grundvoraussetzungen zur Erstellung von kostengünstigen Produkten und wie lassen sich diese realisieren ?***

3.1.1.3 Effizienz und die Ablehnung des 'Cost-Plus-Principle'

Die globale Automobilindustrie zeichnet sich durch einen starken Verdrängungswettbewerbs bei steigender Angleichung von Produktspezifikationen und Produktqualität aus. Bei gegebenen Marktpreisen wird der langfristige Erfolg von Unternehmen im wesentlichen durch die Höhe seiner Produktionskosten beeinflußt. Toyota hat bereits frühzeitig erkannt, daß die Art des Produktionssystems, d.h. der Arbeitsorganisation, den Haupteinfluß auf die Produktivität und die damit entstehenden Produktionskosten eines Unternehmens hat. In der Suche nach immer rationelleren Produktionsmethoden steht bei Toyota das Prinzip der ***Kostenreduzierung durch Vermeidung von Verschwendung*** an erster Stelle.

Toyota lehnt konsequent das sogenannte '***Cost-Plus Principle'*** ab, nach dem der Verkaufspreis eines Fahrzeuges durch Profit und Kosten bestimmt wird. Demnach müßte dieser angehoben werden, sobald die Fertigungskosten steigen, unbeeinträchtigt davon, ob der Markt gewillt ist, diesen Preisanstieg zu tragen. Vielmehr folgt Toyota dem ***'Cost-Reduction Principle'***, welches besagt, daß der am Markt erzielbare Verkaufspreis nach Abzug der Fertigungs- und Fertigungsnebenkosten die Höhe des verbleibenden Profites bestimmt.

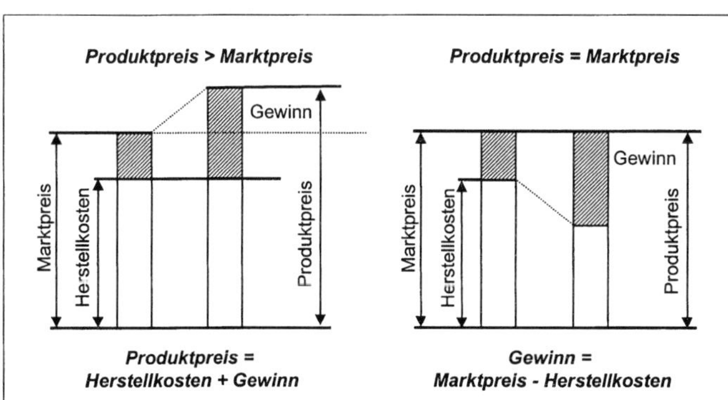

Bild 3.1.1.2.a: Kostenprinzip vs. Prinzip Kostenreduzierung

Obwohl die Bestandteile dieser mathematischen Gleichung die gleichen sind, ändert sich der Blickwinkel und damit die entscheidenden Variablen grundsätzlich. Der Verkaufspreis eines Produktes wird vom Markt bestimmt und ein Profit läßt sich nur dann erwirtschaften, sofern die Kosten unterhalb des Verkaufpreises bleiben. Kosten sind damit die entscheidende Einflußgröße, welche intern vom Unternehmen gesteuert werden kann und welche zum Schlüssel für Produktivität, gleichmäßig hoher Auslastung der Produktion und damit Arbeitsplatzsicherheit wird.

Aus diesen Betrachtungen leitet sich Toyotas ***kontinuierlicher Verbesserungsprozeß*** (KVP) ab, der als Kernstück des TPS bezeichnet werden kann und die Voraussetzung für ständige Kostensenkungen darstellt. Aufgabe der ***'Process Engineers'***[52] von Toyota ist es kontinuierlich den Fertigungsablauf nach 'absolut notwendigen' (d.h. wertschöpfenden) und 'nicht absolut notwendigen' (d.h. nicht wertschöpfenden) Arbeitsschritten zu analysieren und letztere konsequent durch Umstellungen und Neuorganisation von Abläufen zu eliminieren. Zum Verständnis des TPS ist es daher von fundamentaler Bedeutung Arbeitsabläufe in ***'Muda'*** (Verschwendung) und ***'Shigoto'*** (Wertschöpfung) unterscheiden zu können. Die kontinuierliche Suche nach Verschwendung und Planung von Verfahren wird auch als ***'Kaizen'*** bezeichnet.

3.1.1.4 Das Konzept der 3M - Muda, Muri, Mura

Bei dem Konzept der 3M handelt es sich um drei unterschiedliche Arten von Beeinträchtigungen des Produktionsprozesses. Die 3M stehen für ***'Muda'*** (jap. = Verschwendung), ***'Muri'*** (Überlastung / Überbeanspruchung) und ***'Mura'*** (ungleichmäßige Produktion). Ziel des Toyota Produktionssystems ist die Eliminierung aller 3M, um eine effiziente und rationelle Produktion zu erreichen.

Zur Erkennung von ***Muda*** unterteilt Toyota die Aktivitäten im Produktionsprozeß in drei verschiedene Ausprägungen. Zur ***ersten Gruppe*** zählen Aktivitäten, die offensichtlich keinen Beitrag zur Wertschöpfung eines Produktes leisten, die schlichtweg nicht notwendig sind. Hierzu zählen Wartezeiten, Sortieren von Material, Handhabung von Teilen, welche erst später benötigt werden.

Die ***zweite Gruppe*** umfaßt Arbeitsschritte, die notwendig sind für den ***aktuell bestehenden*** Produktionsprozeß, jedoch ebenso keinen Beitrag zur Wertschöpfung leisten. Hierzu zählen das Verlassen des Arbeitsplatzes, um Teile oder Werkzeuge zu holen oder das Auspacken von Teilen. Im Rahmen des kontinuierlichen Verbesserungsprozesses ist es Aufgabe und oberstes Ziel aller am Produktionsprozeß beteiligten Mitarbeiter, sich aktiv an der Identifizierung und Reduzierung der nicht-wertschöpfenden Umfänge zu beteiligen.

Lediglich die ***dritte Gruppe*** besteht aus Aktivitäten, welche einen wirklichen Beitrag zur Wertschöpfung des Produktes leisten. Dies sind Fertigungsabläufe, welche die Form eines Produktes verändern, seine Qualität erhöhen oder es montieren. Grundsätzlich gilt, daß mit steigendem Anteil der letzten Gruppe die Gesamteffizienz des Produktionsprozesses zunimmt. Toyota hat Muda in verschiedensten Ausprägungen definiert und in acht Kategorien[53] eingeteilt.

Muri befindet sich im Verhältnis zu Muda genau am entgegengesetzten Ende des Leistungsspektrums. Muri bedeutet, daß eine Maschine oder ein Mitarbeiter aufgrund des Arbeitsprozesses an der Grenze seiner Leistungsfähigkeit arbeitet. Die Überforderung von Mitarbeitern zeigt sich häufig in Problemen der Arbeitssicherheit und der Qualität, während eine Überlastung von Maschinen oftmals in Fertigungsfehler und Maschinenausfälle resultiert.

Mura stellt eine Kombination aus Muda und Muri dar. Mura beschreibt Situationen in der Fertigung, in denen im Wechsel Zeiten der Überlastung (Muri) sowie der Verschwendung (Muda) auftreten. Diese ***ungleiche Belastung der Produktion*** (Mura) resultiert in einem ungleichmäßigen Produktionsplan sowie schwankendem Produktionsvolumen. Verschwendung (Muda) ist damit das direkte Resultat von diesem Zustand (Mura), weil ein ungleichmäßiges Produktionsvolumen zu jedem Zeitpunkt die Bereitstellung von Menschen, Maschinen und Material bezogen auf das maximale Produktionsvolumen erfordert.

3.1.2 Elemente des Toyota Produktionssystems

Die Fertigung von Produkten in Nullfehler-Qualität bei gleichzeitig minimalem Lagerbestand beruht auf den 5 Hauptelementen des Toyota Produktionssystems, die in ihrer Gesamtheit ein ineinandergreifendes, interdependentes System darstellen.

---

[52] Das Tätigkeitsfeld ‚Process Engineer' umfaßt im Sprachgebrauch von Produktionssystemen eine Mischung aus Betriebsingenieur, Produktionsingenieur, Linienmeister und Arbeitsmethodenplaner. Durch die ganzheitliche Betreuung der Produktion kann der Process Engineer zu einer wirklichen Eliminierung von auftretenden Problemen beitragen und ein positives, vertrauensvolles Verhältnis zu den Mitarbeitern am Montageband aufbauen

[53] Vgl. Kap. 3.1.2.1 Das Element Kostenreduzierung durch Vermeidung von Verschwendung

Die Hauptelemente des TPS umfassen ***Just-in-Time*** und ***Jidoka*** (oder auch Autonomation genannt), ***Total Quality Control TQC*** (Sicherung der Qualität unter Einbeziehung aller Mitarbeiter), ***Flexibilisierung der Produktion***, sowie ***Kostenreduzierung durch Vermeidung von Verschwendung***.

Nicht dargestellte (aber gleichermaßen wichtige) TPS-Unterelemente sind ***Standardisierung, Visual Management, Arbeitsplatzorganisation, totale produktive Instandhaltung (TPM)*** und der ***kontinuierliche Verbesserungsprozeß / Kaizen***, welche die Aufrechterhaltung bzw. Pflege des Toyota Produktionssystems unterstützen. Schließlich findet ebenso die kontinuierliche Schulung der Mitarbeiter (***Training***) eine hohe Bedeutung bei Toyota.

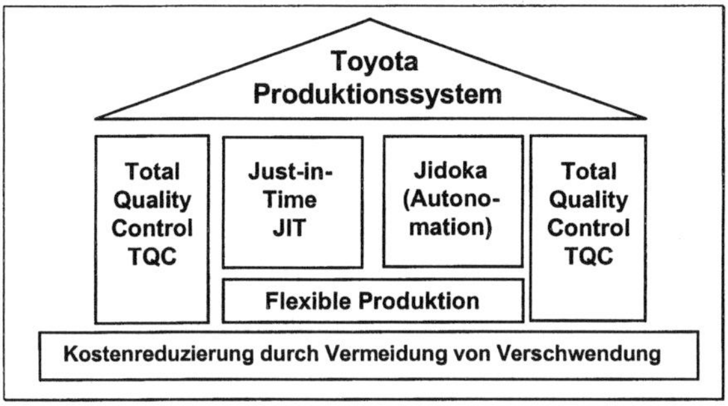

Bild 3.1.a: Die Hauptelemente des Toyota-Produktionssystems in seiner klassischen Darstellung

Neben der oben abgebildeten klassischen Darstellung des TPS, finden sich in der Literatur weitere Beispiele, die einen anderen Fokus in ihrer bildlichen Darstellung legen. Beispielhaft soll hier das Modell ***Genba Kanri*** [Spr97] erläutert werden. Unter Genba Kanri versteht man ein Instrumentarium von Techniken, Systemen und Methoden, die *Taiichi Ohno* seit den 50er Jahren entwickelte und auf Produktionsbereiche mit dem Ziel der Eliminierung von nicht wertschöpfenden Abläufen anwendete. Das Modell Genba Kanri zeichnet sich durch eine detailliertere Darstellung der TPS-Elemente aus. Hierdurch wird deutlich, daß das TPS in seiner Mannigfaltigkeit an Elementen und Instrumenten selten vollständig erkannt und damit auch nur schwierig zu erfassen ist. Die Gefahr einer mangelhaften Interpretation bzw. Einführung wird offensichtlich.

Die Elemente des Genba Kanri sind produktive Instandhaltung (TPM), Visualisierung (Visual Management), bedarfsorientierte Materiallogistik (JIT/Kanban), Fehlervermeidung (Poka-Yoke), schneller Werkzeugwechsel (SMED), Problemlöseprozeß und Analyse der Wertströme (Value Stream Analysis) sowie die Arbeitsplatzorganisation (5S). Sie sollen im Verlauf der folgenden Kapitel näher beschrieben werden.

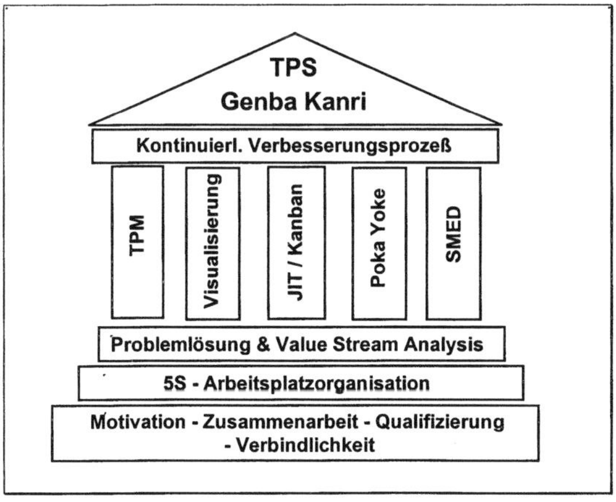

Bild 3.1.b: Die Elemente des Toyota-Produktionssystems nach Genba Kanri

3.1.2.1 Das Element 'Kostenreduzierung durch Vermeidung von Verschwendung'

Bei Toyota wird ***Verschwendung*** als „alles außer dem Minimum an Aufwand für Betriebsmittel, Material, Teile, Platz und Arbeitszeit, das für die Wertssteigerung eines Produktes unerläßlich ist" definiert [Suz89]. *Henry Ford* beschrieb Verschwendung mit einfacheren Worten, indem er sagte: „Alles, was nicht der Wertsteigerung (von Produkten) dient, ist Verschwendung". *Fujio Cho*, Toyota Manager in Japan definierte Verschwendung als "alles andere als das Minimum an Equipment, Maschinen, Teilen, Fläche und Arbeitszeit, welche absolut notwendig sind um eine Wertschöpfung am Produkt vorzunehmen" [Chu98].

Verschwendung findet sich in Form von Mitarbeitern, Betriebsmitteln und Material. Die Mitarbeiter lernen es, die Verwendung von Prozeßschritten, die zwischengelagerten Materialmengen sowie nicht genutzte Maschinen in Frage zu stellen. Die Qualität von Produkten steigt gemeinsam mit der Produktivität, wenn Verschwendung im Produktionsprozeß vermieden werden kann [Tmc96].

Analysiert man die eigentlichen Bearbeitungszeiten von Werkstücken im Produktionsbetrieb, oder die Zeiten, in denen eine Maschine tatsächlich zur Wertschöpfung eingesetzt wird, oder den Zeitanteil während einer Schicht, in dem der Mitarbeiter einem Werkstück durch dessen Bearbeitung einen höheren Wert zufügt, so zeigt sich häufig, daß nur ein geringer Bruchteil der Gesamtzeit auf wirkliche Wertschöpfung entfällt und die verbleibende Zeit als Verschwendung definiert werden kann.

Diese Zusammenhänge sind den meisten Unternehmen und ihren Mitarbeitern prinzipiell bekannt, dennoch sollten sich im Sinne der Reduzierung von Verschwendung folgende Fragen immer wieder gestellt werden:

1. Welche Maßnahmen werden konkret ergriffen, um Verschwendung zu reduzieren?
2. Wie groß ist der tägliche Zeitanteil für Maßnahmen zur Reduzierung dieser Verschwendung?
3. Ist bekannt, welcher Anteil dieser Verschwendung beseitigt werden kann?
4. Ist bekannt, welche Kosteneinsparungen sich durch entsprechende Maßnahmen zur Reduzierung von Verschwendung erzielen lassen?
5. Wie sinnvoll gestaltet sich der Arbeitsalltag, wenn der Hauptfokus der Mitarbeiter auf der Erledigung der dringendsten Aufgaben liegt und entsprechend wenig Zeit für die Beantwortung der ersten vier Fragen übrig bleibt?

Die Erkennung und Eliminierung von Verschwendung steht in direktem Zusammenhang mit anderen Produktionssystemelementen wie der ***Standardisierung*** und dem ***kontinuierlichen Verbesserungsprozeß***. Bevor ein standardisierter Arbeitsablauf festgelegt werden kann, muß er in seine einzelnen Prozeßschritte zerlegt und jeder Schritt auf seinen Beitrag zur Wertschöpfung untersucht werden. Schritte, die keinen Beitrag leisten sind Verschwendung und müssen vermieden werden [MBU90a]. Jeder Mitarbeiter ist dabei verantwortlich für die Eliminierung von Verschwendung an seinem Arbeitsplatz.

Bei Toyota wurden ***sieben Hauptarten von Verschwendung*** definiert [Bau96]. Als achte Art der Verschwendung wird in der Literatur ebenfalls die Verschwendung von Energie aufgeführt. Zur effektiven Vermeidung bzw. Reduzierung von Verschwendung ist es wichtig, deren Ursachen zu verstehen.

8 Arten der Verschwendung	***Ursachen für Verschwendung***
1. Ausschuß / Nacharbeit	a. Werks- bzw. Maschinenlayout / Entfernungen
2. Überproduktion	b. Lange Wartezeiten bei Werkzeugwechsel
3. (Lager-) Bestände	c. Ungeeignete Prozesse oder Werkzeuge
4. Bewegung / Materialhandling	d. Unangemessene Arbeitsmethoden
5. Nichtwertschöpfende Prozesse	e. Keine Mitarbeiterschulung bzw. Unterweisung in Arbeitsablauf
6. Transportzeiten	f. Kein Pflichtbewußtsein
7. Prozeß-Wartezeit	g. Ungeeignete Oberaufsicht
8. Energie	h. Unzulängliche Leistungsvorgaben
	i. Ungleichmäßige, stark schwankende Produktionsprogrammplanung
	k. Unzureichende Qualität / Zuverlässigkeit eines Lieferanten

Tabelle 3.1.2.1.a: Arten und Gründe für betriebliche Verschwendung

3.1.2.1.1 Verschwendung durch Ausschuß und Nacharbeit

Als ***Ausschuß*** bezeichnet man die Menge an fehlerhaften Teilen (eines Zulieferers), bei denen der Fehler vor dem Einbau in ein höherwertiges Produkt bemerkt wurde. Werden Teile am Ende des Fertigungsablaufs oder nach einem Fertigungsschritt als fehlerhaft identifiziert, so ist je nach Fertigstellungsfortschritt ein oftmals erheblicher Nacharbeitsaufwand erforderlich. Unter dem Begriff ***Nacharbeit*** versteht man daher den Aufwand zur Korrektur des Fehlers. Die Demontage von Produkten im Sinne der Reparatur von Fehlern, die unbemerkt im Laufe des Montageprozesses entstanden sind, zählt zu den eindeutigsten Formen von Muda. Um Fehler an mittlerweile durch den Montagefortschritt abgedeckten Bauteilen beheben zu können, müssen nicht selten die Wertschöpfungsprozesse zahlreicher vorheriger Arbeitsstationen rückmontiert werden. Ein hoher Fokus des TPS liegt daher auf der konsequenten Fehlervermeidung nach dem ***internen Kunden-Lieferanten-Verhältnis***[54].

Als Beispiel mag hier die Installation von mangelhaften Kabelsätzen in einem Personenkraftwagen dienen. Kabelsätze werden im Automobilbau naturgemäß in einem sehr frühen Stadium der Montage installiert, überwiegend direkt auf dem Fahrzeuginnenboden verlegt. In den folgenden Montagestationen werden dann Teppiche, Sitze sowie weitere Innenausbauteile montiert. Wird erst am Ende der Fahrzeugmontage ein Fehler im Kabelsatz entdeckt, so ist der Reparaturaufwand entsprechend hoch, da alle nachgelagerten Teile wieder demontiert werden müssen, um Zugang zum defekten Kabelsatz zu erhalten und diesen dann auszutauschen.

3.1.2.1.2 Verschwendung in Form von Überproduktion

Vor dem Hintergrund des Just-in-Time Ansatzes, muß das Ziel eines Produktionsbetriebes sein, die nachgefragten Produkte in der richtigen Menge zum richtigen Zeitpunkt bereitzustellen. Die Fertigung von Teilen über diese Menge hinaus ist damit Verschwendung von Mitarbeitereinsatz, Rohstoffen, Betriebsmitteln und Lagerfläche. Überproduktion stellt die gravierendste Form von Verschwendung dar, weil sie in einer Art Schneeballeffekt weitere Arten von Verschwendung auslöst.

Es gibt ***zwei Arten von Überproduktion***: die Produktion einer größeren Menge als benötigt sowie die Produktion von Teilen in einer höheren Geschwindigkeit bzw. kürzeren Zeit als gefordert. Beide Arten von Überproduktion resultieren in zu hohem Materialbestand und sind damit als Ausprägungen von Muda zu beseitigen. Überproduktion wird deutlich in Zwischen- und Fertigteilelagern aber auch als sogenannter ***'In-Process-Stock'***, d.h. in Form von kleinen Materialpuffern zwischen den einzelnen Bearbeitungsschritten. Dieser ungewollte Materialbestand führt wiederum zu Verschwendung in Form von doppeltem Materialhandling und gebundenem Kapital. Die Materialpuffer decken zudem instabile Produktionsprozesse ab, deren Identifizierung und Verbesserung dann eher unwahrscheinlich ist.

Ursachen der Überproduktion	***Auswirkungen auf Unternehmen***
Erhöhter Materialbestand vermittelt Gefühl der Sicherheit gegenüber Maschinenausfällen, Teiledefekten und Krankenstand	Erhöhter Bedarf an: - Montageteilen und Ladungsträgern - Logistik / Materialhandling - Lagerfläche und -Verwaltung
Fehlerhafte, nicht koordinierte Verbesserungen der Produktionsrate	Nichterkennen von instabilen Produktionsprozessen
Versuch des Ausgleichens von variierenden Arbeitsbelastungen durch Zwischenpuffer	Keine Einhaltung der Fließfertigung in Losgröße 1, Gefahr der Vermischung der Produktreihenfolge

Tabelle 3.1.2.1.2.a: Ursachen und Auswirkungen der Überproduktion

Die Vermeidung von Materialpuffern erfolgt durch die Beachtung der zwei Produktionsprinzipien ***'Pull-System'*** und ***'Single-Piece-Flow'***. Beim Pull System (dt. 'Zieh-System') handelt es sich um eine bedarfsorientierte Materialversorgung. Bei einer Verkettung von Arbeitsschritten 'zieht' bzw. holt sich der nachgelagerte Arbeitsbereich die Werkstücke vom vorgelagerten Arbeitsbereich. Der vorgelagerte Arbeitsbereich produziert nur dann Teile sofern das vorherige Teil vom nachgelagerten Arbeitsbereich abgenommen wurde. Damit ist gewährleistet, daß keine Teile auf Lager produziert werden. Bei dem Konzept des Single-Piece-Flow (dt. Fluß von Einzelteilen) liegt die Bedeutung auf der Losgröße 1, in der die Teile bearbeitet werden. Teile worden

[54] Das interne Kunden-Lieferanten-Verhältnis repräsentiert das Qualitätssicherungsprinzip zwischen zwei aufeinanderfolgenden Montagestationen. Die vorgelagerte Arbeitsstation (Lieferant) liefert nur einwandfreie, geprüfte Teile / Teilprodukte an die nachfolgende Station (Kunde). Der Mitarbeiter ist verantwortlich für die Qualität seiner Arbeit.

ohne Zwischenlagerung und Doppelhandling in einem kontinuierlichen Fluß durch die Fertigungsschritte geschleust.

Während die Produktion von zu vielen Teilen allgemein als Problem anerkannt wird, so wird dem zweiten Problemansatz, der ***zu schnellen bzw. zu frühzeitigen Fertigung von Produkten***, im allgemeinen weniger Beachtung geschenkt, obwohl er doch lediglich eine Erweiterung darstellt. Grundsätzlich gilt, daß die in der Zukunft benötigte Menge an Waren nur ungenau prognostiziert werden kann - lediglich der aktuell nachgefragte Bedarf sollte daher produziert werden.

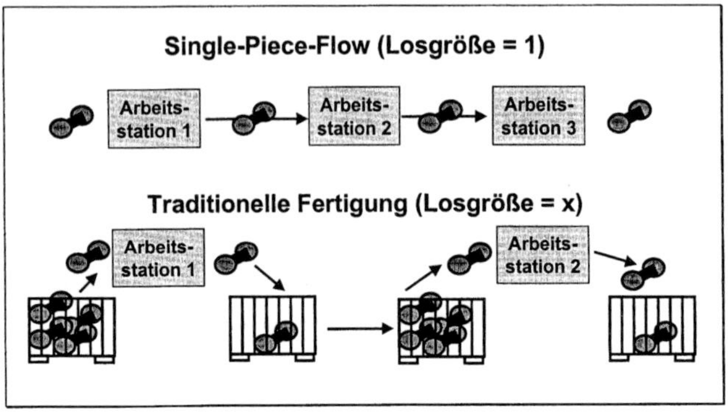

Bild 3.1.2.1.2.b: Grundprinzip des Single-Piece-Flow

Das zugrundeliegende Problem liegt u.a. in einem ***konträren Ansatz zum traditionellen Managementdenken***, nämlich der Vorstellung, daß es als wünschenswert gilt sowohl investmentintensive Maschinen sowie Mitarbeiter unbeschäftigt zu lassen, wenn die aktuelle Nachfrage nach Teilen dies rechtfertigt begründet. Die traditionelle Denkweise beruht dagegen auf dem Ansatz, daß kostenintensives Equipment in möglichst hoher Auslastung genutzt werden sollte. Ebenso wurde bisher im Sinne der Fixkostendegression ein möglichst hohes Produktionsvolumen favorisiert.

Vor dem Hintergrund der ***Verbesserung der Produktionseffizienz gilt es drei Variablen*** zu beachten: Maschinenkapazität, Mitarbeiter und Materialbestand.

Das traditionelle System priorisierte diese Einflußgrößen in der obengenannten Reihenfolge. Beachtung eines nachrangigen Faktors erfolgt jeweils nur dann, wenn der vorherige Faktor zu 100% ausgelastet ist. Die Beachtung des Faktors Materialbestand im Rahmen der Verbesserung der Produktionseffizienz ist damit nur maximal drittrangig.

Studien bei Toyota haben jedoch ergeben, daß ***dieser Denkansatz falsch*** ist. Im Gegenteil, die Rangfolge der Faktoren sollte umgekehrt werden. Toyota hat erkannt, daß der Fokus auf nur einem Faktor ohne die Beachtung der anderen zwei zu einer Illusion hinsichtlich Produktionseffizienz führt. Es gilt daher bei entsprechenden Untersuchungen jeweils alle drei Faktoren simultan in die Planungen mit einzubeziehen. Primäres Ziel sollte es sein, Produktionsmaterial so schnell wie möglich durch den Produktionsprozeß zu schleusen und entsprechend zu vertreiben. Maximale Mitarbeiter- und Anlagenkapazität werden dahingehend definiert, inwieweit sie das vorrangige Ziel unterstützen. Je schneller Produktionsteile den Fertigungsprozeß durchlaufen, desto weniger Kapitalbindung in Zwischenlagern entsteht, desto kürzer ist die Herstelldauer von Teilen und entsprechend hoch die resultierende Flexibilität auf Kundenwünsche [Tmc85].

3.1.2.1.3 Verschwendung in Form von nicht-wertschöpfender Bewegung

Bei dieser Art von Verschwendung erfordert die Anordnung von Maschinen und Arbeitsplätzen von den Mitarbeitern lange Laufwege. Ursächlich ist also die mangelhafte Layoutgestaltung.

Abhilfe kann hier die Anordnung von Maschinen zu einer Fertigungszelle bringen (z.B. im U-Profil). Die Verkürzung von Laufwegen läßt sich durch eine effektivere Materialbereitstellung an Montagebändern realisieren. Mit Hilfe von Stationsauswertungsbögen läßt sich die Anzahl und Gesamtlänge von Laufwegen der Mitarbeiter verfolgen und als Basis für deren Optimierung nutzen. Dazu wird der Mitarbeiter während seines gesamtes Arbeitszyklusses beobachtet und seine Laufwege werden graphisch festgehalten und später in ihrer Länge bestimmt.

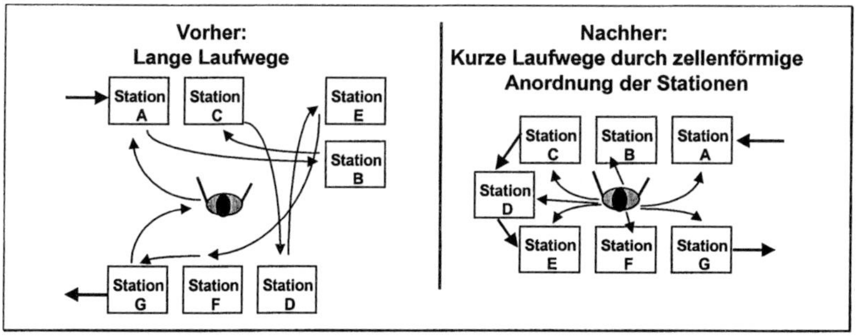

Bild 3.1.2.1.3.a: Ungünstige Stationsanordnung führt zu Verschwendung durch lange Laufwege

3.1.2.1.4 Verschwendung durch nicht-wertschöpfende Prozesse

Ziel der Produktionsablaufplanung ist es die Arbeitsprozesse bzw. den Fertigungsablauf lediglich aus wertschöpfenden Bearbeitungsschritten bestehen zu lassen. Die Realität weist jedoch bei neu geplanten oder bei traditionellen, lange bestehenden Abläufen ein hohes Maß an nicht-wertschöpfenden Umfängen auf.

Innerhalb des Toyota Produktionssystems ist es Aufgabe des Prozeßingenieurs mit Instrumenten wie dem Standardarbeitsblatt den Arbeitsablauf (z.B. einer Station) in seine einzelnen Unterprozesse zu zerlegen und hinsichtlich seiner Wertschöpfung zu analysieren.

3.1.2.1.5 Verschwendung in Form von (Lager-)Beständen

Die Teilebevorratung sollte auf das absolute Minimum beschränkt werden, ohne zu Produktionsunterbrechungen zu führen. Alles was darüber hinaus gelagert wird, gilt demnach als Verschwendung. Lagerbestände sind gebundenes Kapital, welches nicht zur Verzinsung des Unternehmensinvestments beiträgt. Sie bergen zudem die Gefahr der Produktveralterung bei kurzfristig wechselnden Nachfragetrends. Lagerhaltung verursacht ferner Kosten durch Materialhandhabung, Lagerverwaltung sowie Unterhaltung der Lagerfläche.

Ein weiterer gravierender Nachteil von zu hohen Lagerbeständen innerhalb des Produktionsprozesses ist die Verdeckung weiterer Probleme bzw. Unzulänglichkeiten der Produktion. Puffer zwischen Arbeitsstationen bzw. Fertigungsbereichen gleichen zeitweise Minder- bzw. Überversorgung durch Teile aus, sie erlauben daher das Fahren einer ungleichmäßigen Produktion. Dieses steht in starkem Kontrast zum PS-Element ***Heijunka***[55] (gleichmäßige Produktion). Durch die kontinuierliche Verringerung von in Umlauf befindlichem Material werden diese Unzulänglichkeiten aufgedeckt und eine Lösung der ursächlichen Probleme kann erfolgen.

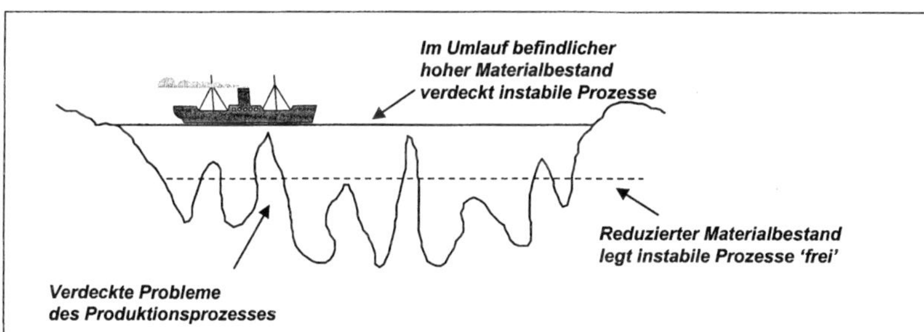

Bild 3.1.2.1.5.a: Überhöhter Materialbestand verdeckt die wahren Probleme der Produktion

[55] Vgl. Kap. 3.1.2.5.1 *Heijunka - Produktionsnivellierung*

3.1.2.1.6 Verschwendung in Form von Wartezeiten

Ein klassisches Beispiel für die Reduzierung von nichtwertschöpfenden Wartezeiten stellen die Bemühungen Toyotas dar, ihre Wechselzeiten von Preßwerkzeugen für Karosserieteile und den damit verbunden Produktionsausfällen zu verringern. War in den 50'er Jahren in der japanischen Industrie eine Werkzeugwechselzeit von mehr als einer Stunde notwendig, so konnten diese Zeiten kontinuierlich bis auf eine Minute reduziert werden. Bei Toyota wird dieser Vorgang deshalb heute als **'Single Minute Exchange of Dies' (SMED)** bezeichnet. Durch die drastische Verringerung von Werkzeugwechselzeiten war es wirtschaftlich vertretbar, die Lagerhaltung von Preßteilen auf das Volumen einer Tagesproduktion zu senken. Dies bedeutet, daß während eines Tages genau die Anzahl von unterschiedlichen Preßteilen zum Beispiel eines Personenkraftwagens gefertigt wird, die auch dem Produktionsprogramm entspricht. Preßteile werden damit in kleinen Losgrößen mit entsprechend häufigem Werkzeugwechsel gefertigt und direkt den Schweißlinien im Rohbau zugeführt.

Realisieren ließen sich diese Wechselzeitreduzierungen durch eine konsequente Trennung in Haupt- und Nebenprozeßschritte. Bei der Fertigung von Karosserieteilen werden vorgeschnittene Bleche, sogenannte ‚Blanks', in oftmals mehreren Prozeßschritten durch Preßwerkzeuge umgeformt. Da komplexe Preßteile, wie z.B. Türinnenbleche, nicht in einem Preßhub umgeformt werden können, sondern durch eine Abfolge von Umform-, Stanz- und Schneidvorgängen entstehen, werden dazu mehrere Pressen aneinandergereiht.

In einem ersten Schritt der Fertigungszeitreduzierung sowie Humanisierung von Arbeitsplätzen, wurden Entnahme, Transport sowie Einlage von Blechen durch Robotereinsatz automatisiert. Bei gekapselten Pressenstraßen, die alle Pressen hub-simultan fahren, spricht man von Stufenpressen.

Analysiert man den Preßvorgang eines Karosserieteiles, so kann dieser in Hauptprozeßschritte und Nebenprozeßschritte unterteilt werden. Unter Hauptprozeßschritten versteht man das Einlegen von Blechen in die Preßform, den eigentlichen Umformvorgang sowie die Entnahme und Weitertransport des umgeformten Bleches zum nächsten Umformvorgang. Nebenprozeßschritte sind alle vorbereitenden Maßnahmen wie das Einrichten eines Preßwerkzeuges, Transport der Werkzeuge beim Werkzeugtausch und Fixierung von Matrize und Patrize in der Presse. Die Realisierung des heute in der Industrie fast standardmäßig angewendeten SMED war möglich durch die Durchführung aller vorbereitenden Maßnahmen ***parallel*** zum Preßvorgang. Der eigentliche Werkzeugwechselvorgang wurde weiterhin durch parallel angeordnete Werkzeugwechseltische sowie Schnellspannverschlüsse optimiert.

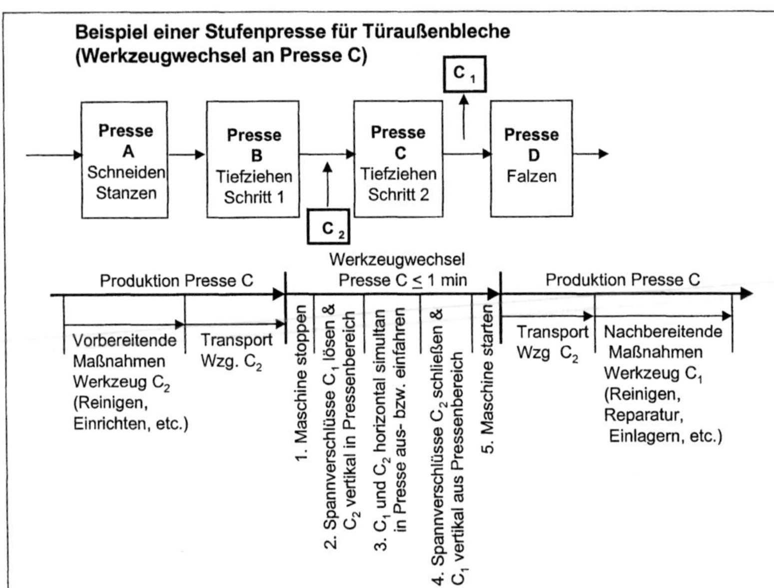

Bild 3.1.2.1.6.a Single-Minute- Exchange-of-Dies (SMED)

3.1.2.1.7 Verschwendung in Form von Teiletransport

Unter ***Conveyance***[56] versteht man bei Toyota die innerbetriebliche Logistik, also den Teiletransport von den Anlieferdocks bzw. den Zwischenlagern zum Verbauort an der Montagelinie. Conveyance ist jedoch ebenso der reversible Informationsfluß der Produktion an die Logistik, welcher die Nachbestellung und zeitgerechte Bereitstellung von Teilen sicherstellt. Jeglicher Materialtransport, der nicht dem Zweck der Bereitstellung zur baldigen Montage dient, ist als Verschwendung anzusehen. Man spricht in diesem Zusammenhang auch von ***'Double-Handling'***[57].

3.1.2.2 Das Element ‚Just in Time'

Die Beseitigung von Verschwendung im betrieblichen Prozeß in Verbindung mit der Reduzierung von Materialbeständen birgt natürlich ebenso ***Risiken***. Als Beispiel kann hier eine Unterbrechung der Lieferfähigkeit gelten, wenn sich Fertigungsfehler bei Teilen ergeben, welche nicht über einen Fertigteilelagerbestand ausgeglichen werden können. Die Produktion von 100% sogenannter Gutteile ist daher absolute Voraussetzung – dies wird bei Toyota erreicht durch die Produktionssystemelemente ***'Just-in-Time'*** und ***'Jidoka'***.

Just in Time bedeutet direkt übersetzt ins Deutsche 'Gerade zur rechten Zeit'. Hinter diesem Begriff verbirgt sich die Philosophie einer ***bedarfsorientierten Materialversorgung*** hinsichtlich Zeit, Menge und Ort. Just-in -Time bedeutet nur die absolut notwendige, also aktuell nachgefragte, Menge an Gütern zu produzieren und zu transportieren. Ziel ist es dabei mit keinem oder nur dem absolutem Minimum an Material im Fertigungsprozeß (***'In Process Inventory'***) zu fertigen, was wiederum in verkürzten Durchlaufzeiten und hohen Einsparungen im Materialhandling resultiert.

Das ***konventionelle System der Materialbereitstellung*** bzw. Fertigungssteuerung beruht auf einer Produktionsprogrammplanung, welche oftmals Monate im voraus erstellt wird und auf den Marktprognosen des Vertriebes basiert. Dies bedeutet, daß die vielen tausend Einzelheiten z.B. eines Automobils, schon weit vor ihrer Verwendung eingeplant werden müssen, um später bedarfsgerecht in der dann aktuellen Fahrzeugsequenz ihrem Verbauort zugesteuert werden zu können. Bei diesem als ‚Push-System'[58] bezeichneten Verfahren liefert der jeweils vorhergehende Prozeß Teile für den nachfolgenden Prozeß. Dabei ist es schwierig, prompt auf technische Änderungen oder Störungen bei anderen Prozessen oder aufgrund von Bedarfsschwankungen zu reagieren. Um eine Anpassung an Änderungen vorzunehmen, müssen alle Produktionsprogramme für alle Prozesse gleichzeitig geändert werden [Meu90].

Die Realität in der Automobilfertigung zeigt jedoch, daß eine solche Produktionsprogrammplanung oftmals starken Schwankungen unterworfen ist. Diese Schwankungen ergeben sich z.B. durch externe Einflüsse wie kurzfristige Nachfrageverschiebungen oder Anpassungen der Fahrzeugorders durch aktualisierte Kundenwünsche, Auftragsstornierungen, etc. Genauso können interne Ereignisse die Produktionsreihenfolge stören, wie z.B. die Durchmischung der Karossen im Lackbereich zwischen Rohbau und Montage im Rahmen der Nachlackierung / Ausbesserung von Lackfehlern. Die sogenannte 'Perlenkette'[59] kann dann nur noch selten durch aufwendiges Sortieren der Karossen wiederhergestellt werden.

Die Erfahrung zeigt jedoch, daß eine exakte Vorausplanung des Produktionprogrammes selbst ohne Marktverschiebungen nahezu ausgeschlossen ist. Wenn sich der Produktionsplan regelmäßig ändert ist es unmöglich, in einem wirtschaftlich vertretbaren Rahmen die Hunderte von Fahrzeugen einer Tagesproduktion mit ihren jeweils vielen Tausend Teilen und unzähligen Kombinationen von Sonderausstattungen zu koordinieren. Folglich muß bei dem ‚Push-System' das Unternehmen Vorräte für alle Prozesse verfügbar halten, um Störungen und Bedarfsänderungen aufzufangen. Es entsteht ein Ungleichgewicht an Vorräten zwischen den einzelnen Prozessen, was häufig zu hohen Beständen an Halbfabrikaten und einer entsprechend hohen Kapitalbindung im Umlaufvermögen führt. Die Folge sind steigende innerbetriebliche Materialbestände und höhere Durchlaufzeiten.

---

[56] engl.: to convey = befördern, vgl. Kap. 3.1.2.2.1.2 *Conveyance – Innerbetriebliche Logistik*

[57] Double Handling = engl. für doppeltes Anfassen bzw. Bewegen von Teilen oder Ladungsträgern

[58] Push-System: engl.= Bring System bzw. to push = schieben

[59] Als ‚Perlenkette' bezeichnet in der Automobilindustrie die Aufrechterhaltung (oder Wiederherstellung durch Sortierpuffer) der im Rohbau aufgesetzten Karossenreihenfolge bis an das Ende der Montage. Kann diese Reihenfolge trotz der Durchmischung im Lackierbereich aufrechterhalten werden, lassen sich Bestellsignale an Systemzulieferer entsprechend früher (und damit unkritischer) abgegeben.

Just-in-Time vermeidet diese Probleme durch die Anwendung der folgenden drei Instrumente:

- ***Das Pull System / Kanban***
- ***Kontinuierliche Fließfertigung***
- ***Taktzeit - synchronisierte Fertigungsgeschwindigkeit.***

Das ***Pull-System*** beschreibt das bedarfsgerechte ‚Ziehen'(engl. = to pull) von Material durch die jeweils nachgelagerten Montagestationen. Damit wird Überproduktion verhindert und die gleichmäßige Verteilung von Gütern und Informationen sichergestellt. ***Kanban***-Karten werden bei Toyota als kontrollierender Mechanismus eingesetzt. Ein ***kontinuierlicher Fluß von Werkstücken*** durch die Fertigung bei einer definierten Fertigungsgeschwindigkeit (***Taktzeit***), synchronisiert mit allen Fertigungsbereichen, Maschinen, etc. verkürzt die Durchlaufzeit und garantiert ein harmonisches Durchlaufen aller Fertigungsbereiche. Notwendige Voraussetzung für den Einsatz dieser drei Instrumente und damit Realisierung einer effektiven Just-in-Time Fertigung ist die gleichmäßige Verteilung der Arbeit. Bei Toyota spricht man in diesem Zusammenhang von ***Heijunka - Produktionsnivellierung*** [60], welches wiederum Hauptaufgabe der Produktionssteuerung von Toyota-Werken ist.

3.1.2.2.1 Das Pull System

Alle Aktivitäten im TPS liegen einer Kundenbestellung zugrunde. Fahrzeuge und Produktionsaktivitäten werden durch die Kundenbestellung ‚gezogen'. Der Prozeß läßt sich hierbei durch ***kaskadenförmige Produktions- und Auslieferungsanweisungen*** von den *nach-* zu den *vor*gelagerten Stellen beschreiben, nach denen nichts auf einer vorgelagerten Stelle hergestellt wird, bis der nachgelagerte Kunde einen Bedarf meldet. Das System entwickelt dadurch einen marktbedarfsgetriebenen ***Sog*** [Wom97].

Für eine ***Teilefertigung*** bedeutet dies, daß nur der Endmontage der Bedarfstermin und die Bedarfsmenge an Fertigprodukten genau bekannt ist. Entsprechend entnimmt sie dem vorhergehenden Fertigungsprozeß die für die Endmontage erforderlichen Teile in der erforderlichen Menge zum benötigten Zeitpunkt. In der Teilefertigung werden die entnommenen Teile (nach-) produziert und wieder bereitgestellt. Jeder teilefertigende Prozeß wird also erst dann ausgelöst, wenn die darauffolgende Fertigungsstufe entsprechenden Bedarf gezeigt hat. Nach diesem Pull-System sind alle Fertigungsstufen bis hinab zu den Rohstofflagern und darüber hinaus zu den Zulieferern verknüpft [Meu90].

Für die Bearbeitung eines Werkstücks bedeutet dies, daß immer erst nach Freiwerden einer Arbeitsstation (AST), diese mit der Bearbeitung des nächsten Bauteils beginnen darf. Damit wird vermieden, daß Teile ohne entsprechenden Bedarf produziert werden und interne Zwischenlager aufgebaut werden, die wiederum Doppelhandling von Teilen zur Folge hätten. Übertragen auf die Automobilindustrie bedeutet dies, daß Fahrzeugkarossen oder Komponenten durch die Fertigung 'gezogen' werden und damit automatisch sich eine Fließfertigung '***Single-Piece-Flow'*** mit Losgröße 1 realisieren läßt.

Bei Toyota spricht man ebenso vom sogenannten ***'Fill-Up' System*** (to fill up = wieder auffüllen). Der jeweils vorgelagerte Produktionsbereich produziert nur soviel Material um die vom nachgelagerten Bereich abgezogenen Teile zu ersetzen, den Minderbestand wieder 'aufzufüllen'.

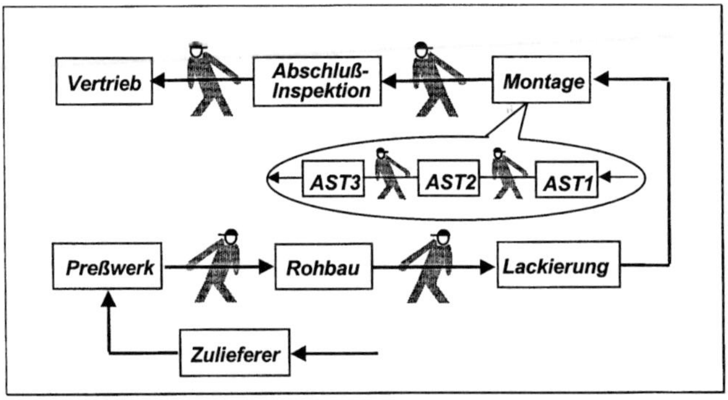

Bild 3.1.2.2.1a: 'Pull System' - Bedarfsorientierte Materialversorgung in der Automobilfertigung

[60] Vgl. Kap. 3.1.2.5.1 *Heijunka – Produktionsnivellierung*

Nachdem das Prinzip der bedarfsorientierten Materialbereitstellung nach dem 'Pull-System' innerhalb des Fertigungsflusses erläutert wurde, soll nun die Frage geklärt werden wie dieses Prinzip auf die Materialversorgung der Materialbereitstellungszonen, also auf die ***Logistik, übertragen*** werden kann.

Um zu gewährleisten, daß ein benötigtes Teil zur rechten Zeit am rechten Verbauort, also 'Just-in-Time' unter Vermeidung von Zwischenlagern, angeliefert werden kann, bedarf es einer effektiven Kommunikation zwischen der Produktion, der Logistik und den Zulieferern. Die Bedarfsmeldung erfolgt über den ***Kanban***.

3.1.2.2.1.1 Das Kanban System

Obwohl der Name ***‚Kanban'*** auf japanisch *Zeichenbrett* bedeutet, werden auf ihm keine Eintragungen gemacht. Der Kanban ist ein Instrument, was u.a. bei Toyota genutzt wird um das TPS als Pull System betreiben zu können. Kanban sind in den meisten Fällen bedruckte Karten, versiegelt durch eine Plastikhülle, auf denen Informationen zu Teilebezeichnung, Lieferant, Verbauort und Transportmenge pro Behälter in Form von Buchstaben und Barcode abgebildet sind. Obwohl der Kanban nur *ein* Instrument des Toyota Produktionssystems ist, steht er oftmals als Synonym für die gesamte Philosophie des TPS.

Jeder Materialbehälter innerhalb des Produktionsprozesses enthält einen Kanban. Bei Anbruch des Behälters wird der Kanban entnommen und an den teileproduzierenden Bereich als Neuorder zurückgesandt. In Verbindung mit einem 2-Behälter-System[61], kann die Bestellmenge pro Kanban auf eine möglichst wirtschaftliche Größenordnung reduziert werden.

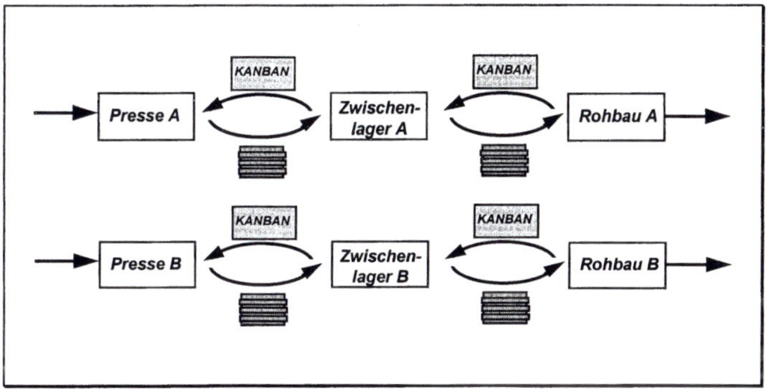

Bild 3.1.2.2.1b: Reversibler Informationsfluß mit Kanban-Karten bei der Blechteileverarbeitung

Kanban sind ***Instrumente der visuellen Produktionssteuerung***. Durch die Rückgabe des Kanban an den versorgenden Bereich (Logistik, Teilefertigung) erfolgt die einfache ***Umkehr des Informationsflusses***, was folgende Vorteile hat:

- Ohne eine Kanban-Karte können Teile weder produziert noch ausgeliefert werden - eine Überproduktion bzw. überflüssiger Materialbestand entlang der gesamten Logistikkette wird damit verhindert.
- Erkennung von ungleichmäßiger Produktion: A) Viele Kanban an einem bestimmten Prozeß bedeuten, daß diese Arbeitsstation nicht zügig genug arbeitet. Probleme wie mangelnde Maschinen- oder Mitarbeiterkapazität, etc. können erkannt werden. B) Die Montage stoppt aufgrund mangelnder Teile (Kanban), d.h. die Montage fertigt damit schneller als die Teilefertigung.
- Kommunikation und damit Teamarbeit werden sowohl intern zwischen Produktion und Logistik als auch zu den Lieferanten gefördert.
- 100% fehlerfreie Weitergabe von Teilen an nachfolgende Stationen ist absolute Voraussetzung. Es existieren keine ‚Extrateile'.
- Kanban ist ebenso ein Instrument des Kaizen-Gedankens. Durch die kontinuierliche Reduzierung von im Umlauf befindlichen Kanban (und damit des innerbetrieblichen Umlaufbestandes) werden Probleme deutlich, welche bisher durch hohe Materialpuffer innerhalb der Fertigung verdeckt wurden.

---

[61] Das 2-Behälter-Prinzip sieht vor, daß pro Teil jeweils zwei (kleine) Ladungsträger (LT) am Verbauort lagern. Aus einem werden Teile entnommen, der zweite gilt als Reserve. Bei Anbruch von LT2 wird dessen Kanban gemeinsam mit dem leeren LT1 an die innerbetriebliche Logistik als Bestellorder zurückgegeben.

Die Entwicklung des Kanban-Prinzips wurde abgeleitet vom ***Funktionsprinzip US-amerikanischer Supermärkte***. Der Supermarkt dient dabei als Miniatur des Verbrauchermarktes mit angeschlossener Logistikkette. Der Kunde kann in einem Supermarkt nach eigenen Bedürfnissen, Budget und Lagerkapazitäten Waren beziehen, ohne einen Auftrag erteilen zu müssen. Es ist keine Koordination zwischen Kunde und Supermarkt erforderlich. Die Supermarktregale werden nur mit der aktuell abgerufenen Menge wiederaufgefüllt und symbolisieren damit ein perfektes Lagerverwaltungssystem. Ohne aufwendige Koordination ist immer die optimale Menge an Nachbestellungen und damit Lagerbestand sichergestellt.

Übertragen auf die komplexere Welt der Produktionslogistik bedeutet dieser Ansatz, daß bei einem Verbrauch von 5 Einheiten des Artikels A auch nur die gleiche Menge an Material nachgeliefert werden muß. Ausgelöst wird der Impuls beim Kanbanprinzip Toyotas durch die ***Weiterleitung des Kanban*** an die Logistik. Sobald ein neuer Materialcontainer 'angebrochen' wird, entnimmt der Mitarbeiter den beiliegenden Kanban und legt ihn gut sichtbar für die Mitarbeiter der innerbetrieblichen Logistik bereit. Diese entnehmen während ihrer Versorgungsfahrten in den Lagergassen zwischen den Montagebändern diese Kanban und disponieren damit die weitere Materialbereitstellung. Der Kanban wird im Lager einem vollen Materialcontainer dieses Teiletyps zugeführt. Auf dem Kanban, welcher sich in einem ständigem Kreislauf zwischen Lager und Materialbereitstellungszonen befindet, sind u.a. Angaben zu Teiletyp, Teilemenge pro Container und gegebenenfalls Teilehersteller aufgeführt. Zu den Vorteilen des Kanban zählt neben dem unkomplizierten Materialnachbestellungsverfahren ebenso die einfache Bestimmung der aktuellen Materialbestände inhouse als auch beim Zulieferer durch die Abzählung der ausgegebenen und aktuell verteilten Kanban.

Die Anwendung der Kanban-Philosophie hat sich mittlerweile in vielen Teilen der produzierenden Industrie als Standard etabliert. Um die Materialversorgung per Kanban System zu gewährleisten sind einige ***Regeln*** unerläßlich:

- Die Menge an ausgegebenen Kanban sollte monatlich überprüft werden.
- Mit Unterstützung von Kaizen sollte die innerbetriebliche Materialmenge (und damit ebenso die im Umlauf befindlichen Kanban) kontinuierlich gesenkt werden, um verdeckte Produktionsprobleme identifizieren zu können.
- Kanban sollten ferner mindestens einmal stündlich von den Montagelinien eingesammelt werden - diese Funktion kann durch die permanent stattfinden Materialfuhren ebenso abgedeckt werden.
- Die Entnahme von Ladungsträgern sollte entsprechend dem Produktionsrhythmus gleichmäßig erfolgen.
- Sonderschichten bzw. Überstunden bedürfen zusätzlicher Koordination.

Der Kanban dient als Instruktionsform für Teilefertigung und Logistik. Er enthält in schriftlicher Form Informationen hinsichtlich Teileart, zeitlichem Teilebedarf, Teilemenge und Produktionsverfahren. Der Kanban dient ebenso als Teilebegleitkarte, auf welcher der aktuelle Produktionsstatus beschrieben ist. Er ermöglicht damit ebenso die Umkehrung des Informationsflusses von der Montage zur Teilefertigung - es ist nicht möglich Teile zu fertigen, für welche es keinen Kanban (d.h. keine Bestellung) gibt.

Neben den Kanban-Karten gibt es ebenso andere Instrumente zur Übertragung von Bestellinformationen. Im Rohbau bei Toyota werden Ladungsträger mit großvolumigen und schweren Rohbaukarosserieteilen per elektronischem Signal angefordert. Ein Leuchtsignal auf einem Andon-Board avisiert dem Staplerfahrer den Austausch von Ladungsträgern [Tmc96].

Grundsätzlich kann jedoch fast jedes Transportmedium als Kanban, also als Bestellorder-Träger genutzt werden – Ladungsträger, Kisten, Rollwagen, welche für den Transport eines bestimmten Teiles in einer definierten Menge konzipiert sind. Wird ein gefüllter Container entnommen und dafür ein leerer Container bereitgestellt, so kann diese Aktion als Bestellorder und damit Kanban interpretiert werden.

Der sich daraus ableitende Vorteil ist sowohl einfach wie auch bedeutsam für die Effektivität des Toyota Produktionssystems. Da nachfolgende Prozesse nur die von vorgelagerten Prozessen abgenommenen Teile nachfertigen, wird Überproduktion durchgehend in allen Produktionsprozessen vermieden.

3.1.2.2.1.2 Conveyance - Innerbetriebliche Logistik

Bei Toyota unterscheidet man in ***innerbetriebliche Logistik***, der ***Conveyance*** sowie der ***externen Logistik*** zwischen Lieferant und Wareneingang. Der Begriff Conveyance beschreibt den Materialfluß vom Wareneingang bzw. Anlieferdock bis an den Verbauort an der Montagelinie. Während die externe Logistik gemeinsam mit der Produktionssteuerung als eigenständiger Bereich den Materialfluß und die Materialdisposition außerhalb des Werkes regelt (sich eher am Einkauf orientiert), so ist die Conveyance oftmals der Produktionsleitung unterstellt. Dies begründet unter anderem ihre Stärke als Servicefunktion für die Produktionsbereiche.

Die Conveyance in Toyota-Werken weist folgende ***zwei Charakteristiken*** auf: a) Transport von Teilen und Information (Kanban) zur gleichen Zeit und b) Transport von Teilen in hoher Frequenz. Grundsatz der Conveyance ist es die Materialbelieferung nicht zu einem bestimmten, geplanten Zeitpunkt sondern ausschließlich bedarfsorientiert zu steuern. Die Methodik der Toyota-Conveyance erfolgt nach den folgenden Grundsätzen:

Mixed Load Conveyance bedeutet, daß während dem innerbetrieblichen Materialtransport mehr als eine Teilenummer zu den Verbauorten transportiert werden. Dadurch wird eine höhere Frequenz hinsichtlich dem Anfahren von Verbauorten erreicht ohne die Gesamtanzahl von 'Touren' zu erhöhen. Eine höhere 'Besuchsfrequenz' von Verbauorten erlaubt die Nutzung von kleineren, handlichen Materialcontainern, was wiederum zu einem insgesamt niedrigeren Materialbestand in der Produktion führt als auch zu größerer Flexibilität bei kurzfristigen Änderungen der Verbauorte. Die ***sequentielle Teileentnahme*** ergibt sich aus dem zugrundeliegenden Produktionsprogramm. Von vorgelagerten Prozessen dürfen Teile nur entsprechend der Reihenfolge des Produktionsprogramms entnommen werden.

Unter ***Mizusumashi*** versteht man die Festlegung von Fahrtrouten innerhalb des Werkes, die ein Conveyance Mitarbeiter per Palettenzug abfahren muß um Teile aufzunehmen und anschließend an den entsprechenden Verbauorten abzuliefern (und dort entsprechend Leercontainer und Kanban aufzunehmen).

Das ***Lkw Transfer System*** beschreibt die Trennung von Transport und Lade-/Entladevorgängen. Der Spediteur ist lediglich verantwortlich für die Anlieferung einer Ladung an einem vorab definierten Entladedock innerhalb eines ebenfalls definierten Zeitfensters. Nach dem Abkoppeln des Trailers, übernimmt er einen leeren Trailers und verläßt das Werk um neue Waren bei Zulieferern abzuholen. Er ist nicht mehr verantwortlich für das Entladen des Trailers. Man spricht bei diesen Fuhren von sogenannten ***Milk-Runs.*** Ähnlich dem Prinzip der Milchfuhren in der Landwirtschaft werden hier die Zulieferer innerhalb eines bestimmten Entfernungsradius angefahren und im Austausch gegen leere (wieder verwertbare) Ladungsträger neue Teile geladen. Das Lkw Transfer System erlaubt kürzere Durchlaufzeiten bei der Materialbelieferung und eine effizientere Nutzung der Lkw-Flotte.

Eine Ergänzung der bedarfsorientierten Materialversorgung mit Hilfe von Kanban, ist das sogenannte ***'On-Call-Delivery'*** System (Teileabrufsystem). Es koordiniert die Fuhren aller Staplerfahrer, die jeweils nur eine Materialpalette transportieren können, durch ein elektronisches Reihenfolgesystem. An einem Display wird dem jeweils wartenden Staplerfahrer avisiert, welche Arbeitsstation als nächstes welche Materialpalette benötigt. Dieses System der Materialanlieferung per Stapler findet Anwendung bei schweren Teilen wie z.B. Paletten mit Batterien. Das ***'On-Call-Delivery'*** System sichert die Abarbeitung von Ordern nach dem FIFO Prinzip und identifiziert eindeutig Unter- bzw. Überangebot von Staplerfahrern.

Bild 3.1.2.2.1.2a: Materialbelieferung durch Ladungsträger auf Rollwagenzug / Flexible Rollpaletten

Grundsätzlich sollte jedoch aus Gründen der Verringerung von Fuhren sowie der Arbeitssicherheit der Staplereinsatz auf die Lkw-Entladezonen beschränkt bleiben. Eine elegante Methode zur Reduzierung von Staplern ist die Nutzung von sogenannten 'Dollies' (Rollwagen), auf denen die Materialladungsträger sowohl in Zügen bis zu sechs Anhängern transportiert als auch bei Verbleib am Verbauort von der Mitarbeitern bei Bedarf ohne Maschineneinsatz verschoben werden können.

3.1.2.2.2 Kontinuierliche Fließfertigung

Ziel der kontinuierlichen Fließfertigung ist die Verringerung von nicht-wertschöpfenden Produktionsstillständen sowie der Teiledurchlaufzeit. „***Wertfluß*** bedeutet, daß der Wert des Produktes bei jedem Arbeitsgang erhöht wird. Wenn Güter mit Förderketten (Förderbändern) transportiert werden, ist dies kein wirklicher, natürlicher Arbeitsfluß, sondern zum Fließen gezwungene Arbeit. Die grundlegende Leistung des Toyota Produktionssystems ist die Gewährleistung von Fertigungs- und Wertfluß"[Ohn78].

Womack beschreibt die Fließfertigung als das progressive Erreichen von Aufgaben entlang der Wertschöpfungskette, damit ein Produkt von der Konstruktion bis zur (Markt-) Einführung, vom Auftrag bis zur Auslieferung und vom Rohmaterial bis in die Hände des Kunden ohne Unterbrechungen, Ausschuß oder Rückflüsse fortschreitet [Wom90]. Werden die Prinzipien der Schlanken Produktion auf die Prozesse und Operationen angewandt, so ergibt sich ein stetiger Fluß von Rohstoffen bis hin zu Fertigteilen und das Unternehmen ist auf dem Weg zu einer synchronisierten Fertigung. Hierbei ist es erforderlich die involvierten Begrifflichkeiten zu definieren:

Prozeß bezieht sich auf den Fluß / Weg, während dem Rohmaterial in Fertigprodukte umgewandelt wird, prinzipiell der Ablauf von Wareneingang bis zur Auslieferung. Der Prozeß besteht aus vier grundsätzlichen Tätigkeiten: Bearbeitung, Transport, Inspektion / Qualitätssicherung und Lagerung.

Operation beschreibt die Aktionen, die am Rohstoff durch maschinelle oder manuelle Bearbeitung (den Interaktionen zwischen Rohstoffen, Maschinen und Mitarbeitern) durchgeführt werden.

Prozeß und Operation müssen voneinander unterschieden werden. Prozeßanalyse bedeutet, daß der Fluß von Materialien oder Produktion untersucht wird, während Operationsanalyse die individuelle Arbeit an einem Werkstück untersucht. Prozesse und Operationen sind daher keine parallelen oder gar kongruente Tätigkeiten, sondern haben eine übergeordnete Beziehung zueinander. Prozesse transformieren Materialien zu Produkten. Operationen sind die Aktionen, die diese Transformation bewirken. Anders ausgedrückt, eine Gruppe von Operationen ergeben einen Prozeß. Diese Konstellation der Begriffe Operation und Prozeß wird im späteren Kapitel zur Standardisierung eine größere Bedeutung erhalten.

Bedingung für eine kontinuierliche Fließfertigung ist die Bearbeitung von Teilen nach dem ***'Single-Piece-Flow'-Prinzip***. Hierbei wird in Losgröße 1 immer jeweils nur ein Teil pro Prozeßschritt bearbeitet und - bei Bereitschaft des nachfolgenden Prozesses - direkt danach an die nächste Station weitergegeben. Erst dann kann mit der Bearbeitung des nächsten Teiles begonnen werden. Durch dieses Verfahren werden Unterbrechungen und Neuanfahren des Produktionsflusses vermieden und die Durchlaufzeit erheblich reduziert.

Deutlich wird der Zusammenhang von Fertigungszeit pro Werkstück und Gesamtdurchlaufzeit bei einer ***Losfertigung*** von jeweils mehreren hundert Kleinteilen. Als Beispiel mag an dieser Stelle die Fertigung von Kugellagerbauteilen dienen. Bei einer Losgrößenfertigung von jeweils 100 Teilen mit 1 Minute Bearbeitungszeit pro Bauteil, beträgt beim einem dreistufigen Bearbeitungsverfahren die Gesamtdurchlauf für alle Teile 300 Minuten. Die Fertigstellung des erstbearbeiteten Bauteiles dauert 201 Minuten, obwohl darauf nur 3 Minuten Bearbeitungszeit entfielen.

Erfolgt die Fertigung dagegen nach dem Single-Piece-Flow, so wird die Durchlaufzeit des ersten Bauteiles auf nur 3 Minuten gesenkt und das erste Los von Hundert Teilen ist bereits nach 103 Minuten fertiggestellt. Die dadurch vermiedenden zusätzlichen Zeitaufwände für Doppelhandling der Teile ('aus der Gitterbox - in die Gitterbox') sind hierbei noch gar nicht berücksichtigt.

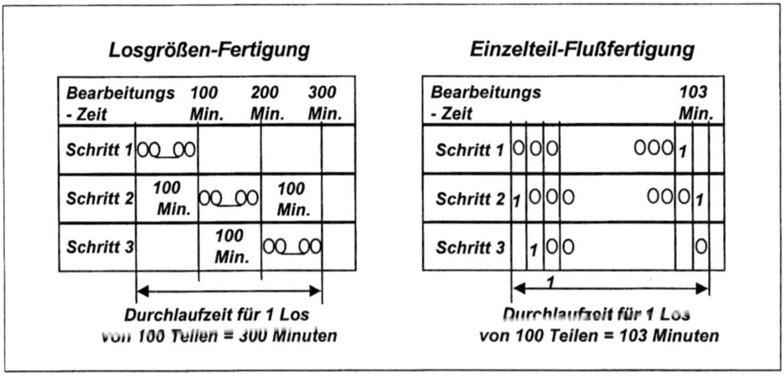

Bild 3.1.2.2.2a: Reduzierte Durchlaufzeiten bei Einzelteil-Fließfertigung

Ausnahmen bilden die Fertigung von Teilen durch Werkzeuge mit einem hohem Zeitaufwand für den Werkzeugwechsel. Hierzu zählen die Preßteilefertigung, Kunststoffspritzgußteilefertigung sowie einige spanabhebende Bearbeitungsverfahren. Es sollte bei dieser Anwendung eine Kompromißlösung zwischen Einzelteile-Fließfertigung und Losfertigung gefunden werden.

Um die kontinuierliche Fließfertigung erfolgreich zu betreiben, gelten folgende ***Anforderungen an die 3M*** - Materialfluß, Mitarbeiter und Maschinen:

Anforderungen an das Material: Der Materialfluß sollte im Idealfall mit Losgröße 1 betrieben werden. D.h. heißt, bearbeitete Teile werden direktverkettet von Station zu Station gefördert - ohne Zwischenlagerung. Wo immer eine Losfertigung aufgrund von begrenzten Maschinenressourcen und Werkzeugwechselzeiten nicht möglich ist, sollte mit einer möglichst geringen Losgröße produziert werden.

Anforderungen an die Mitarbeiter: Die Bearbeitungsstationen werden entsprechend der Reihenfolge der Bearbeitungsschritte U-förmig um den Mitarbeiter positioniert, so daß dieser im Sinne einer höheren Effizienz mehrere Maschinen gleichzeitig betreiben kann. Der Mitarbeiter muß entsprechend breit qualifiziert sein.

Anforderungen an die Anlagentechnik: Das Layout der Maschinen sollte sich an den Bearbeitungsschritten der Produkte orientieren und möglichst kurze Werkzeugwechselzeiten unterstützen.

3.1.2.2.3 Taktzeit - synchronisierte Fertigungsgeschwindigkeit

Toyota beschreibt die Taktzeit als eine ***Einheit der Verkaufsgeschwindigkeit ihrer Fahrzeuge*** im Markt. Die Taktzeit repräsentiert den Quotienten aus der täglichen Arbeitszeit und den im Tagesmittel nachgefragten Fahrzeugen [Tmc96]. Generell wird die ***Taktzeit*** definiert als der Zeitbedarf zur Bearbeitung eines vollständigen Arbeitsabschnitts. In der Automobilindustrie beschreibt er die Zeitdauer, in der eine Fahrzeugkarosse auf dem Fließband einen definierten Bandabschnitt, d.h. eine Arbeitsstation, durchfährt. Die Berechnung der Taktzeit erfolgt in Abhängigkeit von Produktionszeit und Produktionsvolumen.

Das Tagesproduktionsvolumen ist direkt abgeleitet von der Marktnachfrage. Das bedeutet, daß eine Produktion exakt nach Taktzeit nur die vom Markt nachgefragte Menge produziert, also Just-in-Time. Wichtig ist es dabei im Sinne der kontinuierlichen Fließfertigung, daß alle Produktionsbereiche mit der gleichen Taktzeit produzieren. Im Hinblick auf die Planung einer Montagelinie errechnet sich die notwendige ***Anzahl von Arbeitsstationen*** wiederum anhand von Gesamtmontagezeit pro Fahrzeug und Taktzeit.

$$\text{Taktzeit} = \frac{\text{Tagesproduktionszeit 2 Schichten [min]}}{\text{Tagesproduktionsvolumen [Fahrzeuge]}} = \frac{980\text{min}}{300\text{ Eh}} = 3{,}26\text{ min}$$

$$\text{Anz. AST} = \frac{\text{Gesamtmontagezeit / Fahrzeug [min]}}{\text{Taktzeit [min/AST]}} = \frac{300\text{min}}{3{,}26\text{ min}} = 92\text{ AST}$$

AST = Arbeitsstationen

Bild 3.1.2.2.3.a: Berechnung von Taktzeit und Anzahl Arbeitsstationen

Bei einer effektiven Tagesproduktionszeit von 980 min (2-Schichtbetrieb) und einen Marktnachfrage von 300 Fahrzeugen pro Tag sind 92 Arbeitsstationen erforderlich mit jeweils 3,26 min Montageumfang (Taktzeit).

3.1.2.3 Das Element 'Jidoka' (Autonomation)

Neben JIT und Total Quality Control ist das Element ***Jidoka*** ein weiteres Standbein des Toyota Produktionssystems. Unter Jidoka versteht man die Fähigkeit eines Fertigungssystems, z.B. eines Fließbandes oder eines Zerspanungszentrums, beim Auftreten von Problemen wie Maschinenfehlern, Qualitäts- oder Montageproblemen anzuhalten. Dies kann z.B. durch Sensoren zur automatischen Selbstabschaltung geschehen, indem eine Maschine selbsttätig Fehler bzw. Fehlfunktionen erkennt. Durch diese Fähigkeit können von einem Maschinenführer gleichzeitig mehrere Maschinen bedient werden. Verschwendung in Form von Wartezeit des Mitarbeiters wird damit vermieden. Jidoka umfaßt aber auch das Stoppen einer Montagelinie, indem der Mitarbeiter einen Bandstop-Schalter betätigt. Durch den erhöhten Grad an Eigenständigkeit ('Autonomie') der Maschinen spricht man auch von einer autonomen Automation (***Autonomation)***. Eingeführt wurde dieses Konzept um die Jahrhundertwende von Sakichi Toyoda dessen vollautomatische Webstühle sich bei Fadenriß automatisch abschalteten.

Die Verwendung von Jidoka birgt mehrere ***Vorteile***:

- Fehlerhafte Teilebearbeitung wird sofort identifiziert. Die Anhäufung von Ausschuß- bzw. Nacharbeitsteilen wird verhindert. Fehlerhafte Teile werden nicht an den Folgeprozeß weitergegeben.

- Der Werker kann bei Montageproblemen per Reißleine Unterstützung anfordern. Es kommt zum Bandstop wenn das Problem nicht innerhalb der verbleibenden Taktzeit behoben wird.
- Erhöhter Verschleiß bzw. Beschädigung der Anlagen durch fehlerhafte Operationen werden vermieden, indem Fehler automatisch erkannt werden.
- Die Bedeutung von Kontrolle bzw. Qualitätssicherung wird neu definiert. Maschinen erkennen fehlerhafte Teile automatisch - 100% Teilekontrolle im Rahmen der Qualitätssicherung ist damit nicht mehr erforderlich. Bei Toyota spricht man in diesem Zusammenhang von ***‚Quality Built in'***, d.h. Qualität wird damit in den Fertigungsprozeß ***'eingebaut'***. Der Bedarf an zusätzlicher Kontrolle und damit Kontrolleuren verringert sich. Jidoka ist ein menschorientierter Ansatz zur Definition der Mensch-Maschine Schnittstelle. Es befreit den Mitarbeiter von der permanenten Maschinenüberwachung und erlaubt ihm sich auf Aufgaben zu Prozeßverbesserung zu konzentrieren [Tmc96].
- Die Ursachen bzw. der Ursprung von Teilefehlern wird direkt bestimmten Prozessen zugewiesen. Im Rahmen des kontinuierlichen Verbesserungsprozesses können somit Kaizen-Projekte gezielt aufgesetzt werden.

Zur Unterstützung von Jidoka werden bei Toyota mehrere Instrumente eingesetzt. Es sind dies ***Band-Stop-System, Andon-Boards*** sowie ***Poka-Yoke.***

3.1.2.3.1 Band-Stop-System

Das (Montage-) Band-Stop-System besteht aus einer Reißleine entlang der Montagebänder sowie Signallampen jeweils am Ende jeder Arbeitsstation. Gekoppelt ist das System mit den 'Andon-Boards' (Anzeigetafeln). Das Betätigen der Reißleine führt nicht automatisch zum Bandstop. Dieses würde auf das Problemlösungsverhalten der Werker eher demotivierend wirken, denn ein Bandstop bedeutet anteilig verlorene Stückzahlen. Ein Band-Stop erfolgt erst, wenn innerhalb der verbleibenden Taktzeit, trotz angeforderter Unterstützung keine Problemlösung erreicht wurde. In diesem Fall bleibt das Band an einem definierten Punkt stehen, z.B. sobald die Fahrzeugvorderachse die hintere Stationsgrenze erreicht.

Stationsgrenzen verdeutlichen den Mitarbeitern, daß sie ihren Arbeitsumfang innerhalb ihrer Station, und damit innerhalb der Taktzeit, abschließen müssen. Ein Überschreiten der Stationsgrenze ist aus Gründen der gegenseitigen Behinderung der Werker bei Toyota nicht gestattet (es sei darauf hingewiesen, daß in traditionellen Montagebereichen westlicher Automobilfirmen der sogenannte '***Bandtourismus***' oder auch 'Vorarbeiten' ein großes Problem darstellt, auf welches später noch eingegangen werden soll).

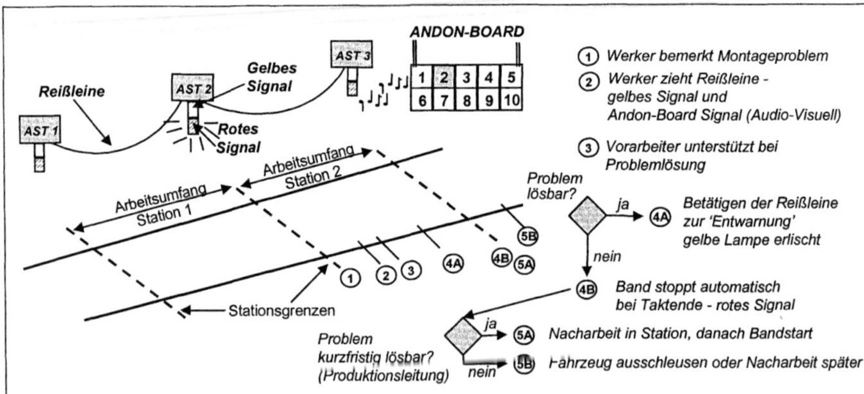

Bild 3.1.2.3.1a: Band-Stop-System mit Andon-Board

Ergibt sich während des Arbeitsumfanges bei Mitarbeiter A in Arbeitsstation 2 ein Problem, welches den Mitarbeiter darauf schließen läßt, daß er den Arbeitsumfang vermutlich nicht innerhalb des Taktes leisten kann, so fordert er durch das Ziehen der Reißleine Unterstützung an. Relevante Probleme sind u.a. ein fehlerhaftes oder nicht verbaubares Teil oder eine defekte Anlage.

Diese Information wird über ***mehrere Signalarten*** an den zuständigen Gruppenführer weitergeleitet: ***Sichtbar*** durch das Aufleuchten einer gelben Lampe an der Station sowie durch das aufleuchtende 'Station2'-Feld auf dem Andon-Board, welches für alle Mitarbeiter eines Produktionsbereiches gut sichtbar an der Hallendecke aufgehängt ist. ***Hörbar*** durch eine bandspezifische Melodie, die innerhalb der gesamten Montagehalle zu vernehmen ist und damit ebenso die betroffenen Mitarbeiter der Qualitätssicherung und Instandhaltung von einem Problemfall in Kenntnis setzt.

Der Gruppenführer versucht nun gemeinsam mit dem Mitarbeiter und ggf. betroffenen Bereichen das Montageproblem zu beheben während sich das Montagefließband mit konstanter Geschwindigkeit weiterbewegt. Wird das Problem innerhalb der Taktzeit gelöst, so betätigt der Mitarbeiter ein zweites Mal die Reißleine und setzt das Fertigungssystem wieder in seinen Normalmodus zurück (die gelbe Signallampe verlischt). Konnte das Problem nicht innerhalb des Taktes behoben werden, so kommt das gesamte Montageband automatisch am Taktende bzw. Stationsende, dem ***Fixed-Position-Stop***, zum Stehen (die rote Signallampe brennt). Gruppenführer und Linienverantwortlicher (z.B. Meister) legen Sofortmaßnahmen zur Behebung der Ursache fest und entscheiden, ob ein Problemlösungsprozeß durchgeführt werden muß.

Durch das Weiterfahren des Bandes bei einem Fehler und Stoppen erst bei Erreichen des Takt- / Stationsendes ist gewährleistet, daß alle vom Bandstop betroffenen Mitarbeiter ihre Arbeit an einem definierten Punkt unterbrechen, nämlich nach Abarbeiten des gesamten Taktarbeitsumfanges. Bei einer längeren Unterbrechung der Arbeit ist damit gewährleistet, daß keine Umfänge vergessen werden. Weiterhin wird die Toyota Qualitätsphilosophie 'Nur 100% Qualität an die nachfolgende Station' durch dieses Verfahren des Bandstopps eingehalten. Grundsätzlich gilt, daß das Anhalten des Montagebandes einzig und allein dem Zweck der ***Wiederholvermeidung*** dieses Fehlers gilt.

3.1.2.3.2 Andon-Board

Das ***'Andon-Board'*** ist ein elektronisches Display welches in jedem Montagebereich unter der Hallendecke gut einsehbar für alle Mitarbeiter den aktuellen Status des Bereiches ausweist. Das Andon-Board gehört damit zur Gruppe der ***'Visual Management'*** Instrumente. Die dort dargestellten Informationen umfassen: Stationen, die den Bandstop betätigt haben, Hinweise auf einen stattgefundenen Unfall und Angaben über aktuell vereinbarte Tagesüberstunden.

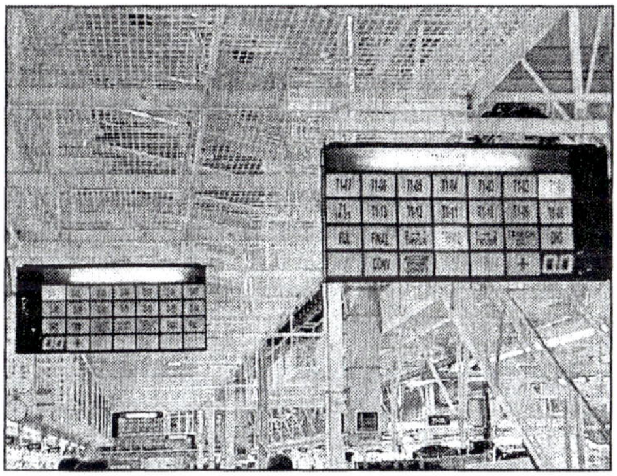

Bild 3.1.2.3.2a: Andon-Board

3.1.2.3.3 Poka-Yoke

Unter 'Poka-Yoke' versteht man die Nutzung von sogenannten ***Fail-Safe-*** bzw. ***Fool Proof*** (engl. = narrensicher) Einrichtungen im Produktionsprozeß. Poka-Yokes sollen auf einfache Weise den Maschinenbediener vor Fehlanwendungen schützen. Hierzu zählen z.B. Werkstückaufnahmen, welche durch ***Formschlüssigkeit*** gewährleisten, daß Werkstücke nur in der richtigen Orientierung in die Bearbeitungsmaschine eingelegt werden können. Ferner gibt es Poka-Yokes, die das Ausfassen von Anbauteilen oder Befestigungselementen aus Ladungsträgern überwachen. Greift der Werker in den falschen Ladungsträger, so ertönt ein akustisches Warnsignal.

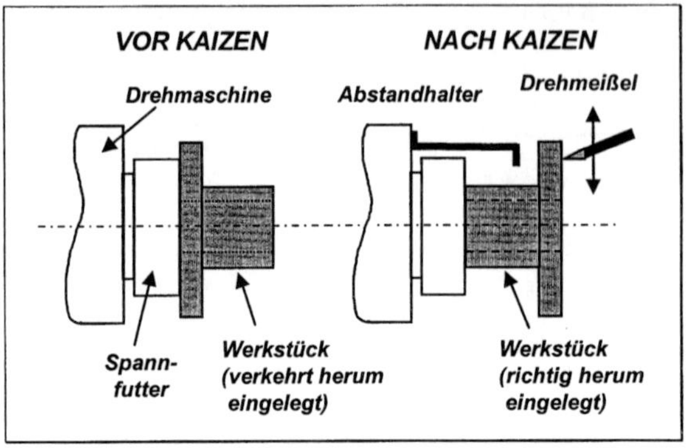

Bild 3.1.2.3.3a: Beispiele einer Poka-Yoke Anwendung

3.1.2.4 Das Element 'Total Quality Control'

Total Quality Control (TQC) ist eine das gesamte Unternehmen umfassende Qualitätsstrategie, die sich an den Kundenbedürfnissen ausrichtet. Nach ihrem Begründer, dem Amerikaner *Feigenbaum*, stellt sie ein System dar, welches die Anstrengungen der verschiedenen Bereiche eines Unternehmens zur Entwicklung, Aufrechterhaltung und Verbesserung der Qualität integriert. Damit sollen Marketing, Entwicklung, Produktion und Kundendienst in die Lage versetzt werden, auf möglichst wirtschaftliche Weise die Kundenbedürfnisse vollständig zu befriedigen [Kam93].

TQC hat seinen Ursprung in Japan, neben Toyota, ebenso beim japanischen Baumaschinenhersteller Komatsu. Beide Unternehmen wurden bereits 1965 für den Aufbau ihrer Qualitätsregelsysteme ausgezeichnet. Anlaß für die verstärkten Aktivitäten zur Qualitätssicherung, waren u.a. große Probleme der Produktqualität die Toyota in den 60'er Jahren beim Export von Fahrzeugen in die USA erfuhr [Wal93].

Der Begriff ,Total Quality Control' steht im Toyota Production System für ein ***ganzheitliches Qualitätsmanagement*** mit dem Ziel der Fehlervermeidung unter Einbeziehung von der statistischen Prozeßkontrolle (SPC), dem internen Kunden-Lieferanten-Verhältnis, dem Prinzip der kleinen Regelkreise, Visual Management, Verhalten bei Produktionsproblemen und spezifische Problemlösungsinstrumente. Des weiteren verbirgt sich in den TQC Säulen ebenso die Standardisierung und der kontinuierliche Verbesserungsprozeß[62].

3.1.2.4.1 Das Interne Kunden-Lieferanten Prinzip

Um den erheblichen Zeitaufwand (und damit Kostenaufwand) zur Behebung von Nacharbeitsumfängen zu minimieren, haben sich in der Industrie 2 Konzepte etabliert. Das ***'Interne Kunden-Lieferanten-Verhältnis'*** basiert auf dem Qualitätsanspruch dem nachgelagerten Fertigungsschritt nur qualitativ hochwertige, fehlerfreie Teile zuzuführen. Wichtig hierbei ist das Vorhandensein von Prüfmöglichkeiten nach jedem Bearbeitungsschritt. Diese können manuell bzw. visuell durch den Mitarbeiter unter Zuhilfenahme einer Lehre oder Meßtechnik erfolgen. Es gibt ebenso selbstprüfende Systeme, die autonom, also ohne Zuhilfenahme der menschlichen Beurteilungskraft ein fehlerhaftes Teil identifizieren. Dies kann zum Beispiel durch Abgleich von gespeicherten Bilddaten mit einem digitalen Kamerabild oder durch formschlüssige Paßlehren erfolgen. Die autonome Fehlererkennung wird im Toyota Produktionssystem als *Jidoka* bezeichnet[63].

3.1.2.4.2 Das Prinzip der kleinen Regelkreise

Das zweite Konzept zur Vermeidung von Montage- bzw. Teilefehlern ist das ***Prinzip der kleinen Regelkreise***. Im Gegensatz zu traditionellen Formen der Qualitätssicherung, verfolgt Toyota einen Weg der größeren Einbindung seiner Mitarbeiter, die eigenverantwortlich ihre Arbeitsergebnisse überprüfen.

Traditionelle Konzepte zur Qualitätssicherung legen den Schwerpunkt auf die ***spätere Kontrolle*** bzw. In-

[62] Vgl. Kap. 3.1.2.6 *Das Element Standardisierung* und Kap. 3.1.2.7 *Das Element Kontinuierlicher Verbesserungsprozeß*

[63] Vgl. Kap. 3.1.2.3 *Das Element Jidoka*

spektion eines bereits durchgeführten Prozesses. Im Bereich der Zulieferteile bedeutet dies, daß Teile vom Zulieferer nach den Spezifikationen des Käufers gefertigt werden. Die erste Qualitätskontrolle erfolgt bereits beim Zulieferer und beschränkt sich im Normalfall auf eine Stichprobenprüfung, deren Erkenntnisse sich durch die Fehlerverteilung der statistischen Prozeßregelung absichern. Bei Anlieferung der Teile im Montagewerk des Käufers werden die Teile erneut im Rahmen der sogenannten Wareneingangskontrolle geprüft, ebenso im Stichprobenprüfverfahren. Folgende Probleme ergeben sich aus diesem traditionellen Vorgehen: Die Stichprobenprüfung schließt nicht zu 100% aus, daß fehlerhafte Teile montiert werden. Es zeigt lediglich Tendenzen auf. Die Folge sind Nacharbeitskosten durch Rückmontage und Teileaustausch. Die Teileprüfung erfolgt deutlich später als die Produktion des Teiles, es entstehen bis zur Problemerkennung noch viele fehlerhafte Teile und damit Ausschußkosten. Das dritte Problem ist eher arbeitspsychologischer Natur. Im Gegensatz zur Werkereigenprüfung, wird die Rückmeldung eines (dritten) Qualitätsmitarbeiters als negativ empfunden. Dies ist der Motivation zur Problemlösung und Prozeßverbesserung eher abträglich. Fazit: der Regelkreis traditioneller Qualitätssicherung ist zu träge und kostenträchtig.

Kleine Regelkreise bedeuten, daß Fehler sofort nach ihrem Entstehen erkannt und behoben werden. Im Rahmen der Erweiterung von Aufgaben und Verantwortung für die Produktionsmitarbeiter (***'Job Enlargement, Job Enrichment'***) ist jeder Toyota-Mitarbeiter für die Qualität seiner Arbeit verantwortlich und muß daher seine Arbeit überprüfen, bevor er sie an die nächste Station weitergibt. Diese Form der Überprüfung bezeichnet man als ***Eigenkontrolle***. Die Eigenkontrolle kann jedoch fehlerbehaftet sein, da das eigene Arbeitsverhalten nicht die Erkennung eigener Montagefehler begünstigt. Dies gilt insbesondere dann, wenn es sich um eine rein visuelle Kontrolle handelt. Als Weiterentwicklung kann hier die ***Folgekontrolle*** gelten. Hierbei wird die Arbeit einer vorgelagerten Station erst durch die Folgestation im Sinne des 'Durch-andere-Augen-Prinzips' überprüft, jedoch direkt zu Beginn des Taktes. Ein Feedback erfolgt lediglich zwischen den Kollegen benachbarter Arbeitsstationen und führt damit zu höherer Akzeptanz und Bereitschaft zur Verbesserung des Prozesses.

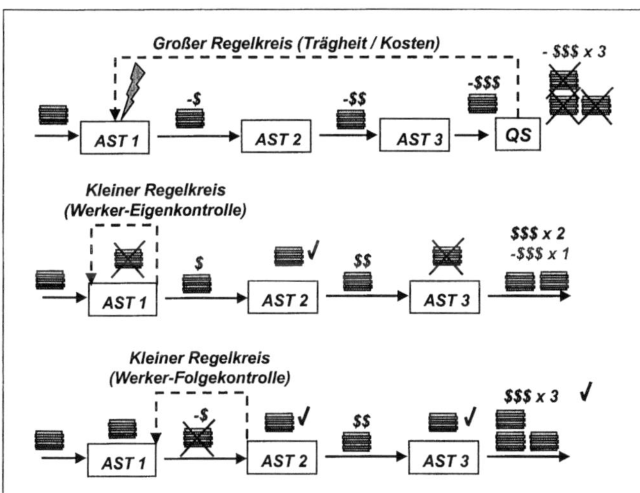

Bild 3.1.2.4.a: Traditionelle Teileprüfung vs. Eigen- / Folgekontrolle durch Mitarbeiter

3.1.2.4.3 Visual Management

Unter ***,Visual Management'*** oder ***,Visual Control'*** versteht man die Fähigkeit von Mitarbeitern, insbesondere jedoch von verantwortlichen Produktionsmanagern und Meistern den aktuellen Zustand eines Produktionsbereiches ***,auf einen Blick'*** zu erkennen [Tmc85]. Visual Management hilft Unregelmäßigkeiten bzw. Abweichungen vom dokumentierten Standard zu erkennen wie z.B. falsche Materialanlieferung (hinsichtlich Menge und Verbauort), Einsatz von nicht vorgesehenen Werkzeugen, Verlagerung von Werkzeugen und Betriebsmitteln in andere Stationen, Durchführung von Arbeitsumfängen in anderen als den dafür vorgesehenen Stationen (,Vorarbeiten'). Visual Management bedeutet aber auch, allen Prozeßbeteiligten jederzeit zugänglich und verständlich die Zielgrößen jedes Produktionsbereich zu verdeutlichen. Hierzu zählen Abteilungsspezifisch heruntergebrochene Zielwerte zu Produktivität, Fehleraudit, Krankenstand, Verbesserungsvorschläge, etc. [Gre91].

Visual Management verfolgt folgende Ziele:

- Visualisieren von Problemen bzw. Abnormalitäten für jedermann, so daß Gegenmaßnahmen unverzüglich eingeleitet werden können.
- Darstellung des aktuellen Produktionszustandes in einem einfach erkennbaren Format.
- Bereitstellen von Information und sofortiges Feedback an die Mitarbeiter.

3.1.2.4.4 Verhalten bei Produktionsproblemen

Treten Fehler bzw. Produktionsprobleme auf, so sind die Mitarbeiter durch das Toyota Produktionssystem dazu angehalten, die Ursache dieser Probleme umgehend zu ergründen und durch geeignete Gegenmaßnahmen ein erneutes Auftreten auszuschließen. Dazu bedienen sie sich standardisierter Problemlösungsinstrumente[64]. Die kontinuierliche Fließfertigung mit direkten verketteten (synchronisierten) Fertigungsbereichen wird ein Bandstop bedingt durch lokale Montageprobleme sehr schnell für alle Produktionsbereiche spürbar. Entsprechend zügig ist das Reaktionsverhalten von Werkern und Produktionsleitung, um auftretende Probleme zu lösen. Die negativen Auswirkungen von Bandstops erzeugen entsprechenden Druck auf alle Beteiligten, um langfristige Problemlösungen sicherzustellen.

3.1.2.5 Das Element 'Flexibilisierung der Produktion'

Hinter dem Ausdruck ‚Flexible Produktion' verbirgt sich die Fähigkeit sowohl der Produktionsmitarbeiter als auch der Produktionsanlagen flexibel auf Marktbedarfs- und damit Produktionsprogrammänderungen zu reagieren. Durch entsprechendes Training der Mitarbeiter, einfache (nicht produktspezifische) Auslegung der Fördertechnik und durch Nutzung der Mitarbeiterkreativität im Rahmen von Gruppenarbeit ist ‚die Produktion' jederzeit auf variierende Anforderungen vorbereitet. Daneben ist ein gleichmäßiger Anlagenbetrieb und damit Mitarbeiterauslastung anzustreben, das sogenannte ‚Heijunka'.

3.1.2.5.1 Heijunka - Produktionsnivellierung

Heijunka verlangt eine Zusammenstellung des täglichen Produktionsprogramms, welche die gleichmäßige Auslastung bzw. Arbeitsverteilung auf die produzierenden Bereiche zum Ziel hat. Gemeint ist der gleichmäßige und sequentielle Fertigungsfluß, dem eine gleichmäßige, mittlere Verteilung von ausstattungsreichen (und damit montagezeit-aufwendigen) und ausstattungsarmen Fahrzeugen zugrunde liegt. In der Automobilindustrie spricht man in diesem Zusammenhang von einer ***Modell-Mix-Fertigung***. Toyota nennt dies ***Mixed-Model-Produktion***. Auch wenn der Unterschied sich scheinbar nur auf die Reihenfolge der beiden Worte bezieht, so ist der Unterschied nicht unerheblich.

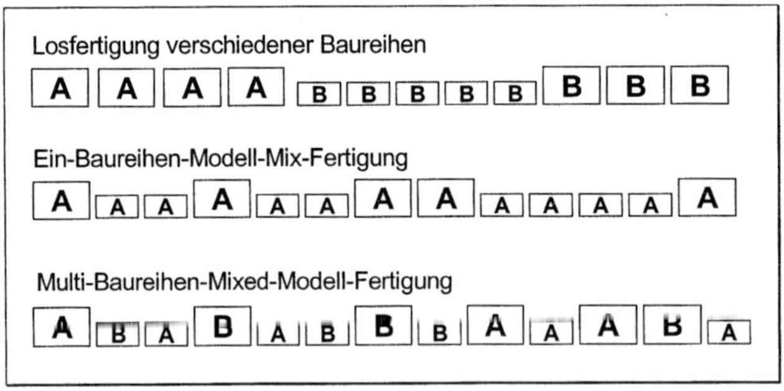

Bild 3.1.2.5.1.a: Losfertigung, Model-Mix- und Mixed-Model-Fertigung

In Europa wird unter einer Modell-Mix-Fertigung überwiegend die Durchmischung von Fahrzeugen mit hohem

[64] Vgl. Kap. 3.1.2.7. Der kontinuierliche Verbesserungsprozeß

und weniger hohem Montageaufwand jedoch einer Baureihe verstanden wird mit dem Ziel der gleichmäßigen Mitarbeiterauslastung. Toyota versteht unter 'Mixed-Model-Produktion' die obengenannte Definition unter Erweiterung der Fertigung von mehreren Baureihen auf einem Montageband. Dadurch wird eine Abstraktion des Produktionsprogramms vom wirklichen Bedarf des Marktes vermieden und Produktionsanlagen werden bewußt flexibel gehalten [Tmc96].

Die oben beschriebene Mixed-Model-Fertigung erfordert nicht nur die Fahrzeuge einer Baureihe zu nivellieren, sondern die Verteilung von Fahrzeugen ***unterschiedlicher Modellreihen***, welche alle auf einem gemeinsamen Montageband montiert werden. Dies sichert die gleichmäßige Auslastung der Werker und gestattet damit die getaktete Fertigung von Fahrzeugen mit über alle Arbeitsstationen synchroner Bandgeschwindigkeit.

Heijunka steht in direktem Zusammenhang mit Verschwendung (Muda). Ein Fertigungssystem, dessen Fertigungsfluß ständigen Schwankungen hinsichtlich Volumen und Fertigungsgeschwindigkeit unterworfen ist, orientiert sich zwangsläufig an seinem maximalen Betriebszustand. Als Folge werden sich ebenso Materialbestände, Maschinenkapazitäten sowie Mitarbeiterbestand an diesem oberen Grenzwert orientieren, was wiederum in Zeiten mittlerer bzw. niedriger Produktionsauslastung (= niedrigerer / mittlerer Marktnachfrage) zu Minderauslastung und damit Verschwendung führt. Diese Arten von Verschwendungen, d.h. die Minderauslastung der Ressourcen Arbeit, Kapital und Material werden durch den Einsatz von Heijunka verhindert.

Die ***Hauptvorteile der Mixed-Model-Fertigung*** sind damit a) ein gleichmäßiger, schwankungsarmer Fertigungsfluß und b) die einfache Abstimmung von Marktnachfrage und Produktionskapazität. Heijunka akzeptiert bewußt einen geringen Abschlag von der Produktionseffizienz im Vergleich mit Solitärfertigungen nur eines Fahrzeugtyps um im Gegenzug die Verhinderung jeglicher Arten von Verschwendung ('Muda'), Schwankungen der Produktionsauslastung ('Mura') sowie Minderauslastung ('Muri') zu gewährleisten. Heijunka trägt dazu bei das Toyota Produktionssystem so effizient und flexibel wie möglich bei gleichzeitiger Vermeidung von Verschwendung und ohne Überforderung der Mitarbeiter zu machen.

3.1.2.5.2 ‚Shojinka' – Flexibel einsetzbare Mitarbeiter

Das Toyota Produktionssystem zeichnet sich u.a. durch ***umfangreiche Verantwortungsdelegation*** auf der Werkerebene aus. Neben den direkten Montageprozessen werden den Mitarbeitern indirekte Aufgaben (Reinigung, Wartung) sowie im Sinne des KVP die Überarbeitung der Standardarbeitsblätter übertragen.

Durch die schrittweise Rotation der Mitarbeiter über alle Tätigkeiten innerhalb ihrer Gruppe und später gruppenübergreifend entsteht eine breit qualifizierte Werkerschaft, welche bei Änderungen des Produktionsprogramms oder hohem Krankenstand flexibel eingesetzt werden kann. Bei geringerer Marktnachfrage wird das Produktionsvolumen heruntergefahren, die Taktzeit erhöht sich und es werden weniger Mitarbeiter am Band eingesetzt – der Umfang an Montagetätigkeiten steigt an, erfordert also breit ausgebildete Mitarbeiter. Umgekehrt verursachen hohe Nachfrage und kurze Taktzeiten eine höhere Werkerdichte und Beschränkung auf geringere Arbeitsinhalte.

In der Teilefertigung spricht man bei Toyota von ‚***Multi Process Handling***' anstelle von ‚***Multi Machine Handling***' (engl. = Mehrfachprozeß- anstelle von Mehrfachmaschinenbedienung). Bei der ***Mehrfachmaschinenbedienung*** bedient ein Werker mehrere Maschinen gleicher Bearbeitungsart, z.B. mehrere Drehmaschinen. Diese Arbeitsorganisationsform hat lange Teiledurchlaufzeiten zur Folge, da Teile erst bei Beendigung aller Maschinen an den nächsten Prozeß, z.B. Bohren, weitergereicht werden. Außerdem ist intensives Handling der Teile unvermeidlich. Gleiche Bearbeitungsformen und damit Maschinentypen sind nach dem Prinzip der Werkstattfertigung als Gruppen in unterschiedlichen Bereichen der Produktion zusammengefaßt. Im Gegensatz ist bei der ***Mehrfachprozeßbedienung*** ein Werker mit der schrittweisen Teilebearbeitung an einer Abfolge von Maschinen im Sinne des kontinuierlichen Arbeitsflusses betraut. Der große Vorteil der letzteren Verfahrensweise liegt in seiner hohen ***Adaptionsfähigkeit*** zu variierendem Bedarf begründet. Durch die Zuweisung von einem oder mehreren Mitarbeitern, von denen jeder alle Prozesse und damit Maschinenbedienungen beherrschen muß, kann flexibel das Produktionsvolumen unter Beibehaltung von kurzen Durchlaufzeiten geändert werden.

Dieses steht in starkem Gegensatz zu Unternehmen mit traditionellen Arbeitsorganisationsformen, die über eindeutige Arbeitsplatzbeschreibungen für individuelle Tätigkeiten verfügen und diese oftmals ebenso in verschiedenen Lohnklassen unterteilen.

Der ***Hauptfokus der Mitarbeiterausbildung*** liegt bei Toyota darin, die Mitarbeiter auf Veränderungen angemessen reagieren zu lassen. Änderungen können sich hierbei auf den Produktionsprozeß, das Produktionsvolumen bzw. - Programm, auf neue Fertigungsverfahren sowie neu eingeführte Produkte, sprich Fahrzeugtypen, beziehen.

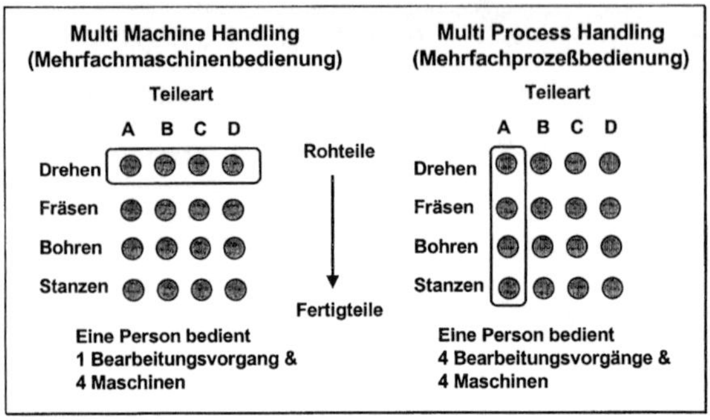

Bild 3.1.2.5.2.a: Mehrfachmaschinen Bedienung vs. Mehrfachprozeß Durchführung [Tmc96]

Aufgrund der Automatisierung von Prozessen bzw. dem Einsatz von Spezialanlagen ist es erforderlich, daß die Mitarbeiter nicht nur die Anwendung der Anlagen beherrschen sondern ebenso mit Instandhaltungsaufgaben sowie Fehlererkennung vertraut gemacht werden (die Instandhaltung wird ‚produktiv' gemacht[65]). Dadurch lassen sich Maschinenstillstandszeiten senken und ein gleichmäßiger Produktionsfluß sicherstellen.

Verantwortlich für das ausreichende Training der Mitarbeiter ist der Meister bzw. Vorarbeiter. Er kontrolliert anhand von ***visualisierten Trainingsnachweisen*** den Kenntnisstand seiner Mitarbeiter. Die Ausbildung erfolgt prinzipiell in drei Schritten: Zunächst gilt es den Primärprozeß eines jeden Mitarbeiters zu schulen. Nach ausreichendem Kenntnisstand erfolgt dann im Sinne der Jobrotation das Training von Arbeitsprozessen innerhalb der Gruppe. Erst danach erfolgt das gruppenübergreifende Training.

Studien haben gezeigt, daß das Mitarbeiter mit steigender Delegation von Verantwortung ebenso in stärkerem Maße an der ständigen Verbesserung ihrer Arbeitsprozesse Interesse haben. Mitarbeiter, die ihre eigenen Vorschläge in sichtbare Verbesserungen umsetzen können, entwickeln Stolz hinsichtlich ihrer Arbeit, ihrem Arbeitsplatz und ihrem Arbeitgeber [Tmc96].

Auch im Management liegt in japanischen Unternehmen der Fokus auf eine ***breitgefächerte Ausbildung***. Nachwuchskräfte werden im Rahmen von Traineeprogrammen durch wechselnde Abteilungen geschickt und wechseln ebenso später in regelmäßigen Abständen in verschiedenste Unternehmensbereiche. Bei den Job-Rotationen wird auf Kundenorientierung geachtet, d.h. der Entwicklungsingenieur lernt Marketing und Vertriebsbereich kennen, um spätere Produktentwicklungen an den Markterfordernissen ausrichten zu können. Die Vorteile dieses Handelns liegen in dem erworbenen ***ganzheitlichen Unternehmensüberblick*** als auch in dem ***unvorbelasteten Angehen von Problemen***. Darüber hinaus verhalten sich die späteren Manager ***kooperativ*** gegenüber ihren Kollegen. Bereichsegoismen, wie sie typischerweise in westlichen Unternehmen auftreten, haben nur eine geringe Bedeutung. Die Zusammen- bzw. Gruppenarbeit wird dementsprechend in japanischen Unternehmen früh trainiert, konsequent genutzt und ermöglicht selbst im Management noch die konsensorientierte Vorgehensweise bei Unternehmensentscheidungen [Gri97].

3.1.2.5.3 Gruppenarbeit (‚Lean Work ist Teamwork')

Gruppenarbeit wurde in den achtziger Jahren zu einem Schlagwort in der europäischen Industrie. Durch ***Gruppenarbeit*** sollten Mitarbeiter der Produktion, insbesondere der Montagebereiche, zu mehr Eigenverantwortlichkeit und größeren, befriedigenden Arbeitsumfängen geführt werden. In diesem Zusammenhang wurden die Begriffe ***Job Enrichment*** (Bereicherung der Arbeit durch Verantwortungsdelegation) und ***Job Enlargement*** (erhöhte Identifikation mit der Arbeit durch größere Arbeitsumfänge) geprägt.

Die Bildung von Mitarbeitergruppen, die sich über einen definierten Montagebandabschnitt erstrecken, und sich im Sinne der ***Arbeitsplatzrotation*** die einzelnen Arbeitsumfänge eigenverantwortlich zuweisen, hat damit ebenso die Abkehr vom Taylorismus mit seinen monotonen Arbeitsumfängen bei extrem hoher Arbeitsteilung zur Folge.

Ebenso wurde in den dreißiger Jahren in den USA der theoretische Grundstein[66] für die Bedeutung der

[65] Vgl. Kap. 3.1.2.8 *Das Element Total Productive Maintenance'*

[66] Im Rahmen der *Hawthorne Experimente* wiesen US-amerikanische Arbeitswissenschaftler 1924 nach, daß die Produktivität von

Gruppenarbeit auf Produktivität und Arbeitsergebnis gelegt. Die Vertreter der sogenannten ,***Human-Relations***' Schule zeigten in ihren Experimenten denn auch die krassen Unterschiede zu den Theorien F.W. Taylors auf. Während dieser lediglich die einzelnen Mitarbeiter und deren individuelle Leistungsfähigkeit studierte, und die Bildung informeller Gruppen als Störfaktor betrachtete, belegte die Human-Relations-Schule, daß neben den formellen Strukturen ebenso zahlreiche informelle Bindungen mit anderen Ausrichtungen im Unternehmen existieren, welche einen starken Einfluß auf die Geschäftsprozesse und damit das Unternehmensergebnis haben [Sim96].

Obwohl in Toyotas Produktionswerken die Arbeitsorganisation seit jeher in Gruppenarbeit erfolgt, wird dem Thema ***Gruppenarbeit*** in den firmeneigenen Dokumenten zum Toyota Produktionssystem interessanterweise keine oder nur eine geringe Beachtung geschenkt. Als Hypothese *(die es zu beweisen gilt)* soll hier die Bedeutung der Gruppe innerhalb der japanischen bzw. fernöstlichen Kultur aufgezeigt werden. Während Mitarbeiter in westlichen Kulturen eher zum Individualismus neigen und entsprechend Ideen bzw. Entscheidungen auch gegen den Widerstand anderer verteidigen, sind japanische Mitarbeiter sehr stark konsensorientiert. Dies gilt sowohl für Mitarbeiter der Produktionsbereiche als auch für das Management. In seiner Wertigkeit gilt der Einzelne nichts, sondern lediglich das Gruppenergebnis zählt [Gri97]. Dies mag erklären, weshalb die Gruppenarbeit, aufgrund ihrer ***Selbstverständlichkeit im japanischen Kulturkreis***, im TPS nicht detailliert beschrieben wurde. Da jedoch ein Großteil der Optimierungserfolge japanischer Unternehmen auf Zusammenarbeit und Konsensorientierung zurückzuführen ist, soll die Gruppenarbeit hier näher betrachtet werden.

3.1.2.5.3.1 Formen der Gruppenarbeit

Die Kooperation von Mitarbeitern kann in vielen Ausprägungsformen stattfinden. ***Kooperation*** ist grundsätzlich eine Form der Interaktion zwischen Menschen. Unter einem ***kooperativen Führungsstil*** versteht man die Einbindung der Mitarbeiter im Sinne der Entscheidungs- und Verantwortungsdelegation. ***Kooperatives Verhalten*** zeichnet sich durch Hilfsbereitschaft und Gemeinsamkeit im Hinblick auf die zu bewältigende Aufgabe aus. Arbeiten nun Menschen in einer Gruppe, so spricht man gemeinhin von Gruppenarbeit. Dennoch gibt es unterschiedliche ***Ausprägungen der Gruppenarbeit***:

- ***Arbeit in Gruppen nebeneinander***: Die Gruppenteilnehmer arbeiten jeweils an ihrer individuellen Aufgabe, geben sich gegenseitig Tips und lösen gemeinsame Probleme zusammen.
- ***Arbeit in Gruppen füreinander***: Die Mitarbeiter bearbeiten an Einzelarbeitsplätzen Teilumfänge eines Fertigungsablaufes. Sie geben das jeweilige Arbeitsergebnis sequentiell an den nächsten Kollegen weiter. Das Gesamtergebnis kann nur die Summe der Einzelergebnisse sein. Aufgrund der eingeschränkten Sozialkontakte sind wenig Kreativität bzw. Synergieeffekte zu erwarten.
- ***Arbeit in Gruppen miteinander***: Im Sinne der teamartigen Kooperation sind alle Gruppenteilnehmer mit Einzelaktivitäten beschäftigt. Jeder ist allerdings für das Gesamtergebnis mitverantwortlich. Je nach Qualifikationsstand sind die Mitarbeiter innerhalb der Grenzen der Gruppenarbeit in der Lage zu rotieren, bzw. bei Bedarf sich gegenseitig zu vertreten.
- ***Selbstgesteuerte Gruppen***: Die sogenannten ***Self Directed Teams*** sind ein Ausdruck für Arbeitsgruppen moderner Prägung wie sie in ,schlanken' Produktionsbereichen zu finden sind. Die Gruppe ist für die Bearbeitung eines definierten Aufgabenumfanges vollverantwortlich, welcher typischerweise neben den direkten Montagetätigkeiten ebenso indirekte Aufgaben, wie Reinigung, Instandhaltung, Logistik, Problemlösungsprozesse, Mitgestaltung von Arbeitsinhalten, Einarbeitung neuer Kollegen, etc. beinhaltet. Die Gruppe wird vertreten durch einen (oftmals temporär gewählten) Gruppensprecher, welcher neben verwaltenden, organisatorischen Aufgaben als ,Springer' die Vertretung von erkrankten oder abwesenden Gruppenmitgliedern übernehmen muß. Die Gruppe organisiert die Verteilung ihrer Aufgaben autonom ebenso wie die Freizeit- und Urlaubsregelung. Die Gruppe ist für die Bereitstellung eines fehlerfreien Produktes an den externen oder internen Kunden vollverantwortlich.

Mit der Einführung von selbstgesteuerten Gruppen wird damit das vormals durch *F.W. Taylor* eingeführte Spezialistentum der Planer und Kontrolleure wieder umgekehrt und planende, steuernde und kontrollierende Aufgaben wieder in die ausführenden Bereiche re-integriert. In Europa wurden diese Form der Gruppenarbeit ebenso als ***teilautonome Gruppen*** bezeichnet. Beispiel für eine extrem hoch ausgeprägte Autonomie der Mitarbeiter war das Mitte der siebziger Jahren eröffnete ***Volvo-Montagewerk in Kalmar***, Schweden. Im Sinne der Humanisierung von Arbeitsplätzen wurden in Kalmar unter Verzicht von Fließbändern ***Produkti-***

Mitarbeitern weniger von physiologischen Leistungsgrenzen als vielmehr von sozialen Bedingungen abhängig ist. Ebenso wurde deutlich, daß Industriearbeit nicht nur durch formelle, sondern ebenso durch informelle Kontakte geprägt ist – demzufolge die Gruppenarbeit einen hohen Einfluß auf die Leistungsfähigkeit der Mitarbeiter hat.

onsinseln geschaffen, in denen eine Gruppe von Mitarbeitern über einen Zeitraum von mehreren Stunden die komplette Montage der Fahrzeugs durchführte. Die Arbeitsplätze wurden hier den Mitarbeitern angepaßt und nicht umgekehrt wie traditionell üblich. Neben der Job Rotation wurden von den Mitarbeitern ebenso dispositive Aufgaben wahrgenommen, was sich wiederum in flachen Hierarchien auswirkte.

Somit wurde in Kalmar lange vor der Verbreitung der Lehren des *Taiichi Ohno* eine Produktionsumgebung, ***Volvoismus*** genannt, geschaffen, die in Ansätzen dem Toyota Produktionssystem folgte. Durch die Gestaltung der Arbeitsplätze sowie Schaffung von Eigenverantwortlichkeit und Variation (Job Enrichment & Enlargement) stiegen in Kalmar Quantität und Qualität der Produktion bei gleichzeitig sinkenden Fehlzeiten- und Fluktuationsraten. Eine geringe Produktivität aufgrund der fehlenden Taktbindung verbunden mit einem Nachfragerückgang führten jedoch zur baldigen Werksschließung[67].

3.1.2.5.3.2 Gruppenarbeit und die schlanke Produktion

Monotone Fließbandarbeit nach dem Vorbild des Taylorismus bezeichnete *Taiichi Ohno* während seiner Besuche bei General Motors als Muda (Verschwendung). Er begründete dies damit, daß mit Ausnahme der eigentlichen Bandarbeiter alle weiteren Spezialisten keine Wertschöpfung am Fahrzeug erbrachten.

Nach seiner Rückkehr in Toyota-City begann Ohno Ende der vierziger Jahre mit der Einführung einer neuen Form der Fließbandarbeit, bei der die Werker nicht in starker Arbeitsteilung sondern in autonomen Gruppen mit großen Arbeitsumfängen arbeiten konnten. Die Gruppen erstreckten sich jeweils über mehrere Arbeitsstationen. Jeder Werker arbeitete innerhalb einer Arbeitsstation, konnte jedoch durch mehrere Stationen rotieren. Die Einführung von standardisierten, in sich abgeschlossenen Arbeitsumfängen innerhalb kurzer Arbeitstakte steht damit nicht im Widerspruch zu Job Enrichment und –Enlargement.

Seit Beginn der siebziger Jahre haben Automobilunternehmen in Europa mit der Einführung der Gruppenarbeit begonnen. Gründe waren überwiegend ein hoher Krankenstand bzw. mangelnde Motivation. Insbesondere nachdem der Trend zur Montageautomatisierung durch hohe Investitionen und begrenzte technische Machbarkeit[68] allmählich abnahm, besann sich die Industrie auf die Ansätze der Gruppenarbeit und die Kreativität ihrer Mitarbeiter. Insbesondere die großen deutschen Automobilhersteller VW, Opel und Daimler-Benz setzten auf Gruppenarbeit um ihre Krankenstände in der Produktion zu senken.

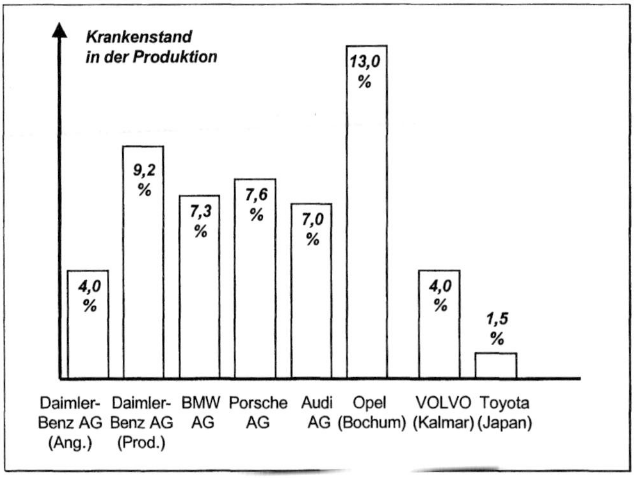

Bild 3.1.2.5.3.2.a: Krankenstände in der Automobilindustrie 1991 [Unb91a]

[67] Das Werk Kalmar wurde ebenso wie das Schwesterwerk in Uddevalla bereits Mitte der neunziger Jahre aufgrund von sinkenden Auftragszahlen des Volvokonzerns wieder geschlossen. Da es sich bei beiden Standorten um reine Montagewerke ohne Rohbau und Lackierung handelte, wurde die Produktion auf das alte Werk in Stockholm konzentriert, welches noch nach traditioneller Art strukturiert war.

[68] Das Maximum der Montageautomatisierung erreichte Volkswagen Ende der achtziger Jahre mit der Halle 54, in der 25% aller Montagevorgänge durch Maschinen durchgeführt wurden.

Neben der Gruppenarbeit, mißt man in Japan ebenso den ***Qualitätszirkeln*** eine besondere Bedeutung für den Unternehmenserfolg zu. Diese Kleingruppen befinden sich nicht nur im Produktionsbereich, sondern auch in den kaufmännischen und planenden Abteilungen. In Teams von sechs bis neun Mitarbeitern treffen sie sich in regelmäßigen Abständen auf freiwilliger Basis für etwa ein bis zwei Stunden, um Probleme zu diskutieren, dem Vorgesetzten geeignete Lösungen vorzuschlagen und diese anschließend in der Produktion umzusetzen [Gri97].

Bei der ***Ausprägung der Gruppenarbeit*** gehen die deutschen Unternehmen eigene Wege; sie kritisieren sowohl das stark mitarbeiterabhängige Volvo-Modell nach dem Vorbild in Kalmar und bezeichnen die Gruppenarbeit nach japanischem Vorbild als „eine Fortführung des Taylorismus mit anderen Mitteln"[Unb91a]. Als eine wichtige Voraussetzung für die Gruppenarbeit wird die entsprechende Qualifikation der Mitarbeiter genannt. So wird die konträre Behauptung aufgestellt, daß für die vielfältigen Aufgabenumfänge in der Gruppenarbeit nur gut ausgebildete Facharbeiter geeignet wären. Dem widersprechend weist eine Studie des Göttinger Soziologischen Forschungsinstitutes nach, daß nur 13% aller Arbeitsplätze in der Produktion deutscher Automobilhersteller von ihrem Anspruch her eine Facharbeiterausbildung benötigen – die Werker sich dementsprechend u.a. zu 47% aus Ungelernten und weiteren 13% mit branchenfremder Ausbildung zusammensetzen.

Das Toyota Produktionssystem mit seinen standardisierten Arbeitsabläufen eignet sich im Gegensatz jedoch insbesondere für die Arbeitsunterweisung von branchenfremden Werkern ohne störende Verhaltensmuster. Beispiele sind die Transplants in den USA, wo es generell keine Facharbeiterausbildung nach deutschem Vorbild gibt wie im Fall des DaimlerChrysler Werkes im strukturschwachen Alabama, wo weder automobil- noch industriell erfahrene Mitarbeiter zu rekrutieren waren[69].

3.1.2.6 Das Element 'Standardisierung'

In den vorangegangenen Kapiteln wurden die Hauptpfeiler des TPS beschrieben. Insbesondere Just-in-Time und Jidoka bilden ein effektives Produktionssystem unter der Voraussetzung, daß sie kontrolliert und sinngemäß im Produktionsbetrieb eingesetzt werden.

Bei Toyota bildet ***Standardisierung*** gemeinsam mit ***Kaizen***, dem kontinuierlichen Verbesserungsprozeß, die Grundlage des Produktionssystems. Durch Standardisierung wird jeder einzelne Schritt in der Prozeßkette der Automobilfertigung detailliert beschrieben. Die Arbeitsabläufe zur Erstellung eines Automobils werden bei Toyota unter dem Fokus der Optimierung menschlicher Bewegungsabläufe ermittelt. Nachdem die quasi-optimale Arbeitsschrittreihenfolge auf entsprechenden Arbeitsablaufblättern dokumentiert und in der Fertigung ausgehängt ist, ist gewährleistet, daß die ***Arbeit immer in der gleichen Reihenfolge*** durchgeführt wird. Verschwendung in Form unnötiger Bewegung wird dabei vermieden. Arbeitssicherheit und die Vorbeugung von Anlagenbeschädigungen durch Fehlbedienung werden verbessert. Standardisierte Arbeitsabläufe sind die Basis für kontinuierliche Verbesserung und Voraussetzung für wiederholbare Qualität bzw. nachvollziehbare Fehler. Um Arbeitsabläufe standardisieren zu können ist es wichtig, daß bestimmte Voraussetzungen gegeben sind hinsichtlich ***Prozeß, Maschine und Qualität***:

Prozeß (Wiederholbarkeit und menschliche Bewegungen): Der Arbeitsprozeß muß aus einer Reihe von Arbeitsschritten bestehen, die wiederholbar sind. Wenn sich Faktoren des Arbeitsprozesses fortdauernd ändern, ist es unmöglich diese Arbeit zu standardisieren. Ferner muß standardisierte Arbeit aus menschlichen Bewegungen bestehen. Das Hauptaugenmerk bei standardisierten Abläufen liegt nicht auf Maschinenabläufen sondern effizienten, ergonomisch optimalen Körperbewegungen.

Maschine / Anlagen (stabiler Produktionsprozeß): Sie müssen verläßlich betrieben werden können ohne längere Ausfallzeiten. Bei häufigen Bandstillständen bzw. Maschinenausfällen an einzelnen Stationen ist eine Standardisierung von Arbeitsabläufen nicht möglich da nicht wiederholbar. Der Produktionsprozeß verläuft nicht gleichmäßig stabil. Durch die vorbeugende Instandhaltung (TPM) und die Nutzung der statistischen Prozeßkontrolle (SPC) kann potentiellen Betriebsstörungen im Vorfeld begegnet werden.

Qualität muß gleichbleibend und damit ebenso wiederholbar sein. Toleranzen bei Montageteilen führt zu schwankenden Montagezeiten, die wiederum die Standardisierung verhindern.

Bei Toyota ist Standardisierung erforderlich um ***Richtlinien für die drei wesentlichen Elemente*** zur Beschreibung von manuellen Arbeitsumfängen zu dokumentieren: ***Taktzeit***, ***Arbeitsschrittreihenfolge*** und ***Umlaufmaterial*** (Bestand an Material, welches sich maximal im Arbeitsbereich befinden sollte).

Die Taktzeit ist eine fest definierte Größe[70] und es gilt den Zeitanteil eines Taktes mit Arbeitstätigkeiten eines

[69] Vgl. Kap. 3.2.1 *Projektbeschreibung Mercedes-Benz U.S. International*

[70] Vgl. Kap. 3.1.2.2.3 *Taktzeit – synchronisierte Fertigungsgeschwindigkeit*

Stationsmitarbeiters zu füllen. Die Summe der in einer Station einem Mitarbeiter zugewiesenen Arbeitszeitanteile wird als ***Zykluszeit*** bezeichnet. Ziel der Prozeßplanung ist eine möglichst optimale Übereinstimmung von Taktzeit und Zykluszeit. Die üblicherweise auftretende Differenz zwischen Zykluszeit und Taktzeit nennt man ***'Taktausgleich'***. Taktausgleich ist Verschwendung in Form von Wartezeit und sollte daher soweit wie möglich reduziert werden. Hohe Taktausgleiche resultieren häufig aus nicht standardisierten Arbeitsabläufen, d.h. deren mangelnde standardisierte Beschreibung Raum für werkerspezifische Interpretationen läßt sowie aus nicht optimal abgestimmten Model-Mix Produktionsprogrammen.

Die ***Reihenfolge der Arbeitsschritte*** ist zweites Kernelement der Standardisierung. Die Einhaltung einer standardisierten, und damit immer gleich ausgeführten, optimalen Reihenfolge gewährleistet, daß keine Prozeßschritte übersehen werden, Anlagen nicht beschädigt und Teile mit gleichbleibend hoher Qualität gefertigt werden. Die gleiche Reihenfolge ist ebenso Voraussetzung für eine konstante Zykluszeit und damit geringe Kosten für Taktausgleich.

3.1.2.6.1 Standardarbeitsblätter

Voraussetzung für die Standardisierung von Arbeitsabläufen ist ihre Dokumentation in schriftlicher Form. Die obengenannten Informationen sind bei Toyota in unterschiedlichen Standardarbeitsblättern dokumentiert und in jeder Toyota Produktionsstätte öffentlich ausgehängt.

Das ***'Standardized Production Capacity Sheet'*** (Produktionskapazitätsblatt) weist für jede Maschine die maximale Produktionskapazität hinsichtlich bestimmter Fertigungsprozesse aus. Diese Information ist für die Produktionsprogrammplanung und für die Ausweisung von potentiellen Produktionsengpässen wichtig.

PRODUCTION CAPACITY SHEET			Teile-Nr.		41211 - 20092	Geprüft:		Schütz	
			Teile-Name		Zahnrad	Datum:		13.10.95	
NR.	Process Name	Mach. No.	Zeitbedarf			Schneidwerkz.		Produkt. Kapazit. pro Schicht	
			Manuelle Zeit	Autom. Zeit		Teile-Standzt.	Stand-Zeit		
1	Zahnrad grob schlichten	GC814	5"	38"	43"	300	2'30"	634	
2	Zahnrad fein fräsen	GC144	6"	38"	44"	300	2'30"	620	
2	Bolzen Durchmesser prüfen	TS110	7"	3"	10"	--	--	2760	

Bild 3.1.2.6.a: Standard Produktionskapazitätsblatt

Das ***'Standardized Work Combination Sheet'*** (Standard Arbeitsreihenfolgeblatt) dokumentiert die Reihenfolge von Arbeitsschritten eines Arbeitsumfanges und den Planzeitbedarf jedes Arbeitsschrittes. Dieses Instrument wird in Toyotawerken eingesetzt, um die Fertigungszeit zu planen und damit den Arbeitskräftebedarf ermitteln zu können.

STANDARD WORK COMBINATION TABLE					Dat. 24.05.92	Gefertigte Einh./Shift 260 / Taktzeit[s] 107	Manuel ——— Automat. ········ Laufen ∿∿∿
NR.	Process Name	Zeitbedarf			Prozeßablauf in 10 s Intervallen		
		Manuelle Zeit	Autom. Zeit	Lauf/Geh Zeit	10 20 30 40 50 60 70 80 90 100 110		
1	Schritt A	5"	10"	2"			
2	Schritt B	2"	15"	5"			
3	Schritt C	3"	20"	5"			
4	Schritt D	4"	10"	2"			
5	Schritt E	3"	10"	2"			
					Gesamt Zeit	107"	

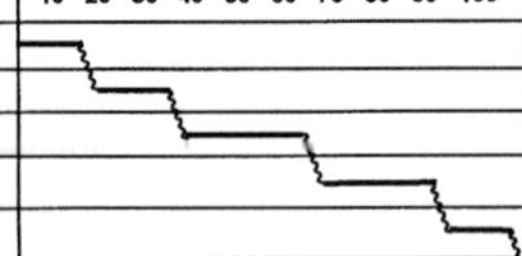

Bild 3.1.2.6.b: Standard Arbeitsreihenfolgeblatt

Auf dem ***'Standardized Work Chart'*** (Standard-Arbeitsblatt) wird u.a. das Layout einer Arbeitsstation dargestellt sowie die Arbeitsschritte in numerischer Reihenfolge und Verlaufswege als Pfeil abgebildet. Weiterhin finden sich Angaben zu Planzeit (Bearbeitungszeit und Taktzeit), zur maximal im Prozeß befindlichen Materialmenge, Angaben zur Arbeitssicherheit sowie Maßnahmen zur Qualitätssicherung. Standard-Arbeitsblätter werden an allen Arbeitsplätzen ausgehängt. Sie bilden die Grundlage für Mitarbeiterunterweisungen. Verbesserungsvorschläge im Rahmen des kontinuierlichen Verbesserungsprozesses (KVP) können von einer dokumentierten Basis ausgehend diskutiert werden.

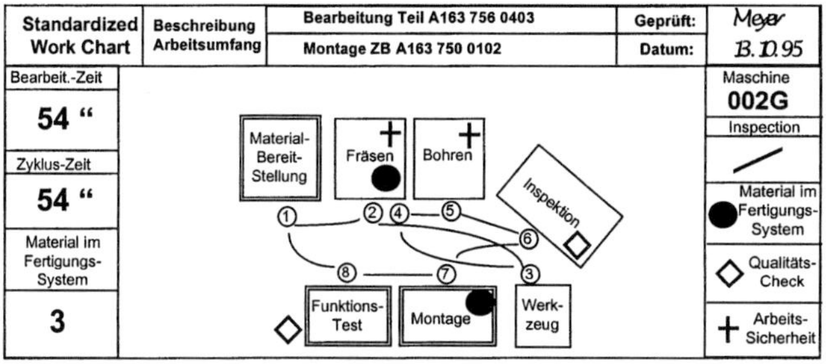

Bild 3.1.2.6.c: Standardized Work Chart

Das ***Operations Standard Sheet*** oder auch ***Master Process Sheet*** MPS (Stationsblatt) richtet sich insbesondere an Mitarbeiter, die neu in einen Arbeitsablauf eingewiesen werden. MPS erlauben die Planung und Dokumentation von Arbeitsabläufen ohne Referenz zum aktuellen oder zukünftigen Montagelayout. Während das Montagelayout sozusagen den ***Makrokosmos*** der Montageplanung darstellt, in dem die gesamte Verbaureihenfolge von Teilen in Relation zu geplanten oder bestehenden Betriebsmitteln abgebildet ist, repräsentiert das MPS lediglich einen ***Mikrokosmos***, der die Montage eines oder weniger Teile detailliert beschreibt. Vorteilhaft ist bei diesem Ansatz, daß sowohl Layoutplanung als auch Prozeßplanung parallel durchgeführt werden können. Die MPS bilden kleine, in sich abgeschlossene Ablaufbeschreibungen, die dann später in die Reihenfolge des Montagelayouts eingegliedert werden.

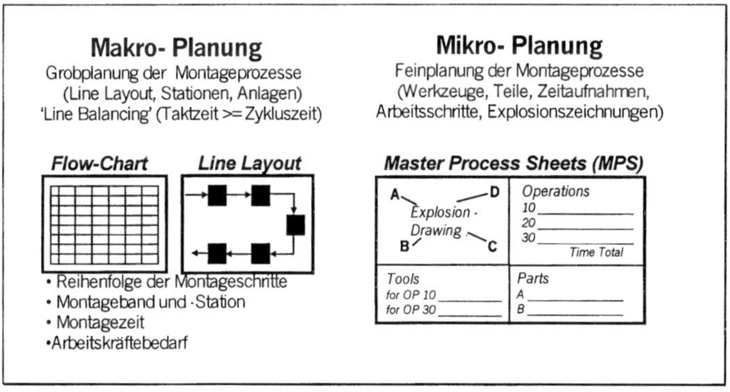

Bild 3.1.2.6.1.a: Relation Montagelayoutplanung zu Prozeßplanung [Oel99a]

Master Process Sheets gibt es in vielfältigen Ausprägungen. Obwohl sie vom Format und von ihrer Aufteilung leicht variieren können, sind ihre prinzipiellen Inhalte die Gleichen. Sie enthalten Angaben zu Arbeitsablaufschritten und Zeiten, Explosionszeichnung der zu verbauenden Teile, Sicherheitshinweise, Hinweise zu Qualitätskontrollen durch den Mitarbeiter (wie Prüfmittel und Drehmomente), Werkzeugnutzung und Montageteile.

Die MPS werden anfänglich durch den Prozeßingenieur erstellt und im Sinne des Trainings sowie der Nutzung von Mitarbeiter Know-how durch die Produktionsmitarbeiter revidiert. Während einige Unternehmen PC-gestützte Datenbanksysteme zur Verwaltung und Aktualisierung nutzen, findet man ebenso die handschriftliche Erstellung und Änderung.

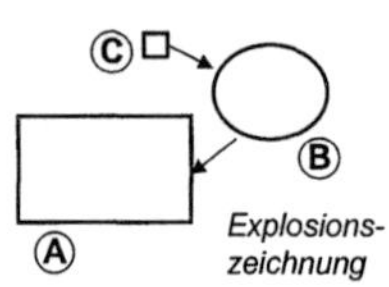

MPS *Montage Heckleuchte links*		*Prozeßschritte*	*WZ*	*Sek.*
	1	Füge Cx4 in B		40
	2	Positioniere B an A	2	10
	3	Füge B in A m/ Dx4	1	60
	4	Prüfe Position von B	3	10
		Total		**120**

Werkzeuge	*Montageteile*	*Freigabe durch: Konstruktion, QS, Prozeßplanung und Produktion*
1 Druckluftschrauber	A Karosserie (1)	
2 Justierhilfe	B Heckleuchte (1)	
3 Prüflehre	C Clips-Einsatz (4)	
	D M5 Schraube (4)	

Bild 3.1.2.6.1.b: Master Process Sheet (MPS)

3.1.2.6.2 Aktualisierung von Standardarbeitsblättern

Standard-Arbeitsblätter werden nicht festgeschrieben und blind gefolgt. Durch die kontinuierliche Verbesserung von Montageschritten unterliegen sie einer permanenten Veränderung und sind damit ein flexibles Instrument. Grundsätzlich läßt sich sagen, daß Änderungen des Produktionsvolumens, Verbesserungen des Prozesses sowie Änderungen der Werkzeuge eine Aktualisierung der Standardarbeitsblätter zur Folge haben und damit ebenso eine zusätzliche Unterweisung der Mitarbeiter erfolgen muß.

Der Gruppenführer ist für die Aktualisierung der Inhalte verantwortlich. Im Sinne der schnellen Reaktion auf Änderungen im Arbeitsablauf oder in der Besetzung von Arbeitsstationen ist es wichtig, daß Mitarbeiter über genügend Training verfügen um flexibel auch in vor- und nachgelagerten Bereichen eingesetzt werden zu können. Standardisierte Arbeitsblätter dienen hier ebenso als Trainingsunterlage.

Toyota hat erkannt, daß kein Mitarbeiter die Prozesse besser kennt, als derjenige, der sie täglich ausführt. In der Konsequenz sind eben diese Mitarbeiter gemeinsam mit ihren Gruppenführern hauptsächlich in Kaizen-Projekte und die entsprechende Aktualisierung der Standards involviert.

Standardisierung ist ebenso die Basis für KVP. Ohne detaillierte Ablaufbeschreibungen eines quasi-optimalen Arbeitsprozesses werden Montagetätigkeiten in verschiedenen Ausprägungen, nach Gusto des jeweiligen Mitarbeiters, vorgenommen. Weder der Vorarbeiter noch der Mitarbeiter selbst können bei einer solchen Arbeitsweise Probleme geschweige denn Potential für Verbesserungsmöglichkeiten identifizieren. Ohne Standardisierung ist es unmöglich, den aktuellen Stand der Effizienz eines Produktionssystems und die Auswirkungen von Änderungen, die ggf. eingeführt werden sollen zu messen.

Standardisierung sorgt dafür, daß Arbeitsumfänge in immer exakt der gleiche Art und Weise durchgeführt werden, unabhängig von Schichtwechsel und Mitarbeiterrotation. Die Ursache von möglichen Fehlern wird damit nachvollziehbar und Qualität wird wiederholbar erstellt. Standardisierung ist damit die Basis, von der aus sich Probleme sowie der Einfluß von Änderungen bei Mitarbeiter- oder Anlagenkapazität auf die Systemeffizienz leichter erkennen lassen. ***Standardisierung ist der erste Schritt auf dem Weg zur Verbesserung.***

3.1.2.7 Das Element 'Kontinuierlicher Verbesserungsprozeß' / 'Kaizen' / ‚TQM'

3.1.2.7.1 Definition des Kaizen

Die Begriffe ***Kaizen, Total Quality Management*** (TQM) und ***Kontinuierlicher Verbesserungsprozeß*** (KVP) können im Hinblick auf ihre Zielrichtung und die Wahl der angewendeten Werkzeuge synonym benutzt werden. Ein Unternehmen, welches sich von überflüssiger Verschwendung befreien möchte, sollte Kaizen, TQM oder KVP anwenden. Die Wahl des Begriffs ist dabei nebensächlich.

Total Quality Management ist von seinen Inhalten identisch mit dem im deutschen Sprachraum gebräuchlichen ***KVP***. ***Total*** bedeutet, daß alle Bereiche und Mitarbeiter eines Unternehmens über alle Geschäftsprozesse hinweg in den Qualitäts- (Erzeugungs-) Prozeß eingebunden sind. ***Quality*** steht für die Erfüllung von Kundenerwartungen hinsichtlich fehlerfreier Produkte und dem Willen zur ständigen Verbesserung der Prozesse. ***Management*** weist auf die Eigenverantwortlichkeit hin, mit der jeder Mitarbeiter seine Arbeitsqualität selber ‚managed' [Sim96].

Kaizen ist japanischen Ursprungs und setzt sich aus den Begriffen ***Kai*** (=verbessern) und ***Zen*** (= gut) zusammen. Obwohl schon lange Grundlage der Optimierungsaktivitäten in japanischen Unternehmen, wurde der Begriff Kaizen in den USA und Europa erst durch die Schriften des Japaners *Masaaki Imai* bekannt. Der Erfolg des Kaizen resultiert u.a. aus dem kulturell bedingten Bedürfnis der Japaner, ***komplexe Abläufe in viele Einzelschritte zu zerlegen***, um den Gesamtprozeß transparenter zu machen. Dadurch sind alle Mitarbeiter in die Optimierung dieser Einzelschritte involviert. Hier zeigt sich deutlich, der kulturelle Unterschied zu westlichen Ansätzen, welche die Optimierung von Prozessen häufig mit hohen Investitionen gleichsetzen. „Kaizen bedeutet, das Gute ständig durch das Bessere zu ersetzen"[Ima92].

Im Unterschied zum westlichen KVP-Ansatz, welcher sich bei der Umsetzung von innerbetrieblichen Vorschlägen stark an rein monetären Einsparungen orientiert, würdigt der fernöstliche Kaizen-Ansatz ebenso die prozeßorientierten Verbesserungen, die z.B. als neue Standards hinsichtlich Produktqualität und / oder Arbeitssicherheit übernommen werden. Man spricht in diesem Zusammenhang auch von westlicher ***Innovationsorientierung*** (verbunden mit hohen Investitionen) und fernöstlicher ***Prozeßorientierung*** [Sim96]. Am Treppenmodell der Prozeßoptimierung wird deutlich, daß westliche Unternehmen erst nach dem Erbringen einer Investition vom Nutzen profitieren können, während in fernöstliche Unternehmen die Innovation in vielen kleinen Schritten erfolgt, aber direkt anwendbar ist.

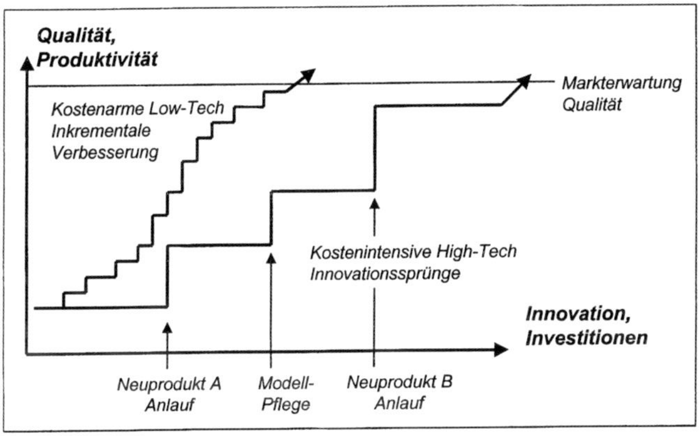

Bild 3.1.2.7.1.a: Innovationstreppe bei fernöstlichen und westlichen Unternehmen

Standardisierung und ***Kaizen*** sind die Elemente, welche das Toyota Produktionssystems aufrechterhalten. Das Toyota Produktionssystem basiert auf dem Grundsatz des kontinuierlichen Infragestellens und Verbesserns von Prozessen durch die Mitarbeiter. Diese Einbindung und Selbstbestimmung bei der Gestaltung ihrer Arbeitsplätze repräsentiert den eigentlichen ***Mehrwert***, den Toyota seinen Mitarbeitern bietet, im Vergleich zu traditionellen Automobilfirmen, bei denen Arbeitsabläufe durch eine Gruppe von Mitarbeitern geplant und durch eine andere Gruppe vollzogen werden.

Eine Maxime Toyotas ist das ausdrückliche Anhalten der Mitarbeiter zur Systemoptimierung. Die Betonung liegt dabei auf dem ***Experimentieren***. Nicht der Grad der Detaillierung einer technischen Lösung zählt, sondern allein der Wille bzw. die Idee zur Veränderung. Sofern ein Mitarbeiter eine Idee zur Verbesserung hat, bespricht er diese mit seinem Gruppenführer. Wird sie positiv bewertet, so stehen dem Mitarbeiter die Unterstützung der Instandhaltung sowie die Nutzung von Kaizenzonen zur Anfertigung von ggf. erforderlichen Betriebmitteln zur Verfügung. Erweist sich die Idee auf dem Weg zur Realisierung als nicht erfolgversprechend, so wird dies nicht negativ gewertet sondern lediglich der Ansatz neu definiert und eine zweite Lösung verfolgt.

Hieran wird deutlich, daß der Kaizen-Ansatz Toyotas deutlich ***pragmatischer*** ausgerichtet ist als vergleichbare Abläufe in der deutschen Automobilindustrie mit höherem Fokus auf Zielorientierung und Planungstiefe. Der ***Planungsansatz der zyklischen Produktions-NEU-Planung***, welchen man überwiegend in traditionellen europäischen Werken anfindet, zeichnet sich durch relativ geringen Erfahrungsrückfluß der Produktion in die Planung aus. Neuproduktplanungen setzen z.B. nicht zwangsläufig auf dem aktuellen Stand der Produktion auf, sondern werden häufig komplett nach einer neuen Philosophie konzipiert. Beobachten läßt sich dies sehr gut in der Automobilindustrie, wo sich in langfristigen Intervallen hochautomatisierte und manuelle Montagekonzepte abwechseln. Eine kontinuierliche Weiterentwicklung, also ein Lernen aus Erfahrungen, ist mit diesem Ansatz nur sehr schwer möglich, weil die Schwankungen zwischen

Planungsstudien zu hoch sind, um Vergleiche anstellen zu können. Das Verbesserungspotential eines neuen Planungsansatzes wird erst nach Abschluß der Detailplanung deutlich. Aufgrund der Verpflichtungen des Neuproduktanlaufes ist ein Richtungswechsel dann termin- und kostenseitig nicht mehr vertretbar.

Der ***pragmatische Planungsansatz inkrementaler Produktionsanpassung*** entspricht eher der japanischen Vorgehensweise. Die Verbesserung der Produktion erfolgt nur in kleinen Schritten, die sehr stark auf dem Informationsrückfluß der Produktion basieren. Durch die Veränderung in kleinen Schritten ist ein ***direkter Vergleich*** zwischen *Vorher* und *Nachher* möglich, und damit eine wirkliche Verbesserung nachprüfbar. Es handelt sich hierbei um eine kontinuierliche Weiterentwicklung. Neue Ideen werden schon nach kurzer Planungszeit mit entsprechend geringer Detailreife in der Produktion getestet. Die Vorteile dieses Verfahrens werden u.a. in der hohen Flexibilität japanischer Fertigungsstätten deutlich. Folgeprodukte werden problemlos auf bestehenden, leicht angepaßten Montagebändern gefertigt bei entsprechend niedrigem Zusatz-Investment.

Kaizen ist der Prozeß mit dem diese kontinuierliche Weiterentwicklung vorangetrieben wird. Kaizen ist für die Toyota Mitarbeiter zugleich ***Verantwortung*** (es ist die Pflicht jeden Mitarbeitern zum KVP beizutragen), ***Privileg*** (im Gegensatz zu anderen Herstellern, kann jeder Mitarbeiter die Effizienz, Güte sowie Ergonomie seines Arbeitsplatzes mitgestalten) und ***Verbindlichkeit*** (Verpflichtung im Sinne des Teamgedankens die Verbesserungen anzunehmen).

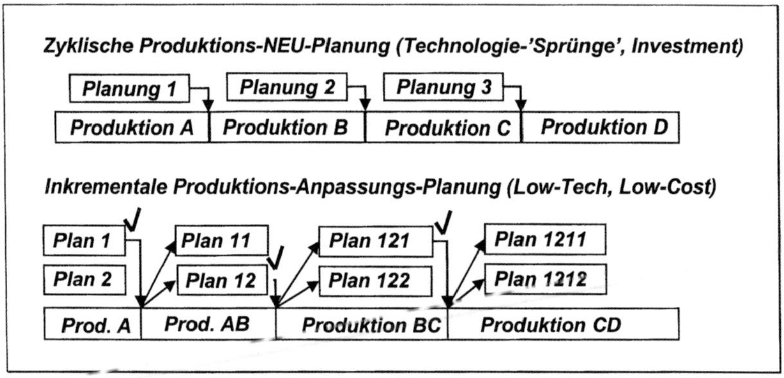

Bild 3.1.2.7.1.b: Westliche vs. fernöstliche Produktionsplanungsstrategien

3.1.2.7.2 Instrumente der Prozeßoptimierung im Sinne TQM / Kaizen / KVP

Auch wenn TQM- bzw. Kaizen Vertreter wie Masaaki Imai Begriffe wie „Die neuen sieben Werkzeuge der Optimierung" prägen [Ima92], so sind die vorgestellten Prozesse selten wirklich neu. Neu ist vielmehr, daß sie unter oftmals neuem Namen in der japanischen Industrie eingesetzt werden und damit in die gängige Lean Production Literatur Einzug gefunden haben. „Wirklich neu sind die Wettbewerbsverhältnisse auf dem Weltmarkt, welche die ehemaligen Monopolisten von Qualität und Produktivität in Europa und den USA zwingen, endlich die zur Verfügung stehenden Arbeitsmittel zu nutzen" [Sim96].

Die sogenannten „Sieben neue Werkzeuge" umfassen eine Reihe von Diagrammen, die sich zum Aufzeigen von Relationen bzw. Kausalzusammenhängen eignen, es sind:

1. ***Beziehungsdiagramme*** zur Klärung wechselseitiger Beziehungen von Faktoren in einer komplexen Situation und der Darstellung von Ursache-Wirkung Beziehungen.
2. ***Affinitätsdiagramme*** im Sinne der Metaplantechnik, in deren Verlauf Gruppenteilnehmer im Brainstorming-Ansatz ihre Ideen visualisieren und gruppieren.
3. ***Baumdiagramme*** als Erweiterung der Funktionsanalyse bei der Darstellung von Maßnahmen und Zielen.
4. ***Matrixdiagramme*** zeigen Zusammenhänge zwischen verschiedenen Bereichen auf. Ein Beispiel ist die Transformation von qualitativen Kundenwünschen in technische Produktanforderungen mit Hilfe des ‚Quality Function Deployment' (QFD).

5. ***Matrixdiagramme zur Datenanalyse***
6. ***Diagramm zur Entscheidungsfindung***, welches im Operations Research entwickelt wurde und die Entwicklungen von Projekten und potentielle positive wie negative Entwicklungen präventiv aufzeigen soll.
7. ***Pfeildiagramm*** nach der PERT- bzw. CPM-Methode, bei dem alle Aktivitäten eines Projektes mit entsprechenden Angaben zu individuellen Zeit- bzw. Ressourcenbedarfen und ihren Abhängigkeiten zueinander grafisch dargestellt sind. Die Verknüpfung von Aktivitäten mit den geringsten Zeitpuffern bestimmt den sogenannten kritischen Pfad.

Nachteil der Benennung spezifischer TQM / Kaizen Tools ist die damit verbundene Beschränkung und Nichtbeachtung der Fülle anderer bestehender Verfahren. Per Definition sind grundsätzlich alle Instrumente oder Vorgehensweisen geeignet, deren Ziel die Findung von kostengünstigeren, schnelleren und damit produktiveren Prozessen ist. Herausragende Methoden des Total Quality Management sind:

- ***Die Technik der richtigen Zielsetzung bzw. Zielvereinbarung***: Um eine Leistung erbringen zu können ist es wichtig, daß alle Prozeßbeteiligten im Vorfeld über den Grad der Zielerreichung, die zur Verfügung stehenden Ressourcen, den Terminplan, weitere Rahmenbedingungen sowie die individuellen Verantwortlichkeiten informiert sind. Ziele sollten grundsätzlich von Vorgesetztem und Mitarbeitern gemeinsam definiert werden, wobei auf Plausibilität / Erreichbarkeit und Verständlichkeit geachtet werden sollte.

- ***Die Fehler-Möglichkeits- und -Einfluß-Analyse (FMEA)***: Im Rahmen der FMEA wird durch systematisches Erfragen aller relevanten Einflußfaktoren eines Projektes durch ein interdisziplinär besetztes Expertenteam versucht alle potentiell auftretenden Fehler und deren Einflüsse aufzuzeigen. Die Durchführung einer FMEA erfolgt standardisiert nach den Richtlinien der DIN ISO 9000ff.

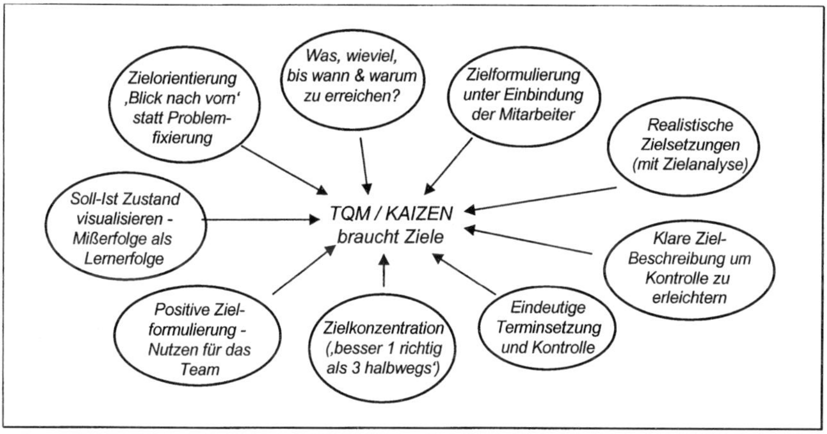

Bild 3.1.2.7.2.a: Anforderungen an TQM / Kaizen / KVP

- ***Das Schaffen eines kreativen Umfelds:*** Dies sind alle Methoden, die der Informations- und Kooperationsförderung dienen, die es erlauben die Kreativität der Mitarbeiter freizusetzen und damit deren Eigenverantwortlichkeit zu fördern. Insbesondere das Management ist hier aufgefordert täglich aufs neue im Dialog mit den Mitarbeitern neue Verbesserungsvorschläge abzufragen.

3.1.2.7.2.1 Arbeitsplatzorganisation nach 5S und der PDCA Zyklus

Die 5S stellen eine einfache aber effektive Methode zur Arbeitsplatzorganisation dar. Sie sind integraler Bestandteil der japanischen Firmenkultur und sind mittlerweile ebenso in vielen US-amerikanischen Firmen anzutreffen. Im einzelnen stehen die 5S für:

Seiri = Ein Gefühl dafür haben welche Werkzeuge / Teile am Arbeitsplatz benötigt werden - und im Umkehrschluß alles was nicht für den Arbeitsprozeß erforderlich ist zu entfernen (engl. = ***Housekeeping***).

Seiton = Der Sinn für Ordnung - effektives Plazieren und Einrichten von Maschinen, Werkzeugen und Material, so daß alle notwendigen Materialien und Werkzeuge zügig verfügbar sind ("Alles hat seinen Platz und alles ist an seinem Platz"; engl. = ***Workplace Organisation***)

Seison = Reinigen - die kontinuierliche und sofortige Reinigung von Arbeitsplatz, Maschinen und Umgebung als integraler Bestandteil der Mitarbeiterpflichten. (engl. = ***Clean-Up***)

Seiketsu = Gesundheit / Sauberkeit - fortlaufend, standardisiert und kontinuierliche Verbesserung von Seiri, Seiton und Seison. Die Aufrechterhaltung der Sauberkeit im Sinne einer steten Verfügbarkeit der Arbeitsbereitschaft. (engl. = ***Cleanliness***)

Shitsuke = Selbstdisziplin zur Einhaltung dieser Ziele und Übertragung auf die Mitarbeiter. Jeder Mitarbeiter versteht und handelt nach den beschriebenen Richtlinien wenn er sich im Werk befindet. (engl. = ***Discipline***)

Aus dieser original japanischen Definition haben sich ebenso US-amerikanische Interpretationen abgeleitet, die sich jedoch im Kern mit den japanischen Begriffen decken und aus Gründen der Vollständigkeit hier genannt werden sollen: ***'Sort'*** - Aussortieren unnutzer Dinge, ***'Simplify'*** - Vereinfachen von Prozessen, ***'Shine'*** - Polieren, Reinigen, ***'Standardize'*** - kontinuierliche Verbesserung auf Basis eines vereinbarten Standards und ***'Sustain'*** - Erhaltung der eingeführten Maßnahmen. Die Einführung der 5S kann in Anhängigkeit von der jeweiligen Situation des Unternehmens auf verschiedene Arten erfolgen - als eine Variante hat sich der ***PDCA-Zyklus*** bewährt [Chu98].

Unter dem PDCA-Rad oder auch Deming[71]-Zyklus versteht man den vierphasigen Optimierungsprozeß der Planung einer Problemlösung oder Prozeßoptimierung (***Plan***), der Anwendung der Maßnahme (***Do***), der Verifizierung der erzielten Ergebnisse, d.h. Verbesserung / Verschlechterung (***Check***) sowie bei erfolgter Optimierung, der langfristigen Einführung (***Action***).

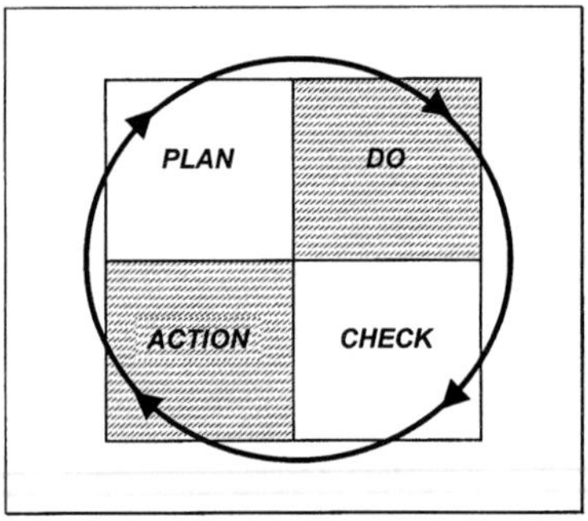

Bild 3.1.2.7.2.1.a: Plan-Do-Check-Action Zyklus

Nach *Chu* sollte die Einführung der 5S in ***sieben Schritten*** erfolgen:

Schritt 1: Aufstellen eines Programm Steuerkreises (PLAN)

Schritt 2: Erstellen eines Einführungsplans für jedes der 5S (PLAN)

Schritt 3: Öffentliche Bekanntgabe der 5S Einführung gegenüber den Mitarbeitern (DO)

Schritt 4: Durchführung von Mitarbeitertrainings zu den 5S (DO)

Schritt 5: Festlegung eines Tages, an dem jeder seinen Arbeitsplatz reinigt (DO)

Schritt 6: Festlegung eines Tages, an dem jeder seinen Arbeitsplatz (re-) organisiert (DO)

Schritt 7: Bewertung der Ergebnisse aus 5S (CHECK)

Schritt 8: Selbstbeurteilung der Ergebnisse und Veranlassung von weiteren Maßnahmen (ACTION)

Die Form des PDCA-Rad drückt die ***Grundhaltung des Kaizen*** aus. Die Drehung des Rades steht für die kontinuierlichen Verbesserungsprozeß, d.h. nachdem ein Zustand verbessert wurde, wird er zum neuen Standard und fordert zu erneuter Verbesserung heraus [Sim96].

[71] W. Edwards Deming, US-amerikanischer Qualitätssicherungsfachmann, der in den fünfziger Jahren die Elemente der statistischen Qualitätskontrolle (SPC) in Japan einführte und maßgeblich zum späteren Erfolg der japanischen Unternehmen beitrug. Wichtigster Beitrag Demings sind seine 14 Punkte zur Unternehmensoptimierung [Kol95].

3.1.2.7.2.2 Die 5W (Warum)

Die Methode der 5W eignen sich zur Ermittlung der zugrundeliegenden Ursache von Problemen. Durch das wiederholte Nachfragen und Beantworten läßt sich in einem kaskadenförmigen Verlauf die wahre Ursache eines Problems im Sinne einer dauerhaften Fehlerwiederholvermeidung ergründen [Ohn78].

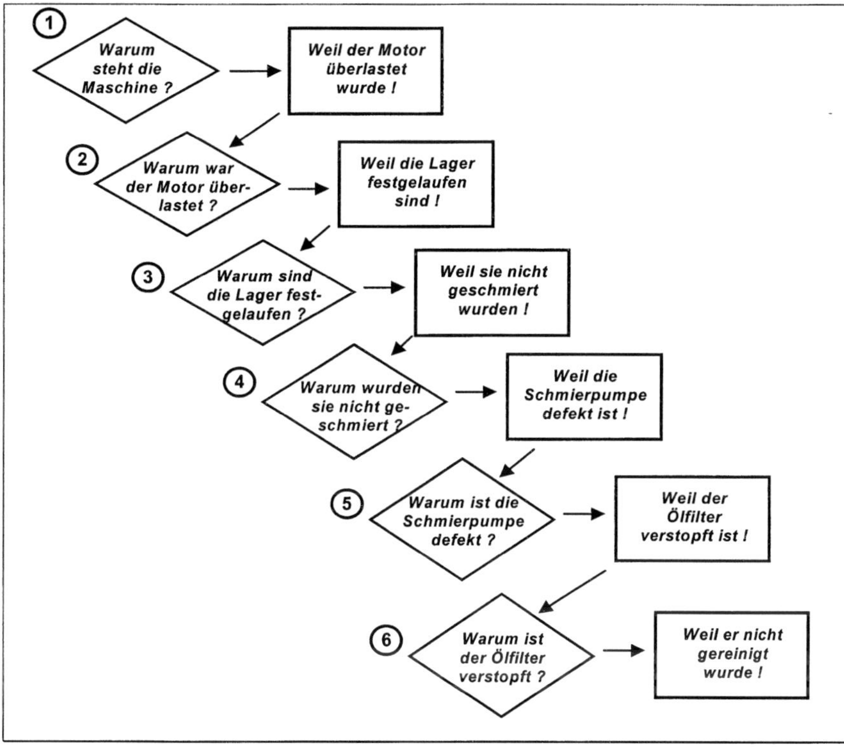

Bild 3.1.2.7.2.2.a: Kaskadenförmige Fehlerursachenanalyse nach der 5W-Methode

3.1.2.8 Das Element 'Total Productive Maintenance'

Total Productive Maintenance (TPM) ist zugleich vorbeugende Instandhaltung als auch stärkere Miteinbindung. TPM ist ein Teilaspekt von Total Quality Management (TQM), bei dem das Hauptaugenmerk der technischen Ausstattung gilt. Bei der TPM wird die medizinische Volksweisheit „Vorbeugen ist besser als Heilen" auf die Arbeitswelt übertragen. Deshalb wird TPM manchmal auch mit „Total Preventive (Präventive) Maintenance" übersetzt. Sie zielt auf eine totale Verfügbarkeit von Werkzeugen, Maschinen und Anlagen. Zugleich macht sie die Instandhaltung ‚produktiv', indem die Werker indirekte Aufgaben zu Reinigung und Wartung von Betriebsmitteln erhalten.

„Die TPM hat eher mit der ***Hardware*** (d.h. den Maschinen und Anlagen) zu tun und die Total Quality Control eher mit der ***Software*** (d.h. den Geschäftsprozessen, den Verhaltensweisen zur vorbeugenden Instandhaltung & Qualitätssicherung)". Das Japan Institute of Plant Maintenance (JIPM) sieht die Aufgabe der TPM in der „Maximierung der Ausstattung, dabei bedient sie sich der umfassenden vorbeugenden Instandhaltung, die über die gesamte Lebenszeit des Maschinenparks anhält. Alle Abteilungen und Ebenen sind in sie einbezogen; durch Gruppenarbeit und freiwilliges Engagement werden die Mitarbeiter zur Instandhaltung motiviert" [Ima92].

Imai beschreibt in seinem Buch die ***Fallstudie*** eines japanischen Mittelstands-Unternehmens der Autoteilefertigung, welches vom Management aufgefordert wurde trotz geringer Auftragslage und damit mangelnder Auslastung ihrer Anlagen in der Gewinnzone zu bleiben. Im Rahmen von TPM Schulungen, unterstützt durch das JIPM, wurde im Unternehmen ein ***siebenstufiger Prozeß*** zur Umsetzung von TPM-Maßnahmen unter Einbindung von Mitarbeiterkleingruppen entwickelt. Wie dem Ablaufdiagramm zu entnehmen ist, basiert ein hoher Anteil der Verbesserungsaktivitäten auf der Optimierung von Ordnung und Sauberkeit am Arbeitsplatz. Sie sind Voraussetzung dafür, daß Probleme bzw. Optimierungspotentiale überhaupt entdeckt werden können. Konsequent wurden Mitarbeiter dazu angehalten in Phasen geringer Auslastung ihre Maschinen zu reinigen, später dann einfache Instandhaltungsmaßnahmen, wie das Schmieren von Lagern, vorzunehmen. In Zeiten hoher Auftragslage wurde die Reinigung in bezahlten Überstunden durchgeführt.

Durch die Integration von Instandhaltungs- und Reinigungsarbeiten in den Arbeitsumfang der Produktionsmitarbeiter konnten Maschinenstillstandszeiten beachtlich reduziert werden. In der Konsequenz haben sich ebenso die Arbeitsbeschreibungen der Instandhalter geändert. Sie widmen sich heute der Diagnose von Maschinenstörungen im Sinne der präventiven Früherkennung, technisch anspruchsvollen Maßnahmen der Maschinen- bzw. Arbeitsplatzausstattung sowie der Schulung von Produktionsmitarbeitern in Wartungsarbeiten.

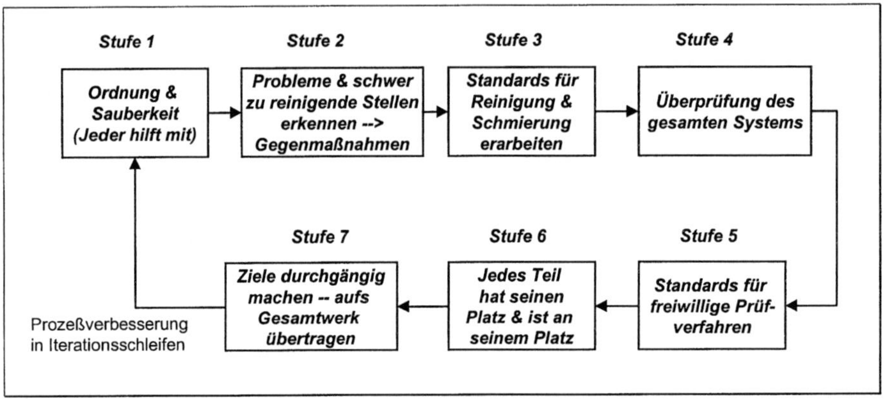

Bild 3.1.2.8.a: Siebenstufiger Ansatz zur Umsetzung der Total Productive Maintenance

Das Unternehmen dieser Fallstudie wurde 1983 mit dem *TPM Distinguished Plant Award* ausgezeichnet basierend auf der Verbesserung von Kennzahlen in allen Fertigungsbereichen.

Kennzahlen der betrieblichen Optimierung	**Ergebnisse**
Mitarbeiter Produktivität (Produktionsvolumen pro MA und Jahr)	+ 32 %
Reduzierung Anlagenstillstände (von ca. 1000 auf ca. 200 / Monat)	- 81 %
Reduzierung Werkzeugwechselzeit	- 50-70 %
Erhöhung der Maschinennutzung	+ 11 %
Verringerung des Teileausschusses	- 55 %
Verbesserte Nutzung des Betriebskapitals (Verh. Inventar zu Umsatz)	+ 50 %
Reduzierung Hilfsmittelverluste (Öle, Schmiermittel)	81 %
Motivierte, stolze, besser ausgebildete Mitarbeiter	Nicht quantifizierbar
Werksführungen als Verkaufsargumente des Vertriebs	Nicht quantifizierbar

Tabelle 3.1.2.8.1.b: Kennzahlen der Optimierung durch TPM-Maßnahmen [Ima92]

3.1.2.9 Der Entscheidungsprozeß im TPS

Bedingt durch die japanische bzw. fernöstliche Kultur ist der Entscheidungsprozeß deutlich konsensorientierter als ist westlichen Unternehmen. In japanischen Betrieben wächst der Entscheidungsprozeß in einem ***Bottom-Up-Ansatz*** d.h. mehrere potentielle Lösungen werden an der Basis, nämlich dort wo der Fehler aufgetreten ist bzw. Wirkung zeigt, diskutiert. In Form eines einstimmig entschiedenen Vorschlags wird eine Lösung an die nächste Ebene weitergereicht. Kommen Anregungen aus mittleren oder höheren Managementebenen, so werden sie zunächst durch die Basis auf Chancen und Risiken hin untersucht.

Diese Form des ***Entscheidungsprozeß ist langwierig***, weil zu Beginn der Diskussionen häufig langwierige Argumentationen, teilweise in sich wiederholenden Schleifen, erforderlich sind. Ebenso ist er in schwierigen Situationen, wo schnelle Entscheidungen mit kontrolliertem Risiko gefordert sind eher krisenuntauglich.

Der ***Vorteil*** liegt in dem getroffenen Konsens einer Entscheidung. Wird eine Entscheidung einmal getroffen, so wird sie zügig umgesetzt. Bei einem mißlungenen Projekt sind alle mitverantwortlich und es kann ohne Gesichtsverlust des einzelnen eine andere Alternative definiert werden – bei gelungenen Projekten haben alle am Erfolg teil. Mit diesem System erhalten japanische Betriebe eine hohe Arbeitsmoral, Mitarbeitermotivation und ein gutes Betriebsklima [Gri97]. Während in westlichen Großkonzernen häufig von der Umsetzung der Visionen bzw. Leitbilder gesprochen wird, die auf oberster Managementebene definiert und durch Aktionsprogramme an die Produktionsebenen weitervermittelt werden sollen, erreichen japanische Unternehmen durch basisgetragene Entscheidungsprozesse eine frühe Einbindung aller Mitarbeiter in die Unternehmensentwicklung.

3.1.3 Das Toyota-Produktionssystem in der Gesamtübersicht

Bereits zu Beginn wurde auf die besondere Stärke des Toyota Produktionssystems hingewiesen, welche u.a. aus der Interdependenz der zahlreichen Elemente und Ausprägungen heraus begründet ist. In Bild 3.1.3.a soll der Versuch unternommen werden eine möglichst vollständige Übersicht des TPS darstellen.

3.1.4 Zusammenfassung

Das Toyota Produktionssystem als Ursprung vieler Derivate wurde in seinen Einzelheiten erläutert. Ein besonderes Augenmerk liegt auf der Beschreibung derjenigen Elemente, die nicht in der Tempeldarstellung des TPS Verwendung finden.

Durch die detaillierte Beschreibung der TPS-Elemente und ihrer jeweiligen Ausprägungen in den Produktionsbereichen konnte die Komplexität des TPS in Bezug auf die Anzahl der Elemente und ihrer gegenseitigen Beeinflussungen verdeutlicht werden.

Das TPS soll in den Folgekapiteln einigen seiner Derivate gegenübergestellt werden, um Erkenntnisse zu Hintergrund und Art von Anpassungen und Erweiterungen sowie potentiellen Unzulänglichkeiten des TPS im Hinblick auf Kulturkreise außerhalb Japans zu gewinnen.

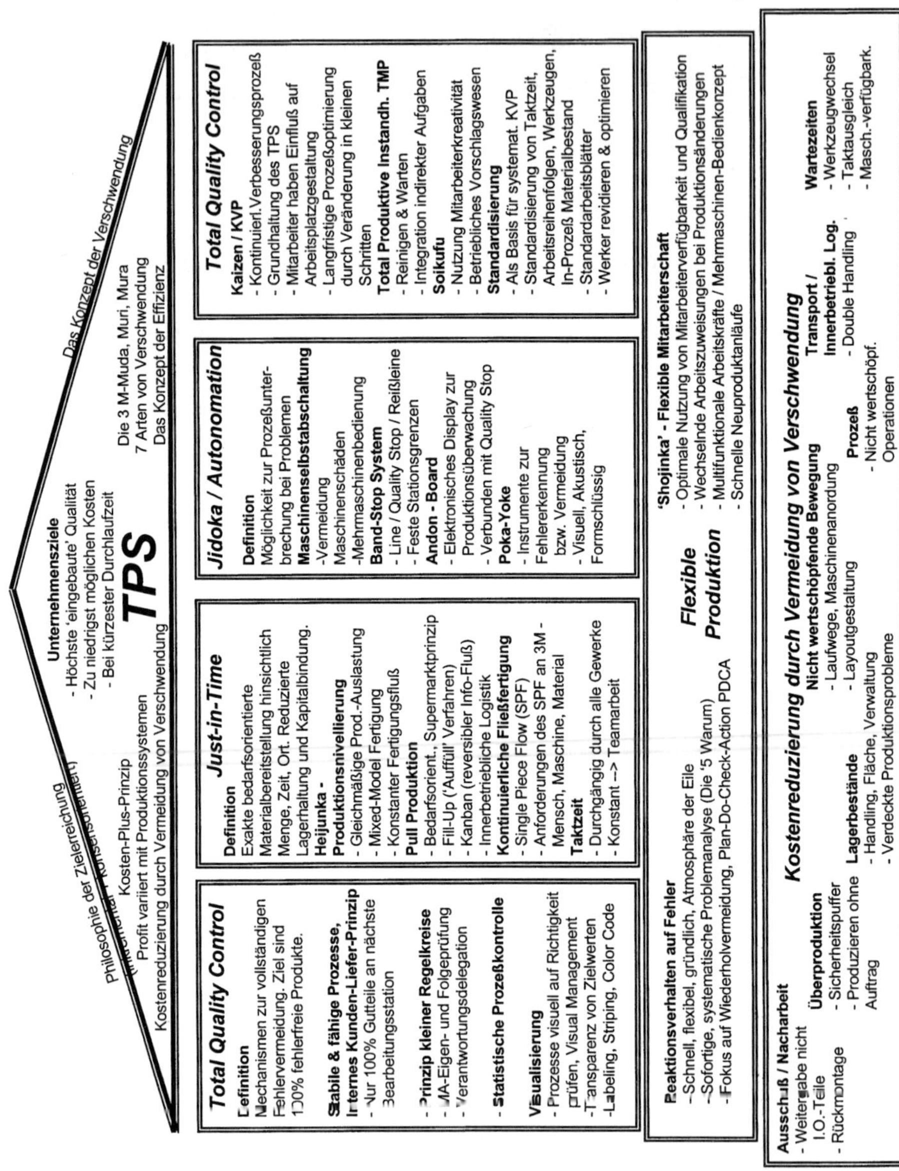

Bild 3.1.3.a: Die Elemente des 'Toyota Production System'

3.2 Das 'MBUSI Production System'

3.2.1 Projektbeschreibung Mercedes-Benz U.S. International (MBUSI)

Der Aufbau einer Produktionsstätte für die Mercedes-Benz M-Klasse, einem sogenannten Sport-Utility-Vehicle, Mitte der neunziger Jahre, war ein sogenanntes ‚Greenfield'-Projekt. Auf der ‚grünen Wiese' konnte im Bundesstaat Alabama, im Südosten der USA, ein Werk frei von Bau- oder Flächenrestriktionen in einem strukturschwachen Gebiet, verkehrstechnisch optimal mit direkter Anbindung an eine Eisenbahnlinie sowie einem Autobahnanschluß, geplant und errichtet werden.

Das Unternehmen MBUSI stellt eine ***Synthese*** aus traditionellen Mercedes-Benz Werten, Ansätzen US-amerikanischer Automobilhersteller sowie insbesondere Einflüssen der japanischen Transplants in den USA dar. Diese unterschiedlichen Einflüsse sind bedingt durch ***die interkulturelle Besetzung des Projektteams***: neben Planungsingenieuren aus deutschen Stammwerken, rekrutierte Mercedes-Benz Mitarbeiter der japanischen Transplants, insbesondere von Toyota.

Diese Kombination vielschichtiger Erfahrungen in Verbindung mit zusätzlichen Benchmarkuntersuchungen zur Gestaltung moderner Automobilproduktionssysteme erlaubte eine detaillierte Auseinandersetzung zu Gestalt und Organisationsform des neu zu schaffenden Montagewerkes. So wurde aufgrund der Erfahrungen der Ex-Toyota Mitarbeiter bereits in einer frühen Projektphase deutlich, daß sowohl der geringe Ausbildungsstand im Süden der USA als auch die gestellten Ziele hinsichtlich Mercedes-Benz Qualität, Produktivität und Flexibilität eine Organisationsform nach Art des Toyota Produktionssystems erfordern.

Alle Elemente des neuen Unternehmens wurden so konzipiert, daß sie die Ziele des Produktionssystems effektiv unterstützen. Herausragendes Element ist der ***‚Alles unter einem Dach'-Ansatz***, mit dem durch direkte Anbindung aller Produktionsgewerke 3 Ziele gefördert wurden: a) Sicherstellen einer direkten / effizienten Kommunikation zwischen den Gewerken durch kurze Laufwege und Sichtkontakt, b) Reduzierung des ‚In-House'-Bestandes an Fahrzeugen durch Vermeidung langer Förderstrecken sowie c) Reduzierung von Personalkosten durch zentral angeordnete Planungs-, Instandhaltungs-, Lager- und Sozialbereiche.

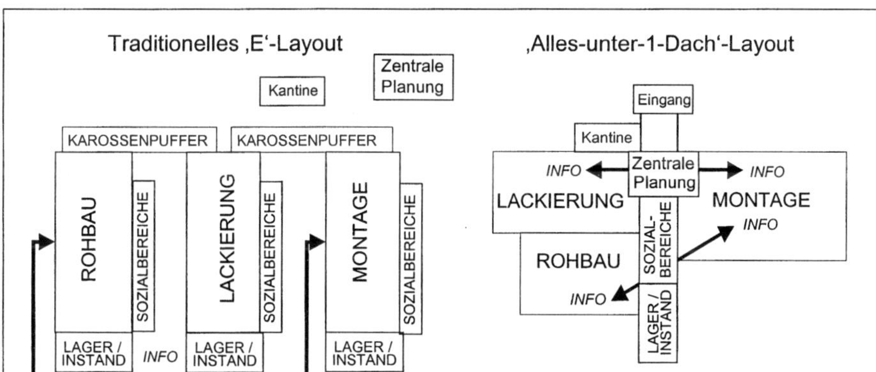

Bild 3.2.1.a: Vergleich traditionelles zu ‚Alles-unter-einem-Dach' - Layout

Ein weiteres wichtiges Element ist die ***Neudefinition der Rollenverteilungen*** im Unternehmen. Prinzipiell verstehen sich alle Mitarbeiter, Angestellte wie Arbeiter, als ‚Teammitglieder'. Weitere Titel ergeben sich lediglich geknüpft an bestimmte Verantwortungsbereiche. Ein ‚Teamleader' z.B. führt eine Gruppe von Mitarbeitern, muß jedoch ebenso bei Ausfall eines Teammitglieds einspringen. Grundsätzlich gilt der Vorgesetzte als Berater bzw. Trainer des Mitarbeiter. Das bedeutet im Umkehrschluß, daß der Vorgesetzte alle Tätigkeiten seines Verantwortungsbereichs beherrschen muß. Die direkte, kontinuierliche Einbindung der Teammitglieder bei Problemlösungen bietet den Führungskräften die Möglichkeit, sowohl die Beiträge der Mitarbeiter aufzunehmen als auch Fördermaßnahmen entsprechend einzuplanen. Dieser Ansatz erlaubt einen ***hohen Austausch*** zwischen Führungskräften und ihren Mitarbeitern.

Ebenso ist die ***Rolle des Ingenieurs*** bei MBUSI neu definiert – er ist als ***Prozeß-Ingenieur*** sowohl für die kontinuierliche Optimierung der standardisierten Arbeitsabläufe als auch die Bereitstellung von technischen Lösungen als Unterstützer der Produktion verantwortlich. Um dies effektiv leisten zu können, ist er angehalten, sich überwiegend in der Produktion aufzuhalten und gemeinsam mit den Teammitgliedern ‚seiner' Montagelinie (die er alle namentlich kennt) Problemlösungen zu schaffen.

Zur Sicherstellung eines effektiven Trainings der neuen Teammitglieder, welche fast überwiegend keine Industrieerfahrung hatten, wurde der ***Automatisierungsgrad*** des Unternehmens bewußt gering gehalten. Vorgesehen war die stufenweise Erhöhung der Automatisierung ab dem Erreichen einer eingeschwungenen Produktion. Die Rolle des Prozeß-Ingenieurs (gemeinsam mit den Mitarbeitern der Instandhaltung) reicht hier von der Anlagenprojektierung, der Installation, der Inbetriebnahme, der Optimierung bis zur vollen Leistungsfähigkeit der Betriebsmittel. Ebenso ist er für das Training der Produktionsmitarbeiter an diesen Betriebsmitteln zuständig – die ***Aufgabe des Prozeß-Ingenieurs*** ist daher ***ganzheitlich*** und umfaßt 100% der Aufgaben in seinem Zuständigkeitsbereich [Tay95].

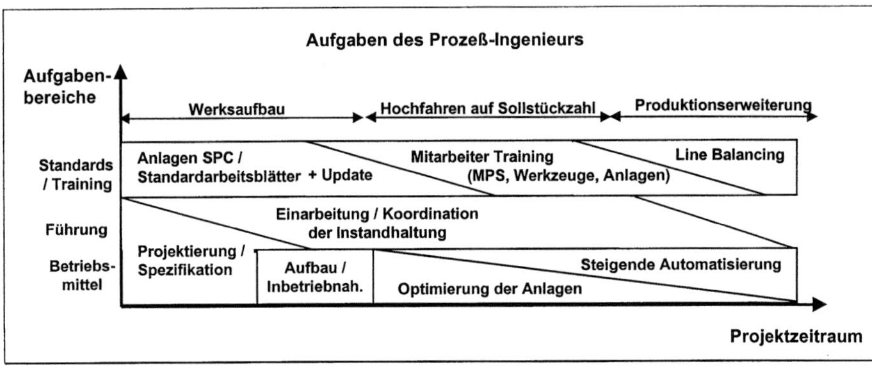

Bild 3.2.1.b: Die Rolle des Prozeß-Ingenieurs bei MBUSI

Herausragendes Element von MBUSI ist jedoch die ***Ausrichtung aller Mitarbeiter auf ein gemeinsames Ziel***: die Produktion eines neu entwickelten Fahrzeugs, in Zeit- und Kostenrahmen, in einem neuen kulturellen Umfeld mit neuen (unerfahrenen) Mitarbeitern bei Einhaltung der bekannt hohen Mercedes-Benz Qualitätsstandards. Mit hoher ***Motivation*** und ***ohne den beschränkenden Einfluß festgefügter Verhaltensweisen*** deutscher Stammwerke konnten die gesteckten Ziele bei MBUSI erreicht werden. So lautet denn auch der Leitspruch MBUSI's: „Nothing but the best for the customer – let's do it together!"[72].

3.2.2 Die Hauptpfeiler sowie Unter-Elemente

Zur effektiven Führung diesen neuen Unternehmens mit weitgehend unerfahrenen Mitarbeitern im produktionsnahen Bereich erfordert einen straff organisierten Ansatz – genau diesen Zweck erfüllt das Produktionssystem, welches mit seinen standardisierten Prozessen den Rahmen der täglichen Arbeit darstellt.

Das ***MBUSI-Produktionssystem*** (MBUSI-PS) besteht aus ***6 ‚Säulen'*** und ruht auf ***2 ‚Fundamenten'***. Jedes der insgesamt acht ***Elemente*** besteht wiederum aus Unterelementen oder auch ***Ausprägungen*** genannt. Wie in der anschließenden Beschreibung deutlich werden wird, sind alle Elemente gleich wichtig und im MBUSI Produktionssystem in einer logischen Reihenfolge angeordnet.

Zur ***Vermeidung von Redundanzen*** wird bei der Beschreibung der PS-Elemente und Sub-Elemente der Fokus auf jeweils in vorherigen Kapiteln noch nicht erläuterten Umfängen bzw. Besonderheiten liegen. Bekannte Elemente soll der Vollständigkeit halber nur mit knapper Beschreibung unter Nennung ihres ***Originalbegriffs*** aufgeführt werden. Dies soll für alle weiteren Beschreibungen von TPS-Derivaten gelten.

Der größte Unterschied zwischen dem TPS und dem MBUSI-PS liegt in der Form ihrer äußeren Erscheinung. Das Toyota beschränkt auf die Nennung weniger PS-Elemente, während das MBUSI-PS bewußt eine transparentere Form der Präsentation gewählt hat. Interessanterweise erscheint das Element Jidoka trotz der

[72] Leitspruch MBUSI = engl. für „Nur das Beste für den Kunden – laßt es uns gemeinsam erreichen!"

detaillierteren Auffächerung nicht in der Abbildung des MBUSI-PS. Wie sich in der späteren Darstellung zeigen wird, sind denn auch Jidoka-Elemente auf den Bandstopp beschränkt, welcher zwar nicht ausdrücklich genannt ist, jedoch ein Sub-Element der Qualitätssicherung ist. Als ‚neue' Elemente erscheinen im MBUSI-PS die Betonung der Arbeitssicherheit (Safety), der Mitarbeiterqualifizierung (Training) sowie der Arbeitsplatzorganisation (Clean + S).

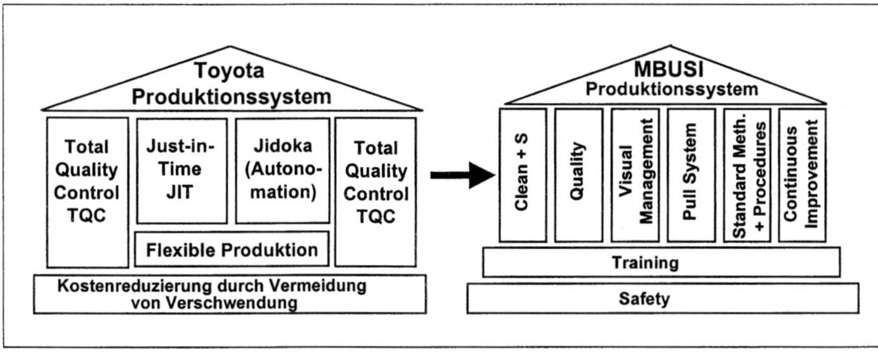

Bild 3.2.2.a: Die Überleitung vom Toyota Produktionssystem zum MBUSI Produktionssystem

3.2.2.1 Safety (Arbeitssicherheit)

Erste Aufgabe des Managements ist die Bereitstellung von sicheren Arbeitsplätzen und Produkten. Ziel ist es, Sicherheit zu einer täglichen Gewohnheit aller Teammitglieder zu machen [Tay95]. Arbeitssicherheit hat obersten Stellenwert bei allen Aktivitäten des Unternehmens. Der Leitspruch lautet denn auch „***Safety first in everything we do***"[73]. Das gesamte Werk als auch jeder einzelne Arbeitsplatz ist am Aspekt der Arbeitssicherheit ausgerichtet. Anhand der im folgenden beschriebenen Instrumente soll erläutert werden, wie ein sicheres Arbeitsumfeld bei MBUSI realisiert wurde.

Area Safety Board: Hierbei handelt es sich um eine Informationstafel in jeder Gruppenzone mit Aushängen zur Sicherheitspolitik, Material-Sicherheitsdatenblätter und einem Erste Hilfe-Kasten.

Training in Sicherheitsbewußtsein: Training in Sicherheitsprozeduren, um Gefahrensituationen zu erkennen und zu vermeiden. Hierzu gehört ebenso das Tragen von Sicherheitsbekleidung sowie das gegenseitige Aufmerksammachen auf bestimmte Verhaltensweisen.

Lock-Out And Tag-Out Equipment: Werden Wartungsarbeiten an Maschinen durchgeführt, müssen Vorkehrungen getroffen werden, die ein automatisches Wiederanfahren der Maschine oder ein Einschalten durch Dritte verhindert. Das „Ausschließen und Markieren von Anlagen" beschreibt die Sperrsicherung von Schaltkreisen und das Anbringen von Etiketten, die auf aktuelle Wartungsarbeiten hinweisen.

Grünes Kreuz auf Andon Board: Leuchtet auf den Produktionsinformationstafeln (Andon Boards) ein grünes Kreuz, so sind die Groupleader (vergleichbar den Meistern) verpflichtet, sich umgehend über die Umstände des aufgetretenen Unfalls bei der Produktionsleitung zu informieren. Diese Information geben sie dann im nächsten Team-Gespräch im Sinne der Wiederholvermeidung an ihre Mitarbeiter weiter.

3.2.2.2 Training (Qualifizierung)

Ein Hauptfaktor des Erfolges der DaimlerChrysler AG sind gut ausgebildete Fachkräfte. Typisch für ‚***Greenfield***-Projekte ist wie im Fall MBUSI die Ansiedlung in strukturschwachen ländlichen Gebieten mit einem hohem Anteil an verfügbaren Mitarbeitern ohne industrielle Erfahrung jedoch zu einem vergleichsweise niedrigen Lohnniveau. Diese Konstellation macht den Einsatz systematischer Trainingskonzepte erforderlich. Dies sind Trainingskonzepte, die sich vom Qualifikationsniveau auf die notwendigen Fähigkeiten beschränken, die transparent den aktuellen Trainingsstand des einzelnen Mitarbeiters ausweisen und zügig die erworbenen Kenntnisse im Sinne der ***Multiplikatorenschulung*** (‚***Train-the-Trainer-Konzept***') verbreiten.

[73] engl. = Sicherheit an erster Stelle bei allem was wir tun

Um die bestehen Erfahrungen in Deutschland zu nutzen, wurden einige der neu rekrutierten Mitarbeiter zu Projektbeginn in deutschen Stammwerken geschult. Dort unterwiesen Facharbeiter sie, welche später in einer Trainerfunktion zeitlich begrenzt in das Werk nach Alabama wechselten. Mit dem fortschreitenden Aufbau von Fabrik und Trainingscenter standen später ausreichend Schulungsmöglichkeiten zur Verfügung, um nachrückende Mitarbeiter lokal zu schulen.

Basisschulung / Orientierungswoche: Es ist das erste Training der Mitarbeiter, bei dem die Werker in das Produktionssystem eingeführt werden und Grundfertigkeiten für die spätere Arbeit am Band vermittelt bekommen. Mit der Grundausbildung ist gewährleistet, daß jeder Mitarbeiter vor Betreten des Produktionsbereichs ein ***Grundverständnis*** von den durchzuführenden Aufgaben hat.

Training On The Job: Im Anschluß an die Basisausbildung arbeiten neue Gruppenmitglieder am Band unter der Leitung eines erfahrenen Mitarbeiters, der die Ausbildung zum Trainer absolviert hat. In mehreren Ausbildungsstufen erwerben sie die erforderlichen Qualifikationen bis sie selbst als Trainer für neue Mitarbeiter eingesetzt werden können.

Training MPS/ SMP: Die Mitarbeiter werden darin geschult ***Standard Methods & Procedures (SMP)*** auf Grundlage der von den Prozeßingenieuren erstellten Master Process Sheets (MPS) zu schreiben. In den SMP beschreiben die Mitarbeiter, in ihren eigenen Worten' den Montageablauf, wie er standardisiert auf den MPS erläutert ist. Während der MPS nur wertschöpfende Zeitumfänge enthält, vermerken die Mitarbeiter auf den SMP ebenso nicht-wertschöpfende Zeiten (wie Laufwege, Materialhandling, etc.) und bewerten diese zeitlich. Insbesondere bei Produktneuanläufen mit vielen unerfahrenen Mitarbeitern ist es ratsam SMP's schreiben zu lassen. Dies führt zur ***Verinnerlichung*** der Montageabläufe.

Kontinuierliche Mitarbeiterschulung: Die Mitarbeiter werden geschult, um ein Verständnis für das Produktionssystem und die Vernetzung der einzelnen Elemente zu erhalten. Hierzu gehört auch die Mitarbeiterentwicklung wie Führungsverhalten, Problemlösungsverhalten, u. a. m. Ebenso zählt die Führungskräfteentwicklung dazu, bei der Mitarbeiter der Produktion konsequent zu Groupleadern (entsprechend Meister) weiterentwickelt werden.

Trainingseinrichtungen am Band: Spezielle Trainingseinrichtungen neben der Linie zur Schulung von Fachkenntnissen und/ oder Problemlösungsmethoden[74]. Diese Vorrichtungen sind insbesondere während des Produktionsanlauf sinnvoll, um die Mitarbeiter trotz geringem Produktionsvolumen kontinuierlich mit dem Fahrzeug vertraut zu machen bzw. Fertigkeiten zu schulen.

Bilder 3.2.2.2.a: Trainingsmaßnahmen am Band

Pie Chart (Tortendiagramm): Dies sind individuelle ***visualisierte Aufzeichnungen des Trainingsstandes.*** Erledigte Trainingseinheiten sind im Diagramm markiert und erlauben so einen schnellen Überblick über den aktuellen Trainingsstand des einzelnen Mitarbeiters sowie der gesamten Gruppe.

Team Building Skills (Gruppenarbeit): Die Mitarbeiter werden trainiert, in einer Gruppe zu arbeiten und sich innerhalb dieser Gruppe zu organisieren. Der Fokus liegt auf der Vermittlung eines Gruppengefühls und den Maßnahmen, die eine entsprechende Gruppenbildung fördern.

Job Rotation: Die Mitarbeiter rotieren innerhalb ihrer Gruppe (Bandabschnitts von ca. 3-4 Stationen). Mitarbeiter können damit bei Produktionsprogrammänderungen entsprechend flexibel eingesetzt werden sowie ihre Kollegen bei Ausfall ersetzen. Zudem bietet die Job Rotation einen Ausgleich zur Monotonie im Sinne des Job Enlargement.

---

[74] Einfache Reparaturarbeiten wie z.B. Reparatur von abgebrochenen Schweißbolzen, Gewindenachschneiden, etc.

3.2.2.3 CLEAN & S (Arbeitsplatzorganisation)

Clean & S ist ein Slogan, der die Elemente Sauberkeit, Ordnung, (Arbeits-) Sicherheit umfaßt. In seinen Unterpunkten fördert er die kontinuierliche Unterweisung und Aufrechthaltung bzw. Verbesserung eines sauberen und aufgeräumten Arbeitsbereichs. Die einzelnen Buchstaben des Wortes CLEAN & S beschreiben folgende Umfänge:

Clear Out (Aufräumen): Entfernen nicht notwendiger Materialien (Teile, Werkzeuge, Behälter) von den Arbeitsplätzen. Dadurch kann nur zum dokumentierten Standard gefertigt werden.

Locate (einem festen Ort zuweisen): „Alles hat seinen Platz und alles ist an seinem Platz", dieses bezieht sich auf Teile, Werkzeuge, Unterlagen, Dokumente und alle anderen Dinge am Arbeitsplatz. Beim Werkzeug können eindeutige Ablageflächen geschaffen werden, wie zum Beispiel das Abbilden des Werkzeuges auf der Ablagefläche oder das Schaffen von Vertiefungen in Werkzeugformen, die das Ablegen des Werkzeugs in nur einer bestimmten Art und Weise zulassen. Im Sinne des Visual Managements ist eine ***schnelle Erfassung des Linienzustandes*** möglich.

Educate: Unterrichten der Mitarbeiter über die Bedeutung von Ordnung für Arbeitssicherheit & Qualität und als Basis für den kontinuierlichen Verbesserungsprozeß.

Always Clean & Never Quit (immer sauber, niemals aufgeben): Wenngleich es sich hier um Füllworte des Slogans CLEAN+S handelt, so liegt der Fokus hier auf der kontinuierlichen Durchführung von Reinigungs- und Aufräumarbeiten, prinzipiell im Nicht-Nachlassen der Aktivitäten.

Safety (Sicherheit am Arbeitsplatz): „Sicherheit zuerst in allem, was wir machen". Die Planung der Arbeitssicherheit ist als übergeordneter Aspekt der Prozeßplanung zu sehen.

3.2.2.4 Quality (Qualitätssicherung)

Mercedes-Benz Automobile stehen in der ganzen Welt als Synonym für hohe Qualität, Sicherheit und Zuverlässigkeit. Es galt daher, das Produktionssystem auf die Erhaltung dieses hohen Standards auszurichten. Qualität wird bei MBUSI als normaler Bestandteil der täglichen Arbeit betrachtet – immer mit Blick auf den nächsten Prozeß, den ‚internen Kunden', welcher mit der übergebenen Arbeit vollständig zufrieden sein muß [Tay95].

‚Star'-Quality built <u>into</u> Processes (Mercedes-Benz-Stern-Qualität in die Prozesse ‚eingebaut'): Die Montageprozesse sind entsprechend konzipiert, daß Elemente der Qualitätskontrolle als feste Bestandteile der Werkertätigkeiten integriert sind. Im Sinne der Werkereigenkontrolle wird damit die Qualität von Arbeitsumfängen nicht erst in einem nachgelagerten Auditbereich, sondern noch innerhalb der Arbeitsstation überprüft und ggf. unter Zuhilfenahme des Line-Stop-Systems sichergestellt. Nacharbeit sollte damit möglichst in der Station verrichtet werden, in der der Fehler aufgetreten ist. Der Gedanke dabei ist die Vermeidung der Fehlerwiederholung durch das Erkennen der zugrundeliegenden Ursache.

Quality Audit: Aus der laufenden Produktion werden täglich zufallsverteilt ca. 4-6 Fahrzeuge selektiert und einem Qualitätsaudit unterzogen. Die festgestellten Abweichungen vom definierten Qualitätsstandard werden dokumentiert und einmal täglich den linienverantwortlichen Groupleadern vorgestellt – diese wiederum informieren die betroffenen Arbeitsstationen bzw. Mitarbeiter. Ein zügiger Rückfluß der Montageprobleme an den Ort ihrer Entstehung ist damit gewährleistet.

Production Parts Approval Process (Produktionsteilebemusterungsprozeß) Vor Beginn des Serienanlaufes werden die Zulieferer einem Teilebemusterungsprozeß unterzogen. Die Teile werden in einem festgelegten zeitlichen Rhythmus hinsichtlich ihres Reifegrades, dem Stand der Werkzeuge bzw. Voraussetzungen ihrer Produktion (Betriebsmittel, etc.) bewertet.

Continuous Improvement Center (CIC): Flipchart als ein Werkzeug, mit dem Probleme an der Linie u.a. durch die Werker direkt festgehalten werden können. Systematisch aufbereitet in einer Datenbank sind die offenen Punkte Grundlage der, zumindestens im Anlauf, täglichen ***Gruppengespräche***, in denen der zuständige Prozeßplaner mit Vertretern aus Logistik, Einkauf, Entwicklung, etc. aufgetretene Probleme erörtert.

Vehicle Inspection Sheets (Fahrzeug-Inspektionsblätter): Prüfanweisungen, in denen teilespezifisch detailliert die Qualitätsprüfvorschriften beschrieben sind. Gleich den übrigen standardisierten Montageanleitungen, sind die VIS allen Mitarbeitern am Arbeitsplatz zugänglich.

Consistent Quality (gleichbleibende Qualität): Erreichen und Beibehalten eines hohen Niveaus an handwerklicher Fähigkeit unter Befolgung eines bewährten und standardisierten Arbeitsprozesses.

Vehicle Inspection Sheets (Fahrzeug-Inspektionsblätter): Prüfanweisungen, in denen teilespezifisch detailliert die Qualitätsprüfvorschriften beschrieben sind. Gleich den übrigen standardisierten Montageanleitungen, sind die VIS allen Mitarbeitern am Arbeitsplatz zugänglich.

Consistent Quality (gleichbleibende Qualität): Erreichen und Beibehalten eines hohen Niveaus an handwerklicher Fähigkeit unter Befolgung eines bewährten und standardisierten Arbeitsprozesses.

Internal Customer / Supplier Focus (Internes Kunden-Lieferanten-Verhältnisses): Nur qualitativ einwandfreie Teile werden an die nächste Arbeitsstation weitergegeben. Sollte sich trotzdem ein Fehler ergeben haben, so erhält der Werker im Rahmen der Folgekontrolle durch seinen Kollegen in der nachfolgenden Arbeitsstation ein direktes Feedback. Durch die Vermeidung eines dritten Kontrolleurs ist dieser Regelkreis ohne ‚Gesichtsverlust' des Mitarbeiters möglich, d.h. Kritik am Montageprozeß wird als konstruktiver Hinweis akzeptiert.

Band-Stop System und ***Fixed Position Stop***: siehe Kapitel 3.1 *Das Toyota Produktionssystem*

Statistical Process Control Chart: Aushänge von statistischen Prozeßinformationen auf Ausstellwänden, die graphisch den aktuellen Zustand der Produktionsprozesse darstellen und Vergleiche zu standardisierten Prozessen erlauben. Die Aktualisierung der Charts obliegt den Produktionsmitarbeitern bzw. den Gruppensprechern – ein Verständnis über auftretende Entwicklungen ist damit auf Werkerebene gegeben und im Sinne der präventiven Maschineninstandhaltung können aufkommende Probleme entdeckt werden.

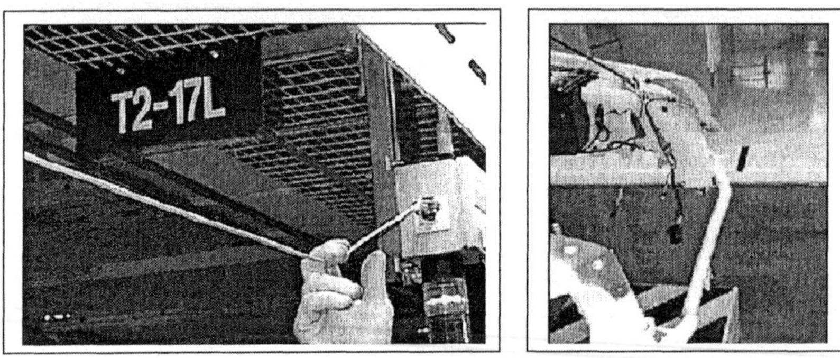

Bilder 3.2.2.4.d & e: Line-Stop-System (Reißleine) und Fixed Position Stop

3.2.2.5 Visual Management

Die Visualisierung ist ein Hauptelement des MBUSI Produktionssystems. Ziel ist die sofortige Identifikation von Mißständen bzw. Problemfeldern. Die Nutzung vieler einfacher Kommunikationssysteme erlaubt den Teammitgliedern auf den ersten Blick zu erkennen, ob sich die Produktionsabläufe normal oder fehlerhaft verhalten. Die Rolle des Managements liegt darin zu verstehen, warum Abnormalitäten auftreten, und Pläne bzw. Abläufe zu erarbeiten, welche die Häufigkeit dieser Vorkommnisse reduzieren. Ziel ist es damit Probleme sichtbar zu machen und sie als Gelegenheit für Verbesserungen zu betrachten.

Unnormale Situationen auf einen Blick zu erkennen: Durch visuelle Signale beziehungsweise Abweichungen von der Norm werden Führungskräfte und Mitarbeiter gleichermaßen auf Störungen aufmerksam. Die Art der Signale muß daher offensichtlich sein. Neben dem Andon Board, gehören insbesondere alle Klebestreifen-Einfassungen sowie Farbmarkierungen dazu. Die Observierung erfolgt bei MBUSI im sogenannten ‚***Management by Walking by***'. Gemeint ist damit die ständige Präsenz von Prozeßingenieuren, Instandhaltern und Führungskräften in der Produktion. Das Gebäudekonzept ‚Alles unter einem Dach' unterstützt diese Präsenz durch zentrale Anordnung der planenden Bereiche.

Standardarbeitsblätter an der Linie: Im Gegensatz zu traditionellen Unternehmen, werden bei MBUSI die standardisierten Arbeitsprozeßblätter (MPS und SMP) den Werker direkt zugänglich im DIN A3-Format stationsspezifisch entlang der Montagelinie ausgehängt.

Produktivitätskennzahlen & Entwicklungscharts: In den Gruppenzonen werden alle statistisch fortgeschriebenen Kennzahlen hinsichtlich der Arbeitsprozesse, dem Qualitätsstand sowie die Mitarbeiter-Trainingsfortschritte visualisiert. Im Sinne der präventiven Erkennung von Maschinenstörungen werden ebenso

Production Control Clocks (Bandstop-Uhren): Es werden die Bandstillstandszeiten der jeweiligen Linie angezeigt (linke Uhr) und die akkumulierte Bandstillstandszeit aller Linien (rechte Uhr) dargestellt. Anhand des spezifischen Beitrags der Linien zur Gesamtstillstandzeit kann die Reihenfolgebildung von Optimierungen bzw. Instandhaltungsmaßnahmen bestimmt werden.

Bilder 3.2.2.5.a: Bandstop-Uhren

Striped Work Areas: Gerahmte Stellplätze für alle Objekte am Hallenboden (Ladungsträger, Maschinen, Werkzeugkästen, Reinigungszubehör, Stellwände, etc.) erlauben die zügige Erkennung von abnormalen Situationen (Leerstehen von markierten Flächen bzw. Objekte ohne Einrahmung). Im Sinne der flexiblen Reorganisation von Logistikzonen, sind alle Rahmungen als einfach zu entfernende Klebestreifen ausgeführt. Zusätzlich sind die Logistikstellplätze für Teilebehälter auf den Klebestreifen mit den entsprechenden Teile-Sachnummern beschrieben, was ein eindeutige Platzzuweisung am Verbauort sicherstellt.

Bild 3.2.2.5.c: Striped Work Areas (eingerahmte Stellplätze)

Offenes Fabrikkonzept: Im Sinne der durchgängigen, gewerkeübergreifenden Kommunikation, sind alle Arbeitsbereiche offen und übersichtlich gehalten, weitestgehend ohne Zwischenwände. Ebenso befinden sich aller Produktionsbereiche in einer Ebene. Die Übersichtlichkeit unterstützt entscheidend die Problemerörterung und Lösung von Schnittstellenthemen[75]. Störungen bzw. Bandstillstände vor- oder nachgelagerter Produktionsbereiche können frühzeitig innerhalb des gesamten Gewerks[76] erkannt werden.

Einsehbare und begrenzte Nacharbeitszonen: Erforderliche Nacharbeit an Fahrzeugen erfolgt, sofern nicht per Line Stop in der jeweiligen Montagestation behoben, nur in einsehbaren und anzahlmäßig be-

[75] Schnittstellenprobleme wie z.B. Montageprobleme von Anbauteilen durch Toleranzüberschreitungen im Rohbau

[76] Als Gewerke werden in der Automobilindustrie die Hauptproduktionsbereiche Rohbau, Lackierung und Montage bezeichnet. Hierbei handelt es sich oftmals um getrennte Produktionshallen, welche jedoch durch geschickte Anbindung (z.B. Kopfanbindung) einen übergreifenden Informationsaustausch erlauben.

grenzten Nacharbeitsstationen. Durch die Einsichtigkeit wird allen Mitarbeiter (aber ebenso den Vertretern der Teilelieferanten) die Brisanz der aktuellen Lage bei auftretenden Montageproblemen deutlich. Eine vollständig gefüllte Nacharbeitszone führt zum Stillstand der Bänder. Die anzahlmäßige Begrenzung der Stationen zwingt zum verantwortlichen Abarbeiten von Problemen innerhalb der Linien .

Fest definierte Stationsgrenzen: siehe Kapitel 3.1 *Das Toyota Produktionssystem*

Zentrale Anordnung von Support-Bereichen: Das Fabrikkonzept bei MBUSI unterstützt die zügige Unterstützung der Produktion durch Prozeßingenieure und Instandhaltung. Alle Planungsbereiche sind zentral zwischen den Gewerken in der oberen Etage untergebracht – über Fenster besteht direkter Blickkontakt in die Produktionsbereiche. Bei gemäßigtem Schritt ist für die Prozeßingenieure und Instandhalter jeder Platz der Produktions innerhalb von 3 Minuten erreichbar.

Eindeutige Markierungen: Durch Farbcodierungen (***Color Coding***) und Beschriftungen (***Labeling***) werden Gegenstände, Anlagen und Flächen eindeutig und unverwechselbar markiert. Die Farb- bzw. Symbolzuordnung gilt standardisiert für das gesamte Unternehmen.

Rote lackierte Ablageflächen: Wagen, Ablageflächen oder Zonen für Teile, die nicht in Ordnung sind, um offen Qualitätsprobleme für alle am Produktionsprozeß Beteiligten (Produktion, Logistik, Qualitätssicherung, Entwicklung und Lieferanten) sichtbar zu machen.

3.2.2.6 Pull System (bedarfsorientierte Materialversorgung)

Logistik + Conveyance: Bei MBUSI besteht eine Trennung in die externe Logistik, welche die Warenströme vom Teilelieferanten bis ins Werk steuert und der innerbetrieblichen Logistik (Conveyance), welche die Waren aus den Zwischenlagern an die jeweiligen Verbauorte transportiert. Das Signal zur Teilelieferung und damit – Herstellung erfolgt im externen Verhältnis durch Lieferlisten (***Pull Lists***) an den Zulieferer, welche einen aktualisierten Auszug des monats- bzw. wochenseitigen Produktionsprogramms darstellen. Im internen Verhältnis wird mit Kanban-Karten gearbeitet [Now96].

Der Vorteil der Trennung in externe Logistik und interne Conveyance liegt in der unterschiedlichen Unterstellung. Die Logistik gehört in der Unternehmensstruktur zum Bereich Einkauf. Sie ist prozeßseitig näher an den Zulieferern und kann den Einkauf bei Preisanpassungen und Zuliefererbewertungen unterstützen. Die Conveyance untersteht der Produktion. Ihr Fokus auf der Produktionsversorgung. Schnittstelle zwischen beiden sind die Zwischenlager, welche für einige Stunden Material in Produktionsnähe bereitstellen.

Modernes Kanban basierendes Logistiksystem: Das Kanban-System ist ein einfaches ***‚Wiederbestellverfahren' ohne elektronische Systeme***. Bei Anbruch eines neuen Teilebehälters entnimmt der Werker den beiliegenden Kanban und läßt ihn über eine Rutsche in einen durchsichtigen Kunststoffbehältern gleiten. Die Mitarbeiter der Conveyance, welche mit ihren Materialzügen in regelmäßigen Abständen die Linien entlang fahren, nehmen Karten und leere Materialbehälter auf und disponieren entsprechend ihre nächsten Fuhren.

Bild 3.2.2.6.b & c: Flow Racks, kleine Container und Order Card System

Paletten-Rollwagen: siehe Kapitel 3.1 Das Toyota Produktionssystem

Single Piece Flow (kontinuierliche Fließfertigung): Durch die direkte Anbindung der Motoren-, Rahmen-, und Achsenmontagelinie mit der Fahrzeugmontagelinie ohne Puffer, ergibt sich automatisch eine kontinuierliche Einzelstück-Fließfertigung. Durch den hohen Anteil an Vormontagem bei Zulieferern, die sequenzgesteuert an das Band geliefert werden, ergibt sich ebenso hier ein kontinuierlicher Fluß. Eine spanabhebende Teilefertigung besteht bei MBUSI nicht.

Flow Racks und kleine Container: Regale mit schrägen Flächen aus wiederverwendbaren Standardrohrelementen. Vor dem Hintergrund der Materialmengenbegrenzung am Band und dem einfacheren Handling bei Verbauortänderungen, werden Kleinteile in handlichen Kunststoffcontainern, teilweise mit formgenauen Aussparungen für sensitive Teile, angeliefert. Die innerbetriebliche Logistik füllt von der Fahrgasse aus volle Behälter nach, welche auf der schrägen Ebene in Richtung Montagelinie gleiten (siehe auch Milchcontainer-Regal im Supermarkt!). Leere Behälter gleiten in umgekehrter Richtung auf dem obersten Shelf zurück, um von der innerbetrieblichen Logistik abgeholt zu werden.

Standard Umlaufmaterial: Prinzipiell wird versucht für alle Teile einen maximalen Lagerbestand von 2 Produktionsstunden am Verbauort bereitzustellen. Dabei wird überwiegend nach dem ‚***Zwei-Container-Prinzip***' gearbeitet. Hierbei befinden sich für jedes Teil lediglich zwei Container am Verbauort – ein ‚angebrochener' (dessen Kanban sich gerade auf dem Weg ins Lager befindet) sowie ein ‚voller' Container.

Gleichmäßige (Levellized) Produktion (Heijunka): Bei MBUSI wird aktuell nur ein Fahrzeugbaumuster mit einer geringen Anzahl von Varianten gefertigt. Dementsprechend ist der Modell-Mix zur gleichmäßigen Verteilung von leichten und zeitintensiven Fahrzeugen relativ unkompliziert. Trotzdem soll an dieser Stelle betont werden, daß durch die konsequente Dokumentation von Arbeitsvorgängen auf MPS und SMP und der damit verbundenen getrennten Ausweisung von wertschöpfenden und nicht- Zeiten eine kontinuierliche Verringerung der Taktzeit erreicht wurde. Durch die konsequente Neuverteilung von Arbeitsumfängen konnte ebenfalls eine quasi-optimale Auffüllung des Taktes mit minimalen Taktausgleichen realisiert werden.

3.2.2.7 Standardisierte Methoden & Prozesse

„Standardisierung dient bei MBUSI als Werkzeug zum Aufbau von Qualität und Wirtschaftlichkeit für jeden Produktionsprozeß. Alle Aufgaben sind perfekt organisiert und werden auf höchstem Effizienzniveau ausgeführt. Standardisierung ist erforderlich um einem Mitarbeiter den einen, korrekten Arbeitsablauf schulen zu können. Standardisierung ist ebenso die Basis für effiziente Problemlösungen. Wie läßt sich bei ständig wechselnden Montageabläufen ein Hauptfehler erkennen und Gegenmaßnahmen ergreifen? Die oft zitierten Bedenken, daß Standardisierung zu Konflikten mit der Flexibilität einer Organisation führt und den KVP-Prozeß behindert, sollen ebenso ausgeräumt werden – im Gegenteil, Standardisierung von Arbeitsabläufen ist die Basis für KVP" [Tay95].

Anforderungen an standardisierte Arbeit: siehe Kapitel 3.1 *Das Toyota Produktionssystem*

Master Process Sheets (MPS): Entsprechend Toyota werden Montageabläufe auf Standardarbeitsblättern detailliert visuell und verbal beschrieben – erstellt werden sie durch die Prozeß-Ingenieure. Neben der Explosionszeichnung zeigen sie dem Werker die Ablaufschritte, notwendige Werkzeuge sowie die rein wertschöpfenden Arbeitszeiten.

Standard Methods & Procedures Sheets (SMP): Sie werden durch die Werker selbst geschrieben basierend auf den MPS. Die SMP enthalten zusätzlich Sicherheitshinweise, Tips & Tricks zum Einbau des Teils, und weisen ebenso die nicht-wertschöpfenden Zeitumfänge aus. Durch kontinuierliche Verbesserung wird dieser Anteil stetig verringert (und die SMP entsprechend aktualisiert). Durch das erneute Schreiben der SMP verinnerlichen die Werker die Abläufe – später dienen die Unterlagen als Trainingsunterlagen bei der Einarbeitung neuer Mitarbeiter sowie als dokumentierte Basis für KVP.

Team Wear (Einheitskleidung)***:*** Alle Mitarbeiter, vom Werker bis zum Werkleiter, tragen eine einheitliche Arbeitskleidung. Dies fördert das Gemeinschaftsgefühl und senkt die Hemmschwellen zwischen Arbeiter und Angestellt. So ist es durchaus normal, Mitarbeiter der Produktion außerhalb ihrer Schichtzeiten zu Gesprächen in den Planungsbüros der Angestellten anzufinden.

Taktzeit: Die ***Änderung der Taktzeit*** erfolgt ***nur in kleinen Schritten*** und mit entsprechenden langfristigen Zielsetzungen (z.B. Erhöhung des Produktionsprogrammes) – eine kurzfristige Änderung im Tageswechsel, wie sie in traditionellen europäischen Werken im Zusammenhang mit den jeweiligen Tageskrankenständen üblich ist, ist nicht möglich. Ohnehin wird die Abwesenheitsrate durch optimale Arbeitskonditionen und Bonuszahlungen auf einem Niveau unter 1% gehalten (Stand 7/97). Durch die Beibehaltung der Taktzeit kann eine ***optimale Auslastung der Linie*** erreicht werden.

3.2.2.8 Kontinuierliche Verbesserung

‚Continuous Improvement' bedeutet bei MBUSI *„**das Verstehen der wertschöpfenden und nicht-wertschöpfenden Arbeitsumfänge**"* – d.h. Reduzierung jeder Art von Verschwendung. Continuous Improvement ist aber ebenso die Methode, mit der jeder Mitarbeiter seine Arbeitsabläufe und damit seinen Arbeitsplatz verbessern kann. „Unsere Firma kann nur dann wirklich erfolgreich sein, wenn wir alle Ressourcen nutzen – verflochten mit all den Gedanken und Ideen unserer Mitarbeiter – d.h. mit 100% Beteiligung. Continuous Improvement ist ein exzellentes Medium für diesen Prozeß der Mitarbeitereinbeziehung. Sobald unsere Mitarbeiter ausgebildet sind und ihre Fähigkeiten unter Beweis stellen, werden wir sie herausfordern, sich zu verbessern" [Tay95]. Konkret bedeutet dies eine schrittweise Stückzahlerhöhung durch kontinuierliche Senkung der Taktzeit.

Schrittweise Optimierung der Fertigungszeiten: Bedingt durch den Anlauf der Produktion (seit Mitte 1996) und der später beschlossenen Stückzahlensteigerung um ca. 20% befand sich das Werk bis ca. Ende 1999 in einer ***Phase der kontinuierlichen Taktzeitverkürzung***. Die erbrachten Leistungssteigerungen waren u.a. durch die gezielte Minimierung von nicht-wertschöpfenden Umfängen, durch den steigenden Trainingsstand der Mitarbeiter sowie durch Neueinstellungen und erneutem Line-Balancing möglich.

Verbesserungsvorschläge erst nach Erreichen einer gleichbleibenden Qualität + Prozeßbeherrschung: Verbesserungsvorschläge zu Arbeitsprozessen sind erst sinnvoll, wenn der Arbeitsprozeß stabil läuft und die Gruppe den Prozeß genügend häufig wiederholt hat (nach ca. 3000 Wiederholvorgängen).

Gruppengespräche: In regelmäßigen Meetings (während des Produktanlaufs täglich, später 1-2 mal wöchentlich) besprechen die Gruppenmitglieder ihre Probleme, Verbesserungsvorschläge oder andere die Arbeit oder das Team betreffende Themen. Diskussionsgrundlage sind die Punkte aus den ‚***Continuous Improvement Centern***' (CIC). Moderiert wird das Meeting durch den Prozeßingenieur, welcher bei Bedarf ebenfalls Spezialisten aus Planung, Entwicklung oder Logistik einlädt.

3.2.2.9 Fabrik- und Anlagenplanung

Obwohl nicht wörtlich genannt in den Veröffentlichungen zum MBUSI-PS, so sind einige Elemente der Fabrik- und Anlagenplanung mitentscheidend für die Leistungsfähigkeit des Unternehmens.

Fabrik Layout: Im Vorfeld der Werksplanung wurden zahlreiche Varianten der Anordnung der Gewerke und Sozialbereiche untersucht. Während Kostenaspekte und Expansionsfähigkeit eine wichtige Rolle spielten, stand unter dem Gesichtspunkt der Produktionssystemphilosophie die Kommunikation im Vordergrund. Das heutige Fabriklayout zeigt eine Kopfanbindung der einzelnen Gewerke (‚Alles unter einem Dach') mit einer zentralen Anordnung der unterstützenden und Sozialbereiche, welches das ‚***Prinzip der kurzen Wege***' fördert. Durch das seitliche Direktandocken von Zulieferertrailern an die Montage können auch beim Materialhandling kurze Wege realisiert werden.

Als weiterer Ausdruck des Zusammengehörigkeitsgefühls gilt für <u>alle</u> Mitarbeiter derselbe Parkplatz (ohne personenspezifische Plätze für das Management), derselbe Eingang und dieselbe Kantine.

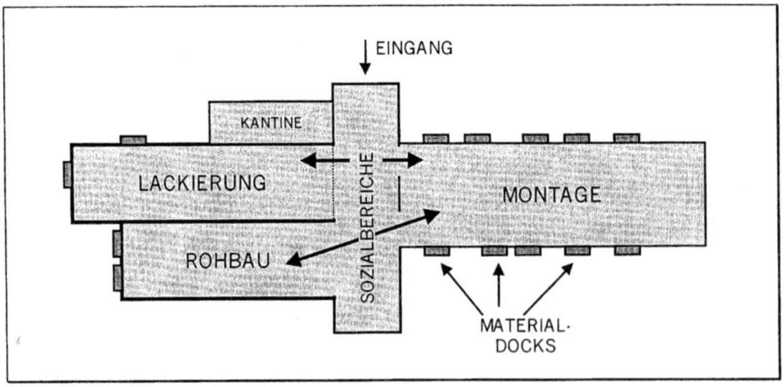

Bild 3.2.2.9.a: MBUSI-Fabriklayout der kurzen Wege

Kurzlinien-Konzept: In der Montage wurden mehrere, gleichlange, direkt angebundene Kurzlinien ohne Puffer installiert. Dies gewährleistet (und fordert) den gemeinsamen, gleichmäßigen Fluß der Produkte, bedeutet aber ebenso die leicht zeitversetzte Betroffenheit aller Linien von auftretenden Line Stops.

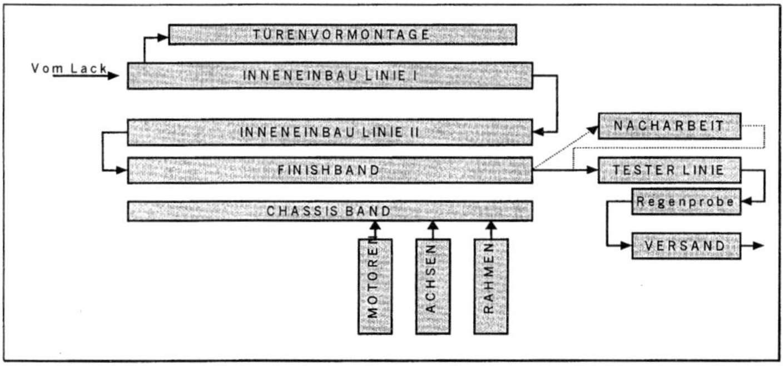

Bild 3.2.2.9.a: MBUSI-Montagelayout (Kurzlinien-Prinzip)

Geringer Automatisierungsgrad: Die Devise bei der Auslegung der Betriebsmittel hieß „***Keep it simple und safe***" (KISS). Durch geringe Automatisierung sollte zum einen die Prozeßanfälligkeit komplexer Anlagen verringert werden. Zum anderen galt es, den noch unerfahrenen Mitarbeitern die Möglichkeit zum Erwerben fundierter Kenntnisse in der Materialbearbeitung, der Schweißtechnik, der Oberflächenbehandlung sowie der Montage von Modulen zu geben („nur ein manuell erfahrener Mitarbeiter kann die Effektivität eines automatisierten Prozesses beurteilen").

Ein weiterer Grund resultiert aus der für deutsche Planer eher untypischen Vorgehensweise der ehemaligen Toyota Manager nur die notwendigen Investitionen zu tätigen – d.h. bezogen auf geringe Automatisierung und zunächst niedriges Produktionsvolumen ebenfalls nur beschränkte Investitionen freizugeben. Bei einer ggf. (und später bestätigten) Erhöhung des Produktionsvolumen werden weitere Investitionen freigegeben. Die Wirtschaftlichkeit eines Projektes bleibt damit in jeder Situation gewährleistet.

Ein geringer Automatisierungsgrad unterstützt im übrigen ebenso die Flexibilität bei kurzfristigen Änderungen des Produktionsprogramms.

Alle Produktionsbereiche auf einer Ebene: Wie bereits im Kapital ‚Visual Management' beschrieben, gehörte die Vermeidung von Bühnen oder mehreren Stockwerken ebenfalls zur Zielsetzung des neuen Unternehmens. Die Gewerke sollten eine Durchgängigkeit aufweisen, welche kurze Wege, Flexibilität bei Umbauten und schnelle Kommunikation förderte.

3.2.2.10 Flexible Produktion

Flexibles Arbeitszeitmodell: Die Produktion bei MBUSI erfolgt im zwei-Schicht Betrieb. Bedeutsam ist hier die Entkopplung der Schichten von mindestens 2 Stunden. Diese Trennung von A- und B-Schicht erlaubt eine täglich verfügbare Flexibilität, um in Überzeit gegebenenfalls verlorene Stückzahlen noch am gleichen Tag wieder auszugleichen. Der Werksstandort in einem Gebiet geringer Verkehrsdichte und dem für die USA typischen Individualverkehr sind Voraussetzungen, um gemeinsam mit dem Einverständnis der Mitarbeiter auch kurzfristig Überzeiten zu vereinbaren. Regelarbeitszeit sind 8 Stunden pro Schicht mit regelmäßig 1 Stunde Überzeit. Bei Bedarf sind 11 Stunden Schichten möglich. Zur Vermeidung des in Deutschland häufig beobachteten Vorarbeitens ist das Arbeitszeitende nicht vom Erreichen einer geplanten Stückzahl abhängig sondern ist gleich dem Schichtende.

3.2.2.11 Organisationsstruktur

Die Hierarchiestruktur von MBUSI ist kein offizieller Bestandteil des Produktionssystems – sie unterstützt jedoch dessen Ziele.

Hierarchie: Die Produktion weist im Angestelltenverhältnis die vier Führungsebenen Vice President (Produktionsleiter), Manager (Abteilungsleiter), Assistant Manager (Teamleiter) sowie Groupleader (Linienverantwortlicher) auf. Zusätzlich unterstützen den Groupleader mehrere Teamleader, die in einer Art Vorarbeiterfunktion die Gruppe vertreten.

Der Groupleader ist verantwortlich für die Einhaltung der Qualitätsstandards, Mitarbeiterführung und –Qualifizierung sowie Budget hinsichtlich Ausrüstung der Montagelinie.

Team Struktur: Ein Team besteht aus 6 Mitgliedern und einem Teamsprecher und arbeitet über 3-4 Stationen. Drei bis vier Teams wiederum bilden eine Gruppe, die von einem Gruppenleiter geführt wird und eine Montagelinie abdeckt. Die Teams arbeiten immer in der gleichen Zusammensetzung, um eine Kontinuität zu gewährleisten. Bei Krankheitsfällen und kleinen Pausen der Teammitglieder springt der Teamsprecher für den ausgefallenen Mitarbeiter ein.

3.2.3 Zusammenfassung

Das MBUSI Produktionssystem steht als typisches Beispiel für die möglichst originalgetreue Umsetzung des TPS in einem Greenfield-Projekt. Im Sinne der besseren Verständlichkeit wurde seine Darstellung deutlich weiter aufgefächert im Vergleich zum TPS. Das MBUSI-PS wurde ebenso stärker auf die spezifischen Bedürfnisse des Automobilmontagewerkes in Tuscaloosa ausgerichtet; PS-Elemente wie sie für die Teilefertigung stärkere Bedeutung haben, wurden weniger in den Vordergrund gestellt (siehe Jidoka, automatische Maschinenselbstabschaltung). Vorbereitende Elemente wie die Arbeitsplatzorganisation (Clean + S), die Visualisierung und die Standardisierung wurden entsprechend stärker betont. Ein deutscher Einfluß bei der Ausgestaltung des Produktionssystems fand in Tuscaloosa nicht statt – hierin liegt der große Unterschied zu anderen Derivaten wie z.B. dem Rastatter PS, dem Mercedes-Benz PS und dem SPJ aus Juiz de Fora.

Die Erarbeitung und Einführung des MBUSI-PS profitierte entscheidend von dem Einfluß der ehemaligen Toyota-Manager, welche für das neue Projekt gewonnen werden konnten. Die auf jahrelange Erfahrung basierende Vorgehensweise bei der Einführung strahlte ein hohes Maß an Sicherheit aus, welches sich entsprechend auf die neue Belegschaft übertrug. Auch wenn das MBUSI-PS in seiner gesamten Komplexität und Wirkungsweise anfangs von vielen Mitarbeitern (inklusive den deutschen Mitarbeitern) nicht eindeutig verstanden wurde, wurde den Ex-Toyota Produktionsmanagern ein hohes Vertrauen ausgesprochen.

Ein Vertrauensverhältnis besteht ebenso zwischen den Mitarbeitern und dem der Produktionsleitung, welches sich auf regelmäßige Werkerinformation, tägliche Präsenz des Managements in den Produktions-bereichen und die sogenannte ‚Open Door Policy', d.h. die jederzeitige Ansprechbarkeit der Produktionsleitung, stützt.

Das MBUSI-PS kann als gelungene Umsetzung des TPS betrachtet werden. Insbesondere Maßnahmen der Standardisierung von Arbeitsabläufen und deren Nutzung für die kontinuierliche Reduzierung von nicht-wertschöpfenden Umfängen kann als vorbildlich bezeichnet werden. Das MBUSI-PS hatte einen nicht unbedeutenden Anteil an dem gelungenen Produktionsanlauf, der durch neue unerfahrene Mitarbeiter, ein neues Produkt, neue (lokale) Zulieferer, einem hohen Marktbedarf und eine neue Fertigung (die nur 12 Monate nach Anlauf einen Teilausbau um 25% erfuhr) gekennzeichnet war.

Nach dem Erreichen der Kammlinie verlagerte sich der Fokus auf die Verbesserung der Qualität, die aufgrund des schnellen Anlaufs und der Einbindung neuer Zulieferer anfänglich leicht gelitten hatte. Mit dem Eintreten in die Normalität einer Serienproduktion muß das Augenmerk nun auf die konsequente Einhaltung der PS-Prinzipien gelegt werden.

3.3 Das 'Sistema de Producao' Mercedes-Benz do Brasil

Die Mercedes-Benz do Brasil, S.A. (MBBras) wurde 1954 als erster Auslandsstandort durch die Mercedes-Benz AG in Sao Bernardo do Campo im brasilianischen Bundesstaat Sao Paulo gegründet. Das Unternehmen umfaßt heute ***drei Standorte***. ***Sao Bernardo do Campo***: Hauptverwaltung sowie Produktion von Aggregaten (Motoren, Getriebe und Achsen), Lkws (leichte, mittelschwere bis schwere Baureihen) sowie Busfahrgestelle mit Leiterrahmen (ca. 6.500 Mitarbeiter). ***Campinas*** im Bundesstaat Sao Paulo: Blechteilefertigung, Fertigung von Busfahrgestellen in Kastenrahmen-Bauweise (Space-Frame) sowie zentrales Ersatzteillager (ca. 500 MA). ***Juiz de Fora*** im Bundesstaat Minas Gerais: im April 1999 neueröffneter Standort zur Produktion der A-Klasse (ca. 1200 MA).

Die brasilianische Wirtschaft ist traditionell durch ***hohe Fluktuationen verbunden mit Rezessionen und Inflation*** der Währung gekennzeichnet. Dieser Umstand erfordert eine hohe Flexibilität, um auf stark schwankende Marktbedarfe angemessen reagieren zu können. Das ***beste Geschäftsjahr*** in der Firmengeschichte der MBBras war ***1980***, als mehr als 60,000 Einheiten (47,000 Lkw und 13,000 Omnibusse) produziert wurden. Der Marktanteil konnte in Brasilien von 1954 – 1981 kontinuierlich bis auf ein ***Maximum von 52,1%*** im Lkw-Bereich ausgebaut werden. Bis Anfang der 90-er Jahre konnte eine stabile Marktpräsenz von 38% bei den Lkw und immerhin noch 70% bei Bussen und Busfahrgestellen gehalten werden. Erst mit der verstärkten Präsenz von Wettbewerbern wie VW, Ford und GM bei leichten und mittelschweren Lkw als auch Volvo und Scania bei schweren Lkw und Busfahrgestellen, geriet die MBBras unter Druck – die verkrustete Hierarchie und traditionell hohe Fertigungstiefe waren Ursachen für die vergleichweise sehr hohen Betriebskosten des Unternehmens.

Vor dem Hintergrund einer erneuten Wirtschaftsflaute im Jahr 1994, sah sich die Geschaftsführung der MBBras gezwungen, entscheidende Schritte zur Standortsicherung durchführen. Im Rahmen einer Neustrukturierung des Unternehmens in ***ergebnisverantwortliche Kostencenter*** wurden sowohl die Anzahl aller Beschäftigten reduziert als insbesondere ca. 50% der Führungskräfte entlassen. Ebenso galt es die Mitarbeiterproduktivität und Produktqualität anzuheben um mittelfristig die Wettbewerbsfähigkeit sicherzustellen. Die in diesem Zusammenhang initierten Maßnahmen zur Produktionsoptimierung werden bei der MBBras unter dem Stichwort ‚***Kaizen***' bzw. ‚***Fabrik 2000***' / ***‚Sistema de Producao'*** zusammengefaßt.

3.3.1 Kaizen

Das '***Sistema de Producao'*** genannte Produktionssystem der Mercedes-Benz do Brasil, S.A. basiert auf dem Einfluß der Beratungsfirmen ***Time-Based-Management*** (TBM), USA und ***Shin-Gijutsu*** Co.Ltd (Tokio). Beide Beratergesellschaften sind seit 1994 in regelmäßigen Workshops mit der kontinuierlichen Verbesserung der Prozesse bei der MBBras betraut.

Der Begriff ‚***Kaizen***' steht im japanischen Sprachgebrauch prinzipiell für die Hinwendung zum Besseren (‚Kai' = die Änderung, ‚Zen' = das Gute). Der Begründer der Kaizen-Philosophie auf dem Shopfloor (‚Gemba') ***Masaaki Imai***, welcher durch zahlreiche Bücher diesen Ansatz in der ganzen Welt zu verbreiten half, definierte *„Kaizen als Verbesserung. Vielmehr bedeutet Kaizen konstante Verbesserung unter Einbindung aller Prozeßbeteiligten, Manager und Arbeiter. Die Kaizen Philosophie begründet sich auf der Annahme, daß unser Leben einer fortlaufenden Verbesserung würdig ist*"[Ima97].

Das ***NASA Langley Research Center*** definiert *„Kaizen als die kontinuierliche Verbesserung im privaten Leben, im sozialen Umfeld und im Arbeitsleben als ganzheitlichen Ansatz. Bezogen auf die Arbeitswelt steht Kaizen für kontinuierliche Verbesserung durch Manager, Mitarbeiter, Lieferanten und Kunden gleichermaßen. Das bedeutet, daß durch Kaizen Prozesse wie TQC, TQM und Strategische Planung, Produkte eine höhere Wettbewerbsfähigkeit erhalten*"[Ima97]. Die bei der MBBras eingesetzten ***Kaizen-Workshops*** unterteilen sich in ***vier Varianten***:

A) Trainingseinheiten, in denen die ***Grundsätze, Methoden und Instrumente*** vermittelt werden. Dies erfolgt in Schritt 1 durch die Schulung von qualifizierten Kaizenmultiplikatoren, die dann in Schritt 2 ihr Wissen an die Belegschaft bzw. Teilnehmer von Kaizen-Workshops übertragen.

B) Sogenannte '***Shopfloor-Kaizens'***, d.h. Workshops auf der Produktionsebene mit dem Ziel der Verbesserung von bereits bestehenden Produktionsabläufen.

C) 'Production-Preparation-Kaizens', d.h. Workshops zur Planung bzw. Vorbereitung von neuen Produktionsabläufen, z.B. im Zusammenhang mit der Einführung eines neuen Produktes.

D) 'Product-(Design)-Kaizens', d.h. Workshops zur Neu- bzw. Umgestaltung von Bauteilen zur Erreichung von Kostenreduzierungen und Fertigungs- bzw. Montagefähigkeit.

Die Beauftragung von TBM und Shin-Gijutsu erfolgte durch die MBBras unabhängig vom Stammhaus der Daimer-Benz AG in Stuttgart, Deutschland. Dieser Alleingang und die daraus resultierenden Prozeßverbesserungen haben seit 1995 zu einer deutlichen Verbesserung hinsichtlich Produktivität, Einbeziehung der Mitarbeiter sowie Anzahl der KVP-Vorschläge geführt. Die MBBras gilt daher heute unter den Nutzfahrzeug-Produktionsstandorten der DaimlerChrysler AG in Bezug auf seine Produktionsorganisation als ***Benchmark***.

Die Schulung von Mitarbeitern und Führungskräften durch TBM und Shin-Gijutsu erfolgte bei der MBBras ***seit 1994*** in einem flächendeckenden ***'Top-Down' Ansatz***. Hierbei wurden innerhalb von drei Jahren alle Mitarbeiter der Bereichs- und Abteilungsleiterebene (1994), später dann der Ebenen Teamleiter und Meister (1995) sowie der Mitarbeiterebene (seit 1996) mit der Kaizenphilosophie vertraut gemacht [Mbb96]. Neben der reinen Ausbildung wurden ebenso die ***Ziele Mentalitätsveränderung*** (z.B. im Hinblick auf kurzfristige produktbezogene oder marktbedarfsbezogene Änderungen), ***verstärkte Zusammenarbeit*** zwischen Führungskräften und Arbeitern, als auch der ***Einsatz der KVP***-Kultur verfolgt.

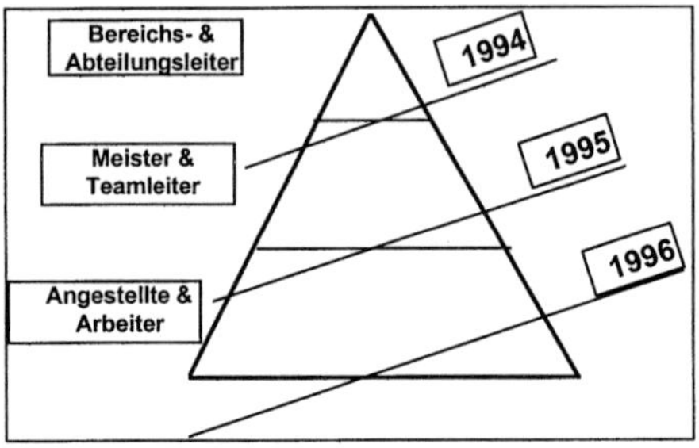

Bild 3.3.1.a: Top-Down-Ansatz bei der Schulung von Mitarbeitern und Führungskräften der MBBras

Als Folge auf die positiven Ergebnisse der Kaizen-Workshops in Brasilien, hat man sich ebenso im Geschäftsfeld Nutzfahrzeuge der DaimlerChrysler AG für die flächendeckende Einführung von Kaizenaktivitäten an weiteren Produktionsstandorten entschlossen. Zu diesem Zweck wurden an zahlreichen Standorten sogenannte ***'Kaizen-Offices'*** eingerichtet, welche für die Koordination der standortspezifischen Aktivitäten verantwortlich sind. Weiterhin wurde eine zentrale Koordinationsstelle im Stuttgarter Stammhaus eingerichtet, welche sowohl für die Gesamtkoordination und Berichterstattung gegenüber dem Produktionsvorstand verantwortlich ist als auch im Rahmen von Leistungsvereinbarungen eigene Kaizentrainer als Berater entsendet. Kaizenworkshops finden bei der MBBras sowohl im offiziellen Rahmen zu ca. 3 bis 4 Terminen pro Jahr als auch in Eigenorganisation statt. Innerhalb einer Kaizenwoche werden jeweils ca. 6 interdisziplinär zusammengesetzte Kaizenteams gebildet, die sich mit ihrem im Vorfeld eingereichten Themenvorschlag während einer Woche auseinandersetzen. Dies können sowohl Produktionsplanungskaizens ***(Process Planning Kaizens)*** als auch Produktionsverbesserungskaizens (***Shopfloor-Kaizen***) sein. Seit 1994 wurden bei der MBBras mehr 2000 Kaizenstudien durchgeführt, die Mehrzahl derer als Shopfloor-Kaizens.

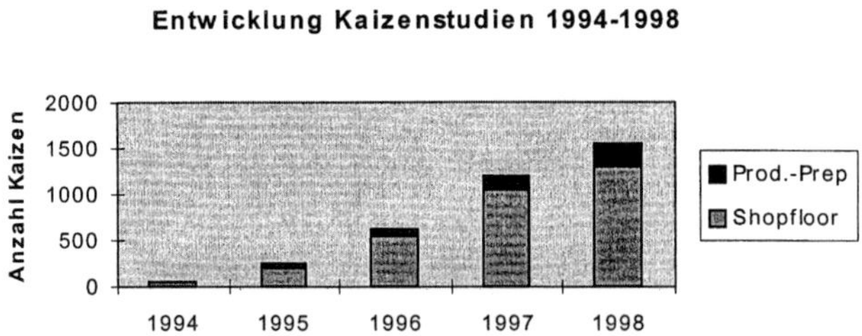

Bild 3.3.1.b: Entwicklung der Kaizen-Workshops bei der MBBras von 1994-1998

Die Durchführung bzw. Betreuung von Kaizen-Workshops erfolgt in zunehmendem Maße durch intern ***ausgebildete Multiplikatoren***. Damit ist sichergestellt, daß sich das Unternehmen in immer stärkerem Maße eigenständig um die Optimierung seiner Prozesse kümmern kann und sich der kontinuierliche Verbesserungsprozeß als fester Bestandteil der Planungs- und Produktionsgeschäftsprozesse in der Unternehmenskultur etablieren kann.

3.3.1.1 Shin-Gijutsu & Time-Based Management

Die japanische Beratergesellschaft Shin-Gijutsu Company, Ltd. wurde begründet durch *Yoshiki Iwata*, einem direkten Schüler des TPS-Altvaters *Taiichi Ohno*. Aufgrund der mittlerweile weltweiten Erfolge des TPS spricht man bei Shin-Gijutsu ebenso vom ***„Global Production System"*** [TBM98].

Time-Based Management (TBM), gegründet 1991 durch *Anand Sharma*, repräsentiert eine Beratergesellschaft mit Stammsitz in Durham, North Carolina, USA, welche mittlerweile weltweit Unternehmen unterschiedlicher Branchen die Elemente des Toyota Production System vermittelt hat sowie bei Einführung und Umsetzung Hilfestellung leistet. TBM gilt als Begründer der sogenannten ***„Kaizen-Breakthrough"-Methode***, welche Kaizenwochen als Katalysator der Produktionssystemeinführung verwendet. Der Begriff Kaizen setzt sich zusammen aus den Konstrukten ***Verbesserung*** und ***Kontinuität***. Fehlt eines dieser Elemente, kann nicht von Kaizen gesprochen werden – der Ausdruck „Business as usual" enthält z.B. das Element der Kontinuität ohne jedoch der Verbesserung. Andererseits steht der Ausdruck „Break-Through" (engl.=Durchbruch) für Änderung bzw. Verbesserung ohne Kontinuität. Kaizen sollte daher beide Elemente enthalten [Ima97].

Bilder 3.3.1.1.a: Beispiele der Reduzierung von Materialbestand bei der MBBras ‚Vorher' und ‚Nachher'[Del98]

Shin-Gijutsu Company und Time-Based Management arbeiten seit einigen Jahren in einer Art strategischer Allianz, um gemeinsam Klienten bei Änderungsprozeß und Verbesserungen von Kosten, Qualität und Termineinhaltung zu unterstützen. ***Zielsetzung beider Unternehmen*** ist das Vermitteln von Methoden zur Reduzierung von Lagerbeständen und Durchlaufzeiten, sowie Steigerung von Qualität und Produktivität durch die Anwendung von Prinzipien des Just-in-Time (bedarfsorientierter Materialversorgung) und Kaizen (kontinuierlicher Verbesserungsprozeß). Im Gegensatz zu vielen theoretischen Vorgehensweisen, bieten Shin-Gijutsu und TBM einen ***praxisorientierten Ansatz*** direkt in der Produktion. Die produktionserfahrenen Berater arbeiten in den Fertigungsbereichen direkt mit den Kaizengruppen zusammen, um gemeinsam die Produktprozesse zu optimieren (‚***stream-lining***') und nicht-wertschöpfende Arbeitsprozesse zu eliminieren. Bereits in den ersten ‚Break-Through-Kaizenwochen' erzielen die Gruppen erstaunliche Reduzierungen von durchschnittlich 70-90% bei Materialpuffern, 30-50% bei Materialbereitstellungsflächen sowie 15-25% Steigerung der Mitarbeiterproduktivität [TBM98].

Der Ansatz der Kaizen Breakthrough Modells beruht auf der Herbeiführung eines ***Änderungsprozesses*** in der Unternehmensorganisation. Im Sinne eines kontinuierlich ablaufenden, sich wiederholenden Prozesses werden die Mitarbeiter durch Integration in Kaizen-Wochen langsam an die neuen Werte und Normen des Unternehmens herangeführt – eine ***stetige Anpassung ihrer Verhaltensmuster*** ist damit möglich. Die Unternehmensziele können auf diesem Wege schrittweise erzielt werden – deutlich wird, daß die Kaizen-Breakthrough-Methode einen ***mehrjährigen Ansatz*** erfordert, d.h. trotz vieler Einzelerfolge (***„Quick-Hits"***) in den unterschiedlichen Produktionsbereichen der wirkliche Durchbruch bei Wettbewerbsfähigkeit und Flexibilität auf Marktänderungen erst nach einigen Jahren zu erwarten ist! Die Einführung des Kaizen-Prozeß bzw. die Optimierung einzelner Bestandteile der Produktion wird erleichtert durch die Schaffung einer ***geeigneten Geisteshaltung***. *Masaaki Imai* formulierte ***10 Grundprinzipien***, welche Kaizen-Aktivitäten begünstigen [Ima97]:

1. Mißachte traditionelle Lösungsansätze, bestehende Paradigmen.
2. Optimistischer Ansatz: Suche nach potentiellen Lösungen und nicht nach Begründungen, warum etwas nicht funktionieren sollte.
3. Vermeide Ausreden – beginne den Status Quo bzw. gebräuchliche Lösungen in Frage zu stellen.
4. Suche nicht nach Perfektion – beginne zügig mit der Umsetzung von Ideen, selbst bei eingeschränkter

Zielerreichung („Just-do-it"-Denkweise).
5. Korrigiere einen fehlerhaften Prozeß sofort bei der Fehlererkennung.
6. Kaizen erfolgt nicht durch Ausgabe von Geld (Investitionen) sondern Nutzung von Erfahrungen.
7. Erfahrungen bzw. wirkliche Kreativität werden oftmals erst im Zusammenhang mit Unternehmenskrisen freigesetzt.
8. Frage fünfmal „Warum" und suche nach den zugrundeliegenden Ursachen.
9. Suche die Weisheit von zehn Menschen als (nur) die Erfahrung eines Einzelnen.
10. Kaizen Ideen sind unendlich (im Sinne Erweiterbarkeit, Kreativität und Verfügbarkeit).

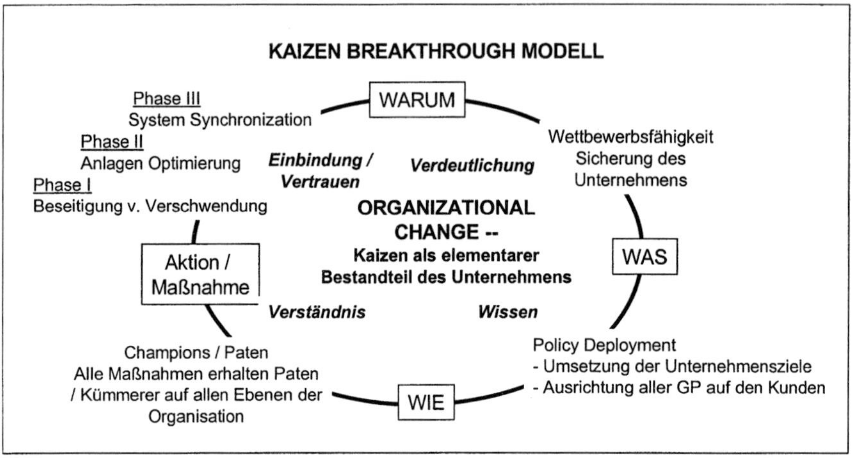

Bild 3.3.1.1.b: Der Änderungsprozeß in der Organisation durch Kaizen-Breakthrough

3.3.1.2 Das Global Production System

Das Global Production System (GPS) basiert auf dem Prinzip der kontinuierlichen Wertsteigerung eines Produktes durch den Produktionsprozeß unter Vermeidung von nicht-wertschöpfenden, ‚verschwendeten' Tätigkeitsschritten. Um diesen Zustand zu erreichen, ist es erforderlich alle wertschöpfenden Schritte physisch direkt miteinander zu verbinden, sodaß die Produkte nach dem One-Piece-Flow Prinzip kontinuierlich nacheinander von einem Prozeß zum nächsten fließen.

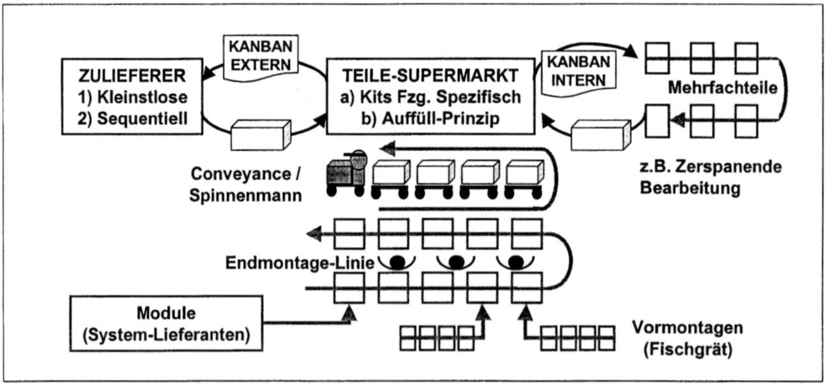

Bild 3.3.1.2.a: Flußprinzip des Global Production System

Als Ergebnis dieser Optimierung ergibt sich die vollständige Integration der Teilefertigung in Form von ***Fertigungszellen***, welche wiederum direkt an die Montagelinie anknüpfen und damit Teile nur in der vom Markt nachgefragten Menge, der ***Taktzeit***, produzieren.

Die oben abgebildete Form der Produktionsorganisation ermöglicht einem Produktionsbetrieb den Marktbedarf bei minimalen Materialpuffern zu erstellen und auf kurzfristig auftretende Änderungen flexibel und zügig reagieren zu können. Die Abbildung zeigt ebenso den ***nahtlosen Informationsfluß*** vom Kundenauftrag bis zur Produktauslieferung.

Das Global Production System wird von TBM als in einer vom TPS abgeleiteten Darstellung als ***„Haus“*** präsentiert. Hauptsäulen sind hier die bereits beschriebenen TPS-Elemente ***Just-in-Time*** und ***Jidoka***, die wiederrum auf einer ausgeglichenen, schwankungsarmen Produktion fußen.

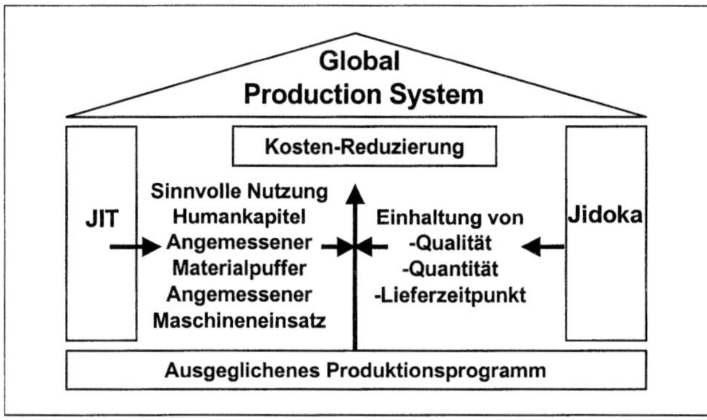

Bild 3.3.1.2.b: Darstellung Global Production System als „Haus“[77]

Die Einführung der Produktionssystemelemente bei der MBBras erfolgte gesteuert durch TBM und Shin-Gijutsu ***schrittweise im Rahmen von Kaizenwochen***. Während zunächst die Optimierung der bestehenden Produktion im Vordergrund stand (‚***Shopfloor Kaizen***‘), wurden später ebenso die Prozeßplanungen für die Gestaltung neuer Produktions- und Montagelinien durch Kaizenprojekte begleitet (‚***Process Planning Kaizen***‘ bzw. ‚***Production Preparation Kaizen***‘). Mittlerweile konnte die Kaizensystematik ebenso erfolgreich auf den Produktgestaltungsprozeß übertragen werden (‚***Product Design Kaizen***‘).

3.3.1.3 Kaizen zur Absicherung der Prozeßplanung

Die sogenannten *Process Planning Kaizen* (Produktionsvorbereitungskaizen) sollen im Vorfeld des Produktionsanlaufes sicherstellen, daß Anforderungen seitens Produktqualität, Produktionsablauf und Herstellkosten erfüllt werden und damit später erforderliche Optimierungen möglichst gering sind. In direkter Anlehnung an das Toyota Production System, basieren die Process Planning Kaizen auf den Prinzipien des „Quality-built-in“ sowie Just-in-Time. Ein weiterer Fokus ist die Ausstattung der Prozesse mit Poka-Yoke Einrichtungen zur Fehlererkennung und Selbstabschaltung (Jidoka). Im Sinne der Kaizen-Philosophie sollte sich der Ablauf der Prozeßplanung auf ***8 Aktivitäten*** [MBB98a] konzentrieren:

1. ***Fertigungsmethoden***: Die erforderlichen Produktionsmethoden sollten klar definiert und entsprechende Methoden zur Qualitätssicherung implementiert werden. Die Kapazität und Auslegung der Fertigungsanlagen sollte klar den aktuellen Anforderungen entsprechen (Geschwindigkeit, Maschinenfunktionen, Flexibilität). Es sollte ebenso eindeutig zwischen manuellen und automatisierten Abläufen unterschieden werden, um zu definieren, ob ein Problem beim Bediener oder im Equipment begründet liegt.
2. ***Einsatz von Jidoka***: Produktionsanlagen sollten beim Auftreten abnormaler Situationen automatisch abschalten - die Weitergabe von defekten Teilen wird dadurch verhindert. Der Fokus der Anlagenplanung sollte also auf ‚***Autonomation***‘[78] und nicht Automation liegen.

[77] Vgl. /TBM97/ Time Based Management Consulting Group: ebenda

[78] Vgl. Kapitel 3.1.2.3 Jidoka / Autonomation

3. ***Single Piece Flow***: Schaffung einer ***fließenden Produktion*** durch die Vermeidung von parallelen Fertigungsprozessen. Die Vorteile einer solchen Organisationsform liegen in einem gleichmäßigen Produktionsfluß und in der Vermeidung von Materialpuffern; dies wiederrum erlaubt die Mehrmaschinenbedienung, d.h. Verringerung von Produktionspersonal.

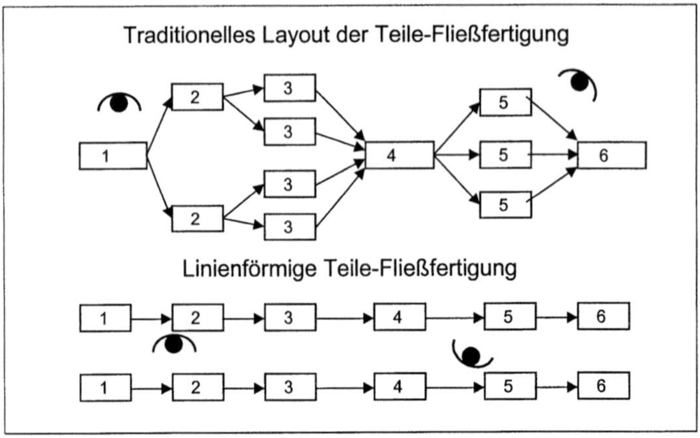

Bild 3.3.1.3.a: Flußförmige Gestaltung der Fertigungslinien

4. ***Produktionslayout***: Die Anordnung von Prozessen bzw. Maschinen sollte sich an der Minimierung der Bedienerbewegungen orientieren. Der Fokus liegt hier auf Schnelligkeit & Flexibilität: Schneller, einfacher Materialfluß, Werkzeugwechselzeiten, vielseitiges Equipment und Anlagen, welche sich schnell neu positionieren lassen. Durch direkte Verknüpfung von automatischem Teileauswurf (‚***hanedashi***'), muß der Maschinenbediener lediglich neu laden (‚***chaku***') – sogenannte ***Chaku-Chaku-Linien***.

5. ***Qualitätssicherung***: Damit Qualität als inhärenter Bestandteil der Produktion in die Produkte sozusagen ‚eingebaut' werden kann, ist es erforderlich nach jedem Bearbeitungsvorgang die Qualität des vorgelagerten Prozesses zu kontrollieren. Im Sinne des internen Kunden-Lieferanten-Prinzips überprüft damit jeder Mitarbeiter die Qualität seiner Arbeit, bevor es sie an die nächste Station weitergibt.

6. ***Shop Drawings***: Sowohl der Fertigungsablauf (Maschinenanordnung, Reihenfolge der Teilebearbeitung) als auch Fertigungstoleranzen, aufgenommene Meßwerte sowie deren zeitliche Entwicklung sollten klar und für alle Prozeßbeteiligten zugänglich im Produktionsbereich visualisiert sein. Die qualitätsüberprüften Prozesse sollten unabhängig von anderen Prozessen sein und die Maßnahmen (Aufwand) zur ihrer Überprüfung sollten den erlaubten Toleranzwerten angemessen sein.

7. ***Profitabilität***: Eingangswerte sind wettbewerbsfähige Zielkosten, Gesamtkosten (Investment, Betriebskosten und Kosten für die Aufrechterhaltung der Qualität). Das Produktionssystem sollte dem Produktionsvolumen angepaßt sein, d.h. steigende Automatisierung nur bei entsprechender Produktionsanhebung. Grundgedanke bei der Fertigungsablaufplanung ist Produktionsabläufe zunächst manuell darstellen (Vereinfachung des Prozesses sowie Mininierung des Investments) und erst bei steigendem Produktionsvolumen (teil-) zu automatisieren.

8. ***Überprüfung der geplanten Systeme***: Eine Überprüfung des Planungsstandes sollte kontinuierlich erfolgen im Hinblick auf Qualität, Volumen, Kosten und Terminziel, Beachtung von eingeschränkenden Umfeldfaktoren, Einbeziehung aller Prozeßbeteiligten, klares Verständnis der Prozeßkapazität, Aufzeigen & Verfolgen von Problemen und Einbeziehen moderner Produktionstechnologie in die Planung.

Der Planungsverlauf sollte innerhalb einer Kaizenwoche von einem interdisziplinären Mitarbeiterteam durchgeführt werden. Planungsalternativen werden dazu anhand einer schrittweisen Handlungskette auf Tauglichkeit validiert.

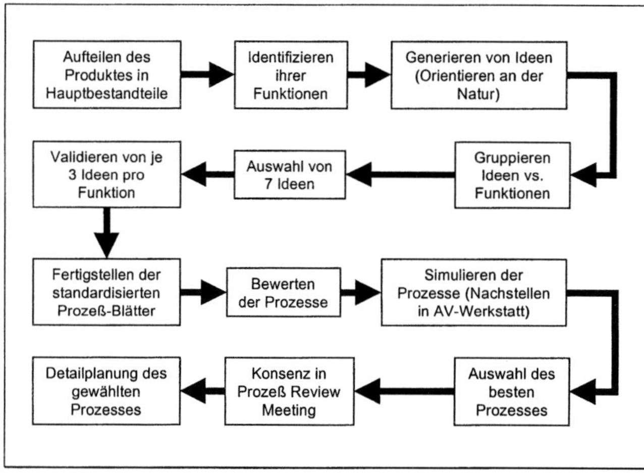

Bild 3.3.1.3.b: Schrittweiser Planungsansatz[79]

Prozeß Review Meeting: Prozeßplanungsergebnisse werden hier auf Tauglichkeit überprüft. Anwesend sind neben der *vorschlagenden* Gruppe (z.B. das Produktionsteam), die erhaltene, bzw. *betroffene* Gruppe (z.B. bei Neuinstallation einer Anlage die Instandhaltung), ein Vertreter der Geschäftsführung als Entscheider sowie Vertreter aus Prozeßplanung und Produktentwicklung. Neben entsprechenden Folien sollte der neue Prozeß ebenso beispielhaft als Modell präsentiert werden.

Der Prozeßalternativen-Vergleich erfolgt anhand ***standardisierter Bewertungsbögen***, die u.a Kriterien wie Taktzeiteinhaltung, One-Piece-Flow, Einbeziehung der Bediener, Hanedashi (automatischer Material-auswurf), Chaku-Chaku (autom. Materialeinzug), Poka-Yoke, minimaler Kapitaleinsatz, 100% Meßwertekontrolle, Wertschöpfung, Aufwand Instandhaltung, Prozeßsicherheit anhand SPC, Gleichteilekonzept / bekannte Technik, etc. berücksichtigen.

Die vorschlagene Gruppe sollte als ‚***Verteidigung***' (Befürworter) des neuen Ansatzes auftreten – die betroffene Gruppe als ‚***Staatsanwalt***' (kritisch hinterfragend). Alle Argumente sind grundsätzlich mit entsprechenden Daten zu hinterlegen.

3.3.1.4 Kaizen als KVP-Instrument

Shopfloor-Kaizen, d.h. die Optimierung von Prozessen direkt vor Ort in der Produktion, waren ursächlich für den erfolgreichen Wandel der Mercedes-Benz do Brasil, S.A. von einer traditionellen Organisationsform zu einem produktiven schlanken Unternehmen. So konnten bei steigendem Produktionsvolumen (+25%) der Materialbestand um ca. –50% und die Anzahl der direkten Produktionsmitarbeiter um ca. –25% gesenkt werden.

In mittlerweile über 2000 Kaizenstudien (Stand Mitte 2000) haben interdisziplinär besetzte Teams in allen Bereichen der Produktion Verschwendung und ineffiziente Prozesse identifiziert und jeweils innerhalb einer Woche durch Vereinfachungen, Prozeß- bzw. Maschinenumstellungen Abhilfe geschaffen – für einem Zeitraum von 30 Tagen danach wird ein Follow-Up vereinbart.

Im Gegensatz zu Planungs-Kaizens, die im Regelfall außerhalb der Produktion stattfinden, erfolgen Shopfloor-Kaizens direkt in der laufenden Produktion – in abwechselnden Phasen werden Bewegungsabläufe der Produktionsmitarbeiter intensiv studiert, Optimierungen diskutiert und nach deren testweiser Einführung wiederum der Ablauf im Hinblick auf den Effekt der Änderung studiert.

Durch die Einbeziehung der betroffenen Mitarbeiter der Produktion und den jeweils nach bereits einer Woche sichtbaren Verbesserungen („***Quick Hits***") ist der Begriff Kaizen bei der MBBras entsprechend positiv

[79] Vgl. /MBB98b/ Mercedes Benz do Brasil & TBM: ebenda

belegt. Kaizen-Wochen sind damit als sinnvolle Maßnahme der Optimierung von Prozessen sowohl bei Management und Produktion anerkannt. Ergebnisse werden offiziell als Event im ***Beisein des Managements*** vom gesamten Team vorgestellt – eine Identifikation mit den Ergebnissen sichert entsprechendes Engagement der Produktionsmitarbeiter (insbesondere bei der mittelfristigen Sicherstellung der avisierten Produktionsverbesserungen!).

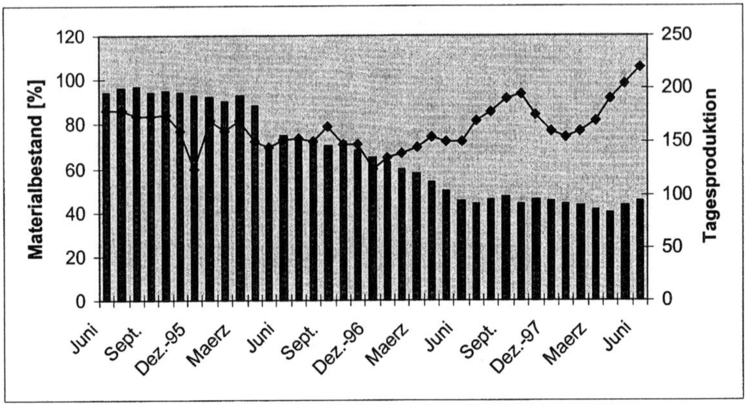

Bild 3.3.1.4.a: Entwicklung von Materialbestand (Säulen) und Produktionsprogramm (Punktelinie in Fzg/Tag) [Del98]

In Anlehnung an die bereits beschriebenen Standardarbeitsblätter[80], werden ebenso in den Shopfloor-Kaizen standardisierte Formulare benutzt. Diese dienen zur:

1. ***Taktzeitbestimmung (durch Zeitaufnahme)***: Beschreibung eines Arbeitsvorganges in seinen Detailschritten und die Durchführung von ca. 10 Zeitaufnahmen sind erforderlich, um einen realistischen Mittelwert des Zeitbedarfes zu bestimmen.
2. ***Kapazitätsbestimmung***: Bezogen auf die unterschiedlich zu fertigenden Produkte, ihrer Taktzeiten sowie der jeweiligen Werkzeugwechselzeiten wird die Gesamttageskapazität eines Prozesses bestimmt.
3. ***Analytische Taktzeitbestimmung***: Die Detailschritte eines Arbeitsvorganges sowie ihre Zeitbedarfe für manuelle, automatische Tätigkeiten und Laufzeiten werden in ihrer Abfolge beschrieben und anschliessend grafisch als verknüpfte Balkendiagramme dargestellt.
4. ***Layout***: Aus der „Vogelperspektive“ werden die Maschinenanordnung sowie die Laufwege des Mitarbeiters dargestellt – hierbei wird deutlich, inwieweit ein Fluß der Aktivitäten realisiert werden kann.

Begleitet werden die Kaizen-Aktivitäten durch ***Maßnahmen zur Umsetzung der 5S***[81], welche durch Sauberkeit und Ordnung beitragen die wirklichen Ursachen fuer Prozessbehinderungen zu identifizieren. Parallel dazu gilt es per ***visueller Kontrolle*** die Faktoren Qualität, Quantität sowie Rüst- / Werkzeugwechselzeiten zu verfolgen. Zur Dokumentation der erreichten Verbesserungen, werden in häufig frequentierten Zonen in der Produktion auf Fotos die betroffenen Bereiche VOR und NACH der Optimierung durch Kaizen ausgestellt.

Die Kaizen-Wochen sind gekennzeichnet durch eine Kultur der ***Aufgeschlossenheit*** gegenueber neuen Ansaetzen, ***positivem Denken***, gegenseitigem ***Respekt*** der Teilnehmer und ihrer Loesungsvorschlaege, der Suche nach Loesungen – nicht Schuldigen und der Spontanitaet einer direkten Umsetzung bzw. Simulation („***Just do it***“). Die Entscheidungsfreiheit der Gruppenteilnehmer beinhaltet Massnahmen bis hin zur physischen Verlagerung von Maschinen gemeinsam mit der Instandhaltung.

---

[80] Vgl. Kapitel 3.1.2.6 *Standardisierung*

[81] Vgl. Kapitel 3.1.2.7.2.1 *Die 5S und der PDCA-Zyklus*

3.3.1.5 Kaizen bei Zulieferern

Nachdem die Kaizen-Philosophie bei der Mercedes-Benz do Brasil, S.A. erfolgreich auf die unterschiedlichen Produktionsbereiche implementiert war, begann man 1998 die Wertschöpfungskette in Richtung Zulieferer zu optimieren. Im Rahmen eines speziellen Projektes wurden bei ausgesuchten Zulieferern durch Prozeßoptimierungen beachtliche Verbesserungen bei Werkzeugwechselzeiten, Materialbestand und Produktivität erzielt.

Zudem galt es im Rahmen der jeweils einwöchigen Seminare ebenfalls die Kaizenphilosophie dem Management und den Mitarbeitern der zu optimierenden Produktionsbereiche zu vermitteln. Durch die anschliessenden Maßnahmen auf dem Shopfloor wurden durch die Restrukturierung der Abläufe bedeutende Reduzierungen bei Rüstzeiten, Lagerflächenbedarfe und Nacharbeitsumfängen erreicht. Weiterhin galt es u.a. die Materialbedarfsplanung und –versorgung durch die Einführung von Kanban-Systemen zu optimieren und Zulieferer mit der Nutzung von rollbaren Materialladungsträgern aus wiederverwertbaren Rohrelementen vertraut zu machen.

3.3.2 Sistema de Producao – Hauptelemente und Äusprägungen

Der Aufbau des ‚***Sistema de Producao***' der Mercedes-Benz do Brasil erfolgt seit 1995 unter dem Projektnamen ‚***Fabrik 2000***' unter der Koordination der Direktion Qualitätssicherung. In Anlehnung an internationale Produktionssystembeispiele wurden eine Vielzahl von Elementen im Werk Sao Bernardo eingeführt – interessanterweise ohne im Vorfeld ein Gesamtkonzept für diese neue Form der Produktionsorganisation zu definieren.

Die Auswahl und Priorisierung der eingeführten Produktionssystemelemente ist u.a. auf die Fertigungstiefe und Vielzahl der hergestellten Komponenten und Gesamtfahrzeuge bei MBBras zurückzuführen. Im Gegensatz zu reinen Mercedes-Benz Montagewerken wie Tuscaloosa, USA oder Juiz de Fora, Brasilien verfügt das Werk Sao Bernardo über eine traditionell hohe Fertigungstiefe, welche neben der Gesamtfahrzeugmontage ebenso die Teilefertigung (zerspanende Fertigung von Motor-, Getriebe- und Achsen-Bauteilen) und die Komponenten-Montage beinhaltet. Entsprechend höher ist bei MBBras der Fokus auf vorbeugende bzw. produktive Instandhaltung (***Total Preventative / Productive Maintenance, TPM***).

Ziel der Einführung eines Produktionssystems war die Stärkung der Wettbewerbsfähigkeit. Vor dem Hintergrund der Mitte der 90'er Jahre stagnierenden Inlandsnachfrage in Brasilien und verstärkten Investitionen von Konkurrenzherstellern, waren für den seit 1954 eindeutigen Marktführer Mercedes-Benz in Brasilien deutliche Maßnahmen zur Verschlankung der Produktion erforderlich. Im Verlauf einer Werksbesichtigung in der Montage der MBBras durch den Shin-Gijutsu Berater *Prof. Chihiro Nakao* wurde der desolate Zustand des Unternehmens im Jahr 1993 deutlich; so fragte *Nakao*: „Nachdem Sie uns das Lager gezeigt haben, wo ist die Montagelinie?"[Fer99]. Im Folgenden soll erarbeitet werden, mit welchen Maßnahmen der traditionelle Standort MBBras als Brownfield mit festgefügten MA-Verhaltensmustern die Kehrtwende realisieren konnte?

Zur Rettung des Unternehmens wurden mit Hilfe der obengenannten Berater umfassende Maßnahmen zur Restrukturierung vorgenommen. Das angestrebte neue ‚***Sistema de Producao***' wurde als ***schlankes Produktionssystem***, d.h. ohne Reserven hinsichtlich Material, Anlagenverfügbarkeit und Mitarbeitern geplant. Die Einführung des Sistema de Producao basierte auf ***Aktionen zur Anpassung*** von Mitarbeiterschaft und Produktionsstätte auf eine neue Form der Arbeitsorganisation und vollzog sich auf 4 Ebenen:

1. ***Änderung der Mentalität***
2. ***Änderung der Fabrikstruktur***
3. ***Änderung der Prozesse***
4. ***Änderung der Arbeitsorganisation***

Der Mentalitätswandel bei den ***Mitarbeitern*** vollzog sich anhand der Instrumente ‚***Partizipatives Management***', Zertifizierung nach ***DIN ISO 9001*** sowie Einführung eines ‚***Total Quality Management*** Systems'. Das ***Werk*** änderte seine Fabrikstruktur durch die ***Centerbildung*** – d.h. es wurden Gewerke mit eigenständiger Kosten- und Produktivitätsverantwortung geschaffen. Die ***Produktionsprozesse*** wurden durch ***Kaizen-Workshops***, Methoden zur vorbeugenden Instandhaltung (***TPM***), durch die Arbeitsplatzorganisation im Sinne der ***5S*** sowie der Einführung von statistischer Prozeßsteuerung (***SPC***) optimiert. Die ***Arbeitsorganisation*** erhielt eine neue Ausrichtung basierend auf den Ideen der ***Gruppenarbeit*** und der Einführung von ***Fertigungszellen*** inklusive ‚Single-Piece-Flow' und Mehrmaschinenbedienung. Die im Rahmen der Kaizen-Workshops initiierten Änderungen zielten typischerweise auf Optimierungen des Maschinenlayouts, Änderungen im Materialfluß, Neuverteilung der manuellen Arbeiten, neue Verfahren zu Vorbereitung und Rüsten von Maschinen sowie neue Logistiksysteme.

Durch die ***„Just-do-It"-Philosophie*** des Kaizen wurden Maßnahmen zur Optimierung durch die interdisziplinär besetzten Kaizen-Teams direkt mit Hilfe der Instandhaltung umgesetzt – innerhalb von 5 Arbeitstagen wurden Ergebnisse erzielt, die vormals nur in mehreren Monaten umsetzbar waren. Die Euphorie in der Produktion war entsprechend hoch und sorgte für entsprechende Motivation.

Die Kaizen-Workshops provozierten damit einen ***Wandel der Unternehmenskultur***. Insbesondere im Zusammenspiel zwischen Produktionsmitarbeitern und Planungsingenieuren wurde ein neues Rollenverständnis definiert, welches zu deutlicher Einbindung der Ersteren führte (das Vorschlagswesen gewann entsprechend an Bedeutung) und den Ingenieur als Partner bzw. Dienstleister der Produktion vorsieht. Die vielen schnellen Erfolge unter direkter Mitarbeit der Werker trugen wesentlich dazu bei dem neuen Ansatz ***Kaizen*** eine deutlich ***bessere Akzeptanz*** in der Produktion im Vergleich zu früheren Projekten der Geschäftsprozeßoptimierung zu verschaffen. Die Einführung von ***Gruppenarbeit*** mit selbstverantwortlicher Arbeitsteilung und Einbeziehung von indirekten Tätigkeiten (Reinigung, vorbeugende Instandhaltung, Qualitätskontrolle, etc.) und ***Jidoka***-Maßnahmen wie Andon-Board und Qualitätsstopp haben hier unterstützend gewirkt.

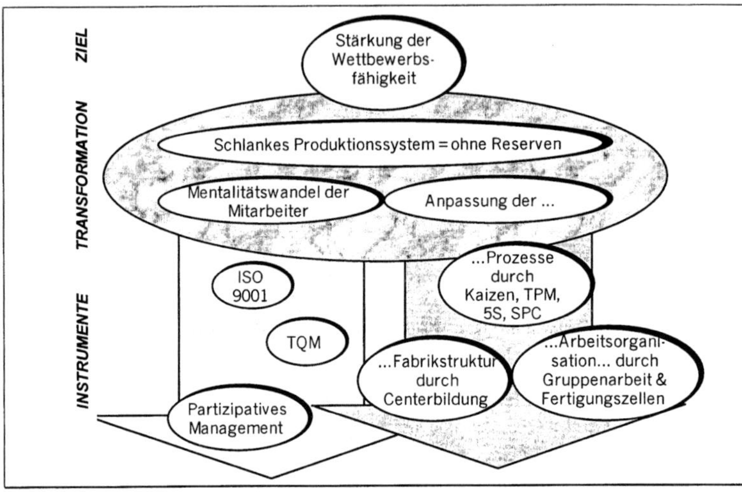

Bild 3.3.2.c: Der Änderungsprozeß der MBBras

Zu einem weiteren entscheidenden Schritt auf dem Weg zurück in die Wettbewerbsfähigkeit zählt das ***konsequente Outsourcing*** von im Benchmark defizitären Teilefertigungen und Besinnung auf das ***„Core Business"***[82]. Gemeinsam mit den oben beschriebenen Maßnahmen zur Produktionsoptimierung konnte bei der MBBras im ***Zeitraum 1990 bis 1996*** bei gleichbleibendem Produktionsvolumen nahezu eine ***Halbierung der Mitarbeiterzahl*** sowie der ***Fertigungszeit*** pro Fahrzeug realisiert werden.

Jahr	Produz. Einheiten	Mitarbeiter	MA-Produktivität	Fertigungstiefe	Fertigungszeit/Fhrzg
1990	31.164	20.395	1,5	---	---
1994	40.525	16.403	2,6	54%	300 Std.
1995	41.253	14.339	2,9	---	---
1996	30.664	11.039	2,8	45%	175 Std.

Tabelle 3.3.2.h: Produktivitätserhöhung der MBBras von 1990-1996 [Fer99]

[82] engl.= Kerngeschäft

3.3.2.1 Änderung der Mentalität

Die MBBras steht in dieser vergleichenden Studie über die Erfolgsfaktoren der Einführung moderner Produktionssysteme als Vertreter der sogenannten ‚***Brownfields***'. Hierbei handelt es sich um Produktionsstandorte, welche aufgrund ihres langjährigen Bestehens starre Organisationsformen und festgefügte Verhaltensweisen ihrer Mitarbeiter aufweisen. Diese Art von Unternehmen stehen bei der Einführung von Produktionssystemen vor einer besonderen ***Herausforderung***: Im Gegensatz zu Greenfield-Projekten, die bevorzugt unvoreingenommene, industrie-unerfahrene Mitarbeiter rekrutieren, gilt es bei Brownfields die Mitarbeiter in ihren Werten, Normen und Verhaltensweisen zu korrigieren. Als Hauptinstrumente wurden dazu das *Partizipative Management*, die Dokumentation von Abläufen und Prozessen nach *DIN ISO 9000* und die Prinzipien des *Total Quality Management* eingesetzt.

3.3.2.1.1 Partizipatives Management

Zur erfolgreichen Einführung eines Produktionssystems ist ein Mentalitätswandel sowohl bei Führungskräften als auch bei Produktionsmitarbeitern erforderlich. Als Werkzeug kann hier das ***Partizipative Management*** verwendet werden, welches zu einer stärkeren Einbindung der Mitarbeiter in die Prozesse der Produktionsplanung und Arbeitsorganisation führt. Mitarbeiter müssen dazu lernen im Aufgabengebiet eigenständig nach Opportunitäten für Verbesserungen zu suchen – als Gedankenstütze soll hier das auf das Unternehmen umgewandelte Zitat des US-Präsidenten John F. Kennedy dienen:

> *„Frage nicht was das Unternehmen für Dich (den Mitarbeiter / die Führungskraft) tun kann – frage, was Du für das Unternehmen tun kannst".*[83]

Der Mentalitätswandel bei Führungskräften umfaßt Themen wie unternehmerisches Verhalten, Organisation des Lernens, Beraterfunktion, Gruppenfunktion, Sozialkompetenz und Hierarchieebenenreduzierung [Dop97]. Der neue Managertypus entwickelt sich bei der Besetzung von Führungspositionen zunehmend zum kritischen Engpaß. Auf der einen Seite ist Karriere und Aufstieg bis in oberste Führungsebenen auch heute noch stark geprägt durch stromlinienförmige Konformisten, welche vergleichbar mit dem Syndrom ‚Beamtenmentalität', auf der beständigen Suche nach Regelungen und Absicherung von Entscheidungen sind – benötigt wird jedoch dringend der ***unternehmerisch-denkende Manager***, der nicht nur eigene bzw. Erfahrungen des Unternehmens vertritt, sondern als Querdenker bestehende Sachverhalte kritisch in Frage stellt, sich vielseitig im Laufe seiner Karriere durch Bereichswechsel weiterbildet und damit als Generalist (mit erfahrungsseitigem ‚Tiefgang') den Blick für das Gesamtwohl des Unternehmens hat. Geforderte Eigenschaften sind hier „unternehmerische Frechheit, Zivilcourage, unkonventionelles Denken und Verhalten, mutige Konfrontation sowie Bereitschaft zum persönlichen Risiko".

Es gilt also nicht <u>mit</u> dem System (in Form eines angepaßten, domestizieren ‚Organization Man), sondern <u>am</u> System zu arbeiten. Zunächst ist es wichtig, daß die Führungskraft bereit ist Führung zu delegieren, nicht immer alle auftretenden Defizite selbst kompensieren zu wollen und letztlich für alles geradezustehen. Seine Rolle sollte vielmehr die „eines ***Systemarchitekten*** und Prüfers sein, der das System regelmäßig inspiziert, seine Gesetzmäßigkeiten erforscht, seine Fehleranfälligkeiten, seine Stärken und Schwächen, seinen Entwicklungsstand und seine Potentiale erkennt. Seine (des Managers) vordringliche Aufgabe: das Auftreten von Fehlern auf Schwächen des Systems hin zu analysieren und durch Verbesserungen <u>am</u> System auf Dauer Abhilfe zu schaffen"[Dop97].

Unternehmen werden heute gerne als ‚***lernende Organisation***' beschrieben. Gemeint ist damit, daß das Unternehmen und damit seine Mitarbeiter und Strukturen sich ständig den wechselnden Bedürfnissen des Marktes anpassen. Dieses erfordert eine Unternehmenskultur, welche Selbstverantwortung, Eigeninitiative und Selbststeuerung der Mitarbeiter fördert – die Führungskräfte haben ihre Funktion hier als Katalysatoren. Wichtig sind im Zusammenhang mit dem Konzept der lernenden Organisation ***drei Prinzipien***:

1) ***Durch Handeln lernen***: Mitarbeiter erhalten die Chance im Sinne des ‚Learning by doing' ihre Erfahrungen durch konkrete Umsetzung von Optimierungsvorschlägen zu sammeln – nicht grundsätzlich wird hierbei die langfristige Strategie erdacht und umgesetzt, vielmehr sind es viel iterative Schleifen, welche (verbunden mit Rückschlägen und Fehlern) letztendlich ans Ziel führen. Wichtig ist hierbei, daß der Mitarbeiter seine Ideen umsetzen konnte und nicht zum System-Anwender degradiert wird.

2) ***Partnerschaftliches Lernmodell***: Um Selbststeuerung bei den Mitarbeitern zu ermöglichen, muß die Führungskraft seine Rolle neu definieren. Bei der Wissenvermittlung bzw. Steuerung von Prozessen ist seine Rolle nunmehr auf die des Beraters / Coach reduziert.

---

[83] Zitat des US-amerikanischen Präsidenten John F. Kennedy Ende der 60-er Jahre: „Don't ask what America can do for you – ask what you can do for America!"

3) ***Die Verantwortung für die Mitarbeiterentwicklung beim Betroffenen belassen***: In vielen Unternehmen wird versucht, durch gut organisierte Entwicklungsprogramme und Schulungspakete sowohl die durchschnittlichen Mitarbeiter auf einem hohen Bildungsstand zu halten aber auch Potentialträger zu fördern. Regelmäßig stattfindende Bewertungen, Feedbackgespräche und Potentialaussagen seitens der Vorgesetzten bilden einen starren Rahmen, der letztlich im Sinne der ‚Totalversorgung' zu einer nicht beabsichtigten ‚Verwöhnhaltung' führt. Erwartet man vom Mitarbeiter eigenverantwortliches Handeln, so sollte sich dieser durch Engagement und Einsatz für Folgequalifizierungen empfehlen!

Die Neudefinition der Führungskraft in seiner ***Beraterfunktion*** als ‚Coach' erfordert ein massives Umdenken bei den eigenen Werten. Will man dem Mitarbeiter verstärkt Eigenverantwortung geben, so muß der Manager bereit beständig mehr Aufgaben (aber auch Verantwortung für deren Erfüllung) an seine Mitarbeiter zu delegieren. Im Sinne des „Fördern durch Fordern" [Dop97] muß der Coach die individuellen Lernkurven seiner Mitarbeiter kennen, ein guter Beoachter der Prozesse und zwischenmenschlichen Beziehungen in seiner Abteilung sein und in Konfliktsituationen als Moderator bereit zu stehen. Der Rolle des Beraters wird er insbesondere gerecht, wenn er im Sinne einer ganzheitlich angelegten Leistungsorientierung nicht nur die eigene Karriere verfolgt, sondern ebenso versucht seine Mitarbeiter bzw. Kollegen stark und erfolgreich zu machen. Die Führungskraft sollte weiterhin kritisches Denken gezielt fördern (auch in Bezug auf die eigene Person) und damit von seinen Mitarbeiter als kompetenter, starker Partner und Vorbild akzeptiert werden.

3.3.2.1.2 ISO 9001 – Dokumentation von Prozessen

Die ***standardisierte Dokumentation von Geschäftsprozessen*** ist ein wichtiges Element moderner Produktionssysteme[84]. Durch die Beschreibung von Prozessen entsteht Klarheit über deren Einzelschritte, lassen sich wertschöpfende von nicht-wertschöpfenden Arbeitsschritten unterscheiden, was wiederrum die Basis für kontinuierliche Verbesserung darstellt. Die ***Leistungsströme*** im Unternehmen sind tendenziell neben Nutz- und Unterstützungsleistung von zusammen 60% ebenso durch Blind- und Fehlleistung von gemeinsam 40% gekennzeichnet – die letztere Gruppe gilt es im Sinne des kontinuierlichen Verbesserungsprozesses zu beseitigen.

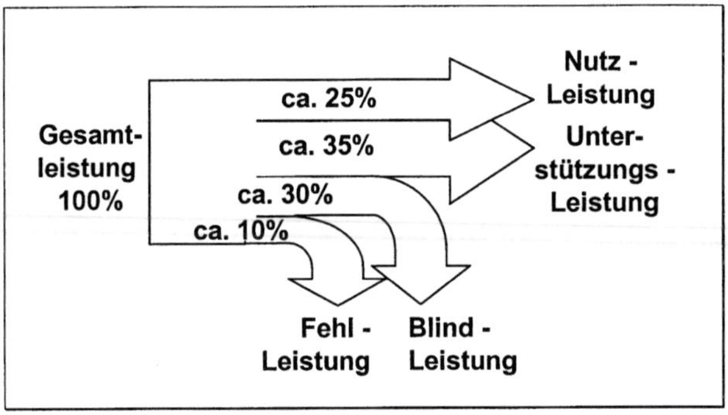

Bild 3.3.2.1.2.a: Leistungsströme im Unternehmen [Dba94]

Unter ***Blindleistungen*** werden Doppelarbeit, Nachlässigkeiten, unnötig komplizierte Abläufe und Bereichsegoismen verstanden – ***Fehlleistungen*** sind schlichtweg Verschwendung von Kapazitäten durch kontraproduktive Aktionen oder Produktentwicklungen bis zur Serienreife ohne Beachtung der Marktforderungen.

Das Regelwerk der ***International Organization for Standardization ISO*** (Internationale Organisation für Normung) umfaßt heute ca. 9200 Normen, die überwiegend Grundlage für viele Euro-Normen sind. Die Auditierung von Produktionsunternehmen und ihren Zulieferern nach ISO zählt heute zu den gängigen Voraussetzungen zur Sicherstellung qualitätsgerechter Produktionsverfahren und Geschäftsprozesse. Die Normen der ***ISO-9000er Reihe*** bilden ein branchen- und produktunabhängiges System der Qualitätssicherung von Gütern und Dienstleistungen. Während ISO9000 die allgemeinen Zielsetzungen der

[84] Vgl. Kapitel 3.1.2.6 *Standardisierung*

Regeln im Rahmen eines Leitfadens erläutert, beschreiben die ISO9000ff den Qualitätssicherungsnachweis für Entwicklung, Konstruktion, Fertigung, Montage, Kundendienst und Dienstleistungen (ISO9001), die Qualitätssicherung für den Herstellungsprozeß (ISO9002), die Funktions- und Produktendprüfung (ISO9003) sowie Vorschriften zur Verbesserung der betrieblicher Strukturen, Abläufe und Systeme (ISO9004). Als Beispiele seien hier die Methoden Total Quality Management (***TQM***), Computer-Aided Qualitycontrol (***CAQ***), Fehler-Möglichkeits- und Einfluß-Analyse (***FMEA***) sowie das ***Qualitätsaudit*** genannt [Gab97].

Die Auditierung bzw. das ***Zertifizierungsverfahren*** läuft dabei in mehreren Schritten ab:

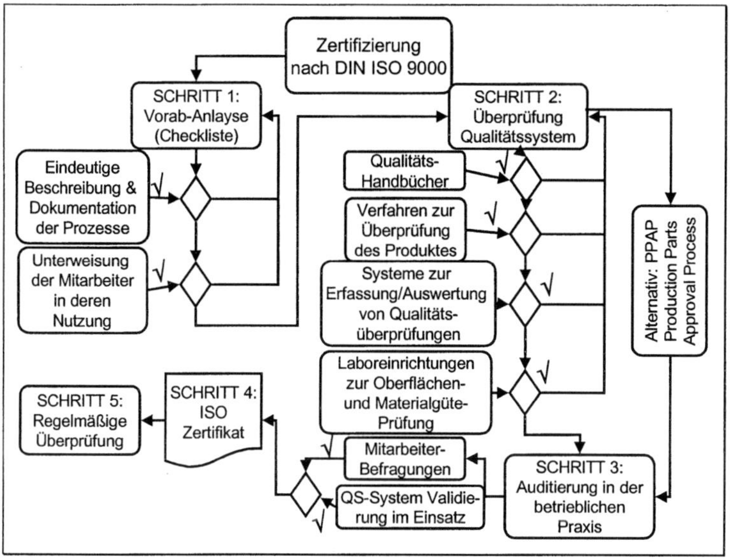

Bild 3.3.2.1.2.b: Zertifizierungsprozeß nach DIN ISO 9000

1. Im Rahmen einer ***Vorabanalyse*** untersucht der Zertifizierer anhand einer ***Checkliste***, inwieweit die prinzipiellen Voraussetzungen für eine Qualitätszertifizierung gegeben sind. Hierzu zählen u.a. die eindeutige Beschreibung bzw. Dokumentation der Prozesse und die Unterweisung der Mitarbeiter in deren Nutzung. Die Standardisierte Beschreibung von Prozessen findet sich dabei sowohl in Produktions- als auch in administrativen Bereichen. Während in der Produktion die bereits beschriebenen ***Standardarbeitsblätter*** Voraussetzung für die immergleiche Ausführung von Arbeitsschritten sind und dadurch gleichbleibend hohe Qualität sicherstellen, so erlauben standardisierte Dokumentationen im planenden und administrativen Bereich den schnellen Zugriff auf abgelegte Informationen und stellen sicher, daß bei Stellenumbesetzungen neue Mitarbeiter zügig eingearbeitet werden können.

2. Wird eine Auditierung als Ergebnis aus Schritt 1 befürwortet, wird zunächst das ***Qualitätssystem*** des Unternehmens ***überprüft***. Dieses setzt sich üblicherweise aus Qualitätshandbüchern, Verfahren zur Überprüfung des Produktes, Systemen zur Erfassung von Auswertungen von Qualitätsüberprüfungen sowie den eigentlichen Audits (Qualitätskontrollen) zusammen. Weiterhin zählen dazu im Laborbereich die Einrichtungen für Material- bzw. Oberflächengüteprüfungen. In eingeschränkten Maße findet eine solche Überprüfung auch bei der Auswahl neuer Zulieferer statt. Im sogenannten ***Production Parts Approval Process (PPAP)*** analysieren Qualitätsmitarbeiter der Unternehmen ihnen bisher unbekannte Zulieferer und stellen durch entsprechende Begutachtung des Qualitätssystems die spätere Lieferfähigkeit des Zulieferers sicher.

3. Im dritten Schritt erfolgt eine Auditierung des Qualitätssystems in der ***betrieblichen Praxis***. Unter Einbeziehung von Mitarbeiterbefragungen wird das System auf seine Effizienz hin beurteilt. Ist die Beurteilung erfolgreich, wird das ISO-Zertifikat durch akkreditierte Qualitätszertifizierer vergeben.

4. Als Soll-Ist Abgleich werden ***regelmäßige Kontroll- und Überwachungsaudits*** vereinbart um langfristig die Funktion der Qualitätssicherungssysteme zu gewährleisten.

Die Auditierung der Mercedes-Benz do Brasil S.ª nach ISO9000 erfolgte 1997. Insbesondere in produktions- und produktionsnahen Bereichen konnten durch die Erfüllung von ISO9000-Normen wichtige Voraussetzungen für die Einführung von Produktionssystem-Elementen geschaffen werden. So sind z.B. ***Informationen der Instandhaltung*** durch eindeutige Color-Code den verschiedenen Sachgebieten zugeordnet und Dritten damit in einfacher Form zugänglich.

Bild 3.3.2.1.2.b: Color-Code Ablage sichert Vollständigkeit aller Ordner (Foto MBBras)

3.3.2.1.3 Total Quality Management TQM

Total Quality Management ist u.a. definiert als eine "Optimierung der Qualität von Produkten und Dienstleistungen eines Unternehmens in allen Funktionsbereichen und auf allen Ebenen durch Mitwirkung aller Mitarbeiter"[Gab97].'***Total***' repräsentiert hierbei die Ganzheitlichkeit dieses Verbesserungsansatzes unter Einbeziehung aller Prozeßbeteiligten, unter Betrachtung nicht nur der Produktqualität, sondern ebenso der Qualität aller Leistungen und Prozesse eines Unternehmens, in den kaufmännischen wie den technischen Bereichen.

Der Begriff ***Quality Management*** (Qualitätsmanagement) umfaßt im engeren Sinne die Planung, Steuerung und Überwachung eines Prozesses. Bei ***'Quality'*** geht es darum, die Vereinbarungen mit den Kunden (Qualität der Produkte und Dienstleistungen) zu erfüllen. Der dritte Begriff ***'Management'*** meint hier inbesondere das obengenannte 'Partizipative Management', welches gelebt werden muß. Wichtige Stichworte sind in diesem Zusammenhang Offenheit, Ehrlichkeit, Vertrauen, Information, Kommunikation und vor allem Beteiligung aller Mitarbeiter.

"Auch wenn der Name 'Total Quality Management' den Qualitätsaspekt hervorzuheben scheint, so geht es jedoch bei der Umsetzung um die ***gleichzeitige*** und ***konsequente Optimierung*** der drei wesentlichen Erfolgsfaktoren eines Unternehmens – Qualität (der Produkte und Prozesse), Kosten und Zeit. ... Das ist der Ansatzpunkt des TQM"[Dba94].

Ein Beispiel für den vielschichtigen Gebrauch des Begriffs TQM mehr im Sinne eines allumfassenden Neuorganisationskonzeptes ist die folgende Definition in acht Schritten: [85]

1. ***Committment to Purpose*** (Zweck- und zielgerichtetes Handeln): Zur Erreichung der Ziele Kundenzufriedenheit und Geschäftserfolg ist Ausdauer und Bereitschaft zur Qualitätserzeugung erforderlich.
2. ***Leadership*** (Vorbildfunktion des Management): Bereitschaft des Managements TQM einzuführen als auch Verantwortung der Mitarbeiter ihre Arbeit dahingehend selbstständig zu organisieren.
3. ***Employee Empowerment*** (Mitarbeiter-Einbeziehung): Bereitschaft des Management Aufgaben und Verantwortung zu delegieren, dezentralisierte Entscheidungsfindung / Vorschlagswesen, Job-Enrichment.
4. ***Teamwork & Communication:*** Einführung von Gruppenarbeit, d.h. sich selbstorganisierende (teilautonome) Arbeitsteams auf Werkerebene, Erweiterung der Arbeit auf indirekte Tätigkeiten wie Materialversorgung, Reinigung und vorbeugende Instandhaltung. Durchführung von 'Kaizenzirkeln', wo

[85] Vgl. /Bran94/ Braun, H.J.: Business Re-Engineering, Vortrag auf Daimler-Benz CAD/CAM Kick-Off Veranstaltung, Stuttgart, 1994

auf Gruppenebene regelmäßig Qualitätsprobleme besprochen werden, sowie die Einführung eines 'Quality-Council', welches als Projektteam die Einführung des TQM-Regelwerkes begleitet und entsprechende Schulungen erteilt.

5. ***Education & Training:*** Langfristiger Erfolg von TQM durch langjährige Einführung. Konstanter Informationsaustausch zwischen den Teams (ggf. im Sinne des Best-Practise-Sharing auch werksübergreifend) um ein gemeinsam getragenes Ziel abzusichern.

6. ***Relationships*** (Beziehungen): TQM zeigt sich in den Wechselbeziehungen zwischen den am Produktentstehung- und Produktionsprozeß beteiligten Parteien. Zwischen ***Unternehmen -- Lieferanten*** ist das Ziel von TQM die Reduzierung von Qualitätssicherungskosten durch langfristige Lieferantenbeziehungen – im Sinne des gegenseitigen Nutzens erfolgt die Qualitätsprüfung nur noch beim Zulieferer, wird eine verlässlichere Programmplanung sowie die produktionssynchrone JIT-Anlieferung möglich. Das Verhältnis ***Unternehmensleitung – Gewerkschaft*** soll verbessert werden durch die aktive Einbeziehung der Arbeitnehmervertreter in die Umgestaltungsprozesse und letztlich durch Abbau von Mißtrauen Akzeptanz in den TQM-Prozeß schaffen. Das ***Verhältnis Unternehmen – Kunde*** erhält durch die Ausrichtung aller Prozesse auf die Kundenzufriedenheit eine neue Bedeutung – Instrumente wie das Quality Function Deployment QFD helfen die Kundenwünsche in technische Spezifikationen und letztendlich kundengerechte Produkte zu transformieren.

7. ***Measurement of Quality*** (Bewerten des Qualitätsstandes): Der standardisierte Einsatz von Qualitätssicherungsmethoden bei Zulieferer und in der Montage der Fertigprodukte innerhalb des Unternehmens verbunden mit periodischen Zertifizierungen / Qualitätsaudits tragen dazu bei den Qualitätsstand der Produktion auf gleichbleibend hohem Niveau zu halten.

8. ***Recognition*** (Anerkennung der erbrachten Leistungen): Zur Aufrechterhaltung der Mitarbeitermotivation ist es erforderlich besonders involvierte Mitarbeiter z.B. durch Incentives oder andere Gratifikationen zu würdigen.

Das Thema TQM wurde im Hause Daimler-Benz erstmals 1993 im Rahmen des Qualitätssicherungs-Erfahrungsaustauschkreis (DB Erfa-Kreis) diskutiert. Vor dem Hintergrund des obengenannten Diskussion von bis zu 40% Blind-und Felhleistungen in deutschen Unternehmen, galt es zum einen die Verschwendungen zu identifizieren und abzubauen aber ebenso parallel Leistungs- und Produktivitätspotentiale bei den Mitarbeiter zu erschliessen. Wie das Eisbergprinzip anschaulich darstellt, sind demnach ca. 90% unseres Handelns durch Gefühle und nur 10% durch Fakten bestimmt. Es galt also Fragen zu beantworten, "wie wir miteinander umgehen, wie wir führen, wie wir motivieren, wie wir Bereichsdenken abbauen und wie wir die Emotionen, die Gefühle, die Begeisterung in Motivation, in Freude an der Arbeit, in Leistungssteigerung und in fehlerfreie Arbeit umsetzen können"[Büc94].

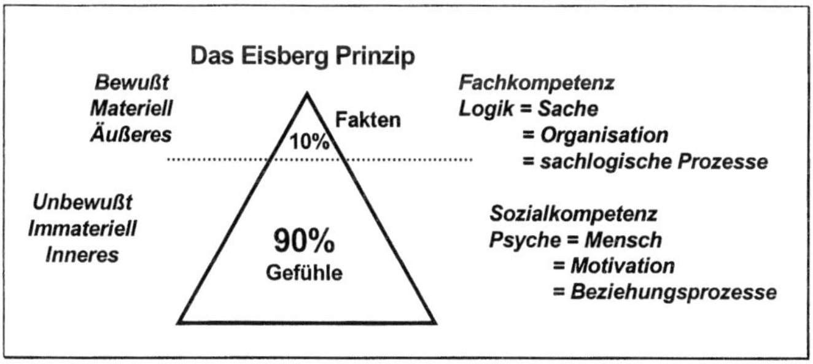

Bild 3.3.2.1.3.a: Eisberg-Prinzip des menschlichen Handelns[86]

Vor dem Hintergrund der 1993 noch nicht eingesetzten Diskussion zum Thema 'Produktionssysteme'[87] läßt sich interessanterweise eine ***Vorinterpretation der japanischen Produktionssystem-Elemente*** unter dem Gesamtbegriff TQM erkennen. So werden zu den Grundhaltungen des TQM Elemente wie

[86] Vgl. Unternehmensberatung Holger Schaar und Partner (HSP)

[87] Eine erste Orientierung im Haus Daimler-Benz fand erst mit dem Einfluß der Toyota Manager im M-Klasse Projekt in Tuscaloosa, Alabama, USA ab 1995 statt.

Kundenverantwortung, Eigenveranwortung (für Qualität und Effektivität der eigenen Leistungen), Teamorientierung und Null-Fehler-Ziel gerechnet. Im Sinne der kontinuierlichen Verbesserung wird auf das Prinzip der 'Verschwendung' sowie die notwendige Bereitschaft des Lernens aus eigenen Fehlern eingegangen.

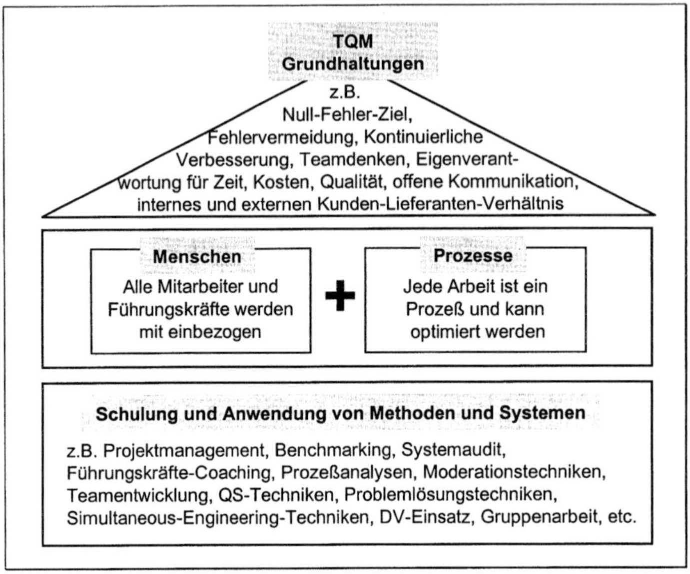

Bild 3.3.2.1.3.b: Das TQM-Haus [Dba94]

In Anlehnung an spätere Produktionssystem-Darstellungen, wurde ebenso TQM schon 1993 in Form eines ***Hauses*** dargestellt. "Im '***Dach***' befinden sich Grundhaltungen und Grundverständnis (die definierte Unternehmenskultur und das Unternehmensleitbild). Im '***Fundament***' befindet sich eine starke Basis von Methoden und Systemen, die die Erreichung der Ziele unterstützen. Dazwischen befinden sich die '***Säulen***' des Hauses – alles was TQM in der Umsetzung ausmacht: die Menschen (die ihre Fehlerquote gegen Null führen) und die Prozesse (die schlank und effektiv werden). In der Verzahnung von Menschen und Prozessen zur kontinuierlichen Verbesserung setzt das TQM-Programm der Umsetzung ein" [Büc94].

Bei den ***Erfolgsfaktoren für die erfolgreiche Umsetzung des TQM*** lehnte man sich bei der Daimler-Benz AG an die ***Erfahrungen US-amerikanischer Konzerne*** wie Xeros, Hewlett-Packard und General Electric aus den 80'er Jahren an - einem Zusammenspiel der folgenden Faktoren:

1. Dem ***Top-Down-Ansatz***, d.h. der Mann / das Management an der Spitze des Unternehmens, das seine ganze Energie in die Verwirklichung des TQM setzt,

2. Dem ***Bottom-Up-Prozeß***, in dem jeder einzelne Mitarbeiter mit all seinem Können und seiner Kreativität zur kontinuierlichen Verbesserungen im Unternehmen beitragen darf und soll,

3. Einer ***begleitenden Organisation***, welche die Mitarbeiter des Unternehmens auf ihre Rolle als TQM-Multiplikatoren im Tagesbetrieb bzw. bei der Einarbeitung neuer Kollegen vorbereitet, sowie

4. Der ***Kontinuität*** als grundlegender Faktor des Verbesserungsprozesses.

Die Umsetzung des ***Total Quality Management bei der MBBras*** erfolgte anhand der beiden Elemente ***Gestão a Vista*** bzw. Visual Management und ***Management by Objectives*** – beide Begriffe werden im weiteren Verlauf erläutert werden.

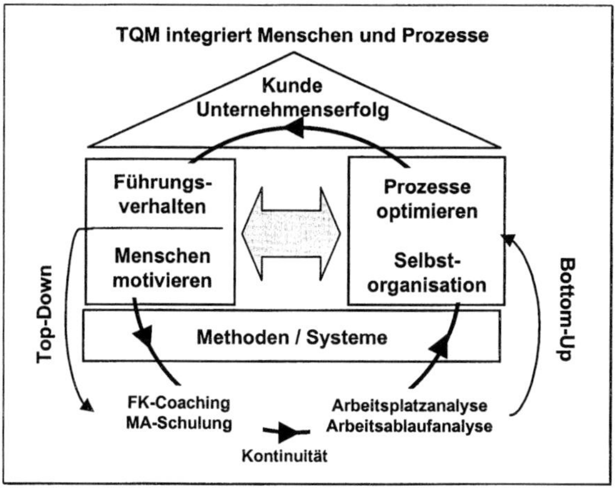

Bild 3.3.2.1.3.c: Erfolgsfaktoren für die Umsetzung TQM [Dba94]

3.3.2.2 Änderung der Fabrikstruktur

Im Sinne der Abkehr von der bisherigen traditionellen ***Funktionalstruktur***, bei dem die Kompetenz aufgrund handlungsorientierter Segmentierung nach den klassischen betrieblichen Funktionen[88] gegliedert ist, wurde die DaimlerChrysler do Brasil S.A. seit 1994 sukzessive in kosten- und qualitätsverantwortliche ***Produktionsleistungszentren*** (PLZ) umgestaltet. Diese Maßnahmen bilden den Strukturrahmen für die Einführung einer ***modularen Organisation*** mit Fokus auf die jeweiligen Produkte.

So wurden im Werk São Bernardo do Campo in Anlehnung an die Produktsparten die drei PLZ Motorenfertigung, Achsenfertigung und Lkw-Montage gegründet. Neben der Produktion beinhalten die Center ebenfalls die ***indirekten Funktionen*** Ablaufplanung, Fertigungs- / Qualitätskontrolle, Instandhaltung und Logistik. Durch die Integration von planenden und ausführenden Bereichen konnte eine deutlich bessere Abstimmung insbesondere bei Produktneuanläufen als auch Betriebsmittelwechseln erreicht werden.

Im Zusammenhang mit der neuen Struktur konnten zudem 2 Führungsebenen und ca. 50% der Führungskräfte abgebaut werden – hier wird das Ausmaß dieser Maßnahmen auf die Verschlankung des Unternehmens deutlich!

Wichtigstes Ziel der Einführung einer Centerorganisation ist die ***Delegation von Kosten- und Qualitätsverantwortung***. Die Produktionsbereiche mußten nach der Umstellung in Berichtsperioden ihre Produktivität gegenüber der Geschäftsleitung nachweisen – die Nutzung der unterstützenden Bereiche wurden entweder durch integrierte Mitarbeiter in der Centerstruktur abgedeckt oder per interne Leistungsvereinbarung von Dienstleistern im eigenen Unternehmen abgefragt.

Die Einführung einer Centerstruktur schuf ebenfalls den direkten Bereich der PLZ mit externen Anbietern, d.h. ***Wettbewerbsfähigkeit durch Kostentransparenz***. Als Beispiel kann hier die Achsenmontage genannt werden, welche nach einer erfolgten Vergabe an externe Anbieter ihre Kostenstruktur und Effizienz soweit verbessern konnte, daß Folgeaufträge wieder intern abgedeckt wurden. Durch hohe Eigeninitiave und Flexibilität schaffte es das PLZ 1997 sogar sich bei der Vergabe von Vorder- und Hinterachsen für das neu gegründete Pkw-Werk[89] zu behaupten. Für weniger rentable Unternehmensbereiche konnte sukzessive die ***Tertialisierung*** realisiert werden.

---

[88] Beschaffung, Entwicklung, Produktion, Absatz (vgl. Gabler Wirtschaftslexikon, 1997)

[89] Im Frühjahr 1999 wurde im braslianischen Bundesstaat Minas Gerais (MG) das erste Montagewerk für Pkw der Daimler-Benz AG in Brasilien eröffnet – geplante Kapazität ca. 70,000 A-Klasse pro Jahr.

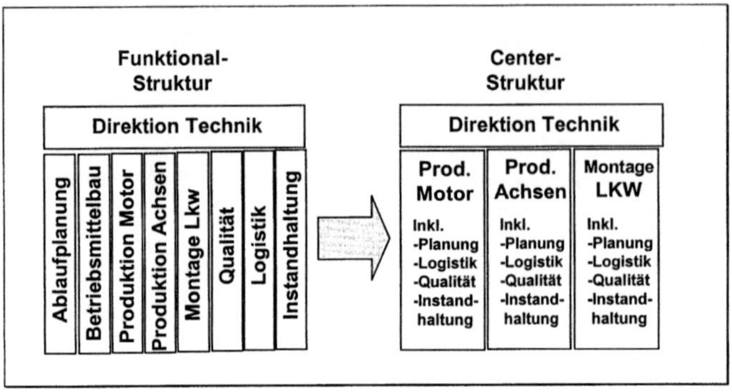

Bild 3.3.2.2.a: Wandel von der Funktionalstruktur zur Centerstruktur

3.3.2.3 Änderung der Prozesse

Hier sollen detailliert die bei der DaimlerChrysler do Brasil S.A. eingeführten Produktionssystem-Elemente angesprochen werden. Dadurch soll der spätere Vergleich mit den PS-Elementen der parallel vorgestellten Werke gewährleistet werden. Bei der MBBras kamen als typische PS-Elemente zum Einsatz *Kaizen (KVP), Total Productive Maintenance (TPM), Arbeitsplatzorganisation (5S), Qualität, Visual Management (Gestão a Vista)* und *Pull System.*

Bei dem zugrundeliegenden ***Projekt ‚Fabrik 2000'*** geht es prinzipiell um die Steigerung der Wettbewerbsfähigkeit durch Einführung eines schlanken Produktionssystems. Begleitend durch TBM und Shin-Gijutsu, welche in ihren Optimierungsansätzen eine starke Betonung auf die Methodik des Kaizen legen, fand ***im Vorfeld keine ganzheitliche Untersuchung des Toyota Produktionssystems*** bzw. seiner Derivate statt – die Optimierung war eher gekennzeichnet durch schrittweise Einführung einzelner Elemente ohne den Anspruch auf Vollständigkeit zu erheben!

3.3.2.3.1 Das Element Kaizen (KVP)

Die Methodik des Kaizen wurde bereits ausführlich beschrieben[90], so daß an dieser Stelle nur die bei der MBBras erreichten Ergebnisse kurz vorgestellt werden sollen. So wurden seit ***Mai 1994*** ca. ***2000*** Kaizens zur Optimierung bestehender Abläufe in der Produktion (***Shopfloor-Kaizen***) im Rahmen einwöchiger Workshops durch multifunktionale Expertenteams durchgeführt. Schwerpunkte dieser Optimierungen waren die Einführung einer ***bedarfsorientierten Fließfertigung***, durch Direktverkettung der Fertigungszellen und Produktionsbereiche – als Stichworte sind hier ***One-Piece-Flow*** und ***Pull-System*** zu nennen.

Weiterhin erfolgten seit März 1995 ***114*** Prozeßoptimierungen durch Funktions- und Prozeßanalysen (***Production Preparation Kaizen***). Neue Produktionsprozesse bzw. Alternativen zu bestehenden Prozessen wurden hier mit Methoden des Brainstorming unter Zuhilfenahme von Zulieferern kreiiert und anschließend mit Hilfe von Realsimulationen vereinfacht dargestellter Betriebsmittel auf ihren Optimierungsgehalt validiert. Der Schwerpunkt liegt hier wiederrum auf dem ***pragmatischen Ansatz*** des ***'Just-do-it'.***

Im Rahmen von ***19 Produkt-Kaizen*** wurden seit Oktober 1995 bestehende oder neue entwickelte Produkte auf ihre Herstellbarkeit, Montagefähigkeit und Kosteneffizienz optimiert. Jüngstes Erfolgsbeispiel ist die Neukonstruktion einer bestehenden, bereits in Deutschland in Serie befindlichen Lkw-Hinterachse. Im Rahmen einer multifunktionalen & multinationalen Teams aus Vertretern der Produktion, Einkauf, Materialwirtschaft und Entwicklung konnte durch Einsatz neuer Fertigungsverfahren eine um 20% kostenverbesserte Konstruktion des Bauteils realisiert werden. Dies ist insbesondere verwunderlich, da es sich um bereits in Serie befindliches Bauteil handelt. Darüberhinaus konnte im Rahmen des 14tägigen Workshops in Deutschland von Seiten der brasilianischen Teilnehmer die Kaizen-Philosophie mit ihrer Grundhaltung des Just-do-it erfolgreich auf die traditionell eher analytisch orientierten deutschen Entwickler übertragen werden.

[90] vgl. Kapitel 3.3.1.1

3.3.2.3.2 Das Element Total Productive Maintenance (TPM)

Der Begriff ‚Total Produktive Maintenance' wird in seiner Abkürzung TPM oftmals mit ‚Total Preventative Maintenance' (engl. = vorbeugende Instandhaltung) gleichgesetzt. Bei einer genaueren Betrachtung der Inhalte wird deutlich, daß TPM deutlich über eine rein vorbeugende Instandhaltung hinausgeht. Bei der ‚Total Productive Maintenance' geht es prinzipiell um alle Maßnahmen, welche die Aufrechterhaltung der Produktionsanlagenverfügbarkeit sicherstellen – zusammengefaßt dargestellt in 5 Säulen.

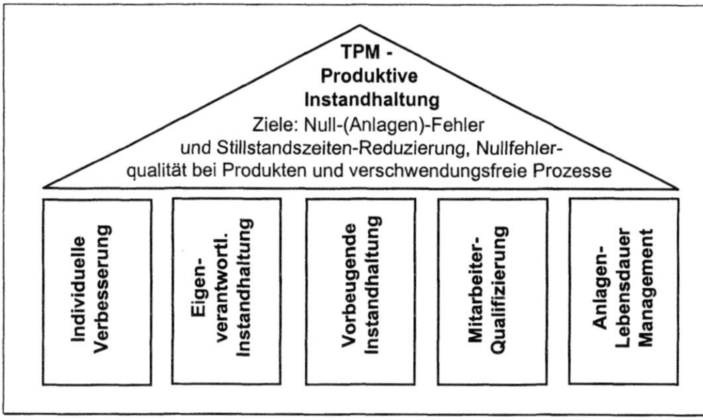

Bild 3.3.2.3.2.a: Die 5 Elemente der Total Productive Maintenance [DGQ98]

Neben der bereits erwähnten besseren Integration von direkten und indirekten Bereichen mit entsprechend höherer Anlagenverfügbarkeit konnten die Stunden ‚verschwendeter Arbeit' von geschätzten 29,000 Stunden in 1995 auf 4,400 Stunden in 1998 reduziert werden.

Zur Aufrechterhaltung der Anlagenverfügbarkeit wurden in São Bernardo vielfältige Instrumente zur ***Problemfrüherkennung*** und ordnungsgemäßen Wartung von Anlagen entwickelt. Beispiele sind hier eindeutige Hinweise zur Wartungsdurchführung sowie die Visualisierung von Betriebszuständen durch das Freilegen von Antrieben oder Aufstecken von Plastikrotoren, die visuell eine schnelle Situationserfassung erlauben.

Bild 3.3.2.3.2.b & c: Beispiele für TPM in der Anlageninstandhaltung (Foto MBBras)

3.3.2.3.3 Das Element Arbeitsplatzoptimierung (5S)

Zu den Maßnahmen der Arbeitsplatzorganisation zählen die Reinigung der Arbeitsplätze, das Aussortieren von nicht spezifizierten Werkzeugen und Bauteilen, die eindeutige Zuweisung von Abstell- bzw. Ablageflächen für Teile, Werkzeuge und Betriebsmittel bis zur Optimierung von Arbeitsabläufen nach dem Single-Piece-Flow.

Insbesondere in der ***Teilefertigung*** für Achsen, Getriebe und Motorkomponenten wurden viele Bearbeitungszentren aus einer Form der Werkstattfertigung[91] zu neuen U-förmigen Layouts mit Multi-Maschinen-Bedienung gruppiert. Die Maschinen in diesen ***Fertigungszellen*** waren nun direkt miteinander verknüpft, d.h. Teile wurden im Single-Piece-Flow per Gravitation auf Rollenbändern weiter befördert. Umlaufmaterial, Teiledurchlaufzeit als auch die Anzahl der Maschinenbediener konnten erheblich reduziert werden, was wiederrum zu einer Steigerung der Produktivität führte.

Bilder 3.3.2.3.3.d & e: Motoren-Teilefertigung in Zellenfertigung (Fotos MBBras)

Die ***Achsenfertigung*** wurde mit minimalen Investitionsaufwand in eine flexible Fließfertigung umgewandelt. Mit Hilfe multifunktionaler, höhenverstellbarer Karts wurde auf den Einsatz kapitalintensiver und ortsfester Manipulatoren komplett verzichtet. Achskomponenten (z.B. Radbremsen) werden just-in-sequence in Vormontagen direkt an der Achsmontage erstellt und auf Karts zum Verbauort gerollt. Die Flurfördertechnik ist auf eine im Boden eingelassene, umlaufene Kette reduziert, in welche sich die Montagekarts beliebig ein-/ auskuppeln lassen. Die ***Einhaltung der 5S*** ist oberstes Gebot und trägt im Zusammenspiel mit Farbgestaltung und Visual Management deutlich zur Übersichtlichkeit der Achsenmontage bei.

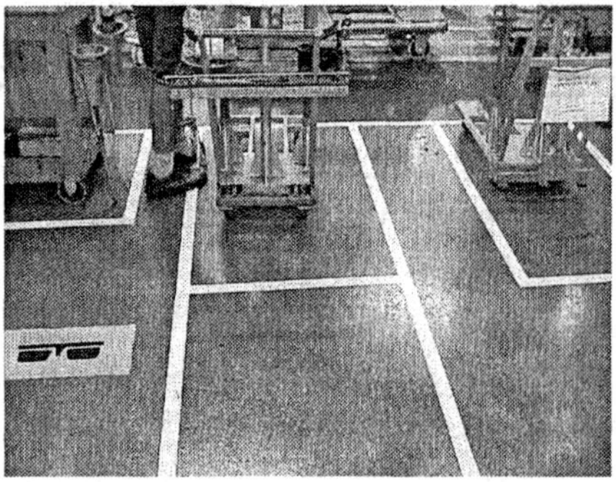

Bilder 3.3.2.3.3.f & g: Achsenmontage mit minimalem Investment und flexiblen Betriebsmitteln (Fotos MBBras)

Die konsequente Anwendung der 5S-Prinzipien führte bei der MBBras zu beeindruckenden Ergebnissen. Trotz einer durchschnittlichen Anlagennutzungszeit von geschätzten 25 Jahren konnte durch Reinigung,

[91] Vgl. /Gab97/ Gabler Wirtschaftslexikon: Die Werkstattfertigung ist definiert durch die Zusammenfassung gleichartiger Produktionseinrichtungen, d.h. Gruppierung von Maschinen gleicher Bearbeitungsverfahren und Fertigung in Losen. Teilbetriebe der Werkstattfertigung sind z.B. Dreherei, Bohrerei, Fräserei, Schleiferei und Lackiererei.

Lackierung, Werkzeugstandardisierung und Aussonderung alter bzw. redundanter Werkzeuge ein nahezu neuwertigen Erscheinungsbild der Produktionsbereiche geschaffen werden. Die Arbeitsplatzorganisation durch die 5S stellt damit eine wichtige Voraussetzung für TPM dar und hilft die neue Unternehmenskultur bzw. den Wertewandel hinsichtlich der Einbeziehung der indirekten Reinigungs- und Instandhaltungsarbeiten zu implementieren. Bei der MBBras wurden 1995 ***Aussonderungen*** von 31 Tonnen überflüssigem Material, Werkzeugen und Betriebsmitteln (im Gegenwert von ca. 530,000,- US-$) und 1996 nochmals von 363 Tonnen (3,1 Mio US-$) vorgenommen.

Maßnahmen zur ***Ergonomischen Arbeitsplatzgestaltung*** im Hinblick auf das vierte Ziel der TPS-Philosophie[92] zählen ebenso zur Arbeitsplatzorganisation. Vor dem Hintergrund hoher Kosten durch Krankenstand und Abwesenheit, wurde 1995 bei der MBBras eine Aktion zur Optimierung der ergonomischen Situation bei der Arbeitsplatzgestaltung gestartet. Bis Anfang 1999 wurden insgesamt ca. 5000 Beanstandungen identifiziert und davon 70% behoben. Durch diese Aktion gelang es 50% der Arbeitsausfälle bzw. –einschränkungen, welche durch die Arbeitsumgebung verursacht wurden zu reduzieren.

3.3.2.3.4 Das Element Visual Management (Gestão a Vista)

Das Produktionssystem-Element Visual Management umfaßt im Sistema de Producao der MBBras prinzipiell drei Hauptumfänge, welche sich wieder in viele Teilelemente verzweigen – die sogenannte ***‚Gestão a Vista‘***, das ***Management by Objectives*** und die ***Statische Process Control.***

Der portugiesiche Ausdruck ***‚Gestão a Vista‘*** bedeutet in seiner direkten Übersetzung ‚Empfehlung / Rat auf einen Blick‘ oder auch visuelle Empfehlung. Im Toyota Production System ist dieser Begriff als Visual Management bekannt. Bei der MBBras umfaßt die ‚Gestão a Vista‘ viele Einzelelemente: z.B. die Kennzahlentafeln, auf denen jede Abteilung gesteckte Ziele zu betriebswirtschaftlichen, Qualitäts- und arbeitswirtschaftlichen Kennzahlen und deren aktuelle Zielerreichung visualisiert.

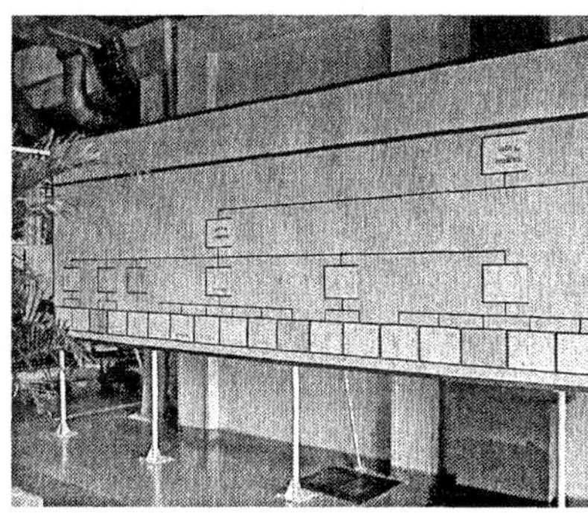

Bilder 3.3.2.3.4.a & b: Statistische Kennzahlen-Verfolgung auf Abteilungs- und PLZ-Ebene (Fotos MBBras)

Die Gestão a Vista trägt dazu bei, daß die Delegierung von Produktivität, Kosten- und Qualitätsverantwortung für die Produktionsbereiche verdeutlicht wird. Jede Kostenstelle führt entsprechende Kennzahlen und visualisiert diese in der Produktion. Auf größeren Informationsständen wird dann die Aggregierung der jeweiligen Ergebnisse für das gesamte Produktionsleistungscenter dargestellt. Weitere Elemente der ‚Gestão a Vista‘ sind Informationstafeln, die Andon-Boards sowie Color-Coding und Striping (Einrahmen mit Klebestreifen) aller beweglichen Betriebsmittel in der Produktion.

Management by Objectives steht für zielorientierte Unternehmensführung bzw. Führung durch Zielvereinbarung. Hierunter versteht man „ein mehrdimensionales Führungskonzept mit Betonung auf der Bedeutsamkeit gemeinsamer Zielvereinbarungen mit den Mitarbeitern, weitgehender Delegation von Entscheidungsbefugnissen an die Mitarbeiter, regelmäßiger Rückkoppelung zum Grad der Zielerreichung sowie der Kopplung von Belohnungen an den Grad der Zielereichung“[Gab97].

[92] vgl. Kapitel 3.1 „"die Erreichung dieser Ziele steht in direktem Einklang mit dem Humanisieren von Arbeitsplätzen und Respektieren der Bedürfnisse der Mitarbeiter, welche dieses System leben", Toyota

In Bezug auf die Reduzierung von Sachgemeinkosten und Qualitätsmängeln werden bei der MBBras in Abstimmung mit den Mitarbeitern klar definierte Zielwerte definiert. Im Rahmen umfangreicher Schulungen von Mitarbeitern und Führungskräften in der Anwendung von Optimierungsmethoden wie FMEA, QFD und dem Plan-Do-Check-Action Zyklus (PDCA), soll allen Prozeßbeteiligten ein prozeßorientiertes Denken und Handeln mit entsprechenden Auswirkungen auf Qualität und Kosten vermittelt werden.

Bilder 3.3.2.3.4.c & d: Infostand zu 5S und Andon-Board (Fotos MBBras)

Die ***Statische Prozeßregelung (SPC)*** ist ein auf "mathematisch-statistischen Grundlagen basierendes Instrument, um einen bereits optimierten Prozeß durch kontinuierliche Beobachtung und ggf. Korrekturen auch in diesem optimierten Zustand zu erhalten"[Kam93]. Entwickelt wurde die statistische Prozeßregelung Anfang der 30er Jahre durch den US-Amerikaner ***Shewhart***.

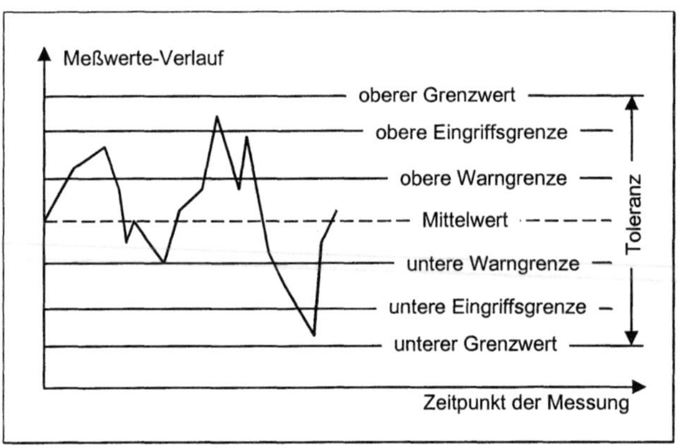

Bilder 3.3.2.3.4.e: Aufbau und Beispiel einer Qualitätsregelkarte [Kam93]

Durch eine integrierte Betrachtung der Methoden aus Statistik, Wirtschafts- und Ingenieurswissenschaften schuf er die sogenannte '***Qualitätsregelkarte***'. Sie wird auch 'Control Chart' genannt und dient zur Dokumentation und graphischen Analyse von periodisch aufgenommenen Daten aus einem Fertigungsprozeß. Bei den Daten handelt es sich um Meßwerte oder daraus errechnete Kennzahlen, die in Verbindung mit vorher eingezeichnetem Mittelwert sowie Warn-, Eingriffs- und Toleranzgrenzen zur Untersuchung und Steuerung eines betrachteten Prozesses dienen. Je nach zu untersuchendem Attribut existieren Qualitätsregelkarten zur Verfolgung von Prozeßtoleranzen, zur Anzahl fehlerhafte Teile, etc. zur Verfügung.

Das Abweichungsverhalten eines Merkmals (z.B. einer Bauteillängenabmessung oder Oberflächenstärke) von einem idealen Mittelwert (Sollwert) wird als Streuung bezeichnet. Als wichtigste Maßgrößen zur Beurteilung der ***Toleranzsensitivität*** eines Prozesses dienen die Standardabweichung s, die Spannweite R und der Mittelwert x einer Stichprobe.

"Als Ursache für das Auftreten von Streuungen kommen zufällige und systematische Einflüsse in Frage. Zufallseinflüsse stellen die konstante Summe vieler kleiner Einzeleinflüsse dar. Sie sind ständig vorhanden, über die Zeit stabil und damit vorhersagbar. Andererseits sind systematische Einflüsse auf einen oder wenige große Haupteinflüsse zurückzuführen, die unregelmäßig auftreten und den Prozeß instabil und damit nicht vorhersagbar machen"[93]. Die statistische Grundlage für die Unterscheidung in zufällige und systematische (d.h. systembedingte, durch den Prozeß bzw. seine äußeren) Einflüsse bildet die sogenannte natürliche Streuung, die lediglich auf zufälligen Einflüssen beruht und und zu einem kontrollierten und gleichmäßigern Verlauf des Prozesses führt – in diesem Fall wirken auf den betrachteten Meßwert viele kleine voneinander unabhängige (zufällige) Einflüsse und man spricht von einer Normalverteilung nach der Gauß'schen Glockenkurve. Bei normalverteilten Meßwerten ist es aufgrund Standardabweichung und Mittelwert möglich zwischen 'normalen' zufälligen Störungen und 'unnormalen' / außergewöhnlichen Störungen zu unterscheiden, welche ihre Ursache in Einflüssen haben, die es zu kontrollieren gilt.

In der Praxis werden die Anlagen- bzw. Prozeßmeßwerte als Stichproben aufgenommen und in Qualitätsregelkarten eingetragen. Anhand der zuvor berechneten (oder aus Erfahrungswerten übernommenen) Grenzwerte lassen sich neben kurzfristigen 'Ausreißern' insbesondere Trends aufzeigen, die eine schleichende Veränderung der Werte, z.B. aufgrund von langsamen Verschleiß, graphisch deutlich machen. Diese Hinweise gehen u.a. in die Planung der präventiven Instandhaltung ein. Kann ein Prozeß stabil innerhalb der Standardabweichung gehalten werden, so spricht man von einem '***robusten Prozeß***'.

3.3.2.3.5 Das Element Pull System

Die ***Fahrzeugmontage*** und ***Komponentenvormontage*** stehen für weitere Beispiele des Kaizen-Erfolges bei der MBBras. Durch konsequente Implementation einer bedarfsorientierten Materialversorgung, werden heute, bis auf Kleinteile in Schüttgutmengen, alle Montageteile im Untergeschoß auf Karts in ‚***Supermärkten***' vorkommissioniert und dann sequentiell in fahrzeugspezifische Kits (***Kitting***) an das Montageband im darüberliegenden Geschoß angeliefert. Die Komponentenvormontage wird gleichmaßen abgewickelt.

Bilder 3.2.2.3.5.a & b : ‚Spiderman' befüllt Materialwagen & Kitzusammenstellung in Motorenmontage (MBBras)

Die externen Lieferanten wurden weitestgehend auf Just-in-Time oder zumindestens mehrere kleinere Lieferungen pro Tag verpflichtet, was letztlich zu einer Reduzierung des Flächenbedarfes um durchschnittlich 32% und des umlaufenden Materials um 45% geführt hat. Durchschnittlich steht im Werk São Bernardo Material für eine Schicht (8 Std.) zur Verfügung.

3.3.2.4 Änderung der Arbeitsorganisation

Ein weiteres zentrales Element des Projektes 'Fabrik 2000' beruhte auf einem Wandel der Arbeitsorganisation durch die ***flächendeckende Einführung der Gruppenarbeit***. Während traditionell die Mitarbeiter der Produktion in Produktionsbereiche und entsprechende Meistereien eingeteilt waren und ihre Arbeit rein direkte Umfänge beinhaltete, wurde ab Anfang 1996 das Konzept der Gruppenarbeit mit zunächst 200 Gruppen zu jeweils 10 Mitarbeitern eingeführt – langfristig sollen es 340 Gruppen mit Mitarbeitern der

[93] vgl. Ford Motor Company: Leitfaden zur Statistischen Prozeßregelung, Köln 1985

direkten Produktionsbereiche sein.

Neben der Einbeziehung indirekter Tätigkeiten, wie Reinigung, Materialversorgung und Qualitätssicherung sowie teilautonomer Selbstorganisation von Urlaubszeiten und Gruppenvertretung durch Sprecher, verfolgte die MBBras mit der Einführung der Gruppenarbeit weitergehende Ziele. Im Vordergrund standen die ***Konsolidierung der erreichten Kaizen-Resultate***, die ***Verpflichtung der Mitarbeiter mit den Unternehmenszielen*** und die ***Durchführung des KVP mit präventivem Denken***.

Vorausgegangen waren der Einführung langfristige Gespräche[94] mit den Arbeitnehmervertretern, eine Konsenzvereinbarungen zwischen Betriebsrat und Geschäftsführung sowie eine Kick-Off Veranstaltung. Während in der Fahrzeugmontage Mitarbeiter mehrerer Montagestationen zu Teams zusammengefaßt wurden, erfolgte die Gruppenbildung in den Teilefertigungsbereichen im Rahmen der Umstrukturierung von der Werkstattfertigung zu ***Fertigungszellen***[95]. Die Mitarbeiter der Fertigungszellen verstehen sich als ***selbstoptimierende Teams***, die unter Zuhilfenahme der Instandhaltung ihre Arbeitsumgebung, inkl. der Anordnung des Maschinenlayouts kontinuierlich optimieren.

Das Gruppenarbeitskonzept bei der MBBras sieht vor, daß eine Gruppe von 10 Mitarbeitern jeweils für eine Dauer von 6 Monaten einen ***Gruppensprecher*** wählt – dieser ist neben administrativen Aufgaben wie Arbeitseinteilung und Urlaubsregelung der offizielle Vertreter der Gruppe gegenüber der nächsten Ebene, dem Meister. Daneben ist er aktiver Mitarbeiter in der Gruppe bzw. vertritt Mitarbeiter während Ausfallzeiten und Krankheit. Durch die Einführung der Gruppenarbeit wurden seit 1996 Verbesserungen bei der Mitarbeiterproduktivität von 10%, der Qualität von 20% und eine Reduzierung des Fehlstandes von 40% erzielt[96].

3.3.2.5 Zusammenfassung

Dargestellt wurde der Kaizen-Ansatz zur Einführung des Toyota Produktionssystems, welcher bei der DaimlerChrysler do Brasil erfolgreich seit über 5 Jahren angewendet wird. Wenngleich noch nicht alle Elemente vollständig umgesetzt worden sind, repräsentiert der aktuelle Zustand im direkten Vergleich zu den Verhältnissen Anfang der 90'er Jahre eine drastische Änderung zum Positiven. Den Beraterfirmen Shin-Gijutsu und TBM ist es gelungen bei der MBBras einen Bewußtseinswandel zu realisieren, der sich in kontinuierlicher Verbesserung (Kaizen) und transparenter Zieldarstellung manifestiert. Gemeinsam mit der Centerbildung und und den nachgelagerten autonomen Zellenfertigungen sind Mitarbeitereinbindung und Kostenbewußtsein heute eine gelebte Selbstverständlichkeit. Das Konzept der Totalen Produktiven Instandhaltung (TPM) erlaubt den verbrauchs- und investitionsarmen Betrieb einer 'ausreichenden' Low-Tech Fertigung.

Zugute kamen der MBBras die einschneidenden wirtschaftlichen Schwierigkeiten der frühen 90'er Jahre, welche entsprechende Maßnahmen bei der Reduzierung von Führungskräften und Mitarbeitern sowie eine kostenorientierte Umstrukturierung in Center erst ermöglichten. Die Maßnahmen der Arbeitsplatzorganisation und kontinuierlichen Verbesserung basieren zu einem nicht unwesentlichen Teil auf dem Einsatz von temporär freigespielten Mitarbeitern. Dies vor ist dem Hintergrund der anhaltenden Minderauslastung machbar.

Trotz der erreichten Verbesserungen, wurde eine vollständige TPS-Einführung noch nicht realisiert. Das gesamte Themenfeld Standardisierung, welches sich über Standardarbeitsblätter für wiederholbare Qualität und Identifizierung von Verschwendung, feste Stationsgrenzen und taktgebundenes Arbeiten bis zur Anwendung des internen Kunden-Lieferanten-Verhältnisses inklusive konsequenter Anwendung des Bandstopps erstreckt, weist noch gravierende Optimierungsmöglichkeiten auf. Die mangelnde Fokussierung in diesem Bereich ist u.a. auf hohe Taktzeiten und die aktuelle Minderauslastung der Produktion zurückzuführen.

Der vollzogene Wandlungsprozeß der MBBras kann trotzdem als Vorzeigebeispiel für die gelungene, mitarbeitergetragene Transformation eines Brownfields gelten. Dies gilt insbesondere unter Berücksichtigung der langen Unternehmensgeschichte am Standort Brasilien seit den später 50'er Jahren und der prinzipiell eher patriarcharlisch ausgerichteten südamerikanischen Mitarbeiter-Mentalität.

---

[94] Erste Konzeptvorstellungen fanden bereits im Okt. 1992 statt – bis zur Implementation der ersten Arbeitsgruppen vergingen bei der MBBras demnach ca. 3,5 Jahre.

[95] Werkstattfertigung: Gruppierung von Maschinen gleicher Bearbeitungsverfahren ←→ Fertigungszellen: Anordnung von Maschinen in Gruppen hinsichtlich der verketteten Bearbeitung von Teilen im Sinne des One-Piece-Flow.

[96] Vgl. /DGQ98/ Diretoria Gerenciamento Qualidade: ebenda

3.4 Das Sistema de Producao Juiz de Fora (SPJ)

Das Produktionssystem im neuen Werk Juiz de Fora wird folgendermaßen beschrieben: „Mercedes-Benz hat den Anspruch, die besten Autos der Welt zu bauen. Für uns in Juiz de Fora bedeutet dies, die A-Klasse so zu bauen, daß sie die Qualitätsbezeichnung "Made by Mercedes" zurecht trägt. Neben ***Produktqualität*** ist ***Wirtschaftlichkeit*** ein weiteres Ziel, das wir verfolgen, denn nur dann können wir die A-Klasse unseren Kunden zu einem akzeptablen Preis anbieten. Nicht zuletzt wollen wir eine sichere, saubere und ordentliche ***Arbeitsumgebung*** schaffen, in der sich alle Mitarbeiter des Werkes Juiz de Fora wohl fühlen. Um diese Ziele zu erreichen, haben deutsche und brasilianische Mitarbeiter aus der Produktion und Logistik das *Sistema de Producao Juiz de Fora* entwickelt. Es stellt eine Art ***Leitfaden*** dar, der die wichtigsten Regeln und Werkzeuge zum Bau unserer A-Klasse beschreibt und mit dem wir die Erreichung unserer Ziele gewährleisten wollen".[97]

3.4.1 Projektbeschreibung DaimlerChrysler do Brasil, Projekt A-Klasse

Das sogenannte Projekt ***Mercosul***[98] umfaßte den Aufbau eines Produktionswerkes für die bereits im deutschen Produktionsstandort Rastatt angelaufene Baureihe A-Klasse. Ähnlich dem M-Klasse Projekt in Tuscaloosa, wurde ebenso für den Bau des neuen Montagewerkes in Standort im schwach entwickelten Hinterland Brasiliens im Bundesstaat Minas Gerais ausgewählt.

Zu den Gründen der ***Standortauswahl*** in ***1996*** zählt neben bundesstaatlichen Investitionszulagen und einem Steuersparmodell auch die bewußte Wahl eines strukturschwachen Gebietes mit vergleichsweise hohem Angebot an verfügbaren Mitarbeitern und mangelnder Organisation durch Arbeitnehmervertretungen.

Mit einer geplanten jährlichen Produktion von ca. ***70,000 Einheiten*** im nicht entkoppelten 2-Schichten Arbeitszeitmodell, welche im Frühjahr ***1998*** begann, und einer Belegschaft von ca. ***1200 Mitarbeitern*** ist das Greenfield-Projekt Juiz de Fora hinsichtlich seiner Ausgangsdaten mit Tuscaloosa kongruent.

In Anlehnung an die Erfahrungen aus Tuscaloosa hinsichtlich der Einführung eines Produktionssystems konnte Juiz de Fora bereits auf reichliche Erfahrungen im Hinblick auf Vorgehensweise der Einführung und Ausgestaltung zurückgreifen. Ebenso bestanden zum Zeitpunkt des Mitarbeitertrainings bereits Erfahrungen im badischen Rastatt , wo bereits 1996 das sogenannte ***Rastatter Produktionssystem RPS*** eingeführt wurde, welches starke Beeinflussung durch traditionelle deutsche Elemente aufweist.

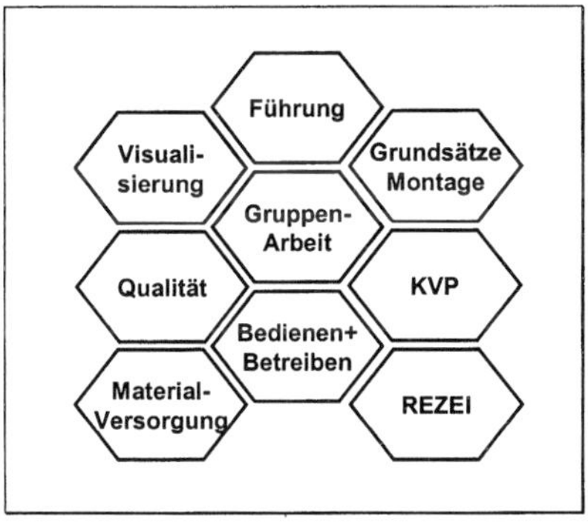

Bild 3.4.1.a Elemente des Rastatter Produktionssystems

Es wurden jedoch nicht alle Elemente des Tuscaloosa Ansatzes übernommen. Deutlich wird dies u.a. in der verschiedenen Auslegung des Werkslayouts. Im Gegensatz zum ‚Alles-unter einem Dach'-Ansatz des Tuscaloosaner Fabriklayouts, wurde in Juiz de Fora aus Gründen der Produktionslogistik eine Anordnung der Produktionsgewerke gewählt, die ***keine direkte (Kopf-) Anbindung*** der Hallen erlaubt. Eine gewerkeübergreifende Kommunikation war damit deutlich schwieriger. Dies gilt sowohl für den Austausch zwischen

[97] Zielsetzung des Projektteams zum Bau der A-Klasse in Brasilien

[98] Mercosul = portugiesisch für ‚der südliche Markt'

den Werkern als auch in Bezug auf die Prozeßingenieure, die sich im Sinne einer gemeinsamen Problemlösung schnell zusammenfinden sollten. Deutlich wird an diesem Beispiel, daß die Umsetzung von Produktionssystemelementen häufig Kompromisse gegenüber anderen Teiloptimierungen erfordert. Mit sinkender Partizipation erfahrener TPS-Spezialisten, ist die Gefahr eines Überwiegens anderer Teiloptimierungen zu Lasten der späteren Produktionssystemeffizienz nicht unerheblich.

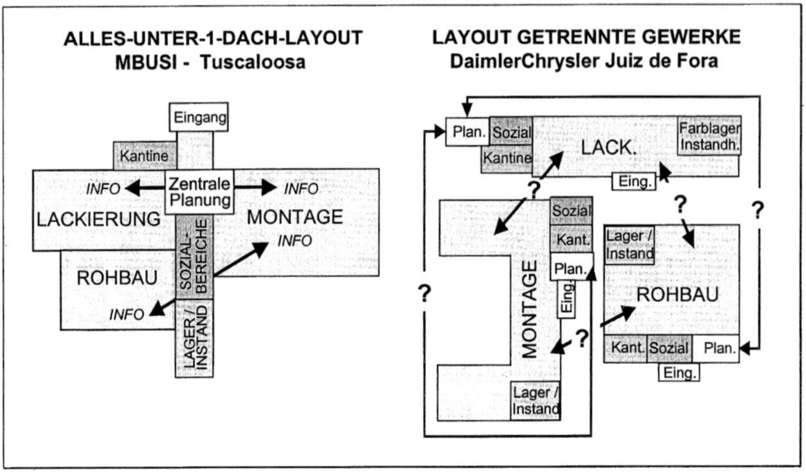

Bild 3.4.1.b Layout des Montagewerkes Juiz de Fora

Der Ansatz der Mitarbeiterausbildung ist weitestgehend identisch mit Tuscaloosa. Die Erstauswahl von Bewerbern erfolgte über eine Art ***Accessment-Center***, welches durch eine staatliche Bildungsbehörde durchgeführt wurde. Nach der Einstellung wurden Mitarbeiter in einem staatlich geführten Trainingscenter mit den handwerklichen Grundfähigkeiten vertraut gemacht sowie in den Grundzügen des Produktionssystems geschult. Die Schulung erfolgte dabei durch ***Multiplikatoren***, also Produktionsmitarbeitern, die zu einem früheren Zeitpunkt bereits eingestellt wurden.

3.4.2 Die Hauptelemente und Ausprägungen

„Unser *Sistema de Producao Juiz de Fora* gliedert sich in 10 Elemente, (......) wichtig ist dabei, daß sich das Produktionssystem mit der Fabrik ***verändert*** und sich mit der Zeit ***weiterentwickelt***. Durch spezielle Schulungen und "on-the-job"-Trainings stellen wir sicher, dass wir jeweils auf dem aktuellen Stand bleiben. Wir sind überzeugt, dass wir unser Ziel "Weltmeister im Auto bauen" erreichen werden, wenn wir uns an die im Produktionssystem festgelegten Spielregeln halten. Als Mitarbeiter des Werkes Juiz de Fora haben wir dann allen Grund auf unsere Arbeit, unser Produkt und unsere Firma stolz zu sein."[99]

Das Sistema de Producao Juiz de Fora umfaßt ***10 Hauptelemente***, deren Ursprung sowohl im stark ***toyotistisch geprägten*** MBUSI-Production System liegen als auch in deutschen Mercedes-Benz Traditionen. Zu den Toyota / MBUSI geprägten Hauptelementen zählen Stabile Prozesse, Training, Sauberkeit, Sicherheit und Ordnung, Visual Management, Pull System, Standardisierung und der kontinuierliche Verbesserungsprozeß. Gruppenarbeit und MB-Qualität zeigen deutlich ***deutsche Züge*** während Total Productive Maintenance, ein Toyota-Element ist welches durch seine weite Verbreitung im Stammwerk der Mercedes-Benz do Brasil einen starken ***brasilianischen Einfluß*** ausübte.

[99] Vgl. Präambel der Mitarbeiterinformationsschrift des Sistema de Producao Juiz de Fora

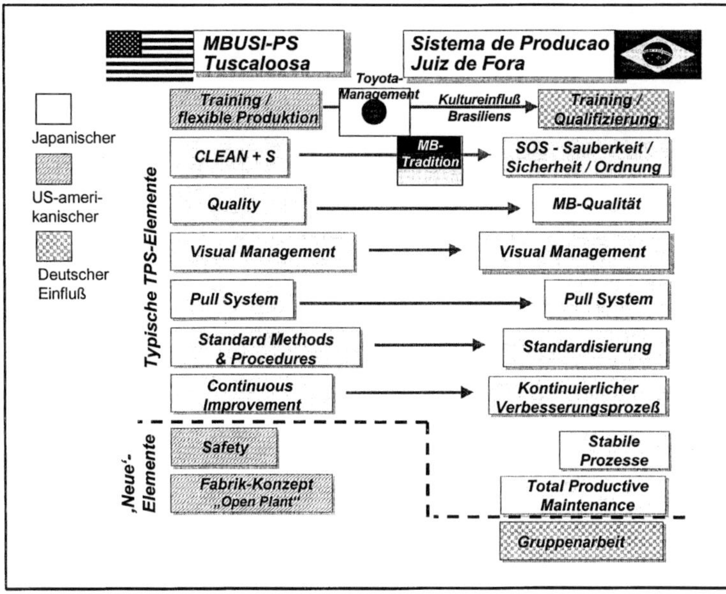

Bild 3.4.2.a: Japanische, US-amerikanische und deutsche Ursprünge der Elemente des SPJ

In Anlehnung an die Wabendarstellung des Rastatter- Wabenmodell wurde am Standort Brasilien ein ***lokalspezifisches Motto***, der Fußball, als Darstellungsform gewählt. Dieses Motto zieht sich durch die gesamten Trainingsunterlagen. Den Mitarbeitern werden dazu die Regeln des Produktionssystems sozusagen ‚spielerisch' in der Rolle als Mitglieder eines Fußballteams vermittelt.

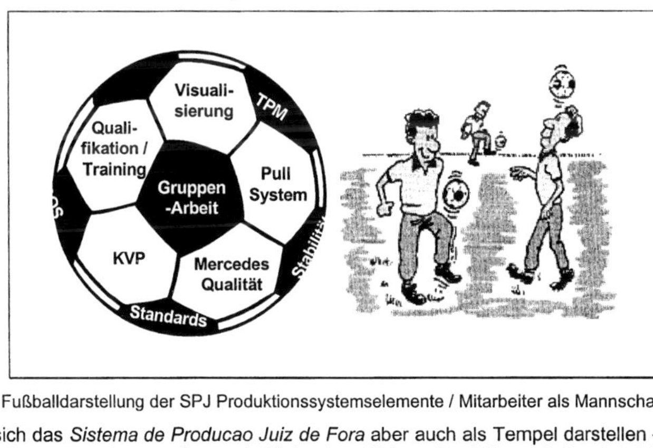

Bild 3.4.2.b: Fußballdarstellung der SPJ Produktionssystemselemente / Mitarbeiter als Mannschaftsmitglieder[100]

Genauso läßt sich das *Sistema de Producao Juiz de Fora* aber auch als Tempel darstellen – hier sind neben den 10 Hauptelementen ebenso die zwei ***Ziele*** des SPJ – ***Qualität*** und ***Produktivität*** – sowie die ***wichtigsten Methoden*** zur Umsetzung des Produktionssystems – Q-Stop, Zielvereinbarung, der Problemlösungsprozeß, Stationsgrenzen und das Stationsblatt dargestellt. Alle weiteren Methoden bzw. Instrumente (Subelemente) werden nicht visualisiert.

[100] Vgl. Faltblatt zu den wesentlichen Umfängen des SPJ

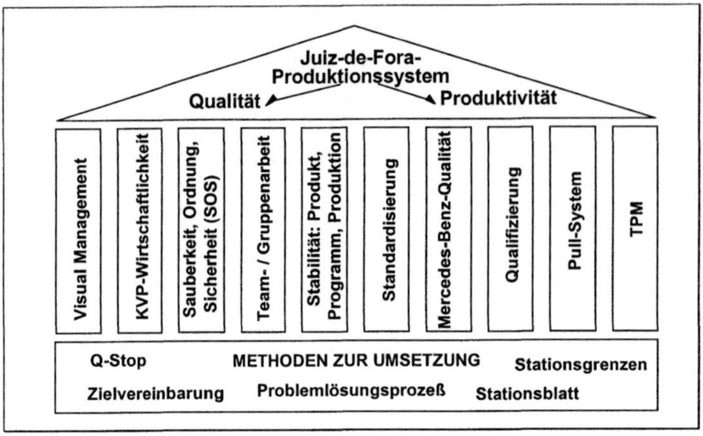

Bild 3.4.2.c: Tempeldarstellung des Sistema de Producao Juiz de Fora

3.4.2.1 Das Element Visual Management

Visual Management bedeutet, daß Information ständig aktuell für alle Mitarbeiter verständlich ist. Wichtig ist dabei, daß die Informationen einfach dargestellt und für jeden zugänglich sind. Die Informationsinhalte beziehen sich auf die ***vier Felder Arbeitsplatz***, ***Aktivitäten*** und Maßnahmen, ***Anlagen***, Einrichtung und Arbeitssicherheit sowie ***Problemerkennung*** und ***–lösung***.

Beispiele der Visualisierung finden sich auf Infowänden und Teamtafeln, in der Kennzeichnung des Hallenbodens in Materialzonen, Betriebsmittelablagen, Ausschußlagerfläche sowie von Gehwegen. Weitere Beispiele sind Andon-Board, Farbcodierung von Prozessen, ausgehängte Standardarbeitsblätter sowie die Arbeitsuniform, als verbindendes Mittel eines ‚Teams'.

3.4.2.2 Das Element Kontinuierlicher Verbesserungsprozeß

Bei der Einführung des KVP geht es darum den Mitarbeitern ***Problemlösungstechniken*** zu vermitteln, mit deren Hilfe sie eigenständig Verbesserungspotentiale identifizieren und einführen können – deren Ziel ist dabei die Steigerung von Produktivität und Qualität.

Ziele des KVP – Verbesserung von	***Maßnahmen der Zielereichung***
Produkt: Qualität, Kosten, Funktionalität, Material	Definition & Bekanntmachung von Kostenzielen und Leistungsvereinbarungen
Arbeitsmittel: Werkzeuge, Hilfemittel, Anlagen, Transporteinichtungen, Präventive und korrektive Instandhaltung	Training der Mitarbeiter in Problemlösungstechniken (5W)
Arbeitsumgebung: Ergonomie, Arbeitsgestaltung, Sicherheitseinrichtungen, Materialbereitstellung	Standardisierter Ablauf einer KVP-Maßnahme
Arbeitsabläufe: Steigerung der Effizienz, Personaleinsatz, Integration von Tätigkeiten, Aufgabenverteilung	Aufbau eines Verschwendungskataloges zum Festhalten von möglichen Einspar-Potentialen
Information & Kommunikation: Effizienter Informationsfluß, einfaches Dokumentationssystem	Erfolgskontrolle durch den Soll-Ist-Vergleich von Qualität, Kosten und Produktivitätsindikatoren
Motivation: Engagement der Mitarbeiter,	Kontinuierliche Überprüfung der Wirksamkeit von Maßnahmen

Tabelle 3.4.2.2.a: Ziele und Maßnahmen des KVP

3.4.2.3 Das Element Sauberkeit, Ordnung, Sicherheit (SOS)

Arbeitsplatzorganisation steht für die saubere, sichere, ergonomische und übersichtliche Anordnung des Arbeitsplatzes und der Werkzeuge. Die Ordnung am Arbeitsplatz erleichtert das Erkennen von Abweichungen und erleichtert das Einhalten von vereinbarten Standards.

Standardisierte Arbeitsabläufe sind wiederum die Voraussetzung für die systematische Verbesserung von Abläufen, da jeweils von einem bekannten Standard ausgehend inkremental der Prozeß verbessert werden kann.

Kernthemen	***Maßnahmen***	***Werkzeuge***
1. Ordnung	Aufbewahren von Arbeitsmitteln immer am designierten Platz um sie im Bedarfsfall schnell finden zu können	- Anzeigetafeln für Ort, Teile, Mengen - Markierungsaktion - Farbcode-Organisation
2. Organisation	Trennung zwischen prozeßseitig Notwendigem und Nichtnotwendigem und dessen Aussortierung	- Funktionelle Anordnung - Kennzeichnung / Beschriftung - Alle Werkzeuge, Betriebsmittel, welche notwendig sind werden markiert (Rote-Punkte Aktion)
3. Reinigung	Den Arbeitsplatz ständig sauber halten – Fokus auf Prävention und damit Reduzierung indirekte Reinigungskosten	- Reinigungsplan (Delegation an Gruppenmitglieder) - Checklisten / Bereichsaudit
4. Sauberkeit	Als Ergebnis der ersten drei Schritte – Sauberkeit damit durch Aufrechterhaltung von Ordnung, Organisation und Reinigung Beseitigung von Verunreinigungsquellen	- Checklisten - Kleidung
5. Disziplin	Verinnerlichen der Verhaltensweisen, um eingeführte Methoden zu erhalten Regelmäßige Kontrolle der Erfüllung durch Meister- / Gruppensprecher-Audit	- Kennzeichen, Checklisten, - Kleinthemen-Tafeln - Auditberichte, Wettbewerbe - Fotowände, Layouttafeln
6. Sicherheit	Sicherheit u.a. als Konsequenz aus der Arbeitsplatzorganisation Sofortige Meldung von Sicherheitsrisiken	- Sicherheitsunterweisung - Verwendung von Schutzmitteln - Anlernen auf Maschinen / Werkzeugen - Gesetzl. Sicherheitsauflagen

Tabelle 3.4.2.3.a: Vorgehensweise bei der Einführung von SOS[101]

3.4.2.4 Das Element Gruppenarbeit

Gruppenarbeit ist ein PS-Element, welches seinen Ursprung in Deutschland hat - das Toyota Production System führt Gruppenarbeit nicht explizit auf, da die japanische Gesellschaftsstruktur geschlossen auf dem Gruppenansatz basiert. ***Westliche Kulturen*** dagegen benötigen die ***besondere Betonung der Gruppenarbeit***, da das dortige Wertesystem auf Individualismus basiert und damit Gruppenarbeit weniger favorisiert.

Die Gruppenarbeit umfaßt neben der Strukturierung der Produktionsbelegschaft in Gruppen, ebenso Themen wie Aufgabenverteilung, Gruppenvertretung und Wahl des Gruppensprechers, regelmäßige Teamgespräche, Rotationsplan und Qualifizierungsmatrix, Autonomie der Arbeitsverteilung, Selbstorganisation und Zielvereinbarungen.

Die ***Teamzusammensetzung*** im Werk Juiz de Fora wurde auf ***8-12 Mitarbeiter*** inkl. ***1 Teamsprecher*** festgelegt. Letzterer wird von der Gruppe für eine Zeitdauer von 12 Monaten gewählt (bedarf der Zustimmung des Managements) und hat beschränkte disziplinarische Weisungsbefugnisse. Durch die zeitliche Beschränkung verliert der Teamsprecher nicht den Bezug zur Gruppe aus der Sicht eines Werkers und ist i.d.R. bestrebt ein kollegiales Verhältnis zu wahren. Obwohl er prinzipiell von direkten Tätigkeiten freigestellt

[101] Vgl. Arbeitsunterlage Projektteam A-Klasse zum Sistema de Producao Juiz de Fora

ist, so unterstützt er die Teammitglieder bei Montageproblemen sowie ermöglicht ihnen als ***Springer***[102] die Inanspruchnahme der persönlichen Verteilzeit. Innerhalb der Anlaufphase des Greenfield-Startups in Juiz de Fora wurden zusätzlich erfahrene Facharbeiter aus Deutschland eingesetzt, die in einer Doppelfunktion für Nacharbeiten und als Trainer eingesetzt wurden.

Aufgaben der Teamsmitglieder	***Aufgaben des Teamsprechers***
Direkte Aufgaben (Montage, Logistik) und indirekte Aufgaben (Reinigung, vorbeugende Instandhaltung)	Vertreter der Gruppe nach außen, Dokumentation Trainingstand der Mitarbeiter und eigentliches Training der Mitarbeiter
Umsetzung von Verbesserungen bezüglich Qualität, Produktivität und Arbeitssicherheit	Organisation und Durchführung der Gruppengespräche, Themenaufbereitung, Einladung von Spezialisten, Moderation
Rotations- und Urlaubsplanung	Unterstützer bei Montageproblemen / Bandstop
Abstimmung individuelles Trainungsprogramm mit dem Meister	Springerfunktion – kann alle Aufgaben innerhalb des Gruppenbereiches ausführen
Erfüllung Produktionsprogramm – wobei Qualität Priorität vor Stückzahlen hat	Informationsweitergabe von Unternehmenskennzahlen
Unterstützung der Logistik bei der Sicherstellung des Materialnachschubes	Aktualisieren von statistischen Prozeßkontrollen sowie Gruppentafel

Tabelle 3.4.1.2.a: Aufgaben von Teammitgliedern und Teamsprecher

Das ***Teamgespräch*** von ca. 30 Minuten findet wöchentlich statt. Das Teamgespräch dient u.a. als regelmäßiges Forum für die Diskussion von Problemen am Arbeitsplatz bzw. Verbesserungspotentialen. Bei Bedarf werden Experten aus Planungsbereichen, der Produktentwicklung oder Vertreter von Lieferanten eingeladen, um gemeinsam Maßnahmen zur Prozeßoptimierung festzulegen.

Die Einführung der Gruppenarbeit erfolgte in Juiz de Fora nach einem Ansatz in vier Schritten – das ***Konzept*** der Gruppenarbeit (beschrieben im Produktionssystem), das ***Training*** der Mitarbeiter (individuelles Qualifizierungsprogramm bis hin zu Rotation und Trainerqualifikation), die ***Stabilisierung*** der Prozesse (durch regelmäßiges Überprüfen im Rahmen der Teamaudits) und die ***Pflege*** der Gruppenarbeit (durch Zielvereinbarungen und deren Kontrolle).

3.4.2.5 Das Element Stabilität bei Produkt, Programm und Produktion

Stabile Prozesse sind Voraussetzung für Kontinuität und mittelfristige Verbesserung der Standards.

Produktstabilität bedeutet die Montage eines ausgereiften Fahrzeuges, welches nur zu definierten zyklischen Änderungszeitpunkten Neuumfänge zuläßt – sogenannte ‚***Änderungsjahre***'. Produktstabilität ist Voraussetzung für sinnvolle Nutzung der Standardarbeitsblätter und deren schrittweise Verbesserung im Sinne der Eliminierung von nicht-wertschöpfenden Umfängen.

Programmstabilität steht für die Ausrichtung eines Produktionsprogramms, welches Fahrzeuge niedriger, mittlerer und hoher Komplexität sinnvoll verteilt und damit die Werkerauslastung auf einem gleichmäßig hohen Niveau hält[103]. Kurzfristige Mehranforderungen oder Stückzahlausfälle seitens des Vertriebs führen oftmals zu Zielkonflikten, die das Management auf die Probe stellen, inwieweit es die Grundprinzipien des Produktionssystems unterstützt oder aus reiner Kostenorientierung den Programmänderungen nachgibt. Dies ist u.a. ein Grund, warum die Einführung von Standardarbeitsblättern in traditionellen westlichen Montagewerken nur bedingt Einzug hält. Das Nachgeben bei kurzfristigen Nachfrageänderungen läßt keine feste Taktzeit zu. Eine tagesspezifische Anpassung von Arbeitsverteilungen ist jedoch aufwendig und behindert Gruppenarbeit durch mangelnde Konsistenz bei der Gruppenzusammensetzung. Das Ziel ist die langfristige Beibehaltung einer festen Taktzeit und die Stückzahlanpassung über eine Variation der Arbeitszeit.

---

[102] Als Springer bezeichnet man Mitarbeiter, welche zur kurzfristigen Ablösung ihrer Kollegen häufig den Arbeitsplatz wechseln und daher über eine breite Qualifikation verfügen müssen.

[103] Vgl. dazu Kap. 3.1.2.5.1. Heijunka – Produktionsnivellierung

Produktionsstabilität erfordert ausgereifte Low-Tech Anlagentechnik sowie eine flexible, breit qualifizierte Instandhaltungsmannschaft. Bei gleichmäßig hoher Systemverfügbarkeit können Materialbestände kontinuierlich gesenkt werden.

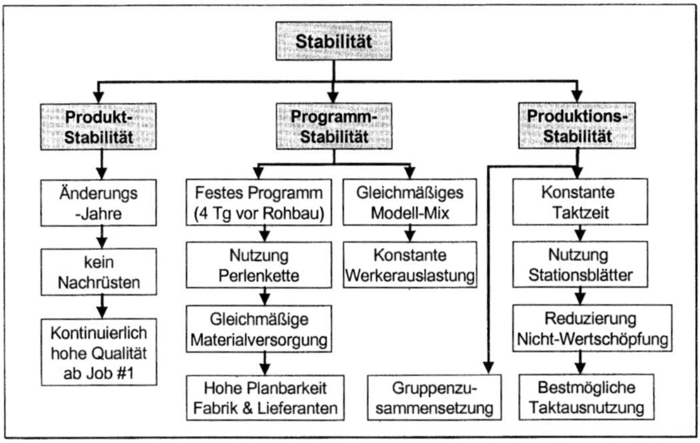

Bild 3.4.2.5.a: Wirkungskette des PS-Elementes *Stabilität*

Die ***Produktion mit einer langfristig konstanten Taktzeit*** bringt einige Besonderheiten, die in traditionell strukturierten Unternehmen häufig noch nicht üblich sind. Die Taktzeit wird nicht mehr täglich dem Krankenstand angepaßt sondern bleibt konstant. Dies erfordert u.a. Maßnahmen zur Senkung des Abwesenheitsquote (bzw. Erhaltung eines flexiblen Mitarbeiterpuffers). Durch den Einfluß von unregelmäßig auftretenden Störungen schwankt die Tagesstückzahl. Ein Aufholen von Fehlstückzahlen ist durch Überzeit oder ‚gute Tage' auszugleichen. Arbeitsende ist prinzipiell das Schichtende und nicht mehr die Erreichung der Tagesstückzahl. Damit wird u.a. auch die Problematik des Vorarbeitens gegen Schichtende entschärft.

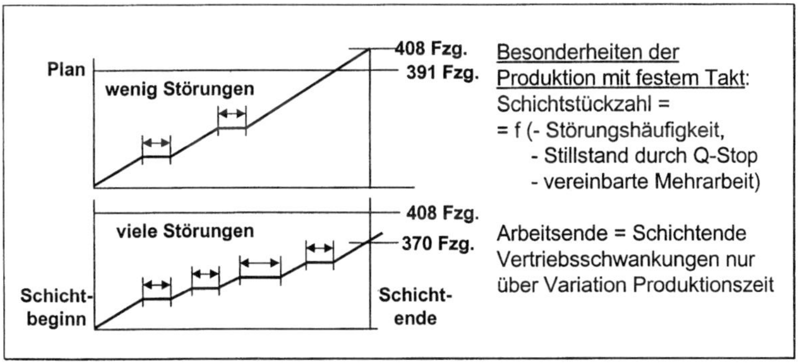

Bild 3.4.2.5.b: Einfluß von fester Taktzeit, Störungen und Arbeitszeit

3.4.2.6 Das Element Standardisierung

Auf Ausgestaltung, Inhalte, Verwendung sowie Aktualisierung der ***Standardarbeitsblätter*** (auch Stationsblätter genannt) soll hier nicht näher eingegangen werden.[104]

[104] Vgl. dazu Kap. 3.1.2.6: *Standardisierung*

3.4.2.7 Das Element Mercedes-Benz Qualität

„Qualität ist die ***Begeisterung*** der internen und externen Kunden über Produkt, Prozeß und Service, die so gut unsere Kundenwünsche erfüllen und übertreffen, daß wir in allen Aspekten als ***Premium-Anbieter*** anerkannt werden".[105] In Anlehnung an das PS-Element Quality im MBUSI-Produktionssystem[106], wird auch im SPJ die besondere Ausprägung als ***‚Mercedes-Benz'- Qualität*** hervorgehoben. Bereits in der Präambel des SPJ verschreibt sich das Projektteam dem Ziel "die A-Klasse so zu bauen, daß sie die Qualitätsbezeichnung "Made by Mercedes" zurecht trägt." Insbesondere aufgrund der erstmaligen Fertigung einer Luxusmarkenherstellern im Schwellenland Brasilien ist die ***hohe Außenwirkung*** zu berücksichtigen, die eine entsprechend hohe oder niedrige Produktqualität zur Folge haben würde. Bereits das *Rastatter Produktionssystem* weist ***Spitzenqualität als oberstes Ziel*** aus. „Der Kunde erwartet von Mercedes-Qualität, d.h. wir müssen die Besten in unserer Klasse sein. Wie gut wir wirklich sind, entscheiden unsere Kunden, ... ihnen ist Spitzenqualität das Wichtigste." [Rps96]. Die Qualitätsverantwortung erstreckt sich dabei nicht nur auf den Endkunden, den Fahrzeugkäufer, sondern ebenso auf den internen Kunden, d.h. den jeweils folgenden Prozeßeigner. „Jeder verpflichtet sich seine Arbeit fehlerfrei abzuliefern". Die im Werk Juiz de Fora eingesetzten Maßnahmen zur Qualitätssicherung stellen, wie auch das SPJ im Ganzes, eine Mischung aus Subelementen der Produktionssysteme Toyotas, MBUSIs, sowie aus Rastatt dar.

Qualitätsmaßnahme	***Beschreibung / Ausprägung***
QS-Anforderungen Markt Brasilien	Initial die Übernahme der Maßstäbe aus Europa (Werk Rastatt) – später dann die jeweilige Beachtung von lokalen Zusatzanforderungen
Werkerselbstprüfung	Werker ist für 100% Fehlerfreiheit seiner Arbeit verantwortlich – er prüft eigenständig und leitet Korrekturmaßnahmen ein (Q-Stop)
Qualität der Kaufteile	Die Zulieferer verpflichten sich zur Lieferung fehlerfreier Teile – eine Wareneingangskontrolle entfällt, durch System- und Prozeßaudits werden die Produktionsabläufe beim Zulieferer validiert
Progressive Bemusterung	Im *Production Parts Approval Process* (PPAP) führt die QS beim Zulieferer bereits ab dem Teileentwicklungsstadium in regelmäßigen Abständen Überprüfungen der Fortschritte zu Entwicklungsstand, Qualitätsniveau, Prozeßfähigkeit, Dokumentation etc. durch.
Qualitätsanforderungen	Festlegen von Standardanforderungen (gut-schlecht) für jeden Prozeß
6M Mensch - Maschine - Material - Methode - Mitwelt - Measurement	- Trainierte Mitarbeiter - Fähige Maschinen (Low Tech, Verfügbarkeit) - Geometrisch und materialseitig korrekte Teile - Arbeitsmethoden optimiert nach Qualitätsanforderungen sowie richtige & vollständige Arbeitsanweisungen (Robuste Prozesse) - Ergonomische, saubere und sichere Arbeitsplatzgestaltung - Fähige und kalibrierte Meßmittel
Schulung / Qualifizierung	Selbstverständnis (Jeder Mitarbeiter weiß, was er machen soll, wie, wann und warum) und sichere Anwendung Problemlösungstechniken
Fahrzeug Audit	Tägliche Auditierung von Produktionsfahrzeugen und Rückmeldung an die entsprechenden Produktionsbereiche sowie Auditierung von Wettbewerbsfahrzeugen zur Schaffung einer Vergleichsbasis
Interne Kommunikation	Schnelles Feedback, Statische Prozeßkontrolle, Q-Indikatoren, Verbreitung über Andon-Board, Problembearbeitungssystem PBS
Production Try-Out	Produktionsblöcke in der Vorserie zur Erkennung von Montageproblemen, Weitergabe an Entwicklung und Lieferanten zur Behebung
Bereichs-Produkt-Audit BPA	Überprüfung eines Fahrzeuges am Ende eines Produktionsbereich, z.B. Montagelinie Inneneinbau – Bewertung in Gesamtfehler / 100 Fahrzeuge, Prüfungen: Baumuster-Code, Spaltmaße, Sicherheitsumfänge, im späteren APA nicht mehr meßbare / zugängliche Umfänge
Auslieferungs-Produkt-Audit APA	Komplett montiertes Fahrzeug, Basis internationaler MB-Standards – Fehler in der Wahrscheinlichkeit der Fehlererkennung durch den Kunden.

Tabelle 3.4.2.7.a: Maßnahmen der Qualitätssicherung im Werk Juiz de Fora[107]

[105] Vgl. Arbeitsunterlage Projektteam A-Klasse: ebenda

[106] Vgl. Kap. 3.2.2.4 *Quality – Star-Quality-Built-in*

[107] Vgl. Arbeitsunterlage Projektteam A-Klasse: ebenda

Insbesondere in der Anlaufphase eines neues Produktes ist die systematische Erfassung und Bearbeitung von Montage- und Teileproblemen sehr wichtig, um die sogenannten Produktions-Try-Outs mit dem Ziel einer vollständigen Beseitigung dieser Probleme ab der Hauptserie sinnvoll zu nutzen. Juiz de Fora nutzt ein Problembearbeitungssystem PBS, in dem auf Formblättern die festgestellten Probleme dokumentiert sind, unter Hinweis auf die vermutliche Problemursache, den verantwortlichen Bereich, Sofortmaßnahmen, etc.

ProblemBearbeitungsSystem (PBS)

Nr: *QV08QS0210* **Datum:** *12.03.94*	**Problembezeichnung:** (Was, Wo, Wie?) ***- Gerippe Tür zu Fensterrahmen rissig***	
PKB erstellt durch: Name: Bereich: Telefon:	**Problemverantwortlicher/Pate** 1. Lösungsschleife: 2. Lösungsschleife:	**Teilnahme:** ***Vordertür li/re*** Teil-Nr.: ***90714949/90224 801*** Farbgeb.: Farbneutr.:
1. Problembeschreibung: (Modell, Typ, Was, Wo, Wie oft) ***Am Übergang vom Fensterrahmen zu Türgerippe entstehen an der Schweißnaht Risse***		**2. Skizze/Zeichnung**
2. Vermutliche Ursache: (Mensch, Maschine, Material, Methode) ***- Schweißnaht zu schwach.*** ***- Material wird durch Schleifoperation zu dünn und reißt.***		
4. Sofortmaßnahmen (Was wird getan, um Problem sofort zu beseitigen?) ***- Gerissene Türen zur Nacharbeit aussortieren. Schleifoperation mit feinerer Schleifkörnung ausführen*** ***- Naht nicht vollständig abschleifen. Methode ändern. 10 Türen pro Stunde kontrollieren.*** (Genehmigung einholen, tatsächlichen Einsatz festhalten, Abstimmen der Maßnahmen mit nachfolgenden Bereichen)		

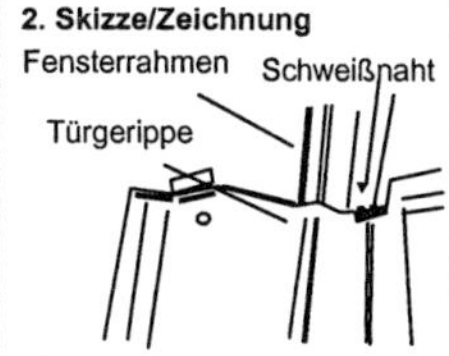

Bild 3.4.2.7.b: Problembearbeitungsystem PBS[108]

Im Gegensatz zur früheren Vorserienfertigung, die bei geringerer Taktzeit Vorserienfahrzeuge auf einer Pilotlinie montierte, wird heute in der Automobilindustrie üblicherweise das Prinzip der ***Production Try-Outs***[109] angewendet. Dazu werden in den letzten 6-9 Monaten vor Beginn der Hauptserie feste Zeiträume von ca. 2-3 Wochen eingeplant, in denen pro Tag ca. 1-3 Fahrzeuge montiert werden. Auftretende Montageprobleme werden auf ihre Ursache hin analysiert, systematisch dokumentiert und an die entsprechende Entwicklungsbereiche und Lieferanten mit dem Auftrag der Problembehebung (neue Konstruktion, Werkzeugänderung) rückgemeldet.

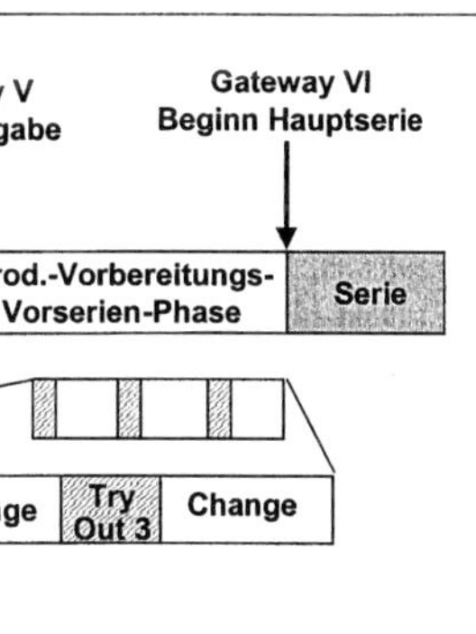

Bild 3.4.2.7.c: Production Try-Out Konzept

[108] Vgl. Arbeitsunterlage Projektteam A-Klasse: ebenda

[109] Vgl. Kapitel 1.7 Trends in der Automobilproduktion und ihre Relation zu Produktionssystemen

Die Production Try Outs werden im Abstand von jeweils 1 Monat durchgeführt – der Zeitraum ist notwendig um entsprechende Verbesserungsmaßnahmen durchführen zu können und das Ergebnis bereits in den nächsten Try-Out einfließen zu lassen. Die Produktion kann in diesen Produktionspausen Standardarbeitsblätter überarbeiten, Grundmontageabläufe trainieren (bei Greenfields) oder den 5S Prozeß der Arbeitsplatzorganisation vorantreiben.

3.4.2.8 Das Element Qualifizierung

Das Qualifizierungsprogramm wurde in Juiz de Fora in Kooperation mit dem staatlichem Bildungsinstitut SENAI durchgeführt. Neben der Mitarbeitervorauswahl, wurden mit Unterstützung durch SENAI ***Basisqualifikationen*** zu Werkstatt- und Montagetätigkeiten sowie ***Produktqualifikationen*** vermittelt. Weitere Schulungsumfänge waren die Vermittlung der Grundelemente des ***Sistema de Producao*** als auch Grundsätze der ***Teamarbeit*** sowie ***Problemlösungstechniken*** um die Mitarbeiter zu eigenständigen Verbesserungsmaßnahmen befähigen zu können. In Anlehnung an die Mitarbeiterschulung in Tuscaloosa wurden die Mitarbeiter fachlich geschult durch Facharbeiter / ***Trainer*** aus Deutschland. Das Training-on-the-Job hatte zum Ziel die Mitarbeiter in systematisch dokumentierten Trainingsrunden über das Hilfsmittel Rotation mit den Arbeitsaufgaben in ihrem Team breit vertraut zu machen.

Im Sinne der ***Weiterentwicklung*** wurden aus der Gruppe der Produktionsmitarbeiter ca. 40 *Lider de Area* (Meister) gewählt sowie ca. 200 *Porta Voz* (Gruppensprecher) – diese Mitarbeiter erhielten weitere Schulung zu Sozialkompetenz, Führungsstil, Moderationsfähigkeit, Motivation / Konfliktlösungstechniken sowie Mitarbeiter-Coaching.

Stufen der Mitarbeiter-Entwicklung	***Maßnahmen***
Stufe I: Vorauswahl potentieller Mitarbeiter durch SENAI	1. Auswahl für Basisschulung 2. Empfehlung von Mitarbeitern für Stufe II
Stufe II: Auswahl der Mitarbeiter durch Mercedes-Benz	3. Gruppendynamik unter Beobachtung des Personalbereichs 4. Einzelgespräche in den Fachbereichen
Mitarbeiter-Bewertungskriterien	- ***Teamarbeitsfähigkeit*** (Dynamik, Emotionale Ausgewogenheit, Flexibilität, Integrationsfähigkeit) - ***Problemlösungsfähigkeit*** (Analytisches Denken, Organisation & Planung, Ideen & Ausdruck) - ***Innovationsfähigkeit*** (Kreativität, Initiative, schnelle Auffassungsgabe)
Einstellung	
Stufe III: Training	5. Fachliches Training bezogen auf Arbeitsinhalte
Stufe IV: Beförderung zum Gruppensprecher oder Meister	6. Potentialeinschätzung durch Vorgesetzte 7. Beurteilung der bisherigen Arbeitsdurchführung

Tabelle 3.4.2.8.a: Standardisierte Mitarbeiterentwicklung

Die Grundlagen des *Sistema de Producao Juiz de Fora* (SPJ) sowie die entsprechende Überzeugung zu den Vorteilen des Produktionssystems und Motivation zur Umsetzung seiner Elemente wurden in einer ***Kaskadenschulung*** vermittelt.

3.4.2.9 Das Element Pull System

Interne und externe Materialflußprozesse, z.B. zu den Zulieferern, wurden in Juiz de Fora konsequent in ***bedarfsorientierten Belieferungsformen*** (Just-in-Time / Just-in-Sequence) umgesetzt.

Für die internen Materialflüsse unter Einbeziehung der Zulieferer im angeschlossenen Industriepark wurden ***Kanbansysteme*** eingesetzt. Die Materialbereitstellung erfolgt nach dem 2-Behälter-Prinzip, alle Ladungsträger werden gemeinsam mit Produktion, Planung und Lieferanten abgestimmt. Wo immer möglich werden von den Zulieferern vorkommissionierte ***Kits***[110] Just-in-Sequence zur Produktionsreihenfolge angeliefert. Großvolumige oder schwere Teile werden auf ***Rollpaletten*** direkt an das Montageband gefahren.

---

[110] Bei den Kits handelt es sich um eine Fahrzeugspezifische Zusammenstellung von artverwandten Teilen eines Verbauabschnitten, z.B. Gurte, Montageelemente und Innenverkleidungen über Gurten

Ziel ist die Aufrechterhaltung, ggf. weitere Reduzierung, eines standardisierten Materialbestandes entlang der Montagelinien. Um mit geringsten Materialbeständen am Rande der Verfügbarkeit operieren zu können, sind besondere Maßnahmen erforderlich.

Besondere Anforderungen	***Maßnahmen***
Fehlmengen in Grenzsituationen	Beschreibung von Schnittstellen für gesamte logistische Prozeßkette
Gefahr der Unterbrechung der Materialversorgung, Produktionsstop	Integration von Logistik und Produktion[111] – ein Teilbereich der Logistik arbeitet mit dem Einkauf am externen Logistikkreislauf Zulieferer-Werk. Ein zweiter Logistikbereich arbeitet gemeinsam mit der Produktion an der internen Bereitstellung.
Lieferanten- / Transportausfall	Beschreibung von Notfallstrategien
Fehlteile / Montagefehler durch Ausschuß	Konsequente Aussonderung von identifizierten Ausschußteilen, Rücklieferung an Lieferant, Materialausgleich durch Logistik
Nichtbeachtung Kanbanprinzipien	Kontinuierliches Training der Prozesse & Notfallstrategien
Fehlteile-Situation	Arbeiten nach 2-Behälter-Prinzip (aus Behälter 1 wird entnommen – Behälter 2 ist Reserve
Material falsch angeliefert	Nach dem Prinzip der Arbeitsplatzorganisation hat jeder Ladungsträger einen exakten Lagerort – gekennzeichnet durch Klebestreifen und Teilenummer-Angabe.
Kriterien der Erfolgskontrolle	- Vergleich der Materialbestände (Standard Teile-Anzahl) - Anzahl unvollständiger Fahrzeuge im APA - Anzahl Bandstops wegen Fehlteile - Anzahl Sonderfahrten der Logistik an Verbraucherort - Auditergebnisse Behälterstimmigkeit / Kennzeichnung - Auditergebnisse ‚First-in / First-out'

Tabelle 3.4.2.9.a: Maßnahmen des Betriebs an der Verfügbarkeitsgrenze

3.4.2.10 Das Element Totale Produktive Instandhaltung (TPM)

„TPM ist ein Instandhaltungssystem zur kontinuierlichen Verbesserung der Anlageneffektivität unter aktiver Beteiligung der Mitarbeiter."[112] Das Element TPM im Werk Juiz de Fora besteht aus ***3 Regelkreisen***, welche die Zusammenarbeit zwischen zentraler Instandhaltung / technischer Systembetreuung, Center-Instandhaltung und produktiver Instandhaltung, also dem Produktionsmitarbeiter beschreiben. Entsprechend diesen Regelkreisen erfolgt ebenso die Qualifizierung der Mitarbeiter in Bezug auf Anlagenwartung und Delegation von Wartungs- und Instandhaltungsumfängen. Regelkreis 1 ist die ***produktive Instandhaltung***, welche in die Umfänge ***Bedienen*** (Handhabung von Anlage, Bedienpult) und ***Betreiben*** (Anlagenschulung, Beseitigung Kleinstörungen, Reinigung, Wartung, Kontrolle) unterschieden werden kann – der Fokus liegt hier auf der ***Früherkennung*** von Maschinenschäden.

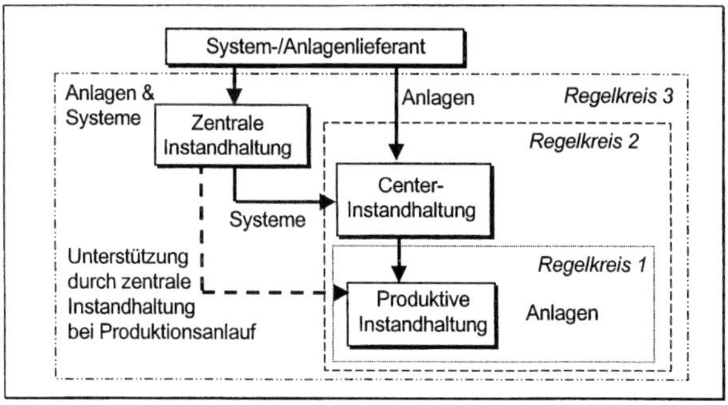

Bild 3.4.2.10.a: Die 3 Regelkreise der vorbeugenden Instandhaltung

[111] Vgl. Kapitel 3.2.2.6 Pull System – Logistics & Conveyance

[112] Vgl. Arbeitsunterlage Projektteam A-Klasse: ebenda

Eigentliche Wartungs- bzw. Reparaturmaßnahmen werden im Regelkreis 2 durch die ***Center-Instandhaltung*** abgeleistet, sie ist im Produktionsbereich untergebracht und daher bei Störungen ein schneller Ansprechpartner bzw. Unterstützer. Sie schult aber auch die Produktionsmitarbeiter in einfachen Wartungen und Störungsbehebungen.

Regelkreis 3 ist die ***Zentrale Instandhaltung***, die werksweit für die Anlagenplanung, Projektierung mit Systemlieferanten, die Inbetriebnahme, Standardisierung des Ersatzteilwesens und Dokumentationsverwaltung verantwortlich ist. Sie stellt ebenso Spezialisten bei komplexen technischen Sachverhalten, wie Maschinensteuerung und Programmierung.

Die Ziele der TPM sind ***Null-Anlagenstillstand, Null-Unfälle*** und ***Null-Fehler*** am Produkt.

Anforderungen an TPM	***Maßnahmen***
Null Anlagenstillstand	- Unterweisung der Mitarbeiter in ordnungsgemäßer Maschinenbedienung - Vermeidung fehlendes Material / Hilfsstoffe - Statistische Prozeßkontrolle durch tägliche Kennwerteaufnahme, z.B. Volumendurchsatz Kleber am Scheiben-Kleberoboter - Reinigung als integraler Bestandteil der täglichen Arbeit - Visualisieren von Anlagenverfügbarkeitskennzahlen - Systematische Dokumentation von Störungen & Ursachen - Reinigungs-, Kontroll- und Wartungspläne an Maschine aushängen, Verantwortliche datieren und abzeichnen lassen
Null Unfälle	- Maschinenbedienung trainieren - Gefahrenbereiche / Schutzkleidung / Anlagensicherung ausweisen
Null Fehler am Produkt	- Sicherstellen einer hohen Betriebssicherheit - Parameterkontrolle am Fahrzeug (z.B. Trends bei Rohbautoleranzen) - Rückschlüsse aus Bereichs- und Auslieferungs-Produkt-Audit auf Einflüße der Anlagen

Tabelle 3.4.2.10.b: Maßnahmen der Vorbeugenden Instandhaltung

3.4.3 Zusammenfassung

Das Sistema de Producao in Juiz de Fora entstand in Anlehnung an bereits existierende Produktionssysteme im DaimlerChrysler Konzern. Hohe Beeinflussung ist durch das toyotistisch geprägte MBUSI-PS und dem Rastatter Produktionssystem, welches eher deutsche Züge der Arbeitspolitik trägt, feststellbar. Im Vergleich zu den beiden Ursprüngen sind zusätzlich die Elemente Gruppenarbeit und Stabilität bei Produkt, Programm und Produktion hinzugekommen.

Die Einführung des SPJ ist gekennzeichnet durch einen hohen Grad an konzeptioneller Betreuung und hohem Trainingseinsatz begleitend zu den Produktschulungen und der Vermittlung von Basiskenntnissen der Montagetechnik. Ähnlich der Ausgangssituation in Tuscaloosa wurden die Prinzipien und Methoden des SPJ von der industriell unbedarften Mitarbeiterschaft positiv aufgenommen. Die gute Aufbereitung der Materialien und Schulungsprogramme leistete, mehr noch als in dem englischsprachigen Tuscaloosa, einen nicht unerheblichen Mehrwert bei der Bewältigung von anfänglichen Sprachbarrieren.

Unterstützend wirkte sich bei der SPJ-Einführung die mangelnde Marktnachfrage nach dem Produkt A-Klasse in Brasilien aus. Die Produktionsleitung stand daher nicht unter dem Druck eines steilen Anlaufs und konnte entsprechend mehr Kapazitäten für die Schulung der Mitarbeiter, u.a. in der Beachtung der PS-Prinzipien, einsetzen.

Das SPJ läßt nach jetzigem Beobachtungsstand vermuten, daß der zusätzliche Einfluß deutscher Elemente der Arbeitspolitik keinen negativen Einfluß auf die Effizienz haben wird. Ein wirklicher Beweis kann jedoch erst mit dem Betreiben des Werkes unter Vollauslastung angetreten werden.

3.5 PROSYS – Mercedes-Benz Produktionssystem

„Das Mercedes-Benz Produktionssystem ist die verbindliche Anleitung zum Autobauen. Es beschreibt die Dinge, wie sie zu tun sind" [Dai98]. Das MPS stellte Anfang 1998, also im Vorfeld der DaimlerChrysler Fusion, den Versuch dar, aus der Summe der Erfahrungen innerhalb der Daimler-Benz AG eine einheitliche Form der Produktionsorganisation zu definieren. Einflußreiche Beispiele waren hier die neuen Produktionsstandorte Rastatt (A-Klasse), Tuscaloosa, USA (M-Klasse) und Juiz de Fora, Brasilien (A-Klasse Südamerika), welche erste Derivate des TPS als Grundlage ihrer Produktionsorganisation gebildet hatten.

3.5.1 Projektbeschreibung, Einflußgrößen

Im Rahmen der Einführung von Produktionssystemen an verschiedenen neu gegründeten Produktionsstandorten und der Tatsache, daß trotz aller Bemühungen noch nicht die Nr.1 Position beim J.D. Power Award[113] erreicht wurde, entschloß sich 1997 die damalige Daimler-Benz AG unter dem Projektnamen PROSYS eine einheitliche Beschreibung eines Produktionssystem-Rahmens zu definieren.

Im Verlauf von mehreren Arbeitsgesprächen, an denen aus jedem Produktionswerk jeweils einen Vertreter teilnahm, wurde aus den unterschiedlichen Produktionssystemen ein ***Gesamtrahmen*** geschaffen, welcher für alle Werke als Orientierungsbasis bei der Einführung eines Produktionssystems dienen sollte. Die Erarbeitung eines konzernweiten Produktionssystem-Rahmens erfolgte in einem zweistufigen Verfahren:

A) Im ersten Schritt wurden die bekannten Methoden und Instrumente der einschlägigen Produktionssysteme gesammelt und den identifizierten Handlungsfeldern der Produktion zugeordnet. Diese 11 Handlungsfelder sind repräsentiert durch die im nachhinein beschriebenen Hauptelemente ‚Qualität' bis ‚Umweltschutz'. Es ergab sich ein traditionelles Produktionssystem.

B) Im zweiten Schritt wurden die Methoden und Instrumente den Leitbildzielen des Daimler-Benz Konzerns zugeordnet. Hiermit war sichergestellt, daß durch die Definition eines Produktionssystems alle Leitbildziele unterstützt bzw. Zielkonflikte vermieden wurden. ***Die 7 Leitbildziele des Konzerns*** waren bei der Definition des MPS[114]: Kundenorientierung, Wirtschaftlichkeit, Qualität, Innovation, offene Unternehmenskultur, Einbeziehen der Partner sowie Umweltschutz.

Das Mercedes-Benz Produktionssystem (MPS) ist ein ***technisch-organisatorisches Regelwerk*** für die Produktion von Mercedes-Benz Pkw. Einbezogen ist das direkte Umfeld der Produktion, wie Qualitätssicherung, Logistik, Produktionsplanung, Instandhaltung und Management. Im MPS sind die seit langem bekannten und erfolgreich angewandten Produktionsmethoden innerhalb des Daimler-Benz Konzerns zusammengetragen worden. Im Unterschied zu Produktionssystemen anderer Automobilhersteller werden im MPS teilweise ***andere Schwerpunkte*** gesetzt. Beispielsweise steht nicht nur die Vermeidung von Verschwendung im Vordergrund sondern ebenso die Bedeutung der Gruppenarbeit.

Das MPS unterstützt im Rahmen seines ***Teamkonzeptes*** den ***qualifizierten Facharbeiter***, der für das Unternehmen am Standort Deutschland an vielen Positionen in der Produktion unabdingbar notwendig ist. Es leitet aber ebenso zu einer verstärkten Standardisierung über, wo sie für Qualität und Wirtschaftlichkeit Vorteile bringt.

Das MPS läßt sich als der ***‚gemeinsame Nenner' aller standortbezogenen Produktionssysteme*** des Unternehmens bezeichnen. Die beschriebenen Methoden sind in allen Produktionsstandorten verbindlich als sogenannte ‚Muß-Methoden' anzuwenden. An Standorten, an denen bereits ein Produktionssystem besteht, besitzt dieses Vorrang vor dem MPS. Als Eingangsinformationen flossen Elemente aus dem TPS, den Werken Tuscaloosa mit dem MBUSI-PS (USA), Rastatt mit dem Rastatter Produktionssystem (RPS) sowie Elementen aus den vorangegangenen Aktivitäten der PROSYS-Arbeitsgruppe ein, wie sie bereits Einzug in einzelne innerdeutsche Werke gefunden hatten.

---

[113] Der ***J.D.Power Award*** stellt eine international anerkannte Auszeichnung des Qualitätsstandards bei Personenkraftwagen dar. Er wird jährlich in den USA durch die Befragung von Käufern nach den ersten 100 Tagen des Fahrzeugerwerbs unabhängig durchgeführt. Das Ranking der Fahrzeuge erfolgt nach der Anzahl der genannten Beanstandungen von Kunden, wobei nicht nach der Bedeutung des Problems differenziert wird.

[114] Mittlerweile haben sich durch die Fusion mit der Chrysler Coorporation neue gemeinschaftliche Leitbilder ergeben.

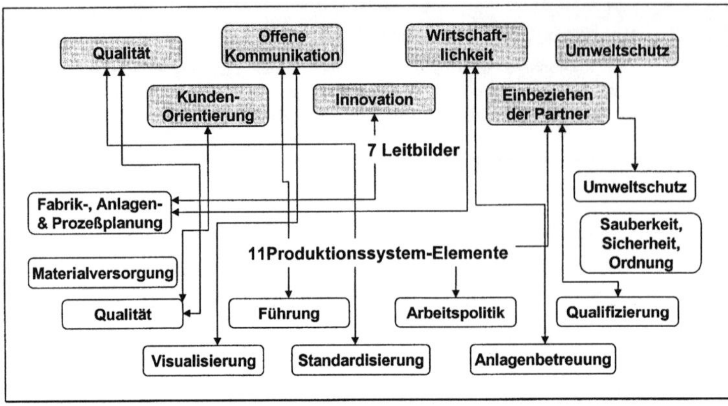

Bild 3.5.1.a Die Zuordnung der 11 Produktionssystemelemente zu den 7 Leitbildzielen

Durch den Merger mit Chrysler wurde das ausgearbeitete MPS nie vollständig zur Einführung gebracht. Seine Elemente sind jedoch als 'deutscher' Anteil in die Definition des DaimlerChrsyler Produktionssystems eingeflossen

3.5.2 Hauptelemente und Ausprägungen

Das MPS umfaßt 11 Hauptelemente, welche sich wiederum in ca. 70 Unterelemente aufteilen. Neben den bereits in vorherigen Kapiteln beschriebenen Elementen, werden zusätzlich MPS-spezifische Elemente wie z.B. Führung, Arbeitspolitik, Fabrik-, Anlagen- und Prozeßplanung sowie Umweltschutz vorgestellt. In folgenden Kapiteln liegt der Fokus auf der Erläuterung von Elementen, welche noch nicht in vorherigen Kapiteln beschrieben wurden. Sie spiegelt deutlich die deutschen bzw. westeuropäischen Standortspezifika wieder.

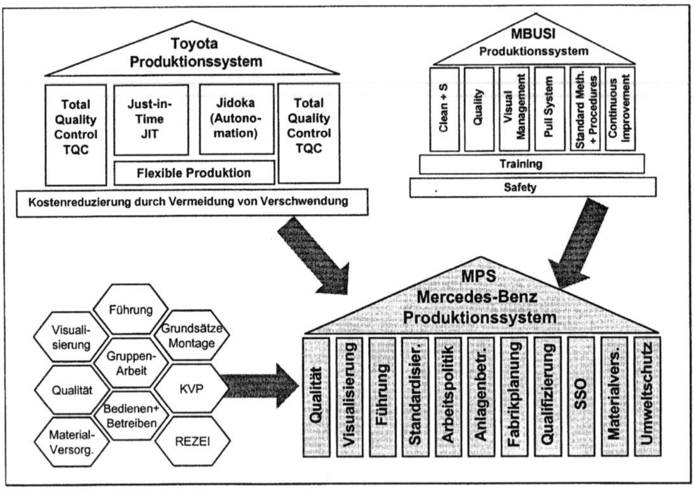

Bild 3.5.2.a: Die 11 Hauptelemente des Mercedes-Benz Produktionssystems

3.5.2.1 Das Element Qualität

„Zur Sicherstellung unserer Premiumqualität, die sich an Kunden und Wettbewerbern orientiert, installieren Führungskräfte und Mitarbeiter stabile Prozesse, die wir konsequent anwenden und voll beherrschen"[Dai97]. Das Element Qualität teilt sich in ***13 Unterelemente*** auf. Es sind dies im einzelnen:

Premiumabsicherung: Um seinen Premiumanspruch im oberen Preissegment wahren zu können, ist es für ein Unternehmen wie die Daimler-Benz AG extrem wichtig, im Sinne der Kundenorientierung und im direkten Vergleich zur Konkurrenz überdurchschnittlich hohe Qualitätsanforderungen zu erfüllen. Meßgrößen für die Erreichung sind Einstufungen in internationalen Fahrzeugaudits sowie Nacharbeitskosten.

FMEA: Bei der Fehlermöglichkeits- und Einflußanalyse handelt es sich um Untersuchungen von Entwicklungs-, Fertigungs- und Montageprozessen. Im Sinne der präventiven Fehlervermeidung werden alle potentiellen Probleme identifiziert und Gegenmaßnahmen implementiert. Man spricht in diesem Zusammenhang auch davon den Produktionsprozeß ‚robust' zu gestalten.

Qualitätsvereinbarungen: Im Gegensatz zur ‚Zero-Defects' (Nullfehler-) Anforderung im TPS, werden mit internen und externen Lieferanten Zielvereinbarungen zur tolerierten Fehlerzahl getroffen. Diese Werte unterliegen jedoch eine permanenten Kontrolle und werden jährlich im Sinne des KVP verschärft. In wöchentlich stattfindenden Qualitätsbereichsgesprächen werden Probleme, potentielle Lösungen sowie verantwortliche Kümmerer diskutiert.

Qualitätsermittlung: Qualitätsergebnisse und –Probleme werden regelmäßig in standardisierten Verfahren dokumentiert, kommuniziert (Lieferanten, Produktionsbereiche) und im Rahmen der statistischen Prozeßsteuerung visualisiert. Zusätzlich wird bei (noch) nicht stabilen Prozessen eine Qualitätsregelkarte (QRK) eingesetzt, die durch die regelmäßige Erfassung von Qualitätskennwerten eine statistische Aussage zu Toleranzen bzw. Trends erlaubt.

Teilekennzeichnung: Verwechselbare Teile werden eindeutig durch Beschriftungen oder Farbcodierungen gekennzeichnet. Nichtkonforme Teile mit Qualitätsproblemen werden deutlich sichtbar auf einer speziell ausgewiesenen Fläche bis zur Klärung der Problemursache und / oder Abholung durch den Lieferanten zwischengelagert.

Poka Yoke (Maßnahmen zur Fehlervermeidung): Im Rahmen der KVP-Aktivitäten wird regelmäßig untersucht, ob durch den Einsatz von einfachen mechanischen Vorrichtungen die Fehlbeschickung von Fertigungseinrichtungen bzw. fehlerhafte Montage von Teilen vermieden werden kann.

Vermeidung zentraler Nacharbeit: Die Fehlerkorrektur wird in wachsendem Maße aus den zentralen Nacharbeitsbereichen wieder in die Montagelinien zurückgeführt. Ausgenommen davon sind Nacharbeiten aufgrund von Funktionsprüfungen (Rollenprüfstand oder Elektrische Systeme). Um die Fehlerursache in der Montagelinie zu beheben, bedarf es eines Qualitätsstopps.

Qualitätsstopp: Möglichkeit zum Anhalten der Linie bzw. zur Anforderung von Unterstützung. Voraussetzung ist die Akzeptanz von überdurchschnittlichen Produktivitätsverlusten zu Beginn des Fahrzeugneuanlaufs durch die Produktionsleitung.[115]

Feste Taktzeiten: Wurden früher bei kurzfristigen Produktionsprogrammänderungen oder hoher Mitarbeiterfehlstand in nahezu täglichem Rhythmus die Bandgeschwindigkeiten geändert, so sollen künftig feste, längerfristig vereinbarte Taktzeiten die Basis für standardisierte Montageprozesse bilden. Damit wird ebenso die Konsistenz der Gruppenzusammenstellung erreicht und wahre, selbst-organisierte Gruppenarbeit erst möglich.

Weitergabe von IO-Teilen: Im Sinne des internen Kunden-Lieferanten Prinzips dürfen nur fehlerfrei gefertigte oder montierte Teile an die nächste Station weitergegeben werden. Bedingung ist hierfür die Einführung des oben genannten Bandstopps, um die Fehlerbehebung innerhalb einer Arbeitsstation zu ermöglichen. Die Mitarbeiter sind also per ***Eigenkontrolle*** für die ordnungsgemäße Durchführung der Arbeit verantwortlich. Eigenkontrolle ist jedoch fehlerbehaftet, da das eigene Arbeitsverhalten nicht die Erkennung von eigenen Fehlern begünstigt.

Als Alternative empfiehlt sich hier die ***Folge- oder Fremdkontrolle*** nach dem "Durch andere Augen-Prinzip", d.h. die nachgelagerte Arbeitsstation prüft die Arbeit des Vorgängers – durch die Nähe ist direktes zügiges Feedback möglich. Weiterhin läßt sich in ***objektive Kontrolle*** (z.B. durch Formschlüssigkeit, Poka-Yoke) und ***subjektive Kontrolle*** (visuell durch Mitarbeiter) unterscheiden. Folgekontrolle sollte überall dort eingesetzt werden, wo objektive Kontrolle (noch) nicht realisierbar ist [Hes98].

---

[115] Vgl. Kapitel 3.1.2.3.1 *‚Fixed Position Stop'*

Qualitätsmanagement-System (QM): Die Prozesse der Qualitätssicherung müssen dokumentiert sein und sich einem regelmäßigen Systemaudit bzw. einer Zertifizierung unterziehen.

Quality Gates: Im Verlauf der Produktentwicklung wird bei der DaimlerChrysler AG in verstärktem Maße die Quality Gates (QG) Philosophie angewandt. QG sind vereinbarte Standards des Produktentstehungsprozesses und müssen verbindlich eingehalten werden. Entlang der Zeitachse des Produktprojektes stellen sie Meilensteine dar, zu denen alle Projektbeteiligten spezifische im Vorfeld definierte Aufgabenumfänge abgeleistet haben müssen. Ein Durchschreiten eines Quality Gate kann nur unter der Voraussetzung des Abschlusses aller bis zu diesem Termin definierten Arbeiten und nur für alle Teilnehmer gemeinsam erfolgen. Bei Nicht-Einhaltung bzw. Verzögerungen sind entsprechende Entscheidungen auf Vorstandsebene einzuholen.

Eigenverantwortung: Der Mitarbeiter ist persönlich für die Prozeß- und Produktqualität verantwortlich. Im Rahmen der Werkerselbstprüfung ist die Prüfung seiner Arbeitsumfänge fester Bestandteil seiner Aufgabe. Die Mitarbeiter sind aufgefordert bei auftretenden Problemen (Teilemontage, Systemfehler, etc.) selbständig unmittelbar Kollegen und Vorgesetzten zu informieren. Das Feedback der Auditergebnisse in die Produktionsbereiche dient der Sensibilisierung von Mitarbeitern und ihrer Einbindung in Problemlösungsaktivitäten.

3.5.2.2 Das Element Visualisierung

Eine große Anzahl von Informationen in unterschiedlichsten Darstellungen, herausgegeben von verschiedenen Bereichen, verlangt vom Mitarbeiter eine fortdauernde Neuorientierung, um die für ihn wichtigen Informationen herauszufiltern und schnell zu interpretieren. Es besteht daher ein hohes Fehlerpotential bzw. Informationen werden unvollständig oder zu spät weitergegeben.Eine Vielzahl von Zuständen, Kennzahlen und Bereichsabgrenzungen werden bereits heute visualisiert. ***Voraussetzungen*** für eine effektive Visualisierung sind Verständlichkeit und Überschaubarkeit, Ausweisung von Verantwortlichkeiten und Aktualisierungsterminen sowie die standardisierte Verwendung von Farben und Darstellungsformen innerhalb des Unternehmens. Visualisierung erlaubt die schnelle Erkennung von Normabweichungen ***„auf einen Blick***".

Visualisierung von Dokumenten: hierzu zählen technische Dokumente (Wartungs-, Betriebsanleitungen), arbeitsplatzbezogene Informationen (standardisierte Montage-, Prüfanweisungen) sowie gruppen- oder schichtbezogene Informationen (Arbeitseinteilungen, Zuordnungstabellen, Mitarbeitergruppenübersichten). Eine Überprüfung auf Vollständigkeit und Aktualität der ausgehängten Informationen erfolgt durch regelmäßige Bereichsaudits.

Visualisierung von Kennzahlen: Produktivitäts- (Soll-Ist Stückzahlabgleiche), Qualitäts- (Nacharbeitsstunden, Fehleraudits), Krankenstands- und Unfallstatistiken werden öffentlich im Produktionsbereich ausgehängt. Hierzu zählen ebenso Informationen zu eingereichten Verbesserungsvorschlägen und ausgezahlten Prämien.

Visualisierung im Arbeitsumfeld: Durch Markierungen (permanent durch Farbe oder flexibel änderbar durch Klebestreifen) werden Stationsgrenzen, Standplätze für bewegliche Vorrichtungen und Logistikzonen sowie Gefahrenzonen gekennzeichnet. Werkzeuge werden durch eindeutige Aufnahmen oder Vertiefungen in Ablagen geordnet abgelegt – alles folgt dem Prinzip „Alles hat einen Platz und ist an seinem Platz" im Sinne der visuellen Kontrolle.

Prozeßvisualisierung: Kritische Prozesse werden durch Anzeigen visualisiert (Druck-, Füll- und Temperaturanzeigen).

3.5.2.3 Das Element Führung

Um ihre Führungsaufgabe besser wahrnehmen zu können und die Leistungsfähigkeit und –bereitschaft der Mitarbeiter zu mobilisieren, führen Vorgesetzte über Zielvereinbarungen mit abgestimmten Handlungsspielräumen und unterstützen ihre Mitarbeiter bei der Zielerreichung. Die Mitarbeiter haben entsprechend Klarheit über ihre Aufgaben, die Erwartungen an sie und die Bewertung ihrer Arbeit. Die Führungskraft hat durch das rechtzeitige Erkennen und Entfernen von Hindernissen den Rahmen für erfolgreiche und leistungsstarke Teams geschaffen.

Zielvereinbarungen / Zielausprägungen: Zielvorgaben hinsichtlich Produktivität und Qualität werden in regelmäßigen Gesprächen auf allen Ebenen vom Vorstand bis zum Mitarbeiter vereinbart. Ziel ist es, mittelfristig die Erreichung der Vorgaben an eine Entlohnungskomponente zu knüpfen. Die Ausprägungen, die über Zielerreichung entscheiden, orientieren sich am eigenen Anspruch sowie am Benchmark. Kenngrößen umfassen Qualitäts-, Kosten- und Termineinhaltung.

Leistungsvereinbarungen (LV): Alle Leistungen zwischen internen Bereichen werden per LV beschrieben. Kriterien sind Lieferumfang der Leistung, Kosten und Termin. Bei Nichteinhaltung können ggf. Konventionalstrafen erteilt werden. Die interne Leistungsverrechnung führt zu größerer Kostentransparenz und fördert die Wettbewerbsfähigkeit mit externen Leistungsanbietern. Im Rahmen der Zusammenarbeit mit Zulieferern stimmt die betriebliche Führungskraft (FK) Lieferstandards ab und unterstützt bei der Problemlösung durch KVP ***„am runden Tisch“***[116].

Benchmarks: Die betriebliche Führungskraft vergleicht ihre Kosten und Qualität mit internen und externen Wettbewerbern. Die Benchmarkergebnisse werden gegenüber Mitarbeitern und Vorgesetzten kommuniziert. Durch Benchmarks werden ebenso die Kundenorientierung und eine offene Unternehmenskultur gefördert.

Anwesenheitsverbesserung: Mit jedem Mitarbeiter, der aus dem Krankenstand zurückkehrt, führt der Vorgesetzte ein Gespräch. Ziel ist es, die Ursachen für arbeitsbedingte Fehlzeiten zu ermitteln und zu beseitigen. Falls notwendig, werden arbeitsplatz- oder aufgabenbezogene Änderungen umgesetzt. Mittelfristig sollte sich der Erfolg dieser Maßnahmen in einem gesenkten Krankenstand widerspiegeln.

Mitarbeiterbefragung & Mitarbeiter-Feedback: Um die aktuelle Arbeitskultur und damit Motivation und Produktivität in einem Bereich zu ermitteln, finden in regelmäßigen Abständen standardisierte Mitarbeiterbefragungen statt. Genauso kann der Vorgesetzte auf freiwilliger Basis um ein regelmäßiges Feedback seitens seiner Mitarbeiter bitten. Dadurch soll sowohl die Arbeitsmoral als auch das Führungsverhalten verbessert werden.

Anwendung des Produktionssystems: Um die vollständige und damit erfolgreiche Einführung und Nutzung des Mercedes-Benz Produktionssystems zu gewährleisten, ist es erforderlich, daß seine Prozesse in regelmäßigen Abständen nach einem standardisierten Verfahren auditiert werden.

3.5.2.4 Das Element Standardisierung

Im Laufe der Unternehmensentwicklung wurden unter hohem Kostenaufwand eine Vielzahl von Prozessen und Methoden entwickelt, die bei Arbeitsplatzwechsel hohen Trainingsaufwand verursachen, die für das Beherrschen der Prozesse und somit für das wiederholbare und zuverlässige Erreichen der Produktionsziele viel Aufwand abverlangen. ***Standardisierung*** bedeutet die „Festlegung des einfachsten, besten und sichersten Ablaufes“ und ebenso „die Verwendung des gleichen festgelegten Betriebs- oder Hilfsmittels für gleiche Aufgabenstellungen. **Standardarbeitsblätter**: siehe Kapitel 3.1 *Das Toyota Produktionssystem*.

Änderungsjahr: Um den Aufwand für Teilelogistik und Überarbeitung von standardisierten Montagebeschreibungen zu reduzieren, sollen Produktänderungen künftig nur noch zu definierten Zeitpunkten gebündelt in Serie gehen – sicherheitsrelevante Änderungen sind davon natürlich ausgeschlossen.

Geglättete Produktion: In einer Anlehnung an Heijunka[117] wird ebenso in deutschen Werken im Sinne einer Modell-Mix Fertigung versucht eine sinnvolle Reihenfolgebildung von arbeitsintensiven Fahrzeugen und Fahrzeugen mit geringem Anteil Sonderausstattungen zu bilden. Ziel ist es, die Mitarbeiter gleichmäßig auszulasten und den Taktausgleich niedrig zu halten.

Stationsgebundenes Arbeiten: Arbeitsumfänge in der Fahrzeugmontage sollten auf eine Stationslänge begrenzt werden. Unnötiges Laufen (***„Bandtourismus“***) entlang der Bänder wird damit vermieden und die Mitarbeiter können sich auf die qualitätsmäßig einwandfreie Montage überschaubarer Umfänge konzentrieren. Nur in Ausnahmefällen (Bauteile mit Verbauzeit > Taktzeit) können Mitarbeiter über 2-3 Takte arbeiten. Bei hohen SA-Umfängen im Modell-Mix soll dem Mitarbeiter ermöglicht werden früher (vor Stationsanfang) zu beginnen und später (nach Stationsende) einen Arbeitsumfang zu beenden. Der Umfang des ‚***Driftens***‘ kann ggf. ebenfalls durch spezielle Markierungen gekennzeichnet sein.

3.5.2.5 Das Element Arbeitspolitik

Handlungsbedarf besteht, da mit der traditionellen Arbeitsorganisation sowie mit der Umsetzung von Gruppenarbeit es dem Unternehmen noch nicht gelungen ist die Erfahrung der Mitarbeiter in den

---

[116] Unter dem „runden Tisch“ versteht man regelmäßige Gespräche von Unternehmensvertretern und Zulieferern.

[117] Vgl. Kapitel 3.1.2.5.1. *Heijunka - Produktionsnivellierung*

Optimierungsprozeß der Abläufe im Sinne der Effizienzsteigerung einzubringen. Als Konsequenz delegieren die betrieblichen Führungskräfte direkte und indirekte Aufgaben in die Gruppen, vereinbaren Ziele und Leistungsstandards und unterstützen beim KVP. Die Mitarbeiter erhalten Eigenverantwortlichkeit, wo eigenes Engagement mehr Arbeitszufriedenheit und bessere Ergebnisse bringt als dies durch Vorgaben möglich wäre.

Gruppenarbeit: Die Einführung der Gruppenarbeit (GA) fand in den Werken der Daimler-Benz AG Anfang der 90'er Jahre statt. Der Fokus lag auf Themen wie ***Job Enlargement*** und ***Job Enrichment***, d.h. auf der Arbeitsumfangserweiterung durch größere Taktinhalte als auch auf der Delegation von Entscheidungsverantwortung und Selbstorganisation von indirekten Aufgaben [Brau91]. Ein Ausdruck langer Arbeitsinhalte waren die sogenannten ***Arbeitsboxen***[118], in denen taktentkoppelt gearbeitet wurde. Heute sind die meistens Arbeitsabläufe in der Automobilmontage wieder in die getaktete Montagelinie zurückgeführt. Größere Arbeitsumfänge erstrecken sich wieder über mehrere Stationen. Einfachere planerische Tätigkeiten, wie z.B. die gleichmäßige Austaktung der Linie, werden zunehmend in die GA integriert. Die GA umfaßt Gruppenaufgaben, wie direkte (Montage), indirekte Tätigkeiten (Reinigung, Logistik, Anlagenwartung), die Funktion als Gruppensprecher sowie die Regelkommunikation. Aus dem Gruppengespräch erfolgt durch den Gruppensprecher eine standardisierte Rückmeldung an den Meister.

Rotation: Rotationsfähige Arbeitsplätze erlauben, daß innerhalb der Gruppe für alle Mitarbeiter nach einer konstanten Tätigkeiten von mindestens 2 Stunden rotiert werden kann, in Bereichen mit extremen Belastungen schon früher.

KVP – der kontinuierliche Verbesserungsprozeß: KVP ist grundsätzlich Teil der Arbeitsaufgabe. KVP kann sowohl Mitarbeiter- als auch Experten-getragen sein. KVP-Instrumente sind die Grundmethoden 7V, 5A sowie Rüstzeitanalysen. Die Durchführung von KVP-Studien erfolgt im Rahmen der Regelkommunikation und / oder in Form von gezielten Kaizenworkshops. Unter dem japanischen Begriff ‚Kaizen'[119] ist der KVP im Geschäftsfeld Nutzfahrzeuge (GFN) als fester Bestandteil der Optimierung von Prozessen und Produkten unter direkter interdisziplinärer Einbindung von Mitarbeitern betroffener Bereiche etabliert [Gfn97].

Der Problemlösungsprozeß: Zur systematischen Bearbeitung von aufgetretenen Problemen wird ein standardisierter Problemlösungsprozeß (SPP) angewendet. Mit Hilfe eines strukturierten Formulars werden die Problemanalyse durchgeführt und für erforderliche Maßnahmen Verantwortliche festgelegt.

Gruppenübersichtstafel: In den Bandmontagen der Fahrzeugwerke erfolgt eine ständige Optimierung der Arbeitszuteilung mit Hilfe der Gruppenübersichtstafel – auch ***Nummi-Board*** genannt, in Anlehnung des ersten Lean Manufacturing Projektes in Nordamerika[120].

Verbesserungsvorschläge: In deutschen Werken der DCAG werden Verbesserungsvorschläge (VV's) nach einem vereinbarten Verfahren durch Geld- oder Sachprämien honoriert. VV's, welche den eigenen Arbeitsbereich betreffen, werden direkt beim Vorgesetzten eingereicht, von diesem bewertet und honoriert. Allgemeine Vorschläge werden durch das zentrale Betriebliche Vorschlagswesen (BVW) bearbeitet. Vorschläge, die befürwortet werden, können im Rahmen von KVP-Aktivitäten u.a. durch die Mitarbeiter selber umgesetzt werden. Die Anzahl der eingereichten VV's kann indirekt als Kennzahl für die Integration der Mitarbeiter gewertet werden.

Leistungsstandards: Der Vorgesetzte vereinbart gemeinsam mit den Mitarbeitern Leistungsstandards bzw. –Ziele. Diese Standards werden u.a. in den Stationsblätter dokumentiert und unterliegen einer ständigen Optimierung. Basis dieser Leistungsstandards sind die ermittelten Arbeitszeitwerte nach MTM und Refa. In den deutschen Werken gilt REZEI[121].

Flexibilisierung der Arbeitszeiten / AZ-BZ Gestaltung: Die Arbeitszeit- und Betriebszeitgestaltung erfolgt entsprechend den Kapazitäts-, Kunden- oder Programmanforderungen. Ziel ist die Flexibilisierung der Wochenarbeitszeit für alle Mitarbeiter bei gleichzeitiger möglichst hoher Auslastung der Anlagen (24 h Auslastung). Die Steuerung der Arbeitszeit erfolgt über Arbeitszeitkonten.

---

[118] Unter Arbeitsboxen versteht man Montagestationen, welche nicht direkt mit dem Förderband der Montagelinie verbunden sind, sondern durch kapital- und wartungsintensive Fahrerlose Transportsysteme (FTS) mit Karossen ver- und entsorgt werden. Größere Arbeitsumfänge wie z.B. das 50-minütige Verlegen von Kabelbäumen im Fahrzeug, werden damit taktentkoppelt durchführt.

[119] Vgl. Kapitel 3.1.2.7.1 Definition des Kaizen

[120] Vgl. Kapitel 1.1.1 *Das Geheimnis hinter dem Erfolg der Toyota Motor Manufacturing*

[121] REZEI steht für Re-Organisation der Zeitwirtschaft und bedeutet prinzipiell, daß die Mitarbeiter der Arbeitswirtschaft keine Zeitaufnahmen im Sinne der Kontrolle durchführen, sondern als Berater der Produktionsmitarbeiter gemeinsam nach Möglichkeiten zur Optimierung der Fertigungszeiten suchen.

3.5.2.6 Das Element Anlagenbetreuung

Um eine Anlagenverfügbarkeit und Produktionsausbringung auf Benchmark-Niveau zu erreichen, führen Anlagenführer der Produktion und Instandhalter gemeinsam Reinigung, Wartung und KVP durch. Die Einbindung der Anlagenführer in die präventive Instandhaltung schafft langfristig stabilere Prozesse und weniger kostenintensive Sonderaktionen (Nacharbeit, Überstunden, etc.).

Einführungsprogramm TPM: vergleiche Kapitel 3.3.2.3.2 *Die Total Productive Maintenance.*

Störbehebung: Die Mitarbeiter sind in der ersten Stufe direkt in den Prozeß der Störungsbehebung eingebunden, erst wenn sie Unterstützung durch Experten benötigen, werden Instandhaltung und ggf. später der Anlagenlieferant hinzugezogen. Betriebsanleitungen zählen ebenso zu den standardisierten Dokumenten und werden nach Änderungen in technischen System entsprechend aktualisiert. Meßgröße für die Effizienz der Störbehebung ist die durchschnittliche Wartezeit bis zur Störbehebung.

Geplante Instandhaltung / RWI-Plan: Für jede Maschine bzw. Anlage wird als vorbeugende Maßnahme ein Reinigungs-, Wartungs- und Inspektionsplan erstellt, vor Ort visualisiert und entsprechend einem Plan durch fest definierte Verantwortliche abgearbeitet. Die Erstellung des Planes erfolgt unter maßgeblicher Beteiligung der Produktionsmitarbeiter. Der Plan ist gemeinsames Instrument der Produktion und Instandhaltung.

Qualifizierung TPM: Mitarbeiter bzw. Anlagenführer erhalten Schulungen zur Übernahme von Instandhaltungsaufgaben. Diese Aufgabendelegation kann sich teilweise auch über mehrere benachbarte Anlagen erstrecken. Ziel ist die Sensibilisierung von Anlagenführern für potentielle Maschinenstörungen im Sinne der Früherkennung und damit Vermeidung größerer Schäden bzw. Totalverlust.

3.5.2.7 Das Element Materialversorgung

Mit den meisten der direktbeliefernden Zulieferer hat das Unternehmen langfristige Lieferabkommen in Form von Partnerschaften[122] geschlossen. Langfristige Ziele zur stetigen Kostensenkung können auf diese Weise wirtschaftlich verträglich mit entsprechender Sicherheit für beide Partner verfolgt werden.

Kommunikation Teilelieferant: Neben der notwendigen Kommunikation zur Steuerung der bedarfsorientierten Materialversorgung nach Just-in-Time Grundsätzen, wird ebenso eine Regelkommunikation hinsichtlich Teileprobleme und Optimierungen auf Arbeitsebene eingerichtet. Ziele sind eine schnellstmögliche Beseitigung von Liefer- und Qualitätsproblemen und damit eine Erhöhung der Belieferungsqualität.

Unterstützung Teilelieferanten: Servicebereiche des eigenen Unternehmens unterstützen den Teilelieferanten beim Aufbau bzw. der Optimierung eigener Produktionsbereiche. Im Sinne des KVP-Gedankens sind spezielle Zulieferer-Kaizen-Teams aktiv. Die entsprechend geschulten Zulieferer übertragen die gewonnenen Erkenntnisse dann auf ihre Sublieferanten. Ultimatives Ziel ist die Verbesserung der Wettbewerbsfähigkeit entlang der gesamten Prozeßkette vom Rohmateriallieferanten bis zum Fahrzeughersteller.

Kanban: vgl. Kapitel 3.1.2.2.1.1. *Das Kanban System*

Perlenkette: In den Fahrzeugwerken soll die 'Perlenkette' realisiert werden. Sie ist definiert als eine durchgängig festgelegte und eingehaltene Reihenfolge aller Fahrzeugpositionen vom Kundenauftrag bis zur Auslieferung. Erhöhte Anforderungen stellt heute noch die Durchmischung von Fahrzeugen im Lackbereich bedingt durch Reparaturen und Zweitfuhren dar. Durch die Realisierung der Perlenkette können u.a. die z.T. äußerst geringen Zeitfenster für eine Belieferung von Systemkomponenten durch Teilelieferanten entspannt werden.

Standardisierter Materialbestand: Der spezifische Materialbestand der Teile am Verbraucherort ist in Menge, Packungseinheit, Behältergröße, Austauschverfahren und Lagerplatz in der Logistikzone standardisiert (und entsprechend durch Streifen am Boden gekennzeichnet). Der Materialbestand wird durch ***Min- / Max-Kennzeichnungen*** begrenzt. In den Montagebereichen wird ein ***Zwei-Behälter-System*** installiert.

Einstufige Lagerhaltung: Um der Begrenzung von Arbeitsinhalten auf die Stationslänge zu genügen und Laufwege zu minimieren, ist eine Anlieferung direkt am Verbauort erforderlich. Der Aufbau eines ***Lieferantenlogistikzentrums*** erlaubt einen sinnvollen Kompromiß zwischen Materialfläche am Band,

---

122 Bei DaimlerChrysler erfolgt die langfristige Lieferantenbindung unter dem Namen ‚Tandem'.

Variantenvielfalt von Baumustern, Anlieferfrequenz von JIT-Zulieferern und Flexibilität bei kurzfristigen Programmänderungen.

3.5.2.8 Das Element Fabrik-, Anlagen- und Produktionsprozeßplanung

Um beherrschbare Prozesse und Anlagen zu gewährleisten und die späteren Betreiber zu unterstützen, entwickeln Planer und Produktion gemeinsam mit den Gewerkelieferanten übersichtliche Layouts, Anlagen und Abläufe in Form von verständlichen und standardisierten Modulen und setzen diese konsequent um. Durch die gute Beziehung zum internen Kunden (der Produktion), tragen die Planer dazu bei, bessere Fabriklayouts zu entwerfen und dem Produktionsmitarbeiter seine Eigenverantwortlichkeit im Sinne des Unternehmens auszufüllen.

Solitärfertigung: Im Gegensatz zu den 80'er Jahren, in denen die Flexibilisierung von Anlagen und Fördertechnik zugunsten der Produktion von mehreren Fahrzeugmodellen auf einer Anlage favorisiert wurde, verfolgen Neuplanungen heute den Ansatz der Solitärfertigung. Für neue Baureihen oder Aggregate werden immer häufiger getrennte Fertigungs- und Montagelinien erstellt. Ausnahmen bilden kapitalintensive Bereiche wie die Lackierung, die im Sinne einer hohen Auslastung für alle Baumuster, gemeinsam betrieben werden. Als Resultat der Solitärfertigung ist eine Flexibilität der Fertigungsanlagen nicht mehr erforderlich. Anlagen werden einzig für das jeweilige Baumuster mit entsprechend geringeren Investionen konzipiert und müssen innerhalb des Baumuster-Lebenszyklusses vollständig abgeschrieben werden.

Modularer Montageablauf: Der Montageablauf wird in Abschnitte aufgeteilt, die im Sinne von Modulen als Black Box komplett identisch auf andere Baureihen, Aggregate oder Fabriken übertragen werden können. Zur sinnvollen Übertragung dieser Module ist ebenfalls eine Standardisierung der Montagereihenfolge von Fahrzeugbaumustern erforderlich.[123]

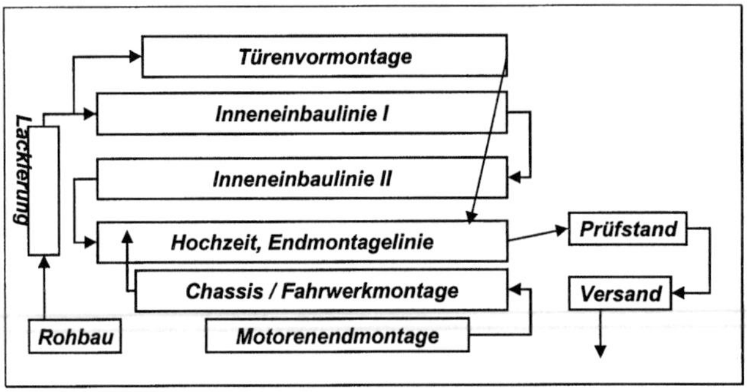

Bild 3.5.2.8.a: Module in der Geländewagenmontage

Modulares Fabrikkonzept: Der Solitärfertigung folgend, ist ebenso das Fabrikkonzept in einzelne Module aufgebaut, die bei Bedarf eine zügige Erweiterung bzw. Begrenzung erlauben. Gebäude und Gebäudetechnik sind einfach zu halten und Produktions- und Logistikflächen sind der Übersichtlichkeit wegen auf einer Geschoßebene angeordnet. Einfache Fördertechnik ohne Fördertechnikwechsel, ohne Hochbänder, Heber, Schrägförderer oder Fahrerlose Transportsysteme (FTS) kommen zum Einsatz.

Standardkomponenten: Wo immer möglich werden erprobte ***Standardkomponenten*** verwendet. Dies senkt den Schulungsaufwand der Instandhaltung sowie die Bevorratung von Ersatzteilen. Maschinen, Fördertechnik sowie Werkzeuge sind entsprechend einfach zu gestalten. Der Fokus bei der Betriebsmittelplanung liegt auf einfachen, zuverlässigen Maschinen. Manuelle Prozesse und ***beherrschbare Teilautomatisierungen*** haben Vorrang vor störanfälligen Vollautomatisierungen. Eine Automatisierung erfolgt nur bei nachgewiesener Wirtschaftlichkeit[124], hohen Qualitätsanforderungen und aus ergonomischen Gründen.

---

[123] Zur Vereinheitlichung von Montageabläufen wäre es sinnvoll nach dem Vorbild der standardisierten Prozeßablaufplanung bei MBUSI einen Standardflowchart für die werksübergreifende Nutzung durch Montageplaner zu erstellen.

[124] Die Wirtschaftlichkeitsbetrachtung von Investitionen in Anlagen erfordert als DaimlerChrysler-interne Orientierungsgröße einen ‚Return of Investment' von 2 bis 3 Jahren.

Taktentkopplung: Soll immer dort eingesetzt werden, wo gegenüber einer taktgebundenen Fertigung eine verbesserte Stückzahlflexibilität erreicht werden kann. Erreicht wird die Taktentkopplung z.B. durch den Einsatz von Boxenarbeitsplätzen, welche per FTS mit Karossen ver- und entsorgt werden[125]. Aber 'Low-Tech-Varianten' des taktentkoppelten Materialtransports, z.B. der Karossentransport auf rollbaren Skids, kommen zum Einsatz.

Standardisierte Informationstechnologie: Innerhalb der Produktion werden einheitliche Standards für die Informationstechnik, z.B. Maschinensteuerung, angewandt. Wie bereits oben genannt, verringert dies den Koordinationsaufwand für Schulungen und Ersatzteile.

Simultaneous Engineering: Bei neuen Produkten bzw. der Einführung neuer Produktionstechnologien wird die Betriebsmittelplanung bereits in einem frühen Stadium gemeinsam mit einem potentiellen Maschinenlieferanten durchgeführt. Es ergeben sich eine deutliche Straffung des Planungs- und Beschaffungszeitraumes sowie der Validierung der Systemfunktionen. Voraussetzung ist die Quasi-Vorauswahl des Lieferanten.

Ergonomie-Planung: Alle manuellen Arbeitsabläufe müssen den Anforderungen der Ergonomie genügen. Sofern körperliche Belastungen auftreten, sollen diese durch die Planung reduziert werden. Die Anforderungen leistungsgewandelter Mitarbeiter werden entsprechend berücksichtigt.

Prinzip der kurzen Wege: Durch geschickte Anbindung der Produktionsbereiche (z.B. Rohbau, Lackierung, Montage) bei zentraler Unterbringung der unterstützenden Bereiche (Planung, Instandhaltung) können auftretende Probleme schneller interdisziplinär diskutiert und Zusammenarbeit zwischen Produktion und Support-Teams gefördert werden. Offene, eingeschossige Bauweise erlaubt einen direkten Einblick in benachbarte Bereiche und Problemzonen, wie der Nacharbeit, und fördert die Kommunikation.

3.5.2.9 Das Element Qualifizierung

Qualifizierung steht in diesem Zusammenhang für Mitarbeiterausbildung von der Basisschulung, der horizontalen Entwicklung durch Job Rotation zur Steigerung der Einsatzflexibilität bis hin zur gezielten Entwicklung bei Mitarbeitern mit vertikalem Potential. Damit die Mitarbeiter nachweislich in der Lage sind, ihre Aufgaben zu erfüllen und die vereinbarten Ziele zu erreichen, ist Training nicht ein „Nice-to-Have“, sondern ein wesentlicher Teil der Arbeit und Unternehmenskultur. **Steuerung der Qualifizierung**: Die Steuerung der Qualifikation erfolgt über eine visualisierte Qualifikationsmatrix. In Form von Diagrammen werden hier für jeden Mitarbeiter die jeweiligen Trainingsanforderungen den erreichten Istqualifikationen gegenübergestellt. Ausstehende Maßnahmen werden entweder in der Matrix oder einem gesonderten Qualifizierungsplan vermerkt. **Trainingskonzepte**: Oberste Priorität für die betriebliche Qualifizierung hat die Einweisung der Mitarbeiter am Arbeitsplatz; bei entsprechendem Bedarf findet die Qualifizierung in internen oder externen Kursen statt.

Schulung des Produktionssystems: Die Schulung erfolgt hier kaskadenförmig von der obersten Hierachieebene bis zur Mitarbeiterebene. Spezialisten werden lediglich zur Beratung der Schulenden eingesetzt. Neue Mitarbeiter werden, speziell innerhalb der Basiswoche, mit den Grundsätzen des Produktionssystems vertraut gemacht. Ziel ist es, daß alle Mitarbeiter mit dem Produktionssystem vertraut sind und ihr tägliches Handeln danach ausrichten.

3.5.2.10 Das Element SOS - Sauberkeit, Ordnung, Sicherheit

Regeln zu SSO: In jedem Werk sind Regeln zur Aufrechterhaltung von Sicherheit, Ordnung und Sauberkeit implementiert. Die Unterweisung der (neuen) Mitarbeiter in diesen Regeln erfolgt nach einem standardisierten Verfahren. Sauberkeit als ständiges Unterfangen den Arbeitsplatz und angrenzende Bereiche (Logistikzonen, Pausen- bzw. Teamzonen) sowie die Ordnung der Arbeitsgeräte, Regale und Materialien nach dem Motto „Alles hat seinen Platz und alles ist an seinem Platz“ sind Voraussetzungen für Sicherheit am Arbeitsplatz und kontinuierliche Verbesserung. Die Kontrolle der Regeleinhaltung erfolgt in einem regelmäßigen Begehungsaudit.

Arbeitsschutzkleidung und Körperschutzmittel: In allen Produktionsbereichen ist die zur Sicherheit der Mitarbeiter und Besucher spezifisch notwendige Arbeitsschutzkleidung vorgeschrieben. Zur Arbeitsschutzkleidung gehören Handschuhe, Trägerhosen ohne Gürtelschnalle, Schweißerkittel und

[125] Beachte: das Toyota Produktionssystem favorisiert eindeutig die kontinuierliche Fließfertigung (‚Single Piece Flow'), in der Fahrzeuge und Anbauteile bedarfsgesteuert durch die Montage ‚gezogen' werden. Ein Ausschleusen von Fahrzeugen bzw. Durchmischung der ‚Perlenkette' steht hier im Widerspruch zum TPS.

spezielle Unterarmabdeckungen, Sicherheitsschuhe, etc. In Abhängigkeit von den jeweiligen Umweltgefahren müssen zusätzlich Körperschutzmittel, wie Ohrenstöpsel, Sicherheitsbrillen und leichte Schutzhelme getragen werden.

5-A-Kampagne: Die 5 A-Kampagne ist ein Verbesserungsprozeß und entspricht vom Inhalt her den 5S im Toyota Produktionssystem. Im einzelnen handelt es sich bei den 5-A um die Punkte **A**ussortieren (alles unnötige Material und Werkzeug), **A**ufräumen (des Arbeitsplatzes und benachbarter Bereiche), **A**rbeitsplatz sauber halten, **A**nordnungen zur Regel machen (standardisieren) und **A**lle Punkte einhalten und ständig verbessern.

3.5.2.11 Das Element Umweltschutz

Standardisierte Mülltrennung: Zur effektiven Trennung der Abfallstoffe in wiederverwertbares Material (Reststoffe) und Sondermüll ist die Standardisierung der Mülltrennung erforderlich. Hierzu zählen die entsprechende Festlegung eines Farbcodes und speziell gekennzeichneter Reststoffsammelstellen und Behälter. Die Überwachung der ordnungsgemäßen Reststofftrennung obliegt dem Bereichsverantwortlichen (Teamleiter, Meister, Gruppensprecher, etc.)

Geschlossene Kreisläufe: Zur Wiederverwertung von Reststoffen werden für Emulsionen, Gase und Verpackungen im Werk geschlossene Kreisläufe eingerichtet. Industrielle Abwässer werden werksintern aufbereitet und den Verbrauchern in einem geschlossenen Kreislauf erneut zugeführt. Belastete Abluft wird mit verschiedenen Verfahren gereinigt.

3.5.3 Zusammenfassung

Die im Projekt PROSYS ursprünglich entstandene Version des Mercedes-Benz Produktionssystems (MPS) stellt den Versuch einer Interpretation von bekannten Produktionsystemen dar. Zielsetzung des MPS war die Übernahme der Elemente aus Tuscaloosa, Juiz de Fora und Rastatt unter gleichzeitiger Berücksichtigung der speziellen Anforderungen des hohen Anteils an Facharbeitern in den deutschen Werken. Ferner war die Integration des MPS in die sieben Unternehmensleitbilder erforderlich. Hieraus ergaben sich erste Bedenken, inwieweit das MPS primär nur die Produktionsbereiche betreffen durfte. Ansätze zur erweiterten Übertragung auf administrative und indirekte Bereiche erwiesen sich als wenig sinnvoll. Aus genannten Gründen konnten die Elemente des MPS in sehr begrenztem Maße und unter deutlicher standortspezifischer Anpassung eingeführt werden. Eine deutliche Verbesserung der Effizienz der deutschen Standorte war nicht festzustellen.

3.6 COS – Das Chrysler Operating System

Das Chrysler Operating System (COS) trägt das Motto „The way we Operate, Extended Enterprise“[126]. Es repräsentiert damit eine Form der Produktionsorganisation, welche verbindlich für weltweit alle Chrysler-Standorte galt.[127]

Das COS wurde 1994 durch ein interdisziplinär besetztes Führungskräfteteam der Chrysler Corporation entwickelt. Als Vorbild diente hier ebenso das Toyota Produktionssystem, jedoch um zahlreiche Erkenntnisse aus weltweit durchgeführten ***Analysen führender Unternehmen*** ergänzt.[128] Hintergrund waren negative Wirtschaftsdaten, welche das Unternehmen zu einer Optimierung der Produktionsabläufe veranlassten.

Das COS wurde bei der Umsetzung einer bestehenden Firmenphilosophie im Hinblick auf die Erreichung hochgesteckter Ziele als ***Katalysator*** eingesetzt. So hatte sich Chrysler das Ziel gesetzt bis 1996 der führende Fahrzeughersteller in Nordamerika und weltweit bis zum Jahre 2000 zu werden. Verfolgt man die Entwicklung des Unternehmens etwas genauer, so wird deutlich, daß ***beide Ziele erfüllt*** wurden.

1996 war Chrysler nicht der umsatzstärkste nordamerikanische Pkw-Hersteller, aber der profitabelste, unter anderem aufgrund des spektakulären neuen Produktdesigns[129], welches sich in vielen ausgefallenen Modellen äußerte. Ebenso konnten Produktverarbeitung und –Zuverlässigkeit deutlich angehoben werden. Die Einwilligung in eine Fusion mit der Daimler-Benz AG als weltweit größtem Konzern für Verkehr- und Transporttechnik stellt eine logische Konsequenz zur Erreichung der Nr.1 weltweit dar!

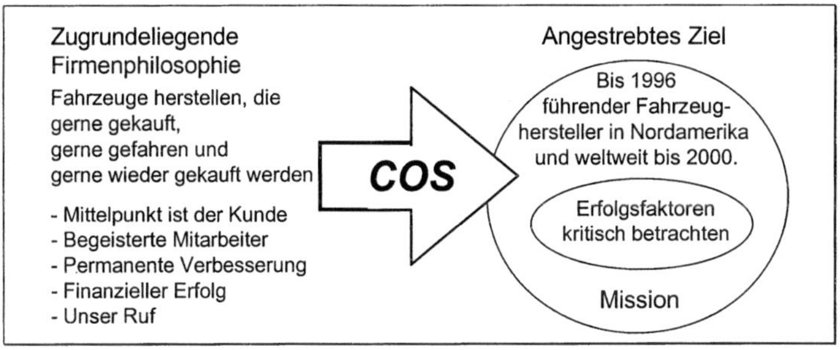

Bild 3.6.a: COS als Katalysator der Umsetzung Firmenstrategie und -Visionen

3.6.1 Elemente und Aufbau des COS

Die Elemente des COS werden in einem als ‚Framework‘ (Rahmen) bezeichneten Flußschema dargestellt. Durch die Flußbewegung soll deutlich werden, daß nicht die Systemelemente für sich alleine, sondern durch ihr systematisches Zusammenspiel zum Erfolg führen.

Das Framework versucht das COS in graphischer Form darzustellen, ausgehend von den Wertvorstellungen und Überzeugungen wird über die Subsysteme, die unterstützenden Prozesse und Werkzeuge der Weg zwischen der zugrundeliegenden Firmenphilosophie und der Vision beschrieben.[130] Ziel ist es, anhand des Frameworks für alle Unternehmensmitarbeiter ein Systemverständnis aufzubauen, d.h. Zusammenhänge der einzelnen Elemente zu erkennen. Zudem dient es ebenso als Wegweiser für die Implementierung des COS.

---

[126] Engl. = So handeln wir, unternehmensweit

[127] Im Zuge der Daimler-Chrysler Integration wurde das COS durch Verschmelzung mit dem MPS zu einem neuen, aber ähnlichen, Produktionssystem weiterentwickelt, dem sich alle Standorte des DaimlerChrysler-Konzerns sukzessive anpassen.

[128] Im Vorfeld der Definition des COS wurden erfolgreiche Unternehmen aus unterschiedlichen Branchen auf ihre spezifischen Erfolge hin untersucht, um die Teilelemente gemeinsam mit den Grundsätzen des TPS zu einem optimalen Produktionssystem zu verschmelzen. Zu den untersuchten Firmen zählen Harley Davidson, General Electric, Boeing, und UPS.

[129] Im sogenannten ‚Retro-Design‘ schuf Chrysler seit dem Jahr 1995 Fahrzeuge im Stil der 40er Jahre (‚Prowler‘, ‚PT-Cruiser‘, Viper, sowie zahlreiche Fahrzeugstudien mit alternativen Antriebskonzepten) – als Konsequenz wurde Chrysler durch ein nordamerikanisches Wirtschaftsmagazin zur „Company of the year 1996“ gewählt.

[130] Unter Vision versteht man die dokumentierte und unternehmensweit intern sowie extern kommunizierte Zielenwicklung eines Unternehmens.

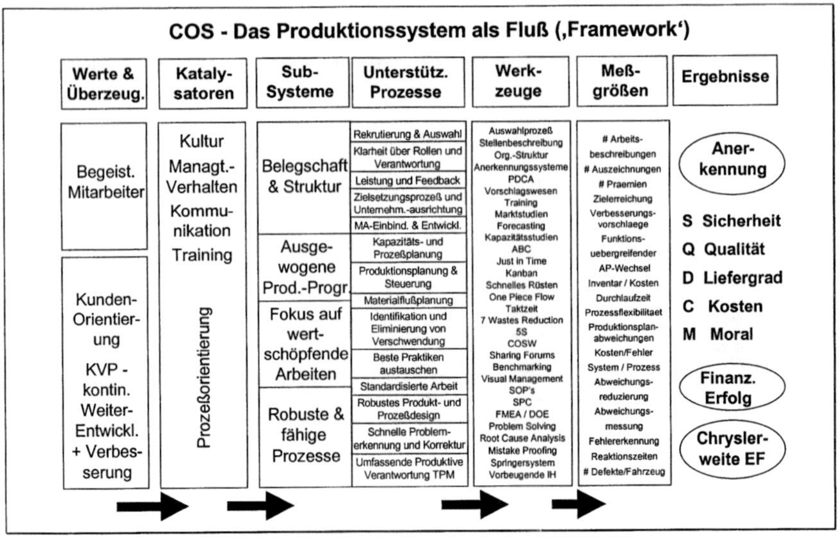

Bild 3.6.1.a: Das Chrysler Operating System COS [Chr97]

Aufgrund der Abstammung des COS vom dem TPS soll in den folgenden Kapiteln nur eine grobe Übersicht gegeben werden und lediglich originelle Abweichungen bzw. innovative Werkzeuge kurz vorgestellt werden.

3.6.1.1 Das Element Wertvorstellungen und Überzeugungen

Aufbauend auf den 1994 entwickelten Wertvorstellungen und Überzeugungen, wie begeisterte Mitarbeiter, Kundenorientierung und der Installation des kontinuierlichen Verbesserungsprozesses, wurde ein System entwickelt, mit dem die angestrebten Ziele erreicht werden konnten. Die Unternehmensziele lassen sich in oberster Instanz auf Ruf und Anerkennung sowie finanziellem Erfolg konzentrieren. Als Meßgrößen für die Ergebniserreichung wurden die Kriterien Sicherheit, Qualität, Liefergrad bzw. Lieferfähigkeit, Kosten und (Arbeits-) Moral definiert. Der Zielbegriff „***führender*** Hersteller" wurde in der Form spezifiziert, Bester in der ***Summe*** der Meßgrößen zu sein, nicht notwendigerweise in jeder einzelnen der Meßgrößen. Der Zielsetzungsprozeß bei Chrysler baut seither auf den ***Meßgrößen SQDCM*** auf.

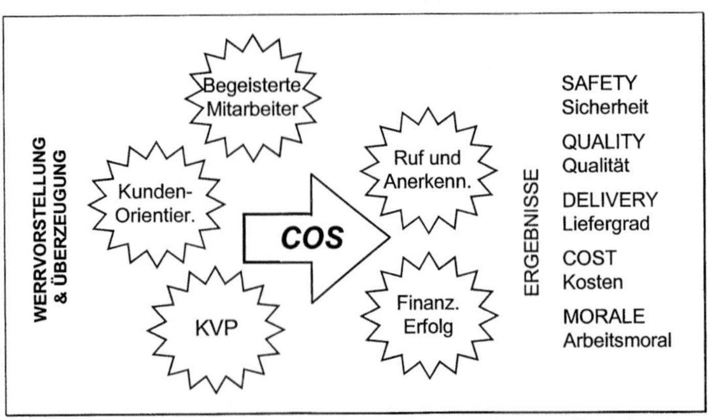

Bild 3.6.1.1.a: Das COS als Mittler zwischen den Werten & Normen zu Ergebnissen

3.6.1.2 Das Element Belegschaft und Organisationsstruktur (‚Human Infrastructure')

Human Infrastrukture umfaßt bei Chrysler die folgende Bereiche:

- ***Mitarbeiterrekrutierung*** und –Auswahl,
- Klarheit des ***Rollenverständnisses*** und der ***Verantwortung*** des Einzelnen (im Sinne einer Aufgaben-, Kompetenzen- und Verantwortungsbeschreibung AKV)
- ***Leistung*** und ***Feedback,***
- ***Zielsetzungsprozeß*** und ***Unternehmensausrichtung,***
- ***Mitarbeitereinbindung***,
- ***Mitarbeiterentwicklung***.

Bilder 3.6.1.2.a & b: Zielsetzungsprozeß und Zielverfolgung auf Score-Board (Fotos Chrysler)

Das COS definiert das Unternehmen ***als lernfähige Organisation***, deren Kennzeichen Flexibilität und permanente Weiterentwicklung sind. Die Chrysler Unternehmenskultur ist gekennzeichnet durch pro-aktives Infragestellen des Status Quo und Nutzung des kreativen Potentials der gesamten Belegschaft zur Reorganisation.

Das ‚***Best Practise Sharing***' (Austauschen von besten Praktiken) ist als Instrument zur werksübergreifenden Kommunikation und Verbreitung von erfolgreichen Maßnahmen zur Produktivitätssteigerung implementiert. Mitarbeiter besuchen hierzu andere Chrysler-Standorte, tauschen sich mit ihren Kollegen aus, dokumentieren die neugewonnenen Ideen und stellen sie am Heimatstandort öffentlich der Belegschaft vor. Hierzu zählt ebenso das sogenannte ‚***Operator Feedback Book***', eine Unterlage in die Produktionsmitarbeiter die Erfahrungen aus ihrem Arbeitsalltag eintragen, welche eine ***Optimierung des Nachfolgemodells*** im Sinne des ***Design for Assembly*** zur Folge haben.

Die ***Gruppenarbeit*** wird in den Chrysler-Werken in der Größenordnung von 6-18 Mitarbeitern pro Team praktiziert. Geführt und nach außen vertreten wird die Gruppe durch den Teamleader. Im Sinne der Mitarbeiterentwicklung und –einbindung, aber ebenso zur Erschließung ungenutzten Kreativitätspotentials werden durch die Gruppe ebenso indirekte Tätigkeiten wie Reinigung, Materialbereitstellung, Stationseinteilung und Urlaubsplanung eigenverantwortlich durchgeführt. Die Ziele des COS werden im Sinne der Unternehmensausrichtung (‚***Policy Deployment***') von den Unternehmenszielen auf die einzelnen Bereiche, Abteilungen und Teams heruntergebrochen. Entscheidend ist, sich auf wenige, wirklich entscheidende Ziele zu beschränken. Die Ziele sollten vereinbart und nicht diktiert, verständlich, meßbar und kontrollierbar sein.

Ein weiteres Instrument des visuellen Managements ist die Darstellung von quantifizierten Unternehmens- bzw. Bereichszielen in Form eines '***Scoreboard***' (Ergebnistafel)[131]. Dargestellt sind u.a. die folgenden Statistiken / Kennzahlen:

- ***CSA: Customer Satisfaction Audit*** (Häufigkeit von für den Kunden offensichtlichen Fehlern)
- ***SPEC: Specification Audit*** (Toleranzfehler bzw. nicht eingehaltener Standard)

---

[131] Unter einem Scoreboard wird die selbständige Aufzeichnung und Visualisierung der Ergebnisse der Teams in den Produktionsbereichen verstanden.

- ***PAN: Performance Action Notice*** (Fehler mit sofortigem Handlungsbedarf, welche Güte des Fahrzeuges, seine Betriebssicherheit sowie die Arbeitssicherheit der Mitarbeiter betreffen)
- ***Validation*** (in der abschließenden Fahrzeugabnahme erkannte Fehler)
- ***Ausbildungsstand*** (Trainingsstand der Mitarbeiter im Produktionsabschnitt)
- ***Abwesenheitszeiten*** (Mitarbeiterkrankenstand sowie Urlaubs- bzw. Freischichtenplanung)
- ***KVP-Vorschläge*** (Anzahl eingebrachter und umgesetzter Verbesserungsvorschläge)
- ***Unfallmeldungen*** (‚Beinahe' – und tatsächlich auftretene Unfälle)

Mit Hilfe des Scoreboards stellt jeder Produktionsbereich standardisiert seine Kennzahlen dar. Durch die standardisierte Aufbereitung ist Transparenz und Vergleichbarkeit der verschiedenen Bandabschnitte möglich und eine Aggregation der Kennzahlen auf Centerebene mit geringen Aufwendungen möglich.

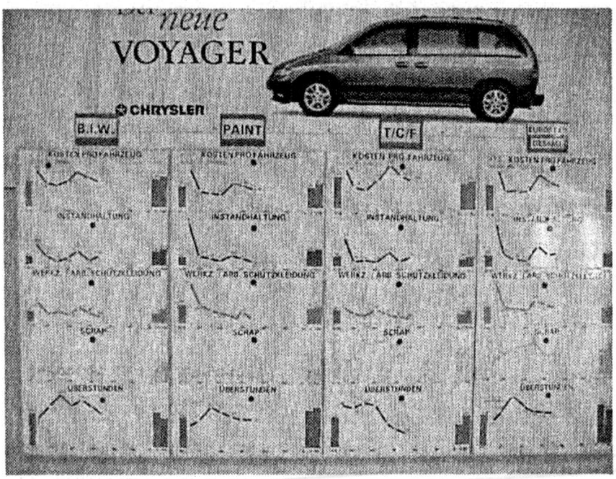

Bild 3.6.1.2.b: Scoreboard Darstellung von Kennzahlen bei Chrysler, Graz, Österreich

Das ***Selbstverständnis der Führungskräfte*** bestimmt in entscheidendem Maße die Weiterentwicklung von Mitarbeitern und Optimierung der Prozesse. Nach dem Motto „***Walk the Talk***" (sinngemäß übersetzt = ‚Begehe das Besprochene') ist die Führungskraft aufgefordert, seine vorgegebenen Prinzipien durch entsprechende Präsenz in den Produktionsbereichen gegenüber seinen Mitarbeiter vorzuleben. Die Hauptgebiete der Führungskräfteschulung beziehen sich auf:

- ***Denken in Systemen***: Die Führungskraft sollte Problemlösungen bereichsübergreifend vorantreiben und das Unternehmens als Ganzes begreifen
- ***Coaching***: Ziele sollten gemeinsam mit den Mitarbeitern vereinbart werden; die FK als Ansprechpartner bzw. Berater dem Mitarbeiter zur Seite stehen. Der Fokus liegt also weniger auf Führung im traditionellen Sinne, sondern Begleitung von Problemlösungsprozessen, die prinzipiell durch die Kreativität der Mitarbeiter getragen werden.
- ***Effektives Delegieren***: Bei der Delegation von Aufgaben sollen nicht nur die Inhalte, sondern ebenso die Verantwortung zu deren Erfüllung und die Vereinbarung von klaren Zielgrößen verabredet werden. Der Mitarbeiter wird also nicht beaufsichtigt, sondern kann sich anhand der klar definierten Zielgrößen eigenständig auf Zielerreichung hin kontrollieren.
- ***Problemlösung***: Hier werden die später in Kapitel 3.6.1.5 *Robuste & fähige Prozesse* genannten Problemlösungsinstrumente angesprochen. Unter Vermeidung von fertigen Lösungen soll dem Mitarbeiter die Chance zum Einbringen seiner Kreativität und damit zur Identifikation mit seinen Problemlösungen gegeben werden.

3.6.1.3 Das Element Ausgewogene Produktionsprogramme

Ausgewogene Produktionsprogramme sind gekennzeichnet durch eine gleichmäßige Verteilung von Fahrzeugen bzw. Produkten unterschiedlich hohen Bearbeitungs- und Montageaufwandes. In der Automobilbranche wird hier von einem ausgewogenen Modell-Mix[132] gesprochen. Das Produktionsprogramm orientiert sich am Kundenbedarf und führt zu einer Harmonisierung der Fertigung. Zur Realisierung eines ausgewogenen Produktionsprogrammes sind Maßnahmen der Kapazitäts- und Prozeßplanung, der Produktionsplanung und –steuerung sowie der Materialflußplanung erforderlich. Ähnlich dem TPS nutzt das COS die Werkzeuge ***Just-in-Time, Kanban, Fließfertigung*** (‚One-Piece-Flow') und ***Pull System***.

Als ***weitere Optimierung der bedarfsorientierten Materialversorgung*** wird auf die Benutzung von Kanban-Karten verzichtet. Signal bzw. Impuls für die erneute Bereitstellung ist in der Materialversorgung die Rückgabe eines leeren, teilespezifischen Behälters sowie der freie Ablageplatz eines Teiles in der Fließfertigung.

3.6.1.4 Das Element Verbesserungsaktivitäten (‚Value Added Activities')

Nicht-wertschöpfende Tätigkeiten umfassen leider in Betrieben immer noch den größten Teil der Aktivitäten. Zusammen mit ***reinen*** Verschwendungen prägen sie den Arbeitsalltag. Studien behaupten, daß 70-80% aller Tätigkeiten in Industriebetrieben nicht zur Wertsteigerung beitragen. Neben der unnötigen Vernichtung von Rohstoffen und Energie stellen die Tätigkeiten Umfänge dar, für die der Kunde nicht bereit ist zu zahlen. Ziel sollte daher die Umkehrung des Verhältnisses von wertschöpfenden zu nicht-wertschöpfenden Prozessen sein.

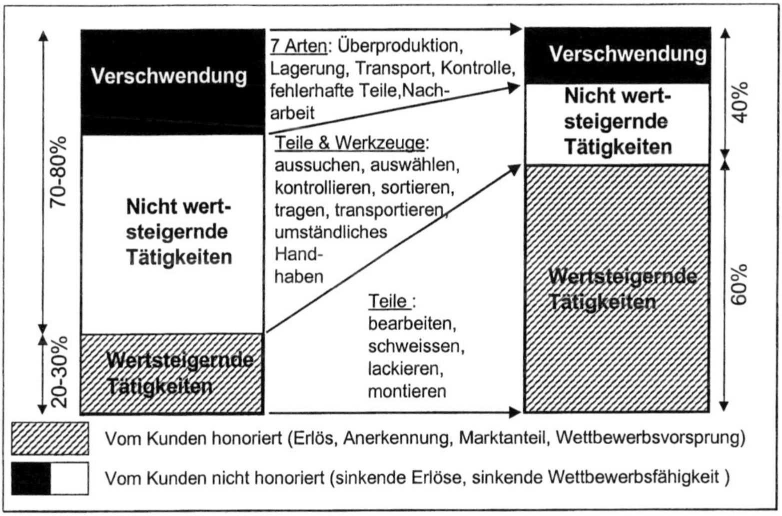

Bild 3.6.1.4.b: Eliminierung von nicht-wertschöpfenden Prozessen

Ein ***betriebliches Vorschlagswesen*** motiviert Mitarbeiter zum Überdenken der aktuellen Produktionsprozesse. Die Prämienermittlung erfolgt durch den Vorgesetzten und kann bis zu 20% der erwarteten Jahreseinsparung betragen. Darüberhinaus werden oftmals Sach- und Sonderprämien, z.B. in Form von Incentive-Wochenendreisen mit dem Ehepartner gewährt.

[132] Vgl. Kapitel 3.1.2.5.1 *Heijunka – Produktionsnivellierung*

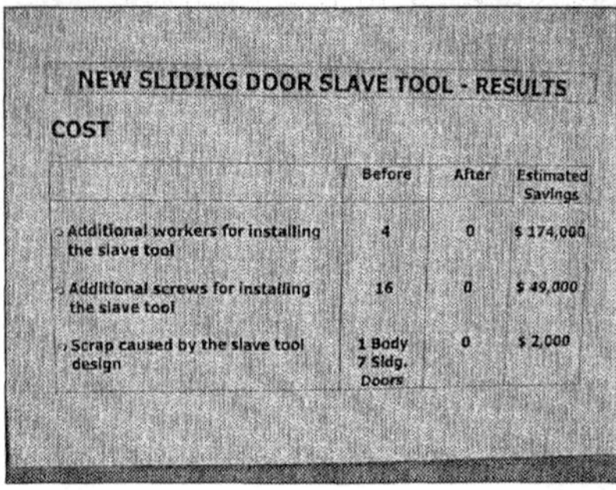

Bilder 3.6.1.4.c & d: Visualisierte Workshopergebnisse und Probleme-Gegenmaßnahmen-Liste

Ähnlich den Kaizen-Wochen bei der Mercedes-Benz do Brasil, werden auch in den Chrysler Werken sogenannte ***Workshops***, bestehend aus einem Moderator und einem interdisziplinär besetztem Mitarbeiterteam durchgeführt. Der Begriff ‚Workshop' steht hier für das zielorientierte Erarbeiten von Verbesserungen in Teams, wobei mit möglichst geringem finanziellen Einsatz Verbesserungen zu realisieren sind. Schnelles und unkompliziertes Vorgehen kennzeichnet die Workshops nach dem Grundsatz ‚Just do it'. Voraussetzung ist jedoch, daß die Teammitglieder hinsichtlich des zu bearbeitenden Themas über ausreichende Kompetenz (sowohl erfahrungsseitig als auch zur kurzfristigen Neustrukturierung eines Produktionsabschnitts) sowie zeitlichen und werkstattseitigen Freiraum zur Umsetzung von Ideen verfügen.Die Ergebnisse eines Workshops werden aufbereitet und am Ende den betroffenen Bereichen präsentiert. Die abschließende Dokumentation der Aktivitäten erfolgt in einer Datenbank. Wichtig ist, daß im Anschluß des Workshops kurz- und mittlfristige Maßnahmen der Zielerreichung festgelegt werden.[133]

Bilder 3.6.1.4.e & f: Beispiele für Verbesserungen (Lineside-Limousine & Palettenrückführung durch Gravität)

3.6.1.5 Das Element Robuste und fähige Prozesse

Ein Produktionsprozeß wird als robust definiert, wenn er wenig Sensitivität gegenüber wechselnden Einflußparametern aufweist. „Das fundamentale Prinzip einer robusten (Prozeß- oder Produkt-) Gestaltung ist die Verbesserung der (Prozeß- oder Produkt-) Qualität durch die Herabsetzung seiner Empfindlichkeit gegenüber Umgebungseinflußschwankungen ohne die Schwankungen (die z.B. unregelmäßiger Natur und damit nicht kontrollierbar sind) eliminieren zu müssen"[Kol95].

---

[133] Im Rahmen eines ‚30Tage Planes' werden Aktivitäten zur Umsetzung der festgelegten Prozeßänderungen definiert, mit Verantwortlichen besetzt und in regelmäßigen Abständen überprüft. Darüberhinaus werden mittelfristig im Verlauf eines Jahres die Auswirkungen einer Maßnahme auf den Produktionsbereich und seine Schnittstellen überwacht.

Diese Robustheit wird durch die Optimierung von Produkt oder Prozeß dahingehend erreicht, daß sie minimal empfindlich gegenüber der Vielzahl von Änderungen von Umgebungseinflüssen ist. Dieser Prozeß wird als „Parameter Design“ bezeichnet.

Im COS werden ***vier Basisgrundlagen*** als Voraussetzung für robuste und fähige Prozesse genannt:

- Organisation des Arbeitsplatzes: ***5S*** – d.h. fünf Schritte zum optimalen Arbeitsplatz,
- Definition der Arbeitsmethode: ***SOP's*** – Standardized Operating Procedures (Standardisierte Arbeitsmethoden)
- Überwachung der Prozesse: ***SPC*** – Statistische Prozeßkontrolle
- Vorbeugende Instandhaltung: ***PM*** – Präventive ‚Maintenance‘

Die meisten Instrumente bzw. Prozesse, welche im COS unter der Rubrik Robuste und Fähige Prozesse aufgeführt werden, wurden bereits in vorherigen Kapiteln beschrieben – an dieser Stelle soll daher nur kurz auf sie eingegangen werden.

5S – 5 Schritte zum optimalen Arbeitsplatz: In Anlehnung an das TPS finden sich im COS ebenso die japanischen Begriffe Seiri, Seiton, Seiso, Seiketsu und Shitsuke[134] wieder.

Standard Operating Procedures SOP : vergleiche Kapitel 3.1.2.6 *Das Element Standardisierung*

Die ***Stationstafel*** enthält die wichtigsten Informationen für die Mitarbeiter. Zu den dort ausgehängten Dokumenten zählen die sogenannte ***Technician Station Guideline***, welche eine Übersicht zur aktuellen Austaktung der Station gibt, graphische Arbeitsanleitungen und SOP's sowie allgemeine Informationen zum Qualitätsaudit, dem KVP-Prozeß, Vorschlagswesen, Arbeitsplatzsicherheit, sowie Richtlinien für Sauberkeit und Ordnung.

Als weitere Maßnahme zur Sicherstellung robuster Prozesse fördert Chrysler den ***Problemlösungsprozeß***. Als Werkzeuge werden die 5W (Warum) Fragetechnik sowie die Ursachenanalyse (‚Root Cause Analysis‘) genannt.[135] Im Chrysler-Geschäftsbereich Jeep wurde in diesem Zusammenhang ein ***Problemlösungsablauf*** definiert, welcher in 8 Schritten die administrative Bearbeitung von aufgetretenen Problemen festgelegt – im Sinne des Lernens aus Fehler und der Wiederholvermeidung, wurde dazu eine ***Problemlösungsdatenbank*** angelegt, welche Probleme in allen Phasen ihrer Bearbeitung dokumentiert und Aufschluß über die Problemlösungskapazität des Unternehmens gibt. Probleme sind damit einzelnen Produktionsabschnitten zugeordnet und durch die Benennung von Kümmerern und Deadlines ist die geordnete Problembeseitigung gewährleistet [Chr97].

3.6.2 Einführung des COS am Beispiel Eurostar Graz

Die Einführung des COS wird durch einen systematischen Ansatz unter Zuhilfenahme von Instrumenten, Soll-Ist Vergleichen sowie einem Steuerkreis unterstützt. Die werksspezfische Einführung des COS, die einzelnen Instrumente sowie der notwendige Zeitbedarf sollen ***beispielhaft an dem Voyager-Minivan-Montagewerk in Graz, Österreich*** aufgezeigt werden. Das Grazer Werk produziert seit 1991 als erster europäischer Chryslerstandort erfolgreich mit einem Produktionsvolumen von 55000 Einheiten im Jahr den Chrysler Minivan für den europäischen Markt. In direkter Nachbarschaft befindet sich das Unternehmen SFT[136], welches sowohl bei Beschaffung und Logistik als auch in Fragen eines gemeinsamen Produktionssystems kooperiert.

3.6.2.1 Instrumente der COS-Einführung

Zur Einführung des COS wurden mehrere unterstützende Instrumente eingesetzt, deren Fokus auf beispielhafter Vermittlung der COS-Vorteile sowie hoher Integration der Mitarbeiter zielt:

---

[134] Vgl. Kapitel 3.3. *Das Toyota Produktionssystem*

[135] Sowohl die 5-Warum-Fragemethode als auch die ‚Root Cause Analysis‘ sind Analysetechniken, deren streng formalistischer Ablauf zur methodischer Untersuchung eines Problems zwingt, voreilige Schlüsse vermeidet und so die wirkliche Ursache eines Problems erkennen läßt. Probleme werden beschrieben, erörtert (was, wann, wo, Tragweite), Ursachen entwickelt und deren wahrscheinlichste verifiziert.

[136] SFT stellt ein Joint-Venture der Unternehmen Steyr-Daimler Puch (49%) und Chrysler (51%) dar. Steyr-Daimler Puch ist ein traditionsreiches österreichisches Automobilunternehmen, welches sich auf die Montage bzw. Modifizierung von Allrad- Fahrzeugen spezialisiert hat – u.a. werden hier in Auftragsfertigung die Mercedes-Benz Allrad Versionen ‚4-Matic‘ montiert. In Lizenz werden ebenso die Mercedes-Benz G-Klasse sowie baugleich der Puch-Geländewagen montiert. Seit 1992 wird bei SFT der Chrysler Geländewagen ‚Grand Jeep Cherokee‘ sowie seit 1999 die Mercedes-Benz M-Klasse montiert.

COS-Kurse zur Vermittlung von Basiswissen: Die Elemente des COS werden den Mitarbeitern in mehreren Kursen vermittelt – Fallstudien, Diskussionen, Rollenspiele, Simulationen verdeutlichen dabei die Funktion jeden einzelnen Produktionssystemelementes.

Die Kurse werden ‚top-down', d.h. durch die Führungskräfte jeder Hierarchiestufe an deren Mitarbeiter weitergegeben. Dieses kaskadische Trainingsprinzip garantiert Identifikation der Mitarbeiter als Trainer mit den Inhalten und sorgt dafür, daß jeder Mitarbeiter angesprochen wird.

Das Training erfolgt in drei Schritten: a) Vorbereitung auf den Kurs, b) Schulungen und Diskussionen im Klassenzimmer und c) aktive Umsetzung des Erlernten im Produktionsbereich. Parallel werden den Mitarbeiter in sogenannten ‚***Topic Focused Training***' Kursen (TFT) Methoden und Techniken zu Ursachenanalyse, Workshopmoderation, SPC, etc. vermittelt.

Learning Laboratory Line: Innerhalb einer Beispielmontagelinie werden neue Verfahren oder Elemente des COS auf ihre Anwendungsfähigkeit überprüft – dies gewährleistet, daß sie in einem überschaubaren Bereich auf Wirkung und Interferenz mit anderen PS-Elementen getestet werden können, *bevor* sie unternehmensweit eingeführt werden. Bei der Auswahl einer Montagelinie als ‚LLL' sollte darauf geachtet werden, daß deren Mitarbeiter ein hohes Maß an Flexibilität aufweisen.

Best Practise Sharing (Austauschen guter Beispiele): Durch werksübergreifenden Austausch und anschließender Ausstellung von Ergebnissen in den Produktionsbereichen werden Mitarbeiter zur Weitergabe von Optimierungspotentialen aufgefordert.

3.6.2.2 Überprüfung / Steuerung der COS-Einführung

Für die Einführung der COS-Standards wurde ***als Modellablauf*** ein ***fünf-stufiger Phasenplan*** gewählt, welcher durch interne Chrysler-Auditoren auf Erfüllung hin kontrolliert wurde. Der Ablauf deckt sich in seinen Phasen mit dem PDCA-Ansatz[137].

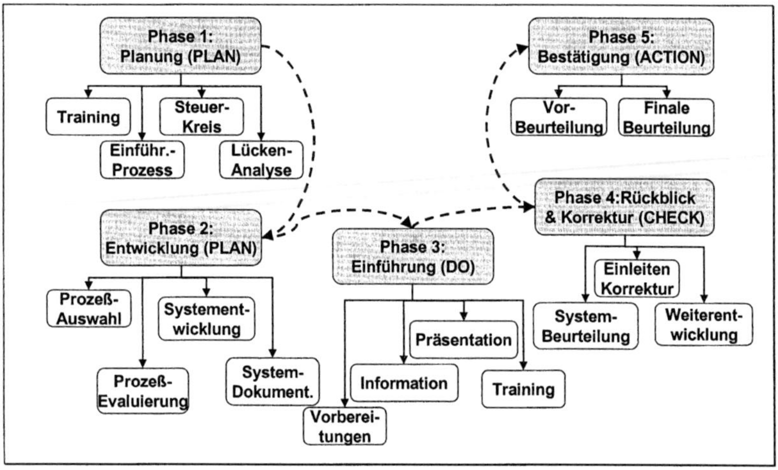

Bild 3.6.2.2.a: Fünfstufiger Phasenplan der COS-Implementierung [Chr97]

Steuerkreis & Vorgehensweise: Mit Beginn der COS-Einführung im Herbst 1997 wurde ein gemeinsamer Steuerkreis, bestehend aus einem interdisziplinär besetztem Team aus Führungskräften und COS-Experten, gebildet, welche alle Aktivitäten entlang den Phasen der Einführung überwachte und bei erkennbaren Abweichungen eingriff. Der Steuerkreis bestand sowohl aus Vertretern des Standortes in Graz als auch Fachexperten der US-Mutter aus Funktionalbereichen, die entsprechende Fachkenntnisse einbrachten. Daneben waren in koordinierender Funktion Mitarbeiter der Chryslerweiten COS-Gruppe vertreten.

---

[137] Vgl. Kapitel 3.1.2.7.2.1 Arbeitsplatzorganisation nach 5S und dem PDCA-Zyklus

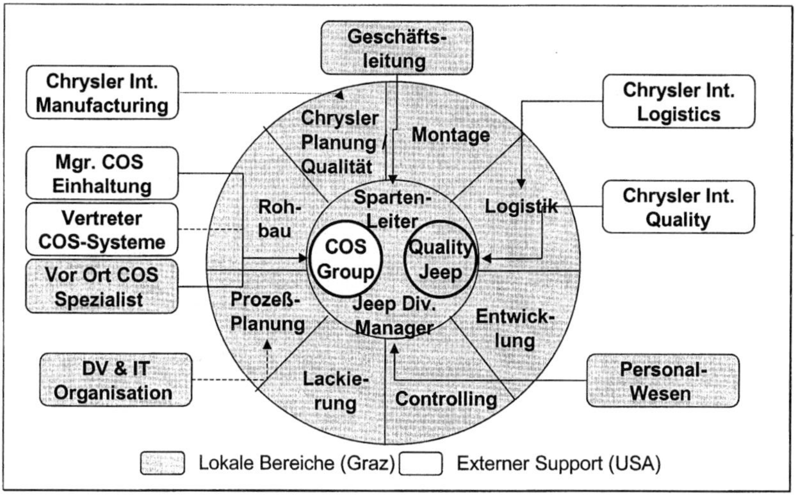

Bild 3.6.2.2.b: Steuerkreis der COS-Implementierung [Chr97]

Beispielhaft soll hier nochmals der ***Einführungsprozeß*** abgebildet werden, wie er, ausgehend vom theoretischen Modellablauf, in der Praxis bei Chrysler Graz stattgefunden hat. Die Einführung des COS geschah bei SFT und Chrysler Graz über einen Zeitraum von ca. 14 Monaten. Die Aktivitäten dieses Prozesses lassen sich jeweils bis auf das eigentliche COS-Mitarbeitertraining, in überlappende Phasen von 2-3 Monaten einteilen.

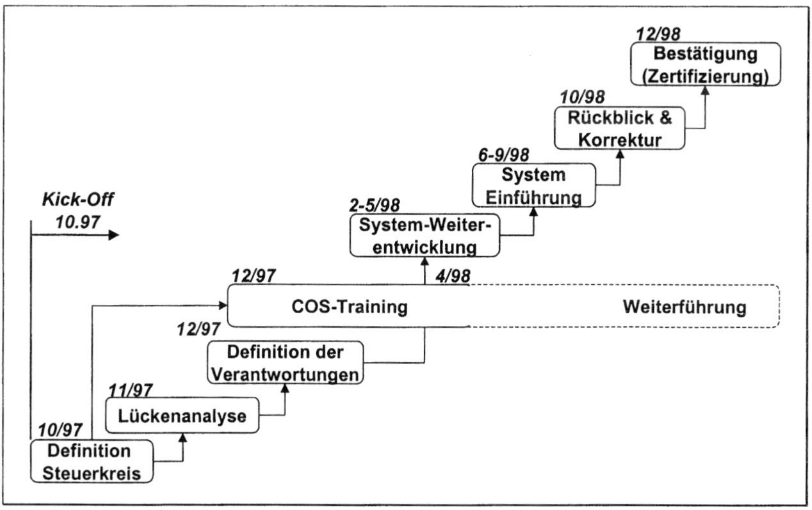

Bild 3.6.2.2.c: Vorgehensweise der COS-Implementierung

Bezogen auf die Werksgröße von ca. 1500 Mitarbeiter bei Chrysler und 1000 bei SFT, welche aufgrund ihrer Unternehmensvorgeschichte bereits vorgefaßte Verhaltensweisen aufwiesen, ist ein ***Zeitraum von 14 Monaten als sehr anspruchsvoll*** zu werten! Im Hinblick auf die Übertragung dieses Einführungszeitraums auf andere Brownfields muß darauf hingewiesen werden, daß es sich bei Eurostar um eine neuwertige, großzügig ausgebaute Fabrik (seit 1991) handelt, welche die Voraussetzungen für Arbeitsorganisation nach den 5S und Visual Management erleichterte.

3.6.3 Zusammenfassung

Das Chrysler Operating System (COS) unterscheidet sich von den vorherigen TPS-Derivaten insbesondere durch die Art seiner Darstellung als Fluß bzw. zeitlicher Verlauf. Es setzt auf den Werten des Unternehmens auf, die einen deutlichen Schwerpunkt auf zufriedene Kunden und Mitarbeiter legen. Über Haupt- und Unterelemente verzweigt sich das COS bis zur Bereitstellung von Umsetzungswerkzeugen und geeigneten Meßgrößen. Ergebnisse des Flusses sind schließlich die angestrebten Unternehmensziele.

Vergleicht man das COS hinsichtlich seiner PS-Elemente mit den obengenannten Produktionssystemen, ist eine vergleichsweise hohe Kongruenz festzustellen. Als zusätzliches Element ist hier die ‚Klarheit über Rollen und Verantwortung' zu nennen, die entsprechende Transparenz bei der Verantwortungsdelegation und Einbindung der Mitarbeiter schaffen soll. Hohe Bedeutung hat, ähnlich der Mercedes-Benz do Brasil, die Visualisierung und bereichsbezogenen Zuordnung von Produktivitätskennzahlen.

Im Rahmen einer ausgiebigen Besichtigung des Chryslerwerkes in Graz, Österreich, konnte die Ausgestaltung des relativ neuen Werkes im Hinblick auf bekannte PS-Elemente als vergleichbar eingestuft werden. Wichtig ist ebenso, daß die Einführung des COS in Graz erst mit der konzernweiten Verbreitung im Jahr 1997 stattfand, also 6 Jahre nach Werkseröffnung. Nach Aussagen der Produktionsleitung sind die Konzepte des COS ohne Komplikationen von der Belegschaft angenommen worden, u.a. ein Zeichen für den hohen Grad an Übertragbarkeit eines Produktionssystems – sofern der Wille zur positiven Veränderung und die Überzeugung für dessen Notwendigkeit entsprechend vermittelt werden kann!

3.7 Das DaimlerChrysler Produktions-System (DCPS)

Im Zuge des Mergers der Daimler-Benz AG und der Chrysler Coorporation wurden im Sommer 1998 sogenannte ***Post-Merger-Integrationsteams*** (PMI) gebildet, welche durch die Bearbeitung von Hauptthemen des Mergers die Unternehmen innerhalb einer Frist von maximal 2 Jahren zusammenführen sollten.

Nachdem das Mercedes-Benz Produktionssystem in seiner zusammenfassenden Darstellung zunächst nur wenig Initiative für eine konzernweite Einführung erfuhr[138], erhielt das Thema *Produktionssystem* durch den Einfluß Chryslers eine deutlich gestiegene Bedeutung. Während Daimler-Benz bis zu diesem Zeitpunkt nur sporadisch Erfahrungen mit Produktionssystemen gesammelt hatte[139], konnte Chrysler auf einen fünfjährigen Prozeß der fast konzernweiten erfolgreichen Einführung zurückblicken. Ebenso waren Chrysler neue Produktionskonzepte nach dem Vorbild der japanischen Transplants in den USA lange als ernstzunehmende Konkurrenz bekannt.

In Anlehnung an die übrigen PMI-Teams, wurde ein ***paritätisch besetztes Team*** aus Werksvertretern bzw. Produktionssystemspezialisten beider Unternehmen zusammengestellt. Im ersten Schritt galt es im Rahmen einer Bestandsaufnahme sich gegenseitig über die bestehenden Voraussetzungen zu informieren. Die ersten Probleme wurden bei dem Versuch der ***Integration ungleicher ‚Reifezustände'*** deutlich. Das COS galt als abgeschlossen und überwiegend eingeführt in den Chrysler-Standorten während das MPS nur eine Sammlung verschiedener Einflüsse darstellte, die ebenso sporadisch eingeführt waren.

Zu beachten galt es zudem, daß neben zwei unterschiedlichen Formen der Produktionsorganisation ebenso zwei unterschiedliche Kulturen zusammengeführt werden mußten – das Verständnis eines Produktionssystem also auch einer ***kulturspezifischen Auslegung*** bzw. ***Interpretation*** unterlag.

Nachdem sich die Arbeitsgruppe auf die prinzipiellen Inhalte eines Daimler-Chrysler Produktionssystems geeinigt hatte, wurde in Abbildung 3.7.a der Versuch einer grafischen Darstellung unternommen:

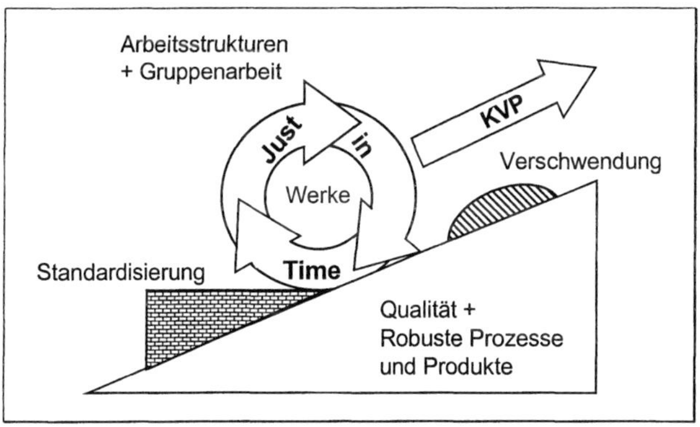

Bild 3.7.a: Darstellung des DCPS

Just-in-Time ist der treibende Prozeß bei der stetigen Optimierung der Produktionsabläufe, mit dem Ziel der ***Kontinuierlichen Verbesserung*** unter ***Beseitigung von Verschwendung***. ***Standardisierung*** sorgt dafür, daß erreichte Prozeßoptimierungen beibehalten werden können und nicht wieder in gewohnte Abläufe zurückfallen. Als Fundament für diesen Weg sind Instrumente der ganzheitlichen ***Qualitätssicherung*** (Total

[138] Das Mercedes-Benz Produktionssystem wurde in seinen Grundaussagen und Zielsetzungen prinzipiell von Seiten des Werkleiterkreises getragen – es gewährte jedoch jedem Werk die spezifische Auslegung bzw. Anpassung an bestehende Verhältnisse. Weiterhin fehlte es an einem eindeutigen Bekenntnis und einer Direktive seitens des Produktionsvorstandes, die Elemente des MPS unternehmensweit verbindlich einzuführen. Detaillierte, verpflichtende Zeitpläne zu seiner Einführung wurden weder von den Werken vorgelegt bzw. seitens des Vorstandes eingefordert – dem MPS schien eine untergeordnete Bedeutung als reines Schrifttum zuzukommen.

[139] Die Werke Rastatt und Juiz de Fora, Brasilien (A-Klasse) sowie Tuscaloosa, USA (M-Klasse) hatten erste Produktionssysteme in Anlehnung an das Toyota Production System eingeführt, allerdings zum Zeitpunkt des Mergers erst seit ca. 1 Jahr praktiziert – verbunden mit typischen Anlaufproblemen neuer Standorte und Produkte erschien eine Aussage hinsichtlich der Effektivität eines Produktionssystems im Vergleich zu bestehenden Formen der Produktionsorganisation verfrüht.

Quality Management) und ***fehlersichere, ‚robuste' Prozesse*** und Produkte erforderlich. Betroffen von diesem Prozeß der stetigen Optimierung sind ***Arbeitsstrukturen*** bzw. die Arbeit in Teams (***Gruppenarbeit***). Die Kraft zur Erhaltung und weiteren Verbesserung eines Produktionssystems liegt in seiner ***teamorientierten Belegschaftsstruktur***. Werker, Ingenieure und Führungskräfte arbeiten zusammen, um Verschwendung zu eliminieren und die Prozesse zu optimieren. Die beschreibenden ***Kennzeichen des Führungsstils*** sind frei-zugängliche Informationen, Gruppenarbeit, Aufgaben- und Verantwortungsdelegation, Leistungen basierend auf Zielvereinbarungen.

Die ***unternehmensinterne Definition*** beschreibt das entstandene ‚Daimler Chrysler Produktionssystem' (DCPS) als ein integriertes Modell, welches aufzeigt, wie Prozesse innerhalb der DaimlerChrysler Produktionsbereiche geplant, eingeführt und aufrechterhalten werden sollten. Das Modell beschreibt, wie wir Automobile produzieren und wie wir das Unternehmen führen"[Dai99]. Das DCPS versteht sich als Summe von ***fünf Subsystemen*** sowie insgesamt ***fünfzehn nachgelagerten ‚Operating Principles'*** (Betriebsprinzipien), wobei das resultierende Gesamtmodell größer als die Summe seiner einzelnen Elemente ist.

Folgende Fragen wurden im Zusammenhang mit der Einführung des DCPS behandelt:

<u>Warum</u> muß ein Produktionssystem eingeführt (und betrieben) werden? Die heutige Weltwirtschaft ist gekennzeichnet durch extrem konkurrenzfähige Unternehmen, welche ihren Kunden qualitativ hochwertige Produkte zu wettbewerbsfähigen Preisen bei kürzester Beschaffungszeit (just-in-time) bereitstellen. Keine dieser Forderungen (Qualität, Preis und Bereitstellung) kann heute mehr vernachlässigt werden. Unternehmen sind mehr als Gebäude, Einrichtungen, Maschinen und Kapital. Unternehmen unterscheiden sich heute durch die Art und Einstellung seiner Mitarbeiter, welche das eigentliche, das sogenannte ‚Human Kapital' darstellen. Ein Unternehmen wie DaimlerChrysler zollt seinen Mitarbeitern durch die Bereitstellung von sauberen, effizienten, sicheren und verschwendungsfreien Arbeitsplätzen entsprechend hohen Respekt.

<u>Wer</u> ist an der Einführung des DCPS beteiligt? Art und Umfang des Änderungsprozesses, welche die Einführung eines neuen Produktionssystems umschreiben, erfordern die Einbindung jedes einzelnen Mitarbeiters. Damit sind das durchgängige Verständnis der ‚Operating Principles' sowie die tatkräftige Mitarbeit bei der Umsetzung der Produktionssystem-Elemente gemeint.

<u>Wo</u> wird das Produktions-System eingeführt? Obwohl das DCPS prinzipiell auf alle betrieblichen Abläufe angewendet werden sollte, liegt der Fokus in der Produktion. Durch die Bearbeitung von Rohstoffen zu Halbfertig- und Fertigteilen und die spätere Montage zu Fertigprodukten findet in jeder Bearbeitungsstufe kontinuierlich eine Wertschöpfung statt. Durch die anschließende Veräußerung der Produkte ergibt sich ein sofortiger Rückfluß sowie eine Verzinsung des eingesetzten Kapitals. Das DCPS kann durch Eliminierung von nicht-wertschöpfenden Prozessen insbesondere in der Produktion einen hohen Beitrag zur Steigerung von Unternehmensrendite und Wettbewerbsfähigkeit leisten.

<u>Wie</u> führen wir das Produktions-System ein? Ohne die spätere Einführung vorwegnehmen zu wollen (vgl. Kapitel 3.7.3 *Phasen der Integration / Strategie der Einführung*), liegt ein Schwerpunkt auf den beiden PS-Elementen ‚Fließfertigung' (des Hauptelementes ‚Just-in-Time') und ‚Arbeitsplatzorganisation (5S)' (des Hauptelementes ‚Standardisierung').

3.7.1 Der Integrationsprozeß MPS und COS

Das ***Ziel*** des Post-Merger-Integrations (PMI) Teams *Produktionssystem* war die Bildung eines gemeinsamen DaimlerChrysler Produktionssystems, welches aus Elementen des COS und MPS zusammenzuführen war. Die Aktivitäten des PMI-Teams gliederten sich in ***sieben Hauptschritte***:

1. ***Bestimmung der Subsysteme*** (Hauptelemente) und ihrer Operating Principles (Ausprägungen / Unterelemente / Werkzeuge)
2. Austausch zu bestehenden Elementen auf beiden Seiten – das Ergebnis einer Besuchs- und Dokumentationsreise war ein ***Handbuch***, welches Hauptelemente, Unterelemente und Werkzeuge detailliert beschreibt, u.a. unter Zuhilfenahme von Fotoabbildungen und als erste Orientierungshilfe für Trainer und Produktionsverantwortliche dienen soll
3. Ausarbeitung einer detaillierten ***Beschreibung*** des Produktionssystems.
4. Definition eines ***Implementierungsplans*** zur Einführung des neuen Produktionssystems, bzw. zur Aktualisierung bestehender Systeme und ‚Umschulung' der Mitarbeiter
5. Information der Werkleitungen sowie anschließender ***Verbindlichkeit*** zur Einführung
6. ***Kaskadenschulung*** & offizielles Kick-Off der werksseitigen Einführung

7. Gründung von ***PS-Büros*** in den Werken als unterstützendes, koordinierendes Element

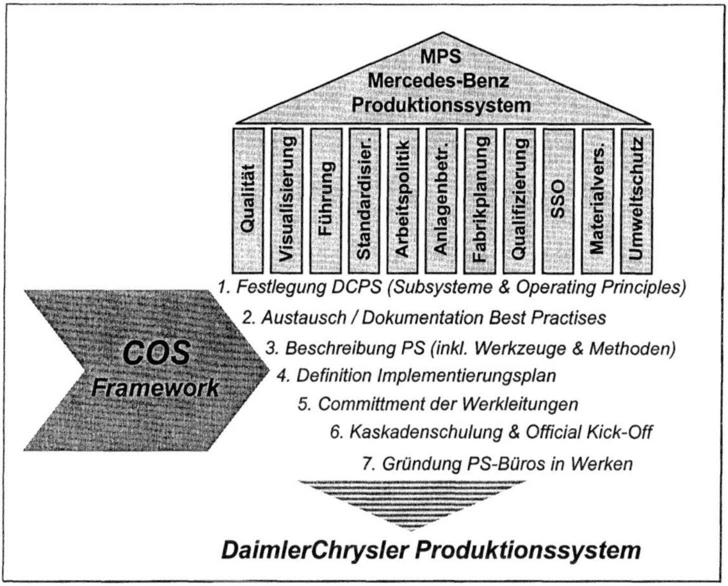

Bild 3.7.1.a: Schritte der Integration von MPS und COS

3.7.2 Subsysteme und Betriebsprinzipien des neuen Systems

Im Rahmen der vergleichenden Betrachtung von ‚Tempel'-Darstellung des MPS und dem COS-Framework wurde schnell eine ***hohe Übereinstimmung*** bei Haupt- und Unterelementen deutlich[140]. Die Ausprägung bzw. Art der verwendeten Werkzeuge wies auf beiden Seiten noch Potential für gegenseitiges ***Voneinanderlernen*** auf.

Um eine Vereinheitlichung beider Systeme zu garantieren, den Werken jedoch ***Flexibilität*** bei deren Ausgestaltung bzw. Erhaltung erfolgreich eingeführter Werkzeuge zu ermöglichen, wurde das DaimlerChrysler Produktionssystem (DCPS) einheitlich für die Ebenen Subsysteme (Hauptelemente) und Produktionsprinzipien (Unterelemente) festgelegt. Die darunterliegende Methoden-Ebene (Elementeausprägungen / Werkzeuge) sollte als Ziel weitgehend vereinheitlicht werden.

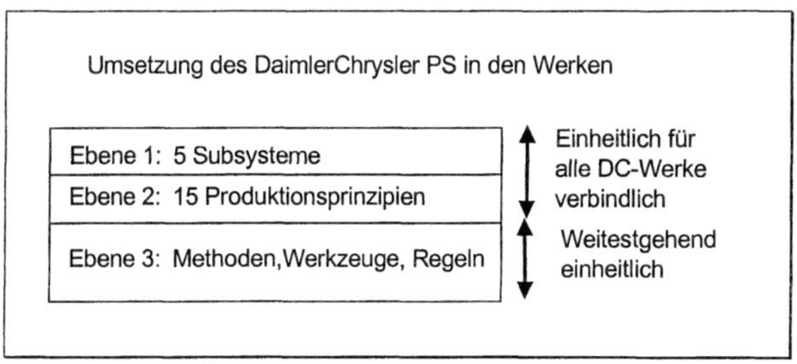

Bild 3.7.2.a: Übereinstimmung von Produktionssystemelementen

[140] Diese Beobachtung belegt erneut die gemeinsame Herkunft von MPS und COS als Derivate des Toyota Production System.

Nach ca. 6 Monaten häufiger Arbeitstreffen konnte vom PMI-Team ein DCPS mit den ***5 Subsystemen*** (Hauptelemente) *Arbeitsstrukturen und Gruppenarbeit, Standardisierung, Qualität und robuste Prozesse / Produkte, Just-in-Time* sowie *Kontinuierliche Verbesserung* definiert werden. Die Subsysteme gliederten sich wiederrum in ***15 Operationsprinzipien*** (Unterelemente).

Ebene 1: 5 Subsysteme	Arbeitsstrukturen + Gruppenarbeit					Stan-dar disie-rung		Qualität + robuste Prozesse + Produkte		Just in Time					KVP
Ebene 2: 15 Produktionsprinzipien	Führung	Klarheit von Rollen	Mitarbeiterbeteilig. + Entwickl.	Gruppenarbeitsstrukturen	Arbeitssich. + Umweltbewußts.	Standardisierte Methoden	Visuelles Management / 5A	Schnelle Problemerkennung + Fehlerbeseitigung	Stabile Prozesse / Produkte + präventives Qualitätsmgmt.	Kundenorientierung (in/extern)	Produktionsglättung	Pull Produktion	Fließfertigung	Taktfertigung (konstant)	Beseitigung von Verschwendung

Bild 3.7.2.b: Gesamtdarstellung aller Subsysteme und ihrer Operating Principles

3.7.2.1 Das Element Arbeitsstrukturen und Gruppenarbeit

Die Infrastruktur der Belegschaft ermöglicht es dem Unternehmen ein Produktionssystem auf weltspitze Niveau zu betreiben. Sie beschreibt die ***Rollen des Einzelnen im Unternehmen***, die Organisationsstruktur und betont die essentielle Beteiligung jedes einzelnen Mitarbeiters zur Erreichung der Unternehmensziele.

Die Fähigkeiten, Bemühungen und Kreativität der Mitarbeiter werden durch Programme und Systeme gelenkt, die auf gegenseitigem Vertrauen und Respekt basieren. Dieses Vorgehen verbindet technische und menschliche Bedürfnisse der Arbeit und führt auf diesem Wege eine Einbindung der Mitarbeiter herbei. Die Programme aus Arbeitsstrukturen und Gruppenarbeit stellen eine geordnete Anwendung der festgelegten Regeln bzw. Verfahrensweisen für alle Mitarbeiter sicher. Neben dem sogenannten ‚Policy Deployment'[141] werden damit ebenso die Rollen und Funktionen jedes einzelnen im Produktionsbetrieb beschrieben. Arbeitsstrukturen und Gruppenarbeit umfassen die ***folgenden Unterelemente***:

Führung - Durch die Umsetzung unserer Produktionsprinzipien und die Anwendung unserer Führungsinstrumente führen wir die Organisation zur Zielerreichung.

Klarheit von Rollen - Wir definieren eindeutige Aufgaben- und Systemverantwortlichkeiten auf allen Ebenen der Produktion.

Beteiligung und Entwicklung der Mitarbeiter - Die Fähigkeiten und Leistungsbereitschaft aller unserer Mitarbeiter sind wertvolle Ressourcen. Wir stellen sicher, daß sie nicht verschwendet werden. Wir fördern gemeinsam getragene Aktivitäten von Mitarbeitern, Führungskräften und Arbeitnehmervertretern, um unsere Ziele zu erreichen. Die Mitarbeiter sollen durch Qualifizierungsprogramme und verstärkte Beteiligung entwikkelt werden.

---

141 Unter Policy Deployment versteht man das systematische ‚Herunterbrechen' festgelegter Unternehmensrichtlinien (den sogenannten ‚Policies') über alle Hierarchieebenen hinweg.

Gruppenarbeitsstrukturen - Wir sollten Gruppenstrukturen mit einzelnen Teams anwenden, die zusammenarbeiten, um definierte Aufgaben gemeinsam zu bewältigen.

Arbeitssicherheit und Umweltbewußtsein - Arbeitssicherheit ist ein wesentliches Produktionsprinzip, das jeder Zeit beachtet wird. Das Unternehmen und alle Mitarbeiter arbeiten im Bewußtsein sozialer Verantwortung, indem sie Ressourcen erhalten und die Umwelt schützen.

3.7.2.2 Das Element Standardisierung

Standardisierung ist ein Grundpfeiler des DCPS und stellt sicher, daß jeder Prozeß von jedem Mitarbeiter über alle Produktionsschichten exakt gleich ausgeführt wird. Jeder standardisierte Prozeß stellt jeweils den aktuell bekannten sichersten und einfachsten Ablauf dar, welcher jedoch grundsätzlich Verbesserungsvorschlägen unterliegt. Standardisierung hilft bestehende Prozesse zu stabilisieren, d.h. Produkte gleicher Qualität bei gleichen Umfeldparametern zu erzeugen. Gleichzeitig beugt Standardisierung dem Rückfallen in vorherige, uneffektive Abläufe vor. Die Unterelemente der Standardisierung sind:

Standardisierte Methoden und Prozesse - Jede Methode und jeder Prozeß ist standardisiert, um eine sichere Ausführung zu gewährleisten, um Prozeßabweichungen zu verringern, um Qualität zu erreichen und um eine Grundlage für kontinuierliche Verbesserung zu bilden.

Visuelles Management - Die Produktionsprozesse sind so gestaltet, daß jeder Mitarbeiter auf einen Blick erkennen kann, ob die Produktion normal verläuft oder Störungen aufweist. Alle Information sind in verständlicher Form für alle Prozeßbeteiligten erkennbar. Alle Abweichungen werden sofort sichtbar. Dies wird durch die Arbeitsplatzorganisation nach den 5S unterstützt.

3.7.2.3 Das Element Qualitätsfokus & Robuste Prozesse und Produkte

Der Qualitätsfokus ist das Bemühen aller Mitarbeiter fehlerfreie Produkte herzustellen. Robuste Prozesse bzw. Produkte verringern ihre Sensitivität gegenüber Störeinflüssen.

Schnelle Problemerkennung und Fehlerbeseitigung – Abweichungen können schnell festgestellt und auf sie kann mit gründlicher Analyse und geeigneten Gegenmaßnahmen reagiert werden.

Robuste Prozesse / Produkte und präventives Qualitätsmanagement - Der Produktionsprozeß und die Produkte sind so gestaltet und werden so gepflegt, daß von Beginn an ein fehlerloser Prozeß sichergestellt und dauerhaft verläßliche Produkte mit hoher Qualität erzeugt werden können. Robuste Prozesse bedeuten ebenso, Produkte zu entwickeln, die in der Lage sind ihre Toleranzen zu halten und damit Produktionsabläufe stabil ablaufen zu lassen. ***Kundenorientierung (intern & extern)*** - Jeder Prozeß ist so zu gestalten und jede Arbeit so auszuführen, daß ausschließlich Produkte mit höchster Qualität (Null Fehler) in den nächsten Prozeß gegeben werden.

Prozeßaudit – eine Systematik mit der die Qualitäts-Management-Beauftragten in den Produktionsleistungszentren der verschiedenen Geschäftsbereiche die Erreichung ihrer Ziele messen können. Das Prozeßaudit wird zur Bewertung aller internen und externen Prozesse angewandt – das Netzwerk der Prozesse spannt sich dabei vom Lieferanten, über Marketing, Entwicklung, Produktion bis zum Vertrieb und den Kunden. Audits sind Instrumente des Qualitätsmanagements, um Vorbeuge- und Korrekturmaßnahmen zu identifizieren, zu veranlassen und zu überwachen und damit den Prozeßeigner zu unterstützen.

Auditaktivitäten erfolgen nach dem *Deming* Regelkreis „Planen – Durchführen – Analysieren – Verbessern". Prozeßaudits werden sowohl zur Bewertung interner Abläufe als auch präventiv im ***Produktentstehungsprozeß*** zur Bewertung der Lieferantenprozesse eingesetzt. Sie sind als Bestandteil der ***Quality Gates*** (QG) durchzuführen, um ein Ergebnis ‚Grün', ‚Gelb' oder ‚Rot' im Sinne einer Ampelaussage zu erhalten.

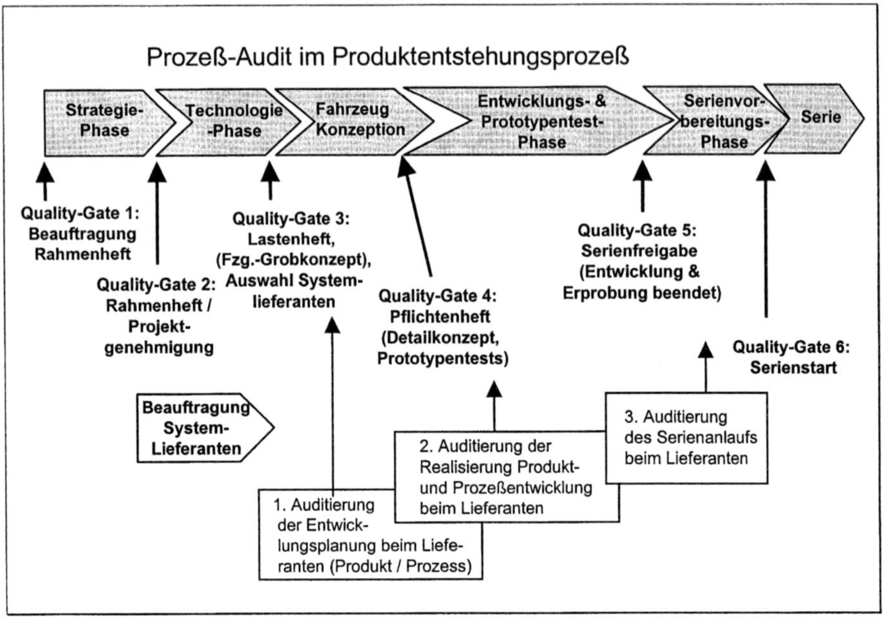

Bild 3.7.2.3.a: Externe Prozeßaudits im Produktentstehungsprozeß

3.7.2.4 Das Element Just-in-Time (Bedarfsorientierte Materialversorgung)

Just-in-Time als moderne Umschreibung einer bedarfsorientierten Materialversorgung ist die Produktion von Waren, welche der Kunde fordert, in der verlangten Menge, unter Verwendung nur des/der benötigten Materials, Einrichtungen, Arbeitskraft und Fläche. Die Unterelemente sind:

Produktionsglättung - Produktionsvolumen und Varianten sind geglättet, um einen ausgeglichenen Produktionsfluß sicherzustellen, um einen effizienten Materialfluß sowie gleichmäßige Auslastung der Produktionsmitarbeiter zu ermöglichen.

Pull Produktion - Jeder Produktionsprozeß fertigt oder montiert nur auf Nachfrage des nächsten Prozesses. Die Materialbewegung wird durch ein Signal des Abnehmers gesteuert (‚gezogen').

Fließfertigung - Der Produktionsprozeß ist so organisiert, daß er kontinuierlich in einer konstanten Taktrate von Beginn bis zum fertigen Produkt fließt (‚*Fließt wie ein Fluß, nicht wie ein See zu einem See*'). Der optimale Fluß ist Stück nach Stück. Dort wo Losfertigung notwendig ist, soll das Los so klein wie möglich sein.

Taktfertigung (entspr. Kundennachfrage) - Montagezahlen und Liniengeschwindigkeiten basieren auf Kundennachfrage. Jeder Prozeß ist so gestaltet, daß die Zykluszeit mit der Taktzeit korrespondiert, sich also ein möglichst geringer Taktausgleich ergibt. Im Sinne der gleichmäßigen Produktionsauslastung sollte das Produktionsprogramm versuchen, vereinzelnde Nachfrageschwankungen zu kompensieren.

3.7.2.5 Das Element Kontinuierliche Verbesserung

Die kontinuierliche Verbesserung ist ein Prozeß der ständigen Suche nach Optimierungen für den aktuell bestehenden Standard durch systematische Analyse und Entwicklung von kreativen Lösungen mit dem Ziel das Produktionssystem weiter zu stärken.

Beseitigung von Verschwendung – Durch die Verbesserung der 5 Meßgrößen des DCPS (Sicherheit, Qualität, Ablieferung, Kosten und Motivation - S,Q, A, K, M), unter kontinuierlicher Eliminierung von Verschwendung und Reduzierung von Durchlaufzeiten in der Produktion wird der Unternehmensertrag erhöht.

3.7.3 Phasen der Integration

Nach der theoretischen Systemdefinition des DCPS fand in zwei Folgeschritten der Austausch auf Werksebene und eine anschließende Dokumentation insbesondere der unterschiedlichen Ausprägungsbeispiele (Werkzeuge) statt.

3.7.3.1 Werksbesuche und Best-Practise-Handbuch

Das PMI-Team absolvierte innerhalb weniger Wochen eine ***Benchmarkingreise*** von 18 Daimler-Benz sowie Chrysler Werken in Europa, Mexiko, Brasilien und USA / Kanada. Nach einem vorab erarbeiteten ***Bewertungsmuster*** und ***standardisiertem Besuchsablauf*** wurden die 18 Standorte konsequent auf Beispiele bestehender Produktionssystemelemente untersucht.

Die besuchten Werke waren nicht grundsätzlich vergleichbar, sondern wiesen Unterschiede bei Produktionsprogrammen (Komponentenfertigung bis Gesamtfahrzeugmontage), Produktionsvolumen, Alter ihres Bestehens sowie Anzahl ihrer Beschäftigten auf. Damit war gewährleistet, daß die ***Definition eines gemeinsamen Produktionssystems für Standorte unterschiedlicher Ausprägung*** gültig ist.

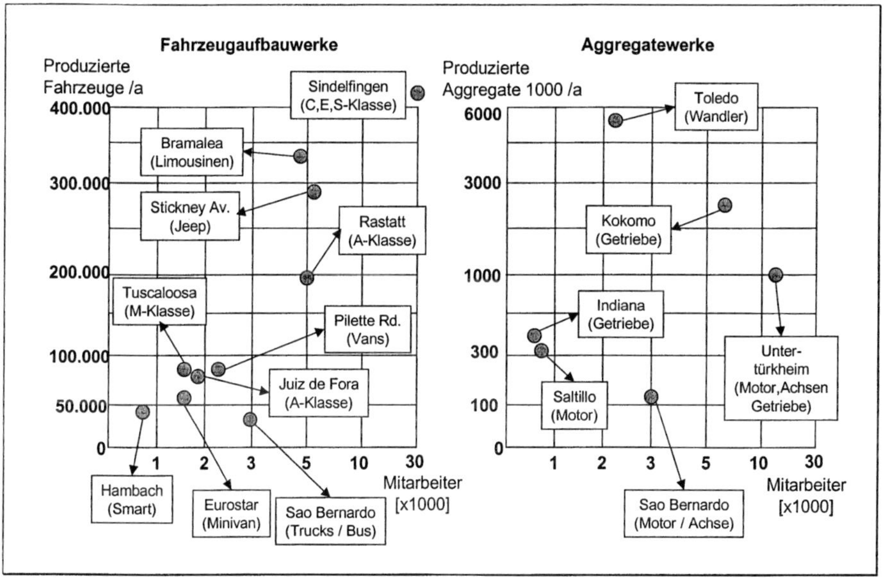

Bild 3.7.3.1.a: Übersicht der besuchten Werke

Zur Bewertung der besuchten Werke wurde vom PMI-Team im Vorfeld der Reise ein sogenanntes ‚***Accessment-Tool***' (Bewertungsinstrument) entwickelt. Für insgesamt 12 Merkmalsgruppen wurden Beispiel-Szenarienbeschreibungen in Klassifikationsgraden von 1-6 (mit 6 als bester Bewertung) vorgezeichnet. Während der Werksbesichtigung sowie in den anschließenden Diskussionen mit Werksvertretern, versuchten die Teilnehmer entsprechende Einstufungen der Produktionsbereiche mit den Beispielszenarien vorzunehmen.

Standardisierte Methoden & Prozesse	Arbeitsplatzorganisation nach den 5S	Total Productive Maintenance	Statistische Prozeßkontrolle
Schnelle Fehlerer-kennung und -behebung	Pull System	Produzieren zu konstanter Taktzeit	Kontinuierliche Fließfertigung
Ausgeglichenes gleichmäßiges Programm	Maßnahmen zur Mitarbeiter Entwicklung	Mitarbeiter Integration	Kennwerte-Erfassung / Darstellung in Produktion

Tabelle 3.7.3.1.b: 12 Merkmalsgruppen der Standortbewertung

Grad 1	Grad 2	Grad 3	Grad 4	Grad 5	Grad 6
Arbeitsinhalt nicht deutlich den Stationen oder Mitarbeitern zugewiesen Hohe Nacharbeit Geringe Reaktion bei Bandstopp / Anlagenstopp	Standard-arbeitsblätter (SAB) verfügbar, aber nicht genutzt Keine Markierungen / Bezeichnungen Sicherheits-standards vorhanden	SAB ausgehängt Arbeitsplatzorg. Nach 5S nur ungenügend Betriebsmittel unorganisiert Sicherheits-standards ausgehängt	Werker arbeiten nach SAB Keine Werker-beteiligung bei SAB-Definition Standards werden auditiert Sicherheits-standards werden befolgt	SAB gemeins. mit Werkern erstellt 5S /5A deutlich eingeführt ‚Footprinting' und ‚Labeling' Werker bleiben in ihrer Station Sicherheits-probleme aktiv erkannt und behoben	Standardisierte Arbeitsabläufe nicht nur für direkte Arbeiten sondern auch für Verwaltung und indirekte Aufgaben Stabile Produktion hinsichtlich Qualität und Quantität

Tabelle 3.7.3.1.c: Auszug der Klassifizierungsgrade zum Merkmal ‚Standardisierte Methoden & Prozesse' [Dai99]

Zudem wurden ***digitale Fotos von PS-Element-Ausprägungen***, d.h. Werkzeuge, Schautafeln, etc. aufgenommen. Diese wurden im Anschluß der Reise als sogenannte ‚Best Practise'-Beispiele ausgewählt und in einem Handbuch nebst Kurzbeschreibungen und Ansprechpartners in den jeweiligen Werken anschaulich zusammengefaßt. Ebenso werden im Handbuch die Voraussetzungen bzw. kausalen Zusammenhänge zwischen dargestellten Werkzeugen und anderen Instrumenten aufgezeigt. Durch die Auflistung von mehreren Bildbeispielen zu jeweils einem PS-Element, bietet das Handbuch dem Betrachter viele ***Hinweise zur Nachahmung***. Unklarheiten können über den genannten ***Werksansprechpartner auf Arbeitsebene*** unkonventionell per Telefon geklärt werden. Das Handbuch stellt damit eine einfache aber effiziente Lösung zur ***werksübergreifenden Verbreitung*** von sogenannten ‚Best Practises' dar.

3.7.3.2 Implementierungsplan

Für die Einführung des DCPS war eine ***Gesamtdauer*** von ***ca. 20 Monaten*** veranschlagt worden.

In der ***6-monatigen Phase I*** fand die oben beschriebene ***Erarbeitung des DCPS*** inklusive Besichtigungsreise der Werke und der Erstellung des Handbuches statt.

Die anschließende ***4-monatige Phase II*** widmete sich der ***Konzeption und Vorbereitung der Umsetzung***. Die Konzeption der Umsetzung umfaßte den Aufbau einer Implementierungsorganisation, die Einleitung verschiedener unterstützender Projekte sowie den Aufbau einer Mannschaft von PS-Spezialisten als Trainer bzw. Prozeß-Multiplikatoren. Ebenso war ein Trainingsprogramm festzulegen, welches die Schulung der Multiplikatoren detaillierte.

Parallel dazu erfolgte der Aufbau von ***Projektorganisationen*** in den einzelnen Werken. Elemente der Projektorganisation sind ein hauptamtlicher Projektleiter aus dem mittleren Management, dem disziplinarisch 3-5 PS-Spezialisten in Form von Mitarbeitern oder externen Beratern sowie pro 1000 direkten Mitarbeitern der Produktion jeweils 1 hauptamtlicher Trainer fachlich unterstellt sind. Um die PS-Einführung mit entsprechendem Nachdruck zu versehen, wird ein Vertreter der Geschäftsleitung als verantwortlicher Pate des Projektes benannt. Somit ist Unterstützung und regelmäßige Berichterstattung an das Top Management bzw. einen Steuerkreis des Werkes als Controllinginstanz gewährleistet. Räumlich wird das Projektteam in den Werken in sogenannten ***Produktionssystem-Büros*** zusammengefaßt.

In der ***5-monatigen Phase III*** werden in speziellen Workshops das obere Management über Ziele und Inhalte der Produktionssystem-Einführung informiert. Speziell angesprochen werden hier die Ebenen der Direktoren und Bereichsleiter.

Die ***Phase IV*** besteht aus ***vielen Teilprojekten*** von 3-6 Monaten Dauer und ist zeitlich zunächst unbefristet, jedoch mit der Einführung des Produktionssystems unternehmensweit abgeschlossen. Phase IV beinhaltet die Aufstellung einer ***Support-Organisation der Zentrale***, welche neben der konzeptionellen Unterstützung der Werke ebenso für einen ***Verbund der Werksaktivitäten*** sorgt und damit die ***Konformität*** der eingeführten Produktionssystemen gemäß dem DCPS sicherstellt. Weiterhin stellt sie PS-Spezialisten, welche die Ausbildung der werksseitigen Multiplikatoren wahrnehmen (‚***Train-the-Trainer***' Konzept).

Im Rahmen eines ***unternehmensweiten Kick-Off Tages*** wurden alle benannten Projektbeteiligten durch das oberste Management, dem Produktionsvorstand, nochmals auf die Ziele und Inhalte des Projektes eingeschworen.

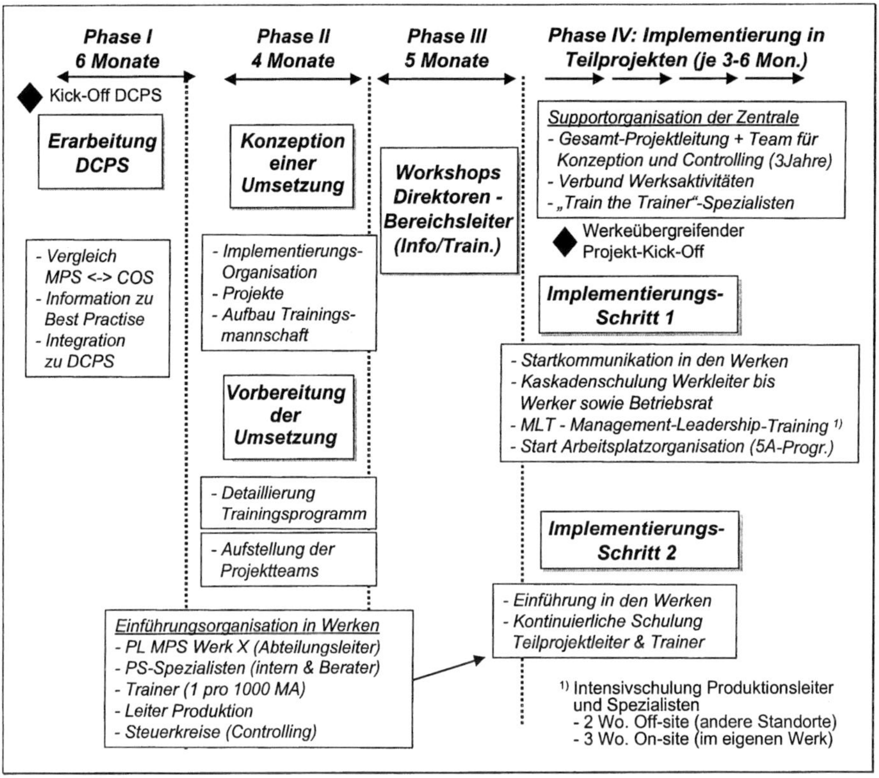

Bild 3.7.3.2.a: Strategie der Einführung des DCPS

In der ***Implementierungsphase 1*** erfolgte die Startkommunikation in den Werken. Kaskadenförmig wurden alle Mitarbeiter von der Werkleitung bis auf die Mitarbeiterebene geschult. Damit war jede Ebene sowohl ‚Schüler' als auch ‚Lehrer' und ein durchgehendes Verständnis der PS-Grundlagen gewährleistet. Die Produktionsleiter als auch die PS-Spezialisten durchliefen in Vorbereitung ihrer Schulungstätigkeiten ein ***Management-Leadership-Training*** (MLT)[142]. Als Grundlage für die Einführung vieler PS-Elemente galt die Organisation des Arbeitsplatzes[143] – ein entsprechendes 5A-Startprogramm war Beginn aller Aktivitäten in den Werken. Die ***Implementierungsphase 2*** umfaßte die eigentliche Einführung des Produktionssystems in den Werken anhand vieler Teilprojekte in den verschiedenen Produktionsbereichen. Parallel verläuft dazu aktuell die kontinuierliche Schulung von Teilprojektleitern und Trainern der Produktion.

3.7.4 Zusammenfassung

Das DaimlerChrysler Produktionssystem (DCPS) repräsentiert eine Synthese des COS und der verschiedenen Produktionssysteme in der vormaligen Daimler-Benz AG. Es umfaßt sowohl typische Elemente des Originals TPS wie z.B. Standardisierung, Pull System, Fließ- und Taktfertigung sowie

---

[142] Das Management-Leadership-Training (MLT) umfaßt die Schulung von Produktionssystem-Elementen im Rahmen von 2-wöchigen Praxis-Einsätzen an anderen Standortes (inklusive Auslandsstandorten) sowie 3-wöchigen Einsätzen im eigenen Werk. Anhand von praxisnahen Übungen zur Identifizierung und Einführung von PS-Elementen in den Produktionsbereichen wird den Teilnehmern ein Gefühl für die Überlegenheit von Produktionssystemen gegeben.

[143] Vgl. Kapitel 3.3. Das Toyota Production System

Beseitigung von Verschwendung als auch eher ‚deutsche' Aspekte wie Umweltschutz, Gruppenarbeit, Arbeitssicherheit und Arbeitspolitik / Führung.

Die im Jahr 1999 gestartete Einführung des konzerneinheitlich anzuwendenden Produktionssystems ist mit einem hohen Aufwand an Schulungs- und Koordinationsmaßnahmen und einer zentral geführten Fortschrittskontrolle ausgestattet. Während sich das DCPS überwiegend mit den bereits eingeführten PS-Standorten deckt, dürfte der Fokus auf der Umstrukturierung traditioneller Standorte, sowohl in den USA als auch in Deutschland liegen.

Während die 5 Haupt- und 15 Unterelemente verbindlich sind, wurde den Werken auf der Ausprägungsebene eine gewisse Flexibilität bei der Ausgestaltung von Werkzeugen und Instrumenten gewährt. Dies ist u.a. auf die Notwendigkeit der Integration von bereits bestehenden, erfolgreich betriebenen, Prozessen zurückzuführen. Im Interesse der zukünftigen Vergleichbarkeit von Standorten und der Nachvollziehbarkeit ihrer Effizienz ist jedoch einer zu starken Interpretation und damit ‚Verwässerung' von PS-Prinzipien vorzubeugen. Die Einflüsse des DCPS und das Maß der Verbindlichkeit bei deren Umsetzung wird in den nächsten Jahren Anlaß zu neuen Studien im DaimlerChrysler Konzern bieten.

3.8 Übersicht der Produktionssysteme

Heutige Produktionssysteme im Sinne der Arbeitsorganisationsform nach Toyota sind nahezu ausschließlich auf ihren Ursprung im Toyota Produktionssystem zurückzuführen. Unterschiede ergeben sich aus dem Grad ihrer Detaillierung hinsichtlich ihrer Darstellung und kulturellen Schwerpunkten. Im Rahmen eines standort- und herstellerübergreifenden Vergleichs sollen diese Unterschiede und Gemeinsamkeiten verdeutlicht werden. Folgende Produktionssysteme verschiedener Hersteller und Produktionsstandorte sind Bestandteil dieser vergleichenden Betrachtung.

Produktionssystem	***Form***	***Hersteller***	***Produkte***	***Beispiel-Standort***
TPS - Toyota PS	Haus	Toyota Motor Corp.	Camry, Van	Lexington,Kentucky, USA
APS - Audi Produktions.	Auto	Audi AG	Limousinen	Ingolstadt & Györ,Ungarn
COS - Chrysler Oper. Syst.	Fluß	Ehem. Chrysler Corp.	Voyager Van	Eurostar Graz, Austria
Kaizen / Sistema de Producao	Haus	DaimlerChrysler do Brasil	Lkw	São Bernardo, Brasilien
MBUSI-PS - Mercedes-Benz US International	Haus	Ex-Daimler-Benz AG	M-Klasse SUV	Tuscaloosa, USA
OPS - Opel PS	---------	Opel AG / GM	Astra	Eisenach
PPS - Porsche Produktions	PDCA	Porsche AG	Boxter, 911	Zuffenhausen & Finnland
RPS - Rastatter PS	Waben	DCAG-Werk Rastatt	A-Klasse	Rastatt
SPJ - Sistema de Producao Juiz de Fora	Fußball	DaimlerChrysler do Brasil	A-Klasse	Juiz de Fora, Brasilien
PROSYS – Produktions-system Mercedes-Benz	Haus	Ehemalige. Daimler-Benz AG	----------------	Reine Konzeptstudie ohne direkte Umsetzung

Tabelle 3.8.a: Produktionssysteme verschiedener Automobilhersteller

3.8.1 Produktionssystem-Elemente im Vergleich

Der Produktionssystem-Vergleich soll Aufschluß über Gemeinsamkeiten hinsichtlich ***Grundstruktur der Hauptelemente*** und Ausprägungen auf der Detailebene geben. Der Vergleich soll ebenso helfen, die durchgängig im TPS und vielen Derivaten vorhandenen Haupt- und Teilelemente auf eine allgemeingültige ***Idealdarstellung eines vollständigen Produktionssystems*** zu reduzieren. Die PS-Elemente sollen dann auf ihre Interdependenzen untereinander untersucht werden.

In einem ***ersten Schritt*** werden hier die genannten Beispiele in ihrer ***grafischen Darstellung***, d.h. z.B. als Haus, Tempel, Flußdiagramm bzw. Wabenstruktur verglichen. Die Darstellungsform deutet u.a. auf die Stellung der Elemente zueinander und ihre (eingeschätzte) Bedeutung im Produktionssystem hin.

Die häufigste Form der PS-Darstellung ist die Form eines ‚Hauses' oder ‚Tempels'. Aufgeführt werden in diesen Darstellungsformen häufig nur die ***Hauptelemente*** eines Produktionssystems. Die vielfältigen Unterelemente bzw. Ausprägungen in den Produktionsbereichen sind nur detaillierteren Beschreibungen zu entnehmen. Dies ist u.a. ein Grund dafür, warum die Komplexität von Produktionssystemen vielfach unterschätzt wird.

Die Hausdarstellung verdeutlicht die verschiedenen ***Funktionen und Wertigkeiten*** einzelner PS-Elemente. Die Ziele des Produktionssystems ruhen gleichmäßig verteilt auf mehreren ‚Pfeilern', die wiederum auf ‚Fundamenten' stehen. Andere Darstellungsformen betonen die ***Gleichrangigkeit aller Elemente*** (z.B. die Wabendarstellung des RPS). Maßnahmen zur Steigerung der Identifizierung bzw. Akzeptanz finden sich ebenso in lokalen Besonderheiten (z.B. die brasilianische Fußballversion). Das Chrysler Operating System (COS) zeigt darüber hinaus einen zeitlichen Verlauf mit entsprechenden Zielgrößen auf.

Auffällig ist, daß alle Derivate einen deutlich ***höheren dargestellten Detaillierungsgrad*** als das TPS aufweisen. Dies ist u.a. auf zwei Gründe zurückzuführen: a) Das TPS weist PS-Elemente wie den KVP oder die Gruppenarbeit nicht gesondert aus, da sie systemimmanente Bestandteile der japanischen Kultur sind; und b) die negativen Erfahrungen aus früheren, unvollständigen PS-Einführungen (außerhalb Japans) erzwangen eine höhere Transparenz bei europäischen bzw. amerikanischen PS-Darstellungen.

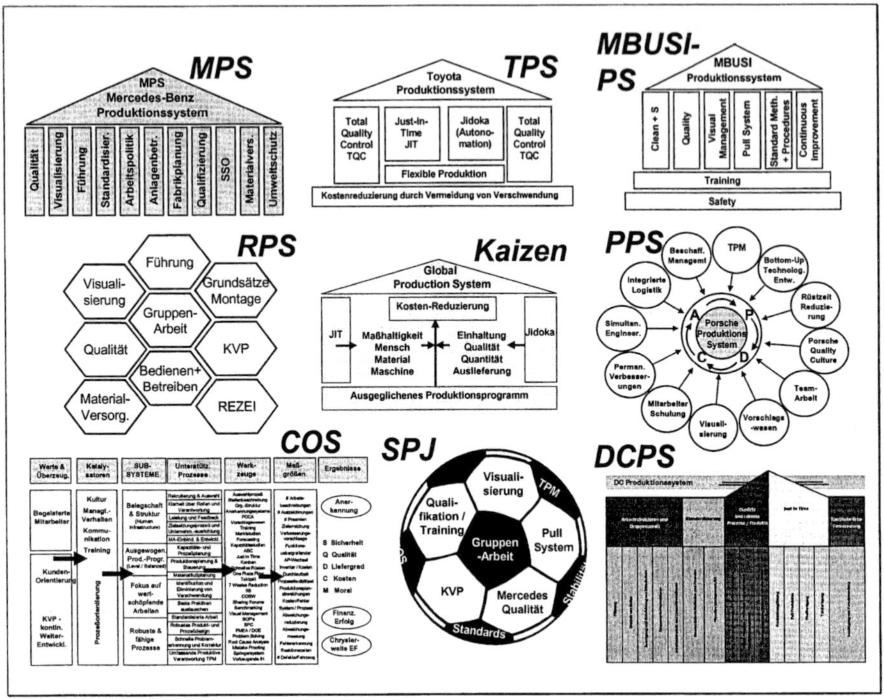

Bild 3.8.1.a: Darstellungsformen verschiedener Produktionssysteme

In einem zweiten Schritt wurden die ***PS-Haupt-Elemente*** miteinander verglichen. Haupt-Elemente werden hier als die Summe aller in PS-Grafiken dargestellten Elemente definiert. ***Unter-Elemente*** sind per Definition die nicht dargestellten Werkzeugen und Methoden. Zu beachten ist jedoch, daß aufgrund verschiedener Einstufung, bestimmte PS-Elemente sowohl Haupt- als auch Unterelement sein können. So ist z.B. die schnelle Reaktion auf Probleme ein Hauptelement in DCPS und COS, während sie im TPS nur ein nicht ausgewiesenes Unter-Element ist. Auffällig ist in Tabelle 3.8.1.b, daß das TPS in starkem Maße Unter-Elemente aufweist, die in den Derivaten jedoch nur selten genannt werden, und wenn überhaupt dann meistens als Haupt-Elemente ausgewiesen sind. Dies mag erklären, warum das TPS in seiner Komplexität und korrekten Anwendung oftmals unterschätzt wurde.

Untersucht man die Tabelle nach regelmäßig auftretenden (schraffiert dargestellten) ‚***Standard-Elementen***', so zählen hierzu die Arbeitsorganisation (5S), die bedarfsorientierte Materialversorgung (JIT / Pull System), die Total Quality Control, der kontinuierliche Verbesserungsprozeß (KVP bzw. Kaizen), die Standardisierung, die produktive Instandhaltung (TPM) und Anlagenbetreuung sowie die Gruppenarbeit. Sie finden in allen betrachteten Unternehmenskulturen eine ähnlich hohe Beachtung. Von Interesse ist hier, daß die Summe der Standard-Elemente nicht kongruent mit den Hauptelementen des Toyota Produktionssystems ist!

Die weniger beachteten ***Unter-Elemente*** im Toyota Produktionssystem stellen in vielen Fällen als ‚Ermöglicher' bzw. ‚***Katalysatoren***' die Wirkungsweise von Haupt-Elementen sicher. Eine ***Ursache*** für die ungenügende Erreichung von Produktivitätssteigerungen in modernen TPS-Derivaten liegt u.a. in dem mangelhaftem Verständnis der TPS-Unterelemente. So weist die Tabelle 3.8.1.b sogenannte ‚weiße Felder' aus, welche die These untermauern, daß TPS-Derivate sich überwiegend auf die Einführung von Standardelementen konzentrieren unter Vernachlässigung der ebenfalls erforderlichen Unterelemente.

Elemente / Hersteller X = Enthalten und dargestellt (X) = Enthalten aber, nicht dargestellt ( ) = nicht enthalten	Toyota	Genba Kanri	MBUSI	MBBras	Juiz de Fora	DCAG Rastatt	Daimler-Benz	Ex-Chrysler	Daimler Chrysler	AUDI AG	Porsche AG	OPEL AG
Produktionssystem →	TPS		PS	KAI.	SPJ	RPS	ProS	COS	DCPS	APS	PPS	OPS
Arbeitsplatzorganisation 5S	(X)	X	X	X	X	(X)	X	X	X	X		(X)
Reduzierung Verschwend.	X							X	X			
Wertstromanalyse	(X)	X										
Rüstzeit-Reduzierung SMED	(X)	X									X	X
Just-in-Time / Pull System	X	X	X	X	X	X	X	X	X	X	X	X
Heijunka / Produktionsglätt.	(X)							X	X			X
Fließfertigung Losgröße 1	(X)			(X)				X	X			X
Taktfertigung	(X)							X	X			
Stabilität (Prozesse + Progr.)	(X)				X			X	X			X
Jidoka / Autonomation	X	X	(X)	X	(X)			(X)				
Total Quality Control	X		X	X	X	X	X	X	X	X	X	X
Visual Management	(X)	X	X	X	X	X	X	X	X	X	X	
KVP / Kaizen	(X)	X	X	X	X	X		X	X	X	X	X
Low-Tech / kleine Schritte	(X)			(X)							X	
Standardisierung	X		X		X	(X)	X	X	X	X		(X)
TPM / Anlagenbetreuung	(X)	X		X	X	X	X		(X)	X	X	X
Flexible Produktion	X										(X)	X
Problemlösungsverhalten	(X)	X						X	X	X		
Verantw.-Delegation, VV's		X						X	X	(X)	X	X
Gruppenarbeit	(X)	X		(X)	X	X		X	X	X	X	X
Qualifizierung	(X)	X	X		X		X				X	
Arbeitssicherheit		X	X					X	X			
Fabrik- / Anlagenplanung			(X)				X					
Führung						X	X				(X)	
Arbeitspolitik / Strukturen						X	X	X	X			
Umweltschutz							X	X	X		(X)	
Rollenverständnis								X	X		(X)	
Kundenorientierung	(X)							X	X			
Simultaneous Engineering											X	

Tabelle 3.8.1.b: Vergleichende Betrachtung der PS-Hauptelemente

Anhand dieser ‚weißen Felder' lassen sich ***Defizite*** der TPS-Derivate an folgenden Beispielen verdeutlichen:

1. Die Anwendung des Standardelementes *Arbeitsplatzorganisation* (5S) für sich allein ist nicht wirklich nutzenbringend. Nur in Verbindung mit den Unterelementen Suche nach (und Eliminierung von) Verschwendung, Wertanalyse von Prozessen und Reduzierung von Werkzeugwechselzeiten (SMED) können indentifizierte Einsparungspotentiale umgesetzt werden.

2. Die *bedarfsorientierte Materialversorgung* (JIT / Pull System) kann nur dann ohne (große) Materialpuffer funktionieren, wenn auch die Fließfertigung in Losgröße 1 erreicht wird. Die Produktionsglättung (Heijunka) schafft gemeinsam mit der konstanten Taktfertigung und stabilen, störungsarmen Low-Tech Produktionsanlagen die Voraussetzung für Standardisierung.

3. Basis für effektiven *KVP* sind wiederrum die Standardisierung, Mitarbeiterqualifizierung und effizientes Problemlösungsverhalten. Auch hier ist der Low-Tech Ansatz (KISS - keep it simple & safe) wichtig, denn Prozeßverbesserungen sollen ebenso kostengünstig, störungsarm / unkompliziert, robust gegenüber schwankungen Einflüssen von außen sein sowie kurzfristig umgesetzt werden können.

4. Interne und externe Kundenorientierung und Jidoka (Autonomation) sichern eine hohe Produktqualität (und daraus abzuleitende erforderliche Kundenzufriedenheit) ab.
5. Die Belegschaft kann nur dann flexibel eingesetzt werden, wenn durch Mitarbeitereinbindung hinsichtlich Aufgabenbandbreite und Verantwortungsdelegation, sowie durch Schulung in standardisiertem Problemlösungsverhalten dafür die Basis geschaffen wurde.

Deutsche TPS-Derivate weisen eine stärkere ***Betonung*** der Elemente Gruppenarbeit, Führung, Rollenverständnis und Arbeitspolitik bzw. Arbeitsstrukturen auf. Dies ist unter anderem auf die traditionell starke Stellung der Arbeitnehmervertretungen zurückzuführen. Neue Produktionsorganisationensformen, die Einfluß auf die Ausgestaltung der Arbeitsinhalte (z.B. die Integration von indirekten Tätigkeiten) nehmen wollen, bedürfen in Westeuropa einer intensiven Abstimmung mit Betriebsräten.

3.8.2 Die Interdependenz von Produktionssystem-Elementen

Produktionssysteme stellen ein ***interdependentes Netz*** miteinander verflochtener Elemente dar. Fehlt ein Element, so entsteht eine Lücke im Gesamtgefüge, die wiederum zu einer mangelnden Funktion des Ganzen führt. Die Bedeutung und der Umfang der bestehenden Interdependenzen soll erarbeitet werden.

3.8.2.1 Die Grundgesamtheit von Produktionssystem-Elementen

Zur Untersuchung der Interdependenz von Produktionssystem-Elementen galt es zunächst eine ***Grundgesamtheit*** von PS-Elementen zu definieren. Um die Ergebnisse der Untersuchung nicht durch späte Einflüsse anderer TPS-Derivate zu beeinträchtigen, soll die zu betrachtende Grundgesamtheit sich auf reine TPS-Elemente beschränken. Dazu wurde aus den Teilmengen der Elemente des Toyota Produktionssystems und des MBUSI Produktionssystems[144] eine ‚***Idealwelt***', d.h. ein fiktives, möglichst vollständiges Produktionssystembeispiel geschaffen. Das TPS ist zwar auf der Detailebene mit dem MBUSI-PS nahezu kongruent, es erscheint dem Betrachter auf der Hauptelement-Ebene in seinen Gruppierungen jedoch unvollständig. Das MBUSI-PS legt hier Wert auf ***stärkere*** Auffächerung in Hauptelemente.

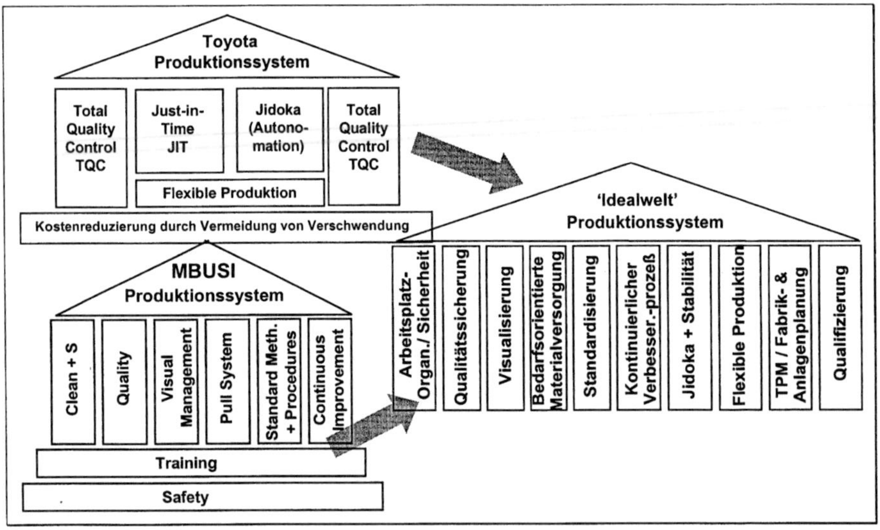

Bild 3.8.2.1.a: Schaffung eines fiktiven Produktionssystem als ‚Idealwelt'

Die ***10 Hauptelemente der definierten Grundgesamtheit*** (Idealwelt) sind Arbeitsplatzorganisation (inkl. Arbeitssicherheit), Qualitätssicherung, Visualisierung, bedarfsorientierte Materialversorgung (Pull System),

[144] Das MBUSI Produktionssystem stellt weitgehend eine Kopie des TPS dar – es verhilft jedoch aufgrund seiner detaillierteren Darstellung zu einer besser Übersicht aller relevanten Produktionssystem-Elemente.

Standardisierung, kontinuierlicher Verbesserungsprozeß, Jidoka (Autonomation, inkl. Stabilität), Flexible Produktion, Qualifizierung und produktive Instandhaltung (TPM, inkl. Fabrik- und Anlagenplanung).

Um die ***vielfältigen Beziehungen*** zwischen den Hauptelementen und ihren Subelementen des oben beschriebenen Ideal-Produktionssystems aufzeigen zu können, wird es zunächst in seine einzelnen Bestandteile zergliedert. Hierdurch wird die ***Komplexität*** eines Produktionssystems deutlich, welche dem Betrachter auf der Hauptelemente-Ebene nicht zugänglich ist. So setzt sich beispielweise allein das ***Hauptelement ‚Visualisierung'*** aus insgesamt 16 Sub- bzw. Unterelementen zusammen.

Teile-Bezeichn. System	Bandstop Uhren	Andon Board	Warn-schilder	Stations-grenzen	Auslage Defekter Teile	'Auf 1 Blick erkennbar'
Min-Max Indikatoren	***Visualisierung***					SPC und Kontroll-Pläne
Zonen-Markier.	Ziel-größen Chart	Standard Arbeits blätter	Einsehbare Produktion bereiche	Einsehbare Nacharbeit -Zone	Qualifizier. Matrix	Trans-parenz in Prozessen

Bild 3.8.2.1.b: Beispiel der Unterteilung des Elementes Visualisierung in Subelemente

Im folgenden Schritt sollen die ***Beziehungen*** zwischen den Subelementen verschiedener Hauptelemente ***visualisiert*** und die Abhängigkeiten erläutert werden. Die Kausalzusammenhänge werden aus Gründen der Übersicht zunächst tabellarisch aufgelistet und danach graphisch als Beziehungsschema abgebildet[145]. Beispielhaft sind in Bild 3.8.2.1.c die aussendenen Beziehungen der Hauptelemente Standardisierung und Visualisierung dargestellt. Jede Beziehung zwischen zwei Elementen hat sowohl aktiven (d.h. aussendenden) wie auch passiven (d.h. empfangenden) Charakter. Die Summe aller aktiven Beziehungen entspricht der Summe aller passiven Beziehungen.

Bei der vergleichenden Betrachtung zeigten sich zwischen den PS-Elementen deutliche Differenzen hinsichtlich Anzahl und Ausprägungen der Beziehungen. Unter dem ***Ausprägungsquotient*** soll hier das Verhältnis aus aktiven zu passiven Beziehungen eines PS-Elementes verstanden werden. Er erlaubt eine Zuordnung des PS-Elementes hinsichtlich ihrer passiven, neutralen oder aktiven Einflußnahme im Produktionssystem.

Betrachtet man die Gesamtheit aller aktiven und passiven Beziehungen zwischen den PS-Elementen, so lassen sich Hauptelemente unterteilen in Gruppen mit hoher, mittlerer und niedriger Anzahl von Beziehungen. Zur Gruppe der PS-Elemente mit einer hohen Anzahl von Beziehungen (25-40) gehören Qualität, Standardisierung und Visualisierung. Durchschnittlich viele Beziehungen (15-25) wiesen die Elemente Arbeitsplatzorganisation, Jidoka + Stabilität, die bedarfsorientierte Materialversorgung, der kontinuierliche Verbesserungsprozeß, Flexible Produktion und die produktive Instandhaltung (TPM) auf. Das Element Qualifizierung zeigte nur 5 Beziehungen (siehe Tabelle 3.8.2.1.d).

3.8.2.2 Einfluß von Produktionssystem-Elementen

Bei der Betrachtung der Interaktionsquotienten wird deutlich, daß es Elemente mit etwa gleich vielen ausgehenden wie empfangenden Beziehungen gibt. Sie beeinflussen und werden gleichermaßen beeinflußt, haben also eine ***neutrale Ausprägung***, wie z.B. Arbeitsplatzorganisation und Qualifizierung. Elemente mit überwiegender Anzahl von aussendenden Beziehungen beeinflussen ein Produktionssystem stärker. Sie haben eine ***aktive Ausprägung***, wie z.B. die Elemente Visualisierung und Standardisierung. Sie üben einen hohen Einfluß auf das Geschehen in der Produktion aus. Eine etwas geringe Stärke weisen die aktiven Elemente TPM / Fabrik- und Anlagenplanung sowie das Pull-System auf. Elemente mit einem konträren Verhältnis stehen für eine ***passive Ausprägung***. Zu dieser Gruppe gehören der KVP, Qualität als auch Jidoka / Stabilität und die flexible Produktion.

Die Elemente eines Produktionssystems lassen sich daher durch die Parameter ***Interaktion*** (Anzahl der Beziehungen) und ***Interaktionsquotient*** (aktiv, neutral, passiv) charakterisieren. Kombiniert man beide, ergibt sich der ***Grad der Einflußnahme***, den ein Element auf die Abläufe innerhalb eines Produktionssystems, und damit eines Unternehmens hat. Das Element *Visualisierung* übt z.B. durch seine

[145] Vgl. Anhang 11.10 Beziehungsmatrizen der PS-Hauptelemente (tabellarische und graphische Darstellung)

hohe Anzahl von Verknüpfungen, welche es sehr aktiv vertritt einen deutlich größeren Einfluß als das eher neutral-passive Element *Qualifizierung* aus, welches nur über wenige Beziehungen verfügt.

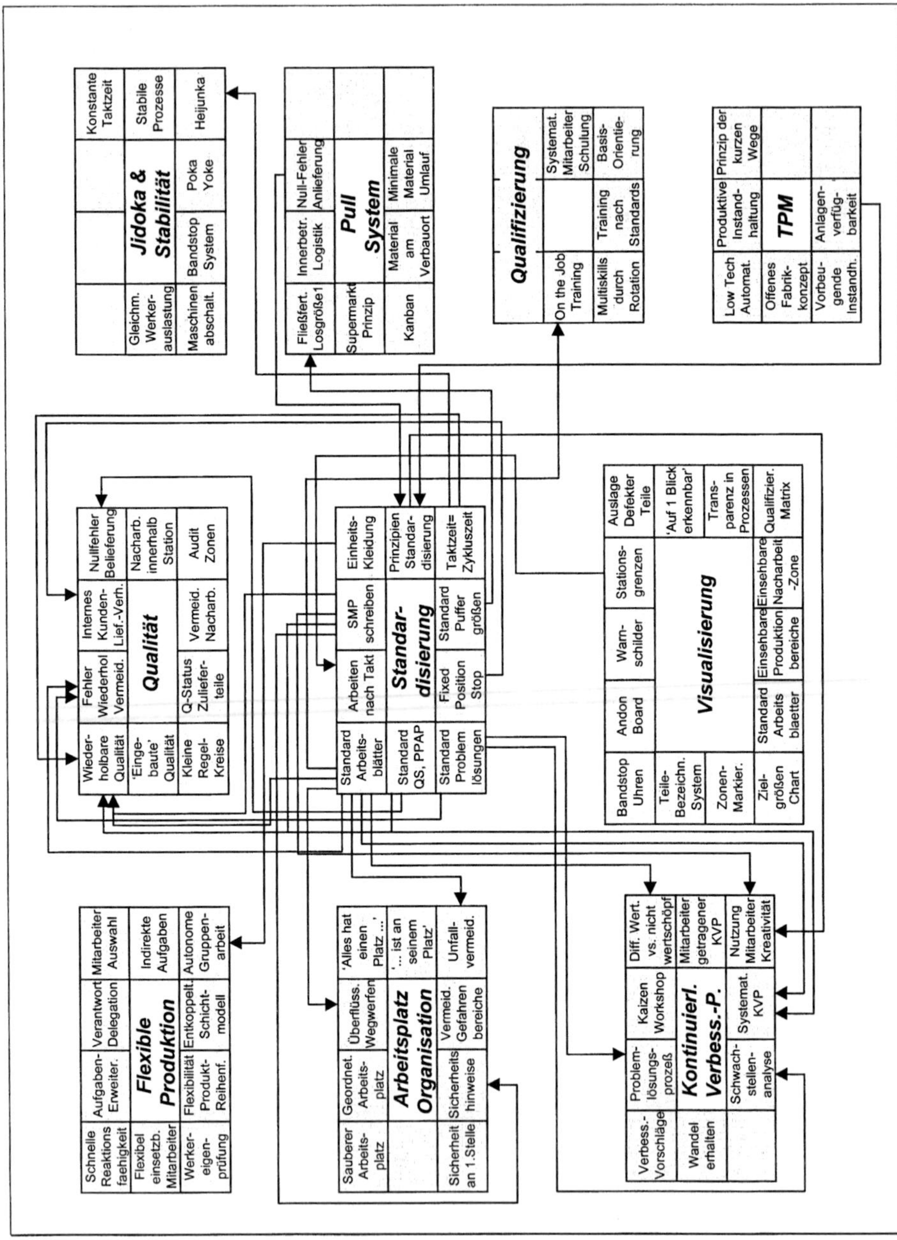

Bild 3.8.2.1.c: Aktive (aussendende) Beziehungen des Hauptelementes Standardisierung

Hauptelement	Subelemente	AUSSEND (AKTIVE) Beziehung.	EMPFANG. (PASSIVE) Beziehung.	Summe der Bezieh.	Bedeutung bzw. Wichtigkeit	Interaktions-Quotient	Ausprägungs-art
Arbeitsplatzorganisation & Sicherheit am Arbeitsplatz	**9**	**8**	**10**	**18**	**mittel**	**0,8**	**Neutral**
Qualität (Total Quality)	**10**	**---**	**28**	**28**	**hoch**	**0**	**Passiv**
Jidoka und Stabilität	**7**	**5**	**10**	**15**	**mittel**	**0,5**	**Pass.-Neutral**
Pull System	**7**	**12**	**3**	**15**	**mittel**	**4,0**	**Aktiv**
Standardisierung	**10**	**22**	**4**	**26**	**hoch**	**5,5**	**Aktiv**
Kontinuierl. Verbesserung	**10**	**2**	**21**	**23**	**mittel**	**0,1**	**Passiv**
Qualifizierung	**6**	**2**	**3**	**5**	**niedrig**	**0,7**	**Neutral**
Flexible Produktion	**10**	**6**	**11**	**17**	**mittel**	**0,5**	**Pass.-Neutral**
Visualisierung	**18**	**37**	**3**	**40**	**hoch**	**12,3**	**Aktiv**
TPM /Fabrik/Anlagenplan.	**6**	**11**	**5**	**16**	**mittel**	**2,2**	**Aktiv**
Summe	**89**	**105**	**98**[1]	1) 7 Passive Beziehungen nicht ausgewiesen 2) Interaktionsquotient = Aktive / Passive Bezieh.			

Tabelle 3.8.2.1.d: Gesamtübersicht aller Beziehungen und ihrer abgeleiteten Bedeutungen [146]

Das Wissen um die Einflußnahme einzelner Elemente ist u.a. wichtig für die Ausgestaltung der PS-Einführung. Elemente mit hoher Einflußnahme sollten entsprechend mit einem Mehraufwand an Unterstützung und Koordination beaufschlagt werden. Für Elemente mit geringer Einflußnahme reicht bei begrenzten Kapazitäten eine weniger intensive Betreuung.

Versucht man die Ursachen der verschiedenen Ausprägungsquotienten zu analysieren, ist eine Einordnung der PS-Elemente in die Gruppen ***Basis-, Werkzeug- und Zielelemente*** hilfreich.

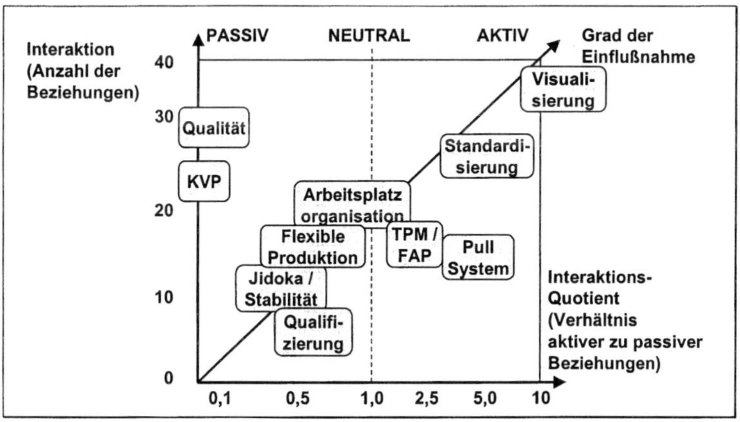

Bild 3.8.2.2.a Einfluß-Portfolio der Produktionssystem-Elemente

Basis-Elemente tragen durch ihre ***Ordnungsfunktion*** maßgeblich dazu bei, ein Arbeitsumfeld zu kreieren, welches grundlegende Voraussetzungen und Motivation für die Einführung eines ganzheitlichen Produktionssystems schafft. Ein Basis-Element muß daher im Sinne der positiven Veränderung einen Einfluß auf seine Umwelt nehmen. Zu den Basis-Elementen zählen primär aktive Elemente wie Pull System, Standardisierung, Visualisierung und TPM / Fabrik- und Anlagenplanung. Wenngleich neutral, sollte zur Gruppe der Basis-Elemente aufgrund ihrer ‚vorbereitenden' Natur ebenso die Arbeitsplatzorganisation gehören. Diese

[146] Vgl. Anhang 11.10 für eine detaillierte Aufstellung der zugrundeliegenden Werte

Elemente schaffen durch aktive Einflußnahme und Maßnahmenumsetzung die ‚Basis' für die Ziele, die mit dem Betrieb eines Produktionssystems verfolgt werden.

Die ***Kernziele des TPS*** sind ein Fahrzeug in höchster Qualität, zu geringst möglichen Kosten bei kürzester Lieferzeit zu produzieren[147]. Innerhalb der Gruppe der PS-Elemente werden diese Ziele insbesondere durch die Qualität und den KVP vertreten. Sie weisen im ***Einfluß-Portfolio*** aufgrund ihrer vielfältigen Verknüpfungen eine hohe Bedeutung für die Zielerreichung auf und stellen das passive Ergebnis (das Ziel) der Bemühungen der übrigen PS-Elemente dar. Qualität und KVP sollen damit als ***Ziel-Elemente*** definiert werden.

Um aktive Basis-Elemente bei der Zielerreichung zu unterstützen bedarf es, sozusagen als begleitende Maßnahmen, einiger Werkzeuge. Diese ***Werkzeugelemente*** sind von ihrer Ausprägung eher neutral bis passiv bei mittlerer bis geringer Einflußnahme. Sie verfügen über weniger Beziehungen, können daher nur begleitend wirken. Zu dieser Gruppe zählen die Flexible Produktion, Jidoka und Stabilität sowie die Qualifizierung von Mitarbeitern. Vor dem Hintergrund begrenzter Ressourcen im Rahmen einer PS-Einführung sollte die ***Reihenfolge der Elemente-Einführung*** mit den oben genannten Einordnungen korrespondieren, d.h. erst Basis-, dann Werkzeug- um letztlich Zielelemente zu erreichen.

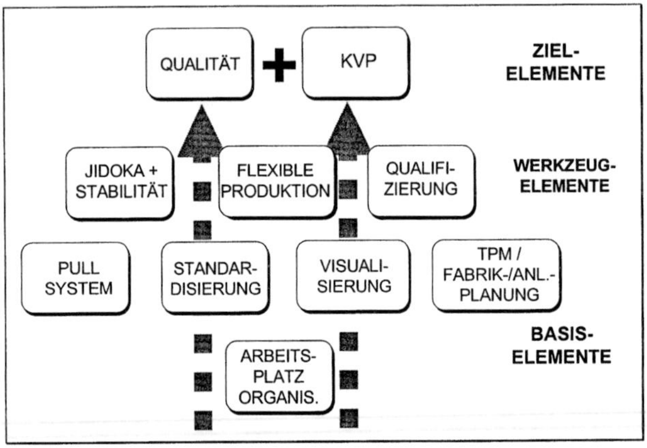

Bild 3.8.2.2.b: Bedeutung der Hauptelemente im Produktionssystem

3.8.3 Zusammenfassung

Die Elemente des Toyota Produktionssystems wurden anhand des Originals TPS und verschiedener Derivate umfassend verglichen und analysiert. Durch die Identifizierung und Gegenüberstellung von Haupt-Elementen konnten Schwerpunkte identifiziert werden, die einheitlich als ‚Standard'-PS-Elemente Bestandteile von Produktionssystemen sind. Das Fehlen von wichtigen Unter-Elementen in den Derivaten wurde u.a. begründet durch die fehlende Visualisierung in der grafischen Darstellung des TPS und bestätigt die Hypothese, daß die Komplexität des TPS vielen oberflächlichen Betrachtern verborgen bleibt.

Im Innenverhältnis wurden die Interdependenzen zwischen den PS-Elementen detailliert hergeleitet und graphisch präsentiert. Auswirkungen des Weglassens von Teilumfängen konnten durch die Kausalketten im Anhang detailliert aufgezeigt werden. Aus Anzahl und Ausprägung der Beziehungen konnte auf die Bedeutung der PS-Elemente geschlossen werden. Sie wurden entsprechend in Basis-, Werkzeug- und Zielelemente aufgeteilt. Angesichts symptomatisch knapper Ressourcen vieler Unternehmen, wurde ein erster stufenweiser Vorschlag zur PS-Einführung erarbeitet, welcher als Grundlage in die folgende detaillierte Methodik zur PS-Einführung eingehen kann.

147 Vgl. Kapitel 3.1.1.2 *Die Ziele des Toyota Produktionssystems*

4. Hypothesen zur Produktionssystem-Einführung

Das rasante Tempo mit dem die heutige Industrie die erfolgreichen Grundsätze des Toyota Produktionssystems übernimmt, ist kennzeichnend für den Wandlungsprozeß. Insbesondere für Firmen, die diesen Wandlungsprozeß noch nicht oder nur unzureichend gestartet haben, stellt sich die kritische Frage ob ***sie oder ihr Wettbewerber seine Fertigungsmethoden eher optimiert !***

Der Wandlungsprozeß muß nicht schmerzhaft verlaufen – *Slater* weist darauf hin, daß notwendige Eigenschaften für Unternehmer die ***Fähigkeit zum Lernen*** in einer offenen Unternehmenskultur, die Förderung von ***Leadership*** (im Sinne von Vorbildverhalten, Vorleben von neuen Abläufen) sowie eine marktgetriebene, unternehmerische Firmenausrichtung sind [Sla95].

Um diesen Lernprozeß der kontinuierlichen Verbesserung zu initiieren und aufrechtzuerhalten, bedarf es eines geeigneten Umfeldes. Es bedarf einer ***Methodik***, mit welcher die Ausrichtung auf die Produktionssystem-Einführung, die Identifizierung von Hindernissen, die Reihenfolgebildung von Maßnahmen, das Messen von Verbesserungen sowie die Überarbeitung von Strategien gesteuert werden können.

In Kapitel 4 sollen die Eingangs vorgestellten Kernfragen[148] bearbeitet werden. Aus der vorangegangenen vergleichenden Betrachtung des Toyota Produktionssystems und einiger seiner Derivate haben sich viele wichtige Hinweise auf die Ausgestaltung und Einführung von Produktionssystemen ergeben, die Aufschlüsse zu den ***Vorteilen*** von Produktionssystemen ergaben, die aber auch halfen geeignete ***Meßgrößen*** zur Überprüfung von Güte und Fortschritt einer PS-Einführung, notwendige ***Voraussetzungen bzw. Einflußfaktoren*** sowie passende ***Strategien*** zu bestimmen. Um die gewonnenen Erkenntnisse auf ihre Richtigkeit überprüfen zu können, wurden sie in Form von ***Hypothesen*** formuliert. Die Hypothesen wurden wiederum zu Themengruppen zusammengefaßt.

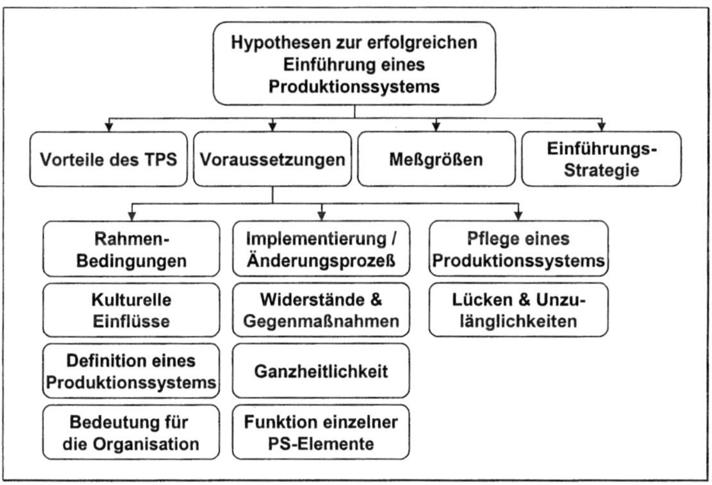

Bild 4.a: Themengruppen der Hypothesen zur erfolgreichen Produktionssystem-Einführung

Für die Validierung dieser Hypothesen sollen ***zwei Verfahren*** angewendet werden:

A.) Die Befragung von Produktionssystem- bzw. Lean Production-Spezialisten aus einem internationalen Umfeld im Rahmen einer Fragebogenaktion. Es gilt dabei die aufgestellten Hypothesen mit einem Grad der Zustimmung bzw. Ablehnung zu bewerten und insbesondere Ablehnung durch entsprechende Kommentare zu begründen.

B.) Die vergleichende Betrachtung der Fallstudienstandorte auf die Anwendbarkeit der Hypothesen durch den Autor und ausgewählte Vertreter der Standorte.

---

[148] Vgl. Kapitel 2 *Aufgabenstellung*

Die betrachteten Unternehmen umfassen die drei Ausgangsformen ‚***Greenfield-Projekte***', ‚***Brownfields mit Erfahrung*** (in der Einführung von zumindestens einigen Elementen eines Produktionssystems) sowie ‚***Brownfields ohne Erfahrungen***, welche an der Schwelle einer Produktionssystem-Einführung stehen[149]. Wenngleich alle betrachteten Fallstudien Standorte der ehemaligen Daimler-Benz AG waren, so konnte in einigen Fällen als Referenz auf die Produktionssysteme Toyotas und Chryslers Bezug genommen werden.

Im Folgenden sollen nun entlang der vier Kernfragen Hypothesen aufgestellt und deren zugrundeliegende Argumentation erläutert werden. Die Hypothesen repräsentieren die (subjektive) Meinung des Autors und stützen sich auf die Ergebnisse der Literaturrecherche, Besuchen von TPS-geführten Werken, der mehrjährigen Tätigkeit in den Werken Tuscaloosa und São Bernardo als auch den Eindrücken aus der Teilnahme an Arbeitskreisen und Konferenzen zu diesem Thema.

4.1 Hypothesen zu den Vorteilen des Toyota-Produktionssystems

Kernfrage 1 beschäftigt sich mit den ***Vorteilen des TPS*** (und seiner Derivate) gegenüber westlichen Formen der Produktionsorganisation und der Analyse welche Elemente des TPS ursächlich dafür sind.

Hypothese 1.1*: Das TPS erlaubt eine* **kostengünstigere Produktion***, da alle Formen der Verschwendung aus den Produktionsprozessen entfernt werden.*

Die Identifizierung und Eliminierung jeder Art von Verschwendung[150] ist eines der Grundprinzipien des Toyota-Produktionssystems. Beispiele sind die Reduzierung von Nacharbeit durch konsequente Fehlererkennung und –behebung, die Reduzierung von Materialpuffern und Lagerflächen durch Methoden der bedarfsorientierten Materialversorgung, die Reduzierung von Laufwegen und anderen nicht-wertschöpfenden Arbeitsumfängen durch konsequente Dokumentation in Standardarbeitsblättern, etc.

Hypothese 1.2*: Das TPS erlaubt eine Produktion von* ***fehlerfreien, qualitativ hochwertigen Produkten*** *mit geringer Nacharbeit, da auftretende Probleme in ihren Kernursachen identifiziert, sofort (einmalig) korrigiert und nicht an nachgelagerte Stationen weitergegeben werden.*

Methoden wie die Fragetechnik der 5 W (-arum) und die Nutzung des Bandstopps, tragen dazu bei, daß erkannte Probleme detailliert untersucht werden, um eine Wiederholung auszuschließen. Jeder Mitarbeiter verpflichtet sich nach dem internen Kunden-Lieferanten-Prinzip keine defekten Teile an die nachfolgende Station weiterzugeben. Zeitaufwendige Nacharbeit durch Rückmontage am Bandende entfällt. Die immergleiche Durchführung der Arbeitsabläufe gemäß der Standardarbeitsblätter erlaubt es eine Abweichung eindeutig auf Ihren Verursacher zurückzuführen.

Hypothese 1.3*:* ***Werker*** *sind stärker in die Organisation der Arbeitsabläufe integriert, ihre Kreativität wird zur weiteren Optimierung genutzt und es besteht ein* ***vertrauensvolles Verhältnis*** *zwischen Management, Planern und Produktionsmitarbeitern.*

Ein Teil ihres Arbeitsumfanges besteht für die Produktionsmitarbeiter im Aktualisieren der Standardarbeitsblätter. Die ursprünglich von Prozeßplanern definierten Arbeitsabläufe werden damit nicht nur verinnerlicht, sondern kritisch auf weitere Optimierungspotentiale hin untersucht. Die Mitarbeiter partizipieren damit bei der Gestaltung ihrer Arbeit und tragen den Prozeß im Gegensatz zu vorgegebenen Verbesserungen durch Dritte mit. Insbesondere am Standort Tuscaloosa ist vor dem Hintergrund des Teamkonzeptes und dem Gleichheitsprinzip aller Beteiligten ein besonderes Vertrauensverhältnis zwischen Management, Planern und Werkern zu erkennen. Dies ist nicht zuletzt auf die häufige Präsenz der Führungskräfte im Produktionsbereich zurückzuführen.

Hypothese 1.4*:* ***Standards*** *sind die Basis des kontinuierlichen Verbesserungsprozesses.*

Die Dokumentation von Standardarbeitsabläufen erlaubt die Wiederholbarkeit von Produktqualität. Die Werker können Standardsarbeitsblätter zur Unterweisung von neuen bzw. temporären Kollegen einsetzen. Eine vormals üblicherweise rein verbale, oftmals mit Fehlinterpretationen behaftete, Einweisung entfällt. Treten im Audit Abweichungen vom definierten Montagestandard eines Arbeitsganges auf, so ist deren Ursache zügig zu lokalisieren. Durch das Beschreiben und damit Visualisieren einer Abfolge von Arbeitsschritten können Planer und Werker den Arbeitsablauf verinnerlichen. Verbesserungsvorschläge fußen auf eine systematische (dokumentierte) ‚Entwicklung' eines Arbeitsablaufes und unterliegen keinen periodisch wiederkehrenden ‚neuen' Ideen.

Hypothese 1.5*:* ***Prozeßbeherrschung vor Automatisierung****: Die Automation von Arbeitsabläufen geschieht in mehreren Phasen und nur nach vorheriger sicherer manueller Beherrschung der Abläufe.*

---

[149] Vgl. Kapitel 2.5 *Fallstudien aus der Automobilindustrie*

[150] Vgl. Kapitel 3.1.2.1 *Das Element Kostenreduzierung durch Vermeidung von Verschwendung,* die 8 Arten der Verschwendung

Im Gegensatz zu westlichen Unternehmen, die durch hohe Anfangsinvestitionen in hochautomatisierte ‚High-Tech' Anlagen gekennzeichnet sind, wird in einer Produktionssystem-Umgebung in Stufen nach Notwendigkeit investiert. Der Fokus liegt dort auf dem tiefen Verständnis der Prozesse (und damit auch der Erfahrung hinsichtlich möglicher Optimierungen) und der Prozeßbeherrschung. Insbesondere bei Greenfields eignet sich der niedrige Automatisierungsgrad am Anfang für eine optimale Mitarbeiterschulung. Wird der Standort mittelfristig um ein Parallelprodukt erweitert, so kann mit einer geringfügig höheren Mitarbeiterzahl (ohne Verlust des Trainingsniveaus) und entsprechend höherer Automatisierung (von vormals beherrschten, ausgereiften Prozessen ohne weiteres Fehlerpotential) das Gesamtproduktionsvolumen des Standortes um den gestiegenen Automatisierungsgrad angehoben werden.

4.2 Meßgrößen einer erfolgreichen Einführung

Heutige Methoden des traditionellen Controllings können oftmals nur unzureichend die Einführung von Produktionssystemen unterstützen bzw. rechtfertigen. Verbesserungspotentiale können nicht immer monetär bewertet werden, z.B. die eingesparte Zeit durch saubere, geordnete Arbeitsplätze, visualisierte Prozesse, informierte Mitarbeiter, etc. Daher sollen hier in Bezug auf die Kernfrage 2 ***Meßgrößen*** analysiert werden, nach denen sich als Fortschrittskontrolle die Güte einer PS-Einführung im Sinne einer wirklichen Optimierung der Unternehmensprozesse messen läßt. Im Anschluß daran werden 5 Grundregeln vorgestellt, welche eine Überprüfung des Reifegrades eines eingeführten Produktionssystems ermöglichen.

4.2.1 Hypothesen zu den Meßgrößen einer erfolgreichen Einführung

Meßgröße 1**: **Steilerer Produktionsanlauf** eines Produktionswerkes mit eingeführtem Produktionssystem im Vergleich zu traditionellen Werken. **[Monate]

Vergleicht man die Zeitdauer von der Montage des ersten kundenfähigen Fahrzeuges (Job #1) bis zum Erreichen der geplanten Kammlinie[151], so ist diese bei Werken mit funktionierenden Produktionssystem deutlich kürzer als bei traditionell strukturierten Standorten. In diese Bewertung sind Nacharbeitsumfänge mit ihrer zeitlichen Bewertung einzubeziehen. Ebenso sind vergleichbarer Mitarbeitereinsatz & Trainingsstand vorauszusetzen[152]. Zurückzuführen ist dies auf einen deutlich stärkeren Fokus auf Fehleridentifizierung und Ursachenerforschung, welche durch den Bandstop ermöglicht und bereits in der Vorserienfertigung intensiv genutzt werden.

Meßgröße 2**: Höhere **Mitarbeiterproduktivität**– d.h. weniger Mitarbeiter pro produziertem Fahrzeug. **[Fzg. / MA & Jahr]

Auffällig ist der Vergleich von Transplants mit traditionellen Standorten hinsichtlich Produktionsausstoß und Beschäftigtenzahl. Unterschiede lassen sich u.a. aufgrund von Zentralfunktionen am Traditionsstandort vs. dem Transplant als reinem Montagestandort rechtfertigen. Ein nicht unerheblicher Prozentsatz der Minderbeschäftigten in Transplants ist jedoch auf die Einbindung von indirekten Arbeitstätigkeiten und den deutlich ‚abgespeckten' direkten Arbeitsabläufen durch KVP und Kaizenmaßnahmen zurückzuführen.

Meßgröße 3**: Geringere **Fehlerhäufigkeit** im Audit (intern & extern / J.D.Power)[153] **[Fehler/Fzg.]

Durch die Werkereigenkontrolle, die Beachtung von Standardarbeitsblättern und der standardisierten Prüfanweisungen ist eine Fehlinterpretation der Montagesequenz bzw. eine Teilefehlverwendung nahezu ausgeschlossen.

Meßgröße 4**: Geringere Anzahl **Nacharbeitsstunden [Std / Fzg.]

Probleme werden am Ursprung erkannt und ohne weitere Wiederholung in der Arbeitsstation behoben. Nach dem internen Kunden-Lieferanten-Prinzip darf kein defektes Teil wissentlich an die Folgestation weitergegeben werden. Durch die Betätigung des Bandstopps kann ein Fehler behoben werden[154]. Langwierige Nacharbeit durch Rückmontage am Bandende wird vermieden.

---

[151] Unter Kammlinie versteht man das Erreichen des geplanten maximalen Produktionsvolumens eines Werkes.

[152] Diese Hypothese läßt sich nicht auf neueröffnete Produktionsstandorte anwenden, wo sich Mitarbeiter-Trainingsstand und Lieferantenkompetenz noch in der Entwicklungsphase befinden!

[153] Anmerkung: Dies gilt bezogen auf einen Neuproduktanlauf an einem bestehenden Standort, Mitarbeitern mit hohem Trainingsstand und eingespielten Zulieferern – Werksneugründungen wie Tuscaloosa oder Juiz de Fora qualifizieren sich erst ab einem Folgeprodukt.

[154] Das gilt bewußt unter dem psychischem Druck eines potentiellen Stückzahlverlustes und damit möglicher Mehrarbeit über das Schichtende hinaus, um durch die Brisanz der Situation wirkliche alle Maßnahmen zu ergreifen, damit es in Zukunft aus diesem Anlaß nicht wieder zu einem Bandstopp kommt.

Meßgröße 5**: **Geringere Aufwendungen für indirekte Tätigkeiten. [Verhältnis Indirekte / Direkte MA in der Produktion]

Indirekte Tätigkeiten wie Anlagenwartung, Reinigung der Arbeitsplätze und Montagestationen sowie Qualitätssichernde Maßnahmen werden den Werkern mitübertragen. Die Notwendigkeit von Spezialisten entfällt damit. Ziel ist insbesondere die Verringerung der indirekten Aufgaben durch Vermeidung ihrer Ursachen, z.B. weniger Reinigung aufgrund geringerer Verschutzung, weniger Reparaturen durch frühe Problemerkennung und weniger Fehlernachweise durch konsequente Vermeidung.

Meßgröße 6**: Unternehmen mit einem Produktionssystem weisen i.d.R. eine **schlankere Organisation** mit weniger Hierarchieebenen auf. **[Anzahl Ebenen]

Eine der ersten Maßnahmen zur Steigerung von Zieltransparenz und Konsequenz bei der Umsetzung von Geschäftsprozeßoptimierungen ist die Reduzierung von Hierarchieebenen. Das widerstandsträchtige mittlere Management wird verschlankt. Die Zielverfolgung im Sinne der Erfolgskontrolle wird deutlich vereinfacht. Beispiele finden sich in allen führenden Industrieunternehmen.

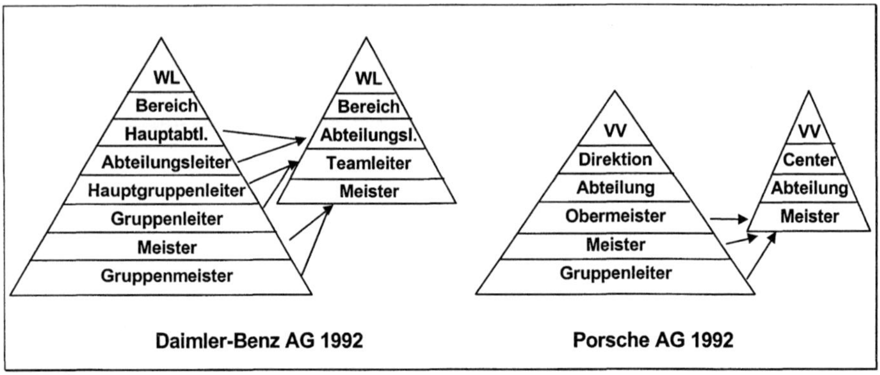

Bild 4.2.1.a: Hierarchieebenenreduzierungen bei der Daimler-Benz AG und der Porsche AG

***Meßgröße 7**: Die* MA *in* Unternehmen *mit* PS *sind **deutlich motivierter** – die Anzahl der **Verbesserungsvorschläge [# VV / MA]** ist höher und / oder der **Krankenstand / Abwesenheitsrate [%]** ist signifikant reduziert.*

Können sich Mitarbeiter mit ‚ihren' Montageabläufen identifizieren, indem sie an deren Definition bzw. Verbesserung direkt beteiligt waren, so ist ihre Motivation höher, entsprechend zu arbeiten. Fühlen sie sich als anerkannte Mitglieder eines großen Teams, deren Kreativität u.a. durch persönliche Ansprache seitens der Produktionsleitung abgefragt wird, so wirkt sich dies auf das Wohlbefinden und damit auf den ‚Krankenstand' bzw. die Abwesenheitsrate direkt aus.

***Meßgröße 8**: Der **Materialbestand [Stunden Produktionsverfügbarkeit]** und **Flächenbedarf [m²/Fhrzg&Jahr]** sinkt durch JIT & Pull System.*

Die bedarfsorientierte Materialversorgung, welche nicht nur im Außenverhältnis zu den Zulieferern, sondern ebenso zwischen den Produktionsgewerken und den einzelnen Montage- bzw. Bearbeitungsstationen stattfindet, erlaubt den Materialbestand kontinuierlich zu senken. Dies ist eine notwendige Maßnahme, um die (noch) versteckten Prozeßprobleme „im Meer der Verschwendung durch kontinuierliche Absenkung des Meeresspiegels" entdecken zu können. Beispiele aus dem Werk São Bernardo zeigen, daß durch jahrelange Kaizenmaßnahmen der Materialbestand an den Montagelinien auf ca. ein Dutzend eingesteuerte Fahrzeuge und im Werk auf wenige Stunden Produktionsverfügbarkeit gesenkt werden konnte.

Meßgröße 9**: Die Konformität mit den PS-Prinzipien wird im **Bereichsaudit** durch die Anzahl der Beanstandungen ausgedrückt **[# Beanstandungen / Produktionsabschnitt]

Im Rahmen von regelmäßigen (aber nicht angekündigten) Produktionsbegehungen nehmen Meister und Führungskräfte eine Auditierung hinsichtlich dem Erfüllungsgrad der Produktionssystem-Prinzipien vor. Auf Formblättern werden dazu Fehler und Trends festgehalten.

4.2.2 Grundregeln zur Überprüfung des Reifegrades eines Produktionssystems

Zur Überprüfung des ***Reifegrades eines Produktionssystems*** wurden ***5 Grundregeln*** definiert, anhand derer die ***wesentlichen Merkmale*** wie Prozeßsicherheit, Produktqualität, Fließfertigung und kontinuierliche Verbesserung im Hinblick auf ihre Gewährleistung kontrolliert werden können. Die Funktionalität dieser Grundregeln läßt sich wiederrum durch ***Überprüfungsfragen*** analysieren.

Grundregel 1: Standardisierung = Prozeßsicherheit = Produktqualität !

Alle wertschöpfenden Aktivitäten im Unternehmen müssen folgende Anforderungen erfüllen:

a) Strukturierte und dokumentierte Prozesse (Beschreibung von jedem Element, der Sequenz und dem Zeitanteil), z.B. in Form von Standardarbeitsblättern.
b) Das Ergebnis muß unmittelbar nach seiner Fertigstellung getestet werden können (Form, Menge, Fehlerfreiheit, Qualitätsstandard), z.B. durch Prüfanweisungen und Auditblätter.
c) Probleme bzw. Abweichungen vom (Qualitäts-) Standard müssen (automatisch) ein Signal, eine Unterstützungsanforderung, eine Korrekturmaßnahme generieren, z.B. durch die Betätigung des Bandstopps.

Überprüfungsfragen zu Grundregel 1:

1. Wird die Arbeit nach einem beschriebenen Ablauf (Standardablauf) durchgeführt?
2. Ist der Mitarbeiter (persönlich) befähigt zu erkennen, ob er seine Arbeit nach einem definierten Standard durchführt?
3. Wird das Arbeitsergebnis (Produkt oder Dienstleistung) unmittelbar auf Erfüllung der gestellten Anforderungen (Produktqualität / Bedürfnisbefriedigung) getestet?
4. Fordert der Mitarbeiter bei Auftreten eines Problems unmittelbar Hilfe an?

Grundregel 2: Fließfertigung erfordert direkte Kommunikation !

Alle Verbindungen, Schnittstellen und Kommunikationen zwischen sich bedingenden Prozessen (Kunden-Lieferanten-Beziehungen) müssen beschrieben (standardisiert) sein:

a) Dies gilt für die direkte (ohne Verzweigungen und Mittler) Kundenbestellung (=Beauftragt) und ebenso für die direkte Lieferantenantwort (=Fertiggestellt).
b) Eindeutige Beschreibung aller möglichen ‚Beauftragt' und ‚Fertiggestellt' Aussagen in binärer Form (ja/nein) im Hinblick auf die Erfüllungskriterien Form (äußere Erscheinung), Anzahl und Fehlerfreiheit.
c) Kunden-Lieferantenbeziehungen sind auf Direktheit und Beauftragt / Fertiggestellt Meldungen zu überprüfen.
d) Schnittstellenprobleme generieren eine Unterstützungsanforderung.

Überprüfungsfragen zu Grundregel 2:

1. Sind alle Kunden-Lieferanten Schnittstellen DIREKT?
2. Sind alle Signale / Anforderungen BINÄR, d.h. eindeutig beschrieben?
3. Sind alle Schnittstellen testbar und wurden getestet?
4. Veranlassen sowohl ‚Kunde' als auch ‚Lieferant' eine Unterstützungsanforderung, sobald einer ein Schnittstellenproblem erkennt?

Grundregel 3:Fließfertigung über definierte Pfade !

a) Jedes unternehmensinterne Gut (Bauteil oder Fertigprodukt) oder jede Dienstleistung (z.B. Instandhaltung oder Mitarbeiterschulung) wird entlang eines beschriebenen, einfachen, direkten Weges (Ablauf) ohne Wiederholschleifen oder Abzweigungen befördert bzw. vermittelt.
b) Bei Abweichungen von diesem Pfad wird sofort eine Problemmeldung generiert.
c) Die Abwicklung einer Anforderung / Bestellung von einem Produkt oder einer Dienstleistung folgt einem beschriebenen Pfad. Das gleiche gilt für den Fluß von Informationen.

Überprüfungsfragen zu Grundregel 3:

1. Erfolgt die Beförderung jedes Produktes bzw. jeder Dienstleistung gleicher Art jedesmal in exakt der selben beschriebenen Sequenz?
2. Ist der Ablauf einfach / geradlinig ohne Verzweigungen, Parallelstrecken oder Schleifen?
3. Erfolgt die Bestellung ebenso einem direkten beschriebenen Pfad?
4. Wird bei der Abweichung eines Produktes, einer Dienstleistung, einer Bestellung oder einer Information vom beschriebenen Pfad ein Problemsignal generiert?

Grundregel 4: Kontinuierliche Verbesserung des Arbeitsplatzes / Arbeitsablaufes

Die (wertschöpfenden) Tätigkeiten eines jeden Mitarbeiters werden durch einen strukturierten Ablauf verbessert:

a) Die Verbesserung jeder Aktivität erfolgt über die Vorbildfunktion des Idealzustandes:
   - Die Tätigkeit erfolgt NUR bei Anfrage.
   - Die Tätigkeit wird SOFORT ausgeführt.
   - Die Fließfertigung geschieht nach dem SINGLE-PIECE FLOW, d.h. nur mit Losgröße 1.
   - Nur FEHLERFREIE Produkte werden weitergeleitet.
   - Es gibt keine Verschwendung in Form von Material, Zeit, Handling, Energie, etc.
   - Arbeitssicherheit und Arbeitszufriedenheit sind Mindestvoraussetzungen.

b) Die Problemlösungsprozesse und das Einleiten von Gegenmaßnahmen werden nur von dem betroffenen Mitarbeiter des Arbeitsplatzes veranlaßt und durchgeführt (Verantwortungsdelegation).

c) Der Verbesserungsprozeß verfügt über einen selbstüberprüfenden Test seiner Effektivität[155]

d) Häufige strukturierte Problemlösungsprozesse sind integraler Anteil der täglichen Arbeit und die Quelle täglichen Lernens!

Überprüfungsfragen zu Grundregel 4:

1. Führte jedes aufgetretene Problem bei der Arbeitsprozeßdurchführung zu einem Problemsignal?
2. Erschien bei jedem Problemsignal ein sofortiger Helfer, welcher festgelegt war (standardisiert, beschrieben) und war dieser entsprechend qualifiziert?
3. War jeder Problemlösungsprozeß so strukturiert, daß er die Grundursache des Problems definierte, Gegenmaßnahmen veranlaßte und den verbesserten Ablauf überprüfte?
4. Wurde der Problemlösungsprozeß von den Mitarbeitern verinnerlicht und regelmäßig angewendet?
5. Führte der häufig angewandte Problemlösungsprozeß zu einem Lerneffekt, d.h. werden standardisierte Arbeitsabläufe kontinuierlich verbessert, sind Aktivitäten näher am Idealzustand?

Grundregel 5: Kontinuierliche Verbesserung des gesamten Produktionssystems

Jeder Pfad und jede Schnittstelle zwischen voneinander abhängigen Aktivitäten / Prozessen wird ebenso durch einen strukturierten Ablauf verbessert:

a) Eine Verbesserung erfolgt am Vorbild des idealen Zustandes (Standard) (siehe dazu Regel 4).

b) Der Problemlösungsprozeß und die Verbesserung werden durch diejenige Gruppe koordiniert, welche durch die problematische Schnittstelle oder Pfad betrifft betroffen ist (Probleme innerhalb eines Teams durch den Gruppensprecher, teamübergreifende Probleme durch den Meister).

c) Die Gruppengröße richtet sich u.a. nach der erwarteten Häufigkeit bzw. Schwere auftretender Probleme sowie nach der durchschnittlichen Fähigkeit eines Teamleiters, auf die auftretenden Problemsignale seiner unterstellten Mitarbeiter unmittelbar reagieren zu können.[156]

d) Der Verbesserungsprozeß wird kontinuierlich überprüft hinsichtlich Ergebnis und Sinnhaftigkeit.

e) Häufige strukturierte Problemlösungsprozesse, z.B. Kaizenwochen, führen zu einer gesamtheitlichen Verbesserung der Unternehmensabläufe und zu einer lernenden Organisation.

Überprüfungsfragen zu Grundregel 5:

1. Führte jedes Pfad oder Schnittstellenproblem zu einem Problemsignal? Erfolgte Hilfe durch die korrekte, beschriebene Person / Abteilung?
2. Wurde jedes Problem nach dem (standardisierten) strukturierten Problemlösungsprozeß bearbeitet?
3. Ist ein strukturiertes Bearbeiten von Problemen an Schnittstellen und Pfaden häufig im Unternehmen anzutreffen? Sind die Pfade einfach ausgelegt? Werden Abweichungen direkt erkannt und untersucht?
4. Erfolgt der Problemlösungsprozeß auf dem jeweils untersten Level der Verantwortung?
5. Entspricht die Struktur des Unternehmens der Schwere und Häufigkeit von auftretenden Problemen?
6. Führt der KVP zu einer lernenden Organisation, d.h. verbesserten Problemlösungsfähigkeiten?

---

[155] Als Test zur Überprüfung der Verbesserung läßt sich z.B. der PDCA-Zyklus anwenden.

[156] Anmerkung: Das Mitarbeiter-Unterstellungsverhältnis kann nach erfolgtem Produktanlauf und bei stabilem Produktionsbetrieb durchaus optimiert werden.

4.3 Hypothesen zu den Voraussetzungen einer erfolgreichen Einführung

Im Zusammenhang mit der ***Kernfrage 3*** sollen die ***Einflußfaktoren einer erfolgreichen PS-Einführung*** erörtert werden. Sie sind in zehn Themenfeldern zusammengefaßt worden.

Themenfelder	***Erläuterung***
Rahmenbedingungen	Allgemeine Voraussetzungen für die PS-Einführung
Kulturelle Einflüsse	Internationale Aspekte bei der PS-Übertragung (Transplant)
Definition eines Produktionssystems	Grundhaltungen, Werte & Normen
Bedeutung für die Organisation	Wandel von Bewußtsein, Struktur, Führung
Der Änderungsprozeß	Implementierung eines PS, Schritte, Strategien, Support
Widerstände, Gegenmaßnahmen	Ablehnung, Resistenz und Maßnahmen zu deren Bewältigung
Ganzheitlichkeit von Produktionssystemen	Bedeutung von PS-Elementen und deren Dependenzen
Funktion	Aufgaben einzelner PS-Elemente
Pflege & Instandhaltung	Maßnahmen zur Erhaltung von Effizienz und MA-Motivation
Lücken, potentielle Unzulänglichkeiten	Rahmenbedingungen, welche von Produktionssystemen nur unvollständig berücksichtigt werden

Tabelle 4.3.a: Themenfelder der Einflußfaktoren zur PS-Einführung

4.3.1 Hypothesen zu Rahmenbedingungen

Hypothese 1.1: *Greenfield-Projekte werden bewußt in* ***strukturschwachen Gebieten*** *aufgesetzt, um den Einfluß der Gewerkschaften zu begrenzen und MA "formen" zu können !*

Bei der Standortwahl für Werksneugründungen werden heute traditionell neben Steuervergünstigungen auch Aspekte der Mitarbeiterverfügbarkeit einbezogen. Sowohl Transplants in den USA als auch Standorte in Europa wählen verstärkt strukturschwache Gebiete mit einer relativ hohen Arbeitslosenquote aus. Aus einer üblicherweise sehr hohen Bewerberzahl lassen sich bewußt die bestqualifizierten Mitarbeiter auswählen, deren Motivation entsprechend hoch ist. Als wichtigster Pluspunkt verfügen sie über keine vorgeprägten Verhaltensweisen aus dem industriellen Umfeld. Wenngleich Gewerkschaften zunächst nicht präsent sind, so ändert sich dies spätestens bei Inbetriebnahme und das junge Unternehmen ist aufgefordert durch entsprechende Regelkommunikation und attraktive Zusatzleistungen die Motivation der Mitarbeiter zu erhalten.

Hypothese 1.2: Greenfield-Projekte *begünstigen die PS-Einführung, da die Mitarbeiter als Belegschaft eine neu zusammengesetzte Gruppe darstellen, die noch über keine festgefügten Verhaltensmuster verfügt !*

Die Belegschaft muß sich als Gruppe erst entwickeln. Lobbying gegen die neue Form der Produktionsorganisation ist eher selten anzutreffen. Es bleibt Zeit, um die Mitarbeiter von den Ergebnissen eines funktionierenden Produktionssystems zu überzeugen.

Hypothese 1.3: Brownfield-Projekte *behindern die PS-Einführung !*

Die Belegschaft besteht aus langjährigen Mitarbeitern, die bereits festgefügte Verhaltensmuster entwickelt haben und die neue Methodik deutlich kritischer hinterfragen bzw. aus Änderungsunwillen direkt ablehnen. Noch im Vorfeld der eigentlichen Produktionssystem-Elemente-Schulung ist ein deutlich höherer Initialaufwand erforderlich, um eine entsprechende ‚kritische Masse' zum Bewußtseinswandel zu bewegen.

Hypothese 1.4: Facharbeiter *lehnen das Arbeiten nach standardisierten Prozeßabläufen eher ab !*

Facharbeiter identifizieren sich stark über ihren vergleichweise hohen Ausbildungsstand. Sie lehnen daher eine Arbeitsroutine nach einem beschriebenen Standard oftmals ab. Standardarbeitsblätter werden als Bevormundung und Mißachtung der eigenen Qualifikation mißinterpretiert. Mitarbeiter ohne industriespezifische Kenntnisse bzw. Ausbildung akzeptieren die Standardisierung deutlich besser, da sie eher gewillt sind, von den Erfahrungen der ‚Älteren' zu profitieren.

Hypothese 1.5: Bereitschaft zum Wandel (1)*: Die PS-Einführung bedarf der Bereitschaft zur Veränderung – wirkliche Bereitschaft wird nur durch* ***Extremsituationen*** *erzeugt !*

Der Mensch ist von Natur aus harmoniebedürftig und lehnt Veränderung, zumindest subjektiv, ab. Dies gilt gleichermaßen für die Vertreter des Managements wie für die Produktionsmitarbeiter. Die Einführung eines

Produktionssystems stellt bei Brownfields einen immens hohen Änderungsumfang dar. Die entsprechende Motivation dafür kann nur durch Extremsituationen erzeugt werden. Das Auftreten einer ***firmengefährdenden wirtschaftlichen Krise*** schafft daher oftmals erst die Basis für eine effektive Einführung des Toyota Produktionssystems. Instrumente und Aktionen zur Steigerung von Produktivität und Qualität gehören zum täglichen Repertoire vieler Unternehmen. Die daraus abgeleiteten Vorgaben werden jedoch häufig nicht konsequent genug verfolgt. Ineffiziente Firmen sind in der Lage, Phasen leichten Absatzrückganges zu verkraften. Erst ernsthafte Zusammenbrüche der Nachfrage oder entscheidende technologische Vorsprünge eines Hauptwettbewerbers schaffen eine wirkliche Krise, welche dann die ***Basis für fundamentale Änderungen*** sein kann. Die Einführung des Toyota Produktionssystems gehört zu dieser Art von fundamentalen Veränderungsprozessen.

Hypothese 1.6: Bereitschaft zum Wandel (2): Hohe Produktionsauslastung *ist kontraproduktiv zur PS-Einführung !*

Die (unbequeme) Einführung eines Produktionssystems ist bei hoher Auftragslage argumentativ deutlich schwieriger als in Zeiten fallender Umsätze. Besondere Unterstützungsmaßnahmen seitens der Unternehmensleitung sind in diesem Fall erforderlich. Krisen lassen sich bewußt schaffen, indem sich das Unternehmen Ziele[157] setzt, die nur über die Einführung eines Produktionssystems zu erreichen sind.

Hypothese 1.7: *Trotz verschiedener Rahmenbedingungen (Green- vs. Brownfield) führt das Produktionssystem – bei vollständiger Einführung und Anwendung aller PS-Elemente*[158] *- zu* ***gleichen (ähnlich gerichteten) Ergebnissen !***

Der Ansatz der Standardisierung von Methoden und Regeln im Produktionsalltag verbunden mit eindeutigen Zielen kann bei konsequenter Anwendung und Einführung aller Instrumente nur zu gleichgerichteten Ergebnissen führen – hierin liegt einer der ureigenen Vorzüge des Toyota Produktionssystems, welches bei vielfältigen Anwendungen in unterschiedlichen Unternehmen einheitliche Vorteile ausweist.

Hypothese 1.8: *Produktionssysteme basieren auf dem* ***Team-Gedanken*** *und stehen damit im Widerspruch zum Klassifierungsansatz westlicher Arbeitnehmervertretungen !*

Wirkliche Teamarbeit ist gekennzeichnet durch gleichberechtigte MA, die in Rotation Aufgaben unterschiedlicher Art und Belastung ausführen, aber durch den gleichen Stundenlohn vergütet werden. Traditionell strukturierte westliche Unternehmen sind oft gekennzeichnet durch die Klassifizierung von Mitarbeitern in Rangstufen unterschiedlicher Wertigkeit und damit Aufgabenbereiche. Diese Klassifizierung widerspricht der Rotation, der Flexibilisierung von Arbeitskräften und läßt häufig keine Integration von indirekten Tätigkeiten[159] zu. An deutschen Standorten findet man häufig die Bewertung von Arbeitsabläufen nach Arbeitswerten, d.h. die Arbeitszuteilung eines Mitarbeiters erfolgt entsprechend nach diesen Arbeitswerten. Als Folge sind schwere Arbeiten mit hohen Arbeitswerten beliebter, da sie mehr Raum für Zusatzpausen bieten; die Bereitschaft zur Rotation verringert sich deutlich.

Hypothese 1.9: *Erfolgreich praktizierte PS haben bei ihrer Implementierung nur* ***geringfügige Anpassungen*** *erfahren. Stark modifizierte Derivate zeigen weniger deutliche Unternehmensoptimierungen !*

Erfolgreiche angewandte Produktionssysteme orientieren sich hinsichtlich Aufbau und Instrumentenausprägung vergleichsweise deutlich am Vorbild des TPS. Je weniger unternehmensspezifische Anpassungen bzw. Kompromisse vorgenommen werden, desto höher sind die Chancen auf wirkliche tiefgreifende Unternehmensoptimierung. Die Gründe für die erfolgten Anpassungen sind vielfältiger Natur.

---

[157] Vgl. Kapitel 4.3 *Meßgrößen zur Kontrolle der Produktionssystemeinführung*

[158] Wird im folgenden von PS-Elementen gesprochen, so handelt es sich um die klassischen ***Hauptelemente*** 1)Sicherheit, Ordnung, Sauberkeit, 2)Total Quality Control, 3)Arbeitssicherheit / Ergonomie, 4)Bedarfsorientierte Materialversorgung (Pull System, JIT), 5)Standardisierte Methoden & Prozesse, 6) Fehlervermeidung (Jidoka / Autonomation), 7)Kontinuierlicher Verbesserungsprozeß, 8)Training / Mitarbeiterschulung, 9)Visualisierung und 10)Flexibel (einsetzbare) Produktion. Daneben gibt es eine vielfältige Anzahl von ***Unterelementen***, welche den Hauptelementen zugeordnet sind. Vgl. auch Kapitel 3.

[159] Bei einem Besuch eines traditionellen Standortes der Ford Motor Company in Detroit 1995, konnten die Montageband-arbeiter nicht aufgefordert werden anfallendes Verpackungsmaterial in dafür vorgesehene Container zu bringen – aus Gründen der Klassifizierung mußten hierfür Mitarbeiter eines Serviceunternehmens beauftragt werden.

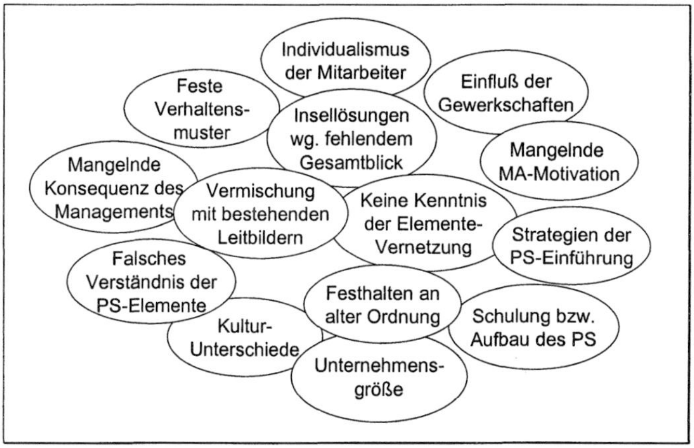

Bild 4.1.2.a: Gründe für die Modifizierung von PS-Elementen gegenüber dem TPS

***Hypothese 1.10: 'Tagfertigkeit'** – Das erfolgreiche Betreiben eines Produktionsystems erfordert ein sinnvolles Tagesarbeitspensum sowie den Ausgleich zwischen Beruf, Familie und Freizeit !*

In Anlehnung an die bedarfsorientierte Materialbelieferung Just-in-Time (richtige Menge, zur rechten Zeit, am rechten Ort) sollten die Geschäftsprozesse so organisiert sein, daß alle Mitarbeiter ihren geplanten täglichen Arbeitsumfang entsprechend abschließen können. Ebenso sollten Führungskräfte unter Einbeziehung der Mitarbeiter ihr Tagespensum soweit reduzieren, daß es in einem vernünftigen Verhältnis von Sachinhalten, Zukunftskonzepten, Mitarbeiterbetreuung und Familie / Freizeit steht.

***Hypothese 1.11:** Der erfolgreiche Betrieb eines Produktionssystems wird durch die Verfügbarkeit von **Generalisten** positiv unterstützt!*

Der Einsatz von breit ausgebildeten Mitarbeitern sowohl in leitenden Funktionen als auch in der Produktion, die sich flexibel auf wechselnde Aufgabenfelder bzw. Anforderungen einstellen können, erleichtert den Betrieb eines Produktionssystems. Japanische Mitarbeiter lernen im Laufe ihres Berufslebens (innerhalb eines Unternehmens) viele verschiedene Arbeitsgebiete kennen. Sie werden bewußt ***als Generalisten ausgebildet***. Ein besonderes Ethos hinsichtlich bestimmter Berufsgruppen im Unternehmen ist in Japan unbekannt. Mitarbeiter in westlichen Unternehmen identifizieren sich deutlich stärker über ihre Zugehörigkeit zu bestimmten Berufsgruppen und ihrem Status in Unternehmen und Gesellschaft. Sie sind bei wechselnden Rahmenbedingungen daher deutlich unflexibler. Die sogenannten ***Kamin-Karrieren*** sind Ausdruck dieses Verhaltensmusters.

***Hypothese 1.12:** Die **Werksstruktur** muß die Ziele des Produktionssystems unterstützen !*

Die Durchgängigkeit von Informationen durch kurze Wege, die Einsehbarkeit von Abläufen durch ebenerdige Montagebänder und Materialbestände bis maximal Augenhöhe erleichtern den schnellen Mitarbeiterinformationsaustausch. Die gewerkeübergreifende Identifizierung von Problemursachen wird begünstigt durch die Kopfanbindung von Produktionsbereichen[160]. Ein klassisches Beispiel sind unerwartet auftretende Montageprobleme von Kunststoff-Anbauteilen, welche u.a. auf Rohbautoleranzen zurückzuführen sind und die durch sofortiges Begehen beider Bereiche umgehend analysiert werden können.

***Hypothese 1.13:** Die **Ausgestaltung der Betriebsmittel** sollte die Ziele des PS unterstützen !*

Hochautomatisierte Anlagen resultierenden in Störanfälligkeit, hohen Ausfallzeiten, aufwendiger Instandhaltung und sind eher unflexibel bei Modellwechseln. Eine Produktionssystem-Umgebung favorisiert bewährte ***'Low- oder Commontech'*** Anlagen, die ggf. schrittweise automatisiert werden können.

[160] Vgl. Kapitel 3.2.1 *Projektbeschreibung Mercedes-Benz U.S. International.*

4.3.2 Hypothesen zu kulturellen Einflüssen

Die Schwierigkeit, das japanische Managementmodell, wie es beispielhaft im Toyota Produktionssystem dargestellt ist, zu analysieren, besteht zuerst darin, daß sich die japanische Kultur vom europäischen und kontinentalasiatischen Kulturkreis grundsätzlich unterscheidet. Sie kann mit den Begriffen des westlichen Denkens nur unzureichend erfaßt werden. Die japanische Gesellschaft ist vor allem durch ***zwei Strukturmuster*** geprägt – das außenpolitische Verhalten und die Organisation der japanischen Gesellschaft nach innen [Pre96].

Außenpolitisch wurde Japan aufgrund seiner isolierten geographischen Lage bereits häufiger durch europäische Handelsnationen in seiner Unabhängigkeit bedroht. Dies verdeutlichte Japan die Verletzbarkeit seiner Autonomie und kulturellen Eigenständigkeit. Mit Beginn der ***Meiji-Reform*** im späten 19. Jahrhundert gelang es den Japanern durch intensives Studium europäischer und nordamerikanischer Wirtschafts- und Rechtssysteme sowie moderner Technik und Ingenieurwesen sich über eine wirtschaftliche Expansion auch politische Unabhängigkeit zu sichern, ohne jedoch ihre kulturspezifischen Eigenarten, welche sich u.a. in der Bedeutung von PS-Elementen wiederspiegeln, aufgeben zu müssen.

Hypothese 2.1: Gruppenorientierung *erleichtert das Betreiben eines Produktionssystems !*

Das entscheidende Strukturelement japanischer Traditionen nach ***innen*** ist die ***Gruppenorganisation*** in der Gesellschaft. Das Selbstverständnis des einzelnen Japaners leitet sich aus einer Konformität mit Gruppennormen und aus der Stärke der eigenen Gruppe ab. Vorrang hat sozusagen der Rahmen, das heißt die Gruppe, und nicht die individuellen Eigenschaften von Personen. Die Gruppe konkurriert mit anderen Gruppen um die Erreichung optimaler Erfolge. Dies gilt trotz erheblicher Lohn- und Statusgefälle zwischen Mitarbeitern und trotz des Senoritätsprinzips bei der Festlegung der Lohnhöhe. Durch die Ausrichtung auf ein gemeinsames Gruppenziel werden (ggf. kontraproduktive) Individualaktivitäten unterdrückt. Gruppenorientierung fördert ebenso konsequentes Handeln, da Entscheidungen konsenspflichtig sind.

Hypothese 2.2: *Die Ausführung / Ausgestaltung eines PS sollte bei den Grundelementen und Instrumenten* ***weitestgehend kultur- / länderunabhängig*** *erfolgen !*

Das Toyota Produktionssystem ist in sich ***selbst ein Standard***, jede Abweichung oder lokalspezifische Anpassung bzw. Kompromiß führt zu mangelnder Konsequenz bei der Umsetzung der TPS-Prinzipien. Produktionssysteme sollten daher möglichst 1:1 'transplantiert' werden.

In diesem Zusammenhang untersuchte *Abo* die These, daß japanische Fertigungsmethoden (bzw. Produktionssysteme) bestimmte Japan-spezifische kulturelle Elemente beinhalten, welche nur bedingt in Transplants in Nordamerika zu übertragen sind. Er argumentiert weiterhin, daß „der Einführungsprozeß unweigerlich durch ***Spannungen / Konflikte*** begleitet sein wird und daß die (Produktions-) Systeme und Methoden zu einem bestimmten Grad einen ***Änderungsprozeß*** durchlaufen werden" [Abo96].

Produktionssysteme in Japan	***Produktionssysteme in nordamerikanischen Transplants***
Puristische Produktionssysteme / problemfreie Einführung	Angepaßte Produktionssysteme / konflikt- bzw. spannungsgeladene Einführung
High Context [161] / Gruppenorientierung – einfache Informationsverbreitung / Konsenzorientierung	Low Context – Individualistisch – Informationsaustausch nur durch Regelbeziehungen
Applikationsmodell – reine Anwendung der PS-Elemente und Methoden	Hybridmodell – teilweise, gemischte Anwendung sowohl japanischer als westlicher Methoden
Produktionssysteme ‚selbstverständlich' für alle Mitarbeiter	Einführung von PS-Elementen bedarf dem verstärkten Einsatz von japanischen Expatriates

Tabelle 4.1.1.a: Produktionssysteme inner- vs. außerhalb des japanischen Kulturkreises

In seiner Studie bewertet er Firmen nach einem theoretischen ***‚Applikations-Adaptions'-Modell*** im Grad ihrer Nutzung von japanischen oder westlichen / amerikanischen Produktionsprinzipien. ‚Applikation' bezieht sich auf Transplants, die traditionelle japanische Praktiken bevorzugen. ‚Adaption' auf solche, die traditionell westliche Praktiken bevorzugen. *Abo's* Hauptthese unterstreicht, daß gängige Praxis in nordamerikanischen Transplants weder traditionell japanisch noch traditionell westlich ausgerichtet ist. Vielmehr kann von einer

---

[161] Als ‚Context' definiert man im englischen Sprachgebrauch einen Kulturaspekt, welcher die Humanbeziehungen als eine Programmierfunktion versteht, die zwischenmenschlichen Informationsaustausch erleichtert.

,Hybriden' Praxis gesprochen werden, die weder eine reine Applikation noch eine Adaption darstellt. Im Industrievergleich schnitten die Automobilunternehmen besser ab, was laut *Abo* auf die Präsenz von überdurchschnittlich vielen japanischen Expatriates zurückzuführen ist - keines der betrachteten Unternehmen wurde mit annähernd 100% und damit den japanischen Stammwerken als vergleichbar bewertet. Der kulturelle Einfluß auf die Ausgestaltung und Effizienz von Produktionssystemen ist somit sehr wohl gegeben und kann z.B. durch Betreuung von japanischen Expatriates bzw. langjährigen Mitarbeitern aus einem wirklichen Produktionssystemumfeld nur teilweise kompensiert werden.

Hypothese 2.3: *Die* ***Konformität mit Grundwerten*** *und Tugenden der japanischen Gesellschaft ist vorteilhaft bei der Produktionssystem-Einführung !*

Kulturelemente, welche spezifisch für japanische Unternehmen sind, werden oftmals als ***restriktive Kriterien*** bei der Übertragung von Produktionssystemelementen von Japan auf Transplants in anderen Ländern gewertet. Als typische ***Verhaltensmerkmale der japanischen Kultur*** werden Fleiß, Obrigkeitshörigkeit, Gruppenorientierung, Ordnungsliebe, Perfektionssuche und hohe Konsensbereitschaft genannt. Je deutlicher die Belegschaft vom kulturellen Hintergrund diesen Werten entspricht, desto einfacher werden die PS-Prinzipien akzeptiert und verinnerlicht.

Hypothese 2.4: Länder mit einem geringeren Entwicklungsgrad *zeigen eine höhere Akzeptanz der Produktionssystem-Elemente !*

Interessanterweise existieren insbesondere in Schwellenländern mit einem vergleichsweise niedrigen Bildungsstand der Mitarbeiter viele Beispielunternehmen, die erfolgreich die PS-Prinzipien eingeführt und angewendet haben. Die schnelle und nachhaltige Akzeptanz kann u.a. auf die mangelnden eigenen Grundsätze und Erfahrungen zur Organisation des (Berufs-) Alltags zurückgeführt werden.

Hypothese 2.5: Konsensfähigkeit und konsequente Umsetzung *einer einmal getroffenen Entscheidung widerspricht dem westlichen Ansatz des Verfolgens (und späteren Infragestellens) mehrerer Lösungen. Dies resultiert in mangelnder Bereitschaft zur Umsetzung von PS-Elementen.*

Der Entscheidungsprozeß in japanischen Unternehmen erfolgt nach dem ***Ringi-System***. Die Dominanz der Gruppe wird deutlich, da zu Beginn einer Erörterung grundsätzlich „alles offen" ist und Gruppenmitglieder selbstverständlich auch abweichende Meinungen vortragen sollen. Erste Lösungsvorschläge zirkulieren dann innerhalb der gleichen Ebene. Eine von der Gruppe als optimal vorgeschlagene Lösung wird als vorläufiger Konsens an die nächsthöhere Ebene weitergereicht, zirkuliert bis dort ein Konsens gefunden ist und wird von der Leitung anschließend ohne weitere Rücksprache mit den unteren Ebenen beschlossen. Wenngleich dieser Ansatz einen höheren Zeitaufwand für Erörterung und Zirkulieren von Vorschlägen benötigt, so liegt seine Stärke in der Konsequenz der späteren Umsetzung für die ein gemeinschaftlicher Konsens gefunden wurde.

Hypothese 2.6: Zeit für die Familie und individuelle Freizeitorientierung *haben in westlichen Unternehmen einen Vorrang vor Gruppeneinsatz und Überstundenbereitschaft – entsprechend höhere Motivation ist erforderlich !*

In der japanischen Gesellschaft ersetzt die Gruppe ebenso die Funktion der Familie, welche eine deutlich geringere Bedeutung hat als in westlichen Kulturkreisen. Nur so ist verständlich, daß Mitarbeiter nach einem langen Arbeitstag mit ihren Kollegen die Freizeit verbringen. Im Gegensatz hierzu ist der westliche Berufsalltag durch Individualismus und Konkurrenzdenken des Einzelnen geprägt. Aufgrund von hoher Familienorientierung und mangelnder Arbeitszeitflexibilität müssen verlorene Stückzahlen in westlichen Unternehmen durch hohe Überstundenaufschläge ‚erkauft' werden.

Hypothese 2.7: *Die* ***Standardisierung und detaillierte Regelung von Handlungsabläufen*** *widerstreben dem westlichen, individualistisch geprägten Mitarbeiter – ein Bewußtseinswandel über Schulungen ist notwendig !*

Ein weiteres wesentliches Kulturelement Japans ist der ausgeprägt durchorganisierte ***Formalismus***. Er wurde im Zuge des Tokugawa-Shogunats im 17.Jahrhundert entwickelt und diente der sozialen Kontrolle. Um die Sicherheit zu haben, daß keine Fehler begangen werden, sind viele Handlungszusammenhänge in Zeremonien und Ritualen so durchstrukturiert, daß eine Regelung bis ins kleinste Detail vorliegt. Hier findet sich eine direkte Relation zu den beschriebenen Arbeitsablaufstandards im Toyota Produktionssystem sowie dem Hang zur totalen Kontrolle aller möglichen Fehlereinflüsse im Rahmen der ***Total Quality Control***.

Hypothese 2.8: *Die westliche Form der Massenfertigung ließ sich in Japan nicht einführen, da die* ***japanische Kultur*** *eine* ***menschen-verachtende Einstellung*** *nicht duldet !*

Die Massenfertigung hat von ihrer grundsätzlichen Ausrichtung nie einen Fokus auf die Integration des Mitarbeiters bzw. auf die Nutzung seiner Erfahrungen gelegt. Ähnlich den kurzen, standardisierten Arbeitsschritten, galt auch der ***Mitarbeiter als austauschbares Verbrauchsgut***. Diese Mißachtung von Bedürfnissen führte automatisch zu einer durch Abneigung geprägten Rollenverteilung zwischen Arbeitnehmern und Management. Bis heute hat sich in vielen westlichen Unternehmen wenig an dieser Grundhaltung geändert.

Zu den Gründen, warum die Massenfertigung nie wirklichen Einzug in die japanische Industrie hielt, zählt neben begrenzten Ressourcen und geringer Nachfrage im Nachkriegsjapan ebenso die Unverträglichkeit mit der mensch-mißachtenden Einstellung der Massenfertigung. So gilt das Nichtrespektieren der Mitarbeiterkreativität im Problemlösungs- und Prozeßoptimierungsprozeß gilt als eine der größten Formen der Verschwendung.

4.3.3 Hypothesen zur Definition eines Produktionssystems

Hypothese 3.1: *Das Toyota Production System hat seinen* ***Ursprung*** *teilweise in westlichen Formen der Produktionsorganisation*[162] *– allerdings in konsequenterer Umsetzung !*

Das TPS entstand unter starkem Einfluß der Prinzipien des Taylorismus. Nach dem Ende des zweiten Weltkrieges vermittelte Edward Deming den Japanern Methoden zur statistischen Qualitätssicherung, die heute Grundlage des Total Quality Control sind. In Kombination mit der japanischen Gruppenorientierung und konsenzbasierenden vehementen Umsetzung von Maßnahmen, läßt sich damit behaupten, daß der Erfolg des TPS u.a. auf der konsequenteren Umsetzung von ursprünglich westlichen Prinzipien der Produktionsorganisation beruht.

Hypothese 3.2: *Das 'Geheimnis' seines Erfolges ist* ***A)*** *die* ***konsequente und durchgängige Umsetzung*** *einfach verständlicher Sachverhalte (die überwiegend bekannt sind – 'alter Wein in neuen Schläuchen') ......*

Hypothese 3.3: *..... und* ***B)*** *die* ***Kenntnis und Beachtung der Abhängigkeiten*** *zwischen den PS-Elementen im Sinne des ganzheitlichen Betriebs eines Produktionssystems.*

Um ein Gesamtverständnis aller PS-Elemente zu erhalten, ist es erforderlich, das TPS bzw. seine Derivate von der Hauptelemente-Ebene bis zu den Einzelausprägungen / Werkzeugen zu detaillieren. Oberflächlich erscheinen Produktionssysteme in ihrer Darstellung auf wenige Hauptelemente begrenzt, die oftmals mangels fachlicher Führung durch TPS-Experten nur ungenügend verstanden und somit interpretativ eingeführt werden. Die Interdependenzen der einzelnen Elemente sind von hoher Bedeutung für die Effizienz eines Produktionssystems. Das Fehlen von Elementen führt zu Insellösungen, welche keine tiefgreifende Verbesserungen des Unternehmens bewirken können. Durch Kausal-Ketten lassen sich die unzureichenden Ergebnisse von gesondert eingeführten PS-Elementen aufzeigen. [163]

Hypothese 3.4: *Ein Produktionssystem zwingt das Unternehmen* ***am Rande der Verfügbarkeitsgrenze*** *zu operieren !*

Die konsequente Reduzierung von Materialpuffern und Mitarbeiterkapazität durch die Identifizierung von nicht-wertschöpfenden Arbeitsumfängen stellt eine unkomfortable Situation dar, die einen hohen Einsatz seitens der Belegschaft und des Managements, aber auch der Instandhaltung, erfordert, um die Systemverläßlichkeit bzw. Lieferfähigkeit zu garantieren. Sind diese Voraussetzungen nicht gegeben, dann kann z.B. ein Bandstopsystem zu Minderausstoß führen, der verpaßte Kundenaufträge zur Folge haben kann.

Hypothese 3.5: *Ein Produktionssystem zeigt <u>insbesondere</u> in Produktionsbereichen mit einem hohem Anteil* ***manueller Arbeit*** *positiven Einfluß !*

Im Gegensatz zur Montage sind die Gewerke Rohbau und Lackierung durch einen hohen Anteil an Prozeßtechnik gekennzeichnet. Die Arbeitsabläufe sind hier prozeßgesteuert und lassen wenig Raum für Variationen. Die Montage mit ihren vielfältigen manuellen Arbeitsvorgängen bietet jedoch ein hohes Potential für Variationen. Dem wird u.a. durch die Schaffung von Standardarbeitsblättern entgegengewirkt.

Hypothese 3.6: Ein Produktionssystem ist eine ***sprechende und zuhörende Organisation !***

Ein PS repräsentiert eine Unternehmenskultur, in der alle Mitarbeiter gemeinsam und kontinuierlich durch gegenseitigen Informationsaustausch, basierend auf ihren täglichen Erfahrungen, den optimalen Weg zur Produktion von Gütern suchen. Alle Mitarbeiter haben direkten Zugang zueinander und freien Zugriff auf Informationen in einem verständlichen Format.

Hypothese 3.7: *Die* ***Schwerpunkte des TPS*** *liegen auf Standardisierung, Visualisierung, dem Pull System sowie flexibel einsetzbaren Mitarbeitern.*

---

[162] Vgl. Kapitel 1.1.3.2 *Die Prägung des Toyotismus durch den Taylorismus*

[163] Vgl. Kapitel 3.8.2 und Anhang 11.11

Die Analyse der Produktionssystemelemente[164] ergab eine Unterscheidung in Basis-, Werkzeug- und Zielelemente.

Hypothese 3.8: *Das Toyota Produktionssystem steht* ***im Widerspruch zum 'Gesunden Menschenverstand' !***

Von *Taiichi Ohno* stammt die Aussage, daß "das ***Toyota Production System im Widerspruch zum 'gesunden Menschenverstand'*** steht". Der 'gesunde Menschenverstand' bzw. unsere (westlichen) Werte & Normen bedeuten uns, daß Komfort besser als Unwohlsein ist. Der Besitz von mehr ist daher besser als von weniger. Das menschliche Suchen nach Wohlbefinden, Ruhe, Komfort und ausreichendem 'Vorrat' (an Zeit, Material, Kapazitäten) widerspricht der durch Unrast geprägten TPS-Philosophie der fortlaufenden Suche nach weiterer Prozeßoptimierung und den kontinuierlich zu ändernden Abläufen. Danach gilt ebenso, daß wir uns gegen potentielle Probleme in der Zukunft schützen sollten. Alle Prozesse sollten problemlos, ohne ein Gefühl der Eile oder Hast ablaufen. Es entspricht unserer menschlichen Psyche, Harmonie und Wohlbefinden zu suchen - Schmerz und Unwohlsein zu vermeiden. In Abwandlung des Zitats von Taiichi Ohno kann man daher sagen, daß ein Produktionssystem ***der normalen menschlichen Natur widerspricht***. Viele Menschen verstehen daher nicht die wirklichen Züge und Elemente des TPS. Das Verlassen auf die bestehenden Werte & Normen, d.h. auf den 'gesunden Menschenverstand' führt dazu, daß bei Problemen nur ausgetretene Pfade beschritten werden welche zu keinen neuen Erkenntnissen führen. Um außergewöhnliche Verbesserungen erzielen zu können, müssen ebenso außergewöhnliche Methoden eingesetzt und unser Werteschema angepaßt werden – das englische Sprichwort ‚*Common sense leads to common methods leads to common results*!' drückt diesen Sachverhalt relativ treffend aus!

Hypothese 3.9: *Bei richtiger Anwendung erzeugt das TPS eine* ***Atmosphäre der Eile****, des Stresses. Elemente des TPS sind bewußt so ausgelegt worden, um Eile zu erzeugen !*

Beispiele sind die Materialbelieferung 'Just-in-Time', die sowohl von externen Lieferanten als auch der internen Logistik sichere Prozesse abverlangt. Wenn bei Toyota ein Problem auftritt, so führt dies zum Stop der Montagelinie, der Problembereich wird für die gesamte Montage deutlich und ein entsprechender Druck (Eile, Hast) wird erzeugt, um die wahre Problemursache zu ergründen und eine Problemwiederholung auszuschließen.

Hypothese 3.10: Auftretende Probleme *werden nicht grundsätzlich als negativ empfunden !*

Bei Toyota werden ***Probleme als positiv empfunden***, sie zeigen Schwachstellen in der Fertigung auf, welche dann kontinuierlich reduziert werden können. Montagefehler, Prozeßungenauigkeiten, Teilepaßprobleme stellen eine ***Gelegenheit*** zur definitiven, langfristigen Behebung eines aufgetretenen Fehlers dar und tragen somit zur Erhöhung der Prozeßsicherheit bei. Wichtig ist, daß Mitarbeiter ermutigt werden Fehler zu identifizieren und daß der Problemlösungsprozeß z.B. mit Hilfe der 5W-Methode detailliert geführt wird.

4.3.4 Hypothesen zur Bedeutung eines Produktionssystems für die Organisation

Hypothese 4.1: *Das im westlichen Kulturkreis* ***traditionell gegeneinander gerichtete Verhältnis von Mitarbeitern und Management*** *ist auf die mangelnde Integration der Mitarbeiter sowie Nutzung ihrer Erfahrungen zurückzuführen !*

Die jahrzehntelange Trennung von Kopf- und Handarbeit nach den Prinzipien des Taylorismus hat in vielen Industriebetrieben eine Atmosphäre der Konfrontation geschaffen, in der sich die Arbeitnehmer durch Gewerkschaften ‚vertreten' lassen, um ihre Interessen ‚gegen' das Management durchzusetzen. Ein Produktionssystem kann dagegen nur in einer vertrauensvollen Teamumgebung wirken.

Hypothesen 4.2-4.4: *Die Produktionssystemeinführung erfordert* ***Bewußtseinswandel, Strukturwandel*** *und* ***Führungswandel !***

Der *Bewußtseinswandel* ist vollzogen, sobald das Management auftretende Probleme als weitere Optimierungspotentiale begreift, die es gemeinsam mit der Kreativität der Mitarbeiter zu erschließen gilt. Durch das Aufbrechen verkrusteter Strukturen und die Neuausrichtung aller Unternehmensaktivitäten auf die Kundenanforderungen wird ein *Strukturwandel* herbeigeführt. *Führungswandel* bedeutet, daß Führungskräfte sich als 'Coach' / Berater verstehen und Aufgaben und Verantwortungen stärker an die Mitarbeiter delegieren.

Eine große Herausforderung im Wandlungsprozeß liegt im ***Verständnis der neuen Rollenverteilung***. Die Führungskräfte müssen sich zu wahren Leadern entwickeln, die versteckte Talente ihrer Mitarbeiter sowie Teamwork fördern und die Bereitschaft zu eigenverantwortlichem Denken und Handeln gutheißen. Die sich

[164] Vgl. Kapitel 3.8.2.3.2 *Funktionen der Produktionssystem-Elemente*

hieraus entwickelnden Spannungen gilt es mit gleichbleibender Energie zu entschärfen, um ein für diese Phase typisches Rückfallen in alte Verhaltensmuster zu unterdrücken.

Hypothese 4.5: *Ein Produktionssystem kann effektiv nur in einer* ***Teamorganisation*** *funktionieren.*

Siehe auch Hypothese 4.1

Hypothese 4.6: Durch den ***Abbau von Hierarchien*** verringert sich **NICHT** ***die Anzahl der Führungskräfte!***

Aus der Forderung zu verstärkter Delegation von Aufgaben und Verantwortung an die Mitarbeiter der Arbeitsebene resultiert als großer Hemmfaktor die Angst des mittleren Managements vor Aufgaben- und Statusverlust. Durch die Neustrukturierung des Unternehmens in interdisziplinäre Teams mit konkreter Produkt-/ und Projektverantwortung ***verbreitert*** sich das Unternehmen jedoch; ehemalige 'Hierarchen' erhalten damit neue projektartige Aufgaben[165].

Die Erfahrung zeigt jedoch, daß Unternehmen, die sich für die Einführung einer schlanken Produktion entschieden haben, ca. 6 bis 12 Monate nach Beginn des Programms ***Mitarbeiterzahlen senken*** wollen, sofern keine Erhöhung des Produktionsprogramms ansteht. Ein Teil dieses Personalüberhanges verläßt naturgemäß ob der gestiegenen Anforderungen freiwillig das Unternehmen – der andere Teil sollte durch Frühpensionierung oder Abfindung sozialverträglich abgebaut werden. Da Personalabbau grundsätzlich als unangenehm empfunden wird, zögern viele Unternehmen bis zum Eintreten einer ernsthaften Krise mit solchen Maßnahmen. Nachdem die optimale Belegschaftsgröße erreicht ist, sollte offen kommuniziert werden, daß kein weiterer Personalabbau stattfinden wird.

Hypothese 4.7 + 4.10: *Die tägliche Zusammenarbeit der* ***'Process Engineers'*** *mit den* ***ausführenden Werkern*** *ist essentiell für die ganzheitliche Produktionssystem-Umsetzung. Das* ***Verhältnis*** *zwischen* ***Werkern und Planung*** *ist gekennzeichnet durch* ***Vertrauen.*** *Der 'Process Engineer' ist Dienstleister und Partner der Produktionslinie !*

In traditionell strukturierten Unternehmen läßt sich häufig ein Mißtrauensverhältnis zwischen den planenden Ingenieuren und den ausführenden Werkern feststellen. Dieses gilt sowohl für die Anlagenplaner, welche der Auslegung von nichtergonomischen Prozessen bezichtigt werden, als auch für die Planer der Arbeitswirtschaft, deren Präsenz in der Produktion als weitere Maßnahme der Vorgabezeitenreduzierung gewertet wird. Prinzipiell sind beide Mißstände auf mangelnde Kenntnis und Informationsaustausch zurückzuführen. In US-Transplants erfolgt die Betreuung der Produktionslinien durch ‚Prozeßingenieure', einer Integration aus Ablaufplaner, Zeitwirtschaftler und Betriebsmittel-Planer. Der Prozeßingenieur ist durch seine tägliche Präsenz (ca. 80% der Arbeitszeit) in der Montagelinie mit allen aktuellen Problemen seiner Produktionskollegen vertraut. Er ist Ansprechpartner bei Montageproblemen seitens der Anlagen und Teile, sorgt für die Einbeziehung von Lieferanten und Instandhaltung. Gemeinsam mit den Produktionsmitarbeitern optimiert er die Montageprozesse. Gemeinsam mit dem Meister moderiert er die wöchentlichen Teamsitzungen.

Hypothese 4.8: *Das PS fördert die* ***aktive Einbindung der Werker*** *bei der Prozeß-Gestaltung und animiert zum Ausprobieren neuer Maßnahmen– ein* ***unbürokratischer, autonomer KVP*** *wird geschaffen !*

Die Werker optimieren ihre Arbeitsabläufe durch Identifizierung von nicht-wertschöpfenden Umfängen eigenständig. In einer ‚Just do it' Mentalität definieren sie neue Arbeitsablaufvarianten, schaffen bzw. modifizieren ihre Hilfsmittel und reorganisieren die Materialzonen.

Hypothese 4.9: *Werker verinnerlichen den Arbeitsprozeß durch den Einsatz von* ***Standardarbeitsblättern*** *!*

Durch die Bearbeitung von Standardarbeitsblättern können die Werker den Arbeitsablauf gedanklich ‚abgehen', können ihn hinterfragen und optimieren. Für neue Mitarbeiter erfolgt nicht nur eine mündliche 'Einweisung', sondern eine detaillierte Schulung basierend auf einem beschriebenen Standard. Variation und 'Interpretation' der Arbeitsprozesse durch den Einzelnen werden damit verhindert.

Hypothese 4.11: *Das* ***Vertrauensverhältnis*** *zwischen* ***Werkern und Produktionsleitung*** *ist in der TPS-Umgebung durch eine tägliche Begehung der Produktionsbereiche und durchgängige tägliche Informationsdistribution durch alle Ebenen gekennzeichnet!*

Betrachtet man Fallstudien von erfolgreich eingeführten Produktionssystemen, so wird ebenso ein Änderungsprozeß im Arbeitnehmer-Management Verhältnis deutlich. Das neue Verhältnis ist geprägt durch Vertrauen und gegenseitigem Respekt, durch gemeinsames Erarbeiten von Problemlösungen anstatt der

---

165 Als konkretes Beispiel läßt sich der Fall eines Abteilungsleiters der zentralen Montageplanung aufführen, dessen Funktion mit dem Übergang der Planungsverantwortung in die Produktionsleitungscenter überflüssig wurde. Als Anschlußaufgabe erhielt er die Projektleitung zur Einführung von Kaizenprojekten in der Produktion.

Suche nach Verantwortlichen, der Anerkennung von persönlichen Fähigkeiten anstelle von Hierarchie-Positionen.

Hypothese 4.12: *Die berufliche* ***Entwicklung der Produktionsmitarbeiter*** *ist gekennzeichnet durch kontinuierliche Schulung, Verantwortungsdelegation und Beförderung aus den eigenen Reihen bis in die Produktionsleitung.*

In der idealen Ausprägung können sich qualifizierte Produktionsmitarbeiter über den Gruppenbewertungsprozeß bis in die Ebene der Produktionsleitung weiterentwickeln, die Beurteilung dafür erfolgt rein nach Eignung und Leistung. Eine klassische Trennung in Führungskräfte mit entsprechendem Studienabschluß und Werkerentwicklung bis maximal zum Meister besteht nicht.

Hypothese 4.13: *Die Umsetzung eines PS* ***ent-technologisiert*** *einen Produktionsbereich !*

Die größte Gefahr für die Einführung eines Produktionssystems liegt in der Annahme begründet, daß es sich dabei um eine Art Technologie oder Verfahren der Produktionsmodernisierung handelt. Ein Produktionssystem muß als ***nicht-technisch*** verstanden werden, als kulturell. Es umfaßt wenige neue Techniken, es reduziert Arbeitsumfänge, Flächenbedarfe, Lagerbestände, Fertigungszeiten, etc. Das heißt es ***ent-technologisiert*** die Produktion. In einer Produktionssystemumgebung finden sich im Vergleich zu traditionell strukturierten Unternehmen deutlich weniger automatisierte Kontroll- und Steuerungselemente - die Produktion und ihre Bedarfe steuern sich bedarfsorientiert nach dem Pull-Prinzip.

Hypothese 4.14: *Die* ***Automatisierung*** *von Abläufen (Information, Montage) erfolgt* ***in Ausbaustufen*** *– jeder Prozeß muß zunächst* ***verstanden*** *und* ***manuell beherrschbar*** *sein, bevor er aus Gründen der Kapazitätssteigerung, Ergonomie, etc. automatisiert werden kann.*

Prozeßsicherheit entsteht aus Prozeßbeherrschung – diese ergibt sich nur aus manueller Beherrschung der Arbeitsabläufe. Insbesondere junge Transplants bevorzugen die phasenweise Automatisierung, da sie den Werkern die Chance zu Training und Prozeßoptimierung gibt; eine Produktionssteigerung kann später durch steigende Automatisierung ohne wesentliche Neueinstellungen und vor allem bei konstantem Qualitätsniveau erreicht werden.

Hypothese 4.15: *Mitarbeiter empfinden die* ***Erfolge der Produktivitätssteigerung nicht als Anstieg ihres täglichen Arbeitsumfanges,*** *sondern als Resultat ihrer Bemühungen zur Reduzierung von Verschwendung. Unbewußt wird ihre Arbeit damit befriedigender und ihr Arbeitsumfeld als positiver empfunden !*

‚Not to work harder, but smarter' steht für eine Optimierung der Arbeitsabläufe dahingehend, daß die Mitarbeiter nicht härter, sondern intelligenter arbeiten. Sind Prozeßoptimierungen mitarbeitergetragen bzw. durch die Mitarbeiter initiiert worden, so entsteht eine positive Einstellung zur Prozeßverbesserung. Die Organisationsform der schlanken Produktion scheint damit im Vergleich zur Massenfertigung einen Bestandteil der täglichen Arbeit zu verkörpern, der vielen Mitarbeitern in traditionell strukturierten Unternehmen bisher gefehlt hat!

4.3.5 Hypothesen zur Implementierung / zum Änderungsprozeß

> „ Menschen sind nicht gegen die Veränderung, sie sind gegen das Verändert werden. Erlaube Menschen sich mit dem Wandel auseinanderzusetzen und ihn zu planen. Helfe ihnen den vertrauten Weg mit Würde zu verlassen. Die Veränderung ist ein Prozeß, welcher in den Herzen und im Geist der Menschen stattfindet. Trotz aller unserer aufwendigen Planungen und Vorträge ändert sich wenig als Ergebnis von logischen, rationalen Prozessen. Der Wandel ist immer dann erfolgreich, wenn sich aus irgendwelchen Gründen eine kritische Masse für die vorgeschlagene Veränderung einsetzt. Die Schaffung solch einer unterstützenden Bewegung ist weder ein rein logisches Vorgehen noch kann sie durch Angst geschaffen werden."[166]

Unternehmen, die sich auf den Weg hin zur schlanken Fertigung begeben haben, werden eine Wandlung der Organisation erfahren. Die oftmals ***gefürchtete Änderung*** muß kein schmerzvoller Prozeß sein. Vielmehr liegt es an der Einstellung zur Veränderung, inwieweit sich ein Zustand zwischen positivem (da kreativem) Chaos oder eine Lähmung einstellt. Das Ideal ist ein Zustand dazwischen: ***Flexibilität und Offenheit für Neues kombiniert mit genügend strukturellem Halt***.

Die Geschwindigkeit mit der Veränderung heutzutage stattfindet, nimmt ständig weiter zu. Während die Konsumenten einerseits fasziniert die Fülle der Innovationen zu begreifen versuchen, so verursacht die Veränderung bei vielen Unternehmen Unsicherheit und Angst ob einer Bedrohung durch Produkt- bzw. Prozeßveral-

[166] Zitat von Peter R. Scholtes and Heero Hacquebord

terung. ***Veränderung ist positiv***, wenn sich Unternehmen in einem ***Zustand der Flexibilität***, der ***jederzeitigen Anpassungsfähigkeit*** auf sich ändernde Rahmenbedingungen, in einem Zustand des Wandels befinden. „Es ist nicht so, daß jedes Geschäftsfeld oder Unternehmen sich in einem fortdauernden Zustand des Wandels befinden sollte – ***aber es ist Realität, daß der Veränderungsprozeß jedes Unternehmen ergriffen hat***. Die Herausforderung liegt also darin den Veränderungsprozeß zu überstehen, zu überleben. Nur wenige Firmen scheinen ihr Schicksal unter Kontrolle zu haben. Das Fundament vergangener Erfolge ist in Erschütterung geraten, seit dem die industriellen Rahmenbedingungen sich schneller wandeln als das Top Management seine Einstellungen bezüglich neuer Technologien, Märkte, und weiteren Maßnahmen zur Steigerung von Produktivität und Qualität anpassen kann“ [Har98].

Hypothese 5.1: Das Top Management *muß eine deutlich erkennbare Unterstützung während der Produktionssystem-Einführung leisten !*

Die Einstellung des Top Managements ist äußerst wichtig, weil sie ein ***Signal der Ernsthaftigkeit*** innerhalb und außerhalb des Unternehmens abstrahlt. Mit beispielhaftem Engagement sollte sie den Einführungsprozeß unterstützen und der Belegschaft eine „never give up – never turn back‘[167]-Einstellung vermitteln. Durch Vorbildfunktion und entsprechende Präsenz bzw. Sponsoring von Umsetzungsmaßnahmen unterstützen sie den Einführungsprozeß.

Hypothese 5.2: *Ein PS ist nicht einfach zu betreiben – es verlangt permanente Beachtung und den festen Willen* ***zeitweise ungenügende Produktionszustände*** *im Hinblick auf die langfristige Verbesserung der Produktion zu ertragen !*

Die bewußte kontinuierliche Absenkung der Materialpuffer zwischen Fertigungsbereichen schafft besondere Belastungen für die Logistik und Produktion, da Prozeßprobleme bzw. mangelnde Systemverfügbarkeit nun deutlich werden. Ebenso werden durch die Einführung des Qualitätsstopps im Produktanlauf verstärkt Tagesstückzahlen verloren – dieser Umstand erfordert ein deutliches Committment seitens des Managements in dieser Phase nicht den Stückzahlen Priorität vor der Fehlerbehebung zu geben.

Hypothese 5.3: Soll-Ist-Analyse*: Im Vorfeld einer PS-Einführung sollte die Analyse der unternehmensspezifischen Ausgangssituation stehen, auf welche eine anschließende Einführungsstrategie aufsetzt !*

Da viele Unternehmen bereits über Teilumfänge von Produktionssystemen verfügen, wenngleich unter anderem Namen und oftmals in Unkenntnis ihrer Verflechtungen mit anderen PS-Elementen, ist es sinnvoll eine Soll-Ist Analyse zu Beginn jeder PS-Einführung durchzuführen. Als Maßnahme bietet sich hier die Durchführung einer ***Befragung der Produktionsvertreter auf Meisterebene*** an. Anhand eines Fragebogens können die verschiedenen Ausprägungen bzw. Werkzeuge von PS-Elementen auf ihre Existenz und vor allem Anwendung überprüft werden.

MPS-Methoden	Einschätzung der Umsetzung in %				Bedeutung			Handlungsbedarf
	100 - 90	90 - 80	80 - 60	< 60	hoch	mittel	gering	
1.1.7 Regelkommunikation	X				X			
- fest vereinbarte Regeltermine (Zeitpunkt, Dauer)								
- verbindliche Regeln zu:Teilnahmepflicht, Pünktlichkeit, Vertreterregelung, Moderation, Tagesordnung, Gesprächsziel, Ergebnisdokumentation								

Tabelle 4.1.7.3.a: Beispielhafter Auszug aus einem Fragebogen [Nie99]

Zugleich sollte eine Einschätzung zur Höhe des ***Handlungsbedarfs*** abgefragt werden. Somit läßt sich bei der späteren Umsetzung eine ***sinnvolle zeitliche Priorisierung*** gewährleisten. Die Erarbeitung des Fragebogens sollte durch Führungskräfte mit PS-Erfahrungen bzw. PS-Spezialisten erfolgen. Grundvoraussetzung für die Qualität der Aussagen ist die Bereitschaft (durch Einsicht und Verständnis) der Produktionsvertreter für den Änderungsprozeß!

---

[167] ‚Never give up and never turn back = engl. für niemals aufgeben und zurückblicken

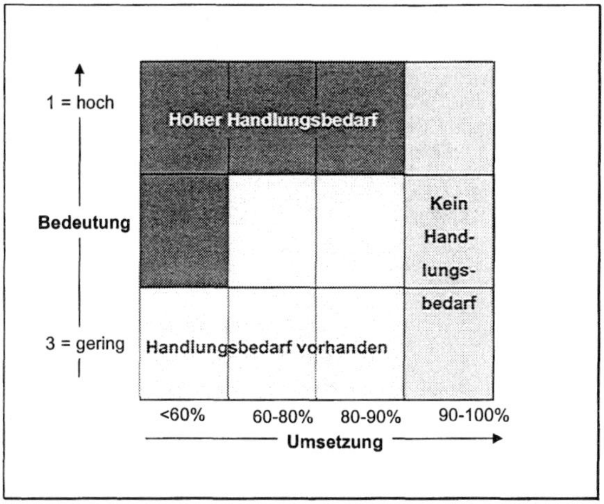

Bild 4.1.7.3.b: Priorisierung der Umsetzung in Abhängigkeit vom Handlungsbedarf [Nie99]

Das Ergebnis der Umfrage sollte anschließend der Geschäftsführung einen Überblick über den Handlungsbedarf sämtlicher PS-Elemente und insbesondere ihrer Ausprägungen vermitteln. Hervorzuheben ist bei dieser Vorgehensweise die direkte Einbindung der betroffenen Bereiche. Durch die Gewichtung des Handlungsbedarfs legen diese selber fest, welche Implementierungsmaßnahmen getroffen werden müssen, zu erwartender Widerstand wird dadurch spürbar geringer sein. Bei den Befragungen sollte für Klärungen jeweils ein mit dem Werk vertrauter PS-Spezialist zugegen sein.

Fragenummer	Frage	Umsetzung	Bedeutung	Handlungsbedarf
1.1	**Führung**	90	1	Hoher Handlungsbedarf
1.1.1	Zielvereinbarung	100	1	Kein Handlungsbedarf
1.1.2	Mitarbeiter-Feedback	90	2	Handlungsbedarf vorhanden
1.1.3	Mitarbeiterbefragung	100	1	Kein Handlungsbedarf
1.1.4	Anerkennung der Mitarbeiter	100	1	Kein Handlungsbedarf
1.1.5	Beurteilungssystem	100	1	Kein Handlungsbedarf
1.1.6	Checklisten und Überprüfung	80	1	Hoher Handlungsbedarf
1.1.7	Regelkommunikation	100	1	Kein Handlungsbedarf
1.1.8	Teamentwicklung	90	2	Handlungsbedarf vorhanden
1.1.9	Führungskräfte Assessment System	100	1	Kein Handlungsbedarf
1.1.10	Programm zur Anwesenheitsverbesserung	100	1	Kein Handlungsbedarf
1.2	**Klären von Rollen**	90	1	Hoher Handlungsbedarf
1.2.1	Stellenbeschreibung	60	2	Hoher Handlungsbedarf
1.2.2	Prozessbeschreibung	100	2	Kein Handlungsbedarf
1.2.3	Erstunterweisung neuer Mitarbeiter	100	1	Kein Handlungsbedarf
	Beteiligung und Entwicklung von			

Tabelle 4.1.7.3.b: Auszug aus den Ergebnissen einer Befragung

Hypothese 5.4: *Zur Vermeidung von Insellösungen und damit einem Scheitern der PS-Einführung ist eine* ***Gesamtansicht****, ein Masterplan, eine Vision erforderlich – ebenso sollten die* ***mittel- bis langfristig zu erreichenden Ziele*** *der Unternehmensoptimierung klar dokumentiert und kommuniziert sein !*

Ein 'Master Plan' kann nicht installiert werden. Er muß durch die Gemeinschaft der Mitarbeiter, d.h. Werker, Angestellte, und Management, lokal in den Fertigungsbereichen, unter Heranziehung der besten verfügbaren Erfahrungen wachsen. Wenn eine Atmosphäre des Vertrauens besteht und die Kommunikation gefördert wird, dann sind Rahmenbedingung. geschaffen, welche die Einführung eines Produktionssystems erlauben.

Hypothese 5.5: *Der Masterplan sollte unter Berücksichtigung begrenzter (Koordinations-) Kapazitäten die* ***terminliche Abfolge der EF-Maßnahmen*** *und die betroffenen Bereiche detailliert ausweisen !*

Bei der Einführung von Produktionssystemen handelt es sich in der Regel um ein mehrjähriges Unterfangen[168]. Insbesondere in Bezug auf die ausreichende Ressourcenplanung sowie die Integration von Schulungsmaßnahmen in die Produktionsprogrammplanung ist eine detaillierte Terminplanung erforderlich. Prinzipiell kann der Gesamtprozeß in zwei Phasen unterteilt werden: ***1) die Schulungs- und Analyse-Phase*** und ***2) die Umsetzungsphase***. Phase 1 beginnt mit der Vermittlung von PS-Grundlagen, z.B. im Rahmen der Kaskadenschulung und der Soll-Ist- Aufnahme der aktuellen Unternehmenssituation im Hinblick auf die Anwendung von PS-Elementen. In Phase 2 folgt die Umsetzung im Rahmen von Teilprojekten in den unterschiedlichen Unternehmensbereichen. Die Auditierung von erzielten Verbesserungen bzw. dem Stand der PS-Elemente-Einführung erfolgt periodisch (Delta-Workshops).

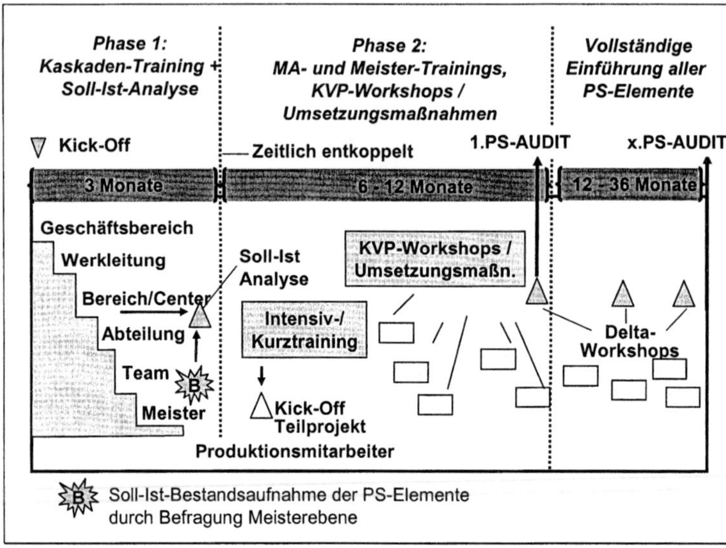

Bild 4.1.7.2.a: Beispielhafter Ablauf einer Produktionssystem-Einführung [Nie99]

Im Gegensatz zu Maßnahmen durch bereichsexterne Spezialisten, ist durch die eigenverantwortliche Durchführung der ***Teilprojekte*** ist die Einbindung der Produktionsbereiche gewährleistet. Zur Umsetzung eines Teilprojektes werden durch die Abteilungsleitung zunächst die zu implementierenden Methoden des Produktionssystems sowie die Reihenfolge ihrer Einführung ausgewählt. Um den ordnungsgemäßen Ablauf der Maßnahmen zu gewährleisten, werden Trainer und PS-Spezialisten zugeordnet. Im Anschluß wird ein terminlicher Ablauf der geplanten Aktivitäten und ihrer Ziele (‚***Fahrplan***‘) festgelegt.

Hypothese 5.6: Permanente Information & Transparenz der Aktivitäten *gegenüber allen Mitarbeitern ist notwendig !*

Die Aktivitäten im Zuge der Einführung eines Produktionssystems müssen gegenüber der Belegschaft regelmäßig kommuniziert werden, damit sich a) niemand unter dem Vorwand der Unwissenheit der Teilnahme entziehen kann und b) jedem Mitarbeiter verdeutlicht werden kann, daß der Wandlungsprozeß nur mit ihm funktionieren kann.

Hypothese 5.7: *Aufgrund der unterschiedlichen Bedeutungen von PS-Elementen läßt sich eine* ***Reihenfolge*** *bei deren* ***Einführung*** *bestimmen. Einige Basis-Elemente sind Voraussetzung für Folge-Elemente !*[169]

[168] Bei den Einführungsmaßnahmen im DaimlerChrysler Werk Bremen mit ca. 10000 direkten Produktionsmitarbeitern geht man von einer Gesamtdauer von ca. 3 Jahren aus.

[169] Siehe auch Hypothesen-Block 8: Die Bedeutung bzw. Funktion einzelner PS-Elemente

Im Rahmen einer Analyse der Interdependenzen von Produktionssystem-Elementen konnte aus den Funktionen der Elemente auf eine sinnvolle Reihenfolge ihrer Einführung geschlossen werden.[170]

Hypothese 5.8: Hochrangiger Visionär = Inside Change Agent *– die Produktionssystem-Einführung bedarf eines Leaders mit starker Persönlichkeit, welcher trotz mittelfristiger Rückschläge bzw. Mehraufwendungen das langfristige Gesamtziel im Auge behält !*

Der einzige Weg sich auf Veränderung vorzubereiten, ist die ***Zukunft zu erahnen***. Unternehmen müssen daher über Instrumente und Visionäre verfügen, um die Zukunft in genügendem Maße vorherzusehen und seine mittelfristigen Ziele daraufhin zu definieren. Ein Mitglied des obersten Managements sollte die Einführung des Produktionssystems durch aktive Teilnahme und Unterstützung vorantreiben. Er sollte als ein hochrangiger Visionär durch entsprechendes Führungsverhalten den Wandlungsprozeß in Gang halten und die Ziele des Produktionssystem außerhalb und innerhalb des Unternehmens vehement vertreten. Er sollte durch einen erfahrenen '***Outside Change Agent'***, oder auch ‚***Facilitator***' (engl. = Veranlasser, Antreiber) genannt, z.B. in der Form eines unabhängigen, externen Beraters unterstützt werden, welcher gleich einem Trainer die PS-Einführung betreut. Aufgrund seiner Erfahrung kennt er die notwendigen Schritte, deren zeitliche Abfolge zueinander, die Zielgrößen. Er muß führen, ermutigen, bewerten und ggf. den Kurs korrigieren. In seiner Rolle als ‚Lehrer' vermittelt er die Grundsätze, wissend, daß die Unternehmensmitarbeiter den Prozeß weiterführen müssen. Er weiß, daß der Mensch sich naturgemäß dem Wandel widersetzt und kann als Externer im Unternehmen auch unangenehme Dinge adressieren. Er lehrt das Management sowohl die Produktionssystem-Prinzipien aber ebenso das Selbstverständnis, daß sie den Veränderungsprozeß weiterführen müssen.

Hypothese 5.9: *Die PS-EF bedarf eines* ***mehrjährig freigestellten Projektteams*** *mit einem direkt der Geschäftsleitung berichtendem Projektleiter sowie starker Unterstützung seitens des Top Management !*

Die Einführung eines Produktionssystems ist hinsichtlich Komplexität, Ressourcen-, Zeit- und Kapitalbedarf in etwa gleichzusetzen mit einer Produktneuenwicklung bzw. einer Re-Strukturierung eines Unternehmens. Ein hauptamtliches Projektteam und eine mehrjährige Ressourcenplanung sind unabdingbare Bestandteile einer PS-Einführung.

Hypothese 5.10: *Die standortspezifische Projektorganisation sollte sich neben dem Projektleiter aus* ***PS-Spezialisten*** *zur Begleitung von Kaskadenschulung und Betreuung der Umsetzungsprojekte sowie Mitgliedern der mittleren Führungsebene als* ***Umsetzungsverantwortliche*** *zusammensetzen.*

Projektleiter und PS-Spezialisten unterstützen den Prozeß der Kaskadenschulung, in dem sie die jeweiligen ‚Lehrer' beraten. Sie verfolgen ebenso die Umsetzungsmaßnahmen im Hinblick auf Konsistenz und Stimmigkeit. Die Verantwortung der Umsetzung sollte jedoch bei den Produktionsbereichsverantwortlichen liegen.

Hypothese 5.11: *Bei konzernweiter PS-Einführung an mehreren Unternehmensstandorten bedarf es einer* ***übergeordneten Koordinationsfunktion.*** *Ein Abgleich hinsichtlich der Ausgestaltung der PS in den Werken ist dadurch gewährleistet !*

Im Rahmen der DaimlerChrysler Produktionssystem-Definition und späteren Implementierung ist ein Zentralbereich für die Gesamtkoordination, den Abgleich zwischen den Standorten und den einheitlichen Dokumentationsstand verantwortlich. Einer standortspezifischen ‚Interpretation' der PS-Elemente (und damit variierender Effizienz und mangelnder Vergleichbarkeit) kann so entgegengewirkt werden.

Hypothese 5.12: Einbeziehung von TPS-Spezialisten – *die PS-Einführung sollte durch interne und / oder externe TPS-erfahrene Berater begleitet werden.*

In Anlehnung an das ‚Transplantieren' japanischer Produktionssysteme unter hohem Einsatz von japanischen Expatriates und dem Modell MBUSI, wo in größerer Zahl Ex-Toyota Manager abgeworben wurden, sollte während jeder Produktionssystem-Einführung ein permanenter Soll-Ist Abgleich hinsichtlich der korrekten Ausrichtung der Maßnahmen durch erfahrene Spezialisten gewährleistet sein (siehe auch Hypothese 5.13).

Hypothese 5.13: Verstehen des TPS *- ein oberflächliches Verständnis eines PS kann durch 'Lesen', eine Überzeugung hinsichtlich der Vorteile durch 'Sehen' (Benchmarking-Besuche) erreicht werden – ein wirklich tiefgreifendes Verständnis vermittelt erst das mehrjährige 'Erleben' eines Produktionssystems.*

Ein Produktionssystem erscheint in seiner oberflächlichen Betrachtung simpel. Die Prinzipien sind logisch und sinnvoll (und erscheinen häufig als sehr vertraut). Die Komplexität des darunterliegenden Beziehungsgeflechtes und die erforderliche Konsequenz des Betreibens wird dem Nutzer erst nach einigen Jahren des täglichen Erfahrens im Produktionsalltag deutlich.

---

[170] Vgl. Kapitel 3.8.2 *Interdependenzen von Produktionssystem-Elementen*

Hypothese 5.14: *Die **Verantwortung für Themenschwerpunkte** des PS sollte auf einzelne Managementmitglieder, sogenannte '**Champions**', innerhalb des Unternehmens verteilt werden, die ca. 25% ihrer Zeit für Unterstützung, Präsenz in der Produktion und Teilnahme an PS-/ Kaizen-Workshops einsetzen können.*

Durch ‚Champions' auf den unteren Managementebenen wird sowohl Fachkompetenz als auch Verantwortung für die Umsetzung gewahrt. Sinnvollerweise werden die Hauptelemente eines Produktionssystems gemäß ihrer Inhalte an Führungskräfte der jeweiligen Funktionsbereiche verteilt – z.B. der Leiter der Qualitätssicherung Montage für das Element Qualität.[171]

Hypothese 5.15: *Die Verantwortung für die **Umsetzung** der PS-Elemente sollten Führungskräfte aus den einzelnen Produktionsbereichen übernehmen. Betreut werden sie durch Projektleiter und PS-Spezialisten.*

Damit die Einführung eines Produktionssystems durch die Produktionsbereiche mitgetragen wird, muß die Verantwortung für die Umsetzung bei den dortigen Führungskräften verbleiben.

Hypothese 5.16: *Für die Implementierung bestehen grundsätzlich drei unterschiedliche Vorgehensweisen: a) **unternehmensweite** b) **bereichsbezogene, begrenzte** und c) **Stichpunktartige Produktionssystem-Einführung** !*

Hypothese 5.17: *Die **unternehmensweite PS-Einführung** zielt auf die simultane EF aller PS-Elemente über alle Gewerke (**z.B. Werk XY**) hinweg. Sie erfordert einen hohen Koordinationsaufwand, ist gekennzeichnet durch schwierig erkennbare Prozeßverbesserungen, läßt (bei Brownfields) einen hohen Widerstand seitens der Belegschaft erwarten – führt aber bei abgeschlossener Einführung bereits mittelfristig zu hohen (da ganzheitlichen) Prozeßverbesserungen unternehmensweit !*

Es besteht die Gefahr, daß sich das Momentum der Einführung an den zahlreichen Widerständen ‚aufreibt'. Durch die gleichzeitige Einführung kann nur in kleinen Schritten gearbeitet werden, sichtbare kurzfristige Erfolge bleiben aus. Interesse und Motivation zur Teilnahme erlahmen. Die Transparenz der erzielten Verbesserungen bleibt undeutlich und der Projektleiter kann mangels sichtbarer, nachweisbarer Verbesserungen mittelfristig in ‚Argumentationsschwierigkeiten' geraten.

Kriterium *NEGATIV (kursiv)* POSITIV (normal)	**Simultane Einführung (Ansatz ‚Werksweit')**	**Sequentielle Einführung (Ansatz ‚Bereichsbezogen & Stichpunktartig')**
Ressourcen-bindung	*Hoher Aufwand für Koordination, paralleler Bedarf von Trainern*	Fokussierender Einsatz begrenzter Ressourcen, kontinuierliche Optimierung der Trainer
Zeitraum der Einführung (EF)	Bezogen auf unternehmensweite EF relativ kurzfristiger Zeitraum, Projektaufgabe, ca. 2-3 Jahre bei 10000 MA Belegschaft	*Langfristige EF als Teil der gelebten Unternehmensphilosophie, deutliche Verbesserungen erst nach 5-6 Jahren*
Widerstand gegen Wandel	*Hoher Widerstand seitens Belegschaft – Konsens bzw. Motivation schwierig zu erreichen*	Widerstand nur punktuell in betroffenen Bereichen – durch Einbindung und Überschaubarkeit gut zu kontrollieren
Abstrahlwirkung	*Wirkliche Verbesserung schwierig zu erkennen – der Vergleich bzw. die Fülle der Aufgaben lassen nur graduelle Optimierungen zu*	Positive Abstrahlwirkung durch direkten Vergleich von optimierten und konventionellen Bereichen
Momentum	*Durch flächendeckende Aktivitäten Erfolge nur begrenzt erkennbar, einschneidende lokale Verbesserungen eher selten*	Kleine überschaubare Maßnahmen mit entsprechenden ‚Quick Hits' erhalten die Motivation für den KVP aufrecht
Tiefgehende Verbesserung	Durch langfristige Optimierung aller PS-Elemente ist aufgrund ihrer vernetzten Wirkzusammenhänge eine entschneidende Verbesserung der Unternehmenseffizienz zu erwarten	*Trotz kontinuierlicher Verbesserung von Einzel-Elementen besteht die Gefahr einer unbewußt beschränkten Optimierung – eine wirkliche Verbesserung des Unternehmens ist damit auch langfristig in Frage gestellt*

Tabelle 4.1.8.1.a: Simultane vs. sequentielle Einführung

[171] Vgl. Kapitel 5.3.2 Die Einführung des Sistema de Producao Juiz de Fora (SPJ)

Hypothese 5.18: *Die **bereichsbezogene, begrenzte PS-Einführung** bedeutet die vollständige Neuausrichtung eines abgeschlossenen Produktionsbereichs (**z.B. Montage Baureihe X**). Sie erlaubt die Konzentration von Koordinationsaufwendungen und führt zu kurzfristigen Erfolgen ('Quick-Hits'), welche das Momentum der Begeisterung aufrechterhalten. Sie erlaubt ferner einen **direkten Vergleich** der neuen Produktionsorganisation zu noch traditionell strukturierten Bereichen. Die Vorteile der Prozeßoptimierung werden dadurch deutlicher visualisiert.*

Diese Variante stellt eine erfolgversprechende Alternative mit hohem Abstrahleffekt dar.

Hypothese 5.19: *Die **stichpunktartige PS-Einführung** erfolgt nach dem Kaizen-Ansatz, wonach nur Teilelemente des Produktionssystems im Rahmen von lokalen Prozeßoptimierungen (**z.B. Montage Cockpit in Fahrzeug**) eingeführt werden. Dieser Ansatz zielt auf die unternehmensweite Verinnerlichung der Kaizenphilosophie. Es besteht jedoch die Gefahr von Insellösungen. Wirkliche Verbesserungen im Zusammenspiel aller PS-Elemente treten nicht auf.*

Diese Variante erzeugt einen hohen Grad der Mitarbeiterakzeptanz. Sie ist ein langwieriger Prozeß im Hinblick auf das ganzheitliche Zusammenspiel aller Elemente. Es besteht die Gefahr der frühen Zufriedenheit mit erreichten Teiloptimierungen.

Hypothese 5.20: *Die Anwendbarkeit eines PS-Elementes für spezifische Anwendungen sollte im Vorfeld der unternehmensweiten EF begrenzt in einer **'Learning Laboratory Line'**[172] getestet werden !*

Learning Laboratory Lines, d.h. ausgewählte Montagelinien, die als Testfeld für neu einzuführende PS-Elemente umgerüstet werden, helfen den Einfluß neuer Verfahren und ihre Akzeptanz durch die Produktionsmitarbeiter zu validieren. Somit läßt sich eine werks- bzw. unternehmensweite Entscheidung im Vorfeld testen.

Hypothese 5.21: *Der Kontinuierliche Verbesserungsprozeß (**KVP / Kaizen**) sollte zu Beginn einer PS-EF (in Brownfields) bereits als eigenständiges Optimierungsinstrument in der Belegschaft akzeptiert und verselbständigt betrieben sein !*

Während die Pilotteams sich intensiv ihren Prozeßoptimierungen widmen, ist es erforderlich die übrigen Mitarbeiter durch erste Schulungen zu den Instrumenten des KVP, auf den Wandel und ggf. ihre spätere Teilnahme an Folgekaizens vorzubereiten. Dadurch wird verhindert, daß sie die Aktivitäten der Pilotteams zu kritisch verfolgen und permanent in Frage stellen. Nach dem Aufzeigen erster erfolgreicher Pilotprojekte, wird der Einsatz von Kaizen unternehmensimmanent werden. Letztlich wird der Änderungsprozeß weniger Programm als vielmehr ein ***fester Bestandteil der Unternehmensphilosophie*** sein.

Hypothese 5.22: *Die **ersten 50%** auf dem Weg zum Produktionssystem erfordern einen hohen Einsatz an Kraft - die **restlichen 50%** ergeben sich als Auswirkungen der Ersten !*

Die ersten 50% [173] einer PS-Einführung binden ein hohes Maß an Mitarbeiterkapazitäten, erfordern die Geduld für einen mehrjährigen Prozeß und Ausgaben in Training und Neustrukturierungen. Die restlichen 50% zur vollständigen Einführung ergeben sich als Auswirkungen auf der materiellen Ebene aufgrund des Einwirkens auf das Bewußtsein der Mitarbeiter und der Neustrukturierung des Unternehmens !

Hypothese 5.23: *Den Eindruck vieler Mitarbeiter die Elemente und Ziele des **TPS als 'bekannte Weisheiten'** bereits zu kennen (bzw. bereits im Unternehmen anzuwenden) sollte man **positiv nutzen.** Es fehlt dann noch die **Schulung einer Gesamtansicht** und der Abhängigkeiten von Elementen im Sinne einer notwendigen ganzheitlichen PS-Einführung !*

Die Schulung von neuen Transplant-Mitarbeitern geschieht häufig in japanischen Stammwerken. Neue Produktionsmitarbeiter können in der Phase des Werksaufbaus sinnvoll trainiert werden und sie erleben den Betrieb eines ***eingespielten Produktionssystems*** in ‚Reinform'. Bei westlichen Unternehmen empfiehlt sich der Besuch von Schwesterwerken, welche entsprechende Produktionssysteme bereits eingeführt haben. Sind diese nicht vorhanden, so besteht die Möglichkeit der Teilnahme an organisierten Kaizen-Seminaren in japanischen Unternehmen.[174] ***Simulationsspiele*** einer schlanken Produktion als Gruppenübung schaffen zu Beginn einer Detailschulung Verständnis und Interesse für PS-Elemente. So lassen sich durch die simulierte

---

[172] Unter einer *Learning Laboratory Line* versteht man einen abgegrenzten Produktionsabschnitt, in dem die Prüfung von neuen PS-Elementen bzw. generellen Vorschlägen zur Produktionsoptimierung auf ihre unternehmensweite Übertragbarkeit getestet werden kann.

[173] Die Prozentangaben haben jeweils nur eine qualitative Bedeutung.

[174] Die Beratungsfirmen ‚Shin-Gi-Jutsu', Tokio, Japan und ‚Time Based Management, Ohio, USA organisieren 2-wöchige Kaizen-Seminare für Interessierte in Japan. Neben theoretischen Schulungsblöcken, werden Kaizen- bzw. TPS Systematiken durch Optimierungsprojekte in japanischen Unternehmen durchgeführt.

Darstellung von Produktionsschritten sehr eindrucksvoll die Auswirkungen von Fließfertigung, Single-Piece Flow und Reduzierung von Materialpufferbeständen verdeutlichen.[175]

4.3.6 Hypothesen zu Widerständen bei der Produktionssystem-Einführung und Gegenmaßnahmen zu deren Bewältigung

Hypothese 6.1: *Widerstand bei der PS-EF findet sich eher bei* ***unflexiblen Führungskräften*** *als bei den Mitarbeitern der Produktionsbereiche !*

Neben den Einflüssen auf die produktionsnahen Arbeitsplätze ist ebenso im ***mittleren Management*** eine gewisse ***Zurückhaltung bzw. Befürchtung*** erkennbar. *Blum* sieht die Gründe dafür in der teilweise kompletten Umstrukturierung und Verflachung von Hierarchieebenen. Die Verantwortung für Entscheidungen soll an den Ort des Geschehens verlagert werden; Dezentralisierung heißt das Schlüsselwort. Bei dieser Neubewertung von Aufgaben und Verantwortlichkeiten entsteht oftmals eine latente Gewinner-Verlierer-Situation, die jedoch nicht offen thematisiert wird. Viele Führungskräfte befürchten ***Statusverluste*** durch die neuen Organisationsformen. Aus dieser Unsicherheit entwickeln sich fast zwangsläufig Widerstände, welche sich weiter verstärken, wenn die Betroffenen über die Schritte der Unternehmensumwandlung nicht ausreichend informiert werden [Blu93]. Als Steuerungsmaßnahme sollte das Thema Produktionssystem-Einführung fester Bestandteil der jährlichen Zielvereinbarung sein. Die Erfolgsbeteiligung der Führungskräfte könnte sich u.a. anteilig an der Anzahl umgesetzter PS-Elemente orientieren.

Hypothese 6.2: *Die* ***Top-Down Schulung in Kaskaden***[176] *sichert durchgängiges intensives Verständnis und Akzeptanz aller PS-Prinzipien und Elemente !*

Zur Sicherstellung eines wirklich vertieften Verständnisses aller Mitarbeiter und Vorgesetzten ist die Form der ***Kaskadenschulung*** häufig anzufinden. Beginnend auf der obersten Managementebene erfolgt die Schulung der Geschäftsleitung oftmals durch externe TPS-Spezialisten. Danach vermittelt das Managementmitglied seinen Mitarbeitern der nächsten Hierarchieebene die Bedeutung der PS-Elemente – oftmals im Beisein des externen Beraters. Von da ab wird das Produktionssystem in mehreren Kaskaden an alle Mitarbeiter-Ebenen der Produktionsbereiche weitergegeben, parallele Linienbereiche werden informativ eingebunden. Der ***Vorteil*** dieses Schulungsansatzes liegt in a) der Sicherstellung einer ***durchgehenden Einbindung*** *aller* Mitarbeiter und Vorgesetzten und b) der ***starken Verinnerlichung*** der Elemente im Rahmen der Doppelfunktion als ‚Schüler' und ‚Lehrer'.

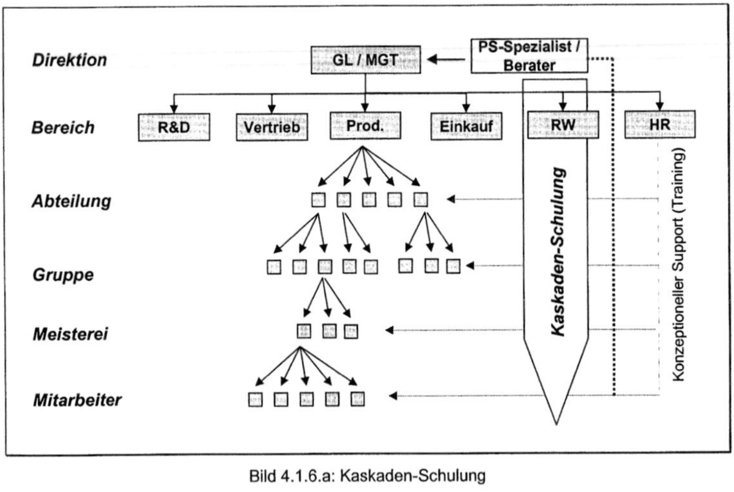

Bild 4.1.6.a: Kaskaden-Schulung

[175] Simulationskurse werden u.a. angeboten durch das Institute for Lean Manufacturing, Prof. Dr. Knuf, Center for Robotics and Manufacturing Systems, University of Kentucky, Lexington, Kentucky, USA

[176] In der *Kaskadenschulung* ist jede Hierarchieebene zunächst 'Schüler' (im Verlauf der Schulung durch die Vorgesetzten) und anschließend 'Lehrer' (in der folgenden Schulungsphase mit seinen Mitarbeitern).

Hypothese 6.3: *Die Einführung unternehmensweit erfolgt* ***Bottom-Up*** *durch die Umsetzung von Optimierungen auf der Arbeitsebene unter Einbeziehung von Kreativität und Leistungswillen aller Mitarbeiter.*

Die Teilprojekte zur Umsetzung von Produktionssystemelementen müssen mitarbeitergetragen auf der Arbeitsebene stattfinden.

Hypothese 6.4: Vorbildfunktion *bzw. aktives Vorleben der PS-Prinzipien durch das Management sind Voraussetzung für deren Akzeptanz bei der Belegschaft. Die neue Unternehmenskultur sollte aktiv vorgelebt und durch Präsenz in Produktionsbereichen unterlegt werden ('****Management by Sight'****)* [177] *!*

Voraussetzung für die vollständige Einbindung aller am Produktionsprozeß beteiligten Mitarbeiter ist deren Überzeugung bzw. Glaube an eine wirkliche Verbesserung. Der einzige Weg dahin führt über ein ***verbindliches Handeln des Managements.*** Durch die Einbindung der Mitarbeiter steigt deren Selbstachtung; was wiederum das ***Arbeitnehmer-Arbeitgeber-Verhältnis*** von feindlich und gleichgültig zu kreativ und unterstützend wandelt.

Hypothese 6.5: *Auch unter schwierigen Startbedingungen darf* ***keine Aufweichung des konsequenten Handelns*** *bei Umsetzungsmaßnahmen* erfolgen *!*

Eine hohe Herausforderung wird während des Produktanlaufs an das Management gestellt. Zum einen erwartet der Markt baldmöglichst hohe Stückzahlen, zum anderen sollten Montageprobleme weiterhin konsequent über die Betätigung des Bandstopps behoben werden. Das Management muß konsequent an den PS-Prinzipien festhalten.

Hypothese 6.6: *Bei entsprechender Schulung und Einbindung der Mitarbeiter, muß ein hoher* ***Facharbeiteranteil*** *nicht grundsätzlich im Widerspruch zu einer erfolgreichen PS-EF stehen.*

Der Schulung in den PS-Elementen muß ein Bewußtseinswandel vorausgehen. Vorbehalte seitens höherqualifizierter Facharbeiter (z.B. gegenüber standardisierten Arbeitsabläufen) können durch direkte Einbindung in Umsetzungsmaßnahmen und in Kaizen-Projekten entgegengewirkt werden.

Hypothese 6.7: *Die begrenzte, aber deutlich getrennte, Einführung von* ***PS-Pilotlinien*** *mit entsprechender positiver Abstrahlwirkung ist vorteilhafter als die werksweite Einführung.*

Siehe dazu Hypothesen 5.17 bis 5.19.

Hypothese 6.8: Initialmotivation: *zu Beginn einer PS-EF muß die* ***'kritische Masse'*** *in der Belegschaft genügend groß sein, d.h. der Veränderungswille prinzipiell dominierend, um ein Momentum zu schaffen !*

Insbesondere bei ‚Brownfields' sind eine regelmäßige Information der Mitarbeiter und baldige erste positive Resultate erforderlich, um eine Ausgangsbasis für die werksweite PS-Einführung zu schaffen.

Hypothese 6.9: Kurzfristige Erfolge *und schnelle Lösungen sind erforderlich um das Momentum des Projektes zu erhalten. Sie sollten jedoch immer* ***nur als lokale Optimierungen*** *verstanden werden, die nicht den erwarteten Gesamterfolg durch eine vollständige PS-Einführung repräsentieren !*

In Anlehnung an Hypothese 5.19 liegt die Gefahr von reinen Kaizen-Projekten in der frühen Zufriedenheit aller Beteiligten, ohne eine wirkliche tiefgreifende Verbesserung der Unternehmensprozesse erreicht zu haben.

Hypothese 6.10: Bereichsegoismen *lassen sich nur durch wirkliches* ***'Miteinander' auf der Management-Ebene*** *und freundschaftliche Kontakte unter den Mitarbeitern zu unterbinden !*

Japan wird als ***‚High-Context'-Gesellschaft***[178] charakterisiert, die auf eine jahrhundertealte Tradition der breiten Informationsnivellierung fußt, welche wiederum Grundlage eines effektiven Informationsaustausches (und damit der Konsensfindung) ist. Westliche, individualistisch geprägte ***‚Low-Context'-Gesellschaften*** dagegen pflegen bis ins Detail geregelte Kommunikationsbeziehungen, die erforderlich sind, um einen ausreichenden Informationsaustausch zu gewährleisten [Abo96]. Vor diesem Hintergrund ist es wichtig in europäischen und US-Transplants eine systematische Regelkommunikation zu betreiben. Das Management wiederum sollte in einer Vorbildfunktion als wirkliches Team gemeinsam abgestimmte Ziele verfolgen (hier gilt der Begriff 'Management-Team').

---

[177] Management by Sight = engl. für sichtbares Management, bedeutet sowohl die Visualisierung von Zielen und Ist-Zuständen im Sinne des Visual Management aber ebenso die Notwendigkeit der Präsenz von Management-Mitgliedern im Produktionsbereich, z.B. im Rahmen von wöchentlichen Produktionssystem-Audits.

[178] Als Kontext definiert man im englischen Sprachgebrauch einen Kulturaspekt, welcher die Humanbeziehungen als eine Programmierfunktion versteht, die zwischenmenschlichen Informationsaustausch erleichtert.

***Hypothese 6.11: Verzahnung von Führungskräftetrainern und Prozeßberatern** – auftretende Probleme auf der Arbeitsebene, die während der PS-EF auftreten, sollten als Beispiel-Themen in übergeordneten Führungskräfte-Beratungen bearbeitet werden.*

Zu Optimierung der Schulungsbemühungen, sollten die Führungskräfteschulungen praxisorientiert aktuelle Problemfälle im Rahmen der PS-Einführung umfassen.

***Hypothese 6.12:** Fehlerhafte, erfolglose PS-EF liegen oftmals begründet in **mangelnder Kommunikation** & Absprache zwischen Unternehmensbereichen – eine gemeinsame Basis der Zielfindung wird nicht erreicht.*

Ohne Kommentar

***Hypothese 6.13:** Die Wirtschaftlichkeit von Maßnahmen zur Optimierung von Prozessen **läßt sich nicht immer monetär rechtfertigen bzw. bewerten** (Kosten exzessiver Lagerhaltung, veralterter bzw. beschädigter Teile, Flächenbedarf). Wichtig ist, daß durch die Bestandsreduzierung 'verdeckte Probleme aus dem Meer der Verschwendung an die Oberfläche kommen', identifiziert und eliminiert werden können !*

Bewertet man die Einführung eines Produktionssystems rein nach ***Kostengesichtspunkten***, so ist es wichtig die erzielten Maßnahmen / Verbesserungen lokalisieren zu können – sie finden sich zu Beginn in mangelnder Verschwendung von Ressourcen und Prozeßoptimierungen, später dann in Form gesteigerter Produktivität und Mitarbeiterpartizipation. Grundsätzlich sollten ***Kosten jedoch nicht das Hauptargument für die PS-Einführung*** sein – vielmehr wird die Nichteinführung zukünftige Kosten verursachen, die keine Wettbewerbsfähigkeit mehr erlauben!

***Hypothese 6.14:** Kontinuierliche Prozeßverbesserung ist **keine Option sondern eine Verpflichtung** – mangelnder Druck zur PS-Umsetzung ergibt sich beispielsweise aus hohem Auftragsbestand, hoher Produktionsauslastung, genügender Flächenverfügbarkeit oder geringen Kapitalbindungskosten !*

Wird die Frage gestellt warum Materialpuffer in der Fertigung sowie Lagerbestände reduziert werden sollen, so ergeben sich typische Antworten: Reduzierung von Kapitalbindungskosten, Lagerflächen sowie potentielle Beschädigung bzw. Veralterung während der Materiallagerung. Grundsätzlich sind diese Antworten richtig. Die Frage stellt sich jedoch, was geschieht, wenn die äußeren Umstände keine kritische Situation darstellen, also genügend Fläche zur Verfügung steht, Kapitalbindungskosten gering sind und keine Fehler auftreten. In solchen Fällen folgt man den 'normalen' Praktiken. Die Notwendigkeit 'schlanke' Methoden eines Produktionssystems anzuwenden ist nicht zwingend gegeben.

Um die Notwendigkeit von Produktionssystemen begründen zu können, ist es wichtig, den wahren Grund für die Einrichtung von Materialpuffern zu erkennen, z.B. die auftretenden Variationen in der Fertigungskapazität, reduzierte Teilekosten durch den Einkauf großer Materialmengen, Materialausgleich für Maschinenausfall. Bei genauer Untersuchung dieser Pufferbestände wird man oftmals erkennen, daß deren zuviel besteht. Das Ziel des TPS ist es ***kontinuierliche Verbesserung zu 'erzwingen'***. Reduzierung von Verschwendung darf nicht als Option verstanden werden, sondern stellt eine Verpflichtung dar die Prozesse kontinuierlich zu verbessern.

Hypothese 6.15:** Minimale Materialpuffer führen bei häufigen Produktionsstillständen schnell zu verlorenen Kundenaufträgen, letztendlich zu einer Ablehnung des Produktionssystems bei Management und Belegschaft. Um dies zu verhindern, bedarf es eines **gut funktionierenden Instandhaltungssystems !

Die Reduzierung von Puffern hat zur Folge, daß unerwartet auftretende Probleme (Maschinen, Material, Mitarbeiter) einen nicht geplanten Produktionsstop zur Folge haben können. Um einen solchen Ausfall schnell zu kompensieren, bedarf es eines guten Instandhaltungsprogramms und Mitarbeiter, welche flexibel und effektiv auf Probleme reagieren können.

Falls diese Voraussetzungen, diese Struktur, bei der Einführung eines Produktionssystems nicht besteht, dann wird nach einigen Produktionsstillständen und verpaßten Kundenaufträgen das neue Produktionssystem als nicht erfolgsversprechend abgelehnt und zu den traditionellen Produktionsmethoden zurückgekehrt.

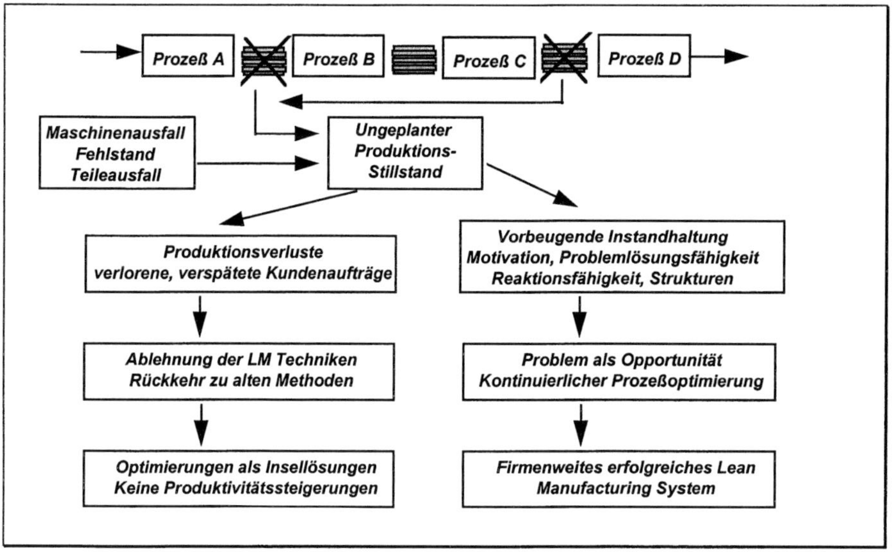

Bild 4.3.7.a: Reaktionen auf ungeplante Maschinenausfälle

4.3.7 Hypothesen zur Ganzheitlichkeit von Produktionssystemen

Hypothese 7.1: *Die* ***Einführung aller PS-Elemente*** *ist Voraussetzung für den Erfolg. Die nur teilweise PS-Einführung hat eine deutlich geringere Effizienz zur Folge. Das PS ist ein vollständig integriertes System !*

Das Toyota Produktionssystem, als ‚Urvater' aller späteren Derivate, ist ein ganzheitliches System aus Haupt- und Unterelementen, deren komplexes interdependentes Beziehungsgeflecht nur in der Einführung aller Bausteine sein wirkliches Verbesserungspotential ausweisen kann.

Hypothese 7.2: *PS-Elemente lassen sich zwar einzeln einführen – bewirken jedoch als* ***'Insellösungen'*** *langfristig keine signifikanten Verbesserungen !*

Die Einführung beispielweise des KVP ohne Standardisierte Ablaufbeschreibungen wird zu unkontrollierbaren Prozeßänderungen ohne wirklichen Erfolg führen und letztlich in einer Ablehnung des Produktionssystems durch Management und Belegschaft münden.

Hypothese 7.3: *Durch die* ***Bildung von Kausalketten*** *lassen sich Abhängigkeiten zwischen PS-Elementen aufzeigen und Auswirkungen aufgrund des Fehlens von PS-Elementen prognostizieren !*

Bei der Analyse von Produktionssystem-Hauptelementen mit ihren vielzähligen Unterelementen wurden die komplexen Beziehungen zwischen PS-Elementen identifiziert. Durch die Bildung von Kausalketten lassen sich die Konsequenzen aus einer nicht ganzheitlichen PS-EF verdeutlichten.[179]

Hypothese 7.4: *Bei der ganzheitlichen Einführung eines Produktionssystems sollten alle Elemente auf ihren Einführungsgrad hin kontrolliert werden !*

Vergleiche dazu Kapitel 4.2.2 *Grundregeln zur Überprüfung des Reifegrades eines Produktionssystems.*

Hypothese 7.5: *Eine* ***lokalspezifische Anpassung*** *der PS-Elemente sollte an verschiedenen Standorten <u>nicht</u> gestattet werden, da sie einen schwierig zu kontrollierenden Freiraum für 'Aufweichungen' fördert.*

Das TPS ist als Ganzes ein Standard. Sein Erfolg liegt in der überwiegend anpassungsfreien direkten Übertragung von Japan auf andere Standorte. Bei mangelnder Begleitung der Produktionssystem-Einführung

[179] Vgl. Kapitel 3.8.2 *Interdependenz von Produktionssystem-Elementen*

ohne TPS-erfahrene Betreuer, besteht ein großes Risiko in einer standortspezifischen ‚interpretativen' Auslegung unter Rücksichtnahme auf feste Verhaltensmuster.

4.3.8 Hypothesen zur Bedeutung bzw. Funktion einzelner PS-Elemente

Die Hypothesen 8.1 bis 8.6 beziehen sich auf die Ergebnisse der Analyse von Wirkzusammenhängen in Kapitel 3.8. und werden an dieser Stelle nicht kommentiert.

Hypothese 8.1: *Einige PS-Elemente haben eine größere* ***Bedeutung*** *als andere (aufgrund der Anzahl ihrer ausgehenden / empfangenen Beziehungsketten).*

Mit der Anzahl der Wechselwirkungen eines Produktionssystem-Elementes zu anderen Elementen steigt seine Bedeutung für die Funktionalität des Systems.

Hypothese 8.2: *Die PS-Elemente lassen sich in* ***Funktionsgruppen*** *einteilen (Basis-, Werkzeug- und Zielelemente).*

Hypothese 8.3: Basis-Elemente*: PS-Elemente mit <u>vielen</u>, überwiegend* ***'aussendenden' Beziehungen*** *sind die Arbeitsplatzorganisation (inkl. Arbeitssicherheit), Pull System (bedarfsorientierte Materialversorgung), Standardisierung, Visual Management und TPM / Fabrik- und Anlagenplanung. Sie repräsentieren die zu* ***installierenden Prozesse*** *eines Produktionssystems.*

Hypothese 8.4: Ziel-Elemente*: PS-Elemente mit <u>vielen</u> überwiegend* ***'empfangenden' Beziehungen*** *sind Total Quality Control (Qualität) und der Kontinuierliche Verbesserungsprozeß. Sie stellen die* ***Ziele*** *aller PS-Aktivitäten dar: konstant hohe Produkt- (und Prozeß-) Qualität und stetige Optimierung.*

Hypothese 8.5: Werkzeug-Elemente*: PS-Elemente mit <u>wenigen</u>* ***'aussendenden & empfangenden Beziehungen'*** *sind Jidoka / Stabilität, Qualifizierung und Flexible Produktion. Sie repräsentieren* ***Werkzeuge****, welche die Basiselemente unterstützen um die Zielelemente zu erreichen.*

Hypothese 8.6: *Die* ***Reihenfolge*** *der PS-Elemente-Einführung sollte sich an ihren Funktionen orientieren – zunächst Basis-, dann Werkzeug- und als Ergebnis Zielelemente.*

4.3.9 Hypothesen zu Pflege und Instandhaltung eines Produktionssystems

Hypothese 9.1: *Trotz einer abgeschlossenen Produktionssystem-Einführung ist es erforderlich durch geeignete Maßnahmen die* ***Kontinuität zu sichern !***

Obwohl alle Mitarbeiter in den PS-Prinzipien trainiert sind und diese entsprechend anwenden, sollte durch kontinuierliche Maßnahmen des Trainings / Re-Trainings von Mitarbeitern und Führungskräften in den PS-Philosophien und Werkzeugen das Bewußtsein für die Suche nach ständiger Verbesserung wachgehalten werden.

Hypothese 9.2: *Die Einhaltung der PS-Prinzipien sollte im Rahmen von* ***Bereichsaudit / Begehungen*** *durch Vertreter des Managements / der Produktionsleitung regelmäßig überprüft werden.*

Die Ergebnisse sind anhand von statistischen Auswerteformularen zu dokumentieren und in den Bereichen auszuhängen. Wichtig ist die Ausweisung eines Zielwertes.

Hypothese 9.3: *Anhand geeigneter Meßgrößen*[180] *ist ein* ***regelmäßiger Soll-Ist Abgleich*** *zwischen dem aktuellen Zustand und den jeweils aktualisierten mittelfristigen Zielen durchzuführen.*

Vergleiche Kapitel 4.2 Meßgrößen einer erfolgreichen Einführung.

Hypothese 9.4: Kaizen-Projekte *bieten die Möglichkeit zur Festigung / Verbreitung der PS-Ideen und zur MA-Motivation !*

Vergleiche Hypothese 5.19: *Die stichpunktartige PS-Einführung durch Kaizen.*

Hypothese 9.5: *Die* ***Einführung und Instandhaltung*** *eines Produktionssystems bedürfen* ***jahrelanger Kontinuität****. Die ständige Verbesserung der Prozesse (KVP) muß fester Bestandteil der Unternehmensphilosophie werden. Hier gilt das Sprichwort '****Der Weg ist das Ziel'****.*

Wenngleich für die Einführung eines Produktionssystems eine Projektlaufzeit von ca. 1-3 Jahren, in Abhängigkeit von Werksgröße und Ausgangssituation, anzunehmen ist, muß im Rahmen einer späteren Überlei-

---

[180] Vergleiche Kapitel 4.2 *Herleitung geeigneter Meßkriterien*

tung in die Linienfunktionalbereiche die Fortführung der Aktivitäten gewährleistet sein. Die vollständige Verinnerlichung der PS-Prinzipien ist insbesondere in westlichen Kulturen erst nach 1-2 Jahrzehnten zu erwarten.

Hypothese 9.6:* *'Value Stream Mapping' *(Visualisieren der Arbeitsabläufe unter Identifizierung des kritischen, da wertschöpfenden Pfades) hilft den Wertschöpfungsprozeß aller Produktionsprozesse des Unternehmens gedanklich in allen Stufen zu 'durchlaufen' und Engpässe oder nicht-wertschöpfende Abläufe zu identifizieren !*

Auf ***'Value Stream Maps'***[181] sind Informationen zum Produktionsfluß und zu Fertigungslinien sowie weitere Kerndaten der jeweiligen Kaizen-Projekte abgebildet. Mit der Einführung von 'Value Stream Maps' ist es möglich den Fokus von einzelnen 'Spot-Kaizens', welche einen einzelnen Arbeitsprozeß optimieren, zu sogenannten 'Flow-Kaizen' (engl. flußorientierten Kaizen) zu verlagern. Die Karten, die sich prinzipiell am Layout der Produktionsstätten orientieren, zeigen dem Produktionssystem-Anwender auf, wo potentielle Engpässe im Fertigungsfluß liegen und welche Fertigungsabschnitte den größtmöglichen Nutzen von Kaizeneinsätzen versprechen. Durch das eindeutige ***Visualisieren der Wertschöpfungskette*** wird deutlich, wie eine Reorganisation der Mitarbeiter vorgenommen werden sollte. Die Karten sind ebenso als ***'Current State vs. Future State Maps'***[182] bekannt. Die Darstellung dieser Wertschöpfungsprozesse erfordert, daß der zu optimierende Geschäftsprozeß in allen seinen Details ***gedanklich 'durchlaufen'*** wird. Bei diesem Verfahren wird oftmals deutlich wie komplex, redundant und verschwenderisch die aktuellen Prozesse sind [Mar99]. In kleinerem Umfang wird der gleiche Effekt durch die Erstellung von Standardarbeitsblättern erzielt !

Hypothese 9.7: Die Eliminierung von Verschwendung in den Arbeitsprozessen *muß über die Einbindung der Werker erfolgen, die kontinuierlich gemeinsam mit dem zuständigen Prozeß-Ingenieur die Standardarbeitsabläufe nach nicht-wertschöpfenden Umfängen analysieren.*

Obgleich von den Prozeßingenieuren jeder Montagelinie geplant, so können die Standardarbeitsblätter nur durch die Werker auf eine weitere Optimierung hin revidiert werden. Jedoch kann ein Produktionsmitarbeiter erst nach ca. 3000 Zyklen eines Standardarbeitsablaufs ein gesichertes Urteil im Hinblick auf Verbesserungspotentiale abgeben.[183]

4.3.10 Hypothesen zu Lücken & Unzulänglichkeiten des Toyota Produktionssystems

Hypothese 12.1[184]***:*** *Hindernisse bei der Übertragung des TPS auf traditionell strukturierte Unternehmen sind nicht nur auf mangelnde Prozeßabdeckung seitens des TPS zurückzuführen. Oftmals ist die* ***mangelnde Verbindlichkeit für eine kompromißlose PS-Elemente Einführung*** *seitens der Unternehmensleitung und der Belegschaft der Hauptkonflikt.*

Der häufige Vorwurf der mangelnden Übertragbarkeit des Toyota Produktionssystems ist in den meisten Fällen eine nicht abgesicherte Argumentation, die auf Unverständnis zu den Zielen des TPS und auf Angst vor Veränderung fußt.

Hypothese 12.2: *Das TPS-Ziel der* ***schwankungsarmen Produktion*** *als Voraussetzung für konstante Taktzeiten, Nutzung von standardisierten Stationsblättern und wirklich 'eingespielter' Teamarbeit wird von hohen Krankenständen und kurzfristig akzeptierten Mehrbedarfsmeldungen seitens des Vertriebs unterlaufen.*

Die gleichmäßige Produktionsauslastung ist eine der Hauptanforderungen an stabile und effiziente Prozesse. Insbesondere bei ‚Brownfields' sind hohe Abwesenheitsraten verantwortlich für inkonsistente Gruppenzusammensetzung und schwankende Taktzeiten, die wiederum Standardarbeitsblätter mit festen Arbeitszuteilungen ad absurdum führen. Kurzfristige Anpassungen des Produktionsprogramms sind ebenso störend. Hier ist ein deutliches Bekenntnis der Geschäftsführung erforderlich, Mehrbedarfe nur über Zusatzarbeitszeiten zu generieren.

Hypothese 12.3: *Die Einführung des* ***Qualitätsstopps*** *bedingt entkoppelte Schichten, um entstandene Fehlmengen aufholen zu können. Der 3-Schicht-Betrieb (3 x 7,5 Std) sowie standortspezifische Restriktionen (öffentlicher Nahverkehr, Fahrgemeinschaften) stehen im Widerspruch zur notwendigen kurzfristigen Flexibilität.*

---

181 engl. = Karten des wertschöpfenden Fertigungsflusses

182 engl. = ‚Landkarten' des aktuellen vs. zukünftigen Status Quo

183 Vgl. 3.2.2.7 Standardisierte Methoden und Prozesse (im MBUSI Produktionssystem)

184 Die Hypothesen-Blöcke 10.X und 11.X sind Bestandteile der Kapitel 4.1.1 *Vorteile des TPS gegenüber traditionellen Formen der Produktionsorganisation* (Hypothesen 11.x) und Kapitel 4.1.2 *Herleitung geeigneter Meßkriterien* (Hypothesen 10.x)

Der Standort Deutschland im speziellen, aber auch Industriestandorte im allgemeinen, sind gekennzeichnet durch die Nutzung des Personennahverkehrs. Sind Mitarbeiter an Fahrgemeinschaften gebunden, können kurzfristige Schichtverlängerungen nur unter erschwerten, kostenintensiven Bedingungen realisiert werden. Zudem ‚fahren' die heutigen Produktionsstandorte überwiegend im 3-Schicht-Betrieb[185] und verfügen über keine zeitliche Flexibilität für entkoppelte Schichten mit jeweils anschließenden Mehrarbeitsperioden.

Hypothese 12.4: *Die Aufrechterhaltung der MA-Motivation (zur steten Suche nach weiteren Optimierungen) ist nur mittelfristig ohne **Zusatzmotivationsfaktoren** aufrechtzuerhalten !*

Ab ca. der Mitte eines Produktlebenszyklusses sind die Potentiale zur weiteren Verbesserung der Arbeitsabläufe und Eliminierung von nicht-wertschöpfenden Umfängen oftmals ausgeschöpft. Zudem arbeiten die Mitarbeiter nahe der arbeitsphysiologischen Ermüdungsgrenze. Die Aufrechterhaltung der Grundeinstellung zur Verbesserung erfordert besondere Maßnahmen, monetäre Anreize wie z.B. Prämienzahlungen oder Incentives, Wochenendpakete, etc.

Hypothese 12.5: *Bei der ordnungsgemäßen Beachtung aller TPS-Standards ist ein unkontrollierter 'Wildwuchs', d.h. eine Abweichung vom Regelablauf nicht möglich – erst die **freie Interpretation des TPS** und anschließende 'Adaption' seines Regelwerkes auf Standorte schafft Freiräume, die 'Wildwuchs' zulassen!*

Ohne Kommentar

Hypothese 12.7: *Beim **MBUSI-PS** handelt es sich nicht um eine unkontrollierte Erweiterung der Hauptelemente (z.B. durch den Einfluß deutscher Werksvertreter), sondern lediglich um eine **detaillierte Auffächerung der TPS Elemente**.*

Im Gegensatz zum Toyota Produktionssystem wurde das MBUSI-PS u.a. der Verständlichkeit für alle Mitarbeiter halber deutlich übersichtlicher dargestellt. Vergleicht man beide Systeme auf der Ausprägungsebene, so ist fast vollständige Kongruenz zu erkennen.[186]

Hypothese 12.8: Die ***Autonomie der DaimlerChrysler Standorte*** zur Detailausgestaltung ihrer jeweiligen Produktionssysteme (unter Beibehaltung der 5 Subelemente und 15 Operating Principles) stellt ein ***großes Risiko*** hinsichtlich Effizienz der Systeme sowie Transparenz / Vergleichbarkeit der Ergebnisse dar.

Im Zuge der vereinheitlichten Einführung bzw. Anpassung eines DaimlerChrysler Produktionssystems für alle Standorte des Konzerns konnte man sich zwar auf den Grundaufbau einigen, die Detailausprägung soll jedoch den Standorten vorbehalten bleiben. Hierin liegt das Risiko der späteren mangelnden Vergleichbarkeit und Unfähigkeit die wirklichen Gründe für Effizienznachteile lokalisieren zu können.

4.4 Vorgehensweise einer Produktionssystem-Einführung

Kernfrage 4 setzt sich mit den ***Strategien der Produktionssystemeinführung*** in Bezug auf unterschiedliche Ausgangssituationen von Standorten auseinander. Über die Analyse von ***Interdependenzen, Bedeutungen*** bzw. ***Funktionen und Wertigkeiten*** von Produktionssystemelementen soll vor dem Hintergrund begrenzter Ressourcen für Koordination, Mitarbeiterschulung, Betriebsmittelumbau, Prozeßanpassungen, etc. eine ***sinnvolle Reihenfolge der Elemente*** empfohlen werden.

Unter Berücksichtigung der verschiedenen Quellen der Literatur, eigenen Observationen in verschiedenen Projekten zur PS-Einführung sowie Empfehlungen vieler Produktionssystem-Spezialisten / Berater, wurde eine Art Beispielreihenfolge als ***Referenz-Methode*** entwickelt. Die PS-Einführung ist danach in ***7 sequentielle Phasen*** unterteilt – (1) Information, (2)Organisation, (3)Kommunikation, (4)Umgestaltung, (5)Produktionsglättung & (Verschwendungs-) Reduzierung, (6)Motivation / Integration und (7)Erhaltung; jede Phase besteht wiederum aus unterschiedlich vielen Einzelaktivitäten. Die Anwendbarkeit der Referenzmethode wird prinzipiell auf das Produktionsumfeld in der Automobilmontage ausgerichtet.

Teilumfang des in Kapitel 5 stattfindenden Fallstudienvergleiches soll die Bewertung von PS-Einführungen (PS-EF) der betrachteten Standorte entlang dieser Referenz-Methode sein.

---

[185] Laut aktuellem Manteltarifvertrag IG-Metall setzt sich der 3-Schicht-Betrieb in Deutschland aus 3 x 7,5 Stunden Schichten zusammen – die verbleibenden 2,5 Stunden des Tages sind für Instandhaltungsmaßnahmen erforderlich.

[186] Vgl. Kapitel 3.8.1 *Produktionssystem-Elemente im Vergleich*

Phasen	***Einzelaktivitäten***
1. INFORMATION	Beginn Phase 1
1.1 Verstehen des Produktionssystems	Merkmale und Vorteile der neuen Produktionsordnung sollen über Literatur, Fallstudien und Benchmark-Besuche erarbeitet und verinnerlicht werden.
1.2 Notwendigkeit des Wandels	Ein Zustandes der Eile bzw. Notwendigkeit des Wandels wird geschaffen durch: A) Existenz einer unternehmensbedrohenden Krise oder B) Setzen von ehrgeizigen Zielen, die nur durch die Effizienz & Kostenstrukturen eines Produktionssystems erreichbar sind.
1.3 Soll-Ist (Gap)-Analyse	Handlungsbedarfe werden durch Abgleich von bereits (latent) existierenden PS-Elementen und noch einzuführenden Elementen bestimmt. Bei begrenzten Kapazitäten ist eine Setzung von Prioritäten vorzunehmen.
2. ORGANISATION	Beginn Phase 2
2.1 Schaffung einer zielorientierten Koalition	Zur Initiierung eines Wandlungsprozesses ist eine kritische Masse im Management erforderlich – es bedarf Überzeugungsarbeit. Weiterhin sind ein interner & ein externer Change Agent erforderlich. Der Interne kann durch den Projektleiter PS-Einführung dargestellt sein, der Externe sollte ein erfahrener PS-Spezialist sein.
2.2 Den Wandel selber leiten	Das Top Management muß durch Kaskadenschulung, Präsenz in der Produktion und mit Nachdruck dem mittleren Management und der Produktion sein Idee einer neuen Produktionsordnung vermitteln. Es muß die PS-Einführung als eigene Verantwortung begreifen.
2.3 Einbeziehung TPS-Spezialisten	Die PS-Einführung sollte durch interne und externe TPS-erfahrene Berater begleitet werden, die das TPS 'erlebt' haben. Nur die langjährige Erfahrung im Rahmen eigener Mitarbeit erlaubt das Erkennen der vielfältigen Verflechtungen und Abhängigkeiten innerhalb eines Produktionssystems.
2.4 Entwicklung von Strategie und Vision	Die kurz-, mittel- und langfristigen Ziele einer PS-EF müssen definiert, mit dem Rest der Entscheidungsträger abgestimmt und entsprechend dokumentiert werden.
2.5 Detaillierung der Ziele in Grob-Masterplan	Ein grob detaillierter Masterplan verdeutlicht den Gesamtumfang einer PS-EF. Entsprechend sollen hier Termine, Maßnahmen, betroffene Bereiche und Verantwortliche für die Umsetzungsmaßnahmen genannt werden. Eine Feinplanung ergibt sich im Laufe der PS-EF und unterstützt den Gruppenfindungsprozeß!
3. KOMMUNIKATION	Beginn Phase 3
3.1 Kommunizieren	Die Strategie und Vision müssen allen Prozeßbeteiligten vermittelt werden. Es ist gewährleistet, daß alle Mitarbeiter sich entsprechend eingebunden fühlen, die Ziele verstehen und unterstützen können. Widerstand aufgrund mangelndem Verständnis kann wirkungsvoll vorgebeugt werden.
3.2 Kaskadenschulung der PS-Elemente	Instrumente und Ziele müssen durch alle Ebenen top-down geschult werden. Das Kaskadentraining eignet sich besonders, da die Beteiligten aller Hierarchieebenen sowohl Schüler als auch Lehrer sind. Ein detailliertes Systemverständnis ist daher für jeden Mitarbeiter erforderlich.
3.3 Benennung von Champions	Ausgewählte Mitglieder der Managementebene sollen als sogenannte Champions für die Umsetzung von spezifischen PS-Elementen verantwortlich sein. Ca. 25% ihrer Arbeitszeit sollten sie für Unterstützung und Präsenz bei PS-Maßnahmen reservieren. Die Champions sind ebenso für die standortspezifische Ausarbeitung der PS-Dokumentation verantwortlich (ausgehend von einem Standard).
3.4 Integration der PS-Einführung in die Firmenstruktur	Der Aufbau einer Projektgruppe mit klaren abgestimmten Verantwortungs- und Weisungsbefugnissen sowie einem Berichtswesen etabliert das Thema in der Firmenstruktur. Ziele der PS-EF in operativer Unternehmensplanung.
3.5 Delegation von Verantwortung	Durch die Delegation von Verantwortung auf die Produktionsebene sollten Maßnahmen der Prozeßoptimierung hinsichtlich Planung und Umsetzung produktionsnah durch die betroffenen Mitarbeiter erfolgen.
3.6 Erstellen eines Fein-Masterplans	Er verdeutlicht die zeitliche Strukturierung der Umsetzungsmaßnahmen unter Benennung von Umsetzungsverantwortlichen.

Tabelle 4.1.4.a: Phasen 1 bis 3 und Einzelaktivitäten der Referenzmethode Produktionssystem-Einführung

4. UMGESTALTUNG Beginn Phase 4	
4.1 Entscheidung zu Art der PS-EF (Alternativ.-Auswahl)	a) Werksweite Einführung aller PS-Elemente b) Bereichsbegrenzte Umsetzung aller PS-Elemente (‚Show-Case' Montagelinie) c) Stichpunktartige Umsetzung einzelner PS-Elemente (z.B. Kaizenmaßnahmen)
4.2 Arbeitsplatz-organisation	Die Optimierung der Arbeitsplatzorganisation ist die Voraussetzung für weitere Verbesserungen (Reinigen, Aussortieren von Überflüssigem). Indirekte Arbeiten werden den Produktionsmitarbeitern zugewiesen. Mitarbeiter werden nach Konzept der Vermeidung für die Aufrechterhaltung von Sauberkeit und Ordnung sensibilisiert.
4.3 Visual Management (1)	Werkzeuge, Teile-Ladungsträger, Rollpaletten, Hilfsmittel erhalten feste Ablage- bzw. Standplätze. Sie sind gekennzeichnet durch Teile-Nummern und Klebestreifenmarkierungen auf dem Hallenboden.
4.4 Schulung der Mitarbeiter	Mitarbeiter erlernen standardisierte Problemlösungstechniken wie den PDCA-Kreislauf, die 5 Warum und das Schreiben von Standardarbeitsblättern.
5. PRODUKTIONSGLÄTTUNG & REDUZIERUNG Beginn Phase 5	
5.1 Standardisierung von Arbeits-abläufen	Standardarbeitsblätter (Beschreibung aller Prozeßschritte, Teile und Werkzeuge und Zeiten) und Qualitätsstandards (Beschreibung der zu prüfenden Qualitätsmerkmale) werden durch die Process Engineers erstellt. Die Produktionsmitarbeiter sind für die kritische Revision und Aktualisierung des Inhaltes verantwortlich.
5.2 Feste Stationsgrenzen	Die Montagebänder sind durch feste Stationsgrenzen unterteilt und unterbinden damit den ‚Bandtourismus'[187]. Montageprobleme werden innerhalb des Taktes behoben. Problemlösungsprozesse werden jeweils auf dem untersten Level der Verantwortung (den Werkern) ausgeführt. Die Arbeitsumfänge sind im 1-Takt (max. bei komplexen Umfängen über 2-Takte / 2 Stationen) auszulegen.
5.3 Einführen des Qualitätsstopps	Nacharbeit nur in Ausnahmefällen außerhalb der Stationsgrenzen. Per Q-Stopp wird Hilfe angefordert. Das Band kommt bei Nichtbehebung des Fehlers am Takt-(=Stationsende) zum Halt (bei Wiederanlauf wird kein Arbeitsumfang vergessen!)
5.4 Visual Management (2)	Das Visualisieren des Produktionsflusses durch Kennzeichnungen, des Bandzustandes (Störungen, Soll-Ist Fahrzeuge, Bandstillstand) auf Andon-Boards, grafische Darstellung von statistischen Bereichsentwicklungen, z.B. Mitarbeiter-Trainingsstand.
5.5 Produktion in Taktzeit	Es gilt eine konstante Taktzeit über alle Gewerke als Grundlage für wirklich konsistente Gruppenarbeit einzuführen. Konstante Taktzeiten sind ebenso erforderlich für eine änderungsarme Arbeitszuteilung in den Standard-Arbeitsblättern.
5.6 Stückzahlen-Management	Ein gleichmäßiger Produktionsfluß bedingt ein ausgeglichenes Modell-Mix und schwankungsarme Produktionsprogramme. Montagezeitvariationen sollten weitestgehend in die Modul-Vormontagen verlagert werden.
5.7 Reduzierung von Material-beständen	Die kontinuierliche Absenkung des Materialbestands führt zur Aufdeckung von Problemen im ‚Meer der Verschwendung'. Die wahren Ursachen für den Aufbau von Materialpuffern können identifiziert und beseitigt werden. Wenn nicht vollständig abbaubar, so sollten Puffer in ihrer Teilezahl standardisiert werden.
5.8 Einrichtung von Fließfertigung	In der Teilefertigung wird die Fließfertigung durch die Direktverkettung von Bearbeitungsstationen erreicht unter bedarfsorientiertem 'Ziehen' von Teilen. Die Losgröße wird dabei auf 1 reduziert. In der Montage erfolgt Fließfertigung durch die JIT-Teileanlieferung von Modulen und vorkommissionierten Kleinteilekits.
5.9 Differenzierung von Arbeits-umfängen	Erst durch die Unterscheidung (und Ausweisung) von wertschöpfenden und nicht-wertschöpfenden Umfängen ist eine systematische Eliminierung von Verschwendung im Zuge einer schrittweisen Prozeßumgestaltung möglich.
5.10 Validierung der Informations-prozesse	Alle Prozesse werden auf eindeutige Informationsflüsse und Schnittstellen überprüft. Jede Information hat einen definierten Sender & Empfänger, jedes Problem löst ein Signal aus und veranlaßt nur den definierten Bereich zur Hilfestellung. Jede Materialbestellung führt zu einer exakten Belieferung. Der Fokus liegt hier auf der Vermeidung von parallelen Informationsflüssen, von Schleifen und Redundanzen.

Tabelle 4.1.4.b: Phasen 4 bis 5 und Einzelaktivitäten der Referenzmethode Produktionssystem-Einführung

[187] Unter *Bandtourismus* versteht man das Ausführen von Montagetätigkeiten in vorgelagerten Stationen, außerhalb der vorgesehenen Station – gegenseitige Behinderungen von Werkern, Lackbeschädigungen sowie ein Arbeitstempo außerhalb des arbeitsphysiologisch sinnvollen Erholungswertes sind die Folge. Die Motivation für Bandtourismus liegt in dem Erarbeiten von künstlichen Arbeitspausen.

6. **MOTIVATION / INTEGRATION**	Beginn Phase 6
6.1 Erreichen von kurzfristigen Erfolgen	Es gilt das Momentum der Begeisterung, z.B. durch erste Erfolgsmeldungen aus dem direktem Vergleich der neuen PS-Umgebung zu traditionellen Strukturen aufrechterhalten. Die betroffenen Werker werden z.B. durch Vorstellung der KVP-Ergebnisse, Mitarbeit an Kaizen-Projekten einbezogen.
6.2 Aufbau von Feedback-Info-Kreisläufen	Ein täglicher durchgängiger Informationsaustausch zu Produktionseffizienz, Fahrzeug- und Bereichsauditergebnissen und Sicherheitshinweisen (Unfallwiederholvermeidung) informiert die Mitarbeiter systematisch über alle Ebenen. Produktaudit wichtig als Inforückfluß in die montierenden Bereiche.
6.3 Qualitäts-Management	Dies sind Maßnahmen zur rechtzeitigen Fehleridentifikation, wie z.B. eigenverantwortliche Qualitätskontrolle durch den Mitarbeiter (als Werkereigenkontrolle, besser noch Werkerfolgekontrolle), Poka-Yoke-Systeme und Autonomation sowie der Einsatz des Q-Stopps um Fehler innerhalb der Arbeitsstation zu beheben und die Schulung der Mitarbeiter in Problemlösungsinstrumenten (z.B. PDCA)
6.4 Mitarbeiter-entwicklung	Ein wirklicher Teamansatz und Vertrauen in die Belegschaft wird durch Beförderung und Multiplikatorenauswahl aus den 'eigenen Reihen'[188] als Teil-Gratifikation für erbrachte Leistung, u.a. bei der Umsetzung der PS-Elemente deutlich.
7. **ERHALTUNG**	Beginn Phase 7
7.1 Grundlage für weiteren Wandel	Die Grundlage für die kontinuierliche Weiterentwicklung oder auch ein Verbreiten der positiven Erkenntnisse aus einem ‚Show-Case' Produktionsbereich ist die Nutzung der Mitarbeiterkenntnisse und Motivation. Erfahrene und mittlerweile vom PS überzeugte Mitarbeiter werden dazu als Multiplikatoren in den verbliebenen traditionell strukturierten Bereichen eingesetzt.
7.2 Verankern des Änderungsprozesses	Der Änderungsprozeß muß Teil der Unternehmenskultur werden. Der Wandel muß als feste Größe in die Zielvereinbarungen von Bereichen und ihren Führungskräften eingehen. Akzeptiert werden dazu „2 Schritte vor – 1 Schritt zurück", „keine Veränderung" ist nicht akzeptabel!
7.3 Anlagen-optimierung	Die vorbeugende Instandhaltung fördert das Ziel einer 100% Verfügbarkeit und schwankungsarmen Produktionsauslastung. Der Grundsatz gilt, daß letztlich jeder Fehler, jede Störung, jeder Maschinen- / Bandstillstand ‚menschverursacht' ist (z.B. durch die Bestellung von störanfälligen hochkomplexen Anlagen!)
7.4 Flexible Mitarbeiterschaft	Die Rotation der Mitarbeiter erfolgt innerhalb und zwischen den Teams. Indirekte Aufgaben inkl. vorbeugende Instandhaltung und statistische Prozeßkontrolle. Schaffen von gleichbeanspruchten und damit auch gleichvergüteten Arbeitsplätzen – keine Klassifizierung von Arbeitsplätzen, die in einer Ablehnung resultieren würde.
7.5 Prozeß-Synchronisation	Die unternehmensinternen Abläufe, z.B. Vormontage zu Hauptmontagelinien, der Gewerke Rohbau, Lack, Montage sowie der Produktion mit denen der Zulieferer werden nach dem Pull-Prinzip miteinander synchronisiert.
7.6 Fortschritts-kontrolle / Audit	Kontinuierliche Beobachtung der PS-Elemente Einführung und Einleiten entsprechender Korrekturmaßnahmen. Das in Abstufungen täglich bis wöchentlich stattfindende, nicht angekündigte Bereichsaudit zur Aufnahme von Nichtkonformitäten und die statistische Datenaufbereitung zur Visualisierung von Trends eignet sich gut für die Maßnahmen unter dem Aspekt ‚Sauberkeit, Ordnung, Sicherheit'. Die übrigen PS-Elemente sollten mit geeigneten Meßgrößen regelmäßig überprüft werden.
7.7 Best-Practise Informationsaustausch	Werke- bzw. gewerkeübergreifender Ideenaustausch (auf der Arbeitsebene) sichert die effektive Verbreitung von PS-Instrumenten. Die Maßnahmen sollten dazu visualisiert (z.B. Fotowand) werden.

Tabelle 4.1.4.c: Phasen 6 bis 7 und Einzelaktivitäten der Referenzmethode Produktionssystem-Einführung

[188] Greenfield-Projekte haben den Vorteil, daß im Zuge des Belegschaftsaufbaus eine zügige Mitarbeiterentwicklung möglich und erforderlich ist. Brownfields verfügen über festegefügte (‚verkrustete') Strukturen.

4.5 Verfahren zur Überprüfung der Ergebnisse

An dieser Stelle sollen der Übersichtlichkeit halber die bisher stattgefundenen Schritte der zugrundeliegenden Untersuchung rekapituliert werden. Die Untersuchung ist in drei Phasen unterteilt.

Phase 1 - Datenerfassung: Ziel der Dissertation ist die Erarbeitung von (primär für die Automobilindustrie) gültigen Aussagen in Bezug auf Produktionssysteme, welche die Beantwortung der anfangs gestellten vier Kernfragen erlauben. Die Vorteile eines Produktionssystems wurden im Vergleich zu den heutigen Mißständen in der Automobilindustrie definiert. Mögliche Einflußfaktoren einer PS-Einführung sind in 10 Themenfeldern zusammengefaßt worden; u.a. zählt dazu die Detailanalyse der Interdependenzen von PS-Elementen. Verschiedene Strategien zur PS-Einführung wurden beschrieben und deren Detailschritte letztlich in einem 7-stufigem Referenzmodell zusammengefaßt. Phase 1 ist damit abgeschlossen.

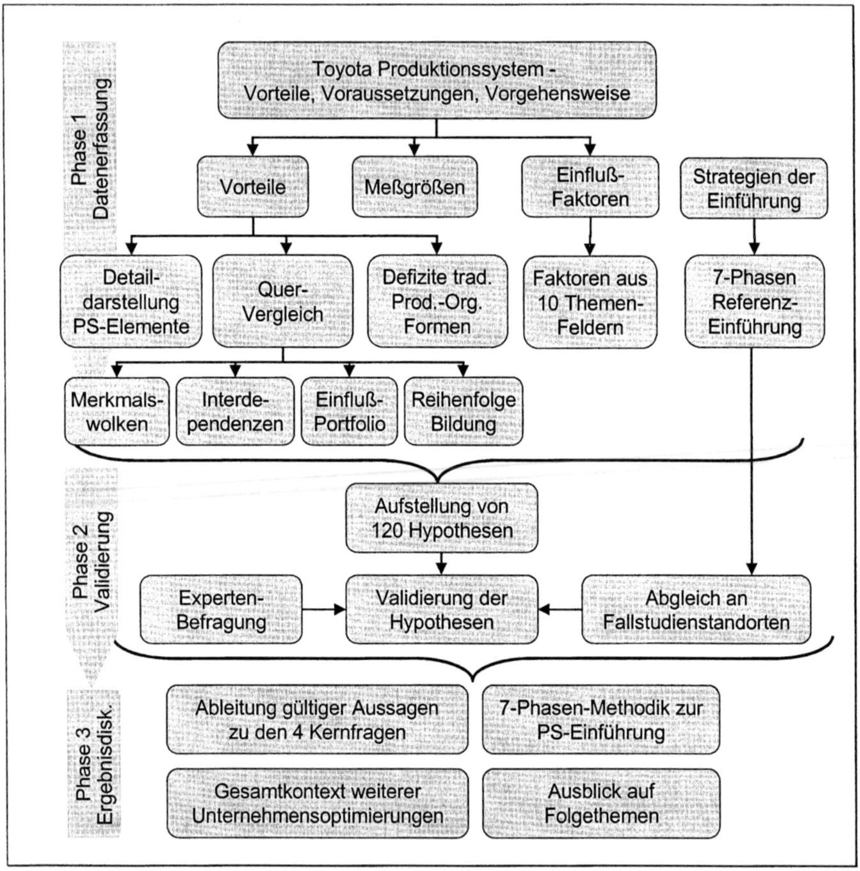

Bild 4.5.a: Phasen der Dissertation

Phase 2 - Validierung: Die subjektiven Ergebnisse, Erfahrungen und Eindrücke aus Phase 1 wurden in Kapitel 4 in Form von ca. 130 Hypothesen formuliert. Die Validierung sowohl der erfolgsbestimmenden Faktoren als auch des Referenzmodells soll in Kapitel 5 in zwei Schritten erfolgen: a) im Rahmen der

Befragung einer Expertengruppe aus dem Themenbereich *Produktionssysteme, Lean Production, Kaizen* und b) durch die vergleichende Betrachtung der vier ausgewählten Fallstudienstandorte[189].

Phase 3 – Ergebnisdiskussion: Die Antworten auf die vier Kernfragen sollen abschließend kritisch diskutiert werden, um deren Übertragbarkeit auf andere Standorte der Automobilindustrie sowie andere Industriezweige sicherzustellen.

4.5.1 Die Expertenbefragung

Im Rahmen einer empirischen[190] Befragung wurden ausgewiesene Experten[191] aus dem Themengebiet *Produktionssysteme* um die ***Validierung der Hypothesen*** gebeten. Der ***Zielpersonenkreis*** setzt sich prinzipiell aus drei Gruppen zusammen:

1. ***Die Gestalter***: Mitarbeiter der DaimlerChrysler AG, welche sich bereits seit längerem mit den Konzepten der PS-Philosophie auseinandergesetzt haben und / oder aktuell im Rahmen der Post-Merger Arbeitskreise Konzepte zur Integration und konzernweiten Einführung von bestehenden PS-Ansätzen erstellen (z.B. PS-Spezialisten, Projektleiter PS-Einführung, Betreuer Kaizen-Projekte).
2. ***Die Anwender***: DaimlerChrysler-Mitarbeiter und Dritte, welche auf der Produktionsebene die Elemente eines Produktionssystems als Bestandteil ihrer täglichen Arbeit erfahren konnten bzw. produktionsnah als Multiplikatoren andere Mitarbeiter trainiert haben (Trainer, Meister, Produktionsingenieure).
3. ***Die Wissenschaftler & Berater***: Vertreter aus Forschung, Lehre und Beratung, die durch systematische Analyse der Produktionssystemphilosophie einen Beitrag zu Transparenz und Verbreitung der Konzepte leisten.

Die Validierung der Hypothesen soll nach einem Bewertungsschema in den Abstufungen von hoher Zustimmung (9) bis hoher Ablehnung (1) erfolgen. Die Teilnehmer werden gebeten Bewertungen hoher Ablehnung zu kommentieren. Die Ergebnisse sollen anschließend als Mittelwerte unter Heranziehung von repräsentativen Kommentaren eine Aussage zur Richtigkeit der Hypothesen erlauben.

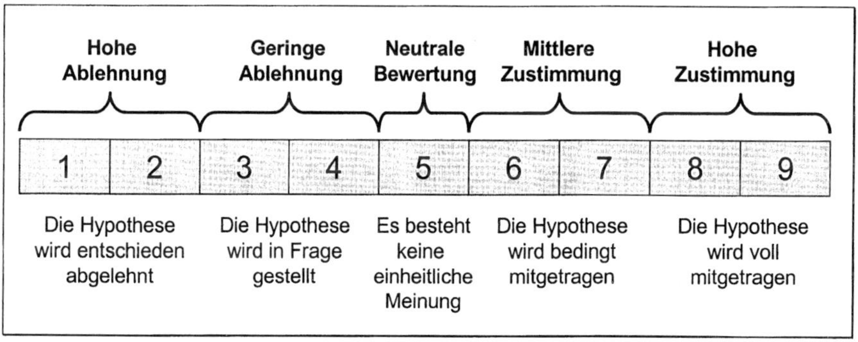

Bild 4.5.1.a: Bewertungsschema der Hypothesenbewertung

4.5.2 Die vergleichende Untersuchung ausgewählter Produktionsstandorte

Im Hinblick auf die Ausprägung der Produktionssysteme an den ausgewählten Standorten Tuscaloosa, Juiz de Fora (Greenfields) sowie São Bernardo und Bremen (Brownfields) sollen die ***Hypothesen*** ebenfalls auf Richtigkeit überprüft werden. Die Beurteilung wird auf den Fragebogenergebnissen und –Kommentaren der

---

[189] Vgl. Kapitel 2.5 *Fallstudien aus der Automobilindustrie*

[190] empirisch = sich auf die kritische Erfahrung berufend (in diesem Fall die Validierung der aufgestellten Hypothesen durch die überwiegend mehrjährige Erfahrung der befragten Experten zum Thema Produktionssysteme)

[191] Die Teilnehmer der Expertenbefragung (vgl. Anhang 11.7) sind dem Autor persönlich, oftmals seit vielen Jahren aus der gemeinsamen Arbeit in Arbeitskreisen und aus den Aufenthalten an den verschiedenen Standorten, bekannt.

jeweiligen Werksvertreter als auch auf den persönlichen Erfahrungen des Autors[192] zu diesen Standorten basieren.

Zum Zeitpunkt dieser Untersuchung[193] befinden sich die Projekte zur Einführung eines Produktionssystems an den betrachteten Fallstudienstandorten in ***unterschiedlichen Phasen***. So betreibt MBUSI, Tuscaloosa bereits seit ca. 3 Jahren ein funktionierendes Produktionssystem, Juiz de Fora produziert Fahrzeuge seit ca. 1 Jahr und hat seiner Mitarbeiter ebenso lange im Produktionssystem geschult. Die MBBras begann bereits 1994 mit der Unternehmensoptimierung durch Kaizen-Projekte. Die Erfolge sind allerdings häufig noch lokal begrenzt und eine Gesamtvernetzung sowie der Abgleich mit dem neugeschaffenen konzernweiten DaimlerChrysler Produktionssystem (DCPS) steht noch aus. Das Werk Bremen steht erst am Beginn der Konzeptphase, d.h. bei der Ableitung eines Bremer Produktionssystems aus dem DCPS und dem Aufsetzen von Schulungsmaßnahmen, etc.

Die angewandten Strategien der Produktionssystem-Einführung der Standorte sollen anhand der ***Referenzmethode*** bewertet werden. Die Ergebnisse sollen die Frage beantworten, ob eine standardisierte Vorgehensweise zur PS-Einführung bei Standorten mit unterschiedlichen Ausgangssituationen sinnvoll ist.

---

[192] Der Autor war von 1991-1992 Mitarbeiter im Werk Bremen, von 1995-1997 im Werk Tuscaloosa und von 1997-aktuell Mitarbeiter im Werk São Bernardo. Das Werk Juiz de Fora kannte er aus zahlreichen Besuchen und engen Kontakten zur Projektleitung Sistema de Producao Juiz de Fora. Das Werk Bremen begleitete er als Diskussionspartner in der Phase der Produktionssystem-Einführung.

[193] Referenzzeitpunkt Dezember 1999

5. Validierung durch Expertenbefragung und Fallstudienvergleich

In diesem Kapitel erfolgt die ***Auswertung der Hypothesen-Validierung*** sowie die ***Überprüfung der Referenzmethode. Im ersten Teil*** werden die 4 Fallstudienstandorte auf ihre ***Repräsentativität*** in Bezug auf die Einführung eines Produktionssystems für Standorte mit verschiedenen Ausgangssituationen analysiert.

Im zweiten Teil werden in einer Tabellendarstellung den ***Hypothesen*** die gemittelten ***Bewertungsergebnisse (1-9)*** der Expertenbefragung (unter gleichzeitiger Angabe von Höchst- und Niedrigstbewertung) zugewiesen. Ausgewählte Kommentare seitens der Befragungsteilnehmer dienen der Erläuterung von erzielten Bewertungen. Weiterhin wird zu jeder Hypothese die diesbezügliche Situation in den 4 Fallstudienstandorten aufgezeigt. In Abhängigkeit vom jeweiligen Erfüllungsgrad in den Werken werden ***Handlungsbedarfe (A,B,C)*** genannt.

Im dritten Teil werden die aktuell angewandten oder geplanten ***Strategien zur Produktionssystem-Einführung*** jedes Fallstudienstandortes hinsichtlich Ausgestaltung des Produktionssystems und Konfiguration der Einführungsorganisation analysiert. Im Anschluß wird anhand der Referenzmethode jede PS-Einführung auf die Beachtung der Schritte / Maßnahmen hin bewertet.

Die Ziele der vergleichenden Betrachtung sind:

1) Die ***Bestätigung der Einflußfaktoren einer erfolgreichen Produktionssystem-Einführung*** über die Validierung der Hypothesen.
2) Die ***Bestätigung der Referenzmethode zur Produktionssystem-Einführung*** im Sinne der Vollständigkeit aller Schritte und ihrer Anwendbarkeit auf unterschiedliche Standortkonfigurationen.
3) Der ***Aufschluß auf die Frage,*** inwieweit eine standardisierte Vorgehensweise bei Unternehmen mit unterschiedlichen Ausgangssituationen zu ***gleichen Ergebnissen*** führt. Faktoren, die speziell bei Greenfields und Brownfields zu beachten sind, sollen erörtert werden.

5.1 Die Fallstudienstandorte als Beispiele typischer Unternehmenskonfigurationen

Die vier betrachteten Unternehmen teilen sich auf in 2 Gruppen: A) Die Greenfield-Werke *Tuscaloosa*, USA und *Juiz de Fora*, Brasilien, die ihre neuen, unerfahrenen Mitarbeiter ohne vorbelastende traditionelle Verhaltensmuster in den Methoden des Produktionssystems schulen konnten, und B) Die Brownfield-Werke *São Bernardo do Campo*, Brasilien und *Bremen*, Deutschland, d.h. Unternehmen mit jahrzehntelanger Tradition und erfahrenen, kritischen Mitarbeitern, die einen aufwendigeren Weg der PS-Einführung gehen müssen.

Einen grundsätzlichen Überblick über die betrachteten vier Produktionsstandorte vermitteln die in der folgenden Tabelle zusammengetragenen Daten zu Produktivität, Größe des Montagewerkes, Produktvielfalt, Materialbestand, etc.

Standort	**Werk Tuscaloosa, Alabama, USA**	**Werk Juiz de Fora, Brasilien**	**Wk. São Bernardo, Brasilien**	**Werk Bremen, Deutschland**
Konfiguration / Alter	Greenfield, 1996	Greenfield, 1998	Brownfield, 1960	Brownfield, 1984
Direkte + Indirekte MA	949 + 325	ca. 900 + 300	3.730 + 2580	9700 + 6300
Anzahl Schichten	2 (entkoppelt)	2 (gekoppelt)	2 (gekoppelt)	3 (gekoppelt)
Produktions-Volumen/a	80.000 Pkw	70.000 Pkw (Planung)	30.000 Lkw + 120.000 Aggregate*	240.000 Pkw
Produktivität (dir. MA)	84,3 Pkw / MA+a	77,7 Pkw / MA+a	16,1 Lkw / MA+a	24,7 Pkw / MA+a
Produktvielfalt / Typen	1 (M-Klasse)	1 (A-Klasse)	6 (Lkw+Bus-Chas.)	5 (C, CLK, SL, SLK)
Ø Materialbestand	8 Std.	8 Std.	8 Std.	Keine Angaben
Flächenbedarf [m^2/Pkw] (überbaute Produktion)	100.000 m^2 /80.000 = 1,25 m^2 / Pkw	100.000 m^2 /65.000 = 1,54 m^2 / Pkw	480.000 m^2 /70.000 = 6,84 m^2 / Pkw	Keine Angaben
Hierarchie-FK-Ebenen	6	6	7	6
Ø Krankenst. Prod.	1,5%	ca. 2,5%	4%	6-10%
Werker in Teams	100%	100 %	64% (200 Grp. a 12)	Ca. 75% %

Tabelle 5.1.a: Kennzahlenübersicht der betrachteten Standorte - *(4 Aggregate = Komplexität eines Fahrzeuges)

5.1.1 Die Greenfield-Projekte (Mercedes-Benz U.S. International, Inc. / MBUSI und Mercedes-Benz Juiz de Fora)

Standorte / Produkte: Beide Standorte wurden in den Jahren 1995 bis 1998 aufgebaut. Während parallel zu den Bauaktivitäten in Tuscaloosa das Produkt (die *M-Klasse)* neu entwickelt wurde, konnte man in Juiz de Fora auf ein bestehendes Produkt (die *A-Klasse*), die bereits im badischen Montagewerk Rastatt produziert wurde, zurückgreifen. Beide Standorte fertigen jeweils nur ein Modell mit wenigen Varianten, Tuscaloosa im entkoppelten 2-Schicht-Betrieb und Juiz de Fora in bisher nur einer Schicht.

Mitarbeiterprofil: An beiden strukturschwachen Standorten konnte auf eine große Anzahl von Bewerbern zurückgegriffen werden, die weder industrielle Vorkenntnisse noch festgefügte Verhaltensweisen aufwiesen. Im Umfang der Basisschulungen waren jeweils das MBUSI-Produktionssystem bzw. das Sistema de Producao Juiz de Fora enthalten.

Entlohnungssystem: Es existierten keine Gewerkschaften, mit denen ein Rahmenvertrag zu den Arbeitskonditionen verhandelt werden mußte. Die Vergütung erfolgte, ohne spezifische Arbeitsumfangsklassifizierungen nach Einheitslohn.

Produktionssystem: Bei MBUSI wurden produktionssystem-erfahrene Prozeßplaner, Ingenieure sowie Manager durch Abwerbung aus japanischen Transplants rekrutiert. In Juiz de Fora konnte man auf einige deutsche Planer mit ersten PS-Kenntnissen sowie einige brasilianische Mitarbeiter aus dem kaizengeschulten São Bernardo zurückgreifen. Die ganzheitliche Umsetzung aller Produktionssystem-Elemente bis zum Produktionsbeginn erhielt in beiden Projekten die volle Unterstützung durch das Management.

Ausblick: Beide Werke konnten die Produktionssystem-Elemente schulen und in den Produktionsbereichen umsetzen. Nach erfolgtem Produktionsanlauf und Erreichen der Kammlinie steht jeweils die mittelfristige Optimierung von Arbeitsablaufstandards, Taktzeiten und Anlagentechnik an. Während Juiz de Fora bei ausgereiftem Produkt und geringer Nachfrage über genügend Koordinations- und Schulungskapazitäten verfügte, stand Tuscaloosa vor dem Debakel hoher Stückzahlen, schlechter Teilequalität seitens der neuen Zulieferer und einem unausgereiften, problembehafteten Produkt.

5.1.2 Das Brownfield mit ersten PS-Erfahrungen (Mercedes-Benz do Brasil, Sao Bernardo, MBBras)

Standort / Produkte: Das Werk São Bernardo entstand 1953 als ein traditionell patriarchalisch strukturiertes Unternehmen und fertigt im 2-Schicht-Betrieb leichte, mittelschwere und schwere Lkws sowie Busfahrgestelle mit vielen Varianten. Trotz dem hohen Alter der Gebäude und Anlagen hinterlassen die Produktionsbereiche einen sauberen, effizienten Eindruck. Anfang der 90'er Jahre wurde die Linienorganisation in der Direktion Technik (Produktion, Planung, Logistik, Qualität) in eine Centerstruktur umgewandelt.

Mitarbeiterprofil: In der Produktion überwiegen niedrig qualifizierte Werker, welche aber durch mehrjährige Kontinuität die notwendige Fachkompetenz erworben haben. Die Mitarbeiter lassen sich vom Persönlichkeitsprofil her als anspruchslos, obrigkeitsorientiert, konsensorientiert und kreativ beschreiben. Mitarbeiter und Produktionsleitung sind mit dem Kaizenprozeß vertraut und tragen diesen uneingeschränkt mit.

Entlohnungssystem: Die Vergütung erfolgt gestaffelt nach Funktionsgruppen (Schweißer, Qualitätsprüfer, Montagewerker, etc.) und Betriebszugehörigkeit. Eine starke Arbeitnehmervertretung vertritt die Rechte der Werker, jedoch mit klarem Fokus auf der Entlohnung. Produktionssystem-Elemente konnten ohne Behelligung eingeführt werden.

Produktionssystem: Im Zuge einer Wirtschaftskrise 1994, verbunden mit massiven Nachfrageeinbrüchen entschied sich die Geschäftsleitung für die konsequente Optimierung der Produktionsbereiche. Regelmäßige offizielle Kaizenwochen sowie viele inoffizielle Kaizenprojekte haben zu radikalen Verbesserungen bei der Materialbereitstellung, der Maschinenanordnung, der Arbeitsorganisation sowie der präventiven Instandhaltung geführt. Mit anhaltend niedriger Nachfrage wurden genügend Mitarbeiter freigesetzt, um die Kaizenmaßnahmen teilweise bis zur Perfektion zu vervollkommnen. Das ist eine Situation, welche in anderen Standorten durch hohe Nachfrage nicht gewährleistet ist.

Ausblick: Es fehlt die vollständige Einführung aller Elemente verbunden mit mangelnder Konsequenz (z.B. Anwendung des Bandstopps bei Montageproblemen). Diese Mißstände sind durch weiterhin anhaltende Qualitätsprobleme offensichtlich. Schafft es die Geschäftsleitung nicht, eine Projektorganisation aufzusetzen, welche alle PS-Elemente aufzeigt und vorantreibt, bleibt die tiefgreifende Unternehmensoptimierung auch langfristig unrealistisch.

5.1.3 Das Brownfield ohne PS-Erfahrungen (Mercedes-Benz Werk Bremen)

Standorte / Produkte: Das Werk Bremen steht stellvertretend für traditionell strukturierte innerdeutsche Montagewerke. Es ist durch eine hohe Arbeitnehmerzahl, Fertigung im 3-Schicht-Betrieb und komplexe Produkte mit hoher Variantenzahl gekennzeichnet.

Mitarbeiterprofil: Die Belegschaft verfügt über einen hohen Facharbeiteranteil und geringe Fluktuation. Die Mitarbeiter lassen sich vom Persönlichkeitsprofil her als mißtrauisch gegenüber erneuten Versuchen der Produktionsoptimierung, kritisch-ablehnend, verwöhnt-anspruchsvoll und in Bezug auf ihre Arbeitsumfänge als überqualifiziert beschreiben. Aus dem Selbstverständnis des Facharbeiters organisieren sie ihre Arbeitsabläufe eigenständig, unter Mißachtung von Verbauorten (‚Bandtourismus‘). Aufgrund vieler unvollständiger Konzepte zur Prozeßoptimierung durch Mitarbeitereinbindung ohne merkbare Verbesserungen in der Vergangenheit, besteht eine latente Ablehnung und Zynismus gegenüber dem DaimlerChrysler-Produktionssystem.

Produktionssystem: Weder in der Belegschaft noch im Management bestehen Vorkenntnisse hinsichtlich der Produktionsystem-Prinzipien – als Ausnahmen sind hier die Gruppenarbeit sowie die bedarfsorientierte Materialversorgung / Vorkommissionierung zu sehen. Im Management herrscht Unsicherheit bzw. Unkenntnis gegenüber den neuen Produktionssystemansätzen. Stückzahlen haben weiterhin höhere Priorität als konsequente Problembeseitigung, eine echte Unternehmenskrise ist aufgrund der hohen Nachfrage nicht spürbar. Die mangelnde Produktivität des Standortes verbunden mit offenen ‚Ausschreibungen‘ neuer Modelle für alle Standorte ist alleiniger Motivator für Optimierung. Im Zuge der DaimlerChrysler Produktionssystem-Einführung steht das Werk Bremen ganz am Anfang und plant unter der Leitung eines kleinen Projektteams die Umsetzung aller Elemente innerhalb von 3 Jahren.

Ausblick: Die hohe Mitarbeiterzahl mit geringer Erfahrung zu Produktionssystemen und ein zu erwartender hoher Grad an Resistenz stellen extreme Anforderungen an eine komplette Produktionsystem-Einführung. Die Auswahl einer geeigneten Strategie wird für den Erfolg der Einführung eine entscheidende Bedeutung haben.

5.1.4 Einstufung der Fallstudien-Standorte

Die betrachteten Standorte sind primär hinsichtlich ihrer Ausgangslage in Green- und Brownfields zu unterscheiden – also in Relation zu den ***Einschränkungen*** bei einer PS-Einführung. Hierzu zählen die vorgefaßten Verhaltensweisen traditioneller Standorte wie Bremen und São Bernardo und die Erforderlichkeit zur Einbindung von Arbeitnehmervertretungen. Sekundär sind verschiedene Stufen an ***Vorkenntnissen*** zu erkennen. Während Tuscaloosa seine PS-Erfahrung durch ehemalige Toyota-Manager sicherstellte und São Bernardo auf die langjährige Erfahrung der Shin-Gijutsu / TBM-Berater zurückgriff, waren Juiz de Fora und Bremen auf interne Erfahrungen im Konzern und deutsche Beratungsfirmen angewiesen.

Letztlich hat ebenso die ***Flexibilität der Mitarbeiter*** Einfluß auf die PS-Einführung. Während die neurekrutierten Mitarbeiter in den Greenfields prinzipiell alle gestellten Anforderungen bereitwillig annahmen, ist die Flexibilität bei Aufgabenwechseln, Zusatzanforderungen, etc. in traditionellen Standorten deutlich geringer ausgeprägt. Ein weiterer Faktor ist das höhere Durchschnittsalter der Mitarbeiter in Brownfields. Die Standorte können im Hinblick auf ihre Kenndaten als ***repräsentative Beispiele*** für andere Standorte der Automobilindustrie eingestuft werden. Die Übertragbarkeit der Ergebnisse dieser Arbeit ist damit auf andere Montagewerke sichergestellt.

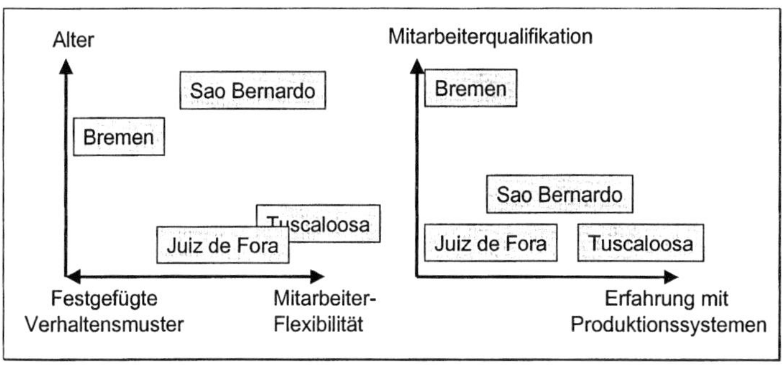

Bild 5.1.4.a: Ausgangsszenarien betrachteter Montagewerke

5.2 Valdierung der Hypothesen

Validiert werden Hypothesen zu erfolgsbestimmenden Einflußfaktoren aus 11 Themenfeldern. Sie basieren auf den Prinzipien des Toyota Produktionssystems und seiner Derivate sowie Erkenntnissen, die im Rahmen von Werksbesuchen, Konferenzen und Literaturrecherche gewonnen wurden.

Im Rahmen der ***Expertenbefragung*** bewerten Produktionssystemspezialisten die Hypothesen in Graden zwischen hoher Zustimmung (9), bis hoher Ablehnung (1)[194]. Aus dem Mittelwert [∅] und der Berücksichtigung von Kommentaren läßt sich eine ***Aussage zur Bedeutung der Hypothese*** bzw. des zugrundeliegenden Einflußfaktors für eine erfolgreiche Produktionssystem-Einführung ableiten.

Im ***Fallstudien-Vergleich*** wird für jede Hypothese ***der Erfüllungsgrad*** des jeweiligen Einflußfaktors an den Fallstudienstandorten ausgewiesen. Wertung **A** steht z.B. für einen niedrigen Handlungsbedarf, weil die der Hypothese zugrundeliegenden PS-Elemente bzw. Prinzipien am betrachteten Standort bereits ausreichend erfüllt bzw. eingeführt sind. Dementsprechend stehen die Wertungen **B** für eine mittlere Erfüllung (geringfügiger Handlungsbedarf) und **C** für eine niedrige Erfüllung (bei hohem Handlungebedarf).

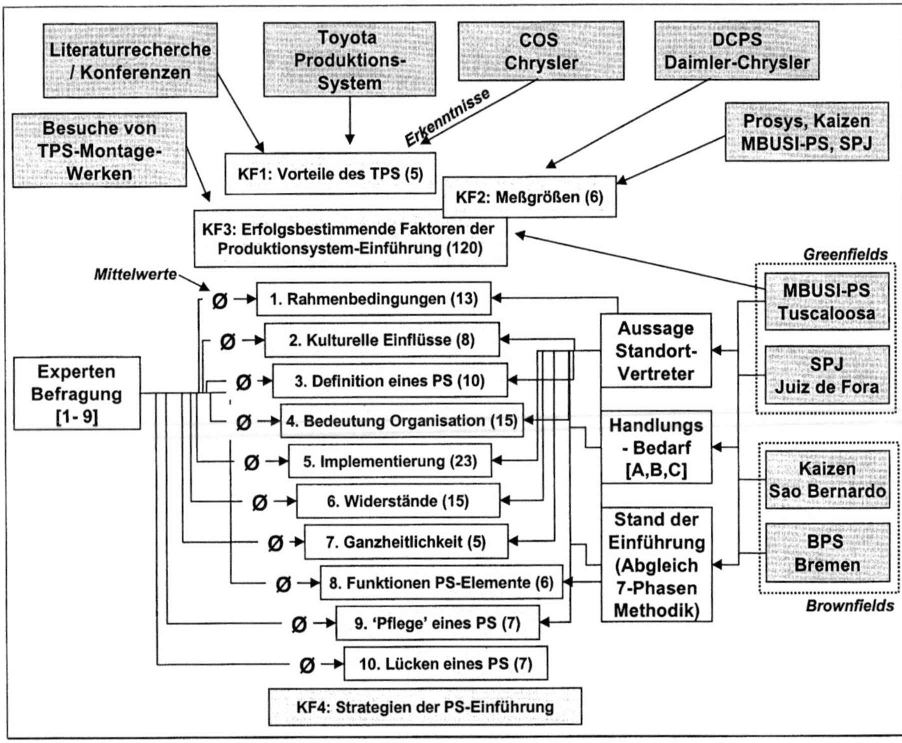

Bild 5.2.a: Hypothesen-Themenbereiche, ihre Einflüsse und Bewertungssichten

Die Situationen an den Fallstudienstandorten sind jeweils per Kurzvermerk aufgeführt und sollen neben der gemittelten Wertung aus der Expertenbefragung parallel Aufschluß über standort- bzw. für die Unternehmenskonfiguration spezifische Besonderheiten geben (vgl. Bild 5.2.b).

Die Ergebnisse werden im Detail im Anhang 11.8 aufgezeigt. Zum Verständnis der jeweiligen Wertungen und Kommentare empfiehlt sich eine vorherige Durchsicht der Hypothesenbeschreibung in Kapitel 4.3. Die Diskussion der Ergebnisse erfolgt in Kapitel 7.

[194] Vgl. Kapitel 4 *Methodik*

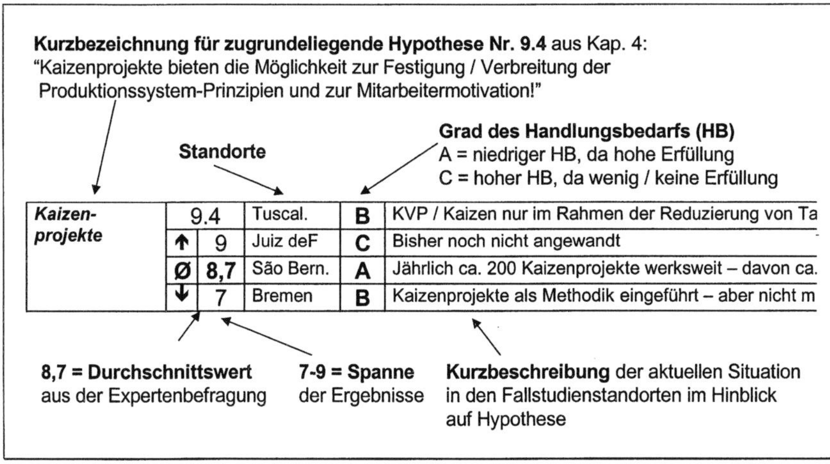

Bild 5.2.b: Beispielhafte Ergebnisdarstellung zur Hypothese Nr. 9.4

5.3 Die Strategien zur Produktionssystem-Einführung

Die in den Beispielstandorten verfolgten Strategien zur Einführung der jeweiligen Produktionssysteme wurden bewertet. Die Unterschiede in der Vorgehensweise sind u.a zurückzuführen auf ***Ausgangssituation*** (Green- vs. Brownfield), ***Zeitpunkt der Einführung*** (vor oder nach der konzernweiten DCPS Einführung) und ***Unternehmensgröße*** (Verfügbarkeit von Kapazitäten für die Koordination). Die Strategien sollen im Verlauf des Vergleichs auf ihre ***Vollständigkeit und Effizienz verglichen*** werden. Als Vergleichsmaßstab dient die schon bekannte Referenzmethode[195]. Die ***Bewertungsskala*** erfolgt in fünf Abstufungen[196].

5.3.1 Die Einführung des MBUSI Production System (MBUSI-PS)

5.3.1.1 Ursprung / Geschichte / Ausgestaltung

Zum Zeitpunkt der Entstehung des neuen Werkes in Tuscaloosa, Alabama, gab es innerhalb des Unternehmens Daimler-Benz nur geringe Erfahrungen mit Produktionssystemen. Allerdings wurden die Werke Sindelfingen und Bremen Ende der 80er Jahre im Rahmen der MIT-Studie befragt, waren also mit den Ergebnissen der Studie und dem Potential des Toyotismus vertraut. Die ***Standortgründung*** bot eine gute Gelegenheit, neben anderen Produkt- und Fabrikrelevanten Innovationen ebenso diese ***neue Form der Produktionsorganisation zu testen***. Im Gegensatz zu vielen Transplants, wurde beim *MBUSI Production System* eine hohe Betonung auf die ***Eigenständigkeit*** des Produktionssystems gelegt. Durch die Zusammenführung eines Projektteams aus deutschen Mitarbeitern sowie abgeworbenen Mitarbeitern japanischer Transplants in den USA, entstand das MBUSI-PS als eine Symbiose des Toyota Production System, der Produktionsformen anderer japanischer Transplants in den USA sowie den Werten & Normen deutscher Daimler-Benz Standorte. Die Hauptinitiative ging dabei von der Produktionsleitung aus, deren Mitglieder ehemalige Toyota Manager waren.

Die Ausgestaltung des MBUSI-PS verdeutlicht den Wunsch vieler TPS-Kenner nach einer detaillierten (und damit verständlicheren) ***Auffächerung der Haupt- und Nebenelemente*** – so wurden die ehemals 3 Säulen und 2 Fundamente des TPS[197] nun auf 6 Säulen und 2 Fundamente[198] erweitert. Schulungen und Trainingsunterlagen enhielten viele Beispiele zu den einzelnen Instrumenten im Produktionsbereich.

---

[195] Vgl. Kapitel 4.1.4 *Vorgehensweise einer PS-Einführung*

[196] Die Bewertungsstufen sind (1) *Sehr gut eingeführt, mitarbeitergetragen und angewendet*, (2) *Gut eingeführt, Mitarbeiter geschult, teilweise angewendet*, (3) *Elemente eingeführt, nicht mitarbeitergetragen, wenig angewendet*, (4) *Nur in Ansätzen eingeführt, Mitarbeiter wenig informiert, kaum Anwendung* bis (5) *Nicht vorhanden / durchgeführt*

[197] Vgl. Kapitel 3.1.2 Die Elemente des Toyota Produktionssystems

[198] Vgl. Kapitel 3.2.2 Die Hauptpfeiler des MBUSI Produktionssystems

5.3.1.2 Die Einführungsorganisation des MBUSI-PS

Durch die Neugründung des Standortes Tuscaloosa ergaben sich sowohl ***Aufgaben technischer Art*** (Fabrikaufbau, Planung, Spezifikation und Beschaffung der Betriebsmittel) als auch ***organisatorischer Art*** (Rekrutierung und Ausbildung neuer Mitarbeiter, Festlegung von Regeln nach denen produziert werden konnte). Die Organisation der anstehenden Aufgaben in der Produktion wurde daher in ***zwei Gruppen*** geteilt: a) die Produktionsplanung und Koordination des Fabrikaufbau (das sogenannte ‚Engineering') und b) die Produktionsleitung und das Personalwesen / die Mitarbeiterqualifizierung.

Während sich erstere primär dem Fabrikaufbau widmen konnte, definierte die zweite Gruppe zunächst ein ***Regelwerk***, nach dem die weitgehend industrie-unerfahrenen Mitarbeiter später arbeiten sollten - das ***MBUSI Produktionssystem***. Die Auswahl der Mitarbeiter erfolgte durch ein externes ***Accessment Center***, erst danach begann die interne Schulung.

Die PS-Einführungsorganisation bestand demnach aus der Produktionsleitung, den drei Abteilungsleitern der Gewerke Rohbau, Lack und Montage sowie ihren jeweiligen Teamleitern. Unterstützt wurden sie durch 2 PS-Spezialisten im Trainingscenter. Im Sinne der ***Multiplikatorenschulung*** wurden später Instrumente des MBUSI-PS bereits durch erstgeschulte Mitarbeiter an Neueingänge vermittelt.

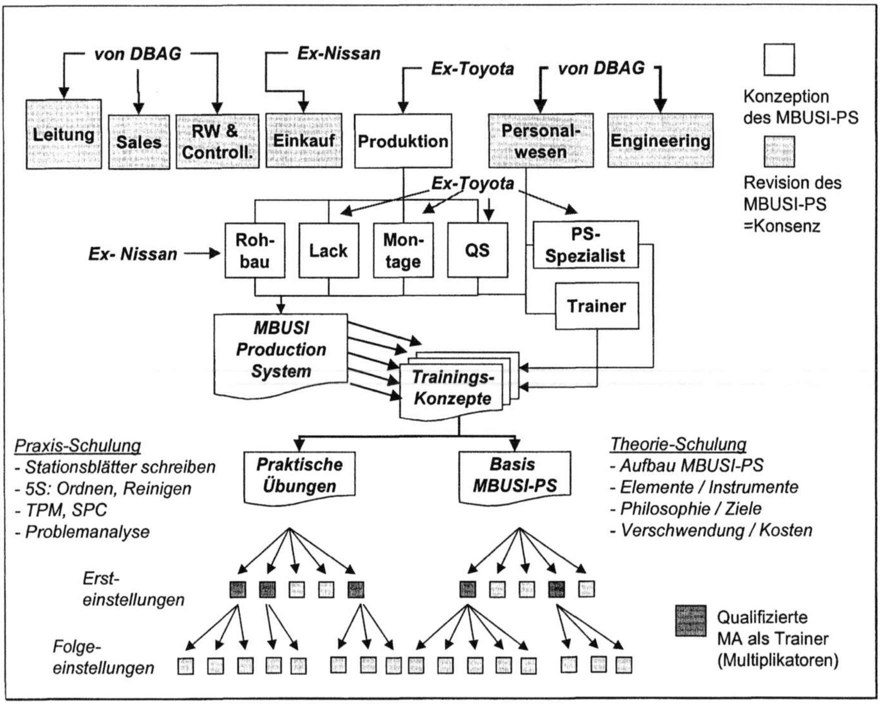

Bild 5.3.1.2.a: PS-Einführungsorganisation im Werk Tuscaloosa

5.3.1.3 Schritte / Maßnahmen der Einführung des MBUSI-PS

Die Maßnahmen zur Einführung des *MBUSI-Produktion System* sollen entlang der ***Referenz-Methode*** bewertet werden. Zu den Einzelschritten werden dazu entsprechende stattgefundene Maßnahmen abgefragt und auf ihre Effizienz dem nach Bewertungsschema 1 (optimal eingeführt) bis 5 (nicht vorhanden) hin bewertet.

Phasen	*Maßnahmen der Einzelaktivitäten*	*Note*
1. INFORMATION	**Ø**	**1,5**
1.1 Verstehen des Produktionssystems	Durch die verantwortliche Leitung von Produktion und PS-Einführung durch langjährige, ehemalige Toyota Manager war ein tiefes Verständnis bei den Verantwortungsträgern gegeben.	**1**
1.2 Notwendigkeit des Wandels	Als Greenfield bestand Standortseitig kein Zwang des Wandels – jedoch als neuer Standort im Konzern sehr wohl ein hohes Potential der Verbesserung gegenüber traditionellen Standorten	**2**
1.3 Gap Analyse	Nicht erforderlich da Greenfield	**/**
2. ORGANISATION	**Ø**	**1,6**
2.1 Schaffung einer zielorientierten Koalition	Das deutsch-amerikanisch besetzte Management-Team wurde systematisch von Bedeutung und Potentialen einer PS-Anwendung überzeugt – bis zur Umplanung des Fabriklayouts!	**1**
2.2 Den Wandel selber leiten	Die Produktionsleitung kontrollierte die PS-Einführung und Beachtung von PS-Prinzipien	**1**
2.3 Einbeziehung TPS-Spezialisten	Siehe 1.1	**1**
2.4 Entwicklung von Strategie und Vision	Die Strategie bzw. Vision einer Toyota-ähnlichen Produktionsumgebung ist in Präsentationen und Schulungsbroschüren dokumentiert	**1**
2.5 Detaillierung der Ziele in Grob-Masterplan	Eine Projektplanung mit zugrundeliegendem Masterplan erfolgte nicht	**4**
3. KOMMUNIKATION	**Ø**	**3,5**
3.1 Kommunizieren	Neben einer Basisschulung zu den PS-Elementen werden Mitarbeiter in Techniken, z.B. Schreiben von MPS geschult – keine konsequente Fortschrittskontrolle der PS-Einführung	**4**
3.2 Kaskadenschulung der PS-Elemente	Erfolgte nicht – reine Basisschulung	**5**
3.3 Benennung von Champions	Keine fachspezifische Zuweisung von Verantwortlichen für einzelne PS-Elemente, jedoch war das PS-Definitionsteam interdisziplinär besetzt (Personal, Produktionsleitung, Montage, Rohbau, Qualität)	**2**
3.4 Integration der PS-Einführung in die Firmenstruktur	Verantwortung lag bei Produktionsleitung – ein spezielles Projektteam zur PS-Einführung wurde nicht aufgestellt. Ebenso wurde keine Spezialisten mit der konsequenten Fortschrittskontrolle beauftragt	**4**
3.5 Delegation von Verantwortung	Mitarbeiter waren für 5S sowie Standardisierung verantwortlich	**1**
3.6 Erstellen Fein-Masterplan	Erfolgte nicht – siehe 2.5	**5**
4. UMGESTALTUNG	**Ø**	**1,3**
4.1 Entscheidung zu Art der PS-Einführung	Keine Notwendigkeit, da als Greenfield direkt werksweite Einführung	**/**
4.2 Arbeitsplatzorganisation	Sauberkeit, Ordnung, Sicherheit, Werkzeugoptimierung	**1**
4.3 Visual Management 1	„Alles hat seinen Platz – ist an seinem Platz", Marking / Teilenummern auf dem Hallenboden, Color-Coding für Zonen, speziell ausgeformte Werkzeugablagen (eindeutige Ablage), einsehbare Bereiche	**1**
4.4 Schulung der Mitarbeiter	PS-Elemente nur in Basisschulung, in der Produktion „Learning by doing" (Schreiben von MPS, SMP, vorbeugende Instandhaltung, SPC)	**2**
5. PRODUKTIONSGLÄTTUNG & REDUZIERUNG	**Ø**	**2,0**
5.1 Standardisierung von Arbeitsabläufen	Standardarbeitsblätter (erstellt durch Prozeßingenieure und kontinuierlich durch Werker aktualisiert) – mit dem Druck eines hohen Produktionsvolumens waren sinkende Disziplin bei Aktualisierung und Einhaltungskontrolle der Standards zu verzeichnen!	**3**
5.2 Feste Stationsgrenzen	Installiert und konsequent für Arbeitszuteilung genutzt, Driften bei komplexeren Arbeitsumfängen getrennt visualisiert, kein Überschreiten der Stationsgrenzen	**1**

5.3 Einführen des Qualitätsstopps	Installiert und während des Produktionsanlaufs intensiv genutzt – bei fortschreitendem Stückzahlbedarf jedoch als Zielkonflikt empfunden	**3**
5.4 Visual Management 2	Andon-Board, Systemparameterverfolgung nach SPC, Soll-Ist Anzeige, Linien-spezifische Ausweisung der Bandstillstände, Darstellung Mitarbeiterqualifizierung.	**1**
5.5 Produktion in Taktzeit	Feste Taktzeit als Grundlage für gleichmäßiges Arbeiten und sinnvolle Arbeitszuteilung / Gruppenzusammenstellung	**1**
5.6 Stückzahlenmanagem ent	Gleichmäßige Auslastung – initial während Anlauf mit wenig Varianten	**1**
5.7 Reduzierung von Materialbeständen	Minimalmengen wurden definiert – als Greenfield bestand keine Zwang zum Materialabbau	**3**
5.8 Einrichtung von Fließfertigung	Minimale Puffer zwischen den Gewerken, Direktverknüpfung von Montagelinien nach Fischgrät-System, JIT-Anbindung Zulieferer	**1**
5.9 Differenzierung von Arbeitsumfängen	Ausweisung von wert- und nicht-wertschöpfenden Umfängen	**1**
5.10 Validierung der Informationsprozesse	Keine spezifische Prüfung	**5**
6. MOTIVATION / INTEGRATION	**Ø**	**2,8**
6.11 Erreichen von kurzfristigen Erfolgen	Als Greenfield keine Vergleichbarkeit mit traditionellen Strukturen, wenig Kommunikation von Kennzahlen (Taktzeit, Tagesstückzahlen)	**4**
6.12 Aufbau von Feedback-Info-Kreisläufen	Tägliche Fehlerfeedbacks aus Auditrunde, Hinweise zu Arbeitssicherheit, Allgemeines, bereichsspezifische Montageprobleme in Gruppengespräch	**2**
6.13 Qualitätsmanagem ent	Werkerselbstkontrolle bedingt geeignet da unerfahrene (unkritische) MA	**4**
6.14 Mitarbeiterentwickl ung	Entwicklung zu Gruppensprecher und Meister bis zu Produktionsteamleiter aus Mitarbeiterpotential → hohe Motivation	**1**
7. ERHALTUNG	**Ø**	**2,1**
7.11 Grundlage für weiteren Wandel	Da in einem Greenfield alle Bereiche simultan die PS-Prinzipien erlernen, ist eine Multiplikation in Parallelbereiche nicht erforderlich	**/**
7.12 Verankern des Änderungsprozesses	Die kontinuierliche Verbesserung von Prozessen beschränkt sich in erster Linie auf die Reduzierung von nicht-wertschöpfenden Arbeitsanteilen. Vorteilhaft als Greenfield ist ebenso die quase-optimale Aufsetzung aller Prozesse von Beginn an.	**2**
7.13 Anlagenoptimierun g	Parameter-Aufzeichnung bei kritischen Anlagen (Trends)	**2**
7.14 Flexible Mitarbeiterschaft	Rotation der Mitarbeiter innerhalb der Gruppen sowie Übernahme von indirekten Aufgaben (Reinigung, präventive Anlagenwartung, Logistik-unterstützung)	**1**
7.15 Prozeß-Synchronisation	Die Produktionsflüsse (Rohbau und Montage) wurden bereits initial nach dem ‚Fischgrätprinzip' ausgelegt. Die Zulieferer liefern täglich in mehreren Fuhren oder als Systemlieferanten Just-in-Sequence.	**1**
7.16 Fortschrittskontroll e / Audit	Bereichsaudits im Hinblick auf die Einhaltung der 5S. Die Einhaltung der Standardarbeitsblätter erfolgt nur mangelhaft, eine regelmäßige Kontrolle der übrigen PS-Elemente ist nicht bekannt.	**4**
7.17 Best-Practise Informationsaustausch	Austausch erfolgt überwiegend einseitig, indem Tuscaloosa als Referenz-werk zur PS-Umsetzung gilt. Es fehlt noch der regelmäßige Info- bzw. Ideenaustausch auf der Arbeitsebene mit anderen fortgeschrittenen Standorten der DaimlerChrysler AG.	**3**

Tabelle 5.3.1.3.a: Ergebnisse des Abgleichs PS-Einführung im Werk Tuscaloosa mit Referenz-Methode

5.3.1.4 Zwischenbilanz der MBUSI-PS-Einführung

Nach dem Anlauf der M-Klasse in Tuscaloosa im Februar 1997 sind zum Betrachtungzeitraum knapp drei Jahre vergangen. Das MBUSI-Produktionssystem konnte in seinen Grundprinzipien und durch Ausprägungen / Werkzeuge erfolgreich implementiert werden. Trotz des hohen Qualitätsfokusses (‚*Quality-Built-in – Nothing but the best for our customers*') waren gravierende Qualitätseinbußen zu verzeichnen, die ihren negativen Ausdruck u.a. in den gängigen Konsumentenreports[199] fanden. Es bleibt offen, inwieweit diese Qualitätseinbußen überwiegend durch den Reifegrad der Produktentwicklung bzw. die Qualität der Zulieferteile oder eher auf den ungenügenden Trainingsstand der Mitarbeiter bzw. die Fähigkeit des Produktionssystems zur Fehlervermeidung bzw. –erkennung zurückzuführen sind.

Positive Ergebnisse	***Negative Ergebnisse***
Ausrichtung der neurekrutierten MA auf ein gemeinsames Ziel Verdeutlichung der Unternehmensziele hinsichtlich Produktqualität und Produktivität (Vermeidung von Verschwendung)	Konzentration PS-Aktivitäten ausschließlich auf die Produktionsbereiche, keine ausreichende Schulung / Einbindung anderer Bereiche (Einkauf, Engineering, EVS)
Vertrauensverhältnis zwischen Produktionsleitung und Werkern / persönliche Ansprache	Personelle Trennung von Ablaufplanung und Produktion, Distanz in der Aufbauphase
Integration von Betriebsmittelplanung, Prozeßplanung und Zeitwirtschaft (der *Prozeß-Ingenieur* als Partner der Produktion)	Zielkonflikt Stückzahl vs. Einhaltung Standards / Q-Stopp, steigender Stückzahlbedarf führt zu inkonsequenter Einhaltung von PS-Prinzipien
Vorbildliche Ausgestaltung der Produktion nach den Prinzipien des TPS	Standards werden nicht ausreichend & rechtzeitig aktualisiert und verlieren an Bedeutung
Konsequente Einbindung der Mitarbeiter / Werker in Standardisierung und Arbeitsplatzorganisation	Sinkende Beteiligung der Werker bei Prozeß-optimierungen
	Mangelhaftes Führungsverhalten bei FK der Produktion (Meister / Gruppenmeister), sie sind eher Arbeitnehmer-orientiert als Vertreter des Unternehmens

Tabelle 5.3.1.4.a: Zusammenfassung der Ergebnisse des Abgleichs PS-Einführung im Werk Tuscaloosa

5.3.2 Die Einführung des Sistema de Producao Juiz de Fora (SPJ)

5.3.2.1 Ursprung / Geschichte / Ausgestaltung

Bei der Ausgestaltung des ‚Sistema de Producao Juiz de Fora' (SPJ) konnte das Projektteam auf die Erfahrungen aus Tuscaloosa sowie aus dem Mutterwerk der A-Klasse, aus Rastatt, zurückgreifen. Das SPJ stellt hinsichtlich seiner Haupt- und Subelemente eine ***Symbiose*** aus dem MBUSI-Produktionsystem und dem Rastatter Produktionssystem dar[200]. Ideen zur Ausgestaltung von „Werkzeugen" wurden auf zahlreichen Benchmarkbesuchen weltweit gesammelt und angewandt.

Zum Zeitpunkt der Projektphase in Juiz de Fora 1996 – 1998 galt die Nutzung eines Produktionssystems schon nahezu als ***Standard für jeden modernen Standort***. Die Projektkonfiguration aus Greenfield und einem hohen Potential an motivierten Mitarbeiter ohne festgefügte Verhaltensmuster begünstigte zudem die Einführung des SPJ.

5.3.2.2 Die Einführungsorganisation des SPJ

Die ***Projektorganisation*** zur Einführung des SPJ teilte sich in die Elemente Lenkungskreis, Projektkoordination, Champions, Teamleitern, Meister und Gruppensprecher auf. Konzeptionell wurde sie durch ein externes Expertenteam begleitet. Zur Steuerung der Produktionssystem-Einführung wurde ein ***Lenkungskreis***, bestehend aus dem Produktionsdirektor sowie den Leitern der angeschlossenen Produktionsleistungscenter Rohbau, Lackierung, Montage und Logistik eingesetzt. Gegenüber dem Lenkungsausschuß wurde in regelmäßigen Abständen der Projektfortschritt vorgetragen, aktuelle Probleme diskutiert, Grundsatzentscheidungen getroffen und entsprechende Maßnahmen beschlossen sowie Mittel für die Einführung beantragt.

---

[199] Die M-Klasse befand sich in 1998 und 1999 in ihrem Fahrzeugsegment jeweils im hinteren Viertel der J.D.Power Qualitätsstudie in Bezug auf die Anzahl durch Neuwagenkunden reklamierter Fehler in den ersten 100 Tagen nach Fahrzeugerwerb.

[200] Vgl. Kapitel 3.4 *Das Sistema de Producao Juiz de Fora*

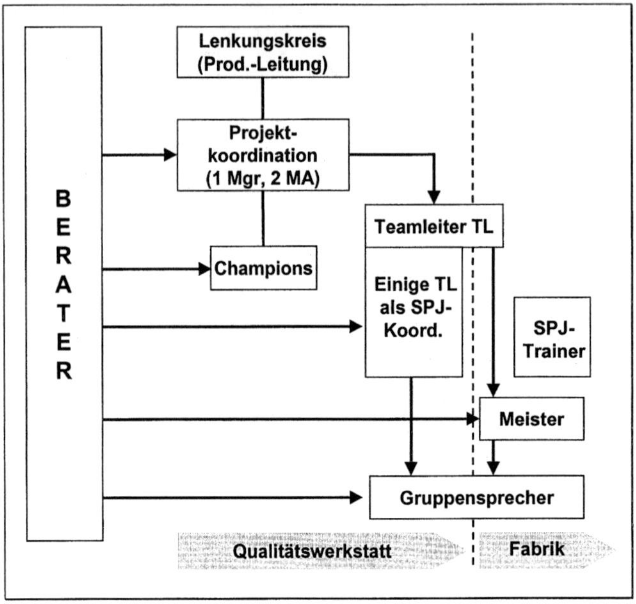

Bild 5.3.2.2.a: PS-Einführungsorganisation im Werk Juiz de Fora

Die ***Projektkoordination*** war verantwortlich für die inhaltliche Führung des Projektes, die Terminplanung, sowie als Schnittstelle zu den externen Beratern für die Beschaffung von Materialien und Resourcen. Die Projektkoordination bestand aus dem Centerleiter Montage sowie 2 Mitarbeitern als Produktionsystemspezialisten. Zudem wurde von ihr sichergestellt, daß letztlich alle in das SPJ einfließenden Daten miteinander abgestimmt sind.

Das ***externe Beratungsunternehmen*** war verantwortlich für die Wissensbereitstellung hinsichtlich der Produktionssysteminhalte sowie der Einführungsschritte. Als externe Moderatoren konnten sie in Zweifelsfällen schlichten bzw. schnelle Entscheidungen herbeiführen.

Die fachliche Betreuung des Produktionssystemwissens wurde u.a. über die Gruppe der ‚***Champions***' sichergestellt. Hierbei handelte es sich um angehende Führungskräfte (Teamleiter), welche entsprechend ihrem Fachgebiet die Produktionssystem-Elemente inhaltlich vertraten – und zwar fabrikweit jeweils für ein Element: z.B. ein Qualitätsfachmann für das Element ‚Mercedes-Benz-Qualität', ein Instandhalter für das Element ‚TPM', ein Personaler für das Element ‚Training'. Die Champions waren für die werksweite Einführung ‚ihres' Elementes sowie für die Ausarbeitung entsprechender Schulungskonzepte verantwortlich – sie waren damit konzeptionell als verlängerter Arm der Projektkoordination und des externen Beraters tätig.

Die Teamleiter wurden zudem noch innerhalb der Qualifizierungswerkstatt[201] in einer Art Doppelfunktion als ***SPJ-Koordinatoren*** eingesetzt – somit war bei Detailfragen zu den Inhalten des SPJ ein kompetenter Ansprechpartner und Entscheidungsträger vor Ort. Mit dem Einzug in die Fabrik wurden aus den bereits nominierten Gruppensprechern hauptamtliche ***SPJ-Trainer*** und Meister ausgewählt (im Verhältnis 1 Trainer zu 50 Mitarbeitern). Die SPJ-Trainer trugen durch die Multiplikation der SPJ-Prinzipien zu deren fabrikweiter Verbreitung effizient bei.

[201] Die Qualifizierungswerkstatt wurde parallel zur Phase des Fabrikaufbaus für die Schulung der Mitarbeiter sowohl am Produkt und in Basisqualifikationen als auch zu den Inhalten des Produktionsystems betrieben.

5.3.2.3 Schritte / Maßnahmen der Einführung des SPJ

Phasen	*Maßnahmen der Einzelaktivitäten*	*Note*
1. INFORMATION	**Ø**	**3,0**
1.1 Verstehen des Produktionssystems	1. Produktionsleiter besaß ‚Tuscaloosa-MBUSI-PS'-Erfahrungen, erstes Konzept bereits in Deutschland ausgearbeitet. Lernphase wurde mehrere Male iterativ durchlaufen bis alle Teilnehmer das gleiche Verständnis zu allen Elementen hatten.	2
1.2 Notwendigkeit des Wandels	Erkenntnis der Notwendigkeit einer Produktionsorganisationsform ähnlich dem MBUSI oder Rastatter PS erkannt Detailkenntnisse im Management (noch) nicht vorhanden	3
1.3 Gap Analyse	Fand nicht statt – da keine klaren Zielvorgaben	4
2. ORGANISATION	**Ø**	**2,0**
2.1 Schaffung einer zielorientierten Koalition	In der ersten Informations- und Schulungsphase wurde die gesamte Führungsebene sowie ca. 20% der Produktionsmannschaft eingebunden.	1
2.2 Den Wandel selber leiten	Centerleiterrunde und Produktionsdirektor als Lenkungsausschuß, der Montage-Centerleiter als Projektkoordinator, Festlegung Projektstruktur	2
2.3 Einbeziehung TPS-Spezialisten	Workshops zur Detaillierung der Elemente verdeutlichte den Bedarf einer Einbeziehung von TPS-Experten (externe Berater)	1
2.4 Entwicklung von Strategie und Vision	Vision beschränkte sich auf einen Leitspruch „Wir wollen Weltmeister im Autobauen werden". Es jedoch erfolgte keine Ableitung von Subzielen.	3
2.5 Detaillierung der Ziele in Grob-Masterplan	Grobe Strukturierung der Aktivitäten (Erarbeitung PS-Prinizpien, Vorstellung bei Werkleiter, kein fester Ablauf von Umsetzungsmaßnahmen), regelmäßige Nachplanungen, Ausarbeitung der PS-Inhalte, wöchentliche Feedback-Sitzungen mit Champions, Prozeß auch positiv für Integration der Center, da erstmals centerübergreifende Abstimmungen (z.B. Logistik Montage / Materialfluß), Feinplanung durch Center	3
3. KOMMUNIKATION	**Ø**	**1,7**
3.1 Kommunizieren	Langfristiger Abstimmungsprozeß zu den Inhalten Alle Multiplikatoren, Angestellte der Produktion (100% Pflicht), andere Bereiche nur zu ca. 50% Darstellung PS-Prinzipien im ‚Info-Markt'[202] Fachliche Betreuung der Kaskaden durch PS-Spezialist & Berater	2
3.2 Kaskadenschulung der PS-Elemente	Phase 1: Champions, Produktionsleiter & Centerleiter stimmen Inhalte des SPJ bzw. der Schulungsumfänge ab Phase 2: Schulung aller Teamleiter & SPJ-Trainer Phase 3: Neue Mitarbeiter durch Champions & SPJ-Trainer Phase 4: Detailtraining durch SPJ-Trainer (entsprechend Plan)	2
3.3 Benennung von Champions	Interdiziplinäre, Champions für ‚ihre' PS-Elemente nach Fachkompetenz, (Doppelbelastung aus Linienaufgabe und Champion ist kritisch)	2
3.4 Integration der PS-EF in die Firmenstruktur	Produktionsleiter tritt als Sponsor & Prozeßtreiber auf, Montage-Centerleiter ist als Projektleiter verantwortlich	2
3.5 Delegation von Verantwortung	Verantwortung für die werksweite Umsetzung ‚ihres Elements' bei Champions, Beachtung der Prinzipien durch Gruppensprecher	1
3.6 Erstellen eines Fein-Masterplans	Maßnahmen der PS-Einführung und Mitarbeiterschulung wurden detailliert strukturiert	1
4. UMGESTALTUNG	**Ø**	**1,5**
4.1 Entscheidung zu Art der PS-Einführung (Alternativen-Auswahl)	Als Greenfield eignete sich eine direkte werksweite Implementierung aller PS-Elemente. Parallel zum Werksaufbau wurde jedoch als eine Art 'Show-Case' Produktion die ‚Qualifizierungswerkstatt' aufgebaut – dort konnten Mitarbeiter bereits in PS-Umfeld geschult werden.	2

[202] In sogenannten Info-Märkten wurden die SPJ-Prinzipien, Elemente und Werkzeuge auf A0-Postern dargestellt – Schulungen bzw. Erläuterungen zum Thema PS können hier schnell durchgeführt werden.

4.2 Arbeitsplatz-organisation	Als Greenfield wurden Arbeitsplätze, Werkzeughandhabung, Reinigung, Sicherheitskleidung gleich auf hohem Standard eingeführt. Durchführung ‚SOS'-Audit durch Teamleiter, zusätzlich durch Centerleiter und Produktionsleiter laufend eingefordert.	**1**
4.3 Visual Management 1	Teile- und Stationsbezeichnungen, markierte Materialzonen, eingefaßte Ablage- bzw. Standplätze, Color-Coding von Bereichen	**1**
4.4 Schulung der Mitarbeiter	Methodische & inhaltliche SPJ-Schulung der SPJ-Trainer Durchführung Info-Markt für alle neuen Mitarbeiter	**1**
5. PRODUKTIONSGLÄTTUNG & REDUZIERUNG (von Verschwendung)	**Ø**	**1,9**
5.1 Standardisierung von Arbeitsabläufen	Übernahme Standardarbeitsblätter aus Tuscaloosa und Rastatt Einführung und Validierung der Inhalte durch Mitarbeiter in der Qualifizierungswerkstatt.	**1**
5.2 Feste Stationsgrenzen	Bereits in Qualifizierungswerkstatt simuliert angewendet.	**1**
5.3 Einführen des Qualitätsstopp	Führte bei Qualitätsproblemen eines Zulieferers während des Anlaufs zu einer Woche Produktionsstillstand (Konsequenz!) Der (noch) schwache Absatz der A-Klasse in Brasilien vermeidet Zielkonflikte zwischen Q-Stop und Stückzahlen, wie sie in Tuscaloosa auftreten.	**1**
5.4 Visual Management 2	Stationsblätter, Info-Markt, Andon-Boards wurden ab Produktionstryout flächendeckend in der Fabrik eingesetzt	**1**
5.5 Produktion in Taktzeit	Konstante Taktzeiten, die jedoch während des Anlaufzeitraumes kontinuierlich angehoben wurden	**2**
5.6 Stückzahlen-management	Noch nicht relevant, da Produktion noch unterausgelastet (1 Schicht-Betrieb aufgrund Absatzkrise in Brasilien)	**2**
5.7 Reduzierung von Materialbeständen	Als Greenfield bereits bedarfsorientierte Materialbelieferung u.a aus Zuliefererpark (JIT, Kanban) ab Produktionsbeginn	**2**
5.8 Einrichtung von Fließfertigung	Die Produktionsflüsse greifen ineinander (Vor- und Hauptmontagelinien), die Gewerke sind miteinander verbunden und die Zulieferer liefern JIS.	**1**
5.9 Differenzierung von Arbeitsumfängen	Identifizierung von weiteren Einsparpotentialen durch Experten-KVP's unter Unterstützung durch Kaizenexperten aus São Bernardo, jedoch keine systematische Identifizierung / Ausweisung von nicht-wertschöpfenden Anteilen	**3**
5.10 Validierung der Informationsprozesse	Eine Analyse der (Informations-) Prozesse erfolgte nicht	**5**
6. MOTIVATION / INTEGRATION	**Ø**	**1,7**
6.1 Erreichen von kurzfristigen Erfolgen	Als Greenfield ist wenig Überzeugungsarbeit notwendig – Euphorie ergibt sich allein aus Werksaufbauphase	**2**
6.2 Aufbau von Feedback-Infokreisläufen	Regelkommunikation an zwei Tagen pro Woche bis auf die Meisterebene. Auf Werkerebene 2 x 30min Gruppengespräche pro Woche. Audits mit Rückspielung in Produktionsbereiche, keine feste Einweisung zu Schichtbeginn	**2**
6.3 Qualitäts-management	SPJ-Audit, Produktaudits (Bereichs- und Auslieferungsaudit), Implementierung & Verständnis durch MA dauerte einige Monate	**2**
6.4 Mitarbeiter-entwicklung	Vorbereitung der Meisterwahl aus Gruppensprecher- und SPJ-Trainer-Pool, ebenso Champions in Vorbereitung zum Teamleiter	**1**
7. ERHALTUNG	**Ø**	**2,7**
7.1 Grundlage für weiteren Wandel	Multiplikatoren und SPJ-Trainer wurden auf neue Fertigungsbereiche der Fabrik gleichmäßig verteilt, um so die PS-Prinzipien zu verbreiten. Sehr kritisch zu werten ist der zu frühe Abzug von Förderern. Eine ausreichende ‚Einwirkzeit' zur Verinnerlichung der PS-Prinzipien ist damit nicht sichergestellt!	**4**
7.2 Verankern des Änderungsprozesses	Einrichtung eines ‚SPJ-Audit' mit Feedback in das Management-Team	**2**
7.3 Anlagenoptimier.	Anlauf – noch keine Anwendung	**3**

7.4 Flexible Mitarbeiterschaft	Rotation differenziert nach Gewerken: Montage bereits in Qualifizierungs-werkstatt, Lackierung erstmal gar nicht (hoher Trainingsbedarf)	**3**
7.5 Prozeß-Synchronisation	Taktzeit identisch über alle Gewerke, Schwankungen noch aufgrund Anlaufphase	**3**
7.6 Fortschritts-kontrolle / Audit	Variable Erfolgsbeteiligung ist u.a. direkt gekoppelt an Umsetzung PS-Maßnahmen und Erreichung Produktionsziele	**1**
7.7 Best-Practise Informationsaustausch	Best-Practise zunächst unterhalb der Gewerke, mangelhafter Austausch in andere Werke	**3**

Bild 5.3.2.3.a: Ergebnisse des Abgleichs PS-Einführung im Werk Juiz de Fora mit Referenz-Methode

5.3.2.4 Zwischenbilanz der SPJ-Einführung

Die Konzeption des SPJ konnte auf TPS-Derivate innerhalb und außerhalb des Konzerns zurückgreifen. Das Problem lag in Juiz de Fora vielmehr bei einem nicht ausreichend langen „Einwirkzeitraum". Mit dem Übergang aus der Projekt- in die Serienproduktionsphase wurden kurzfristig viele deutsche Führungskräfte zurückversetzt. Das Produktionssystem SPJ verlor dadurch viele seiner Champions und Sponsoren.

Als Konsequenz konnte die Produktionssystem-Philosophie nicht ausreichend verinnerlicht werden. Die Werkzeuge des SPJ werden instrumentell angewendet, ohne daß jedoch wirkliches Verständnis und Überzeugung bei den Mitarbeitern erreicht werden konnte.

Nachteilig war ebenso, daß trotz vieler eingeführter Instrumente und entsprechender Kaskadenschulungen der potentielle Nutzen, welcher aus einer konsequenten PS-Einführung resultieren kann, (zu) vielen Projektbeteiligten nicht ausreichend verdeutlicht wurde.

5.3.3 Die Einführung des Sistema de Producao / Kaizen Sao Bernardo

5.3.3.1 Ursprung / Geschichte / Ausgestaltung

Das ***Sistema de Producao*** der Mercedes-Benz do Brasil ist die Summe an Einzelmaßnahmen, die seit den ersten Kaizenprojekten im Jahr 1994 stattfanden. Hohe Schwankungen in den Absatzmärkten bei starker Konkurrenz durch neue Anbieter verbunden mit einer vergleichsweise geringen Mitarbeiterproduktivität waren die Auslöser der Unternehmenskrise, die wiederrum die Bereitschaft zum eigenen Bewußtseinswandel begünstigte.

5.3.3.2 Die Einführungsorganisation im Werk Sao Bernardo

Treibende Kraft bei der Umsetzung von Optimierungsmaßnahmen war die Leitung der technischen Direktion, die für die unterschiedlichen Produktionsbereiche[203] verantwortlich zeichnete. Im Gegensatz zu den übrigen drei Fallstudienstandorten fand die PS-Einführung bei der MBBras entlang eines langsamen, kontinuierlichen Verbesserungsprozesses in Form von Kaizen-Projekten statt.

Die grundlegenden Prinzipien des Kaizen wurden über die Beraterfirmen TBM und Shin-Gijutsu vermittelt[204]. In Form von 3-4 mal pro Jahr stattfindenden Kaizenwochen wurden aktuelle Optimierungspotentiale bzw. Problemfälle aus der Produktion systematisch auf Verbesserungen hin untersucht. Die Analysen erfolgten durch interdisziplinär besetzte Teams unter Beaufsichtigung und konzeptioneller Führung durch die Berater. Es wurde dabei ein hoher Wert auf die Beteiligung seitens der betroffenen Produktionsbereiche gelegt.

Durch einen standardisierten Kaizenablauf unter Verwendung von standardisierten Auswerteformularen ist es den Beratern gelungen, einen mitarbeitergetragenen KVP zu installieren, der heute nur noch wenig Betreuung erfordert. Ausgehend von primär reinen Shopfloor-Kaizen (zur Optimierung bestehender Prozesse) werden nunmehr ebenso Neuabläufe sowie Produkt-Kaizens (zur Optimierung von Fertigungsfreundlichkeit und Kostenreduzierung) durchgeführt.

---

[203] Die Mercedes-Benz do Brasil verfügt über ein eigenes Preßwerk, Rohbau, Lackierung, Fahrzeugmontage sowie Aggregatefertigungen für Motoren und Achsen.

[204] Vgl. Kapitel 3.3.1.1 *Shin-Gijutsu und Time Based Management*

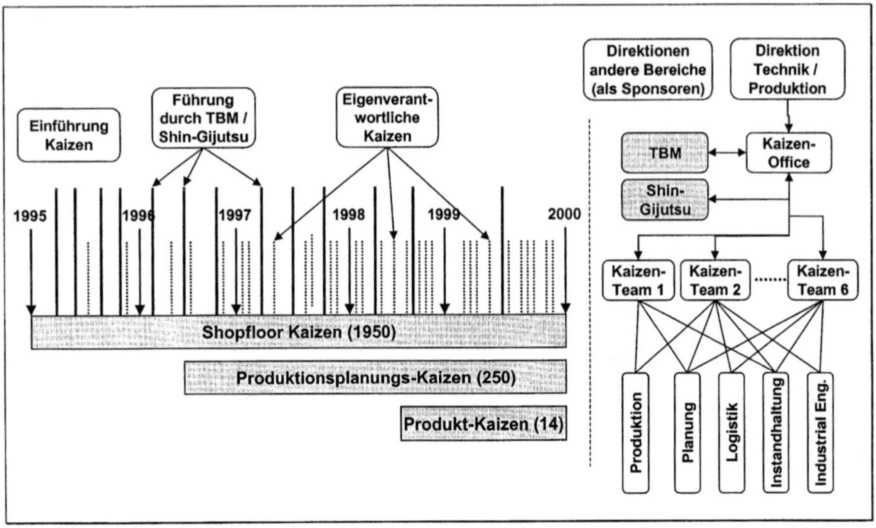

Bild 5.3.3.2.a: Einführungsorganisation Kaizen im Werk São Bernardo

Es wurde schnell erkannt, daß der größte zu erwartende ***Widerstand aus dem mittleren Management*** stammen würde. Als Gegenmaßnahme bot sich die aktive Teilnahme der Führungskräfte als sogenannte *Lideres de Kaizen* (Leiter einer spezifischen Kaizenprojektgruppe) an. Darüber hinaus wurden die Kaizenleiter dahingehend ausgewählt, daß jeweils der ***‚Kunde‘*** eines zu optimierenden Prozesses den betreffenden Kaizen leiten mußte. Damit war sichergestellt, daß der ‚Kunde‘ den ihm vorgelagerten Prozeß möglichst robust, d.h. mit hoher Prozeßsicherheit, auslegen würde.

Nach den Führungskräften des mittleren Managements wurden die ‚Lider‘-Funktionen auf die Meisterebene erweitert. Konsequent wurden damit alle FK-Ebenen der Produktion und produktionsnaher Bereiche mit der Kaizen-Philosophie und ihren Vorteilen vertraut gemacht.

Das ***Kaizen-Office*** setzte sich sowohl aus Mitarbeitern der Planung sowie der Personalentwicklung zusammen – letztere u.a. um die hohen Widerstände des Managements sensibel abbauen zu können. Neben wenigen ‚hauptamtlichen‘ Kaizenkoordinatoren, wurden zusätzlich Mitarbeiter aus jedem Produktionsbereich zu Kaizenexperten ausgebildet – eine entsprechende Einbindung der Linie war dadurch gewährleistet.

Die gezielte ***Verbreitung der Kaizenphilosophie*** erfolgte durch das bewußt gestreute Verbreiten von Neuigkeiten zu kurzfristig erzielten Prozeßverbesserungen bzw. realisierten Einsparungen.

Funktionen	***1994 / 1995***	***1996 / 1997***	***1998 / 1999***	***2000 - ...***
Kaizenleiter (‚Lider)	Center & Abt.-Leiter	Teamleiter	Meister	Alle Ebenen
Kaizenleiter-Assistent (‚Sub-Lider‘)	Teamleiter	Meister	Werker	
Beispielhafte Kaizen-Themen	***Lider (Kunde des Prozeß)***	***Sublider (Prozeß-Eigner)***		
Optimierung der Achsenmontage	Leiter der Fahrzeugendmontage	Leiter der Achsenmontage		
Optimierung der Maschinenwartung (TPM)	Leiter der Teilefertigung	Leiter der Instandhaltung		

Tabelle 5.3.3.2.b: Kaizenverbreitung durch ‚Zwangsverpflichtung‘ von FK des mittleren Managements

5.3.3.3 Schritte / Maßnahmen der Einführung des Sistema de Producao / Kaizen

Phasen	*Maßnahmen der Einzelaktivitäten*	*Note*
1. INFORMATION	**Ø**	**2,0**
1.1 Verstehen des Produktionssystems	Die Prinzipien des Toyota Produktionssystems wurden der Produktionsleitung und den involvierten Bereichen durch Schulung der Beratungsfirmen TBM & Shin-Gijutsu verdeutlicht. Akzeptanz und wirkliches Verstehen ergaben sich erst nach jahrelanger Anwendung – heute voll mitarbeitergetragen und akzeptiert	**1**
1.2 Notwendigkeit des Wandels	Wirtschaftliche Unternehmenskrise schaffte gute Startvoraussetzungen	**1**
1.3 Gap Analyse	Keine unternehmensweit organisierte Soll-Ist Analyse – Problembereiche wurden stückweise angegangen. U.a. der Grund dafür, daß auch nach 5 Jahren noch viele PS-Elemente nur unzureichend eingeführt sind	**4**
2. ORGANISATION	**Ø**	**2,6**
2.1 Schaffung einer zielorientierten Koalition	Direktorium wurde durch Technischen Direktor unter Beisein von Beratern überzeugt und in Vorgehensweise eingeführt	**1**
2.2 Den Wandel selber leiten	Kaizenworkshops wurden zur ‚Chefsache', das Kaizen-Office direkt der Technischen Direktion unterstellt, jeder offizielle Kaizenworkshop hat ein Mitglied des Direktoriums als Paten bzw. Sponsor	**1**
2.3 Einbeziehung TPS-Spezialisten	Mangels interner Spezialisten, wurde diese Funktion von Beratern erfolgreich übernommen – die Kontinuität wurde durch regelmäßig stattfindende Kaizenworkshops sichergestellt.	**2**
2.4 Entwicklung von Strategie und Vision	Keine Zusammenstellung einer Gesamtvision, bis heute keine ganzheitliche Übersicht aller angestrebten PS-Elemente, das ‚Sistema de Producao' nur unzureichend als Broschüre dokumentiert	**5**
2.5 Detaillierung der Ziele in Grob-Masterplan	Keine langfristige Grob-Strukturierung der Maßnahmen – Kaizen als alleinig treibender Prozeß wenig zielgerichtet, noch viele „weiße Flecken" im Unternehmen	**4**
3. KOMMUNIKATION	**Ø**	**3,3**
3.1 Kommunizieren	Information überwiegend produktionsfokussiert, keine unternehmensweite Darstellung von Zielen oder Kaizensystematik	**4**
3.2 Kaskadenschulung der PS-Elemente	Keine Kaskadenschulung, jedoch kontinuierliche Schulung vieler Produktions- und produktionsnaher Bereiche durch Einbeziehung in Kaizenprojekten	**2**
3.3 Benennung von Champions	Kompetenz / Erfahrungen zu PS-Elementen zu sehr auf wenige Kaizenkoordinatoren begrenzt, fachspezifische Unterstützung könnte deutlich verbessert werden	**4**
3.4 Integration der PS-Einführung in die Firmenstruktur	Kaizen-Office als Koordinationsfunktion der Kaizenworkshops, jedoch keine mittelfristige Planung von Unternehmensoptimierungen anhand von Kennwerten	**3**
3.5 Delegation von Verantwortung	Durchführung der Kaizenworkshops durch Mitarbeiter der betroffenen Bereiche, Follow-Up Maßnahmen innerhalb von 30 Tagen	**2**
3.6 Erstellen eines Fein-Masterplans	Keine strukturierte Planung von spezifischen PS-Umsetzungsmaßnahmen. Treibende Kraft= Kaizenwochen/Kennzahlen-Vorgaben	**5**
4. UMGESTALTUNG	**Ø**	**1,2**
4.1 Entscheidung zu Art der PS-Einführung (Alternativen-Auswahl)	Stichprobenartiger Ansatz (Kaizen) kombiniert mit unternehmensweiten Maßnahmen (Just-in-Time, Pull-System, Spiderman und Supermarkt-prinzip, 5S und TPM)	**1**
4.2 Arbeitsplatz-organisation	Konsequente, vorbildliche unternehmensweite Umsetzung der 5S (Reinigung, Ordnen, Aussortieren)	**1**
4.3 Visual Management 1	Teile- und Stationsbezeichnungen, markierte Materialzonen, eingefaßte Ablage- bzw. Standplätze, Color-Coding von Bereichen	**1**
4.4 Schulung der Mitarbeiter	Methodische & inhaltliche Schulung der involvierter Mitarbeiter jeweils im Vorfeld eines Kaizenworkshops (standardisierte Ablauf des Kaizen, Einsatz von Problemlösungsinstrumenten, Kennwerte-Darstellungen, etc.) –begrenzte Vermittlung der TPS-Elemente	**2**

5. PRODUKTIONSGLÄTTUNG & REDUZIERUNG (von Verschwendung)		Ø
5.1 Standardisierung von Arbeitsabläufen	Nur geringfügige, partielle Standardisierung von Arbeitsabläufen.	**4**
5.2 Feste Stationsgrenzen	Nicht eingeführt, wenig Disziplin bei stationsgebundener Arbeit, aufgrund von geringer Auslastung nur unzureichender Taktzeitausnutzung.	**4**
5.3 Einführen des Qualitätsstopp	System installiert, aber aufgrund fehlender Stationsgrenzen und mangelnder Konsequenz der Produktionsleitung wenig genutzt.	**4**
5.4 Visual Management 2	Stationsblätter, Info-Markt, Andon-Boards nur begrenzt – jedoch intensive Visualisierung von Bereichszielen und –ergebnissen (Gestao a Vista).	**2**
5.5 Produktion in Taktzeit	Produktion erfolgt in langen Takten (ca. 20 min) und über Stationslängen von ca. 10-15m. Nur wenig Transparenz über Prozesse, keine Standardisierung.	**5**
5.6 Stückzahlen-management	Schwankungsstarke Variationen überwiegend über Vormontagem, geringe Auslastung zwingt nicht zu optimaler Bandauslastung	**3**
5.7 Reduzierung von Materialbeständen	Reduzierung werks-interner Materialbestand bis auf 1-2 Schichten (trotz verkehrstechnisch schwierigem Umfeld), konsequente Modulanlieferung seitens der Zulieferer bzw. Vorkommissionierung in Montagesequenz, wenig Material am Band.	**1**
5.8 Einrichtung von Fließfertigung	Die Produktionsflüsse greifen ineinander (Vor- und Hauptmontagelinien), die Gewerke sind miteinander verbunden und die Zulieferer liefern JIS, insbesondere in der Teile- bzw. Aggregatefertigung ist Pull-System und Single-Piece-Flow Standard.	**1**
5.9 Differenzierung von Arbeitsumfängen	Aufgrund von fehlender Standardisierung werden nicht-wertschöpfende Arbeitsumfänge nur im Rahmen von (zufällig) stattfindenden Kaizenprojekten deutlich.	**4**
5.10 Validierung der Informationsprozesse	Bisher kein systematischer Abgleich aller Prozesse und ihrer Verknüpfungen – bestätigt die These, daß der Kaizenprozeß bei allen Vorteilen keine ganzheitliche PS-Einführung erreicht.	**5**
6. MOTIVATION / INTEGRATION	**Ø**	**2,0**
6.1 Erreichen von kurzfristigen Erfolgen	Kaizenprojekte eignen sich vorzüglich für die Vermittlung von ‚Quick-Hits' im Rahmen der Sofortoptimierung ausgewählter Bereiche (bis zu kurzfristigen Umstellungen des Maschinenlayouts). Werker sind in Kaizendurchführung und offizieller Ergebnispräsentation involviert. Dies schafft hohe Motivation und mitarbeitergetragenen KVP!	**1**
6.2 Aufbau von Feedback-Infokreisläufen	Wöchentliche Gruppengespräche zur Info-Nivellierung, Transparenz der Kennzahlenentwicklung an ausgehängten SPC-Charts.	**2**
6.3 Qualitäts-management	Werker sind verantwortlich für Qualität ihrer Arbeit, Prüfumfänge sind in alle Arbeitsstationen und Zellenfertigungen integriert.	**2**
6.4 Mitarbeiter-entwicklung	Umfangreiches Programm an Mitarbeiterschulungen (Kaizen, Sprachkurse, Problemlösungsmethoden, Wertanalyse, etc.), Karriereentwicklung aufgrund bestehender Strukturen sehr limitiert.	**3**
7. ERHALTUNG	**Ø**	**1,9**
7.1 Grundlage für weiteren Wandel	Der Kaizenprozeß erzeugt insbesondere durch die Einbeziehung der Werker eine Art Selbstläufer-Effekt. Die Aufrechterhaltung ist jedoch auch an offizielle Kaizen-Events gebunden, die ggf. aus Kosten mittelfristig entfallen werden.	**3**
7.2 Verankern des Änderungsprozesses	Die Notwendigkeit der Verbesserung ist Bestandteil aller Zielvereinbarungen. Zielwerte überall transparent in der Fabrik ausgehängt.	**1**
7.3 Anlagen-optimierung	Die TPM ist vollständig in die Aufgaben der direkten Werker integriert. Die Störzeiten konnten z.B. in der Teilefertigung massiv gesenkt werden.	**1**
7.4 Flexible Mitarbeiterschaft	Mitarbeiter der Montage rotieren ihre Aufgaben. Mitarbeiterteams in der Teilefertigung sind für alle Aufgaben in der Fertigungszelle verantwortlich und organisieren sich autonom, innerhalb eines Bereichs keine Klassifizierungen von Arbeitswerten.	**1**
7.5 Prozeß-Synchronisation	Durch die Realisierung des Single-Piece-Flow sind viele Montagen, Vormontagen und Zulieferer synchronisiert. Die Teilefertigung arbeitet mit kleinen Losen nach Kanban.	**1**

7.6 Fortschritts-kontrolle / Audit	Arbeitsplatzorganisation, TPM und Visual Management werden durch FK und spezielle Auditteams regelmäßig unangekündigt überprüft.	**1**
7.7 Best-Practise Informationsaustausch	Der Austausch in andere Werke ist mangelhaft.	**5**

Bild 5.3.3.3.a: Ergebnisse des Abgleichs PS-Einführung im Werk São Bernardo mit Referenz-Methode

5.3.3.4 Zwischenbilanz der Kaizenaktivitäten

Der stichpunktartige Einsatz von Kaizenworkshops kombiniert mit unternehmensweiten Maßnahmen zur Arbeitsplatzorganisation hat innerhalb von fünf Jahren die Produktionsbereiche der MBBras nahezu vollständig ‚generalüberholt'. Insbesondere die Ordnung in den Produktionsbereichen trägt maßgeblich zur Aufrechterhaltung von Sauberkeit bei. Arbeitsplätze wurden von jeglicher Art nicht erforderlichen Materials und Werkzeugen bereinigt. Viele Abläufe werden standardisiert ausgeführt und die Mitarbeiter sind für die Reinigung ihrer Arbeitsbereiche verantwortlich, was einen direkten Einfluß auf die Vermeidung von Verschmutzung hat.

Im Rahmen des Gestao a Vista (Visualisierung) werden Kennzahlen der Bereiche bis auf einzelne Fertigungszellen heruntergebrochen und vorbildlich, für alle Prozeßbeteiligten einfach zu interpretieren, dargestellt. Color Coding und Markieren von Zonen und Abstellplätzen für Teilecontainer und Betriebsmittel erlauben es den ordnungsgemäßen Zustand eines Produktionsbereiches ‚auf einen Blick' zu erfassen.

Trotz dem relativ hohen Durchschnittsalter der Anlagentechnik konnte durch intensive, vorbeugende Instandhaltung unter Einbindung der Maschinenbetreiber ein hoher Grad der Verfügbarkeit erhalten werden. Die TPM ist sowohl hinsichtlich ihrer Ausführung als auch dem Einsatz vieler kleiner visueller Hilfsmittel vorbildlich umgesetzt.

Durch die konsequente, unternehmensweite Reduzierung von Materialbeständen verfügt das Werk heute trotz verkehrstechnisch äußert schwieriger Randbedingungen über einen Teilebestand von durchschnittlich wenigen Stunden bis max. einer Schicht. Durch die Anwendung der Vorkommissionierung nach dem Supermarkt- und Spiderman-Konzept (vgl. Kap. 3.3.1.2 *Das Global Production System*) konnten die Montagebereiche fast vollständig von Materialbeständen befreit werden. Alles Material wird nach Produktionssequenz bedarfsorientiert an die Verbauorte geliefert. In den Teile- und Aggregatefertigungen wurde der Single-Piece-Flow bis hin zur Direktverkettung von Bearbeitungsstationen, teilweise durch technisch unaufwendige Gravitätsförderer, realisiert.

Fehlende Umfänge sind die mangelnde Standardisierung in Verbindung mit mangelhafter Taktauslastung. Dies ist u.a. auf die geringe Auslastung der Produktion aufgrund der schwierigen Lage auf dem Absatzmarkt zurückzuführen. Der mangelnde Einsatz des Qualitätsstopps ist sowohl auf die fehlende Einweisung bzw. die Ablehnung seitens der Produktionsleitung zurückzuführen (er ist jedoch selten erforderlich, da die aktuellen Produkte und Zulieferteile aufgrund ihrer bereits langen Laufzeit einen hohen Reifegrad erreicht haben). Das Bekenntnis zur sinnvollen Nutzung des Q-Stopp wird sich mit der Einführung neuer Produkte ab 2002 zeigen.

Zusammenfassend kann der Kaizenansatz der MBBras als erfolgreich bewertet werden, da er in einem traditionellen Werk massive Verbesserungen und eine hohe Akzeptanz bei Werkern und Produktionsbereichen bewirkt hat. Als mangelhaft ist die fehlende Gesamtsicht, manifestiert durch eine nicht existierende Gesamtdokumentation des Produktionssystems zu bewerten. Noch fehlende Umfänge im Hinblick auf die Gesamteinführung des TPS lassen sich dadurch nur schwierig aufzeigen.

5.3.4 Die Einführung des Bremer Produktionssystems (BPS)

5.3.4.1 Ursprung / Geschichte / Ausgestaltung

Das ***Bremer Produktionssystem (BPS)*** fußt direkt auf den konzernweit verbindlichen Rahmen des *DaimlerChrysler Production System* – d.h. die Ausgestaltung in 5 Subsysteme (Arbeitsstrukturen & Gruppenarbeit, Standardisierung, Qualität & Robuste Prozesse / Produkte, Just-in-Time sowie KVP) und 15 Produktionsprinzipien[205].

---

[205] Vgl. Kapitel 3.7.2 Subsysteme und Operating Principles des DaimlerChrysler Production System

Bei der ***lokalen Ausgestaltung*** wurde jedoch eine ***begrenzte Freiheit*** gewährt – das Ausmaß dieser Abweichungen sowie das Ergebnis auf die Produktionssystem-Effizienz gilt es noch abzuwarten[206].

Das Bremer Werk durchlief in der Vergangenheit (stellvertretend für andere traditionelle Standorte in Deutschland) bereits zahlreiche Programme, mit denen die Produktivität des Unternehmens gesteigert werden sollte. Der Fokus dieser Programme lag u.a. auf der stärkeren Einbindung der Mitarbeiter (Programme ***'Mach mit'*** und ***'Fit'***), der Überprüfung der Konformität der Unternehmensprozesse mit den Konzernleitbildern (***'Umsetzung Leitbild'*** *ULB*)[207] sowie der effektiveren Bewertung von Arbeitsabläufen (***REZEI***[208]).

Gemeinsames Merkmal dieser frühen Programme war eine ***fehlende Konsequenz*** bei der langfristigen Umsetzung und ***mangelhafte Transparenz*** hinsichtlich der angestrebten bzw. wirklich erreichten Ziele. Größtes Handikap der vorangegangenen Maßnahmen war die fehlende Integration der Einzelmaßnahmen in ein Gesamt-Produktionssystem. Die Ineffizienz dieser Programme verbunden mit der daraus resultierenden Frustration, haben zu einer eher negativen Einstellung der Belegschaft gegenüber neuen Ansätzen der Produktionsoptimierung geführt. Entsprechend hoch ist der Aufwand zur Einführung des *DaimlerChrysler Production System* (DCPS) einzuschätzen!

Parallel zum DCPS wird im Werk Bremen seit 1998 im Rahmen der ***Projektes 'ProMontage'*** [209]der ***Kaizen-Ansatz*** mit dem Fokus auf die lokale Optimierung von Produktionsabläufen betrieben. ProMontage umfaßt ca. 50 KVP-Experten / Prozeßoptimierer, deren Aufgabe die kontinuierliche Revision von Bandbelegungen und Arbeitsabläufen mit dem Ziel der Identifizierung und Eliminierung von Verschwendung, u.a. in Form nichtwertschöpfender Arbeitsanteile, ist.

5.3.4.2 Die Einführungsorganisation im Werk Bremen

Der Bedeutung einer Produktionssystemeinführung in Bezug auf die Neuordnung der Produktionsabläufe, der Änderung der Unternehmenskultur und Bewußtseinsänderung bei Mitarbeitern und Führungskräften verbunden mit hohen zu erwartenden Widerständen wird in Bremen durch die Benennung eines ***Mitglieds der Geschäftsführung*** zum ***Projektleiter BPS*** Rechnung getragen. Durch diese Variante soll sowohl aktive Managementunterstützung als auch Verantwortung für die erfolgreiche Umsetzung der geplanten Maßnahmen gewährleistet werden.

Der Projektleiter, dessen primäre Aufgabe die Leitung der Baureihen SL/SLK[210] ist, wird durch einen ***hauptamtlichen Projektkoordinator*** unterstützt, welcher die werksinterne BPS-Projektorganisation führt, Maßnahmen zur Schulung und Systemeinführung plant und überwacht sowie den Projektfortschritt dokumentiert. Zur DCPS-Einführungsorganisation in der Konzernzentrale hält er Kontakt im Sinne eines regelmäßigen Abgleichs von BPS-Ausgestaltung und Fortschritt der Einführung.

Als Unterstützung stehen dem Projektkoordinator mehrere ***Produktionssystemspezialisten*** zur Seite. Sie leisten konzeptionelle Arbeit bei der Ausgestaltung und sind in beratender Funktion bei den Kaskadenschulungen anwesend. Hierbei kann es sich sowohl um ***interne Mitarbeiter*** oder ***externe Berater*** handeln.

Die ***Umsetzung*** der geplanten Maßnahmen wird gezielt an die Produktionsleistungszentren delegiert. Dies sichert Akzeptanz und durchgängiges Verständnis des Themas. Die Verantwortung für die Umsetzung tragen die ***Führungskräfte der Produktion***[211]. Daneben stellen die PLZ jeweils für 1000 direkte Produktionsmitarbeiter einen ***hauptamtlichen Trainer***.

---

[206] Zum Zeitpunkt der Fertigstellung dieser Untersuchung im März 2000 befand sich das Werk Bremen gerade in der Vorbereitungs- und Schulungsphase der Einführung des DaimlerChrysler Production System – für die ganzheitliche Einführung aller PS-Elemente war ein Zeithorizont von ca. Ende 2002 eingeplant.

[207] Vgl. Kapitel 3.5 PROSYS – Mercedes-Benz Produktionssystem

[208] Im Verlauf des Projektes REZEI (für Re-Organisation der Zeitwirtschaft) wurden die Mitarbeiter der vormaligen zentralen Planungsabteilung *Arbeitswirtschaft* nun den einzelnen Produktionsleistungscentern zugewiesen – somit war im Sinne des Process Engineer Ansatzes eine größere Nähe zwischen den betroffenen Werkern und Arbeitsplanern geschaffen. Daneben wurde den Produktionsmitarbeitern eine größere Mitbestimmung bei der Festlegung von Planzeiten eingeräumt.

[209] Kurzform für *Prozeßoptimierung der Montage*, die Umsetzung von KVP-Maßnahmen speziell bezogen auf den Montagebereich.

[210] Der *Projektleiter BPS* ist 'hauptamtlich' als Spartenleiter für die ganzheitliche Koordination der Baureihen SL und SLK, beides Sport-Cabriolets, zuständig – aus Kapazitätsgründen muß die fachliche Betreuung der BPS-Einführung daher durch einen weiteren, ihm unterstellten, *Projektkoordinator* sichergestellt werden.

[211] Es wurden Produktionsführungskräfte der Ebenen 3 & 4 (Abteilungs- und Teamleiter) dazu ausgewählt, als Kompromiß aus Entscheidungsbefugnis und Nähe zu den Produktionsbereichen.

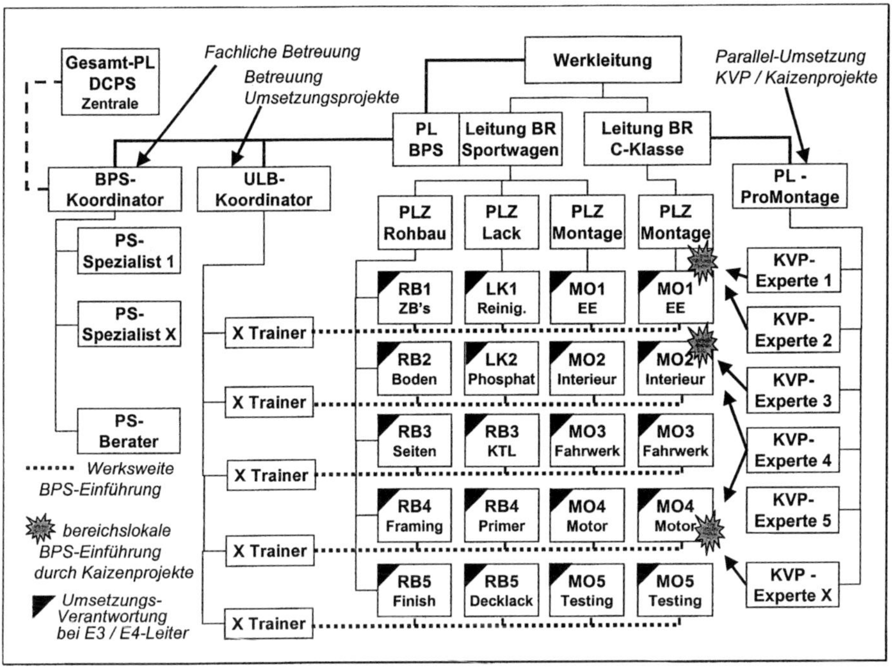

Bild 5.3.4.2.a: PS-Einführungsorganisation im Werk Bremen

Eine ***Besonderheit*** der Bremer PS-Einführungsorganisation liegt in der Dreiteilung des Koordinationsansatzes – wie oben dargestellt existiert neben der ***BPS-Einführung (1)*** ebenso das ***Projekt ProMontage (2)***. Weiterhin wird die früher aufgesetzte, überwiegend im Personalwesen verankerte ***ULB-Projektorganisation (3)*** fortgeführt. Während ProMontage seinen Schwerpunkt auf die lokale Umgestaltung nach Kaizen / KVP legt, ist ULB als größerer Rahmen der Unternehmensleitbilder zu sehen – das BPS ist ein, wenn auch sehr großer, Teilumfang des ULB. Es lag also nahe alle drei Aktivitäten zu integrieren.

Für die Einführung des BPS unterschied man in die a) fachliche Koordination / Theoriesupport / Abgleich mit der Zentralkoordination durch den Projektkoordinator BPS und in die b) Betreuung Kaskadenschulung & Umsetzungsprojekte BPS durch den Projektkoordinator ULB. Beide berichten wiederum dem Projektleiter BPS im Management. Durch regelmäßige Berichterstattung zur Einführung des BPS im Kreis der Bremer Centerleiter, dient dieses Gremium als ***Steuerkreis.***

In diesem dreiteiligen Ansatz liegen sowohl ***Chancen als auch Risiken***: Von hoher Bedeutung ist hier die regelmäßige Absprache der drei Projektkoordinatoren BPS, ULB und ProMontage im Hinblick auf ein Gesamtkonzept sowie auf ein gemeinsames Erscheinungsbild gegenüber der Belegschaft.

5.3.4.3 Schritte / Maßnahmen der Einführung

Die Ergebnisse beziehen sich auf den Stand Jan. 2000. Vor dem Hintergrund der weiter anhaltenden PS-Einführung im Werk Bremen[212] können nicht zu allen Phasen eindeutige Bewertungen abgegeben werden. Die Diskussion und Risikoabschätzungen der geplanten Maßnahmen soll allerdings eine hinreichend genaue

---

[212] Die PS-Einführung ist für das Werk Bremen mit einem Zeithorizont bis Ende 2002, also einer Projektlaufzeit von insgesamt ca. 3,5 Jahren geplant. Es wird davon ausgegangen mit Projektabschluß eine flächendeckende Einführung aller PS-Elemente, neben strukturellen Änderungen von Organisation und Layout auch einen Bewußtseinswandel bei Mitarbeitern und Führungskräften realisiert zu haben. Der Autor beurteilt dieses Ziel eher skeptisch!

Bewertung erlauben, um das Werk Bremen als Referenzmodell für andere traditionell strukturierte Brownfields am Standort Deutschland verwenden zu können.

Phasen	*Maßnahmen der Einzelaktivitäten*	*Note*
1. INFORMATION	**Ø**	**3,0**
1.1 Verstehen des Produktionssystems	Der Projektleiter BPS war Teil der DCPS-Arbeitsgruppe, konnte an mehreren Werksbesuchen teilnehmen – leider keine ‚Erlebnis'-Kenntnisse aus mehrjähriger Arbeit in einer PS-Umgebung. Die Projektleiter ProMontage & ULB verfügen über nur eingeschränkte PS-Kenntnisse.	**3**
1.2 Notwendigkeit des Wandels	Das Werk Bremen läuft unter Vollauslastung und Extra-Schichten am Wochenende, d.h. es besteht keine Unternehmenskrise. Das künstliche Setzen von Zielen erscheint unrealistisch.	**5**
1.3 Gap Analyse	Wurde systematisch durchgeführt.	**1**
2. ORGANISATION	**Ø**	**3,8**
2.1 Schaffung einer zielorientierten Koalition	Interner ‚Change Agent' sind der Projektleiter / -Koordinator – der Externe wird voraussichtlich durch einen rekrutierten Berater erfolgen. Die ‚kritische Masse' ist nicht erreicht, da notwendige Überzeugung bei FK und Werkern (noch) fehlt. Mangelns fehlender Krise beschäftigt sich das Management (noch) nicht ausreichend mit dem Produktionssystem-Ansatz.	**4**
2.2 Den Wandel selber leiten	Kaskadenschulung vorbereitet, Grad des ‚Verstanden habens' bei ‚Lehrenden' noch unklar – es besteht die Gefahr der PS-Umsetzung als oberflächlicher Ansatz, d.h. als reine Konformität mit der Vorstandsvorgabe.	**4**
2.3 Einbeziehung TPS-Spezialisten	Es sind keine wirklichen TPS-Spezialisten involviert (im Sinne von Mitarbeitern, die ein solches System über mehrere Jahre ‚erlebt' haben).	**5**
2.4 Entwicklung von Strategie und Vision	(Noch) keine konkreten Vorstellungen zu erreichbaren Prozeßverbesserungen, u.a. da Erfahrung fehlt. Gesamtvision nicht deutlich definiert.	**4**
2.5 Detaillierung der Ziele in Grob-Masterplan	Masterplan noch nicht detailliert erstellt aber Koordination der PS-Einführung darüber geplant.	**2**
3. KOMMUNIKATION	**Ø**	**?**
3.1 Kommunizieren	Hinsichtlich einem werksweites Mitarbeiterinformationskonzept lagen zum Zeitpunkt der Untersuchung keine Informationen vor.	**?**
3.2 Kaskadenschulung der PS-Elemente	Kaskadenschulung vorgesehen / Durchführung und Ergebnisse / Effizienz noch offen	**?**
3.3 Benenn. Champions	Keine Info ob vorgesehen.	**?**
3.4 Integration der PS-Einführung in die Firmenstruktur	Aufbau einer Projektgruppe mit Regelkommunikation in die Geschäftsleitung / Centerleiterkreis. Verankerung der PS-Einführung als Ziel in der Operativen Planung noch nicht geklärt.	**2**
3.5 Delegation von Verantwortung	Verantwortung für die Umsetzungsmaßnahmen im mittleren Management (Produktions-FK der Ebenen 3 & 4)	**1**
3.6 Fein-Masterplan	Noch offen – aber geplant	**?**
4. UMGESTALTUNG	**Ø**	**3,3**
4.1 Entscheidung zu Art der PS-Einführung (Alternativen-Auswahl)	Erwartungshaltung der Werkleitung für eine flächendeckende Einführung / Aktivitäten ProMontage bandspezifisch aber nicht ganzheitlich. Angedacht ist ein zweiphasiger Ansatz von flächendeckender (in Bereichen mit hohen MA-Zahlen) und bereichsspezifischer Einführung (in kleineren Bereichen)	**3**
4.2 Arbeitsplatz-organisation	Indirekte Tätigkeiten (Reinigung) nur in Ansätzen delegiert, Bänder jedoch prinzipiell sauber und organisiert, Bereichsaudits wöchentlich.	**2**
4.3 Visual Management 1	Erste Markierungen von Ladungsträgerplätzen, Teilenummern-Schilder an Verbauorten	**2**
4.4 Schulung der Mitarbeiter	Bisher keine PS-spezifischen Schulungen, Problemlösungs-techniken, Standardisierung, etc. erfolgt. Das Verhältnis Werker – Planungsingenieure ist wenig vertrauensvoll und durch vorherige, erfolglose Programme negativ vorbelastet.	**4**

5. PRODUKTIONSGLÄTTUNG & REDUZIERUNG	**Ø**	**3,3**
5.1 Standardisierung von Arbeitsabläufen	Erste Ansätze der Dokumentation an vereinzelten Infopunkten der Montagelinie – Stationsblätter sind geplant, offen ist ***wieviel Varianten*** (Taktzeiten) notwendig sind, ***wie oft*** und ***wer*** die Änderungen vornimmt. Realisierung eher pessimistisch aufgrund oben genannter Gründe.	**4**
5.2 Feste Stationsgrenzen	Erste Anfänge der Unterteilung in skidlange Stationen – Mitarbeiter noch nicht zur Ein-Takt-Arbeit geführt, weiterhin ‚Bandtourismus'.	**3**
5.3 Einführen des Qualitätsstopp	Hohe Bedenken gegenüber Einführung – selbst nach 6 Jahren Serienproduktion (z.B. SL) bestehen noch hohe Nacharbeitsanteile, Bandstopp würde zu hohen Stückzahlverlusten führen, Extra-Schichten für deren Aufholung existieren nicht, Argumentation Q-Stopp als ‚I-Tüpfelchen' (= Verständnis zur Systematik mangelt noch), es fehlt eine ***Vergleichsrechnung ‚verlorene Tagesstückzahl' vs. ‚wirkliche Kosten' der Nacharbeit***.	**5**
5.4 Visual Management 2	Erste Beispiele für Visual Management sind die Darstellung von Bereichsauditergebnissen und Produktproblemen im Feld (aufgrund Montagefehler) – das Prinzip ist verstanden, es fehlt die Ausdehnung auf andere Informationen.	**3**
5.5 Produktion in Taktzeit	Schwankende, hohe Abwesenheitsrate sowie kurzfristig akzeptierte Mehrvolumina seitens des Vertriebs resultieren in der Praxis der täglichen Taktzeit-Neufestlegung. Auch im optimalen Fall einer Eliminierung der obigen Störfaktoren, ist mit 3-4 Änderungsterminen pro Jahr und mindestens 1 weiteren Taktzeit wegen Sommer- / Urlaubsabsenkung zu rechnen. Auch zukünftig wird dies ein großer Störfaktor bei der PS-Einführung und Prozeß-Standardisierung sein.	**5**
5.6 Stückzahlen-Management	Zur Verringerung des Modell-Mix geht der Trend zur modell-spezifischen Montage (W209) – ein Modell-Mix bleibt jedoch, eine Verlagerung von zeitlichen Unterschieden in die Vormontagen zeigte bisher wenig Erfolg.	**4**
5.7 Reduzierung von Materialbeständen	Der Materialbestand entlang der Montagelinie konnte drastisch gesenkt werden, Vorkommissionierung in Kits, Teilesätze auf Rolladungsträgern, Kanban-System in Form von beschrifteten Behältern, Nutzung 2 Behälter-Prinzip	**1**
5.8 Einrichtung von Fließfertigung	Ist erfüllt, siehe Punkt 5.7	**1**
5.9 Differenzierung von Arbeitsumfängen	Eine Differenzierung von Nicht- und wertschöpfenden Umfängen steht in direkter Abhängigkeit zu Punkt 5.1	**4**
5.10 Validierung der Informationsprozesse	Bisher keine systematische Analyse der Informationsflüsse, deren Eindeutigkeit (Sender & Empfänger) und Schnittstellen erfolgt.	**4**
6. MOTIVATION / INTEGRATION	**Ø**	**3,5**
6.1 Erreichen von kurzfristigen Erfolgen	Chance der Integration von Werkern bei ProMontage Aktivitäten nicht genutzt. Durch flächendeckenden PS-EF-Ansatz sind kurzfristige Erfolge nicht zu erwarten und auch nicht transparent!	**4**
6.2 Aufbau von Feedback-Info-Kreisläufen	Die wöchentlich geführten 45min Dialoggespräche sind zu kurz und werden nicht konsequent entlang offener Punkteliste geführt. Audit-ergebnisse werden nicht systematisch an die Werker zurückgeführt.	**4**
6.3 Qualitätsmanagement	Fehlerkontrolle im Rahmen eigenverantwortliche Werkereigen-kontrolle existiert. Sie reicht im Hinblick auf aktuelle Nacharbeitsumfänge jedoch nicht aus.	**3**
6.4 Mitarbeiterentwicklung	Eine Multiplikatorenauswahl findet statt. Die MA-Beförderung erfolgt systembedingt an deutschen Standorten nur (mit entsprechender Qualifikation) bis Meisterebene. Die Managementebene steht realistisch nur Mitarbeitern mit Studienabschluß offen.	**3**
7. ERHALTUNG	**Ø**	**?**
7.1 Grundlage für weiteren Wandel	Eine Vorzeige-Montagelinie wird nicht aufgebaut, der direkte Vergleich und wirkliches Verinnerlichen von PS-Eigenschaften kann nicht erfolgen. Qualifikation von Multiplikatoren ist daher fragwürdig.	**4**
7.2 Verankern des Änderungsprozesses	Veränderung im Sinne von Optimierungen als Bestandteil der Zielvereinbarung der Umsetzungsverantwortlichen noch offen.	**?**

7.3 Anlagenoptimierung	Hohe Störzeiten sind u.a. auf hohe technische Anlagenkomplexität zurückzuführen. Erforderlich ist ein inkrementaler *Low- oder Common Tech* Ansatz bei Neuanläufen. Widerspricht jedoch dem deutschen Techniker-Verständnis (=Systemimmanentes Problem).	**3**
7.4 Flexible Mitarbeiterschaft	Weiterhin Bewertung von Tätigkeiten in Arbeitswerten, Rotation besteht, Integration indirekter Tätigkeiten zumindestens im Sinne der Vermeidung von Unordnung und Schmutz erfolgt. SPC, Kennzahlen Aktualisierung bzw. Verfolgung nur durch Meister.	**3**
7.5 Prozeß-Synchronisation	Weiterhin verschiedene Taktzeiten in den Gewerken	**3**
7.6 Fortschrittskontrolle / Audit	Außer Bereichsaudit zu Sauberkeit, Ordung, Sicherheit noch keine systematische Kontrolle der PS-Elemente auf Erfüllung.	**?**
7.7 Best-Practise Informationsaustausch	Nur begrenzt auf Projektleiter / Managementebene – wichtigerer Austausch auf ‚Arbeitsebene' aus Kostengründen wenig gefördert	**5**

Bild 5.3.4.3.a: Ergebnisse des Abgleichs PS-Einführung im Werk Bremen mit Referenz-Methode

5.3.4.4 Zwischenbilanz der PS-Einführung: Probleme & Verbesserungsvorschläge

Das parallel betriebene ***Projekt ProMontage*** ist aus der ***Ernüchterung eines intern nicht ausreichenden KVP*** entstanden. Maßnahmen der Fertigungszeiten- und damit Kostenreduzierung ergaben sich für das Werk Bremen aus freiwilligen Mitarbeiter-Verbesserungsvorschlägen bzw. aus den Optimierungen der Ablaufplanung in nicht ausreichendem Maße, um mittelfristig im Werkevergleich konkurrenzfähig zu bleiben. Aus dieser Erkenntnis heraus, wurde *ProMontage* bewußt aufgesetzt, um die Produktionsbereiche durch hauptamtliche KVP-Experten gezielt nach Optimierungspotentialen zu analysieren.

ProMontage ist prinzipiell durch die positive Intention der Eliminierung von Verschwendung gekennzeichnet. Problematisch ist jedoch die mangelnde Einbindung der betroffenen Produktionsmitarbeiter sowie die Zielausrichtung überwiegend an reinen Kosteneinsparungen zu sehen. Durch die Herleitung der zugrundeliegenden Probleme sollen an dieser Stelle ***Verbesserungsvorschläge*** unterbreitet werden.

Das ***Problem Nr. 1*** ergibt sich im Werk Bremen aus der, im Gegensatz zum Werk São Bernardo, nur ***mangelhaften Einbindung der Produktionsmitarbeiter*** in den KVP / Kaizenansatz, welcher zudem ohne die Unterstützung der Arbeitnehmer(AN)-Vertretung initiiert wurde. Vorschläge zur Optimierung von Stationsbereichen erfolgen nicht durch die betroffenen Produktionsteams, sondern werden ‚von außen' durch die ProMontage-Experten vorgegeben (*=fehlende Identifikation 1*). Bei der Detailanalyse können die Produktionsmitarbeiter zwar freiwillig teilnehmen – die Motivation ist allerdings aus ***folgenden Gründen*** gering: 1) Ziel der Detailanalyse ist die Reduzierung von Fertigungszeiten, 2) dies hat einen direkten Einfluß auf den Montagezeit-‚Vorrat' innerhalb des Produktionsteams, 3) die ‚freiwillig' teilnehmenden Werker werden z.T. später von ihren Gruppenkollegen für die höhere Belastung verantwortlich gemacht, 4) die Neukonfiguration des Arbeitsablaufes wird von der Mehrheit der Gruppe nicht mitgetragen. Eine wirkliche Verbesserung und Motivationssteigerung für den KVP im Sinne eines Bewußtseinswandels ist nicht zu erwarten.

Problem Nr. 2 resultiert aus der ***emotionslosen Vorgehensweise*** der Kaizenprojekte. Die Durchführung hat keinen, wie im Vergleich zu São Bernardo, ***Event-Charakter***. Es erfolgt keine interdisziplinäre Zusammenstellung einer Arbeitsgruppe, die Freistellung der Produktionsmitarbeiter umfaßt keinen 1-wöchigen Einsatz, die Ergebnisse werden nicht im Rahmen einer offiziellen Würdigung präsentiert. Die Chance einer Ergebniserarbeitung und vor allem –vorstellung durch die Werker wird nicht genutzt (*=fehlende Identifikation 2*). Das Ergebnis wird nicht mitgetragen und die Kaizenphilosophie nicht manifestiert.

Grundsätzlich ist ein ***Parallelvorgehen*** von lokal wirkenden Kaizenprojekten (ProMontage) und ganzheitlichen Produktionsumgestaltungen im Sinne der BPS-Einführung, positiv zu werten. Insbesondere bei gewachsenen ‚Brownfields' in der Größenordnung des Werkes Bremen[213] ist eine werksweite PS-Einführung parallel über alle Gewerke sowohl kapazitiv als auch aufgrund des Widerstandes gegen den Wandel nicht realistisch. Wichtig bei diesem parallelen Vorgehen ist eine gute Absprache und Orientierung an einem PS-Standard – beide Projekte müssen gegenüber den Mitarbeitern als ***gemeinsam koordiniertes Vorgehen*** kommuniziert werden. Bei ordnungsgemäßer Ausgestaltung[214] der lokalen Kaizen-Projekte läßt sich mittelfristig eine gute Basis für die flächendeckende PS-Einführung schaffen.

---

[213] Das Werk Bremen verfügte zum Zeitpunkt der Untersuchung über ca. 16.000 Mitarbeiter (Stand Januar 2000).

[214] Vor der Durchführung eines Kaizenworkshops empfielt sich eine intensive Orientierung sowohl intern bei Kaizen-erfahrenen Standorten als auch extern z.B. durch das Kaizen-Institut zu den notwendigen Inhalten, Ablaufschritten und Umsetzungen.

Trotz des noch frühen Stadiums der ***werksweiten PS-Einführung*** am Standort Bremen, zeichnen sich auch dort bereits ***erste Probleme*** ab, die auch hier als Vorschläge zur Optimierung verstanden werden sollen:

Problem Nr. 1: Die vorangestellte ***Gap-Analyse***[215] als ersten Schritt zur Ermittlung von Handlungsbedarfen bedurfte einer genauen Interpretation der abgegebenen Bewertungen. Beispielweise wurden als unangenehm, da unbekannt, empfundene PS-Instrumente als „schwierig übertragbar / einsetzbar im Bereich X“ beschrieben – der Handlungsbedarf wurde (rein menschlich) mit „niedrig“ (da nicht gewollt / nicht vorstellbar) bewertet! Hier bedarf es eines erfahrenen PS-Spezialisten, der die Nennungen sofort kritisch hinterfragen kann und noch innerhalb der Diskussionsrunde einen produktionsseitig mitgetragenen Konsens zur Notwendigkeit einer Maßnahme erzielen kann.

Problem Nr. 2 entstand aus der schieren ***Größe des Werkes*** Bremen, welche eine flächendeckende, simultane Einführung aller PS-Elemente unrealistisch erscheinen ließ. Dies gilt aus drei Gründen: ***a)*** die ***Kapazitäten für eine Koordination*** der Umsetzungsmaßnahmen und die fachliche Betreuung durch PS-Spezialisten gestalten sich als zu aufwendig, ***b)*** der zuerwartende (menschliche) ***Widerstand*** gegen den Wandel kann nicht durch ausreichende Kommunikation / Überzeugungsarbeit kompensiert werden. Es besteht die Gefahr einer negativen Belegung des Projektes, und ***c)*** die parallele Umsetzung (allerdings in nur kleinen Schritten) schafft ***keine positive Abstrahlwirkung*** im Sinne einer wirklichen Vergleichsmöglichkeit von ‚alter‘ und ‚neuer Welt‘. Entsprechend schwierig wird sich insbesondere bei mangelhafter, problembehafteter PS-Einführung die spätere ***Argumentation des Projektleiters*** zu den stattgefundenen Prozeßverbesserungen gestalten!

Problem Nr. 3: Bei der inhaltlichen Ausgestaltung des Bremer Produktionssystems wurde die Arbeitnehmervertretung nicht einbezogen. Entsprechendes Mißtrauen und Widerstand sind zu erwarten. Eine PS-Einführung ohne Unterstützung der Gewerkschaft (GW) erscheint unrealistisch.

Problem Nr. 4: Es besteht eine scheinbare Unverträglichkeit zwischen konstanten Taktzeiten (und damit inhaltlich beständigen Stationsblättern) und kurzfristigen Bedarfsschwankungen seitens des Vertriebs sowie schwankenden Fehlständen der Mitarbeiter. Die aktuelle Praxis der täglichen Taktfestlegung nach Fehlstandbestimmung und den damit einhergehenden Arbeitsumfangverschiebungen steht im Widerspruch zu konstanten Arbeitsumfängen und Kontinuität in der Gruppenarbeit. Die Voraussetzungen für die Einführung von Stationsblättern (Standardarbeitsblättern) sind erstmalig mit der MTM-Montagezeitenplanung des neuen Roadsters in der Prototype-Phase gewährleistet. Eine ‚Interpretation‘ bzw. Optimierung dieser Standards durch die Werker ist jedoch noch ungewiß.

Problem Nr. 5: Die Einführung eines Qualitätsstopps erscheint unverträglich mit den 3 x 7,5 Std Schichten, da keine ausreichende Entkoppelung für das Aufholen von Fehlfahrzeugen besteht. Jedoch selbst bei Annahme von 2 x 9 Std Schichten bestehen feste standorttypische Restriktionen wie öffentlicher Nahverkehr und Fahrgemeinschaften. Samstagsschichten als Aufholzeiten entfallen aufgrund arbeitspolitischer Einschränkungen und bereits häufig genutzter Ausnahmegenehmigungen.

Problem Nr. 6: Die aktuell hohe Produktionsauslastung vermittelt keinen wirklichen Willen zur Veränderung. Es besteht keine Unternehmenskrise. Optimierungspotentiale erscheinen vor dem Hintergrund der Vollauslastung wirtschaftlich unbedeutend.

Problem Nr. 7: Die zögerliche Haltung der Produktionsleitung zur konsequenten Umsetzung aller Maßnahmen (z.B. Nichteinführung des Qualitätsstopp beim aktuellen Roadster) lassen eine wirkliche Verbindlichkeit zur PS-Einführung fraglich erscheinen.

Problem Nr. 8: Viele Freischichten (u.a. als Ergebnis der 9 Std Schichten zur 35 Std.-Woche) und ein hoher Krankenstand (durchschnittlich ca. 7% und teilweise bereichsspezifisch bis 10%) erlauben keinen konstanten Takt (entweder Fehlpersonal oder Überhang). Zudem erlaubt die wechselnde Gruppenzusammensetzung keine wirklich eingespielte ‚Teamarbeit‘.

Problem Nr. 9: Das Berufsbild ‚Process Engineer‘ als wirklicher Partner / Vertrauter der Produktionslinie und damit Partner des Meisters ist nicht existent und dessen Notwendigkeit noch nicht erkannt. Eine Gegenmaßnahme könnte die kurzfristige ‚Umschulung‘ aller (ohnehin arbeitsablaufvertrauten) Zeitwirtschaftler in das neue Berufsbild sein.

Problem Nr. 10: Es fehlt der Konsens zum Aufgabenumfang und zur Freistellung des Gruppensprechers für organisatorische / administrative / problemlösende Aufgaben. Die Rückführung des heute teilweise bis zu 100% freigestellten Gruppensprechers (als Ersatz des vor 2 Jahren im Sinne der Hierachieebenen-Reduzierung weggefallenen Gruppenmeisters) mit z.T. zu hoher, negativ ausgenutzter Entscheidungsautonomie in

---

[215] Vgl. Kapitel 4.2.1 *Soll-Ist Analyse (Gap-Analyse)*

eine mitarbeitende Spingerfunktion ist angedacht. Weitere Probleme ergeben sich bei der Wahl des Gruppensprechers in Form der Ausnutzung der Wahlautonomie. Als Gegenmaßnahme soll wieder die Stellvertreterfunktion (‚Flexi' als rechte Hand des Meisters) und damit eine Meistervertretung gewährleistet sein.

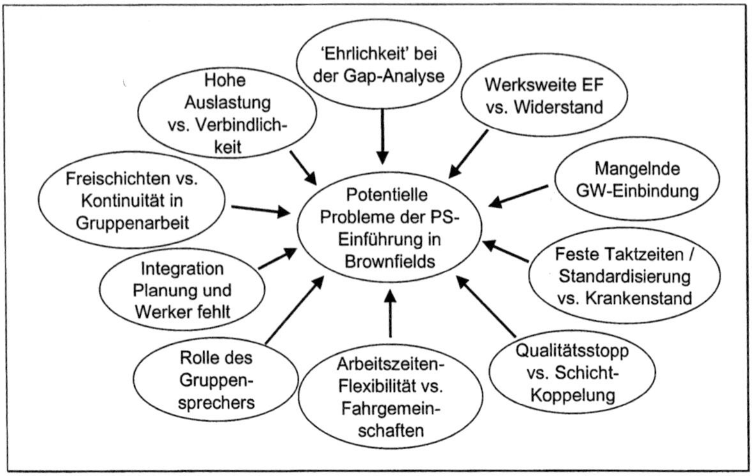

Bild 5.3.4.4.b: Widrigkeiten der PS-Einführung im Brownfield (am Beispiel Werk Bremen)

5.3.5 Vergleich der Einführungsstrategien

Die vergleichende Betrachtung der Einführungsstrategien der Fallstudienstandorte entlang der Referenzmethode hat deutlich die Stärken und Schwächen der verschiedenen Ansätze offengelegt. Auf die (dunkel hinterlegten) Schwächen soll an dieser Stelle im Rahmen einer ***Ergebnisdiskussion*** kurz eingegangen werden. Erachtet man die Standorte in ihren jeweiligen Konfigurationen als repräsentativ für andere Werke der Automobil- bzw. anderer Industrie(n), so können Empfehlungen ausgesprochen werden.

Die Schwächen der Einführungen sind in Tabelle 5.3.5.a dunkel unterlegt. Erster Kritikpunkt ist die z.T. ***mangelhafte Soll-Ist-Analyse***. In Anlehnung an die Hypothese 3.2 (vgl. Kapitel 4.3.3) sind viele Elemente eines Produktionssystems bereits in Ansätzen bekannt. Die Soll-Ist-Analyse erlaubt im Austausch mit den Führungskräften und Meistern der Produktion ein ‚Abholen' zu diesem Thema. Die Bereitschaft zur späteren Unterstützung eines Gesamtsystems wird dadurch deutlich gesteigert.

Die ***Bildung einer Koalition*** innerhalb des Unternehmens unter Einbeziehung von Management, Arbeitnehmer-Vertretung und erfahrenen TPS-Spezialisten ist von hoher Bedeutung für die spätere Verbindlichkeit aller Prozeßbeteiligten bei der Maßnahmenumsetzung. Brownfields zeigen hier aufgrund ihrer gewachsenen Strukturen deutlich größere Schwierigkeiten. Die MBBras mag hier als positives Beispiel einer Neuorientierung gelten.

Kommunikation der geplanten Neugestaltung der Arbeitsorganisation innerhalb des gesamten Unternehmens ist über die Produktion hinaus für alle Unternehmensbereiche wichtig. Unter dem primären Fokus der Schulung in der Produktion wird dieser Aspekt oft vernachlässigt, eine entsprechende Ausrichtung der unterstützenden Bereiche gefährdet.

Große Defizite zeigten die Brownfields bei der ***Standardisierung*** von Arbeitsabläufen. Aufgrund der hohen fachlichen Qualifikation der langjährigen Mitarbeiter und dem oben genannten Selbstverständnis der Facharbeiter wird die ‚nachträgliche' Dokumentation von Montagevorgängen als nicht mehr erforderlich eingestuft. Dabei wird vernachlässigt, daß die Standards Grundlage für die systematische Identifizierung und Eliminierung von nicht-wertschöpfenden Umfängen sind. Eine optimale Austaktung der Montagelinie unter Beachtung von festen Stationsgrenzen steht ebenso in direktem Zusammenhang mit den Standardarbeitsblättern.

Schritte der Produktionssystem-Einführung vs. Unternehmens-Ausgangsszenarien		*Tusca-loosa*	*Juiz de Fora*	*São Bernard.*	*Bremen*
1.	***INFORMATION***	***Ø 1,5***	***3,0***	***2,0***	***3,0***
1.1	Verstehen des Produktionssystems	1	2	1	3
1.2	Notwendigkeit des Wandels	2	3	1	5
1.3	Gap Analyse	/	4	4	1
2.	***ORGANISATION***	***Ø 1,6***	***2,0***	***2,6***	***3,8***
2.1	Schaffung einer zielorientierten Koalition	1	1	1	4
2.2	Den Wandel selber leiten	1	2	1	4
2.3	Einbeziehung TPS-Spezialisten	1	1	2	5
2.4	Entwicklung von Strategie und Vision	1	3	5	4
2.5	Detaillierung Ziele in Grob-Masterplan	4	3	4	2
3.	***KOMMUNIKATION***	***Ø 3,5***	***1,7***	***3,3***	***?***
3.1	Kommunizieren	4	2	4	?
3.2	Kaskadenschulung der PS-Elemente	5	2	2	?
3.3	Benennung von Champions	2	2	4	?
3.4	Integration PS-EF in die Firmenstruktur	4	2	3	2
3.5	Delegation von Verantwortung	1	1	2	1
3.6	Fein-Masterplan der Maßnahmen	5	1	5	?
4.	***UMGESTALTUNG***	***Ø 1,3***	***1,2***	***1,2***	***2,7***
4.1	Entscheidung zur Art der PS-Einführung	/	2	1	3
4.2	Arbeitsplatzorganisation (5S)	1	1	1	2
4.3	Visual Management 1	1	1	1	2
4.4	Schulung der Mitarbeiter	2	1	2	4
5.	***PRODUKTIONSGLÄTTUNG & REDUZIERUNG***	***Ø 2,0***	***1,6***	***3,3***	***3,4***
5.1	Standardisierung von Arbeitsabläufen	3	1	4	4
5.2	Feste Stationsgrenzen	1	1	4	3
5.3	Einführen des Qualitätsstopps	3	1	4	5
5.4	Visual Management 2	1	1	2	3
5.5	Produktion in Taktzeit	1	2	5	5
5.6	Stückzahlen-Management	1	2	3	4
5.7	Reduzierung von Materialbeständen	3	2	1	1
5.8	Einrichtung von Fließfertigung	1	1	1	1
5.9	Differenzierung von Arbeitsumfängen	1	3	4	4
5.10	Validierung der Informationsprozesse	5	?	5	4
6.	***MOTIVATION / INTEGRATION***	***Ø 2,8***	***1,7***	***2,0***	***3,5***
6.1	Erreichen von kurzfristigen Erfolgen	4	2	1	4
6.2	Aufbau von Feedback-Info-Kreisläufen	2	2	2	4
6.3	Qualitätsmanagement	4	2	2	3
6.4	Mitarbeiterentwicklung	1	1	3	3
7.	***ERHALTUNG***	***Ø 2,2***	***2,7***	***2,0***	***?***
7.1	Grundlage für weiteren Wandel	/	4	3	4
7.2	Verankern des Änderungsprozesses	2	2	1	?
7.3	Anlagenoptimierung	2	3	1	3
7.4	Flexible Mitarbeiterschaft	1	3	1	3
7.5	Prozeß-Synchronisation	1	3	1	3
7.6	Fortschrittskontrolle / Audit	4	1	1	?
7.7	Best-Practise Informationsaustausch	3	3	5	5

Tabelle 5.3.5.a: Ergebnisgesamtübersicht

Alle Standorte führten keine systematische ***Validierung der Informationsprozesse*** (vgl. Kapitel 4.2.2 *Regeln zur ...*) im Sinne der Eindeutigkeit von Schnittstellen, Verantwortlichkeiten und Vorgang-Auswirkungs-Kausalitäten durch. Die Chance einer frühzeitigen Problemerkennung wird damit nicht genutzt und kann, scheinbar unerklärbare, Effizienzlücken zu anderen Produktionssystemen zur Folge haben!

Bei dem Vergleich der ***Einführungsstrategien*** wird deutlich, daß Greenfields mangels Restriktionen den direkten Weg einer werksweiten Gesamteinführung aller Elemente gehen können. Insbesondere Mitarbeiter ohne industrielle Vorkenntnisse werden die Vorgaben als optimales Konzept annehmen. Bei Brownfields ist die PS-Einführung entscheidend von vorhandenen Kapazitäten der Koordination, den Restriktionen aus laufenden Produktionsprogrammverbindlichkeiten und der ‚Vorbelastung' durch frühere Maßnahmen abhängig. Als optimale Strategie wird hier aus genannten Gründen eine kombinierte Vorgehensweise aus lokal wirkenden Kaizen-Projekten und bereichbegrenzter Voll-Transformation empfohlen.

Abschließend wird darauf hingewiesen, daß der kontinuierliche Verbesserungsprozeß von der Kreativität der Mitarbeiter lebt. Im Sinne der langfristigen Erhaltung und Ausbaus eines Produktionssystems ist der ***Austausch von guten Beispielen***, insbesondere werksübergreifend, ratsam. Folgt man der Delegation von Verantwortung auf die Werkerebene, so sind diese Austausche in jedem Fall auf der Arbeitsebene, d.h. durch Werker, und damit den eigentlichen Prozeßspezialisten, durchzuführen.

Zusammenfassend wurden in Kapitel 5 die Vorteile, Meß- und Einflußgrößen sowie Einführungsstrategien einer Produktionssystem-Einführung betrachtet. Ihre spezifischen Stärken und Schwächen wurden dargestellt und vermitteln im Zusammenhang mit den Kommentaren aus der Expertenbefragung ein umfassendes Verständnis zu dieser Thematik. Die bedingte Repräsentativität der Fallstudienstandorte erlaubt eine Ableitung von Maßnahmen für andere Standorte. Die Untersuchungsergebnisse sollen als Anregungen verstanden werden.

6. Methodik zur Einführung eines Produktionssystems

Für die Applikation eines Produktionssystems auf andere Produktionsstandorte wurde eine ***Methodik*** erstellt. Sie wurde auf Stimmigkeit abgesichert, indem alle inneren sowie äußeren Einflußfaktoren[216] im Vorfeld erörtert und diese wiederum durch Expertenbefragung und Abgleich mit Fallstudienstandorten validiert wurden. Mit Hilfe dieser methodischen Vorgehensweise ist es möglich eine ***detaillierte Vorausplanung*** einer Produktionssystem-Einführung unter simultaner Beachtung aller zur Zeit bekannten Restriktionen[217] vorzunehmen.

6.1 Eingangsgrößen der Methodik

Die Methodik repräsentiert die Zusammenfassung aller im Vorfeld erarbeiteten Kenngrößen einer Produktionssystem-Einführung. Sie orientiert sich in der ***zeitlichen Reihenfolge*** ihres Ablaufes an der Referenzmethode[218], detailliert sich über Haupt- und Nebenelemente des ***idealen Produktionssystems*** und berücksichtigt die ***Interdependenzen*** zwischen den Produktionssystemelementen[219].

Die Methodik weist in Bezug auf die einzelnen Ablaufschritte die jeweils zu berücksichtigenden ***Hypothesen bzw. Einflußfaktoren*** aus. Sie vermittelt in Einzelfällen ebenso ***Hinweise auf Probleme***, die in den Fallstudienstandorten bei der PS-Einführung auftraten.

Eingangsgrößen	**Ursprung**	**Kap.**	**Bezug**
Phasen der PS-Einführung	Referenzmethode	4.4	Reihenfolge der PS-Einführung
Haupt- & Nebenelemente	Ideal-Produktionssystem	3.8.1	Vollständigkeit eines Produktionssystems
Interdependenzen	Beziehungsdiagramme	3.8.2	Ganzheitlichkeit vs. Insellösungen
Einflußfaktoren	Hypothesen	4.3	Regeln der erfolgreichen Umsetzung
Experten-Empfehlungen	Expertenbefragung	5.3	Ratschläge zur erfolgreichen Umsetzung
Handlungsbedarfe [A, B, C]	Fallstudienstandorte	5.2	Generelle Bedarfe zu Hypothesen
Applizierbarkeit Modell	Strategien der Einführung	5.3	Befolgung Referenzmethode
Meßgrößen	Hypothesen	4.2	Fortschrittkontrolle der Maßnahmen
Probleme der Einführung	Fallstudienstandorte	5.3	Hinweise auf mögliche Probleme
Lücken des Prod.-Systems	Hypothesen	4.3.10	Hinweise auf Nichtabdeckungen

Bild 6.2.a: Eingangsgrößen der Methodik zur Produktionssystem-Einführung

6.2 Phasen der Methodik

Die Methodik besteht aus ***7 Phasen***, welche ein Unternehmen chronologisch bis zur vollständigen Einführung aller Produktionssystem-Elemente durchlaufen sollte. Eine Ausnahme ist die Phase 6 (Motivation / Integration), deren Maßnahmen der Mitarbeitereinbindung parallel zu den übrigen Phasen im Sinne einer Begleitung durchgeführt werden sollten.

Die dargestellte Reihenfolge der Phasen, und respektive ihrer Einzelumfänge, erhebt keinen Anspruch auf Alleingültigkeit orientiert sich jedoch an einer Vielzahl von Fallstudien und beachtet eine sinnvolle Sequenz

[216] Innere Einflußfaktoren sind die Interdependenzen der PS-Elemente – äußere Einflußfaktoren sind durch die Hypothesen in Bezug auf eine erfolgreiche Umsetzung definiert.

[217] Die Aktualität der Erkenntnisse wurde abgesichert durch Literaturrecherche und internationale Expertenbefragung.

[218] Vgl. Kapitel 4.4 *Vorgehensweise einer Produktionssystem-Einführung*

[219] Vgl. Kapitel: 3.8 *Übersicht der Produktionssysteme*

von aufeinanderbauenden Einzelumfängen. Im Sinne der Vollständigkeit von Maßnahmen soll sie als Checkliste dienen. In Bild 6.2.a sind die 7 Phasen mit jeweils ihren Hauptaktivitäten dargestellt.

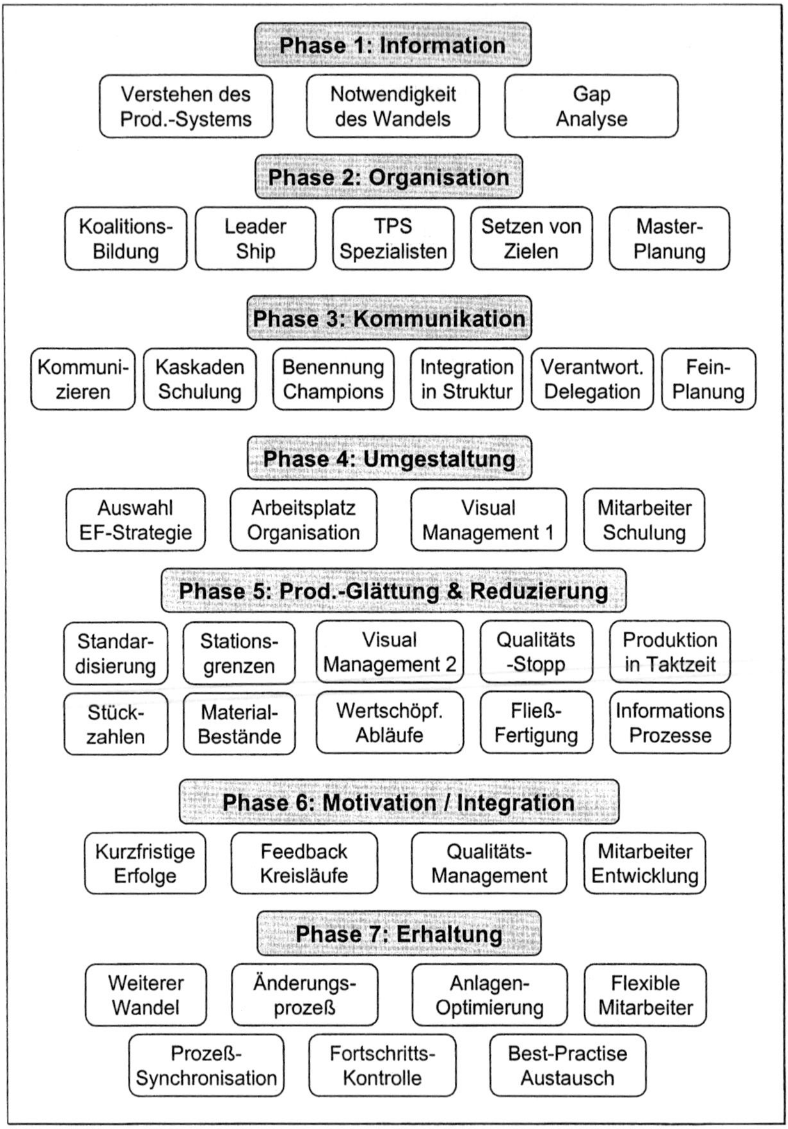

Bild 6.3.a: Methodik zur erfolgreichen Produktionssystem-Einführung (Phasen 1 bis 7)

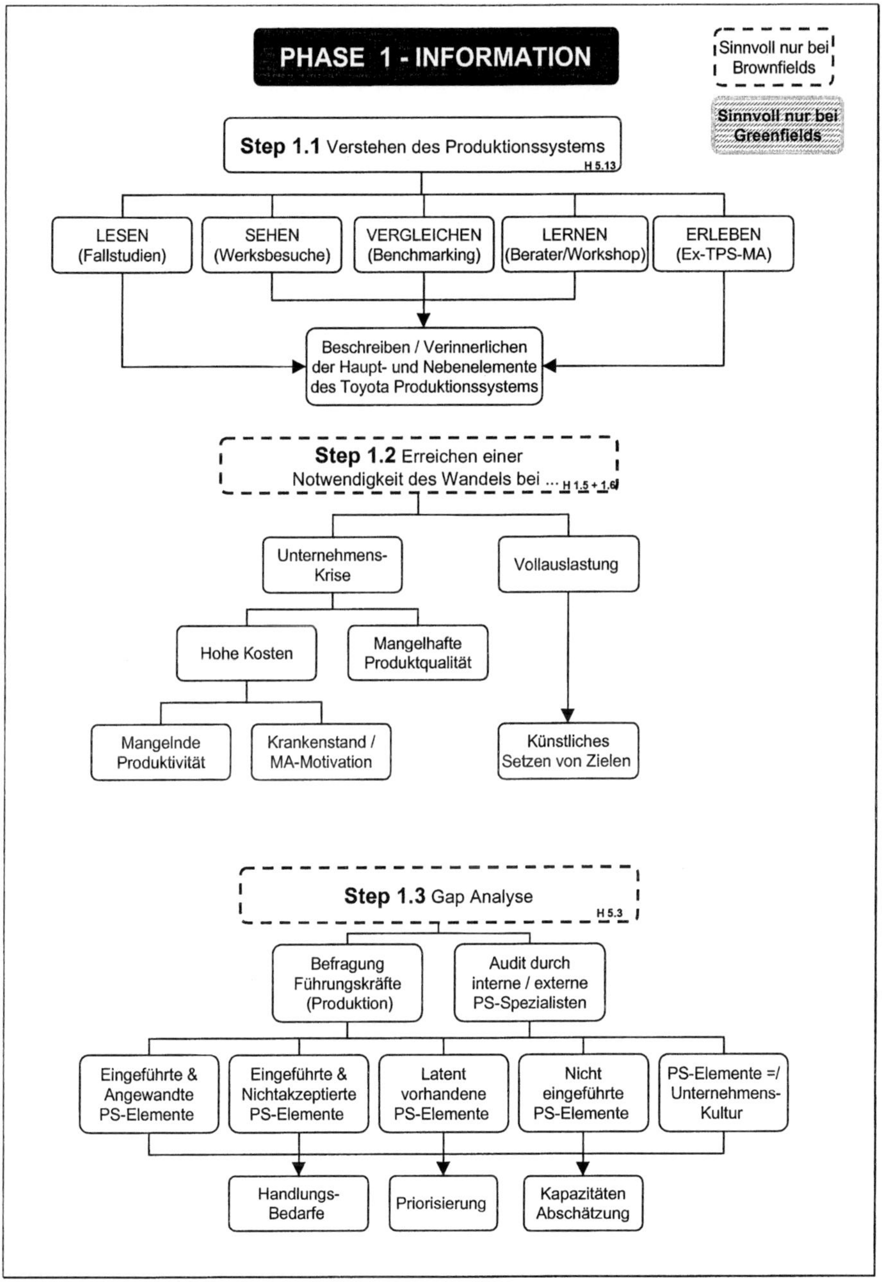

Bild 6.3.b: Detaildarstellung Phase 1: Information

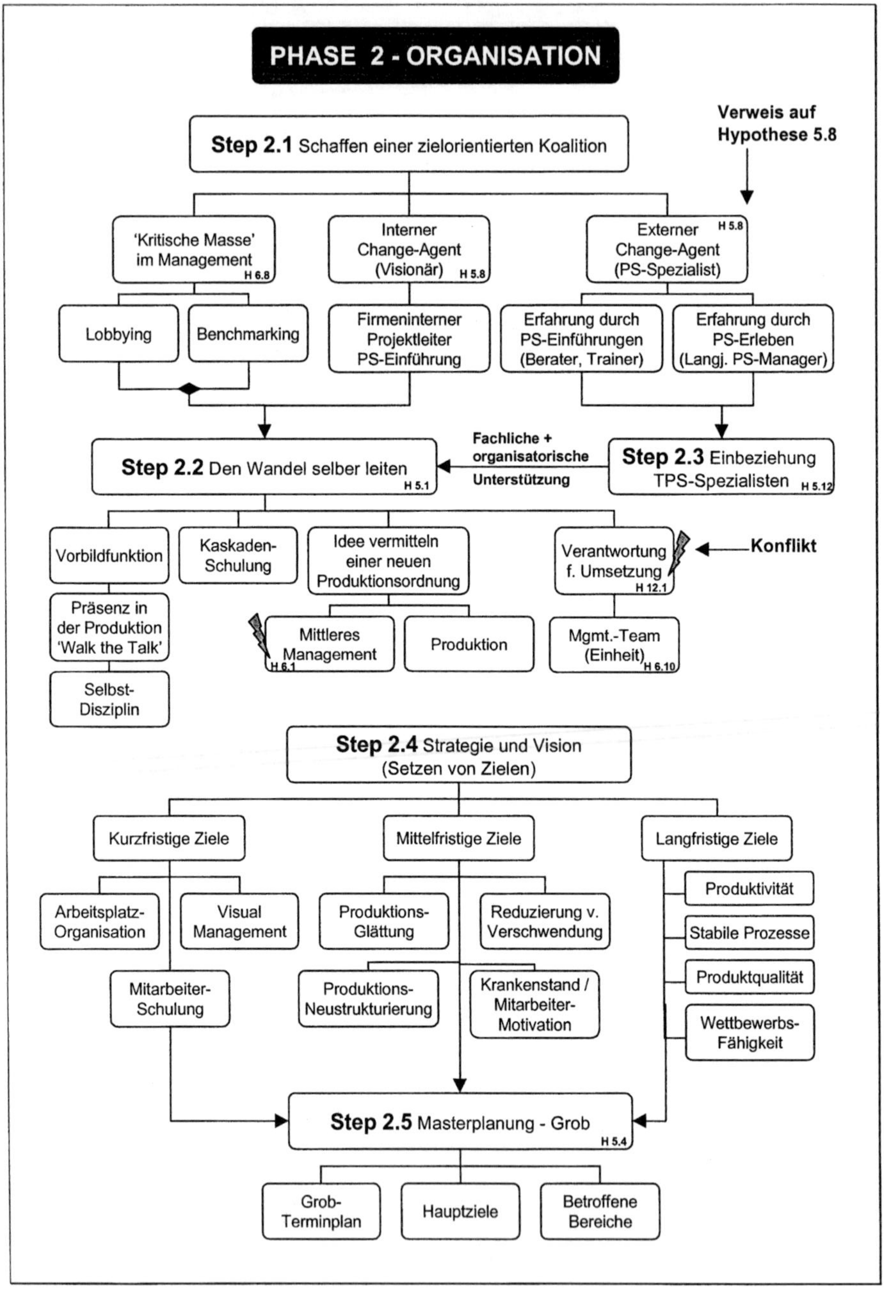

Bild 6.3.c: Detaildarstellung Phase 2: Organisation

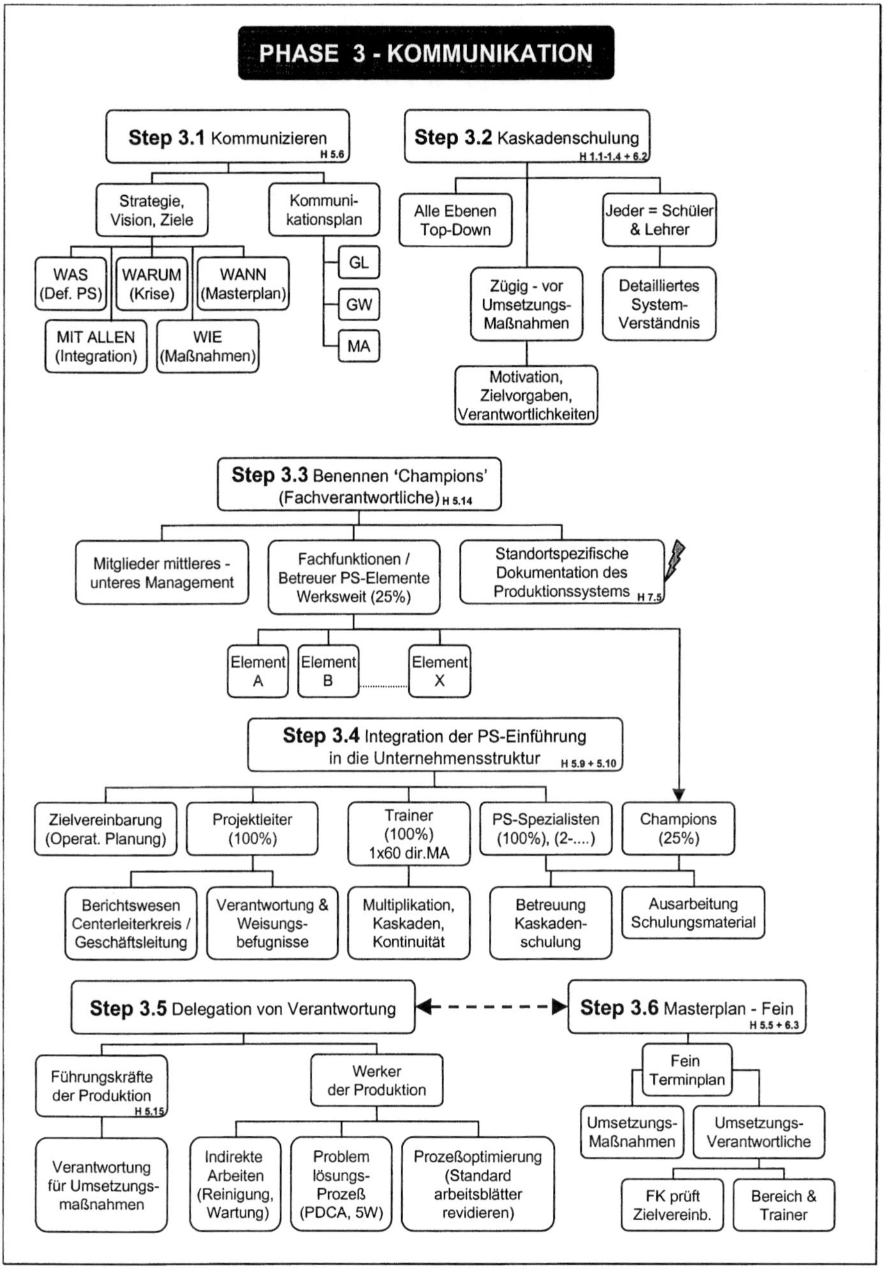

Bild 6.3.d: Detaildarstellung Phase 3: Kommunikation

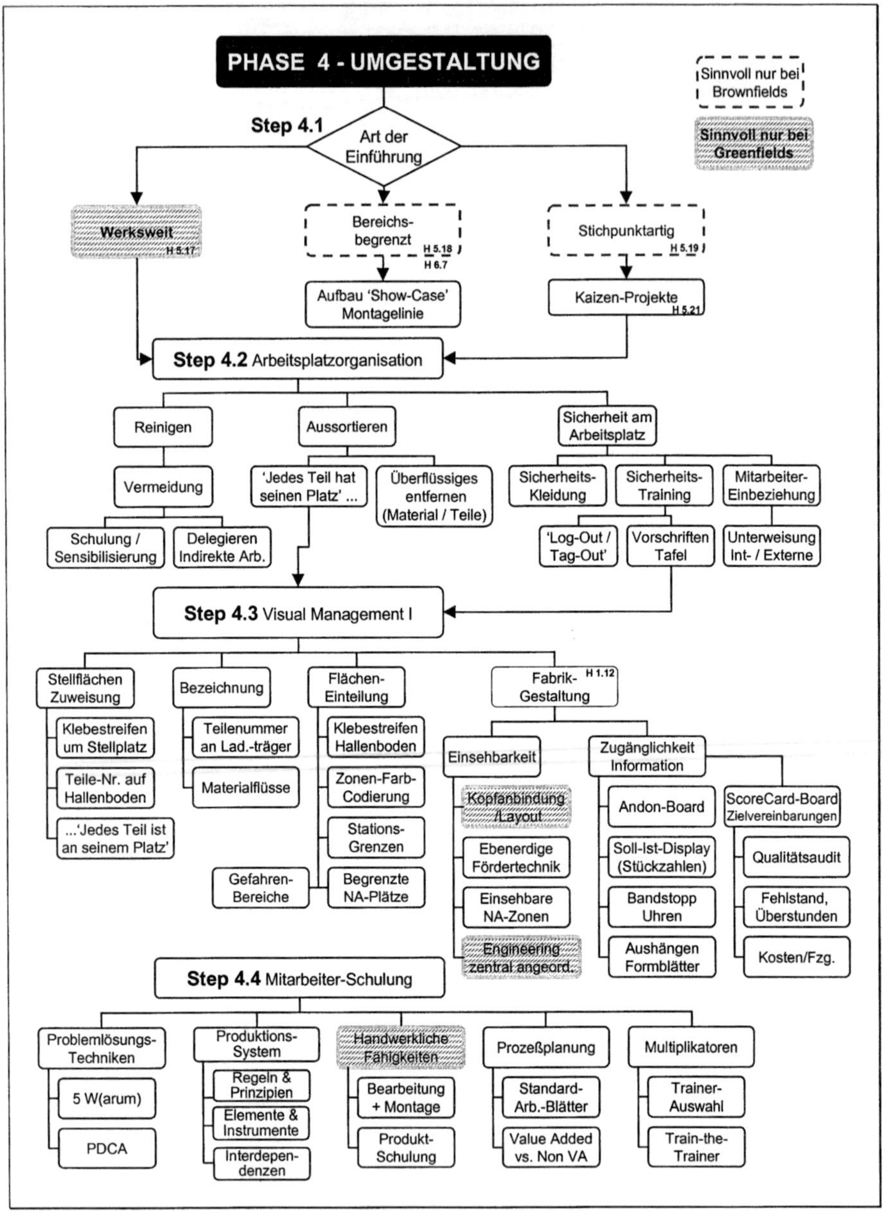

Bild 6.3.e: Detaildarstellung Phase 4: Umgestaltung

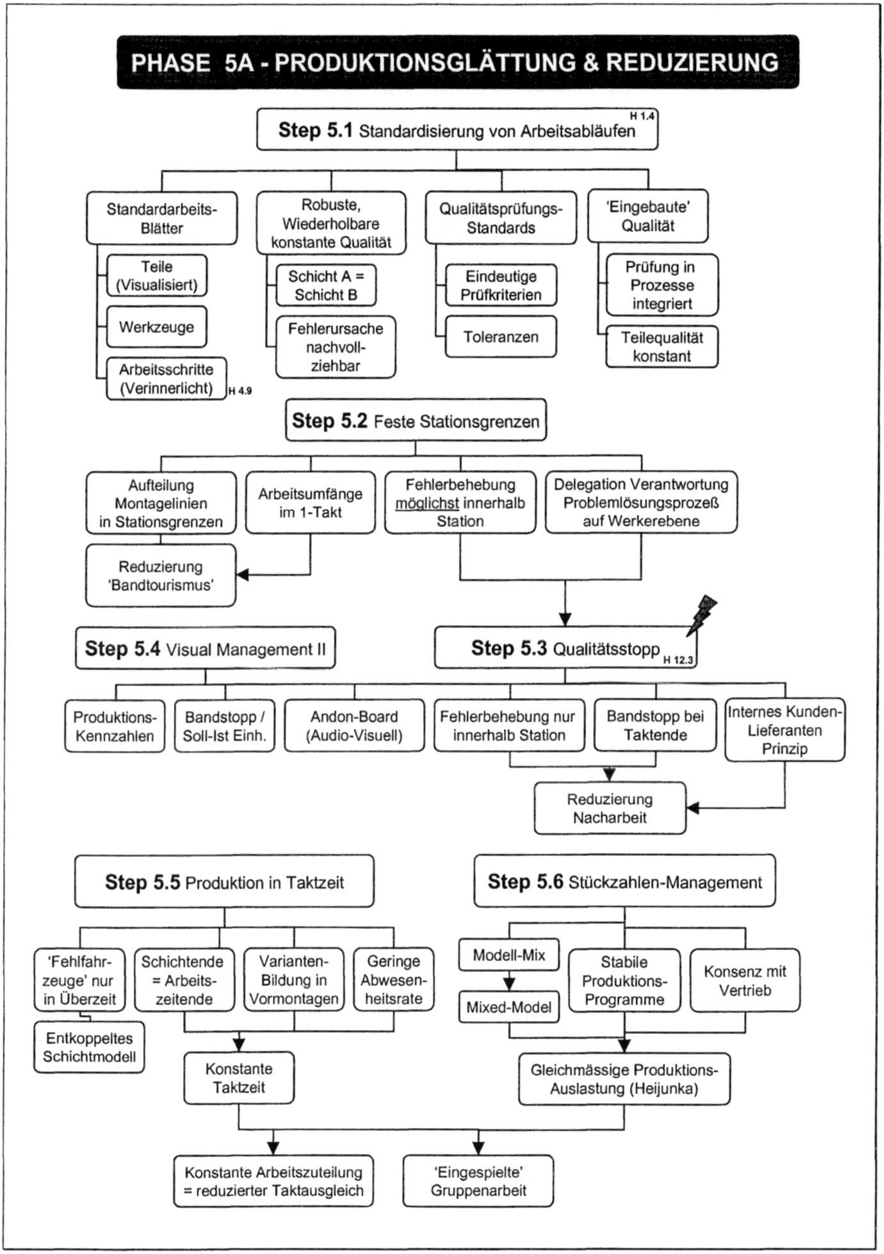

Bild 6.3.f: Detaildarstellung Phase 5A: Produktionsglättung und Reduzierung (von Verschwendung)

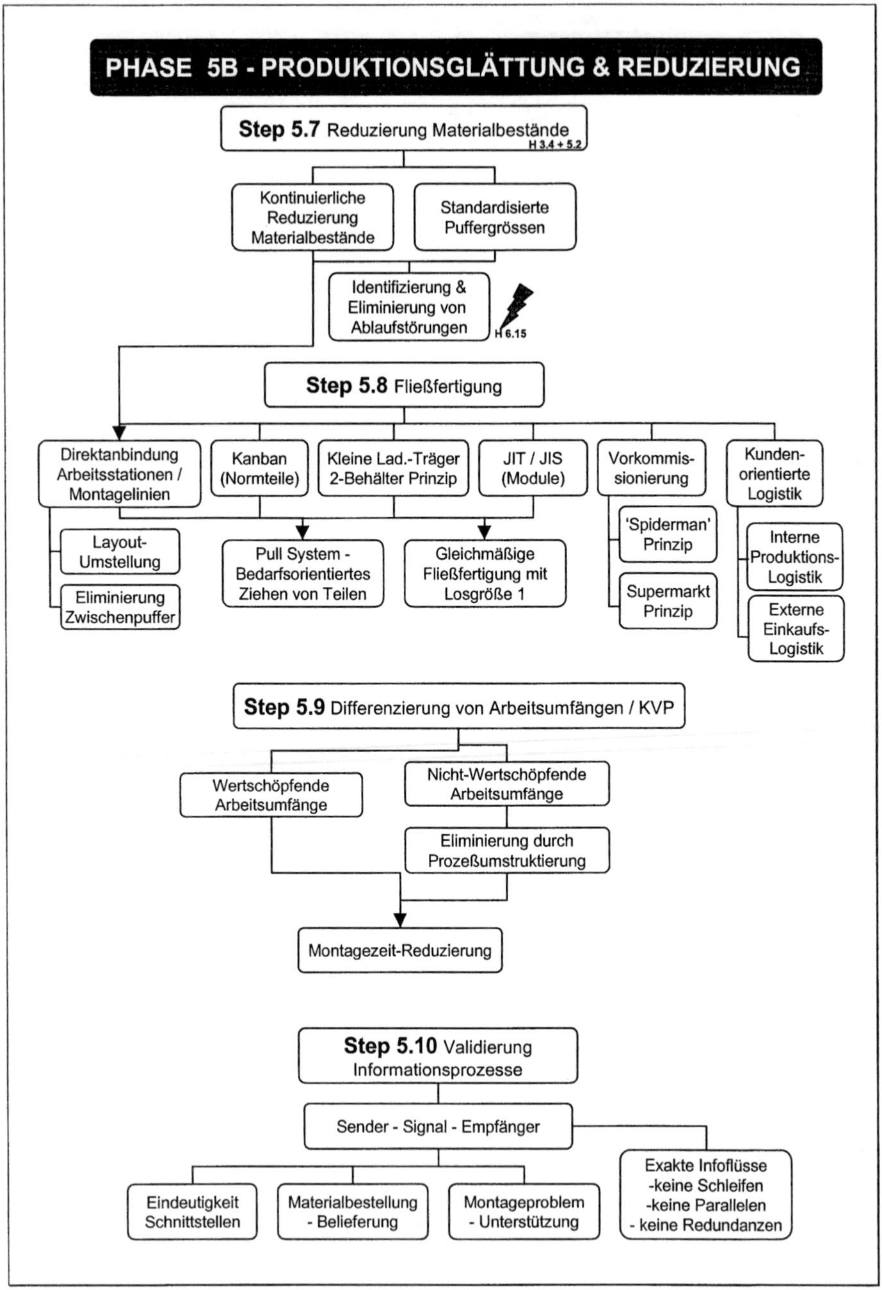

Bild 6.3.g: Detaildarstellung Phase 5B: Produktionsglättung und Reduzierung (von Verschwendung)

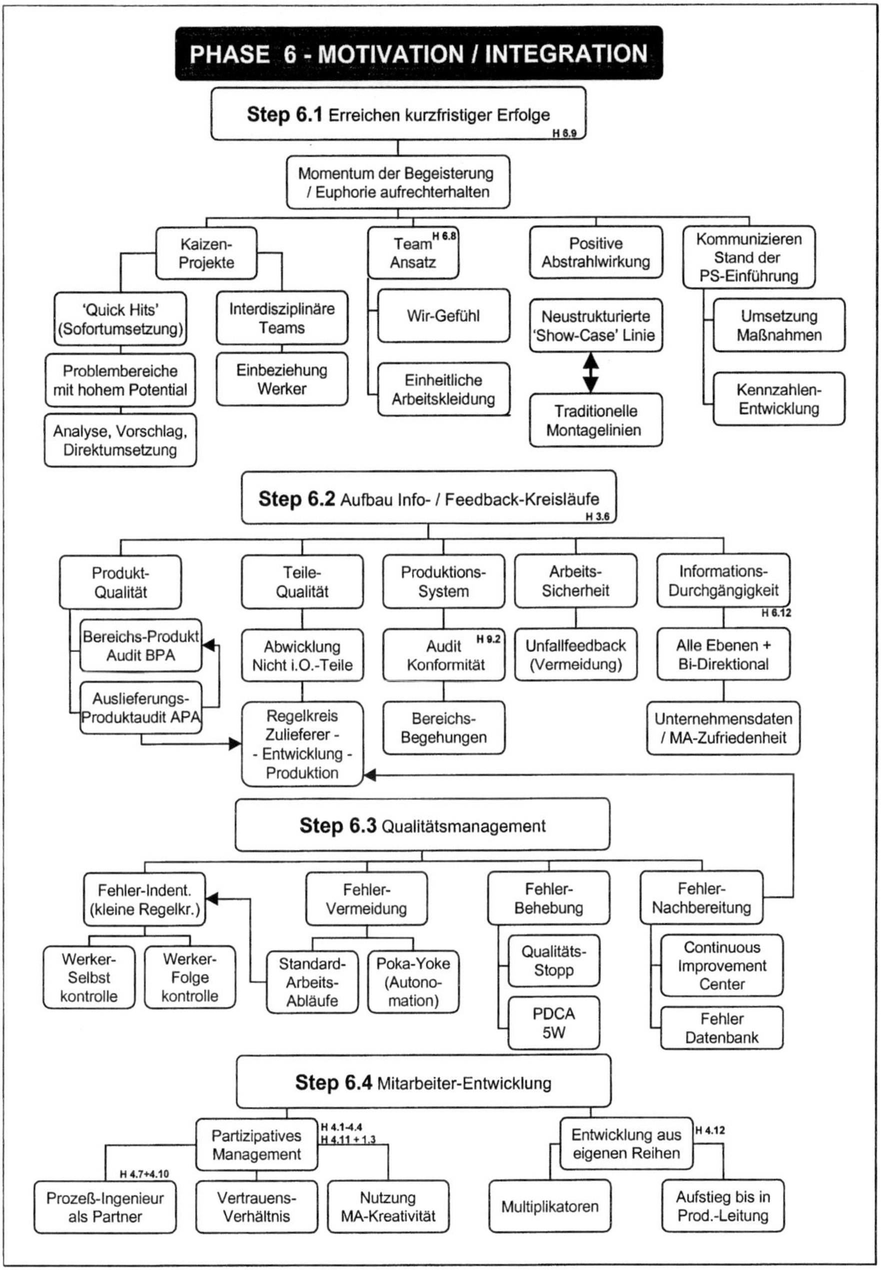

Bild 6.3.h: Detaildarstellung Phase 6: Motivation / Integration (aller Prozeßbeteiligten)

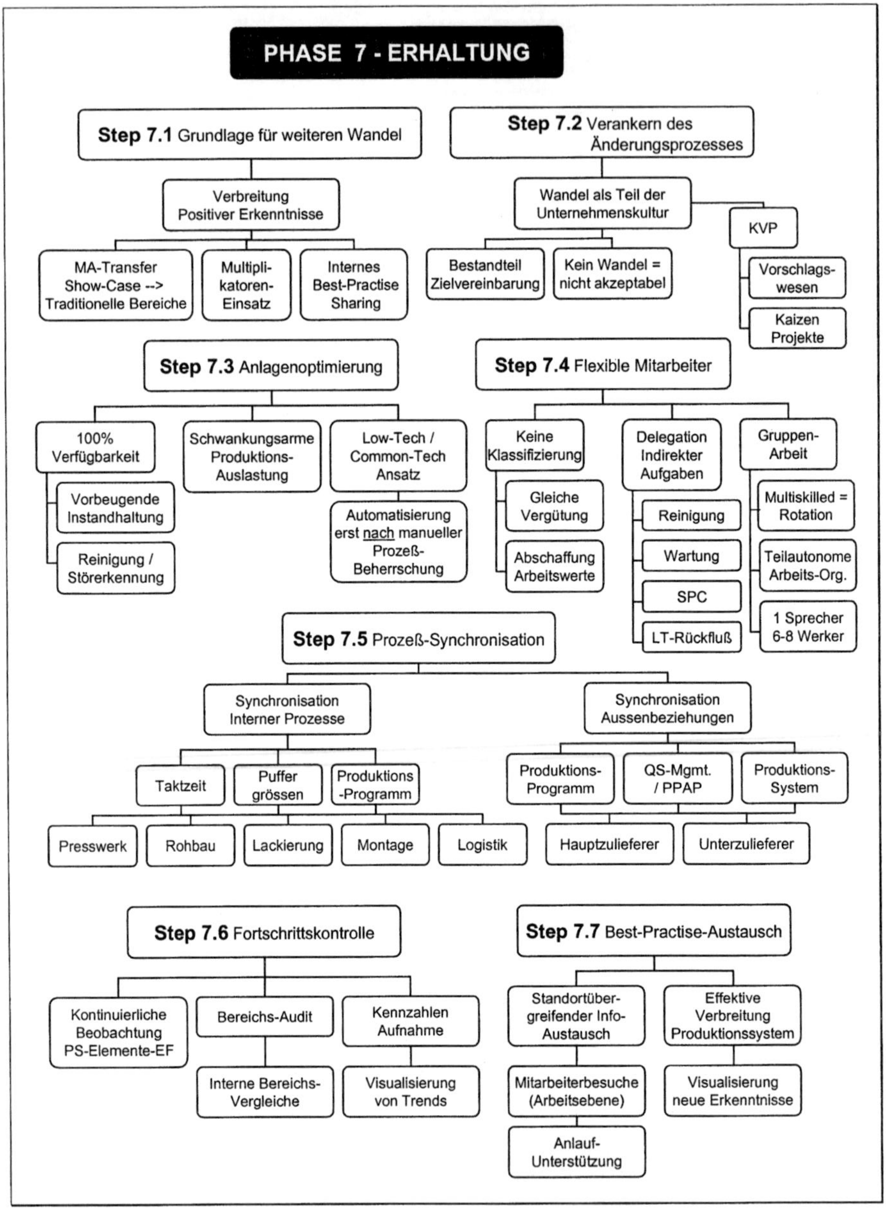

Bild 6.3.i: Detaildarstellung Phase 7: Erhaltung

7. Ergebnisdiskussion

Das Toyota Produktionssystem wurde, in Verbindung mit nahen Derivaten innerhalb des DaimlerChrysler Konzerns, in seinen Detailelementen untersucht. Prinzipieller Fokus der Untersuchung war die Ermittlung von ***Faktoren***, die eine Übertragung des TPS auf Unternehmen außerhalb des japanischen bzw. fernöstlichen Kulturkreises begünstigen. Zusätzlich wurde in die Übertragung auf neue Standorte (‚Greenfields') und traditionelle Standorte (‚Brownfields') unterschieden.

Das Toyota Produktionssystem repräsentiert eine Form der Produktionsorganisation, die eine optimale Gesamtlösung basierend auf den Unternehmenszielen *höchste Produktqualität* und *niedrigstmögliche Kosten* bei *geringsten Lieferzeiten* favorisiert. Das Toyota Produktionssystem dient hier als Katalysator, indem es eine Kostenreduzierung durch die Beseitigung jedweder Art von Verschwendung und die Installation von verläßlichen, robusten Prozessen anstrebt. Es erzieht die Mitarbeiter zu Flexibilität, Einsatzbereitschaft und schnellem Reagieren auf Veränderungen unter gleichzeitiger Schaffung einer humanen Arbeitsplatzatmosphäre und Respektierung der Mitarbeiterbedürfnisse.

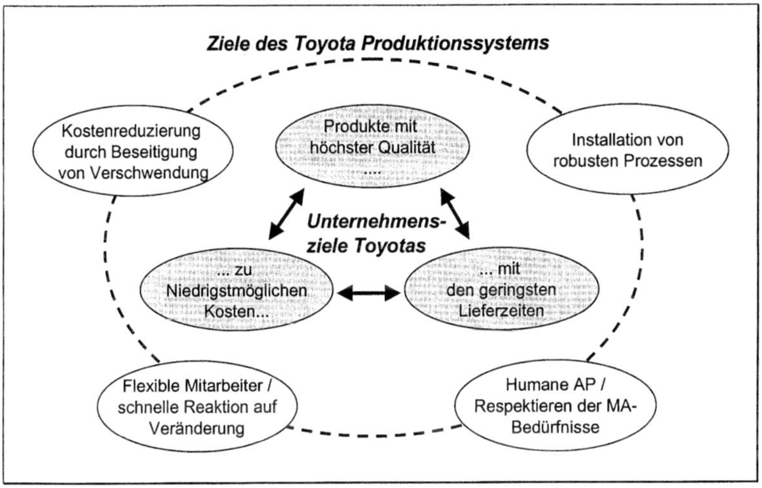

Bild 7.a: Ziele des Toyota Produktionssystems

Das TPS ist ein integrierter Produktionsansatz, welcher die Unternehmensziele durch konsequente Umsetzung aller Produktionssystemprinzipien und Anwendung seiner eher simplistischen Elemente unterstützt. Es beruht auf Einfachheit der Verfahren, Prozeßsicherheit, Transparenz der Informationen für alle Prozeßbeteiligten und Standardisierung von Abläufen.

Das TPS ist aber ebenfalls ein komplexes System von ***interdependenten Elementen***, die nur im gemeinsamen Zusammenspiel effizient arbeiten. Es erfordert die intensive thematische Auseinandersetzung, um als Voraussetzung einer PS-Einführung ein (notwendiges) Gesamtverständnis zu schaffen. Das Empfinden des TPS hängt in starkem Maße von der individuellen Betrachtungsweise ab. Die Unterschiede zu traditionellen Arbeitsorganisationsformen können als positive Innovationen oder aber als negative Kritik interpretiert werden[220]. Die Effizienz eines Produktionssystems nach dem Vorbild Toyotas ist damit in entscheidendem Maße von der Einstellung des Managements und der Belegschaft abhängig! Die Prinzipien und Methoden des TPS sind nicht neu; viele haben ihren Ursprung in westlichen Methoden der Betriebsführung und Qualitätssicherung. Innovativ ist vielmehr die Konsequenz und Verbindlichkeit ihrer Betreiber bei deren Umsetzung.

[220] Vgl. Kap. 1.3.2 *Die Unzulänglichkeiten traditioneller Formen der Produktionsorganisation*, Kap. 1.6 *Kritische Anmerkungen zum TPS*, sowie Anhang 11.1 *Vergleich Taylorismus – Toyotismus* und Anhang 11.2 *Merkmale des TPS im Vergleich zu traditionellen Produktionsorganisationsformen*

Viele Beispiele erfolgreich transplantierter Produktionssysteme außerhalb des japanischen Kulturkreises haben bewiesen, daß ihre effiziente Anwendung im westlichen Kulturkreis möglich ist und nicht notwendigerweise an die Eigenarten der japanischen Unternehmens- und Mitarbeiterkultur gebunden ist – wenngleich Eigenschaften wie Gruppenorientierung, Konsensfindung, konsequente Umsetzung von getroffenen Entscheidungen, Ablehnung von Verschwendung und Ordnungsliebe in Bezug auf Arbeitsplätze und Arbeitsstandards hilfreich sind. Die Umsetzung von Produktionssystemen ist also nicht von der Übertragbarkeit seiner Elemente, sondern vielmehr von dem Willen der Entscheidungsträger, d.h. ihrer Bereitschaft zur Veränderung abhängig!

7.1 Beantwortung der 4 Kernfragen

Eingangs der Dissertation wurden die Rahmenbedingungen beschrieben, welche Ausgang für die vorliegende Untersuchung waren. Der zugrundeliegende Handlungsbedarf für eine detaillierte Auseinandersetzung mit dem Toyota Produktionssystem konnte aus folgenden Beobachtungen abgeleitet werden:

A) Die Erfolge des TPS wurden durch Produktivitätskennzahlenvergleiche belegt – eine detaillierte Herleitung der zugrundeliegenden Ursachen unterblieb.

B) Das TPS wurde in seinen Grundelementen häufig vereinfacht beschrieben – eine detaillierte Darstellung aller Haupt- und Subelemente und die praktische Ausweisung der relevanten Instrumente und Abläufe im Produktionsbereich fehlt jedoch.

C) Die ganzheitliche Einführung aller Produktionssystemelemente wurde häufig gefordert – ohne jedoch die Interdependenzen zwischen PS-Elementen und ihre Funktionen näher zu betrachten und damit Konsequenzen aus der Einführung von Insellösungen vorherbestimmen zu können.

D) Grundsätzliche Strategien zur Einführung von Produktionssystemen werden in der Literatur genannt – allerdings häufig mit Fokus auf der Teilefertigung; eine detallierte Anleitung, speziell zur Einführung in den Montagebereichen der Automobilindustrie, findet sich bisher nicht.

Grundlage dieser Untersuchung war die Beantwortung von vier Kernfragen: die Frage nach den Vorteilen des Toyota Produktionssystems, den Einflußfaktoren für seine erfolgreiche Einführung, geeigneten Meßgrößen zur Fortschrittskontrolle und nach einer modellhaften Vorgehensweise zur Produktionssystemeinführung. Die Antworten (und damit die Ergebnisse dieser Untersuchung) sollen hier abschließend kritisch, u.a. in Anlehnung an die Kommentare aus der Expertenbefragung, diskutiert werden.

7.1.1 Was sind die Vorteile des Toyota Produktionssystems? (Kernfrage 1)

Klassische Formen der Produktionsorganisation, die auf den Grundsätzen der Massenfertigung und dem Taylorismus fußen, werden den sich rasch ändernden Bedürfnissen der globalen Wirtschaftssituation nicht mehr gerecht. Prinzipielle Nachteile umfassen hohe Produktionskosten, mangelnde Flexibilität bei sich rasch ändernden Marktanforderungen und ein durch Mißtrauen geprägtes Arbeitnehmer-Arbeitgeberverhältnis, welches keine wirkliche Prozeß- und damit Unternehmensoptimierung zuläßt. An dieser Stelle sollen die Vorteile des TPS und die zugrundeliegenden Produktionssystemelemente dargestellt werden.

Wiederholbare höchste Produktqualität bei gleichzeitiger ***Senkung von Nacharbeitsaufwand*** basieren auf der Standardisierung von Arbeitsabläufen, der ausschließlichen Weitergabe von qualitativ einwandfreien Zwischenprodukten nach dem internen Kunden-Lieferanten-Prinzip sowie Jidoka, den Maßnahmen zur automatischen Prozeßunterbrechung bei maschineller Bearbeitung (Autonomation) und Montagetätigkeiten (Band-Stop System).

Voraussetzungen sind die Bereitschaft zur ***Dokumentation von Arbeitsabläufen*** und die Verbindlichkeit bei deren Einhaltung. Die Standardisierung hilft bei der transparenten Ausweisung von wertschöpfenden und nicht-wertschöpfenden Abläufen (=Verschwendung) und trägt damit zu einer Durchlaufzeitreduzierung und ***Personalkostensenkung*** bei. Die Erstellung von Standardarbeitsblättern ist allerdings mit nicht unerheblichem Aufwand bei Neuproduktanläufen verbunden[221].

Die Umstellung auf ***Fließfertigung*** ohne Puffer und die konsequente Fehlerbehebung mit dem ***Bandstopp***-Verfahren werden anfänglich zu Verlusten bei den Tagesstückzahlen führen. Dies stellt insbesondere bei stark nachgefragten Produkten einen bedeutenden Zielkonflikt dar, der häufig durch eine unvollständige

---

[221] Als Orientierung im Rahmen eines Neuproduktanlaufs können jeweils 20% der täglichen Kapazität bei linienverantwortlichen Prozeßingenieure, 15% bei Meistern, 5% bei Werkern sowie ein permanentes Support-Team von ca. 2-3 Mitarbeitern für Datenaufbereitung und Änderungsmanagement angesetzt werden.

Kostenbetrachtung der Nacharbeitsaufwendungen unterlaufen wird. Darüber hinaus hat die Beachtung des internen Kunden-Lieferantenverhältnisses einen eher symbolhaften Charakter (das Selbstverständnis ein Zwischenprodukt *nur* einwandfrei weiterzugeben), die erst mittelfristig zu wirklichen Kostenvorteilen führt.

Stabile und robuste Produktionsprozesse und ***schnelle Neuproduktanläufe*** bei geringem Zusatzinvestment sind auf die Verwendung von ‚ausreichender', d.h. kapazitiv nicht überdimensionierter, Anlagentechnik bei minimaler Automatisierung zurückzuführen. Die Einbeziehung der Werker bei Reinigung, Wartung und präventiver Störungsüberwachung sind Bestandteile der ‚totalen produktiven Instandhaltung' (TPM).

Während nach dem westlichen Ansatz eine Kostensenkung häufig auf der Optimierung von Prozessen im Hinblick auf Leistungsfähigkeit und Wertsteigerung (schnellere, höherwertige Bearbeitung) und erwarteter Skaleneffekte beruht, zielt das TPS auf eine Kostensenkung durch die kontinuierliche Ausweisung und ***Eliminierung jedweder Art von Verschwendung***. Die bedarfsorientierte Materialversorgung nach dem Pull System in Verbindung mit der Fließfertigung in Losgröße 1 und der Synchronisation von allen Produktionsflüssen, sowohl innerhalb des Unternehmens als auch zu den Zulieferern, erlaubt die kontinuierliche Absenkung von Materialbeständen. Durch Materialpuffer bisher verdeckte instabile Prozesse können nun identifiziert und optimiert werden.

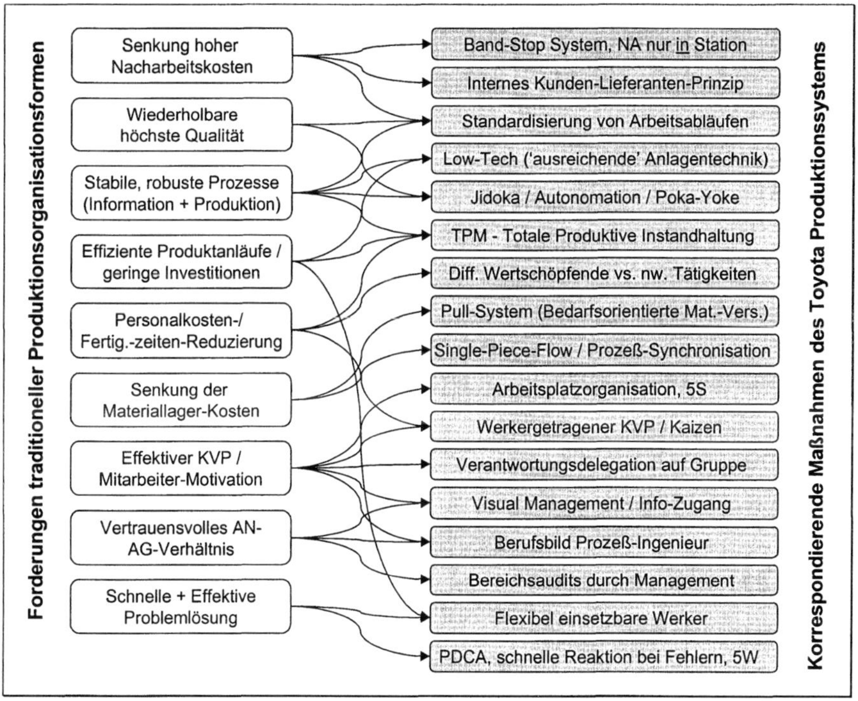

Bild 7.1.1.a: Forderungen der Industrie und Maßnahmen des Toyota Produktionssystems

Voraussetzung für einen ***effizienten kontinuierlichen Verbesserungsprozeß*** sind saubere, geordnete Arbeitsbereiche, standardisierte (dokumentierte) Prozesse und mitarbeitergetragene Kaizenmaßnahmen unter Nutzung der Mitarbeiterkreativität. Das TPS fördert dies durch Einbindung der Werker in autonomer Arbeitsplatzorganisation und der selbstständigen Optimierung ihrer Arbeitsabläufe (Revision von Standards). Im Hinblick auf die Überarbeitung von Standardarbeitsblättern bedeutet dies eine möglichst frühe Einbindung, d.h. unter Abzug von Werkern aus der laufenden Produktion. Visual Management erlaubt die sofortige Erkennung von Unregelmäßigkeiten und transparente, ‚heruntergebrochene' Unternehmensziele für alle Prozeßbeteiligten.

Ein ***vertrauensvolles Arbeitnehmer-Arbeitgeberverhältnis*** ist durch freie Informationszugänglichkeit und Präsenz der Produktionsleitung in der Produktion geprägt; sowohl als Vorbildfunktion als auch zur Überprüfung der Produktionssystemprinzipien im Rahmen von Bereichsaudits. Eine hohe Bedeutung kommt dem ***Prozeß-Ingenieur*** zu, der als Bindeglied zwischen Planung, Entwicklung und Produktion, gemeinsam mit dem Meister, Prozeßsicherheit und kontinuierliche Optimierung sicherstellt. Während dieser in Japan und USA problemlos eingeführt ist, bestehen in Europa weiterhin ***Zielkonflikte*** im Selbstverständnis eines Ingenieurs und seinen Aufgaben in bzw. *für* die Produktion. Die zwischenmenschliche ‚Kluft' zwischen dem ‚Planer' (Ingenieur) und dem ‚Werker' ist u.a. kulturell und bildungspolitisch bedingt. In den USA sind z.B. gerade bei Neustandorten häufig Universitätsabsolventen bereit ‚ans Band' zu gehen (mit der begründeten Hoffnung auf mittelfristige Weiterentwicklung in Führungsaufgaben) und auch Mitarbeiter mit einfachem Highschool-Abschluß können sich für Managementaufgaben qualifizieren [222]. In Europa, speziell in deutschen Werken, wird eine klare Trennungslinie gezogen, die eine realistische Weiterentwicklung der Werker bis max. in eine Meisterfunktion gestattet. Das Selbstverständnis eines Automobilwerkers in den USA ist demzufolge deutlich positiver belegt als in Europa, wo für viele Werker der Wechsel aus einer ganzheitlichen Aufgabe, z.B. im Kraftfahrzeughandwerk, in eine industrielle eher monotone Montagetätigkeit nur widerwillig aus Einkommensgründen heraus erfolgt. Existiert diese Lücke zwischen Ingenieur und Werker, kann ein Vertrauensverhältnis gegenüber ‚dem Anderen' nur bedingt entstehen.

Schnelle Reaktion auf Prozeßprobleme und ein entsprechendes Herbeiführen von dauerhaft wirksamen Lösungen sind das Ergebnis von breiter Mitarbeiterqualifikation unter Vermittlung von standardisierten Problemlösungsverfahren. Gibt man den Mitarbeitern Verantwortung für ihre Prozesse, vereinbart mit ihnen Ziele, und vermittelt ihnen transparent die Auswirkungen ihres Handelns im Sinne einer Beteiligung am Unternehmenserfolg, so ergibt sich die entsprechende Motivation automatisch. Der Schlüssel in der genügenden Zuordnung von Zielen, die eine individuelle Honorierung einzelner Fertigungszellen, Bandabschnitte, etc. erlauben[223].

7.1.2 Was sind die Einflußfaktoren einer erfolgreichen PS-Einführung?(Kernfrage 3)

Die Einflußfaktoren zur erfolgreichen Einführung von Produktionssystemen wurden in 11 Themenfeldern analysiert. Die Ergebnisse aus der Expertenbefragung und dem Fallstudienvergleich sollen diskutiert werden. Da sich die detaillierten Ergebnisse im Anhang befinden, soll hier insbesondere auf stark befürwortete bzw. abgelehnte Hypothesen eingegangen werden.

7.1.2.1 Einflußfaktoren des Themenfeldes ‚Rahmenbedingungen'

Obgleich viele Greenfields ihre Standorte in ***strukturschwachen Gebieten*** (4,4) gewählt haben, sind neben einem großen, ***unvorbelasteten und motivierten Arbeitskräftepotential*** (7,5) und geringem Gewerkschaftseinfluß ebenso viele andere Gründe der Standortwahl in Betracht zu ziehen, z.B. Investitionszuschüsse, Steuernachlässe, etc. Die Fallstudienbeispiele (Greenfields) entsprechen diesem Vorgehen durch Standorte in deutlich strukturschwachen Regionen. Diese ‚Stadtflucht' ist u.a. als ein Ergebnis der ablehnenden Haltung traditioneller Standorte zu werten. Es stellt jedoch keine Lösung für bestehende Werke dar. Die eigentliche Herausforderung für die Zukunft liegt vielmehr in der Transformation *dieser* Standorte.

Eine ***hohe Produktionsauslastung*** (4,8) wurde nicht als wirkliches Hindernis bei der PS-Einführung gewertet – im Gegenteil. Es wurde darauf verwiesen, daß ein PS insbesondere zur Erreichung einer optimierten, kurzgetakteten Fertigung beitrage. ***Facharbeiter*** (6,9) neigen zu deutlicher Ablehnung von standardisierten Arbeitsabläufen; besondere Schulungsmaßnahmen sind erforderlich. Dies ist sowohl auf dem Selbstverständnis der Facharbeiter (Standardisierung = Bevormundung qualifizierter Mitarbeiter) als auch der reinen Vorgabe von Standards begründet. Die Einstellung von flexibel einsetzbaren ***Generalisten*** (7,5) ist vorteilhafter (diese Aussage stimmt im übrigen für jede Art von Änderungsprozessen!). Kritisch wurde jedoch die (noch) mangelnde fachspezifische Erfahrung von unvorbelasteten Mitarbeitern gesehen, welche in direktem Zusammenhang zur Effizienz eines KVP dar. Facharbeiter wurden zudem bei entsprechender

---

[222] Als Beispiel kann hier der Standort Tuscaloosa herangezogen werden, wo mittlerweile 50% der Funktionen im unteren und mittleren Management der Produktion durch ehemalige Bandmitarbeiter besetzt sind. Ein Großteil von Ihnen verfügt lediglich über einen Highschool-Abschluß (inklusive der von Toyota und anderen japanischen Transplants abgeworbenen Manager) – der große Unterschied zu deutschen FK der Produktion besteht in der jahrelangen produktionsnahen Erfahrung!

[223] Als Beispiel mag hier die Zellenfertigung bei Mercedes-Benz do Brasil herangezogen werden. 1-2 Mitarbeiter sind jeweils für alle Arbeitsumfänge innerhalb ihrer Zelle verantwortlich, inklusive Reinigung, Wartung, Qualitätssicherung und logistische Umfänge. Ihre Ziele bezogen auf das Monatsprogramm vereinbaren sie mit dem Meister. Alle weiteren Entscheidungen, Arbeitseinteilungen, etc. organisieren sie autonom.

Überzeugungsarbeit als veränderungsbereit charakterisiert. Der Fokus liegt wiederum in der Strategie der Einführung.

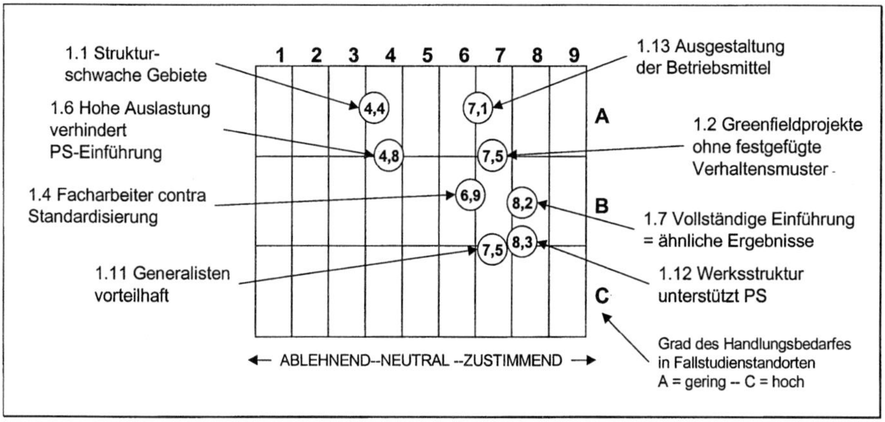

Bild 7.1.2.1.a: Portfolio-Darstellung der Einflußfaktoren aus Themenfeld ‚Randbedingungen'

Die Ausgestaltung der ***Betriebsmittel*** (7,1) und der ***Werksstruktur*** (8,3) haben einen hohen Einfluß auf die Effizienz eines PS. Insbesondere die Brownfields wiesen durch ihr ‚gewachsenes' Layout erhebliche Nachteile auf. Die stufenweise Automatisierung wurde eingeschränkt bestätigt für Montage und Rohbau. Dieser Forderung wird teilweise durch die verstärkte Modularisierung und Einrichtung von Solitärfertigungen in der Automobilfertigung Rechnung getragen. Neustrukturierungen auch in bestehenden Standorten sind damit eher realistisch. Deutlich wurde betont, daß bei ***vollständiger Einführung*** (8,2) aller PS-Elemente in Standorten verschiedener Ausgangsbedingungen ähnliche Produktivitätsverbesserungen zu erwarten sind. An dieser Stelle soll nochmals betont werden, daß nicht nur die *Einführung* von Methoden, sondern vielmehr die *Konsequenz* und *Verbindlichkeit* ihrer Anwendung erfolgsbestimmend sind!

7.1.2.2 Einflußfaktoren des Themenfeldes ‚kulturelle Einflüsse'

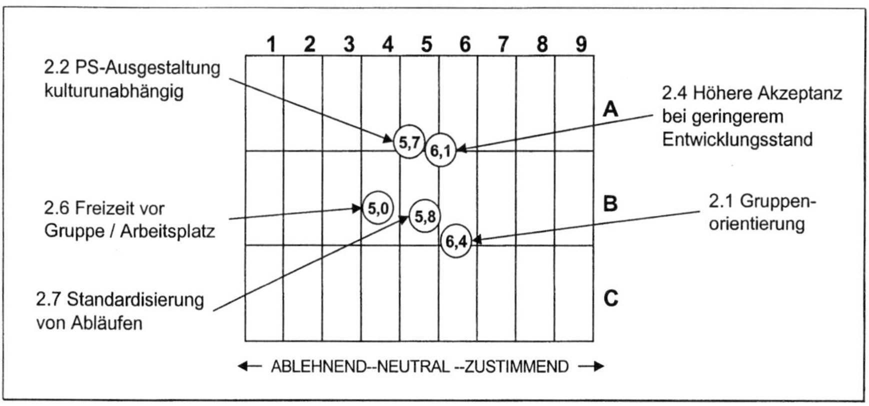

Bild 7.1.2.2.a: Portfolio-Darstellung der Einflußfaktoren aus Themenfeld ‚kulturelle Einflüsse'

Das Themenfeld kulturelle Einflüsse ist durch eher zurückhaltend-neutrale Aussagen gekennzeichnet. Relativ hohe Bestätigung fand die These, daß Regionen bzw. ***Länder mit geringem Entwicklungsstand*** (6,1) PS-Prinzipien deutlich besser akzeptieren. Dies deckt sich mit den Fallstudienstandorten als auch Beoachtungen in mexikanischen Transplants. Die ***Gruppenorientierung*** (6,4) erleichtert die Eintaktung und Führung individueller Mitarbeiter, u.a. durch die Selbstkontrolle und Nivellierung innerhalb der Gruppe. Stark betont wurde die Forderung der Aufrechterhaltung der Kreativität des Individuums. Zur Erreichung wirklicher Gruppenarbeit, die sich durch Kontinuität und gleichmäßige Gruppenzusammensetzung auszeichnet, besteht in den Fallstudienstandorten noch ein hoher Handlungsbedarf.

Zur ***kulturunabhängigen Ausgestaltung von PS*** (5,7) gab es verschiedene Auffassungen: während die Hauptelemente und Prinzipien des TPS unverändert sein sollen, müssen kulturspezifische Eigenarten auf der Ausprägungsebene berücksichtigt werden, u.a. zur Stärkung der PS-Akzeptanz. Der Forderung nach standortspezifischer Anpassung sollte jedoch nur sehr vorsichtig begegnet werden, eröffnet sie doch Wege zu (nicht kontrollierbarer) Interpretation. Der hohe Fokus des TPS auf standardisiertem (100%) ‚Transplantieren' der Prinzipien unterstützt diese Aussage.

Die Ablehnung von ***standardisierten Arbeitsabläufen*** (5,8) wurde weniger auf westlichen Individualismus sondern eher auf das *Vorgeben* dieser Standards (im Vergleich zum fernöstlichen Ansatz des gemeinsamen *Erarbeitens*) zurückgeführt. Parallel wurde auf mannigfaltige Beispiele für bestehende und akzeptierte Standardisierung im westlichen Kulturkreis, z.B. im Erziehungswesen, Militär, Lebensmittelverarbeitung und bei sicherheitsrelevanten Produktionsverfahren verwiesen.

Eine hohe ***Freizeitorientierung*** in Europa (5,0) wurde nur teilweise als Grund für mangelnde Identifikation mit dem Arbeitsplatz anerkannt. Während in den USA hohe Wochenarbeitszeiten üblich sind, ist eine ggf. latent vorhandene Überstundenbereitschaft in Deutschland durch Tarifverträge künstlich eingeschränkt.

7.1.2.3 Einflußfaktoren des Themenfeldes ‚Definition eines Produktionssystems'

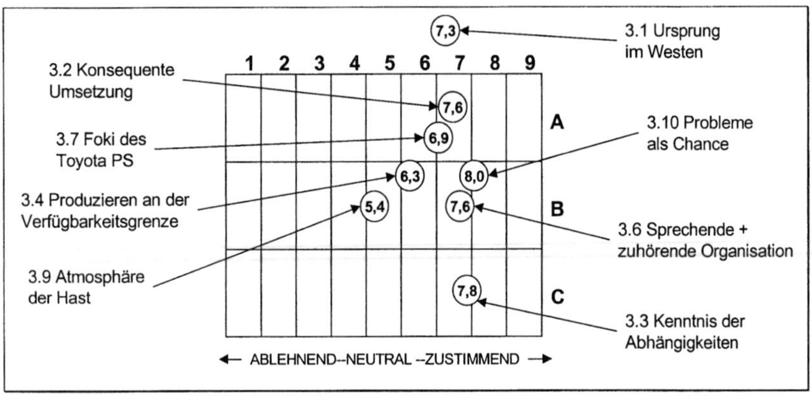

Bild 7.1.2.3.a: Portfolio-Darstellung der Einflußfaktoren aus Themenfeld ‚Definition eines PS'

Die ***Ursprünge*** (7,3) des Toyota Produktionssystems im Taylorismus und den Qualitätslehren Edward Demings wurden deutlich bestätigt. Der große Unterschied besteht darin, daß der Toyotismus einen wirtschaftlichen gangbaren Weg aus der Massenfertigung aufzeigt.

Die Hauptbestandteile bzw. ***Fokusse des TPS*** (6,9) wurden mit Standardisierung, Pull System, Visual Management und Jidoka bestätigt. Als wirklich ‚neu' wurden Pull System und die Fließfertigung mit Losgröße 1 genannt. Gleichzeitig wurde die Wichtigkeit einer ***konsequenten Umsetzung*** (7,6), d.h. die Verbindlichkeit bei der Einhaltung von PS-Prinzipien und deren Überwachung durch das Management betont. Beides deckt sich mit den Beobachtungen in den Fallstudienstandorten.

Nur bedingt bestätigt wurde eine ***Atmosphäre der Hast*** (5,4). Vielmehr führt das TPS zu einem intelligenteren Arbeiten. Stabile Prozesse und Fließfertigung bewirken, daß strukturierter und gleichmäßiger gefertigt wird. Ggf. ist aber lediglich der eher negativ belegte Begriff ‚Hast' in ‚Eile' zu tauschen, um eine positivere Wertung dieser Hypothese zu bewirken.

Ebenso abgemildert wurde die ***Produktion an der Verfügbarkeitsgrenze*** (6,3) ohne jegliche Puffer (als Vergleich dient der Ausdruck ‚Arbeiten ohne Sicherheitsnetz'). Vielmehr helfen minimale Materialpuffer bei der Aufdeckung von instabilen Prozessen, zumindestens machen sie die Phase der kontinuierlichen Materialverringerung erträglicher.

Die ***Kenntnis von Interdependenzen*** (7,8) wurde als wichtig empfunden, da hier die Ursache für viele ineffiziente Insellösungen liegt. Dieser Punkt wurde bereits im Vorfeld intensiv diskutiert. Die Themen Transparenz der Prozesse und (heruntergebrochene) Unternehmensziele, freie Zugänglichkeit von Informationen und Einbindung der Produktionsmitarbeiter fanden ihren Ausdruck in der ***sprechenden + zuhörenden Organisation*** (7,6). Hier wurde betont, daß die Geschäftsführung nicht autonom agieren darf. Sie muß die Strategien vielmehr durch gemeinsam mit der Produktion abgestimmte Zielvereinbarungen absichern.

Der besondere auf die kontinuierliche Reduzierung von Verschwendungen basierende TPS-Ansatz begreift schließlich ***Probleme als Chance*** (8,0) zur weiteren Verbesserung. Inwieweit die Kreativität der Mitarbeiter bei der Problemlösung herangezogen werden kann, ist unmittelbar abhängig von dem Grad der Einbindung sowie dem zur Verfügung stehenden (zeitlichen, räumlichen und ausstattungsseitigen) Angebot zum Testen von Ideen.

7.1.2.4 Einflußfaktoren des Themenfeldes ‚Bedeutung für die Organisation'

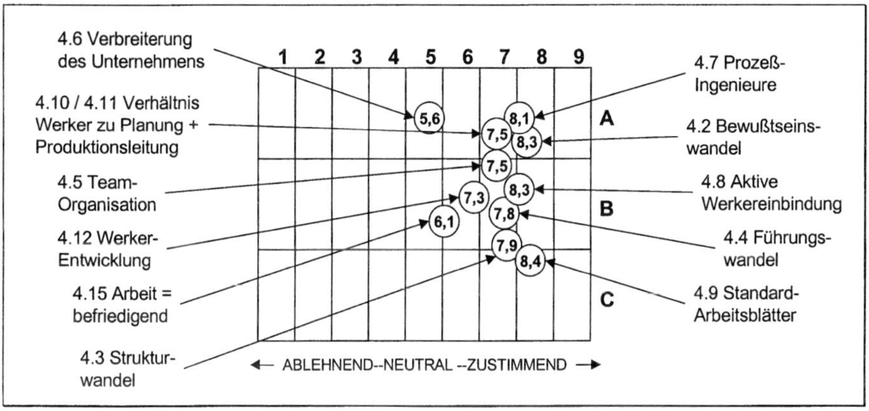

Bild 7.1.2.4.a: Portfolio-Darstellung der Einflußfaktoren aus Themenfeld ‚Bedeutung für die Organisation'

Die Notwendigkeit des ***Unternehmenswandels*** (7,8-8,3) in den Bereichen Führung, Struktur und Bewußtsein wurde bestätigt. Während der Bewußtseinswandel durch das Erlernen von PS-Prinzipien bereits vorangeschritten ist, sind noch deutliche Defizite bei dem Selbstverständnis der Führungskräfte und der Unternehmensausrichtung auf den Kunden anzutreffen. Ein hoher Fokus lag auf der ***Integration*** von Führungskräften und Mitarbeitern der Planung mit den Produktionsmitarbeitern mit dem Ziel der Schaffung eines ***Vertrauensverhältnisses*** (7,5). ***Aktive Werkereinbindung*** (8,3) durch konsequente Verantwortungsdelegation auf die Arbeitsebene und die Integration von indirekten Arbeiten haben dabei einen entscheidenden Einfluß. Die bereits angesprochene ‚Zweitrangigkeit' von Werkern ist u.a. Ursprung des mangelnden Vertrauens. Die Glaubwürdigkeit und Verläßlichkeit (=Verbindlichkeit) im täglichen Handeln gekoppelt mit häufigen Kontakten schafft mittelfristig ein Vertrauensverhältnis.

Der ***‚Team'-Gedanke*** (7,5) steht nicht zwangsläufig für Gruppenarbeit, sondern vielmehr für die gemeinsame Ausrichtung aller Aktivitäten auf ein Ziel und den Abbau von Bereichsegoismen, auch in der Führungsmannschaft (in Anlehnung an die Bedeutung des Begriffs ‚Management-Team').

Die häufig geforderte Funktion des ***Prozeß-Ingenieurs*** (8,1) könnte u.a. durch die Verlagerung der Industrial Engineering Tätigkeiten aus der Planung in die Produktionsbereiche, also durch eine Integration von Zeitenplaner und Anlagentechniker geschaffen werden. Dieser erarbeitet mit den Werkern ***standardisierte Arbeitsabläufe*** (8,4) und schafft damit die Basis für einen effektiven KVP. Standardisierung funktioniert wiederum nur bei entsprechender Einsicht, warum ein dargestellter Standard die optimalste Lösung ist.

Nur bedingt wurde die ***Unternehmensverbreiterung*** (5,6) bestätigt, nach der Führungskräfte im Rahmen der Führungsebenenreduzierung neue Aufgaben erhalten. Mit dem Wechsel von der funktionsbezogenen

Linienorganisation zur produktbezogenen Matrix- bzw. Centerorganisation entstehen neue Querschnittsaufgaben, z.B. in der Einführung und Pflege eines PS samt KVP als ein neues Betätigungsfeld dar. Trotzdem ist ein Führungskräfteabbau oftmals nicht vermeidbar bzw. sogar gewollt. Das daraus im Vorfeld resultierende Potential an Verweigerung und Ablehnung ist entsprechend bei der Maßnahmenumsetzung zu berücksichtigen.

Die Eliminierung von nicht-wertschöpfenden Arbeitsumfängen wird von den Werkern oftmals als reine Leistungsverdichtung fehlinterpretiert. Hier muß eine Verdeutlichung des ‚not work harder, but smarter' erfolgen. Eine ***befriedigende Arbeit*** (6,1) ergibt sich erst bei intensiver Einbindung der Werker in Arbeitsplatzorganisation und Prozeßverbesserung ohne Aufweichung von PS-Prinzipien. Die bei hohen Produktionsstückzahlen und Arbeit in festen Stationsgrenzen (wieder) zunehmende Unterteilung der Arbeitsabläufe in Kurztakte wird dabei häufig kritisch bewertet. Sie erscheint auf den ersten Blick als unvereinbar mit dem Anspruch an die Arbeitsumfangserweiterung (Job-Enlargement). Es sollte hier deutlich werden, daß nur durch Kurztakte eine Effizienz bei der gleichmäßigen Auslastung der Mitarbeiter (und damit systematische Verschwendungsidentifizierung) möglich ist. In Bezug auf die Mitarbeiterqualifikation wird im TPS die breite Qualifikation seiner Mitarbeiter gefordert – durch regelmäßiges Rotieren über mehrere Stationen.

7.1.2.5 Einflußfaktoren des Themenfeldes ‚Implementierung – der Änderungsprozeß'

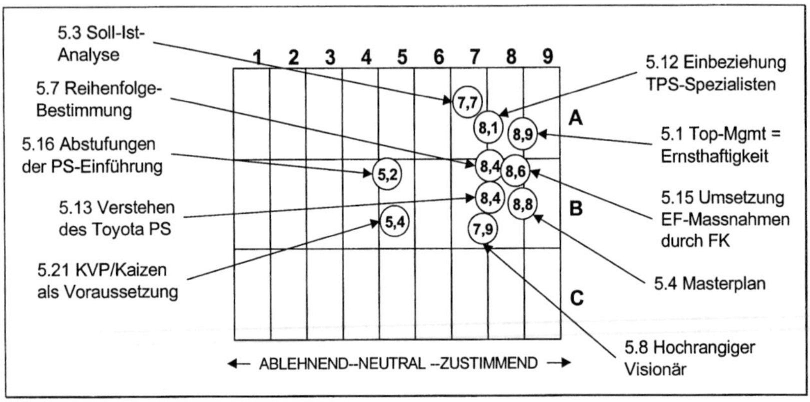

Bild 7.1.2.5.a: Einflußfaktoren-Portfolio aus Themenfeld ‚Implementierung – der Änderungsprozeß'

Im Vorfeld der PS-Einführung muß das tiefe ‚***Verstehen***' (8,4) der TPS-Prinzipien sichergestellt werden. Es sichert entsprechende Unterstützung und ‚langen Atem' im Verlauf einer PS-Einführung. Zum Verstehen gehört ebenfalls die nötige Transparenz zu den anstehenden Maßnahmen (was, wann, warum, wie und durch / mit wem abläuft). Es sollte sich damit niemand aus der Verantwortung nehmen oder das Interesse verlieren unter Berufung auf mangelnde Information. Unter Einbeziehung von erfahrenen (oftmals externen) ***TPS-Spezialisten*** (8,1) ist eine ***Soll-Ist-Analyse*** (7,7) durchzuführen, um latent bestehende PS-Elemente, hohe Handlungsbedarfe und kulturelle Besonderheiten / Restriktionen zu erkennen. Die Präferenz liegt auf der Verfügbarkeit von internen TPS-Spezialisten, die einige Jahre in einem TPS-Umfeld gearbeitet haben, um auftretende Zweifel zügig zu beseitigen.

Im Abgleich mit den Managementvorgaben zur PS-Einführung und den vorhandenen (Koordinations-) Kapazitäten sollte anhand eines ***Masterplans*** (8,8) die ***Reihenfolge*** (8,4) der einzuführenden PS-Elemente vorgeplant werden. Ein hoher Fokus liegt bei der Einführung eines Produktionssystems auf der Vorbildfunktion bzw. ***Ernsthaftigkeit des Top-Managements*** (8,9). Ein Management-Vertreter sollte als ***Visionär*** (7,9) die angestrebten Ziele im Verlauf der Einführung konsequent vertreten. Die Verantwortung zur ***Umsetzung*** (8,6) der Einzelmaßnahmen sollte bei produktionsnahen Vertretern des mittleren Managements liegen. Durch diese Einbindung ist die wirkliche Unterstützung der ‚Statusbewahrer' und Zögerer sichergestellt. Ein zu Beginn der PS-EF bereits funktionierender KVP wurde als nicht notwendig erachtet. Es wurde vielmehr betont, daß insbesondere bei Greenfields die neuen Mitarbeiter über ein nicht ausreichendes Urteilsvermögen verfügen, d.h. ***KVP bzw. Kaizenmaßnahmen*** (5,4) sollten erst mit bzw. nach den ersten

PS-Elementen und einer primären Prozeßstabilisierung zum Einsatz kommen. Bei der Auswahl von ***Einführungsstrategien*** (5,2) wurde überwiegend die unternehmensweite (simultane) Form gefordert[224].

7.1.2.6 Einflußfaktoren des Themenfeldes ‚Widerstände der EF und Gegenmaßnahmen'

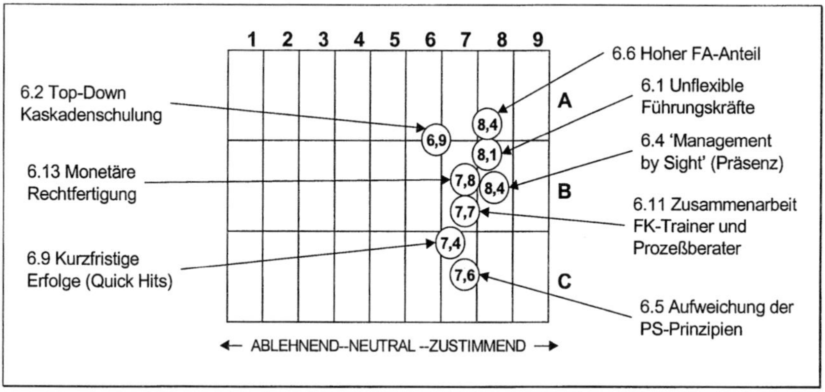

Bild 7.1.2.6.a: - Einflußfaktoren-Portfolio aus Themenfeld ‚EF-Widerstände + Gegenmaßnahmen'

Unflexible Führungskräfte (8,1), insbesondere aus dem mittleren Management, wurden als Quelle des größten Widerstandes bestätigt. Parallel dazu wurde auf die Notwendigkeit einer sorgfältigen Information der Betriebsräte hingewiesen. Der Widerstand läßt sich effektiv nur die direkte Einbeziehung im Sinne der Verantwortungsdelegation von Umsetzungsmaßnahmen reduzieren.

Ein hoher ***Anteil an Facharbeitern*** (8,4) indessen bedeutet nicht zwangsläufig eine erfolglose PS-Einführung. Dies wurde eindeutig bestätigt und unterstützt die Wertschätzung erfahrener Mitarbeiter im Hinblick auf die erfolgsversprechende KVP-Maßnahmen.

Die Effizienz der Problembewältigung sollte durch regelmäßige ***Präsenz des Managements*** (8,4) in den Produktionsbereichen, z.B. im Rahmen von Bereichsaudits, unterstützt werden. Parallel dazu sollten ***Führungskräfteschulungen*** (7,7) praxisorientiert die Probleme der Prozeßberater / PS-Spezialisten aufgreifen. Die ***Top-Down-Kaskadenschulung*** (6,9) wurde bestätigt, allerdings im Beisein von PS-Spezialisten und unter der Erweiterung um praktische Anwendungen (Kaizenprojekte) in der Produktion zur detaillierten Prinzipienvermittlung!

Vor dem Hintergrund der oft kurzfrist-orientierten Controllingmethoden besteht für Umsetzungsmaßnahmen häufig die Gefahr einer unzureichenden ***wirtschaftlichen Rechtfertigung*** (7,8). Kurzfristige Ergebnisorientierung und Ungeduld stehen hier im Zielkonflikt mit langfristig wirksamen Prozeßverbesserungen. Eine Fortschrittskontrolle

Insbesondere bei großen, traditionellen Standorten kann latentem Widerstand durch ***kurzfristige, sichtbare Verbesserungen*** (7,4) vorgebeugt werden. Bei allen Fallstudienstandorten bestand die Gefahr der ***PS-Prinzipienaufweichung*** (7,6) unter dem Druck der Produktionsstückzahlen! Hier ist die Konsequenz des Managements gefordert. Diese ist jedoch nur auf dem Wege einer intensiven Verdeutlichung der PS-Vorteile erreichbar. Es ist zu bezweifeln, inwieweit das Element der Kaskadenschulung hier ein alleinausreichendes Schulungselement darstellt.

[224] Dieser Punkt wird in Kapitel 7.1.4 *Welche Strategie der PS-Einführung ist sinnvoll?* noch diskutiert werden.

7.1.2.7 Einflußfaktoren der Themenfelder ‚Ganzheitlichkeit' und ‚Bedeutung PS-Elemente'

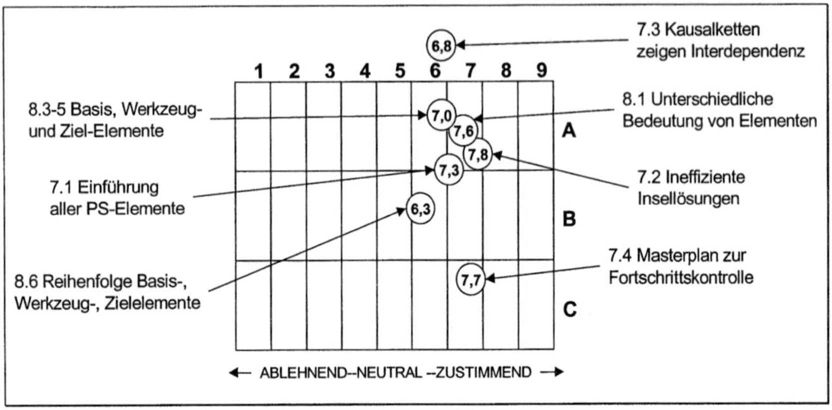

Bild 7.1.2.7.a: - Einflußfaktoren-Portfolio aus Themenfeldern ‚Ganzheitlichkeit + Bedeutung PS-Elemente'

Die Forderung nach einer ***ganzheitlichen Einführung*** (7,3) aller PS-Elemente wurde unterstützt. Die teilweise Einführung resultiert in ***Insellösungen*** (7,8), die nur begrenzte Produktivitätsverbesserungen zur Folge haben. Zur Fortschrittskontrolle wird ein detaillierter ***Masterplan*** (7,7) empfohlen. Ebenso wurde die These zur Unterteilung in ***Basis-, Werkzeug- und Zielelemente***[225] (7,0) mitgetragen. Dies wiederum ist durch die unterschiedlichen Bedeutungen und Funktionen einzelner PS-Elemente begründet. Die ***Reihenfolge*** (6,3) der Elementeeinführung wurde u.a. ebenso in Abhängigkeit von der jeweiligen Unternehmenssituation gesehen. Interessanterweise wurden auch ohne spezifische Kenntnis der Analyse zur Darstellung von Kausalzusammenhängen die bestehenden ***Interdependenzen*** (6,8) zwischen PS-Elementen bestätigt. In den bisher nur unzureichend untersuchten Wirkzusammenhängen der PS-Elemente untereinander kann eine der Hauptursachen für die noch unzureichende PS-Einführung in traditionellen Standorten vermutet werden.

7.1.2.8 Einflußfaktoren des Themenfeldes ‚Pflege eines Produktionssystems'

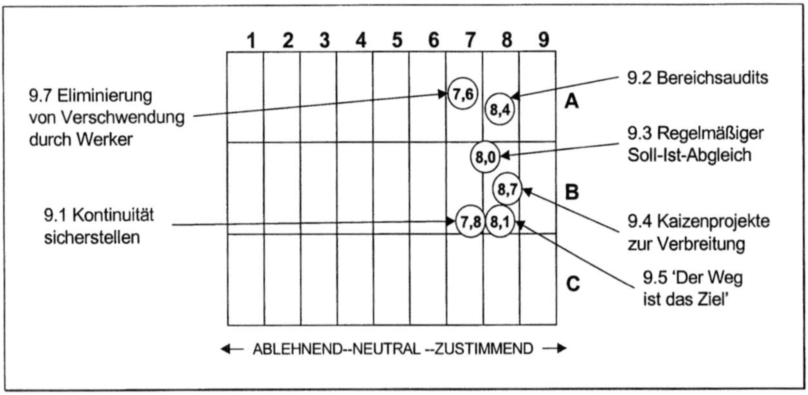

Bild 7.1.2.8.a: - Einflußfaktoren-Portfolio des Themenfeldes ‚Pflege eines Produktionssystems'

[225] Vgl. Kapitel 3.8.2 *Interdependenz von Produktionssystemelementen*

Sämtliche vorgeschlagenen Maßnahmen zur Aufrechterhaltung eines eingeführten Produktionssystems wurden bestätigt: ***Kontinuität*** (7,8) in der Mitarbeiterunterweisung, in der Zustandskontrolle anhand von ***Bereichsaudits*** (8,4) sowie durch regelmäßigen ***Soll-Ist-Abgleich*** (8,0) (z.B. der Ergebnisse aus der Gap-Analyse). ***Kaizenprojekte*** (8,7) helfen die PS-Prinzipien im Unternehmen zu verbreiten – wichtig ist hierbei, daß die Produktionsmitarbeiter in alle Optimierungsmaßnahmen direkt eingebunden sind.

7.1.3 Welche Meßgrößen eignen sich für die Steuerung der PS-Einführung? (Kernfrage 2)

Die vorgeschlagenen Meßgrößen wurden ebenso durch die Expertengruppe auf ihre Eignung zur Fortschrittskontrolle einer Produktionssystem-Einführung bewertet (siehe Mittelwert ∅). Es gilt dabei das bekannte Bewertungsschema: bestens geeignet [9] bis stark ungeeignet [1].

Meßgrößen	***Einheit***	***∅***	***Kommentare aus der Expertenbefragung***
Produktionsanlauf	[Monate]	**7,5**	Es existieren eindeutige Vorteile bei ‚eingespielten Produktionssystemen'. Aber auch neue Standorte verzeichnen im Produktanlauf Vorteile in Form von reduziertem Kommunikations- und Trainingsaufwand. Montagegerechte Produktgestaltung und Entwicklungsreifegrad haben ebenso einen entscheidenden Einfluß!
Mitarbeiter-produktivität	[Fzg /MA+a]	**8,1**	Zu berücksichtigen sind Faktoren wie Komplexität der Fahrzeuge, Grad der Automation, Bandlaufzeiten bzw. Jahresarbeitsstunden
Durchlaufzeit / Fertigungszeit	[Std/Fzg]	**/**	Durch kontinuierliche Verringerung und Eliminierung nicht-wertschöpfender Umfänge (Indikator für die Effektivität des KVP)
Fehlerhäufigkeit	[Fehler/10 0 Fzg]	**8,4**	Indikator für die Detaillierung und Beachtung von Arbeitsablaufstandards sowie die Güte des Auslieferungsaudits.
Nacharbeit	[Std. / Fzg]	**8,4**	Jidoka-Maßnahmen wie die automatische Fehlererkennung und der Band-Stop helfen die Nacharbeit bis auf ein Minimum absenken. Die Konsequenz des Managements wird vorausgesetzt! Ebenso als Indikator geeignet ist die Größe des NA-Bereiches [% der Montagefläche].
Indirekte Arbeiten	[Direkte / Ind. MA]	**7,5**	Arbeitsplatzorganisation und ‚totale produktive Instandhaltung' verringern den erforderlichen Umfang an indirekten AK.
Schlanke Organisation	[# Ebenen]	**6,5**	Produktionssysteme bevorzugen ein Unterstellungsverhältnis von 1-6 in den Produktionsbereichen. Mit der PS-EF in deutschen Standorten wird damit der vormals abgeschaffte Vorarbeiter (Teamleader) wieder eingeführt! Zu beachten ist, daß in vielen Kommentaren auf mehr (anstatt weniger) Hierarchien bei Produktionssystem-Unternehmen verwiesen wurde!
Verbesserungs-vorschläge	[VV / MA]	**7,3**	Der KVP in Produktionssystemen basiert auf der Nutzung der Mitarbeiterkreativität. Jedoch ist ebenso die Qualität der VV's entscheidend (→ Qualifikation / Erfahrung der MA).
Krankenstand	[% der MA]	**7,3**	Indikator der Mitarbeitermotivation, der Zufriedenheit mit seinem Arbeitsplatz, der Mitarbeiter-Einbindung in die PS-Aktivitäten. Die Altersstruktur der Belegschaft ist ebenso zu beachten!
Materialbestand	[Std. Verfügbar-keit]	**8,3**	Fließfertigung und bedarfsorientierte Materialversorgung lassen Materialpuffer auf ein Minimum sinken. Instabile Prozesse werden ‚freigelegt' und optimiert. Der Materialbestand ist somit ebenso ein Indiz über die Stabilität und Robustheit (d.h. Verläßlichkeit) der Prozesse.
Flächenbedarf	[m^2/ Fzg +a]	**/**	Grundsätzlich verringert sich mit dem Materialbestand ebenso der Flächenbedarf, allerdings ist hier der Automatisierungsgrad zu berücksichtigen!
Konformität / Bereichsaudit	[Anz. der Beanstan-dungen]	**7,6**	Die Einhaltung der PS-Prinzipien, z.B. bei Arbeitsplatzorganisation und Visual Management wird, in regelmäßigen Bereichsbegehungen überprüft.

Meth. Trad. Controlling		**7,4**	Traditionelle Methoden des (Investment-) Controllings sind zu kurzfristorientiert – die Produktionssystem-Maßnahmen zeigen ihren positiven Einfluß oftmals erst nach mehreren Jahren, z.B. in Form eines gleichmäßigen, störungsarmen Produktionsflusses.
Umfang der Rotation	[Anz. der MA]	/	Die Flexibilisierung der Mitarbeiter ist erklärtes Ziel des TPS. Eine Überprüfung kann über das Verhältnis von rotierenden und stationär arbeitenden Werkern erfolgen.
Reaktionszeiten	[Min]	/	Alle Arten von Reaktionszeiten lassen sich als Indikator der Prozeßeffizienz werten. Beispiele sind die Zeitdauer bis zum Eintreffen von Unterstützung bei gezogenem Bandstop oder die mittlere Zeit bis zum Eintreffen der Instandhaltung bei einem Maschinenstillstand.

Bild 7.1.3.a: Meßgrößen zur Fortschrittskontrolle von Produktionssystem-Einführungen

7.1.4 Welche Strategie der PS-Einführung ist sinnvoll ? (Kernfrage 4)

Bei der Auswahl einer Vorgehensweise sollte zunächst in Greenfield oder Brownfield unterschieden werden. Danach lassen sich die simultane, werksweite Einführung aller PS-Elemente, die bereichsspezifische Einführung aller PS-Elemente sowie die stichprobenartige, elementspezifische Einführung unterscheiden.

Bei ***Greenfields*** sprechen mehrere Gründe für die ***simultane, werksweite Einführung***: im Rahmen des Werksneu- bzw. Umbaus kann die Werksstruktur bereits den Erfordernissen des Produktionssystems nach direkt-verknüpften Materialflüssen, Durchgängigkeit der Informationsflüsse, Einsehbarkeit der Bereiche, Farbgestaltung, etc. ausgelegt werden. Materialzonen und Ladungsträger können den Bedürfnissen des Pull Systems angepaßt werden. Neue unvorbelastete Mitarbeiter erhalten eine Intensivschulung zu allen PS-Elementen und können im Rahmen der Arbeitsplatzorganisation einen entscheidenden (und damit eigenen) Beitrag zur Ausgestaltung von Arbeitsplätzen und zur Übernahme von Reinigungs- und Wartungsaufgaben leisten. Bei Neuproduktanläufen besteht ausreichend Freiraum um (gemeinsam mit den Werkern) Standardarbeitsblätter zu erstellen und während des langsamen Hochfahrens der Produktion die beschriebenen Arbeitsabläufe entsprechend zu trainieren, zu verinnerlichen, und ggf. zu revidieren.

Bei traditionellen Standorten mit oftmals festgefügten Verhaltensmustern der Mitarbeiter und ‚eingefahrenen' Prozessen (***Brownfields***) erfordert die PS-Einführung deutlich mehr Aufmerksamkeit. ***Eingangsgrößen*** wie z.B. die Unternehmenskultur und der Führungsstil, das Verhältnis zwischen Management und Betriebsrat / Belegschaft, tarifliche Rahmenbedingungen (Arbeitszeit / Entlohnungsmodelle), der Organisationsgrad der Produktion (historisch gewachsenes, „umständliches" Layout, die Fließfertigung mit hohen Sicherheitspuffern und Instand*setzung* anstelle von vorbeugender Instand*haltung,* gilt es zu berücksichtigen.

Eine ***Soll-Ist-Analyse*** entlang eines vollständigen Produktionssystemschemas[226] hilft latent vorhandene PS-Elemente zu identifizieren, Handlungsbedarfe nach Priorität zu strukturieren und aufgrund vorhandener Koordinations-, Schulungs- und Umbaukapazitäten eine Strategie festzulegen. Während das Management häufig eine werksweite Einführung anstrebt, zwingen Faktoren wie die Aufrechterhaltung der Produktion und hohe Mitarbeiterzahlen zu einem schrittweisen Ansatz.

Favorisiert wird ein kombinierter Ansatz aus ***stichprobenartiger Prozeßoptimierung***, d.h. schnell sichtbare Erfolge unter Einbindung der Werker, die das Konzept des Kaizen im Unternehmen verbreiten helfen, und ***bereichsbegrenzter PS-Einführung***. Dazu sollten möglichst autonome Produktionseinheiten, z.B. maximal ein Produktionsbereich mit ca. 500 Mitarbeitern bis minimal eine einzelne Produktionslinie vollständig nach allen Produktionssystemprinzipien transformiert werden. Es eignen sich Produktionsprogramme mit kleineren Stückzahlen. Für die Umbauphase ist die zeitliche Wahl eines Neuproduktanlaufs geschickt! Der transformierte Produktionsbereich wird seitens der Mitarbeiter deutlich weniger Widerstand generieren. Vielmehr werden die Mitarbeiter, entsprechende Einbindung bei allen Umbaumaßnahmen vorausgesetzt, Stolz für ‚ihren besonderen' Bereich entwickeln und die zugrundeliegenden PS-Prinzipien aktiv gegenüber anderen Bereichen vertreten. Nach ausreichender Abstrahldauer sind die traditionell strukturierten Bereiche ebenfalls motiviert, den neuen Status Quo zu erreichen. Unterstützend lassen sich zudem erfahrene Werker als Multiplikatoren transferieren.

[226] Hier lassen sich die Detailbeschreibungen aus Kapitel 3, die Referenzmethode und Hypothesensammlung aus Kapitel 4 sowie der Phasenmodellablauf zur Produktionssystemeinführung als Checklisten einsetzen.

Bei der Entscheidung zwischen einer werksweiten Einführung oder einem kombinierten Ansatz sollte man sich die ***Argumentation des verantwortlichen Projektleiters*** vor Augen führen: die werksweite PS-Einführung birgt das unüberschaubare Risiko mangelnder Überzeugung seitens der Werker, resultierend aus unqualifizierter Schulung, vorherigen fehlgeschlagenen Optimierungsprogrammen verbunden mit steigendem Widerstand, da werksweite Einführungen erst langfristig Erfolge bringen. Verbesserungen werden nicht transparent, da ein konkreter Vergleich alt-neu fehlt. Tiefgreifende Umstrukturierungen werden von der Produktionsleitung nicht mitgetragen, da sie den Produktionsausstoß der Großserie gefährden – die Produktionssystemeinführung wird das gleiche Schicksal wie ihre Vorgängerprogramme erleiden. Der kombinierte Ansatz hingegen erlaubt die zügige transparente Ausweisung von alter und neuer Welt, findet die Unterstützung der (stolzen) Werker und kann sukzessive auf andere Produktionsbereiche übertragen werden. Die Verbesserungspotentiale (und damit die Leistung des Projektleiters) sind jederzeit klar darstellbar!

Vor dem Hintergrund begrenzter Ressourcen im Rahmen einer PS-Einführung sollte die ***Reihenfolge der Elemente-Einführung*** mit den Ergebnissen aus Kapitel 3.8 korrespondieren, d.h. erst Basis-, dann Werkzeugelemente einführen, um letztlich Zielelemente zu erreichen. Die ***Basis-Elemente*** schaffen die konzeptionellen Voraussetzungen für den positiven Umbau des Unternehmens. Mit ihnen gehen konkrete Umstrukturierungsmaßnahmen (Layout und Produktionsablauf) einher. Die Einführung der Basis-Elemente sollte in 3 Schritten erfolgen:

Schritt 1: Die Maßnahmen der ***Arbeitsplatzorganisation,*** wie z.B. 5S schaffen durch Reinigung, Ordnung und Beseitigung nicht erforderlicher Betriebsmittel und Teile die notwendige ‚Durchsicht', die zur Erkennung von Verbesserungspotentialen notwendig ist. Es ist daher sinnvoll die Sub-Elemente des Clean+S an den Start einer PS-Einführung zu setzen. Die Arbeitsplatzorganisation ist ebenso Voraussetzung für die Sicherheit am Arbeitsplatz. Die ***totale produktive Instandhaltung*** (TPM) bindet die Mitarbeiter ein und fördert die Verantwortungsdelegation auf die Arbeitsebene.

Schritt 2: Das ***Pull-System*** zwingt das Unternehmen zur Kehrtwende in seinen logistischen Abläufen. Statt der traditionellen Losfertigung und mittelfristiger, jedoch unflexibler Materialbedarfsplanung wird eine bedarfsorientierte Fließfertigung mit Losgröße 1 (Single Piece Flow) eingeführt. Sie kann flexibel auf Bedarfsschwankungen angepaßt werden, verringert Materialpuffer und deckt Mißstände bzw. Optimierungspotentiale auf – zwingt aber ebenso zu hoher Aufmerksamkeit und Prozeßsicherheit um Produktionsausfälle zu vermeiden.

Schritt 3: Standardisierung und ***Visual Management*** helfen die erreichten Ziele (Materialbestandsreduzierung, Produktqualität, Taktzeit) zu festigen, d.h. als Standard festzulegen, welcher aber im Sinne einer kontinuierlichen Verbesserung jederzeit revidiert werden kann. Visual Management schafft Transparenz, d.h. der aktuelle Zustand der Produktionsbereiche ist ‚*auf einen Blick*' zu erfassen.

Werkzeug-Elemente wie die Flexibilisierung der Mitarbeiter durch Schulung und regelmäßige Rotation sind unterstützende Maßnahmen, die in vielen Betrieben schon traditionell eine hohe Aufmerksamkeit erhalten – ihre Funktion ist wichtig, kann jedoch bei knappen Ressourcen zugunsten der übrigen PS-Elemente mit geringerer Beachtung koordiniert werden. Maßnahmen des Jidoka erlauben die Eingreifmöglichkeit bei Problemen, sind aber nicht primär notwendig. Grundlage für gleichmäßiges Arbeiten und effiziente Nutzung der Standardisierung sind Stabilität bei Produktionsprogramm, ausreichende Produktreife und im Produktionsfluß. Sie müssen parallel zu den übrigen Maßnahmen permanent optimiert werden.

Die ***Ziel-Elemente Total Quality Control*** und ***Continuous Improvement*** stehen für Instrumente zur Gewährleistung (gleichbleibend) hoher Produktqualität sowie Problemlösungstechniken – sie repräsentieren jedoch ebenso die Unternehmensziele. Den kontinuierlichen Verbesserungsprozeß gilt es dabei als Grundwert der Unternehmensphilosophie fest in das tägliche Tun zu verankern – nach dem Motto „Wer rastet der rostet!" oder „Wer aufhört nach Verbesserungen zu streben, wird eines Tages nicht mehr gut sein!"

7.2 Diskussion der Ganzheitlichkeit des Toyota Produktionssystems

Die vielfach geforderte Ganzheitlichkeit der Einführung des Toyota Produktionssystems wurde durch das Aufzeigen der Interdependenzen zwischen den PS-Elementen bestätigt. Die eingeschränkte Wirkungseffizienz von beschränkt implementierten Produktionssystemen wurde an den aufgestellten Kausalzusammenhängen[227] deutlich. Prinzipiell resultiert die Einführung jedes einzelnen PS-Elementes in graduellen Prozeßverbesserungen. Wichtig ist jedoch, daß eine wirklich tiefgreifende, ganzheitliche, da das ganze Unternehmen umfassende, Verbesserung erst mit der konsequenten Umsetzung *aller* Werkzeuge realisiert

---

[227] Vgl. Kapitel 3.8.2 *Interdependenz von Produktionssystemelementen*

werden kann. Dies ist insbesondere bei Brownfields wichtig, wo mit ersten Erfolgen latent die Gefahr einer frühzeitigen ‚Selbstzufriedenheit' besteht.

Die Gewichtung einzelner PS-Elemente kann sowohl nach dem Grad ihrer Einflußnahme als auch nach ihrer Funktion geschehen. Hinsichtlich ihrer Einflußnahme weisen die Elemente Visualisierung und Standardisierung die mit Abstand höchsten Werte aus.

7.3 Diskussion der Produktionssystem-Elemente

In zusammenfassender Form sollen hier Erfahrungen und Kommentare zu Produktionssystemelementen geschildert werden sowie relevante Probleme diskutiert werden:

KVP / Kaizen: Die Reduzierung jedweder Art von Verschwendung ist Kernansatz des Toyota Produktionssystems. Kostenreduzierungen werden nicht über Leistungssteigerung und Skaleneffekte, sondern durch Eliminierung nicht-wertschöpfender Abläufe erreicht. Nur die Einbindung der Werker bei entsprechender Verantwortungsdelegation schafft einen effektiven, da mitarbeitergetragenen, kontinuierlichen Verbesserungsprozeß. Bei Greenfields bedarf der KVP einer ausreichenden Erfahrung der Mitarbeiter, bei Brownfields schafft er als lokale Maßnahme mittelfristig Akzeptanz für ein unternehmensweites Produktionssystem.

Arbeitsplatzorganisation: Ohne eine Grundordnung lassen sich weder instabile Prozesse und Verschwendung aufdecken noch Arbeitsabläufe standardisieren. Insbesondere bei Brownfields setzen Reinigung, Aussonderung nicht genutzter Teile und Werkzeuge und Optimierungen des Arbeitsplatzlayouts durch die betroffenen Werker bereits große Verbesserungspotentiale frei und motivieren zu weiteren Maßnahmen. Arbeitszufriedenheit bedingt autonome Arbeitsplatzorganisation! Bei traditionellen Standorten mit starker Arbeitnehmervertretung sind bei der Integration von indirekten Arbeiten langwierige Diskussion zu erwarten. Eine frühzeitige Einbindung der Betriebsräte ist hier von entscheidendem Vorteil!

Pull System / Just-in-Time: Die bedarfsorientierte Materialversorgung, gemeinsam mit Fließfertigung in Losgröße 1 und Kanbanmethoden der Materialbestellung, unterstützt bei der kontinuierlichen Reduzierung von Materialpuffern (und simultanen Offenlegung von instabilen Produktionsprozessen). Das Pull System führt durch Direktanbindung zur Synchronisation aller Prozesse, sowohl im eigenen Unternehmen als auch zu den Zulieferern. Teileversorgungssicherheit wird durch die Teilung der klassischen Logistik in externe Logistik (einkaufsorientiert) und innerbetriebliche Logistik (produktionsorientiert)[228] unterstützt.

Jidoka / Autonomation: Qualität kann nur ‚eingebaut' werden, wenn den Werkern Möglichkeiten des Eingreifens gegeben werden. Dies gilt für den Mehrmaschinenbediener einer Fertigungszelle in Form einer automatischen Maschinenabschaltung, für den Teilefertiger durch audio-visuelle Poka-Yoke-Einrichtungen als auch für den Montagebandwerker durch Betätigen der Reißleine zum Band-Stop. Der Band-Stop steht häufig im Zielkonflikt zu Produktionsstückzahlen und verlangt konsequente Managementunterstützung ohne Aufweichung von PS-Prinzipien. Im Sinne der Aufrechterhaltung der Philosophie des internen Kunden-Lieferanten-Verhältnisses ist von einer ‚ausnahmsweisen' Problemlösung in der Nacharbeitszone auch bei hohem Stückzahlendruck abzuraten.

Total Quality Control: Das Toyota Produktionssystem befähigt seine Mitarbeiter zu schnellem Handeln bei auftretenen Fehlern. Voraussetzung ist eine breite Mitarbeiterqualifikation, die Schulung in (standardisierten) Problemlösungsverfahren und die Beachtung des internen Kunden-Lieferantenprinzips, wonach jeder Mitarbeiter für seine Arbeit verantwortlich ist und sich verpflichtet, nur Gutteile an die Folgestation weiterzugeben. Gemeinsam mit Standardisierung und KVP werden Produkte in wiederholbarer höchster Qualität in fortwährend optimierter (=kostengünstigerer) Weise produziert.

Visual Management findet sich in vielfältigen Ausprägungen: Markierung von Zonen und Abstellplätzen, Platzzuweisungen für Ladungsträger, Stationsgrenzen, Angaben über Störungsverhalten und Produktionsstückzahlen über Andon-Boards, etc. Das Erfassen des Produktionszustandes kann „auf einen Blick" erfolgen. Visual Management umfaßt ebenso die transparente Verdeutlichung bis auf Produktionsbereiche heruntergebrochener Unternehmensziele, die Standardarbeitsblätter und Kennzahlenverläufe aus der statistischen Prozeßsteuerung. Konsequente Aktualisierung (und Beachtung) der Werte wird durch Delegation auf die Werkerebene erreicht. Visualisierung läßt sich ebenso wie Arbeitsplatzorganisation sukzessive einführen.

Flexible Produktion bedeutet, daß sich Mitarbeiter durch regelmäßige Rotation innerhalb und über die Gruppe hinaus für vielfältige Aufgaben qualifizieren und bei Ausfall von Kollegen kurzfristig einspringen können. Gemeinsam mit standardisiertem Problemlöseverhalten und einfacher, multifunktionaler Anlagentechnik ist hiermit ebenso die schnelle, kostenarme Umstellung der Produktion auf neue Produkte gemeint. Für

[228] Vgl. Kapitel 3.1.2.2.1.2 *Conveyance – Innerbetriebliche Logistik*

Brownfields stellt sich die Problematik der Klassifizierung von Tätigkeiten in Arbeitswertestufen, was den Anreiz zur Rotation negativ beeinflußt.

Teamwork / Gruppenarbeit erleichtert die Führung von Mitarbeitern. Bei entsprechender autonomer Arbeitsorganisation steigt die Arbeitszufriedenheit. Kann sich die Gruppe mit den Unternehmens- bzw. Bereichszielen identifizieren, so findet eine Selbstkontrolle statt, die eine Individualisierung einzelner Mitarbeiter (mangelhafte Ordnung und Reinigung, Arbeiten ohne Standard, etc.) verhindert. Gruppenarbeit unifiziert diverse Erfahrungen und Kenntnisse in einen gemeinsam akzeptierten Arbeitsstandard. Gruppenarbeit findet sich in vielen westlichen, traditionellen Unternehmen. Durch Freischichtenregelungen, hohem Krankenstand und häufiger Neuaustaktung der Montagelinien kann es jedoch zu keiner Kontinuität in der Gruppenzusammensetzung kommen.

Standardisierung: Durch die Dokumentation von Arbeitsabläufen wird der Grundstein für einen systematischen, da jeweils auf einen *beschriebenen* Standard aufbauenden, KVP gelegt. Im Gegensatz zu traditionellen Großrechnerbasierenden Arbeitszuteilungssystemen, die primär einen arbeitswirtschaftlichen Nachweis der ordnungsgemäßen Mitarbeitervergütung erbringen, beruht die Produktionsablaufplanung im Produktionssystem auf wenigen simplen Methoden zur Darstellung von Ablaufschritten, benötigten Teilen und Werkzeugen sowie Fertigungszeiten, differenziert in wert- und nicht-wertschöpfende Umfänge. Standardarbeitsblätter schaffen wiederholbare Prozeß- und Produktqualität, machen Abläufe für alle Prozeßbeteiligten transparent und geben dem Mitarbeiter die Gelegenheit zur Reflektion und Revision. Die Standardisierung im Kontext mit stationsgebundenem Arbeiten und Band-Stop erfordert eine konsequente Unterstützung seitens des Managements, um ihre regelmäßige Aktualisierung sowie Beachtung im Montagealltag sicherzustellen. Bei Brownfields sollte ihre Einführung im Zuge eines Neuproduktanlaufs erfolgen.

Stabilität: Ein gleichmäßiger Wertschöpfungsstrom wird durch Standardisierung von Abläufen bei festen Taktzeiten, Synchronisation der Fertigungsflüsse ohne Materialpuffer und störungsarmen Anlagen aufgrund von vorbeugender, produktiver Instandhaltung erreicht. Pull System und schwankungsarme Modell-Mix Programme nivellieren den Materialbedarf und die Arbeitsbelastung der Mitarbeiter. Klare Aufgaben-, Rollen- und Verantwortungsdefinitionen schaffen stabile, ausgeglichene Beziehungen zwischen Mitarbeitern und Vorgesetzten. Letztlich bewirken die aus stabilen Prozessen erwachsenen Kostenreduzierungen wirtschaftlichen Erfolg für das Unternehmen und eine gleichmäßige, stabile Weiterentwicklung.

Qualifizierung: Mitarbeiter können effektiv zum Unternehmenserfolg beitragen, wenn außer Motivation auch Qualifikation vorhanden ist. Neben der Rotation über Arbeitsumfänge (Job Enlargement) ist die entsprechende Einbindung und Verantwortungsdelegation für Umsetzungsmaßnahmen (Job Enrichment) erforderlich. Insbesondere Greenfields profitieren bei der Rekrutierung neuer Mitarbeiter von dem verfügbaren, gut ausgebildeten AK-Potential. Die unternehmensseitige Förderung von Weiterbildungsmaßnahmen schafft Motivation und Verantwortung[229].

Totale Produktive Instandhaltung (TPM) verlagert Reinigungs- und Wartungsaufgaben in die produktiven Bereiche und schafft damit Verantwortung im Sinne von Vermeidung. Die Produktion bei minimalen Materialpuffern erfordert eine störungsarme Fertigung, die über vorbeugende Instandhaltung, Einbeziehung der Werker als auch die Auswahl von einfacher, aber verläßlicher (und zudem flexibler) Anlagentechnik erreicht werden kann. Während traditionelle Brownfields zu kostenintensiver hoher Automatisierung neigen, repräsentiert der Fallstudienstandort São Bernardo ein exzellentes Beispiel für die Instandhaltung alter, aber ‚ausreichender' Produktionsanlagen.

7.4 Problemfelder der Toyota Produktionsystems-Einführung

Die Übertragung der TPS-Prinzipien auf westliche, traditionell strukturierte Unternehmen ist problembehaftet. Einige ausgewählte Probleme sollen hier basierend auf den Rückmeldungen der Expertenbefragung diskutiert werden.

Mangelndes Committment einer PS-Einführung resultiert sowohl aus dem reduziertem Verständnis und starken Bedenken. Um ein Produktionssystem gegen die Bedenken und Widerstände im Unternehmen konsequent einführen zu können, müssen die Verantwortlichen ‚verstehen', d.h. von den Maßnahmen vollständig überzeugt sein – über reine Schulungen ist dies selten möglich. Ein ‚Erfahren' im Sinne des jahrelangen Anwendens schafft größeres Vertrauen. Für den unerfahrenen Projektleiter ist die unternehmensweite PS-Einführung mit enormen individuellen Karriererisiken verbunden. Dies mag ein Grund für das zögerliche Vorge-

[229] Vgl. /Knu00/ Knuf, Joachim: Ca. 25% der 8000 Mitarbeiter von Toyota Georgetown, Kentucky verfügen über einen College-Abschluß, alle Mitarbeiter über einen Highschool-Abschluß. Parallel gründete Toyota Georgetown in Kooperation mit lokalen Universitäten ein Programm zur berufsgegleitenden Qualifizierung.

hen bei Brownfields sein, wo nachlassende Konsequenz mit scheinbarer Entspannung der wirtschaftlich angespannten Situation einhergehen.

Hohe Krankenstände und ***kurzfristige Mehrbedarfsmeldungen*** lassen sich mit dem Ziel einer stabilen, gleichmäßigen Produktionsauslastung nicht verbinden. Werkerabwesenheit erlaubt keine Fertigung nach einer konstanten Taktzeit, was wiederrum Standardarbeitsblätter mit festen Arbeitszuteilungen ad absurdum führt. Die Ursache liegt in mangelnder Motivation der Werker. Entsprechende Maßnahmen wurden bereits ausgiebig diskutiert. Mehrbedarfsmeldungen seitens des Vertriebs können nur mittelfristig oder über Wochenendarbeit kompensiert werden. Hier ist Konsequenz seitens des Managements gefordert!

Die scheinbare ***Unvereinbarkeit von Band-Stop und 3-Schicht-Betrieb*** wird häufig als Kontraargument aufgeführt. Tatsächlich favorisieren Toyota-Standorte (und viele andere Transplants) ein flexibles Modell mit zwei entkoppelten Schichten (2 x 9 Std.). Auftretende Fehlfahrzeuge können kurzfristig in Überzeit nachgearbeitet werden. Viele traditionelle Standorte arbeiten dagegen im Drei-Schicht-Betrieb (3 x 7,5 Std.) – durch Bandstop auftretende Fehlmengen können nur an Wochenenden ‚aufgeholt' werden. Der Einsatz des Band-Stop beruht auf dem Prinzip der Erstfuhrenqualität und läßt sich nicht nur über die Vergleichsrechnung Fehlfahrzeuge vs. Nacharbeitsaufwendungen rechtfertigen! Eine Flexibilisierung von 2-Schichtmodellen scheitert in industriellen Ballungsgebieten häufig an verkehrstechnischen Restriktionen (öffentlicher Nahverkehr, Fahrgemeinschaften).

Die ***Aufrechterhaltung der Mitarbeitermotivation*** als notwendige Basis für den Mitarbeiter-KVP erscheint mit steigender Produktreife und sinkenden Verbesserungspotentialen unrealistisch. Lehnt man monetäre Anreize ab, so bleibt nur die systemimmanente Motivation durch kontinuierliche Zielneufestsetzung über ein funktionierendes Visual Management.

Lokalspezifische, kulturelle Einflüsse stehen häufig im Zielkonflikt zum standardisierten Ansatz des Toyota Produktionssystems. Die Verfechter der möglichst unveränderten TPS-Übertragung definieren das TPS als standardisiertes Regelwerk, in dem jede Alteration zu einem graduellen Verlust an Kontrolle, Effizienz und Vergleichbarkeit führt. Mangelnde Konsequenz bei der Maßnahmenumsetzung ist daher oftmals auf erste ‚Aufweichungen' der PS-Prinzipien zurückzuführen!

Die Befürworter lokalspezifischer Anpassungen befürchten Akzeptanzverluste bei einer 1:1 Implementierung, fehlende Unterstützung bei Mitarbeitern, Arbeitnehmer-Vertretung und Management. Bei der Transplantation von Produktionssystemen sollte darauf geachtet werden, daß die Grundprinzipien unverändert übernommen werden. Kulturelle Besonderheiten können ggf. stärker betont werden. Folgt man dem Verbesserungsansatz des KVP, so kann auch ein Standard aktualisiert werden. Allerdings bedarf die Änderung eines Standards entsprechende Erfahrungen, und diese bestehen bei jahrzehntelangen TPS-Nutzern und weniger bei ‚Produktionssystemnovizen'.

8. Zusammenfassung und Ausblick

Im Rahmen dieser Dissertation konnte durch eine ***detaillierte Analyse*** aller Elemente des Toyota Produktionssystems eine ***verbesserte Transparenz*** im Hinblick auf die Unterschiede zu den Arbeitsorganisationsformen traditionell strukturierter Produktionsstandorte geschaffen werden. Die vergleichende Betrachtung von Produktionssystem-Elementen an verschiedenen Standorten erlaubte im Sinne der Vollständigkeit ein vertieftes Verständnis zu den Haupt- und Unterelementen eines Produktionssystems (PS) sowie den Ausprägungen bzw. Umsetzungsmöglichkeiten im Produktionsbereich. Dadurch konnten insbesondere viele untergeordnete Elemente identifiziert werden, die in der oberflächlichen Betrachtung des Toyota Produktionssystems oftmals verborgen bleiben, dort aber einen entscheidenden Einfluß auf das Zusammenspiel aller PS-Elemente und letztlich auf die Gesamteffizienz der Produktion haben.

Die ***Vorteile*** des Toyota Produktionssystems wurden den Unzulänglichkeiten von Produktionsstandorten mit traditionell strukturierten Arbeitsorganisationsformen gegenübergestellt. Die dabei maßgeblich wirkenden PS-Elemente wurden identifiziert. Die Forderung nach einer ganzheitlichen Einführung aller PS-Elemente als notwendige Voraussetzung für die maximale Effizienz eines Produktionssystems konnte durch den Nachweis eines komplexen Netzwerkes an ***Wirkzusammenhängen*** zwischen den PS-Elementen bestätigt werden. Im Umkehrschluß konnten Aussagen zu den Auswirkungen der begrenzten Einführung einzelner Elemente, sogenannten Insellösungen, getroffen werden. Ferner wurden die Bedeutungen einzelner Hauptelemente eines Produktionssystems im Sinne ihrer Einflußnahme auf die Produktion relativiert und entsprechende Vorschläge zur gestaffelten Einführung erarbeitet.

Grundlage für die weiteren Untersuchungen war die Auswahl von vier Produktionsstandorten der DaimlerChrysler AG, die aufgrund ihrer unterschiedlichen Konfigurationen als repräsentative Fallstudien für eingeführte Produktionssysteme dienten. ***Strategien der Produktionssystemeinführung*** wurden in Bezug auf die hier betrachteten Neu- und Traditionsstandorte diskutiert unter Verweis auf die individuellen Stärken und Schwächen der jeweiligen Standortkonfigurationen. Die erzielten Ergebnisse wurden in einer schrittweisen, mehrphasigen ***Methodik zur PS-Einführung*** dokumentiert, welche angereichert durch Ratschläge, Kommentare und Tips als Referenzmodell für vergleichbare PS-Einführungen mit dem Schwerpunkt auf der Automobilindustrie gelten kann.

Im Sinne einer Fortschrittskontrolle für die begleitende Steuerung von PS-Einführungen wurden geeignete ***Meßgrößen*** definiert, die weniger kurzfristorientiert sind, sondern den besonderen Anforderungen und Zielen eines Produktionssystems gerecht werden. Die erarbeiteten ca. 130 ***Einflußfaktoren*** für die erfolgreiche, ganzheitliche Implementierung eines Produktionssystems wurden gestaffelt in 10 Hauptthemenbereiche im Rahmen einer internationalen Expertenbefragung als auch durch vergleichende Betrachtung der Situation an den Fallstudienstandorten validiert. Im Zusammenhang mit ausgewählten Expertenkommentaren vermitteln sie eine differenzierte Betrachtung von verschiedensten Anforderungen und Maßnahmen. Sie dienen dem Projektleiter einer PS-Einführung zur Reflektion der eigenen Vorgehensweise, als Checkliste zur Vollständigkeit der eingeleiteten Maßnahmen und vermitteln Vorschläge zur Nachahmung.

Häufige ***Bedenken und Kritik*** im Hinblick einer unzureichenden Übertragbarkeit des TPS auf Unternehmen in westlichen Kulturkreisen wurden diskutiert und relativiert. In diesem Zusammenhang konnten in Bezug auf aktuelle Problemfelder die wahren Gründe häufiger PS-Ablehnung identifiziert und Maßnahmen zur ihrer Kompensation empfohlen werden.

Die zugrundeliegende Untersuchung läßt ***Raum für Folgeanalysen***. Es bieten sich sowohl detaillierte Untersuchungen zur Ausbreitung der Ergebnisse auf weitere Industriezweige als auch die Einbeziehung weiterer Standorte außerhalb des DaimlerChrysler Konzerns an. Ein interessanter Forschungsaspekt wäre zudem die begleitende Betrachtung der Einführung des aktuell gestarteten DaimlerChrysler Produktionssystems. Der Fokus sollte hier speziell auf der Maßnahmenumsetzung in den deutschen Brownfield-Standorten liegen. Ein weiterer Aspekt ist die Betrachtung der DCPS-Einführung mit dem Ziel einer ganzheitlichen Kosten-Nutzen-Abschätzung. Konzepte zur stärkeren Integration von Ingenieuren und Werkern könnten im Rahmen einer arbeitswissenschaftlichen bzw. soziologischen Analyse erarbeitet werden. Nachdem in dieser Arbeit ein Methodenrahmen für die schrittweise Einführung von Produktionssystemen geschaffen wurde, ließe sich dies ebenso in Bezug auf die Definition einer ‚PS-freundlichen' Anlagen- und Fertigungstechnik durchführen. Abschließend bietet sich eine Maßnahmenanalyse zur Aufrechterhaltung eines mitarbeitergetragenen KVP vor dem Hintergrund wachsender Produktreife an.

Produktionssysteme stellen nur *einen* Baustein im Gesamtgefüge ***weiterer Maßnahmen zur Unternehmensoptimierung*** dar. In Anlehnung an die diskutierten Interdependenzen der PS-Elemente ist auch im übergeordneten Umfeld aller Unternehmensprozesse eine entsprechende Einbindung eines Produktionssystems erforderlich. Zwei Beispiele mit ähnlich hoher Bedeutung sind die stärkere Kundenorientierung durch einen effizienten Kundenauftragsabwicklungsprozeß sowie kürzere Entwicklungszeiten durch optimierte Produktentwicklungsprozesse unter Zuhilfenahme von strukturierten Entwicklungsphasen. Diese Phasen sind wiederum unterbrochen durch sogenannte Quality Gates und begleitet durch ein neutrales Reifegrad-Monitoring.

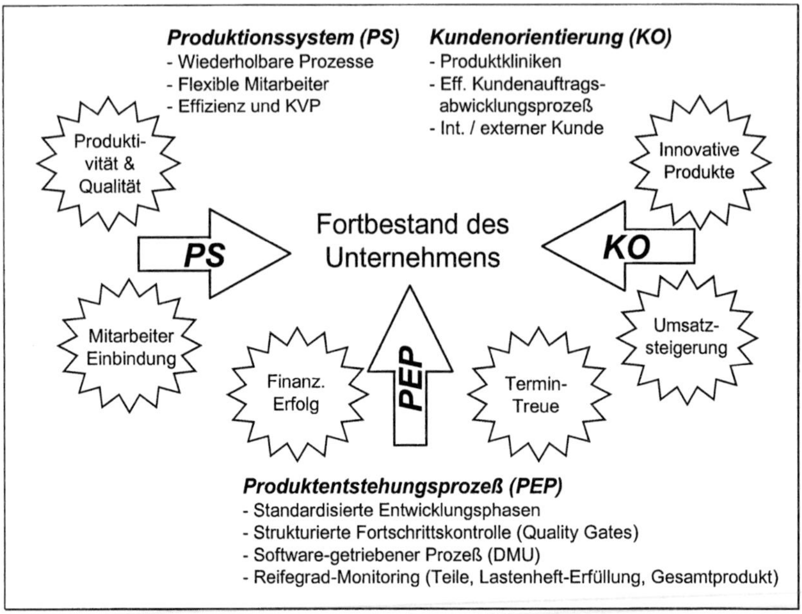

Bild 8.a: Ganzheitlicher Ansatz zur Sicherung der Wettbewerbsfähigkeit

Die Erkenntnisse dieser Arbeit beziehen sich zu einem erheblichen Teil auf erste Erfahrungen mit vereinzelten Produktionssystemen im DaimlerChrysler Konzern. Vor dem Hintergrund der Ende 1999 gestarteten Initiative zur konzernweiten Einführung eines einheitlichen Produktionssystemrahmens werden sie im Sinne eines Feedbacks wieder in die Organisation zurückfließen. Insbesondere in den Traditionsstandorten besteht weiterhin ein hohes Defizit an fachlichem Detailwissen zur PS-Thematik sowie zu den Auswirkungen von Insellösungen. Das erarbeitete Beziehungsnetzwerk kann hier einen Beitrag leisten für ein besseres Verständnis der Interdependenzen von PS-Elementen. Die mangelhaften Erfahrungen in den Werken können allein über Kaskadenschulungen nicht nachhaltig kompensiert werden. Die Ergebnisse der Dissertation sollen daher begleitend bei der DCPS-Einführung eingesetzt werden und insbesondere den Projektleitern der Werke sowie den PS-Spezialisten als Hilfestellung dienen.

Darüber hinaus stellt die Arbeit einen allgemeinverständlichen Zugang zur PS-Thematik dar, welche als praxisbezogenes Nachschlagewerk auch Vertretern anderer Industriezweige zur Orientierung und Anregung dienen soll.

9. Abkürzungsverzeichnis

AN	Arbeitnehmer
AK	Arbeitskräfte
AP	Arbeitsplatz
APA	Auslieferungs-Produkt-Audit (am Ende der Fahrzeugmontage)
APS	Audi Produktionssystem
AZ-BZ	Arbeitszeit – Betriebszeit (Verhältnis)
BPA	Bereichs-Produkt-Audit (am Ende jedes Montageabschnitts)
BPR	Business Process Re-Engineering
BPS	(Werk) Bremer Produktionssystem
Clean&S	Clear out, Locate, Educate, Always Clean, Never Quit & Safety
CIC	Continous Improvement Center
CKD	Completely Knocked Down: engl. für Re-Montage von zuvor vollständig zerlegten Fahrzeugen
COS	Chrysler Operating System
DBAG	Daimler-Benz Aktiengesellschaft
DCAG	DaimlerChrysler AG
DCOM	DaimlerChrysler Operating Model
DCPS	DaimlerChrysler Production System
EF	Einführung
FMEA	Fehler Möglichkeits und Einfluß Analyse
FK	Führungskraft
FPS	Ford (Motor Company) Production System
Fzg	Fahrzeug
GA	Gruppenarbeit
GFN	Geschäftsfeld Nutzfahrzeuge
GFP	Geschäftsfeld Personenkraftwagen
GP	Geschäftsprozeß
Grp	Gruppe
GW	Gewerkschaft
HRM	Human Resource Management
IMVP	International Motor Vehicle Program (MIT Studie)
IO-Teile	In Ordnung (fehlerfreie Teile)
JAW	Japanese Automobile Workers (Gewerkschaft)
KISS	Keep It Simple and Safe
KVP	Kontinuierlicher Verbesserungsprozeß
LMS	Lean Manufacturing System
LV	Leistungsvereinbarung
LTC	Light Truck Concept
MA	Mitarbeiter
MBAG	Mercedes-Benz AG
MBBras	Mercedes-Benz do Brasil, S.A. (ab 2000 DaimlerChrysler do Brasil, S.A.)
MBUSI	Mercedes-Benz U.S. International, Inc.
MIT	Massachusetts Institute of Technology
MGMT	Management
MPS	Mercedes-Benz Produktionssystem
MPS	Master Process Sheet (Standardarbeitsblatt)

MTM	Methods Time Measurement (Zeitenplanung)
QRK	Qualitätsregelkarte
QWL	Quality of Working Life
PDCA	Plan-Do-Check-Action
PLZ	Produktions-Leistungs-Center
PM	Preventative Maintenance
PMI	Post Merger Integration (Teams)
PS	Produktionssystem
PS-EF	Produktionssystemeinführung
PPAP	Production Parts Approval Process
PROSYS	Arbeitskreis Produktionssystem
QS	Qualitätssicherung
Q-Stopp	Qualitätsstopp (Reißleinen-System, Band-Stopp-System)
REZEI	Reorganisation der Zeitwirtschaft
RPS	Rastatter Produktionssystem
RWI	Reinigungs-, Wartungs- und Instandhaltungsplan
SAB	Standardarbeitsblatt
SMED	Single Minute Die Exchange
SMP	Standard Methods & Procedures
SOL	Securidade, Ordem, Limpeza
SOP	Standard Operating Procedures
SOS	Sauberkeit, Ordnung, Sicherheit
SPC	Statistical Process Control
SPJ	Sistema de Producao Juiz de Fora
SPP	Standardisierter Problemlösungsprozeß (z.B. 5W, PDCA)
SQDCM	Safety, Quality, Delivery, Costs, Moral
Std.	Stunden
TMC	Toyota Motor Corporation
TPM	Total Productive / Preventative Maintenance
TPS	Toyota Production System
TQC	Total Quality Control
TQM	Total Quality Management
TVAL	Toyota Verification of Assembly Line
UAW	United Automotive Workers (US Gewerkschaft)
u.a.	unter anderem
Vgl.	Vergleiche
Vs.	Versus / im Gegensatz zu
VV	Verbesserungsvorschläge oder Vorstandsvorsitzender
WL	Werkleitung
z.B.	zum Beispiel
5W	Die 5 Warum

10. Literaturverzeichnis

[Abo96] Abo, T.: Hybrid Factory - The Japanese Production System in the United States, Oxford University Press, New York

[Ald97a] Aldinger, L.: Abschlußbericht des Daimler-Benz Projektes PROSYS und Übersicht aller Elemente & Sub-Elemente, Stuttgart, Dez. 1997, zur Einsicht in Institutsbibliothek des IMAB, TU Clausthal

[Aud98] Audi AG: APS Handbuch – Das Audi Produktionssystem, Ingolstadt, 1998, zur Einsicht in Institutsbibliothek des IMAB, TU Clausthal

[Bal97] Balakrishnan, R.: The Toyota Production System - A case study of creativity and innovation in automotive engineering, in: Tagungsband der University of Bristol, England, Jan. 97,S.1-5

[Ben96] Benders, M.: Leaving Lean? Recent Changes in the Production Organization of some Japanese Car Plants, in: Economic and Industrial Democracy, London, 1996,Vol.17,pp.9-38.

[Ber92] Berlinghoff, U.: Die Zukunft bauen – Beispiel Opel Eisenach, in: Fertigung, 1992, S. 55-56.

[Blu93] Blum, P.: Lean Management bedroht den Status - neue Formen der Arbeitsorganisation und die Widerstände des mittleren Managements, in: VDI-Nachrichten, Nr.31, August 1993

[Bös93] Bösenberg, D., Metzen, H.: Lean Management – Vorsprung durch schlanke Konzepte, 4.Auflage, in: Verlag Moderne Industrie, 1993

[Bra97a] Bracht, U.: Fabrik- und Anlagenplanung, Vorlesungsunterlage, TU Clausthal, 1997

[Bra97b] Bracht, U.: Betrieb von Produktionsanlagen, Vorlesungsunterlage, TU Clausthal, 1997

[Bra97c] Bracht, U.: Projektmanagement & industrielle Planungsverfahren, Vorlesungsunterlage, TU Clausthal, 1997

[Bran94] Braun, H.J.: Business Reengineering, in: Tagungsband der Daimler-Benz CAD/CAM Tagung, Fachbibliothek DaimlerChrysler AG, Stuttgart, 1994

[Brau91] Brauer, K.: Nur miteinander geht's, in: Werkstattstechnik, S. 491-494, 1991

[Büc94] Büchner, U.: Total Quality Management, Vortrag auf dem TQM-Forum der Daimler-Benz AG, 1994

[Büh94] Bühner, R.: Personalmanagement in der schlanken Fabrik, in: Planung & Produktion, Jan. 1994

[Che97] Chen, F.: Continuous Improvement Process for Preventative Maintenance: Observations from Honda, Nippondenso and Toyota, in: Production+Inventory Management Journal, 1997

[Chr97] Chrysler Corporation: Dokumentation des Chrysler Operating Systems, Graz 1997, zur Einsicht in Institutsbibliothek des IMAB, TU Clausthal

[Chu98] Chu, C.: World Class Manufacturing, Internet Homepage, 1998

[Con93] Conti, R.; Warner, M.: Taylorism, new technology and just-in-time systems in Japanese Manufacturing, in: New Technology, Work + Employment, Blackwell Press, pp. 31-42, 1993

[Dba94] Daimler-Benz AG: Konzernforum TQM, Total Quality Management, in: Tagungsband TQM, DaimlerChrysler Fachbibliothek, Stuttgart, 1994

[Dai97] DaimlerChrysler AG: Methodenrahmen und Instrumente für die Umsetzung Leitbild (ULB) in der Produktionsstufe Pkw, unveröffentlichtes Arbeitspapier, Stuttgart, 1997, zur Einsicht in Institutsbibliothek des IMAB, TU Clausthal

[Dai98] DaimlerChrysler AG: Das Mercedes-Benz Produktionssystem Pkw (MPS), Stuttgart, 1998, zur Einsicht in Institutsbibliothek des IMAB, TU Clausthal

[Dai99] DaimlerChrysler AG: Das DaimlerChrysler Production System (DCPS), Stuttgart, 1999, zur Einsicht in Institutsbibliothek des IMAB, TU Clausthal

[Dai99a] DaimlerChrysler AG: Das ‚DaimlerChrysler Operating System – Supporting Practises' (Das Best-Practise Handbuch), Stuttgart, 1999, zur Einsicht in Institutsbibliothek des IMAB, TU Clausthal

[Del98] Delmotte, R.; Wulfhorst, A.: Kaizen at Suppliers, in: Tagungsband SAE Brasil, Sao Paulo, 1998

[Delb92] Delbridge, R.; Turnbull, P.: Resource Maximization, The Management of Labor, SAGE, London, 1992

[Doh84] Dohse, K.; Jürgens, U.; Malsch, T.: Vom Fordismus zum Toyotismus? Die Organisation der industriellen Arbeit in der japanischen Automobilindustrie, in: Leviathan 4, 1984, S.448-477

[DGQ98] Diretoria Gerenciamento Qualidade: Das Projekt ‚Fabrik 2000' – Maßnahmen der Mercedes-Benz do Brasil, S.A., São Paulo, 1998, zur Einsicht in Institutsbibliothek des IMAB, TU Clausthal

[Dop97] Doppler, K.; Lauterburg, C.: Change Management - Den Unternehmenswandel gestalten, Frankfurt, Campus Verlag, 1997

[Eve89] Eversheim, W.: Organisation in der Produktionstechnik – Fertigung und Montage, Band 4, VDI Verlag, 1989

[Fer99] Ferro, J.: O Gigante finalmente acordou – a Mercedes-Benz eliminando as Gorduras (Der Gigant sieht es schließlich ein - Mercedes-Benz beseitigt seine Fettpolster) - Beobachtungen zum Wandlungsprozeß der Mercedes-Benz do Brasil S.A., in: SAE Brasil Tagungsband, Okt. 1998

[Flo92] Florida, R.; Kenney, M.: The Japanese Transplants - Production Organization and Regional Development, APA Journal, 1992, S. 21-38

[Flo93] Florida, R.; Kenney, M.: Beyond Mass Production: The Japanese System and its Transfer to the U.S., Oxford University Press, 1993

[Frö96] Fröhner, K; Iwata-Fröhner, K.: Kulturelle Einflüsse als Barrieren und Beschleuniger in japanischen Produktionssystemen – Erklärungsmuster zur Effizienz japanischer Betriebe., Fachbeiträge Refa-Nachrichten, Januar 1996

[Fuj94] Fujimoto, T.: The limits of Lean Production – on the Future of the Japanese Automotive Industry., Friedrich Ebert Stiftung, in: Politik & Gesellschaft, Januar 1994, S. 41-47

[Gab97] Gabler Wirtschaftslexikon: Lean Management, 14 Aufl., 1997, S. 2410.

[Gar92] Garrahan, P.; Stewart, P.: The Nissan Enigma, Blackwell Press, London, 1992

[Gei95] Geisperger, S.: Japanische Spielregeln, in: Automobil-Produktion, Juni 1995, S. 54-58

[Gen99] Gendo, F.; Konschak, R.: Das schlanke Management in Japan ist nur ein Mythos, in: Die Welt, S.17, 20.12.1999

[GFN97] Geschäftsfeld Nutzfahrzeuge der DBAG: Einführung Kaizen, Stuttgart, 1997, zur Einsicht in Institutsbibliothek des IMAB, TU Clausthal

[Gre91] Greif, M.: The Visual Factory – Building Participation through Shared Information, Productivity Press, Cambridge, 1991

[Gri97] Griepenkerl, H.: Lean Production braucht hochmotivierte Mitarbeiter, in: VDI-Nachrichten, Nov. 97

[Hai92] Haigh, R.: Building a Strategic Alliance: The Hermosillo Experience as a Ford-Mazda Proving Ground, in: Columbia Journal of World Business, Fall, S. 61-74

[Ham94] Hammer, M.; Champy, J.: Business-Reengineering – die Radikalkur für das Unternehmen, Campus Verlag 1994

[Har98] Harris, R.: Lean Production Implementation, Atlanta, Georgia, 1998, zur Einsicht in Institutsbibliothek des IMAB, TU Clausthal

[Hen94] Hentze, J. und Kammel, A.: Implementing Lean Production Systems at German Automobile Manufacturers - A Exploratory Study, in: ZP-Zeitschrift für Planung, Physica-Verlag, Heidelberg, 1994

[Hes91] Hesse, R.: Arbeitsorganisationsformen in der Montage der Automobilindustrie, Bremen, 1991, zur Einsicht in Institutsbibliothek des IMAB, TU Clausthal

[Hil92] Hilscher, G.: Hohe Produktivität ist eine Gruppenaufgabe - Neues Opel Eisenach Werk: Lean Production konsequent verwirklicht, in: Technische Rundschau, Heft 51, 1992

[Hub96] Hubbert, J.: Produkte und Märkte, in: Automobil Produktion, Dez. 1996, S.26-30

[IMA86] IMAI, M.: Kaizen - the Key to Japan's Competitive Success, New York, Mc Graw, 1986

[IMA92] Imai, M.: Der japanischen Herausforderung begegnen, in: Automobil Produktion, 1992

[IMA92a] IMAI, M.; Nitsch, F.: Kaizen - der Schlüssel zum Erfolg der Japaner im Wettbewerb, Wirtschaftsverlag Langen Müller/Herbig, München, 1992

[IMA97] Imai, M.: Visible Management and the 5 M´s?, zur Einsicht in Institutsbibliothek des IMAB, TU Clausthal

[IMA98] Imai, M.: Gemba Kaizen, Strategien und Techniken des Shop Floor Kaizen, IMAM Verlag, Sao Paulo, 1998

[IMH97] Imhof, T.: Aufschwung Ost mit Weltwirkung, in: Zeitschrift 'mot', Aug. 97, S. 61-65

[IMV97] IMVP International Motor Vehicle Program: Completed second worldwide assembly plant survey (Performance, Quality, Recycling, Car Design), MIT Massachusetts Institute of Technology, Cambridge, USA, Jan. 1997

[Jac96] Jackson, T.L.: Implementing a Lean Management System, Productivity Press, Portland, Oregon, 1996

[Jür89] Jürgens, U.; Malsch, T.; Dohse, K.: Moderne Zeiten in der Automobilfabrik - Strategien der Produktionsmodernisierung im Länder- und Konzernvergleich, Springer-Verlag, Berlin, 1989

[Kam93] Kamiske, Brauer: Qualitätsmanagement von A-Z, Erläuterungen moderner Begriffe des Qualitätsmanagements, Hanser-Verlag, München, 1993

[Ken94] Kenichi, S.; Diegruber, J.; Meister, B.: Produzieren ohne Verschwendung – der japanische Weg zur schlanken Produktion, Verlag Moderne Industrie, 1994

[Kiß94] Kißler, L.: Toyotismus in Europa - Schlanke Produktion und Gruppenarbeit in der deutschen und französischen Automobilindustrie, Campus Verlag, New York, 1996

[Kit95] Kitano, M.: The Toyota Plant in Georgetown, in: Tagungsband der Lean Manufactung Konferenz der Universität von Kentucky, Lexington, USA, Mai 1997

[Kit97] Kittler, E.: Flott von der Hand - Lean Production bei Porsche, Zeitschrift 'mot', Aug. 1997, S. 68-71

[Kiz91] Kinzley, W.D.: Industrial Harmony in Modern Japan: The Invention of a Tradition, Routledge Verlag, 1991

[Knu00] Knuf, J.: The Role of the Toyota Production System in promoting Organizational Learning in Manufacturing, Arbeitspapier des Department of Communication, University of Kentucky, März 2000

[Kob99] Kobayashi, I; Panskus, G.: Das System der '20 Keys' – Reif für den Aufstieg in die Weltklasse, in: VDI-Nachrichten, Nr.38, S.37, 1999

[Koj95] Kojima, T.: Die zweite Lean Revolution – Was kommt nach Lean Production?, Verlag Moderne Industrie, Augsburg, 1995

[Kol95] Kolarik, W.: Creating Quality – Concepts, Systems, Strategies and Tools, McGraw-Hill, New York, 1995

[Kra88] Krafzik, J.: Triumph of the Lean Production System, in: Sloan Management Review, Herbst 1988, S.41-52

[Küh94] Kühnle, H.: Teamarbeit in der fraktalen Fabrik - Einführung dezentraler Organisations-strukturen in der Produktionstechnik, Technica, August, 1994, S. 15-22

[Küp95] Küpper, N.: Der Mitarbeiter bestimmt die Lernfähigkeit, in: Automobil Produktion, Dez. 1995, S. 46-51

[MBB96] Mercedes Benz do Brasil: Sistema de Producao - Einführung eines Produktionssystems bei der MBBras durch TBM Consulting Group und Shin-Gijutsu Co. Ltd., zur Einsicht in Institutsbibliothek des IMAB, TU Clausthal

[MBB97] Mercedes Benz do Brasil: Fabrik 2000 – ein Projekt zur Einführung eines Produktionssystems, Vortrag der Direktion Qualitätssicherung, Sao Bernardo, 1997, zur Einsicht in Institutsbibliothek des IMAB, TU Clausthal

[MBB98a/b] Mercedes Benz do Brasil & TBM: Shopfloor Kaizen Breakthrough, Trainingsmanual zur MA-Schulung in Produktions-Kaizens, Sao Bernardo, 1998, zur Einsicht in Institutsbibliothek des IMAB, TU Clausthal

[MBU96d] MBUSI: Handbuch Master Process Sheets, Tuscaloosa, 1996, zur Einsicht in Institutsbibliothek des IMAB, TU Clausthal

[Mei97] Meier, D.: Kommentare zum Thema 'Gründe der erfolglosen Einführung von Lean Manufacturing Systemen', Journal of Lean Manufacturing Network des Center for Lean Manufacturing der University of Kentucky, Lexington, USA, 1997

[Meu90] Meurer, S.; Schwichtenberg, H.; Schulze, G.: Toyota Production System - Zusammenfassende Darstellung der Schwerpunkte JIT Production und Kanban System, in: Tagungsband Refa Fachtagung Industrial Engineering, 1990

[Mey99] Meyer, O.: Definition & Einführung eines standardisierten Dokumentationssystems zur Montageprozeßplanung bei der Mercedes-Benz do Brasil, Diplomarbeit, TU-Clausthal Zellerfeld, 1999

[Mur81] Muramatsu, R.: Example of increasing productivity and product quality through satisfying the worker's desires and developing the worker's motivation, Spring Annual Conference Proceedings, 1981, S.652-660

[Nie99] Nieten, J.: Das Bremer Produktionssystem – Maßnahmen zur Bestimmung von Handlungsbedarfen durch die Gap-Analyse, Studienarbeit TU-Clausthal, Clausthal / Bremen, 1999

[Now96] Nowack, S.: Die Logistikkonzeption eines deutschen Automobilherstellers – Das MBUSI Logistik-Konzept, Aug. 1996

[Oel97b] Oeltjenbruns, H.; Miller, K.: Datenbank aller Elemente des MBUSI-Produktionssystemes, Tuscaloosa, 1997

[Oel97c] Oeltjenbruns, H.; Dongus, G.: Das MBUSI Produktionssystem - Übersicht von Elementen und Unterelementen, Arbeitsunterlage, Tuscaloosa, USA, 1997

[Oel99a] Oeltjenbruns, H.: Standardized Assembly Process Planning based on the Toyota Production System, in: Tagungsband der 6th European Concurrent Engineering Conference, Erlangen, 1999, S.122-126

[Oel00] Oeltjenbruns, H.; Orthmann, J.: Kritische Analyse zur Einführung eines Produktionssystems in ein bestehendes Automobilwerk, in: Zeitschrift für Wirtschaftliche Fertigung, Berlin, 2000

[Ohn78] Ohno, Taiichi: Toyota Production System - Beyond Large-Scale Production, Summary of book "Toyota seisan hoshiki", Tokio, Diamond Press, Inc., 1978, S. 1-6 (book 143 p.), deutsche Ausgabe 1993, Campus Verlag, Frankfurt + Internet Buchzusammenfassung

[Ope96] Opel AG.: Das Opel Produktionssystem, Veröffentlichung der Adam Opel AG, Rüsselsheim, 1996, zur Einsicht in Institutsbibliothek des IMAB, TU Clausthal

[Ort99] Orthmann, J.: Kritische Analyse zur Einführung eines Produktionssystems in ein bestehendes Automobilwerk, Diplomarbeit TU-Clausthal, Clausthal / São Paulo, 1999

[Pal96] Palmer, G.: Reviving resistance: the Japanese factory floor in Britain, Industrial Relations Journal, 1996, pp.129 - 142

[Par88] Parker, M.; Slaughter, J.: Choosing Sides, Verlag South End Press, Boston, 1988

[Pas99] Pastega, N.: „Das schlanke Management in Japan ist nur ein Mythos", Die Welt, Ausgabe 20.12.99, S.17

[Por97] Porsche AG: Das Porsche Production System, Firmenveröffentlichung, 1997 zur Einsicht in Institutsbibliothek des IMAB, TU Clausthal

[Pol95] Pollard, M.: Henry Ford and Ford, Exley Publications, Watford, USA, 1995

[Pre96] Preyer, G.; Schissler, J.: Integriertes Management – Was kommt nach der Lean Production?, FAZ Wirtschaftsbücher, Frankfurt a.M., 1996

[Pro97] PROSYS, Arbeitsgruppe DBAG.: Rahmen für ein Produktionssystem Pkw, Zusammenfassung der Arbeitsergebnisse PROSYS, Stuttgart, 1997, zur Einsicht in Institutsbibliothek des IMAB, TU Clausthal

[Ref90] REFA Verband: Toyota Production System, Buchzusammenfassung als Beitrag der deutschen Industrial Engineering Fachtagung, Frankfurt, 1990

[Rps96] Rastatt, Werk der Daimler-Benz AG: Leitfaden zum Rastatter Produktionssystem, Rastatt, 1996, zur Einsicht in Institutsbibliothek des IMAB, TU Clausthal

[Rud96a/b] Rudolph, H.: Das Toyota Produktionssystem und die Konzeptlosigkeit der Lean Ansätze, und Erfolgsfaktoren japanischer Großunternehmen, io Management Zeitschrift, 1996, S. 41-44

[Sch95] Schmigalla, H.: Fabrikplanung - Begriffe und Zusammenhänge, München, Carl-Hanser-Verlag, 1995

[Sey94] Sey, Anne.: Japan auf dem Weg zur arbeiterfreundlichen Fabrik?, Daimler-Benz AG,Forschung & Technik, Berlin, 1994

[Shi92] Shingo, Shigeo: Das Erfolgsgeheimnis der Toyota-Production, Verlag Moderne Industrie, 1992

[Sho82] Schonberger, R.: Japanese Manufacturing Techniques (nine hidden lessons in Simplicity, London, Free Press, 1982

[Shm97] Shimokawa, K., Jürgens, U.; Fujimoto, T.: Transforming Automobile Assembly, Berlin, Springer-Verlag, 1997

[Sim96] Simon, W.: Die neue Qualität der Qualität – Grundlagen für den TQM- und Kaizen-Erfolg, Gabal Verlag, Offenbach, 1996

[Sla95] Slater, S.: Learning to Change. Business Horizons

[Spr97] Spratling, C.: Genba Kanri - Tools & Techniques of Lean Production, in: Tagungsband des IEE Manufacturing Kolloquiums in Bristol, Universitätsbibliothek Hannover, Apr.1997

[Sta98] Stauch, M.: A Sistema de Producao Juiz de Fora, Juiz de Fora, Brasilien, 1998, zur Einsicht in Institutsbibliothek des IMAB, TU Clausthal

[Stü88] Stübig, H.: Anforderungen an die Automobil-Montage der Zukunft, in: VDI-Berichte Nr. 722, 1988

[Stür92] Stürzl, W.: Lean Production in der Praxis – Spitzenleistungen durch Gruppenarbeit, Junfermann Verlag, Paderborn, 1992

[Suz89] Suzaki, Kiyoshi: The New Manufacturing Challenge, Techniques for continuous improvement (deutsche Fassung Modernes Management im Produktionsbetrieb), Hanser Verlag, München, 1989

[Tal97] Taylor, A.: Toyota defies Gravity - the legendary TPS, in: Fortune, Dez. 1997, S.1-5

[Tay95] Taylor, B.: Zielkostenorientierte Fabrikplanung am Beispiel des neuen MB-Werkes in Tuscaloosa, USA – Produktionsphilosophie, Fabriklayout und Personalplanung, in: Tagungsband der 5. Jahrestagung Fabrikplanung „Neue Herausforderungen an die Fabrikplanung“, 8./9.2.1995, VDI-Verlag, Düsseldorf

[Take95] Takeshi, Kojima: Die zweite Lean Revolution – Was kommt nach Lean Production?, Verlag moderne Industrie, Landsberg, 1995

[Tak95] Takeda, Hitoshi.: Das synchrone Produktionssystem: Just-in-Time für das ganze Unternehmen, Verlag moderne Industrie, Landsberg, 1995

[Tho95] Thompson, P.; Akroyd, S.: All Questions for the Workplace Front? A Critique of current Trends in British Industrial Sociology, Sociology, Vol.29, No. 4, 1995, S.629

[TBM98] Time Based Management Consulting Group: Shopfloor Kaizen Breakthrough, Trainingsunterlage für die MBBras, 1998, zur Einsicht in Institutsbibliothek des IMAB, TU Clausthal

[TMC85/] Toyota Motor Corporation: Schulungsunterlage der Toyota Motor Manufacturing, Georgetown, Kentucky, 1985, zur Einsicht in Institutsbibliothek des IMAB, TU Clausthal

[TMC96] Toyota Motor Corporation: The Toyota Production System, Firmenveröffentlichung der TMC, USA, 1996, zur Einsicht in Institutsbibliothek des IMAB, TU Clausthal

[TMC98] Toyota Motor Corporation: Glossary on Toyota Production System Terminology, Veröffentlichung der TMC, USA, 1998, zur Einsicht in Institutsbibliothek des IMAB, TU Clausthal

[Tre88] Trevor, M.: Toshiba's New British Company, in: Journal of Policy Studies Institute, London, 1988

[Unb91a] Unbekannt: Gruppendynamik fördert Lean, Automobil Produktion, Nov. 1991

[Unb94] Unbekannt: Trendwende in Japan, Das neue Toyota-Werk Kyushu, Automobil-Produktion, 1994, S. 110-112

[Vaj94] Vajanos, K.: Nach Lean Production – die Prinzipien lebender Organismen, Europäische Hochschulschriften, 1994

[Wal93] Walter, T.: Toyota optimiert immer noch, in: Automobil Produktion, Mai, 1993, S.44-48

[Walt85] Walton, R.: The High Committment Workforce, Harward Business Review, Vol.53, 1985

[War93] Warneke, H.J.: Revolution der Unternehmenskultur. Das Fraktale Unternehmen, Berlin / Heidelberg, Springer-Verlag, 1993

[Web97] Weber, G.: Die segmentierte Fabrik - Werksmanagement für eine flexible Fertigung von 3000 Fahrzeugen pro Tag, in: Automobil Produktion, S. 60-67, 1997

[Wei94] Weihrich, H.: Comparisons of Japanese, U.S. and German Management, New York, MacGraw-Hill, 1994

[Weiß97] Weißner, R.: Modulare Fabrikstrukturen in der Automobilindustrie, Zeitschrift für wirtschaftliche Fertigung ZwF, München, 1997

[Weißg91] Weißgerber, F.: Fertigungstechnik reift mit jeder neuen Golf-Generation, VDI-Nachrichten, Nr.51/52, 27.Dezember 1991

[Wom90] Womack, J.P., Jones, D.T., Roos, D.: The Machine that changed the world, New York, Macmillan-Verlag, 1990

[Wom97] Womack, J.P., Jones, D.T.: Lean Thinking - Auf dem Weg zum perfekten Unternehmen, Frankfurt, Campus-Verlag, 1997

[Zül94] Zülch, G.: Vereinfachen und Verkleinern – die neuen Strategien in der Produktion, Schäfer-Poeschel Verlag, Stuttgart, 1994

11. Anhang

11.1 Vergleich von Taylorismus und Toyotismus

Merkmale des Taylorismus	**<u>Taylorismus</u>: Detailbeschreibung des Merkmals** ***<u>Toyotismus</u>: Detailbeschreibung der Ausprägung im Toyota Production System***
Systematische Personalauswahl	<u>Taylorismus</u>: Ermittlung der am besten geeigneten Arbeitskraft für einen Arbeitsablauf, um optimale Bewegungsabläufe zu garantieren
	<u>Toyotismus</u>: Gestaltung von Arbeitsabläufen und Betriebsmitteln unter Beachtung ergonomischer Anforderungen, sodaß sie von jedem Mitarbeiter auszuführen sind.
Organisation	Funktionsorientierte Planung und Leitung – das Unternehmen ist in eine klassische Funktionalstruktur aufgeteilt, Verantwortlichkeiten einzelner Linienbereiche umfassen das ganze Produktspektrum, jedoch nur einen Ausschnitt der Produktionsprozesses.
	Prozeßorientierte Planung und Leitung – das Unternehmen ist produktspartenbezogen in ergebnisverantwortliche fraktale Unternehmen unterteilt, welche gewerkeübergreifend den gesamten Produktionsprozeß verantworten.
Kurze Pausen	Einführung kurzer Pausen zur Steigerung der quantitativen und fachlichen Arbeitsleistung
	Mehrere kurze Erholphasen bei komplettem Bandstillstand und gemeinsamem Wiederanlauf aller Stationen
Leistungslohn	Halten der Leistungsbereitschaft auf hohem Niveau; Leistungsentlohnung schafft nur vordergründige Harmonie; Dauerhöchstleistung wird zur Bezugsbasis; wenig Chancen für schwache, ältere Mitarbeiter
	Kontinuierliche Optimierung der Abläufe durch Reduzierung von Verschwendung – Aufholen von Tagesfehlstückzahlen durch kurzfristig vereinbarte Überzeit – Bonusregelung nach Jahresproduktivität am Jahresende
Arbeitsplatz-Gestaltung	Arbeitswissenschaftliche Gestaltung des Arbeitsplatzes (Licht, Temperatur, Farbe, Layout) zur Optimierung der Mitarbeiterleistungsfähigkeit
	Einbindung des Mitarbeiters in die Optimierung seines Arbeitsplatzes – Autonomie der Arbeitsteams zur Gestaltung ihres Verantwortungsbereiches.
Weitgehende Arbeitsteilung	Aufteilung der Arbeitsumfänge in kleinste Prozeßschritte. Kurze Anlernzeiten neuer Mitarbeiter durch reduzierte Arbeitsanforderung bei hoher Arbeitsteilung – Entfremdung zwischen Mitarbeiter und Endprodukt führen zu Demotivation, Unachtsamkeit und mangelnder Qualität.
	Eindeutige Prozeßbeschreibungen sichern schnelles Auffassen der Arbeitsschritte – zunächst Konzentration auf wenige Arbeitsschritte, später kontinuierliches Training der Mitarbeiter innerhalb und über Arbeitsstationen hinaus zur Flexibilisierung der Produktion. Rotationen innerhalb der Gruppe als Ausgleich für kurze Arbeitstakte.
Trennung von Arbeitsvorbereitung (Kopfarbeit) und – Ausführung (Handarbeit)	Hierarchie durch Trennung von Kopf- und Handarbeit – als Folge starke Bürokratisierung und lange Informationswege.Schaffen einer spezialisierten Leistungs- und Kontrollfunktion (spezialisierte Funktionsmeister) zur Kontrolle und Überwachung des Produktionsmitarbeiters. Mitarbeiter sind verantwortlich für die Ausführung der Anweisungen des Managements und Einhaltung der Qualitätsvorgaben.
	Hierarchie durch Delegation von Verantwortung. Es entstehen weniger Hierarchiestufen und kürzere Informationswege. Ganzheitliche Einbeziehung der Mitarbeiter – sie sind aufgefordert, bestehende Prozesse auf nicht-wertschöpfende Umfänge zu untersuchen, d.h. aktive Validierung / Optimierung der Planungsvorgaben

Enteignung des arbeitenden Menschen von seinen Kenntnissen und Fähigkeiten	Kopfarbeit ist das Privileg der Führungsmannschaft, d.h. des Managements, der Entwickler, Ingenieure und Funktionsmeister. Die Grundsätze der wissenschaftlichen Betriebsführung werden nur von dieser Gruppe verstanden und zum Nutzen aller angewendet.
	Die Produktionsmitarbeiter setzen ihre Kreativität und Anwendererfahrung ein, um die vielen Prozesse weiter zu optimieren – die Planer setzen Verbesserungsvorschläge in formale Prozeßänderungen um.
Festgeschriebene betriebliche Abläufe	Betriebliche Abläufe werden in das Korsett der formalen Organisation gepreßt und erlauben keinen Raum für Eigeninitiative und Kreativität
	Betriebliche Abläufe werden standardisiert, visualisiert und im betrieblichen Gesamtsystem zueinander integriert. Als Grundsatz gilt: Die Prozesse verlaufen im Sinne der Wiederholbarkeit standardisiert ab, sind jedoch immer änderbar (optimierbar).
Hoher konstanter Produktionsausstoß zur Reduzierung Fixkosten	Material- und Prozeßzeitpuffer zum Ausgleich auftretender Störungen oder mangelnder Teilequalität.
	Single-Piece-Flow ohne Puffer bei robusten, fehlerfreien Prozessen. Einsatz von ‚fool-proof' Werkzeugen (Autonomation) – nur Weitergabe von 100% Gutteilen, Nacharbeit nur IN der Station.
Degradierung der Mitarbeiter als austauschbaren Faktor	Der Produktionsmitarbeiter wird als austauschbares Gut betrachtet, der sich lediglich aufgrund entsprechender Lohnanreize für die Arbeit interessiert; Psychische, seelische und soziale Aspekte der Mitarbeiter bleiben im Produktionsprozeß unberücksichtigt.
	Die Prozesse und Betriebsmittel werden auf die Bedürfnisse der Mitarbeiter ausgerichtet. Psychische, seelische und soziale Aspekte können bedingt über die Betreuung im Team aufgefangen werden. Die Prozesse sind im Sinne ISO 9000 eindeutig beschrieben und erlauben schnelle Einarbeitung neuer Mitarbeiter.

11.2 Merkmale des TPS im Vergleich zu traditionellen Produktionsorganisationsformen

TPS-Hauptelemente	***Merkmale des TPS***	***Merkmale traditioneller Organisationsformen***
Just-in-Time	-Bedarfsorientierte Materialversorgung nach dem Pull System (‚Ziehen') -Standardisierte, minimale Puffergrößen -Kontinuierliche Fließfertigung (1-Piece-Flow) -Konstante Taktzeit -Gleichmäßige Produktionsauslastung	-Materialversorgung nach Produktionsprogramm-Planung (Push System) -Schwankende Materialpuffer – Atmendes System -Losfertigung (bezogen auf Teilefertigung) -Taktzeit in Funktion Tagesprog. / Fehlstand -Wechselnde Arbeitszuteilungen
Jidoka	-Bandabschaltung durch Line-Stop-System -Nacharbeit nur innerhalb der Station -Feste Stationsgrenzen -Narrensichere Abläufe durch Poka-Yoke und Standardisierung	-Produktionsstückzahlen vor Bandstopp -Problemlösung in Nacharbeit mit Mehraufwand -Bandtourismus -Vertrauen auf Ausbildungsniveau / Werker-Eigenkontrolle
Flexible Produktion	-Flexibel multifunktional ausgebildete Werker -Wirkliche Gruppenarbeit durch konstant besetzte Gruppen-zusammensetzung -Autonome Aufgabenverteilung in Gruppe -Integration indirekter Tätigkeiten / flexible Aufgabenumfangserweiterung -Process Engineer (Integration Meister & Betriebsingenieur) = Vertrauter der Produktion -Gruppensprecher auch in Springerfunktion -Kurzfristig vereinbare Überzeiten Mitarbeiter optimieren Fertigungszeiten	-Verschiedene Arbeitswerte → Begrenzte Rotation -Wechselnde Gruppenzusammensetzung durch Krankenstand & Freischichtenregelung -Koordination / Vorgabe durch Meister -Outsourcing indirekter Aufgaben (keine Vermeidung), Job-Klassifizierungen (USA) -Koordinationsaufwand / mangelhafte Absprache, Mißtrauen zw. Planung & Produktion -Gruppenmeister rein administrativ / disziplinarisch -Nur als Ausnahme mit hohen Zuschlägen -Zeitüberprüfung durch MA der Arbeitswirtschaft
Total Quality Control	-Internes Kunden-Lieferanten-Prinzip -Statist. Prozeßkontrolle / -beobachtung (SPC) -KVP / Kaizen / Mitarbeiter optimieren ihre Arbeitsabläufe eigenverantwortlich -Nutzen Mitarbeitereinbindung / -kreativität -Reaktionsverhalten auf Fehler -Standardisierung der Arbeitsabläufe	-100% Gutteile nicht ‚Ehrensache' -Oftmals auf Instandhaltung beschränkt -Selten / nicht Teil der Unternehmens-philosophie, keine / wenig Einbindung Produktionsmitarbeiter -Mangelhaftes Vorschlagswesen -Keine Systematik, Abwartehaltung der Produktion -Interpretation, wechselnde Ausführung
Kostenredu-zierung durch Vermeidung von Verschwendung	-Nacharbeit nur 1xmal (konsequente Ursachen-forschung) -Keine Überproduktion da Pull System -Minimale Lager = offene Probleme -Systematische Eliminierung nicht-wertschöp-fender (Arbeits-) Abläufe	-Nachgelagerte NA, kostenaufwendig -Produktionsprogramm gesteuerte Produktion -Lagerbestände verdecken Probleme -Keine Identifizierung / Unterteilung in Wertsch. & NW-Umfänge

11.3 Meßgrößen zur Beurteilung der Einführung und zum Vergleich von Produktionssystemen

Meßgrößen der Produktionseffizienz	*Erläuterung / Anwendbarkeit für die PS-Einführung*
Mitarbeiterproduktivität [Fahrzeuge / Jahr+MA] ↑	Reduzierung von Mitarbeitern durch Optimierung Arbeitsabläufe und Eliminierung von nicht-wertschöpfenden Arbeitsanteilen.
Durchlaufzeit [Std. / Fahrzeug] ↓	Als Ausdruck der Optimierung von Montagezeiten durch Eliminierung von nicht-wertschöpfenden Inhalten und Direktverkettung ohne Puffer
Montagefehler [# / 100 Fahrzeuge] ↓	Als Ausdruck der Beachtung bzw. Verinnerlichung der beschriebenen Arbeitsabläufe in den Standardarbeitsblättern (sowie Eigenkontrolle und Nicht-Weitergabe von fehlerhaften Umfängen !)
Nacharbeit [Std. / Fahrzeug] ↓	Durch konsequente Identifizierung von Problemen und sofortige Beseitigung von deren Ursachen (innerhalb der Arbeitsstation) wird die Wiederholung und damit der Nacharbeitsanteil gegen Null zurückgefahren.
Größe Nacharbeitsbereich [% der Gesamtmontagefläche] ↓	
Kosten indirekte Tätigkeiten ↓	Reduzierte Kosten für indirekte Umfänge, da Nebentätigkeiten wie Kontrolle, Reinigung, Wartung in die Aufgaben der Montagemitarbeiter integriert werden – weiterhin Vermeidung durch Bewußtseinsänderung
Verbesserungsvorschläge [# / MA +Jahr] ↑	Höhere MA-Integration / Partizipation – Mitarbeiter sind aktiv aufgefordert ihre Arbeitsabläufe zu optimieren
Fehl- bzw. Krankenstand [% / MA + Tag] ↓	Durch die Schaffung von sauberen / sicheren Arbeitsplatz (5S)
Dauer Produktionsanlauf [Wochen] ↓	Zeitdauer von Job #1 (erstes kundenfähiges Fahrzeug bis zum Erreichen der geplanten Kammlinie); indirekt auch Reduzierung der Planungszeit für Betriebsmittelneuordnung
Anzahl ‚Geradeausläufer' ↑	Hohe Produktqualität in den Arbeitsstationen erzeugt – ohne Nacharbeit (Fahrzeuge ohne Nacharbeits- / Nachlack-Bedarf)
Flächenbedarf [m^2 / Fahrzeug + Jahr] ↓	Reduzierung durch Direktanlieferung und bedarfsorientierte Materialversorgung nach dem Pull-Prinzip
Materialbestand an der Montagelinie [Std] ↓	
Entwicklungszeitraum [Monate vor Job #1] ↓	Schwierige Meßgröße, da die meisten Transplants Produktindustrialisierungen durchführen
Anteil der Werker in Teams [%] ↑	Produktionssysteme basieren auf der Teamorganisation
Job Rotation [% der Werker] ↑	Ausdruck für die Bereitschaft zur Flexibilisierung der Mitarbeiter durch breite Qualifikation

↓: Ziel ist eine Senkung der betrachteten Meßgröße
↑: Ziel ist eine Erhöhung der betrachteten Meßgröße

11.4 Einflußfaktoren der Einführung von Produktionssystemen

Themenbereiche	*Ausgewählte Einflußfaktoren von Produktionssystemen*
1. Rahmenbedingungen	- Standortwahl / Demographie / Bildungsniveau / Arbeitslosenquote - Ausgangssituation (Greenfield vs. Brownfield) - Unternehmenssituation (Vollbeschäftigung vs. Krise) - Werksstruktur / Anlagentechnik - Facharbeiter vs. angelernte Mitarbeiter
2. Kulturelle Einflüsse	- Japanische Gruppenorientierung vs. westliche Individualität - Konformität mit japanischen Grundwerten (Seniorität, Gruppe, Konsens) - Länderentwicklungsgrad (Industrie- vs. Schwellenland) - Konsensfähigkeit und der konsequente Umsetzungswille - Freizeitorientierung
3. Definition Produktionssystem	- Ursprünge / Philosophie / Konzept - Betriebliche Verfügbarkeitsgrenze (AK, Material) - Probleme als Potential - Tiefgreifendes Verständnis der Ziele eines Produktionssystems
4. Bedeutung für die Organisation	- Bewußtseins-, Struktur- und Führungswandel - Teamarbeit - Verhältnis von Werkern zu Planung und Management - Mitarbeitereinbindung / Nutzung der Kreativität - Automatisierung vs. Systemverfügbarkeit
5. Implementierung / der Änderungsprozeß	- Rolle des Managements, ‚Sponsorship' - Soll-Ist Analyse - Verbindlichkeit / initiales Ertragen ungenügender Produktionszustände - Masterplan / Vision / Gesamtverständnis - Information und Transparenz gegenüber Mitarbeitern - Projektorganisation / Einbeziehung PS-Spezialisten - Umsetzungsverantwortung - Strategien der Produktionssystemeinführung
6. Widerstände und Gegenmaßnahmen	- Initialmotivation / kritische Masse / Lobbyismus - Verständnis und Akzeptanz - Aufweichung Systemparadigmen / ‚freie Interpretation' - Selbstverständnis Facharbeiter - Abstrahlwirkung / Transparenz der Verbesserung - Rechtfertigung von Maßnahmen der Prozeßoptimierung
7. Ganzheitlichkeit	- Lokale schnelle Erfolge vs. ganzheitliche tiefgreifende Verbesserung - Lokalspezifische Anpassung von PS-Elementen - Wirkzusammenhänge / Interdependenzen der PS-Elemente - Ganzheitliche Einführung aller Elemente
8. Funktion der Produktionssystem-Elemente	- Unterschiedliche Aufgaben - Unterschiedliche Bedeutungen aufgrund Verknüpfungen - Bedeutung für die Reihenfolge ihrer Einführung
9. Pflege eines Produktionssystems	- Training / Kontinuität, - Bereichsaudit / Soll-Ist Abgleich - Kaizen-Projekte -Eingeführtes Produktionssystem als BEGINN der Verbesserung
10. Lücken eines Produktionssystems	- Qualitätsstop vs. Produktionszeitflexibilität - Schwankungsarme Produktion vs. Kundenorientierung - Standardarbeitsabläufe vs. Taktzeitänderung / Arbeitszuteilung - Eingespielte Teamarbeit vs. Krankenstand & Freischichten - TPS als Standardregeln vs. Autonomie der Standorteinführung

11.5 Vergleich von Green- vs. Brownfield als Ausgangssituationen einer PS-Einführung

Kriterien	*Greenfield*	*Brownfield*
Gebietsstruktur / Arbeitslosenquote	Strukturschwäche / hohe Arbeitslosigkeit Hohe Motivation neuer Mitarbeiter Bewerber mit hoher Schulbildung und Sozialkompetenz aber geringer Fachqualifikation	Industriegebiet / mittlere-hohe Arbeitslosigkeit Keine Neueinstellungen / frustriertes Personal Hohe Fachqualifikation, geringe Schulbildung und geringe Flexibilität gegenüber neuen Organisationsformen
Änderungsprozeß	Neues Management-Team legt Grundstein zum Unternehmenswandel	Führungswandel behindert durch Angst vor Status- und Verantwortungsverlust
Gleichheitskonzept	Alle Mitarbeiter werden neu eingestellt Vertikale Entwicklung allen offen Keine Differenzierung nach Vergütung auf einer Verantwortungsebene	Differenzierungen & Statusunterschiede Gefestigte Hierarchieebenen – Einsatz führt nur begrenzt zur eigenen Entwicklung Arbeitswerte und Akkordvergütungen
Verhaltensmuster	Aktiv, unvoreingenommen, motiviert, aufgeschlossen Neues auszuprobieren	Passiv, negativ vorbelastet, unmotiviert, Angst vor / Widerstand gegen Veränderung
Mitarbeiterintegrati on	Aktive Beteiligung an der Definition / Optimierung von Standardprozessen – schafft Identifikation & mitarbeitergetragene Maßnahmen KVP als Möglichkeit der eigenen Arbeitsgestaltung	Bestehendes Mißtrauensverhältnis Mangelnde Bereitschaft zur Einbindung in Planungs- und indirekte Aufgaben KVP als Maßnahme zur Offenlegung verdeckter Zeitpuffer – Verbesserung als reine Leistungsverdichtung mißverstanden
Gewerkschaften	Wahl einer Vertretung erst nach Produktionsanlauf relevant Freie Meinungsbildung ohne Beeinflussung Realistische Lohnforderungen	Hohe Kompromißbereitschaft bei der PS-Elemente-Einführung erforderlich Langwierige Überzeugungsarbeit Wenig Flexibilität für Zusatzaufwendungen im Produktionsanlauf (Überzeit, flexible Zeiten)
Selbstverständnis	Fehlende Industrieerfahrungen – die Mitarbeiter definieren sich als gleichberechtigte Team-Partner in einem neuen Arbeitsumfeld.	Langjährige Industrieerfahrungen – die Mitarbeiter definieren sich über Ausbildung und Rang im Unternehmen, Angst vor Status- und Verantwortungsverlust behindern die Teambildung und Prozeßänderung.
Schulung	Neue Mitarbeiter lernen unvorbelastet die Produktionssystemprinzipien.	Zur Korrektur konträrer Verhaltensmuster ist ein Bewußtseinswandel erforderlich, bevor die neuen PS-Elemente verinnerlicht werden können.
Umfang der PS-Einführung	Mit dem Werksneubau und bei fehlendem Widerstand können in einem kurzen Zeitraum von ca. 1-2 Jahren alle PS-Elemente vollständig eingeführt werden.	Aufgrund laufender Produktion und Widerstand gegen Veränderung können kurzfristig nur vereinzelte Elemente eingeführt werden. Die Kompletteinführung (und Anwendung) liegt im Zeitraum der Mittelfristplanung, ca. 5 – 10 Jahre.
Werksstruktur	Hallenlayout und Produktionsflüsse unterstützen Transparenz, direkte Kommunikation und kurze Warenflüsse	Gewachsene Strukturen sind nur mit hohem Investitionsaufwand anzupassen – Vorteile einer Umplanung bzw. negative Auswirkung bei Belassung nur schwer zu bewerten (Argumentationsproblem)

11.6 Einführungsstrategien im direkten Vergleich

Kriterien	Werksweite EF	Bereichbegrenzte EF	Lokalspezifische EF
Koordination-saufwand	*Hoher simultaner Aufwand, Kaskadenschulung oftmals mehrerer tausend Mitarbeiter, Viele PS-Spezialisten als Prozeßbegleiter*	Geringe Koordination, Schulung einiger hundert Mitarbeiter, 2 Prozeßbegleiter	Eigenkoordination der Kaizengruppe durch Standardablauf, 1 Kaizen-experte **(normal = positiv)**
Dauer der Einführung	Greenfield: Einführung in 1 Jahr, durchgängige Anwendung nach 2 Jahren Brownfield: Einführung ca. 3 Jahre, *Verinnerlichung / durchgängige Anwendung ca. 5-10 Jahre*	Umbau innerhalb 6 Monaten, Verinnerlichung nach 1 Jahr, Übertragung auf Gesamt-unternehmen ca. 5 Jahre	Stationsbezogen 1-4 Wochen *Werksweite Übertragung aller Elemente ca. 5-10 Jahre, ggf. immer unvollständig,* ***(kursiv = negativ)***
Ganzheitlich-keit	Hoch – alle PS-Elemente im Zusammenspiel	Hoch – alle PS-Elemente, jedoch *künstlicher ‚Mikrokosmos' mit wenig Bezug zum Gesamtunternehmen*	*Gering, nur lokale Verbesserung, kein Elemente Zusammenspiel*
Vorbild-funktion	Mittel, nur im Werkevergleich / *wenig Vergleichsmöglichkeiten, die Entwicklung ist zu langwierig, wird nicht deutlich*	Hoch – durch Parallelbetrieb von ‚alter' und ‚neuer Welt', hohe Abstrahlwirkung der Organisationsform ‚Produktionssystem'	*Gering – nur in Bezug auf Kaizensystematik, PS-Elemente werden nicht vermittelt*
Widerstand	Greenfield: gering, da keine Vergleichsbasis Brownfield: *hoch – da werksweit Bedenken gegen Änderung*	*Ablehnung seitens Management (Gesamteinführung) und Gewerkschaften (ungleiche Arbeitsbedingungen)*	Keiner – schnelle Verinnerlichung und hohe Akzeptanz da mitarbeiter-getragener Prozeß
Motivation (der Belegschaft)	Greenfield: Hoch, da widerstandsfreie Einführung Brownfield: *Gering – Widerstand gegen Änderung, Ergebnisse nicht zügig genug und transparent*	Mittel bis hoch – sobald Vergleich alte zu neue Form wird die Motivation zur Übertragung auf andere Bereiche steigen. Vorzüge sind deutlich erkennbar.	Hoch – schnelle Ergebnisse, Mitarbeiter sind involviert
Mitarbeiter-Integration	*Gering bis Mittel – abhängig vom Delegationsgrad der Umsetzungsverantwortung*	Mittel bis Hoch – Wettbewerbs-situation wird Mitarbeiter anspornen	Hoch – Mitarbeiter erarbeiten Lösungen eigenverantwortlich und stellen sie der Produktionsleitung vor.
Grad der Optimierung	Greenfield: Hoch – vollständige Ausrichtung aller Prozesse auf PS-Prinzipien Brownfield: *Mittel – da ganzheitliche Einführung und Anwendung aufgrund von Widerständen und Kompromissen unwahrscheinlich erscheint.*	Hoch im ausgewählten Bereich ohne Kompromisse – die Gesamteffizienz des Unternehmens steigt erst ab der Einführung in allen Bereichen	*Gering – lokale Insellösungen bringen Motivation, es besteht die Gefahr frühzeitiger Zufriedenheit mit dem Erreichten*
Nachweis-barkeit von Optimie-rungen	*Gering – die Verbesserungs-potentiale treten nicht nur langfristig auf, sind daher als Kurzfristbetrachtung nicht visuell, Argumentations-schwierigkeiten*	Hoch – der direkte Vergleich zur alten Organisationsform überzeugt und lädt zum Nachvollziehen ein	Hoch – Kaizenergebnisse sind oftmals in Kennwerten zu bewerten

11.7 Teilnehmer der Expertenbefragung zur Validierung der Hypothesen

Wissenschaft / Berater	Prof. Dr. J. Knuf	Leiter Lean Manufacturing Center, University of Kentucky, USA
	Prof. Dr. Uwe Bracht	Leiter IMAB, TU Clausthal-Zellerfeld
	Mark Oakson	Leiter TBM - Time Based Management, Ohio, USA (Kaizen Proj.)
	Dr. Thomas Krämer	PS-Spezialist des IFAO, Universität Stuttgart
DCAG Werk Tuscaloosa	William Taylor	Werkleiter, langjähriger Ex-Toyota Manager, Gestalter MBUSI-PS
	Michael Kinney	PS-Koordinator und Trainer MBUSI-PS, Ex-Toyota MA
	Lee Prokriva	Leiter Engineering & Qualität, Ex-Toyota Manager
	Andy Kivilaan	Manager Engineering und langjähriger Kenner PS
	Thomas Harthun	Process Engineer Montage
	Christoph Disch	Trainer MBUSI Produktionssystem
DCAG Werk Juiz de Fora	Rene Reif	Ex-Montageleiter, Gestalter Sistema de Producao Juiz de Fora
	Michael Stauch	Ex-PS-Koordinator und Gestalter SPJ
DCAG Werk São Bernardo	Jose Suster	Ex-Koordinator Sistema de Producao / Kaizen
	Dario Yanamaki	Koordinator Sistema de Producao / Kaizen
	Jose C. Nascimento	Leiter Achsenfertigung und Kaizenexperte
DCAG Werk Bremen	Dr. Reinhard Hesse	Langjähriger Experte auf dem Gebiet Produktionssysteme
	Uta Siebert	PS-Verantwortliche PLZ Sportwagenfertigung
	Rolf Bertram	Projektleiter R230 und Ex-Montageleiter MBUSI
	Manfred Ziegler	Projektleiter Einführung DaimlerChrysler PS im Werk Bremen
	Klaus Köstermann	Projektleiter ProMontage (Kaizen-Projekte)
DCAG PS-Arbeitsorganisa tion und andere Werke	Dr. Herbert Gzik	Produktionsleiter Reihenmotoren, Ex-Engineering-Leiter MBUSI und Ex-Projektleiter des Mercedes-Benz Produktionssystems
	Holger Sindel	Projektleiter Einführung DaimlerChrysler PS im Werk Untertürkheim
	Michael Thomas	Co-Gesamtprojektleiter Gestaltung & konzernweite Einführung des DaimlerChrysler-Produktionssystems (DCPS)
	Thomas König	Leiter Kaizen-Office im Geschäftsfeld Nutzfahrzeuge
	Olaf Dunkler	Leiter Logistik und RPS-Koordinator im Werk Rastatt
	Matthias Harzer	Spezialist für Lieferantenentwicklung / Kaizen-Projekte
	Dr. Paul Starker	Teilnehmer des Post-Merger Arbeitskreis DCPS
	Dr. Roland Springer	Leiter Zentrale Arbeitsgestaltung (Spezialist Gruppenarbeit und Arbeitspolitik)
	Jürgen Dörich	Zentrale Arbeitsgestaltung
Chrysler PS Experten	Steve Weisenstein	Co-Gesamtprojektleiter Gestaltung & konzernweite Einführung des DaimlerChrysler-Produktionssystems (DCPS)
	Mike Anselmi	COS-Spezialist und Koordinator Änderungsmanagement
	Lhamar Harris	COS-Spezialist
	Anthony Pitnell	Ex-COS-Koordinator im Eurostar Werk Graz
	Ron Ramsey	Continuous Improvement Group Manager
Teilnehmer des Lean Manufacturing Networks der University of Kentucky	Chet Marchwinski	Herausgeber des Lean Manufacturing Reports
	David Meier	Lean Manufacturing Berater, Ex-Toyota Mitarbeiter
	Gary McGregor	PS-Koordinator at Case Corporation
	Rick Harris	Lean Manufacturing Berater
	Andrew Erickson	Leiter Kaizen-Projekte Boeing Corporation

11.8 Detailergebnisse aus Expertenbefragung und Fallstudienbetrachtung

11.8.1 Rahmenbedingungen / Voraussetzungen (siehe Detailbeschreibung der Hypothesen in Kap.4)

Hypothese	Nr.	Werk	HB	Handlungsbedarf / Maßnahmen per Standort
Greenfields in struktur-schwachen Gebieten	1.1	Tuscal.	A	Strukturschwacher Südosten, 25 Bewerber pro Stelle
	↑ 9	Juiz deF	A	Landesinnere, keine Industrie, hohe Arbeitslosigkeit
	Ø 4,5	São Bern.	/	Nicht relevant da Brownfield
	↓ 1	Bremen	/	Nicht relevant da Brownfield

- Prinzipiell richtig, jedoch bestehende Gewerkschaft nur 1 von ca. 100 Standortauswahlfaktoren
- Es gelten viele weitere, bedeutendere Kriterien der Standortauswahl (bei Standortauswahl Juiz de Fora ca. 130 Kriterien) – es zählen eher vorhandene Infrastruktur und Kosten bzw. Fördermittel, Greenfield-Projekte sind daher eher wirtschaftliche Entscheidungen.
- In den USA werden bewußt Gebiete mit geringem Gewerkschaftseinfluß (zur Gewährleistung entsprechender Gestaltungsfreiheit bei Mitarbeitertraining und Arbeitskonfiguration) ausgewählt – dies sind überwiegend strukturschwache Gebiete.

Greenfields (+) keine festen Verhaltens-muster	1.2	Tuscal.	A	Mitarbeiter bewußt aus nicht-industriellen Berufen
	↑ 9	Juiz deF	B	Teilweise MA aus nahem Industriestandort / negative Einstellung
	Ø 7,4	São Bern.	/	Nicht relevant da Brownfield
	↓ 1	Bremen	/	Nicht relevant da Brownfield

- Als Nachteil kann gewertet werden, daß unvorbelastete (=unerfahrene) Mitarbeiter noch nicht über die erforderlichen Erfahrungen (Analytisch, Problemlösungsprozeß, etc.) verfügen, welche für eine problemarme PS-Einführung nützlich sind.
- Das Erlernen neuer Prinzipien fällt im Allgemeinen leichter als die „Umschulung“ bzw. das Revidieren bereits verinnerlichter Prinzipien.

Brownfield (-) feste Muster, kritisches Hinterfragen	1.3	Tuscal.	/	Nicht relevant da Greenfield
	↑ 9	Juiz deF	/	Nicht relevant da Greenfield
	Ø 6,9	São Bern.	A	Mitarbeiter haben Kaizen-Philosophie positiv verinnerlicht
	↓ 3	Bremen	C	Mißtrauen gegenüber neuen (alten) Programmen

- Es existieren mittlerweile Beispiele für die erfolgreiche Einführung bzw. Anwendung von Produktionssystemen in Brownfields (5). Widerstand gegen Änderung ist menschlich – Akzeptanz und Unterstützung erfolgen später bei ersten Erfolgen der neuen Produktionsordnung.
- Bei vorherigen, nicht erfolgreichen Projekten, besteht oft ein genereller Bias gegenüber neuen Organisationsformen.
- Entscheidend ist die Fähigkeit des Managements beiderseitige Vorteile (Win-Win Situation) als Motivation für Arbeitnehmer und Arbeitgeber auszuweisen.

Facharbeiter ←→ Standard Prozesse	1.4	Tuscal.	A	Geringe Ausbildung aber Standards durch MA gepflegt
	↑ 9	Juiz deF	B	Standards von Planern / Gefahr mangelnder Akzeptanz seitens Werker
	Ø 6,9	São Bern.	B	Standards sporadisch – unregelmäßige Aktualisierung
	↓ 3	Bremen	C	Standards unbekannt, als ‚Bevormundung‘ empfunden

- Mangelnde Akzeptanz der Standardisierung an deutschen Standorten, da vorgegeben („aufgezwungen“) – keine Partizipation bei deren Erarbeitung seitens der Produktionsmitarbeiter !
- Facharbeiter erkennen meist nach kurzer Zeit, daß Standardisierung Vereinfachungen schafft – ihre Know-How (und damit ihre Einbindung) wird beim KVP dringend benötigt.
- Oftmals bedarf der Überwindung eines anfänglichen Mißtrauens bevor auch Facharbeiter sich von den Vorzügen eines Produktionssystems überzeugen lassen.
- Mit abnehmendem Wissensstand / Erfahrungen nimmt der Bedarf an Orientierung (und damit die Akzeptanz von Vorgaben) zu. Bei Facharbeitern kehrt sich diese Relation um, sie lehnen Standardisierung eher ab!
- Mitarbeiter sind bestrebt Qualität und Effizienz zu erreichen – unabhängig von ihrem Background.

Wandel durch Unter-nehmens-Krise	1.5	Tuscal.	/	Nicht relevant da Greenfield
	↑ 9	Juiz deF	/	Nicht relevant da Greenfield
	Ø 6,3	São Bern.	B	Drastischer Markteinbruch & Kurzarbeit als Initialzündung
	↓ 3	Bremen	C	Trotz hoher Nachfrage – Kostendruck durch Standortvergleiche

- Die Bedeutung der Unternehmenskrise muß durch die Mitarbeiter wahrgenommen und akzeptiert werden – bzw. die latente Gefahr einer Krise, sofern das Unternehmen sich nicht wandelt.
- Alternativ zur Schaffung einer Wandlungsbereitschaft, kann ebenso mittelfristig eine „Unternehmenskultur des ständigen Wandels" angestrebt werden.
- Beispiele für vorausgegangene Unternehmenskrisen sind Opel Eisenach (vormals ‚Wartburg'), Chrysler Eurostar in Graz sowie Ford Saarlouis.
- Parallel dazu hat sich die Unternehmensoptimierung durch die Einführung eines Produktionssystems für viele Unternehmen allein aus wettbewerbstechnischen Gründen zu einem Mußkriterium entwickelt – d.h. viele Unternehmen schaffen heute die Wandlungsbereitschaft auch ohne gravierende Unternehmenskrise. Fraglich ist der Grad der konsequenten Umsetzung jedoch!
- Transparenz bzw. interne Kommunikation der wirtschaftlichen Situation eines Unternehmens tragen ebenso zum Änderungswillen der Mitarbeiter bei.

Hohe Produktions Auslastung ←→ Änderung		1.6	Tuscal.	B	Hoher Bedarf führt zu Aufweichungen z.B. Qualitäts-Stop System
	↑	9	Juiz deF	A	Geringe Produktionsauslastung – Muße für Optimierungen, Schulung PS im Produktanlauf begünstigt eine schnelle Einführung
	Ø	4,7	São Bern.	A	Geringe Produktionsauslastung – Muße für Optimierungen
	↓	1	Bremen	C	Hohe Produktionsauslastung verhindern Änderungswillen.

- Unterstützungsmaßnahmen können z.B. kleiner MA-Pool für Zusatzumfänge, Besprechungen außerhalb der Arbeitszeit, Motivation durch Vorgesetzte, PS-Einführung während des Fabrik- / Produktanlaufs
- Unternehmen mit geringem Produktionsvolumen fällt eine PS-Einführung schwerer.

Vollständige Einführung → ähnliche Ergebnisse		1.7	Tuscal.	A	Durch die Implementierung aller PS-Elemente kann von gleichen Startvoraussetzungen ausgegangen werden – die mittelfristige Weiterentwicklung hängt u.a. von Konsequenz bei KVP und Beachtung PS-Prinzipien ab.
	↑	9	Juiz deF	A	
	Ø	8,3	São Bern.	B	Die PS-Elemente sind überwiegend eingeführt, aber noch nicht durchgängig gelebt, durch historisch gewachsene Restriktionen (Fabrikkonzept) ist Vergleichbarkeit mit den Greenfield hinsichtlich Produktionseffizienz nur zu ca. 90% erreichbar.
	↓	5	Bremen	/	Mit Beginn der PS-Einführung noch keine Aussage möglich – Restriktionen aber ähnlich wie in São Bernardo zu erwarten.

- Grundsätzlich akzeptieren Greenfield-Mitarbeiter die vorgegebenen Standards als „einzig richtigen Weg" – verfügen aber über weniger Erfahrungen zur Reflektion des Standards
- Einführung in Brownfield ist deutlich schwieriger / langwieriger – kann jedoch durch kritische Prüfung erfahrener Werker zu optimierteren Lösungen führen – Mitarbeiter ohne Vorkenntnisse akzeptieren Vorgegebenes oftmals als einzig richtige Methode!
- Bezogen auf die unternehmensspezifische Arten von Verschwendung, werden unterschiedliche PS-Elementen bzw. Werkzeuge unterschiedlich stark betont.
- Die Ausgangssituation eines Unternehmens entscheidet über die Möglichkeiten zur PS-Einführung – Extreme sind ein Greenfield-Projekt versus einem 6-7 Tage in 3 Schichten produzierendem Unternehmen. Zeit und Möglichkeiten zur PS-Elemente-Einführung sind stark unterschiedlich – entsprechend werden die Ergebnisse sein.

Team Ansatz (Gleichheit der Mitarbeiter)		1.8	Tuscal.	A	Mitarbeiter werden bis in die erste Managementebene entwickelt
	↑	9	Juiz deF	B	Eher deutscher Ansatz, klarer Bruch in Angestelltenebene
	Ø	5,1	São Bern.	B	Deutliche Trennung Arbeiter vs. Angestellte
	↓	1	Bremen	C	Ebenso, keine Entwicklung über Meister

- Gruppenarbeit verbunden mit hoher Rotation führt in deutschen Werken zu hoher Mitarbeiterqualifikation – und damit hohen Arbeitswerten. Nachteile sind mangelnde Kontinuität sowie Fehleranhäufung durch Mitarbeiterüberforderung.
- Trotz strenger Hierarchie und Senoritätsprinzip sind japanische Mitarbeiter alle auf ein gemeinsames Ziel ausgerichtet – „Wirtschaft ist Krieg – alle wollen überleben!" (jap. Sprichwort). In westlichen Industriekulturen herrscht dagegen „Krieg" zwischen Vertretern der Arbeitgeber- sowie der Arbeitnehmerseite.
- Produktionssysteme können auch bei individueller Beurteilung / Entlohnung in Abhängigkeit vom Montageumfang (d.h. von Arbeitswerten) erfolgreich betrieben werden (Beispiel Kawasaki).
- Westliche Arbeitnehmervertretungen streben ebenso den Gleichheitsansatz (bei Arbeitswerten bzw. Entlohnung an) – allerdings auf zu hohem, wirtschaftlich nicht vertretbarem Niveau.

- Schlanke Unternehmen erfordern multifunktional ausgebildete Mitarbeiter, die flexibel und kurzfristig verschiedene Aufgaben bzw. Verantwortlichkeiten übernehmen können – westliche Klassifizierungen bzw. Unterscheidungen in Arbeitswerte stehen dem zuwider.

Erfolgreiche PS = nur geringe Änderungen		**1.9**	Tuscal.	**A**	Nahe am Original TPS = funktionierendes Konzept
	↑	**9**	Juiz deF	**A**	Nahezu identischer Ansatz wie MBUSI
	Ø	**5,9**	São Bern.	**A**	Kaizenschulung nahe TPS = gute Ergebnisse der Optimierung
	↓	**1**	Bremen	**C**	Werksspezifische Anpassungen / Arbeitspolitik hinderlich

- In einer richtigen Ausprägung gibt es nur „1,2“ verschiedene Produktionssysteme.
- KVP ist ein integraler Bestandteil aller Produktionssysteme – als Konsequenz läßt sich ableiten, daß auch das TPS als Original sich den wechselnden Umgebungseinflüssen angepaßt hat. Wichtig ist jedoch, daß die Grundprinzipien erhalten bleiben.

Mitarbeiter = Generalisten		**1.11**	Tuscal.	**A**	Rotation von MA in Produktion, kontinuierliches Training
	↑	**9**	Juiz deF	**B**	Rotation unterschiedlichen in Centern (Montage hoch, Lackierung (Prozeßtechnik) eher gering
	Ø	**7,4**	São Bern.	**C**	Rotation eher gering
	↓	**4**	Bremen	**C**	Kont. Qualifikation leider zu häufig als reine Kosten gesehen

- Generalisten sind als Unterstützungsorganisation nützlich für jede Art von Veränderungsprozeß!

Werks-struktur		**1.12**	Tuscal.	**A**	Kopfanbindung Gewerke, direkte Kommunikation
	↑	**9**	Juiz deF	**C**	Gewerke & Kantinen getrennt, aber ebenerdige Linien
	Ø	**8,2**	São Bern.	**B**	Gewerke getrennt, Linien eben, Einsehbarkeit Bereiche
	↓	**7**	Bremen	**C**	Gewerke getrennt, unübersichtlicher Linienverlauf, auch Hochlinien

- Werksstrukturen, welche den kontinuierlichen Fluß der Produkte unterstützen (Direktanbindung der Gewerke & Vormontagen), die Puffer für alle Prozeßbeteiligten transparent erkennbar machen (einsehbare Puffer, minimale Materialbestände am Band), tragen zur einfachen Erkennung von Problemen und Prozeßengpässen bei.

Ausgestal-tung Betrieb-smittel		**1.13**	Tuscal.	**A**	Einfache Technik, erst manuell - dann Automation, Aufrüstbarkeit
	↑	**9**	Juiz deF	**A**	Einfache Technik, Manuell vor Automat., niedrige Lohnkosten
	Ø	**7,1**	São Bern.	**A**	‚Einfachste Technik‘, Kaizeneinfluß ‚Make it simple‘ spürbar
	↓	**1**	Bremen	**C**	Weiterhin hohe Investitionen, komplexe Anlagen, hohe Instandh.

- Langsames Training / Investment von ‚low'zu ‚high tech‘, damit Qualität und Prozeßsicherheit nicht beeinträchtigt werden.
- Gilt insbesondere für die Montagebereiche – in den stark prozeßtechnikorientierten Bereichen Rohbau und Lackierung ist eine schrittweise Automatisierung nicht sinnvoll (Prozeßsicherheit → Produkt-Qualität).
- Investment in Anlagentechnik, die mehr Leistung erbringen kann (Prozesse, Verfügbarkeit, Produktionsrate) als für den spezifizierten Prozeß erforderlich, wird nach dem Verständnis Toyota als Verschwendung betrachtet.

11.8.2 Kulturelle Einflüsse

Ausgewählte Fragen:

Unterschiede USA-Europa-Südamerika: Sind Unterschiede bei Ausgestaltung und Akzeptanz der Produktionssysteme aufgrund kultureller Eigenarten zu erkennen?

Konformität mit japanischen Grundwerten: Ist es vorteilhaft für die PS-EF, wenn der Standort sich eher an japanischen Grundwerten wie Teamorientierung, Obrigkeitshörigkeit, Ordnungsliebe, Suche nach Perfektion orientiert?

Korelation zwischen Entwicklungs- / Bildungsgrad und PS-Akzeptanz: Zeigen Regionen mit geringerem Ausbildungsgrad (Schule, Beruf) eine höhere Neigung zur Akzeptanz von Produktionssystemen?

Gruppen-Orientierung		**2.1**	Tuscal.	**C**	Trotz Gruppenevents stark US geprägter Individualismus
	↑	**9**	Juiz deF	**B**	Hohes Gruppengefühl – Akzeptanz von Gruppenentscheidungen
	Ø	**6,2**	São Bern.	**B**	Ebenso wie JdF, Arbeitsplatz = soziale Kontakte, Freundschaften
	↓	**2**	Bremen	**C**	Stark individuell, wenig Identifikation mit Arbeitsplatz / Kollegen

- In der westlichen Kultur ist erforderlich, auch einzelne Gruppenmitglieder für ihren Einsatz bei der kollektiven Zielerreichung zu loben.
- Durch den Ursprung des TPS in Japan, ist die dort verstärkt vorzufindende Gruppenorientierung als Kulturelement zu werten. Im Hinblick auf den KVP ist jedoch Individualität als Quelle von Kreativität

vorzuziehen. Daraus leitet sich der Anspruch an die Führungskräfte ab, Mitarbeiter in Gruppen zu organisieren ohne jedoch deren Individualität (und damit Kreativität) einzuschränken.

- Die Gruppe stellt eine Leistungseinheit dar, welche leichter als jedes einzelne Individuum zu steuern ist – d.h. bessere Selbstkontrolle durch die Gruppenmitglieder, ein ‚Ausbrechen' in individuelle Handlungsweisen wird von den Gruppenmitgliedern nicht akzeptiert (z.B. selbstgeschaffene Pausen durch Vorarbeiten, Aufbau von Pufferbeständen). 10 Gruppen sind daher leichter zu führen / zu steuern / aufeinanderabzustimmen / auszutakten als 70 individuelle Mitarbeiter.
- Der Wille die Gruppeninteressen vor die eigenen, individuellen Interessen zu setzen, erleichtert den Betrieb eines Produktionssystems.
- Die Kreativität einer Gruppe ist (gute Zusammenarbeit vorausgesetzt) oftmals auf einzelne Individuen zurückzuführen.

Übertragung	2.2		Tuscal.	A	Nahe TPS, lediglich stärker differenzierte Darstellung, 1:1
länder- /	↑	9	Juiz deF	A	Ebenso, jedoch Beachtung brasilianischer Eigenarten
kulturunabh.	Ø	5,6	São Bern.	A	PS-Elemente strikt nach TPS umgesetzt
durchführen	↓	1	Bremen	C	Hohe Anpassungen durch Forderungen der AN-Vertretung

- ‚Verpackung' bzw. Marketing der Idee können den lokalen Gegebenheiten angepaßt werden (e.g. Motto Fußball im SPJ).
- Jede Kultur hat Schwächen, auf welche in der lokalen Ausgestaltung besonders eingegangen werden kann.
- Produktionssysteme sind in ihren Grundzügen standardisiert – im Detail jedoch standortspezifisch bzw. kulturspezifisch auszugestalten (4).
- Aus Akzeptanzgründen ist es sinnvoller kulturelle Besonderheiten in die Produktionssystem-Elemente einzubringen – die Mitarbeiter werden die PS-Elemente als vertraute und positiv belegte Umfänge begreifen.

Konformität	2.3		Tuscal.	A	Niedr. Bildungsstand – keine festen Verhaltensmuster, konform
mit japan.	↑	9	Juiz deF	A	Wie MBUSI
Grundwerten	Ø	5,0	São Bern.	A	Sehr konform – einfache Akzeptanz TPS, konsequente Umsetzung
	↓	1	Bremen	C	Sehr kritisch, hinterfragen, Ablehnung, Angst vor Wandel

- Ein standardisiert zu übertragendes Produktionssystem sollte auf „Welttugenden" basieren, damit ist Konformität eher sichergestellt.
- Produktionssysteme sind in verschiedenen Kulturen mit vergleichbaren Ergebnissen zu fahren. (Diese Aussage deckt sicht noch nicht mit den Produktivitäts- und Qualitätskennzahlen verschiedener Standorte!)
- Kontruktive Kritikfähigkeit (auch gegenüber Vorgesetzten) beeinflußt den KVP positiv (im Gegensatz zu reiner Obrigkeitshörigkeit).

Länder mit	2.4		Tuscal.	A	Zutreffend, gering entwickelter Südosten der USA
geringem	↑	9	Juiz deF	A	„Es kommt jemand, der weiß wie man ‚es' macht !"
Entw.-Stand	Ø	6,0	São Bern.	A	Siehe Juiz de Fora
= hohe Akzept.	↓	1	Bremen	C	Hoher Lebensstandard → wenig Motivation / Interesse

- Es fehlen weniger Grundsätze sondern vielmehr Erfahrungen - „Es kommt jemand, der weiß wie man ‚es' macht !" und drängt auf Umsetzung.
- Was beim Werker noch zum Vorteil gereicht, wirkt sich beim Meister als Nachteil in Form von mangelnder Qualifikation (z.B. mangelndes Verständnis der Führungsrolle) aus. Beispiele zeigen sich in Tuscaloosa, wo Groupleader nur mangelhaft die Einhaltung der PS-Prinzipien (z.B. Arbeit nach Standard) überwachen und bei Konflikten eher pro-Mitarbeiter argumentieren.
- Parallel zu Greenfields in strukturell unterentwickelten Ländern, können ebenso erfolgreiche Beispiele aus westlichen Industriegebieten angeführt werden (vergl. Porsche AG, Zuffenhausen, Stuttgart).

Konsenz-	2.5		Tuscal.	B	Individualismus / mangelnde Planung / zuviel Aktionismus
fähigkeit =	↑	9	Juiz deF	B	Südamerika. Kultur (Inkonsequenz) erfordert Standardvorgehen
Konsequenz	Ø	5,1	São Bern.	C	Nur durch Standard-Vorgehen, mangelnde Konsequenz
	↓	1	Bremen	B	Konsequenz aber mangelnde Einbeziehung aller Bereiche

- Oftmals liegt die Ursache mangelhafter Umsetzung weniger in der Konsenzfähigkeit, sondern eher in mangelhaftem Verständnis der notwendigen Maßnahmen seitens des Managements.

Familie & Freizeit vor Gruppe / Arbeitsplatz	**2.6**		Tuscal.	**B**	Finanzielle Motivation und verordneter Mehreinsatz
	↑	**9**	Juiz deF	**B**	Hohe Anfangsmotivation in Projektphase – später eingeschränkt
	Ø	**5,0**	São Bern.	**B**	Eingeschränkte Flexibilität durch Personennahverkehr (Busabfahrtzeiten)
	↓	**1**	Bremen	**C**	Hohe Freizeitorientierung = mangelnde Flexibilität

- Findet nur eingeschränkte Bestätigung – insbesondere in US-amerikanischen Unternehmen sind hohe Wochenarbeitsstunden (50 – 60 Std./Woche) keine Seltenheit.
- Mangelnde Identifikation mit dem Unternehmen und wenig Möglichkeiten zur Gruppenbildung nach der Arbeitszeit (vergleiche hier die japanische Tradition der Karaoke-Abende sowie die ‚Happy Hour' in den USA) lassen keinen wirklichen Gruppenzusammenhalt entstehen.
- Aussage läßt sich in Deutschland nur bedingt überprüfen, da eine ggf. bestehende Überstundenbereitschaft durch künstliche Beschränkungen seitens der Arbeitnehmervertretung verhindert wird.

Standardisiert. Regelung von Prozessen	**2.7**		Tuscal.	**A**	Konsequent eingeführt, Update durch Werker, hohe Akzeptanz
	↑	**9**	Juiz deF	**B**	Standards über Planung vorgegeben, keine Revision durch Werker
	Ø	**5,6**	São Bern.	**C**	Standards wenig eingeführt
	↓	**1**	Bremen	**C**	Nahezu unbekannt – Widerstreben, Unvereinbar mit Taktwechseln

- Im westlichen Kulturkreis werden Standards vorgeschrieben, welche vom Mitarbeiter nicht beeinflußt werden können – u.a. deshalb Ablehnung.
- Mitarbeiter in Deutschland sind kaum konsenzfähig – Einigung zwischen Prozeßplanung sowie Mitarbeitern der Schicht A und Schicht B auf einen Standard erscheint unrealistisch !
- Einführung von Arbeitsstandards u.a. erschwert, wenn in Vorjahren Individualismus und Humanisierung der Arbeitsplätze (siehe Wende von Bandarbeit zu Boxenarbeitsplätzen) überbewertet wurden.
- Interessanterweise ist die Standardisierung von Arbeitsabläufen auf die Industrial-Engineering Methoden des Taylorismus zurückzuführen – ein Beleg dafür, daß im Gegensatz zu westlichen die japanischen Unternehmen eine wirklich konsequente Anwendung der „wissenschaftlichen Betriebsführung" nach Taylor erreichen konnten!
- Wenngleich in Produktionsbereichen noch wenig akzeptiert, so finden sich in der westlichen Kultur vielfältige (und akzeptierte) Beispiele der Standardisierung, z.B. im Erziehungswesen, Militär, Lebensmittelverarbeitung, sicherheitsrelevante Produktionsverfahren, etc.

11.8.3 Definition eines PS – Grundhaltung, Werte und Normen

Ausgewählte Fragen:

Committment: Wurden im Hinblick auf eine langfristige Verbesserung, kurzfristig ungenügende Produktionszustände, z.B. Produktionsausfälle durch Einsatz des Bandstops, akzeptiert?

Verfügbarkeitsgrenze: Wurden Taktauslastung, Materialbestände so optimiert, das an der Grenze der Verfügbarkeit produziert werden kann (als Voraussetzung für das Erkennen weiterer Verschwendung)?

Fokus des PS: Wo wurden die größten Optimierungen durch den Einsatz der PS-Methoden erreicht?

Durchdringungsgrad: Wo fanden sich bereits eingeführte PS-Elemente und Werkzeuge, wenngleich unter anderem Namen?

Einbindung der Mitarbeiter: Wie erfolgte die Einbindung der Mitarbeiter in die Einführung bzw. die Umsetzungsprojekte?

Aktualisieren der Standards: Sind die Mitarbeiter (eigenverantwortlich) mit der Aktualisierung der Standardarbeitsabläufe betraut?

TPS = Taylor, Deming	**3.1**		Tuscal.	/	Eher grundsätzliche Frage ohne Standorte-Bezug
	↑	**9**	Juiz deF	/	
	Ø	**7,1**	São Bern.	/	
	↓	**5**	Bremen	/	

- Der große Unterschied besteht darin, daß das TPS einen wirtschaftlichen Ausweg aus der Massenproduktion aufzeigt.

‚Alter Wein ... aber konsequente Umsetzung	**3.2**		Tuscal.	**A**	Grundtugenden deckungsgleich
	↑	**9**	Juiz deF	**A**	Konsequente, standardisierte Umsetzung positiv für Standort
	Ø	**7,5**	São Bern.	**A**	Südamerika (Entscheidungsangst, Unstetigkeit, Ungeduld, Hektik)
	↓	**5**	Bremen	**A**	Siehe Tuscaloosa

- Durchgängig neue Elemente sind das *Pull-System* und der *One-Piece-Flow*.

- Erkenntnis erster Infoveranstaltungen zum Thema Produktionsystem sind oftmals „Aha-Erlebnisse" seitens der Mitarbeiter – viele Elemente werden (oft unter anderer Bezeichnung) wiedererkannt.
- Viele PS-Elemente sind vom Grundsatz her bekannt, aber mangels konsequenter Umsetzung bzw. aus Mangel an sinnvoller Integration mit den übrigen PS-Elementen „versandet".

Kenntnis & Beachtung der Abhängig-keiten	3.3		Tuscal.	C	Keine Analyse bzw. Demonstration der Interdependenzen
	↑	9	Juiz deF	C	Mitarbeiter sollen Produktionsystem als Ganzes akzeptieren, die
	Ø	7,7	São Bern.	C	Instrumente einsetzen, die Regeln befolgen – ein Verständnis würde
	↓	5	Bremen	C	sich aus (langjähriger) Anwendung einstellen

- Extrem wichtig ist die klare Vermittlung der Zusammenhänge der PS-Elemente („Das Produktionssystem ist mehr als die Summe seiner Einzelelemente").

Betrieb an Verfügbar-keitsgrenze	3.4		Tuscal.	A	Taktzeiten kontinuierlich gesenkt / Standards aktualisiert
	↑	9	Juiz deF	B	JIT Belieferung, aber durch Minderauslastung (bisher) keine Chance zur Optimierung
	Ø	6,1	São Bern.	A	Minimal Bestand, JIT, hohe Systemverf.- aber geringe Auslastung
	↓	1	Bremen	C	Noch Puffer wegen Störzeiten der Anlagen

- Das Produktionssystem macht eine Produktion am Rande der Verfügbarkeitsgrenze erst möglich (3).
- Das Ziel eines PS ist die schwankungsarme, kontinuierliche Fertigung – bei optimaler Verknüpfung aller Prozesse ist damit auch ein Arbeitsrythmus mit normalem Einsatz möglich.
- Das Arbeiten an der Verfügbarkeitsgrenze hilft latente Prozeßineffizienzen (und daraus resultierende, unregelmäßige Störungen) sichtbar werden zu lassen und unverzüglich & nachhaltig zu beseitigen.
- Die Arbeit innerhalb eines Produktionssystems kann als „Tätigkeit ohne Sicherheitsnetz" bezeichnet werden.

Manuelle Arbeit	3.5		Tuscal.	A	Trennung wertschöpfende vs. nicht- werts. Prozesse sehr ergiebig in
	↑	9	Juiz deF	A	Montage, Lack & Rohbau eher durch Prozeßzeiten bestimmt
	Ø	5,7	São Bern.	B	Gute Beispiele in Teilefertigung, hohes Änderungspotential
	↓	1	Bremen	C	Hohe Lohnkosten – Fokus KVP bei Fertigungszeiten-Reduzierung

- Produktionssysteme können prinzipiell in jeder Produktionsumgebung sinnvoll eingesetzt werden – stark durch manuelle Arbeit geprägte Bereiche erzielen früher sichtbare Verbesserungen.
- Viele Aspekte des TPS beziehen sich auf Produktionsbereiche außerhalb der Montage – schneller Werkzeugwechsel / kleine Losgrößen (Preßwerk), Jidoka / Poka-Yoke (Rohbau).

Sprechende & zuhörende Organisation	3.6		Tuscal.	A	Kom. = durchgängig, regelmäßig, alle Ebenen, top-down-bottom-up, Mitarbeiterversammlung alle 4 Wochen, Mgmt. auf Shopfloor
	↑	9	Juiz deF	?	*Keine Info*
	Ø	7,5	São Bern.	B	*Keine Info*
	↓	3	Bremen	C	Regelkommunikation ‚Dialog' / Gruppenmeetings 45min/Woche, nicht optimal genutzt, Betriebsversammlungen als ‚Schlagabtausch'

- Der Infoaustausch sollte jedoch geregelt erfolgen → ‚Regelkommunikation'!
- Das Management kann nicht in einem Vakuum erfolgreich sein – täglich getroffene Entscheidungen erfordern vollständige Offenlegung und Verbreitung in die Funktionalbereiche, um maximale Ergebnisse zu erreichen.
- Neben den Attributen „sprechend" und „zuhörend", sollte sich ein Unternehmen durch „agierend" auszeichnen.

Foki des TPS	3.7		Tuscal.	A	Einführung Standards, Pull System, Andon-Board, Bandstopp mit den
	↑	9	Juiz deF	A	Zielen Qualität & Produktivität
	Ø	7,1	São Bern.	A	Gestao a Vista, Kanban / JIT, Visualisierung Kennzahlen
	↓	3	Bremen	A	Das BPS wird sich an das DaimlerChrysler Produktionssystem anlehnen, welches auf Gruppenarbeit, Standardisierung, Qualität, Just-in-Time und KVP fokussiert.

- Als zusätzlicher Fokus werden die Verkürzung der Durchlaufzeit sowie die Arbeitsplatzorganisation angegeben.
- Die Steuerung und Führung eines Produktionssystems erfolgt über Zielvorgaben, die entsprechend transparent allen Prozeßbeteiligten und Zielverantwortlichen deutlich gemacht werden.
- Wechselnde Meinungen zu den Schwerpunkten des TPS (z.B. Fließfertigung, Pull System, Arbeiten nach Takt vs. Standardisierung, Pull System, Jidoka).

,Common Sense' widerspricht TPS	3.8		Tuscal.	C	Harmoniebedürfnis / Veränderung widerstrebend
	↑	9	Juiz deF	C	Insbesondere in südamerikanischer Kultur wird Druck als äußerst
	Ø	5,4	São Bern.	C	unangenehm empfunden
	↓	1	Bremen	C	Wie Tuscaloosa, jedoch verstärkt durch feste Verhaltensmuster

- Richtig in Bezug auf westliche Kultur – asiatisches Lebensverständnis ist grundsätzlich anders (Problem als Herausforderung / Möglichkeit der Verbesserung).
- Das TPS steht weniger im Widerspruch zum „Gesunden Menschenverstand" sondern eher zum „menschlichen Trägheitsmoment" – der Verstand akzeptiert, daß Unrast / Eile ein System fit hält.
- Zu den Bestandteilen des „Gesunden Menschenverstandes" lassen sich ebenso Kreativität, Dynamik und Veränderungswille zählen.
- Das TPS schafft Aufmerksamkeit, unterstützt vorbeugendes, pro-aktives Verhalten – der Streß resultiert aus der neu entstandenen Verantwortlichkeit für auftretende Ineffizienz.
- TPS entspricht einem Arbeitsverhalten außerhalb der „Zone des Wohlbefindens" – also ohne Sicherheiten.

Atmosphäre der Hast	3.9		Tuscal.	A	Druck bei Fehlerbeseitigung
	↑	9	Juiz deF	B	Fehlender Druck durch Minderauslastung der Produktion
	Ø	5,3	São Bern.	B	(Wirtschaftskrise)
	↓	1	Bremen	C	Noch reine abwartende Haltung

- Das TPS führt zu intelligenterem Arbeiten (work smarter – not harder), Hast dagegen verursacht Fehler / Qualitätsprobleme. Das TPS bringt den Mitarbeiter dazu schnell, aber nicht überhastet zu arbeiten – es entsteht ein Einklang zwischen Produktivität und Qualität.
- Nicht Hast und Streß sondern eine Krise („Kiki" = japanisch).
- Es wird nicht mit Hast, sondern strukturierter und gleichmäßiger gearbeitet. Hast nur in Bezug auf Fehlerbeseitigung.
- Das TPS hat zum Ziel <u>nicht Streß aufzubauen</u>, sondern <u>Sicherheit abzubauen</u>, um Verschwendung sichtbar zu machen, mit dem Ziel geordnete Produktionsabläufe zu erreichen, welche keinen Streß entstehen lassen!
- Das Ziel eines Produktionssystems ist die störungsfreie, gleichmäßige Auslieferung von Gütern und Dienstleistungen.

Probleme als Gelegenheit zur Optimierung	3.10		Tuscal.	A	Systematisches Fehlertracking
	↑	9	Juiz deF		*Keine Info*
	Ø	7,9	São Bern.	A	Aktuelle Probleme als Grundlage für Kaizenprojekte
	↓	5	Bremen	C	Fehler reaktiv in Nacharbeit behoben

11.8.4 Bedeutung eines Produktionssystems für die Organisation

<u>Ausgewählte Fragen:</u>

Wandel: Welche Elemente des Wandels konnten bei den Brownfield-Standorten festgestellt werden?

Vertrauensverhältnis: Wie ist das Verhältnis zwischen Werkern, Planung und Management gekennzeichnet? Was schafft dieses Verhältnis?

Technik: Durch welche Merkmale zeichnen sich die Betriebsmittel eines Produktionssystems aus?

Neue Aufgaben für Führungskräfte: Was bleibt für die FK nach Struktur- und Bewußtseinswandel?

Einstellung zur Arbeit: Wo stehen die Werker in Relation zur Prozeßoptimierung?

Management ←→ Werker: mangelnde Einbindung	4.1		Tuscal.	A	Mitarbeiter validieren Arbeitsprozesse – gutes Verhältnis
	↑	9	Juiz deF	?	*Keine Info*
	Ø	6,8	São Bern.	A	Hohe Einbindung durch mitarbeitergetragenen / -geführten Kaizen
	↓	3	Bremen	C	KVP ohne Mitarbeitereinbindung, Trennung Planer ←→ Werker

- Traditionell strukturierte Unternehmen sind gekennzeichnet durch zu komplexe Abläufe und ungenügender bzw. unqualifizierter Information der Mitarbeiter – dies resultiert in Mißtrauen & Unverständnis.

Schritt 1: Bewußtseins -Wandel	4.2	Tuscal.	**A**	Mitarbeitergetragener KVP als fester Bestandteil der praktizierten Unternehmensphilosophie
	↑ 9	Juiz deF	**A**	
	Ø 8,2	São Bern.	**A**	
	↓ 7	Bremen	**C**	Erforderlich bei MA (mitgestalten) & FK (gestalten lassen), Neuorientierung, Abbau von Statusangst

Schritt 2: Struktur-Wandel	4.3	Tuscal.	/	Nicht anwendbar da Greenfield
	↑ 9	Juiz deF	/	Nicht anwendbar da Greenfield
	Ø 7,8	São Bern.	**B**	Hierarchiedenken und -strukturen noch vorhanden
	↓ 5	Bremen	**C**	Noch wenig Ausrichtung auf interne & externe Kunden

- Es bestehen häufig Probleme bei der richtigen Definition der Kundenanforderungen und der entsprechenden Konsequenz bei deren Nichterfüllung.

Schritt 3: Führungs-Wandel	4.4	Tuscal.	**A**	Hohes Vertrauen zw. Produktionsleitung und Werker
	↑ 9	Juiz deF		*Keine Info*
	Ø 7,8	São Bern.	**C**	Weiterhin starke Betonung auf Trennung in Führungskraft und Werker, Beraterrolle unerfüllt
	↓ 5	Bremen	**C**	

- Bei allem Beraten und ‚Coachen' sollte jedoch die Führung der Mitarbeiter nicht vernachlässigt werden. Führen im Sinne von Anspornen und Ergebniskontrolle – keine Vorgabe der Abläufe !
- Nur unter Beibehaltung der aktiven Führungsrolle! (Ohne Führung verlieren die Mitarbeiter die Orientierung, es besteht die Gefahr der Zielverwässerung.)

Team-Organisation	4.5	Tuscal.	**A**	Konstante Gruppenzusammensetzung, Kontinuität
	↑ 9	Juiz deF	**A**	ebenso
	Ø 7,4	São Bern.	**A**	ebenso
	↓ 1	Bremen	**C**	Freischichten und hoher Krankenstand ← → Teamarbeit

- Trotz vieler Hierarchieebenen kann die Arbeitsorganisation in der Produktion in Arbeitsgruppen erfolgen, wichtig ist die Kontinuität bzw. das effiziente ‚Zusammenspiel' der Gruppenmitglieder.
- Wichtig ist die eindeutige Vermittlung der zugrundeliegenden Ziele der Teamorganisation (Eingespielte Abläufe / gegenseitige Unterstützung bzw. Aushilfe).
- 50% der PS-Elemente funktionieren auch ohne eine Teamorganisation (3).
- Erforderlich sind ein internes Kunden-Lieferanten-Verhältnis sowie die Flexibilität / Bereitschaft für ein gemeinsames Ziel zu arbeiten.

Hierarchie-Abbau und FK-Neuorien-tierung	4.6	Tuscal.	**A**	6-7 Hierarchie-Ebenen sind mittlerweile in Automobilproduktionsstandorten als Standard zu verstehen (Werk, Bereich, Abteilung, Team, Meisterei, Gruppe, Werker) Gruppengröße ca. 8-12 Werker
	↑ 9	Juiz deF	**A**	
	Ø 5,4	São Bern.	**A**	
	↓ 3	Bremen	**A**	

- Die Produktionssystemeinführung wird insbesondere durch produktionsnahe Führungskräfte vorangetrieben – eine Ebenenreduzierung sollte daher eher in den oberen Ebenen stattfinden.

Der Process Engineer	4.7	Tuscal.	**A**	Umfassende Betreuung Montagelinie (Technik, Zeiten, SPC)
	↑ 9	Juiz deF	**A**	Planungs- und Betriebsverantwortung in gleicher Hand
	Ø 8,0	São Bern.	**A**	Planer in PLZ integriert, fester Umfang KVP & Linienbetreuung
	↓ 7	Bremen	**C**	Kein integriertes Aufgabengebiet – verschiedene Ansprechpartner

- Insbesondere bei traditionellen Brownfields ist die Integration von Planern (Angestellten) und Werkern (Arbeiter) ein langwieriges Unterfangen!
- Prozeß-Ingenieure müssen eine aktivere Rolle bei der Lösung der tagtäglichen Produktionsbelange einnehmen.
- Die Forderung der stärkeren Integration von Produktionsingenieuren und Werkern ist prinzipiell schon in den Refa-Richtlinien dokumentiert – die Umsetzung ist jedoch nur sehr begrenzt in Westeuropa zu erkennen.
- Ein erfolgreicher KVP und Problemlösungsprozeß ist entscheidend abhängig von der Zusammenarbeit zwischen Prozeß-Ingenieur und Bandmitarbeitern.

Einbindung Werker in KVP	4.8	Tuscal.	**B**	KVP-Systematik noch nicht mitarbeitergetragen eingeführt
	↑ 9	Juiz deF	**?**	*Keine Info*
	Ø 8,3	São Bern.	**A**	Eigenverantwortliche KVP-Werkstätten, Kaizen etablierter Prozeß
	↓ 5	Bremen	**C**	Nur oberflächlich – kein wirkliches Vertrauen in Werkerkompetenz

- Der Prozeß-Ingenieur unterstützt bzw. trainiert die Werker in der Umsetzung von KVP-Maßnahmen.

,Master Process Sheets'		4.9	Tuscal.	B	MPS als Basis für Training / KVP – mangelnde Befolgung deutlich
	↑	9	Juiz deF	B	Eingeführt – Pflege leider nur über Ablauf-Planung, keine Werkereinbindung
	Ø	**8,3**	São Bern.	C	Nicht durchgängig eingeführt – Bedeutung unterschätzt
	↓	6	Bremen	C	Nicht eingeführt, angedacht aber Konsequenz fraglich

- Nur sinnvoll bei „Einsicht", warum dargestellter Standard die optimalste Lösung ist.
- Konsequente Kontrolle der Einhaltung des Arbeitsablaufes unbedingt erforderlich.
- MPS können Variation nur vermindern, jedoch nie ganz verhindern!

Verhältnis Werker - Planung		4.10	Tuscal.	A	Process Engineer als Partner, täglich überwiegend in der Linie
	↑	9	Juiz deF	A	Planer zugleich als Betreiber mit Linienverantwortung
	Ø	**7,7**	São Bern.	A	Planer in PLZ, Auflösung zentrale Planungsbereiche
	↓	5	Bremen	B	

Verhältnis Werker – Produktion-leitung		4.11	Tuscal.	A	Produktionsleiter durchgängig bekannt, Team-Wear, oft in der
	↑	9	Juiz deF	A	Produktion, direkte Ansprache Werker, Werker bekannt
	Ø	**7,3**	São Bern.	B	Hierarchiedenken, aber direkte Ansprache in der Produktion
	↓	3	Bremen	C	Selten in der Produktion, Mißtrauensverhältnis

- Vorschlag: Teamleiter und Meiter täglich im längeren Kontakt mit Werkern, Abteilungsleiter fast täglich stichpunktartig, Produktionsleiter alle 2 Wochen, Werkleiter einmal im Monat Produktionsbegehung – alles unangekündigt.
- Die Glaubwürdigkeit der Maßnahmen ist entscheidend. Vertrauen ergibt sich aus täglicher Verläßlichkeit, Ernsthaftigkeit und Kompetenz auf beiden Seiten.
- In den westlichen Kulturen werden Mitarbeiter der Produktion weiterhin als zweitrangig behandelt, was wiederum zu feindschaflichem Verhalten, Neid, Unehrlichkeit, etc. führt.

Berufliche Entwicklung Werker		4.12	Tuscal.	A	Mitarbeiter in 3 Jahren von Werker auf erste Managementebene
	↑	9	Juiz deF	B	Entwicklung bis Meister bzw. Planer, Wechsel aus Arbeiter- in
	Ø	**7,2**	São Bern.	B	Angestelltenverhältnis
	↓	3	Bremen	C	Bis max. Meister, Wechsel in Planung nicht unterstützt

- Während in den USA diese Entwicklungen (in der Produktion) zur Normalität gehören, bestehen in Europa, inbesondere in Deutschland, noch tradtionell hohe Barrieren zwischen Arbeitern und Angestellten. Dies ist u.a. auf den unterschiedlichen Stellenwert der akademischen Qualifikationen zurückzuführen. (Im Hinblick auf die Tätigkeiten einen Produktionsingenieurs ist in Westeuropa häufig eine deutliche Überqualifikation festzustellen!)

Pull Prinzip – weniger Kontrolle / Steuerung		4.13	Tuscal.	A	JIT bzw. Just-in-Sequence bei Großteilen, reines Kanban bei
	↑	9	Juiz deF	A	Kleinteilen
	Ø	**6,9**	São Bern.	A	Wie oben, jedoch Zwischenlager aufgrund Verkehrssituation
	↓	5	Bremen	C	Materialbedarfsplanung durch Programmsteuerung

- Nach dem Prinzip ,Keep it Simple and Safe' (KISS)

Ausbau-stufen		4.14	Tuscal.	A	Einfache Fördertechnik, manuelles Beherrschen (= Verstehen,
	↑	9	Juiz deF	A	Hinterfragen, Verbessern!) bevor Automatisierung,
	Ø	**6,7**	São Bern.	A	Prozeßbeherrschung durch Vereinfachung,
	↓	3	Bremen	C	Noch hoher Technikeinsatz, Störungen, Stillstände, Investitionen

- Durch primär manuelle Beherrschung von Prozessen, werden diese robuster gegenüber Störfaktoren.
- Es existieren jedoch ebenso innerhalb des Toyota Konzerns Standorte mit vergleichsweise hohem Automatisierungsgrad (vergl. Toyota Werk in Tahara).

Werker & Einstellung zum Arbeits-umfeld		4.15	Tuscal.	B	Euphorie der ,ersten Stunde' läßt nach, weniger Potential und
	↑	9	Juiz deF	B	zeitlicher Freiraum für Prozeßverbesserungen → neue Motivationsanreize schaffen
	Ø	**5,9**	São Bern.	A	Kaizen akzeptiert – langfristige Erschließung von Potentialen
	↓	1	Bremen	C	Werker zu wenig in KVP integriert – kein Stolz, kein Mittragen

- Unter Einhaltung des Prinzips, daß nur nicht-wertschöpfende Umfänge eliminiert werden und in die verbleibenden Zeitanteile nicht durch zusätzliche Umfänge (z.B. aus indirekten Tätigkeiten) ohne Zeitausgleich erweitert werden !
- Mitarbeiter mißinterpretieren den Wegfall von Verschwendung als prozentualen Anteil ihrer Arbeitszeit oftmals als Leistungsverdichtung – abgesehen von Wartezeiten, erfolgt die Verschwendungsreduzierung jedoch durch Prozeßneugestaltung im Sinne „Work smarter – not harder!" (Intelligentere Prozesse).

- Nur möglich, wenn den Mitarbeitern konsequent die unternehmensweiten Zusatzleistungen und sicheren Arbeitsplätze als Ergebnis ihrer Beiträge zur Unternehmensoptimierung (d.h. Akzeptanz und Unterstützung der PS-Prinizpien) vermittelt werden.
- Die Standardisierung sowie Aufteilung von Arbeitsabläufen in Kurztakte kann dazu führen, daß Mitarbeiter in der Simplifizierung den potentiellen Verlust ihre Fähigkeiten sehen – entsprechender Stolz und Einbindung der Mitarbeiter in Rationalisierungsaktivitäten kann dadurch gehemmt werden.
- Obwohl die Hypothese grundsätzlich logisch ist, zeigen viele Beispiele, daß sich Werker durch Lean Manufacturing Systeme subjektiv überfordert und ausgenutzt fühlen.

11.8.5 Implementierung eines Produktionssystems / der Änderungsprozeß

Ausgewählte Fragen:

Top Management als ‚Signal der Ernsthaftigkeit': Wie demonstriert es seine feste Intention zum Wandel den Werker aber auch dem mittleren Management und den Angestellten?

Soll-Ist Analyse: Wurde zu Beginn der PS-Einführung eine Aufnahme des Deltas zwischen Status Quo und optimaler Ausgestaltung durchgeführt? Wie wurde Handlungsbedarf priorisiert?

Masterplan: Wurde eine zeitliche Planung der Aktivitäten, Bereiche, Verantwortlichen erstellt? Existiert eine Vision, eine Gesamtübersicht des Zieles?

Projektorganisation: Welche Struktur, Beteiligte, Verantwortungsdelegation?

Strategien: Welche Formen der PS-Einführung existieren, welche Vor- und Nachteile?

Rolle des Top Management	5.1		Tuscal.	A	Häufige Präsenz, direkte Ansprache
	↑	9	Juiz deF		*Keine Info*
	Ø	**8,9**	São Bern.	A	Kaizen als fest integriertes Instrument, Patenfunktion des Mgmt.
	↓	8	Bremen	B	Erst durch DaimlerChrysler verordnet

- Die entsprechende Unterstützung bzw. Förderung seitens des Top-Managements ist u.a ebenso ein Zeichen für das „Selbstverstandenhaben" – Ernsthaftigkeit im Vorgehen entsteht erst aus tiefgreifendem Verständnis!

Ungenügende Zustände ertragen	5.2		Tuscal.	B	Bei Vollauslastung erste Anzeichen des Abweichens, z.B. Fokus weniger auf Linestop sondern Stückzahlen
	↑	9	Juiz deF	B	Keine Vollauslastung – daher nicht zu bewerten (Wirtschafts- und Absatzkrise in Südamerika 1998-2000)
	Ø	**7,3**	São Bern.	B	
	↓	1	Bremen	C	Keine / wenig Bereitschaft Stückzahlen kurzfristig wegen Prozeß-Optimierungen zu ‚opfern'

- Hier wird das Management auf die Probe gestellt – häufigster Grund für problembehaftete Einführungen ist die fehlende Konsequenz bei der Umsetzung !
- Durch die konstante Absenkung von Sicherheitspuffern (Material, Zeit, Mitarbeiter) werden latente Prozeßprobleme deutlich, die wiederrum zu instabilem Produktionsverhalten führen – das Unternehmen muß bewußt das Rückfallen in die alte Ordnung vermeiden, um eine wirkliche Lösung herbeizuführen.
- Die Schwierigkeiten liegen eher in der PS-Einführung – der Betrieb gestaltet sich einfacher, sofern konsequent nach den PS-Prinzipien verfahren wird.

Soll-Ist Analyse	5.3		Tuscal.	/	Nicht anwendbar da Greenfield
	↑	9	Juiz deF	/	Nicht anwendbar da Greenfield
	Ø	**7,7**	São Bern.	A	Initial als Rechtfertigung der Kaizenaktivitäten, später beispielhaft durch ‚Vorher-Nachher' Darstellungen
	↓	3	Bremen	A	Detaillierte Befragung Führungskräfte → Ableitung von Handlungsbedarfen

- Die Analyse der unternehmensspezifischen Ausgangssituations reicht nicht aus – vielmehr sollte in Bezug auf die einzelnen PS-Elemente eine Analyse der Umsetzungsfähigkeit durch die Produktionsbereiche erfolgen.

Gesamt-Ansicht / Vision / Masterplan	5.4/5		Tuscal.	B	Detaillierte Dokumentation /Trainingskonzept, kein / grober Masterplan
	↑	9	Juiz deF	B	
	Ø	**8,5**	São Bern.	B	Vision periodisch durch Berater vermittelt – keine Dokumentation
	↓	5	Bremen	B	Strukturierter Implementierungsansatz, (noch) keine Detaillierung

- Die Gesamtansicht bzw. der Masterplan müssen nicht zu Beginn detailliert sein – eine Verfeinerung kann auch im Laufe der PS-Einführung stattfinden (Beitrag zu Teambildung, MA-Integration, Themenakzeptanz).
- Nicht nur zentrale Planung der Aktivitäten – ‚Eigenregie' für (umsetzungsverantwortliche) Bereiche belassen.
- Wichtig sind Priorisierung der Umsetzungsmaßnahmen (u.a. standortspezifisch) und das Treffen von Vereinbarungen, wie die Veränderung (der Erfolg) gemessen werden sollte.
- Neben aller Planung sollte der pragmatische Ansatz des „Just-do-it" erhalten bleiben – der Kaizen- bzw. KVP-Ansatz lebt u.a. von der Spontanität.

Information & Transparenz	5.6		Tuscal.	**B**	Eingangsschulung / Methodentrainings / Info zu Masterplan aller
	↑	9	Juiz deF	**B**	betroffenen Maßnahmen fehlte
	Ø	**7,6**	São Bern.	**A**	Kaizen-Schulung (Produkt-, Projekt-Kaizens) vermittelt hinsichtlich Intensität, stanardisiertem Ablauf, Instrumenteneinsatz und TPS-Elemente guten Überblick
	↓	6	Bremen	**A**	Kaskadenschulung zur Information / Schulung aller MA

- Jedem Mitarbeiter muß klar sein, welche Auswirkungen der Wandlungsprozeß auf ihn hat (z.B. Gehaltskopplung an das Unternehmensergebnis – Beispiel Werk Tuscaloosa).
- Transparenz ***Was***, ***Wann*** und ***Warum, Wie*** und durch / mit ***Wem*** abläuft.

Reihenfolge der Elemente	5.7		Tuscal.	**A**	Als Greenfields erfolgte eine Parallelumsetzung aller Elemente
	↑	9	Juiz deF	**A**	
	Ø	**8,3**	São Bern.	**B**	Basiselemente (5S, Pull-System, Visual Management) – Standardisierung noch mangelhaft, Zielelemente (‚KVP' gut eingeführt, TQC noch mangelhaft)
	↓	6	Bremen	**C**	Erste Ansätze KVP, 5S, Pull-System

Hochrangiger Visionär = Inside Change Agent	5.8		Tuscal.	**A**	Ex-Toyota Manager als Produktionsleiter
	↑	9	Juiz deF	**B**	PS-Spezialisten auf mittlerem Management
	Ø	**7,9**	São Bern.	**A**	Technischer Werkleiter als Förderer
	↓	5	Bremen	**C**	Projektverantwortung an PS-unerfahrenen Baureihenleiter

- Der Outside Agent kann primär für Multiplikation bzw. als Auditor von Umsetzungsmaßnahmen eingesetzt werden – die eigentliche Einführung muß von „innen" durch interne Spezialisten erfolgen!
- Aufgrund der höheren Vertrautheit mit internen Prozessen, sind interne ‚Change Agents' oftmals erfolgreicher – im Gegensatz zu ‚outside Change Agents' sind sie mittelfristig für die Umsetzung der initierten Maßnahmen verantwortlich.
- ‚Outside Change Agents' eignen sich insbesondere für die neutrale Betrachtung von Konfliktsituationen.

Mehrjährig freigestelltes Projektteam	5.9		Tuscal.	**A**	2 PS-Spezialisten 100% als Trainer
	↑	9	Juiz deF	**A**	2 Mitarbeiter, 100%
	Ø	**6,5**	São Bern.	**A**	Kaizenbüro, 3 Mitarbeiter
	↓	1	Bremen	**A**	Projektgruppe für 3 Jahre , 100% freigestellt

- Ein Produktionssystem sollte durch die Produktionsleitung eingeführt werden (1)
- Linienführungskräfte der Produktion spielen die entscheidende Rolle! (5)

PS-Spezialisten & Umsetzungs-verantwortl.	5.10		Tuscal.	**A**	Produktionsleiter, Manager, Group Leader verantwortlich für Umsetzung
	↑	9	Juiz deF	**A**	Führungskräfte der Produktion (alle Elemente im Bereich) und Champions (‚ihr' Element durchgängig in der ganzen Fabrik)
	Ø	**7,0**	São Bern.		Ca. 50 MA aus Linienfunktionen wurden als Multiplikatoren durch Beraterfirmen intensiv geschult – sie repräsentieren den den ‚verlängerten Arm' des Kaizenbüros
	↓	4	Bremen	**A**	Betreuung durch Projekt – Umsetzung durch Teamleiter Produktion

Übergeordn. Koordination	5.11		Tuscal.	**/**	Eigenständig, bei MBUSI-PS-Einführung konzernweit wenig Interesse an Thematik
	↑	9	Juiz deF	**A**	Erste Umfänge übernommen aus Tuscaloosa & Rastatt
	Ø	**7,9**	São Bern.	**C**	Keine Integration der Geschäftsfelder Pkw (Produktionssystem) und Lkw (Kaizen)
	↓	5	Bremen	**A**	Zentrale Koordination regelt gleichmäßige Einführung aller Werke

- Vereinbaren, Führen und Überwachung der wichtigsten konzernweiten Meilensteine, Konzeption der Grundlagen, einheitliche Information, Durchführung von Basisschulungen und Audits.
- Ein ‚Patensystem' zwischen Werken ist geeigneter (allerdings bedarf es dazu bereits fortgeschrittener PS-Einführungen, um eine ordnungsgemäße Beispielfunktion zu gewährleisten!)
- Konstruktiver Wettbewerb (und Info-Austausch) zwischen Produktionsstandorten beflügelt die Einführung.

Einbeziehung TPS-Spezialisten	5.12		Tuscal.	**A**	Mehrere Ex-Toyota Manager & Planer (intern)
	↑	9	Juiz deF	**A**	Externe Berater (IFAO) & Interne Champions
	Ø	**8,0**	São Bern.	**A**	TBM & Shingi-Jiutsu als Kaizen / TPS Experten (extern), interne Koordination
	↓	7	Bremen	**C**	Reines Kopieren – intern keine ‚wirkliche' Erfahrung, externer Support geplant

- Interne + Externe Spezialisten als Mußkriterium. Externe, sporadische Spezialisten mit erweitertem ‚Horizont' sowie ‚Propheten'- und Schlichterfunktion – interne Spezialisten für Kontinuität und Maßhaltigkeit.
- Die Produktionsleitung sollte soweit geschult sein, daß sie den Einführungsprozeß in ihre Verantwortlichkeit übernimmt und entsprechend führt – interne PS-Spezialisten sollten dabei als Berater fungieren.

Verstehen des TPS	5.13		Tuscal.	**A**	Ex-Toyota Mitarbeiter haben jahrelang ‚erlebt' – starkes Vertrauen in das TPS
	↑	9	Juiz deF	**B**	Kopieren – aber zumindestens ohne Interpretation
	Ø	**8,3**	São Bern.	**B**	Keine eigene Erfahrung, aber gute Führung durch Shin-Gijuitsu & TBM
	↓	7	Bremen	**C**	Keine eigene wirkliche Erfahrung, lediglich Benchmarkbesuche & Trainings

Champions	5.14		Tuscal.	**B**	Verantwortung lag bei Produktionsleitung (kapazitiv schwierig)
	↑	9	Juiz deF	**A**	Einzelne Manager als PS-Elemente-Verantwortliche werksweit, guter Ansatz
	Ø	**7,3**	São Bern.	**C**	Umsetzungsdruck zu personenbezogen – keine werksweite Einbindung
	↓	4	Bremen	**B**	Fachkompetenz nur in Projektgruppe – ggf. zu einseitig?

Umsetzung durch FK der Bereiche	5.15		Tuscal.	**B**	Siehe 5.14
	↑	9	Juiz deF	**A**	
	Ø	**8,6**	São Bern.	**C**	
	↓	7	Bremen	**A**	Verantwortung bei Teamleitern der Produktion

Einführungs-Strategien	5.16		Tuscal.	**A**	Werksweite Einführung – da Greenfield mit Anlaufphase
	↑	9	Juiz deF	**A**	Ebenso
	Ø	**5,0**	São Bern.	**B**	Lokale Einführung durch Kaizenprojekte – langfristig & akzeptiert
	↓	1	Bremen	**C**	Uneinigkeit werksweit vs. bereichsbezogene Einführung

- Die werksweite Einführung wurde oft als einzig akzeptable, langfristig sinnvolle Vorgehensweise akzeptiert.
- Die Reihenfolge der Einführung sollte nach dem Schema: Stichpunktartig (Kaizen) → Bereichsbezogen → Unternehmensweit erfolgen.
- Nur die unternehmensweite PS-Einführung erreicht ihr langfristiges Ziel – bei begrenzten Einführungen besteht die Gefahr eines „Einschlafeffektes" noch vor eines unternehmensweiten Akzeptanz.

Strategie 1: Werksweit	5.17		Tuscal.	**B**	Fabrikseitig já, Schulung Mitarbeiter nur bedingt
	↑	9	Juiz deF	**A**	Sowohl fabrikseitig als auch Mitarbeiterseitig einwandfreie Einweisung / Schulung
	Ø	**6,4**	São Bern.	/	Nicht mehr anwendbar, da stichpunktartiger Kaizenprozeß erfolgt
	↓	1	Bremen	**C**	Wunsch des Top Managements – aufgrund früheren Negativerfahrungen mit Optimierungsprogrammen ist mit hohem Widerstand / Desinteresse zu rechnen

Strategie 2: Bereichsbez.	5.18		Tuscal.	/	Nicht anwendbar, da bei Greenfield prinzipiell werksweite Einführung sinnvoller
	↑	9	Juiz deF	/	
	Ø	**7,3**	São Bern.	**A**	Sehr gute Beispiele in Achsen- und Motorenfertigung, Show-Case mit Abstrahlwirkung
	↓	5	Bremen	**A**	Bereichsbezogen als Alternative zu Kaizenprojekten geplant

Strategie 3: Lokal, stichpunkte	5.19		Tuscal.	/	Nicht anwendbar, da bei Greenfield prinzipiell werksweite Einführung sinnvoller
	↑	9	Juiz deF	/	
	Ø	**7,1**	São Bern.	**B**	Kaizensystematik erfolgreich (mitarbeitergetragen) an verschiedenen Punkten der Produktion angewendet – jedoch keine wirklich vollständige EF möglich
	↓	1	Bremen		

Learning Laboratory Line	5.20		Tuscal.	**B**	Türenvormontage-Linie häufiger als ‚Testfeld' eingesetzt
	↑	9	Juiz deF	**A**	Qualifizierungswerkstatt als Trainings- / Testzone
	Ø	**6,1**	São Bern.	**C**	Nicht existent
	↓	1	Bremen	**C**	(Noch) nicht existent – bei hoher Auslastung eher unrealistisch

- Die PS-Elemente sind so klar und einfach, daß sie auch in der laufenden Produktion eingeführt werden können (Anmerkung: aufgrund der Vollständigkeit des TPS als ganzheitlicher Standard, ist eine Diskussion über die Applizierbarkeit von PS-Elementen nicht relevant!)
- Für ‚Brownfields' stellt die LLL eine sinnvolle Alternative zur bereichweiten Elemente-Einführung dar – sie schafft Akzeptanz, Verständnis und dient als bewertbares, greifbares Lernfeld bei minimalem Risiko.
- Anstelle einer ‚zögerlichen' Testeinführung in einer LLL, wird des häufigeren die direkte Einführung in ‚normalen' Produktionsbereichen favorisiert (‚Just-do-it-Ansatz).

KVP / Kaizen bereits etabliert	5.21		Tuscal.	**B**	Als Greenfields müssen PS-Elemente und Problemlösungswerkzeuge parallel trainiert werden
	↑	9	Juiz deF	**B**	
	Ø	**5,3**	São Bern.	**A**	Feste Größe = gute Voraussetzung für kVP
	↓	1	Bremen	**C**	KVP nie systematisch den Mitarbeitern vermittelt = schwierig

- Ist abhängig von den Rahmenbedingungen, z.B. Ausbildungsstand der Mitarbeiter. Bei Greenfields ist es sinnvoller abzuwarten, bis Mitarbeiter für KVP-Maßnahmen entsprechende Erfahrungen / Beurteilungsvermögen besitzen.
- Der KVP-Ansatz als integraler Bestandteil eines Produktionssystems sollte zumindestens als Re-Training-Maßnahme zusammen mit einigen PS-Elementen eingeführt werden (Interdependenzen KVP zu Elemente).
- Der KVP sollte als wiederkehrende Maßnahme den jeweiligen Status Quo zu verbessern suchen (Beispiel: Prozeßverbesserung → Stabilisierung Output → KVP → Stabilisierung höherer Output → KVP → usw.)
- Der KVP sollte erst bei Stabilisierung der eingeführten PS-Elemente eingesetzt werden.

Die ersten 50% - die letzten 50%	5.22		Tuscal.	**B**	Die fabrik-/ systemseitige Einführung der PS-Elemente ist keine Garantie für die sinnvolle Weiterentwicklung im Sinne des KVP – bedarf Konsequenz seitens des Management und Kontinuität der Umsetzung
	↑	9	Juiz deF	**B**	
	Ø	**6,1**	São Bern.	**B**	Nachdem Kaizenphilosophie ausgiebig verinnerlicht, ergibt sich ein gewisser ‚Automatismus' – Mitarbeiter treiben Prozeß eigenständig weiter
	↓	1	Bremen	/	Noch keine Aussage möglich

- Unerläßlich ist jedoch die kontinuierliche Fortschrittskontrolle, Betonung und wiederkehrende Schulung von Produktionssystem-Elementen und Prinzipien.

TPS = bekannte Weisheiten	5.23		Tuscal.	/	Greenfield = unvorbelastete Mitarbeiter ohne vorherige Industriekenntnisse
	↑	9	Juiz deF	/	
	Ø	**6,9**	São Bern.	**C**	Es erfolgte keine vorausgehende Soll-Ist-Analyse
	↓	1	Bremen	**B**	Bei Soll-Ist Analyse wurden viele Teilelemente als ‚lange bekannt' erkannt – problematisch ist die Unterschätzung von Bedeutung und Anwendung

- Produktionssysteme geht über ‚alte Weisheiten' weit hinaus – die Produktion nach einer Produktionsplanung und –steuerung wird ersetzt durch das Pull System; das Vorhalten von Sicherheitsbeständen wird vermieden.

11.8.6 Widerstände bei der PS-Einführung, Maßnahmen zu deren Bewältigung und Gefahren einer mangelhaften Einführung

<u>Ausgewählte Fragen:</u>

Quellen des Widerstandes: Wer / welche Bereiche lehnen ein Produktionssystem eher ab? Wo sind Unterstützungsmaßnahmen erforderlich ? Was sind die Gründe?

Vorbildfunktionen: Wie kann eine positive Abstrahlwirkung geschaffen werden?

Motivation: Wie kann zunächst eine ausreichende Initialmotivation – später eine erhaltene Dauermotivation geschaffen werden?

Unflexible FK, Erfolgsbeteiligung als ‚Motivator'		6.1	Tuscal.	**A**	Management befürwortet stark, mittleres Mgt. lebt das PS, es bestehen (noch) keine verkrusteten Strukturen
	↑	9	Juiz deF	**A**	
	Ø	**8,1**	São Bern.	**B**	Kaizen prinizipiell positiv belegt – kein Druck für werksweites Bekenntnis aller FK
	↓	5	Bremen	**C**	Besitzstandswahrung, Angst vor Ebenenabbau, Verlust von Verantwortung, u.a. durch Dezentralisierung der Planung

- Erfolgsbeteiligung: Nicht alle Verbesserungen sind meßbar, Bewertung möglichst durch externe Auditoren !
- Neben FK des mittleren Managements, sind ebenso mangelhaft einbezogene (=informierte) Betriebsräte oftmals die Ursache aufkeimenden Widerstandes.

Top-Down Schulung in Kaskaden		6.2	Tuscal.	/	Greenfield – Schulung erfolgt bei Neueinstellung, Mitarbeiter müssen nicht ‚um'-orientiert werden, sondern akzeptieren Status Quo als Optimum
	↑	9	Juiz deF	/	
	Ø	**6,8**	São Bern.	**B**	Schulung erfolgt als Einstieg jeder Kaizenwoche, langfristig werden damit alle Kaizenteilnehmer (leider begrenzt auf Produktion und –nahe Bereiche) geschult
	↓	3	Bremen	**A**	Durchgängige Schulung über alle Ebenen geplant

- Negativ formuliert: „Eintrichtern der Philosophie", bei reiner Kommunikation / Unterweisung besteht die Gefahr des mangelhaften Verständnisses (bei ‚Lehrer' und ‚Schüler'). Ab Meisterebene sollten daher bei jeder Kaskade PS-Spezialisten anwesend sein, um korrigierend eingreifen zu können.
- Es besteht die Gefahr der Inhaltsverwässerung („Stille-Post-Effekt").
- Ein detailliertes Systemverständnis kann nicht über Kaskaden, sondern nur über praktische Anwendungen und damit Erfahrungen (‚Erleben') sichergestellt werden – Problematisch ist in diesem Zusammenhang die Einbindung / Schulung des Top- und Mittelmanagements!

Bottom-Up Einführung		6.3	Tuscal.	**B**	Vorgegeben durch Management, PS-Elemente wurden direkt ‚eingebaut', direkte Einbindung MA (Standard schreiben, Teamzonen einrichten, 5S-Maßnahmen)
	↑	9	Juiz deF	**B**	
	Ø	**7,3**	São Bern.	**A**	Mitarbeiterinitierte, verantwortete Kaizenprojekte
	↓	5	Bremen	**C**	Mangelnde MA-Einbindung – wirkliche Beteiligung MA zweifelhaft

- Die PS-Einführung sollte simultan zur entsprechenden Schulung erfolgen (Bottom-Up: aktiv Hilfe erbitten bei der Umsetzung von Maßnahmen; Top-Down: die Mitarbeiter unterstützen).

Vorbilder – Management by Sight		6.4	Tuscal.	**A**	Produktionsleiter permanent in Produktionsbereich
	↑	9	Juiz deF		*Keine Infos*
	Ø	**8,4**	São Bern.	**B**	Vorbildfunktion eher auf Meister begrenzt, durch Kaizensponsoring und Büros in den Produktionsbereichen jedoch häufiger sichtbar
	↓	5	Bremen	**C**	FK sehr selten in Produktionsbereichen, Vorbildfunktion ggf. durch Meister

- Führungskräfte müssen alle Forderungen / Prinzipien des Produktionssystems selber vorleben – Ordnung am Arbeitsplatz, Termintreue, KVP-Vorschläge, ...

Aufweichung System-Parameter		6.5	Tuscal.	**C**	Erste Effekte der Aufweichung deutlich: Stückzahlen vor Qualitätsbandstopp
	↑	9	Juiz deF	**C**	Mit dem frühen Rückzug des entsandten deutschen FK, verliert das Produktionssystem seine ‚Sponsoren' – PS-Instrumente angewandt aber nicht gelebt
	Ø	**7,5**	São Bern.	**C**	Unvollständige Einführung – Kaizenprojekte nur in ‚unkritischen' Bereichen
	↓	1	Bremen	**C**	Probleme mit Mitarbeitermobbing bei KVP-Maßnahmen

Facharbeiter ←→ einfache Einführung	6.6	Tuscal.	**A**	Gering ausgebildete MA = keine Probleme der PS-Akzeptanz - „das Produktionssystem ist das Beste (Optimum) was die Mitarbeiter kennen“
	↑ 9	Juiz deF	**A**	
	Ø **8,4**	São Bern.	**A**	
	↓ 5	Bremen	**C**	Hoher FA-Anteil, Standards = ‚Bevormundung‘

- Facharbeiterbeteiligung kann sich positiv auf Effizienz des KVP auswirken – besonders kritische, auf Erfahrung basierende Vorgehensweise sowie genaue Prüfung eines Ansatzes bevor Änderung realisiert wird !
- Mangelhafte Akzeptanz bzw. latente Ablehnung des Produktionsystems, gilt nicht nur für „den Facharbeiter“, sondern ebenso für „die Produktionsführungskraft“.
- Ein hoher Facharbeiteranteil sollte jedoch im Rahmen der PS-Einführung durch besondere Maßnahmen (Schulungen, Fokus Standardisierung, etc.) entsprechend berücksichtigt werden.

PS-Pilotlinien	6.7	Tuscal.	/	Als Greenfield nicht erforderlich gewesen (sofortige Gesamteinführung)
	↑ 9	Juiz deF	**B**	Qualifizierungswerkstatt nur in Teilumfängen (kein Band, simulierte Stationen)
	Ø **6,1**	São Bern.	**A**	Show-Case Produktionsbereiche (allerdings nur in Teilefertigung) – die Fahrzeug-Montage weist weiterhin große Lücken auf
	↓ 1	Bremen	**B**	Planung angedacht – Realisierung (auch aus Gründen AN-Vertretung) fraglich

- Es sollte als Vorführeffekt eine (1) Pilotlinie vorhanden sein – danach sollte jedoch werksweit unter Beteiligung aller Führungskräfte und Mitarbeiter das gesamte Produktionssystem eingeführt werden.
- Die unternehmensweite Einführung findet oftmals trotz guter Pilotlinien nicht statt.

Kritische Masse – Initialmotivat .	6.8	Tuscal.	/	Als Greenfield / Projektsituation ist genügend Motivation vorhanden
	↑ 9	Juiz deF	/	
	Ø **6,9**	São Bern.	**A**	Mitarbeitergetragener Kaizen – weit gestreut = breite Akzeptanz
	↓ 3	Bremen	**C**	Ohne schnelle Erfolge bzw. Transparenz ist Motivation unrealitisch

- Insbesondere sollten die FK-Ebenen Teamleiter und Meister motiviert werden – sie haben den größten Einfluß auf eine erfolgreiche PS-Einführung durch entsprechende Beeinflussung / Motivation /der Werker
- Der Veränderungswille oder der Change Agent müssen ‚groß‘ genug sein (z.B. der Vorstandsvorsitzende). Zudem darf die Belegschaft nicht im Vorfeld zuviele erfolglose (und damit negative) Erfahrungen mit Prozeßoptimierungsprogrammen gemacht haben.

Quick Hits – Quick Fixes	6.9	Tuscal.	/	Als Greenfields nur bedingt Bewußtseinsänderung / Überzeugung durch schnelle Erfolge erforderlich.
	↑ 9	Juiz deF	/	
	Ø **7,3**	São Bern.	**B**	Kaizen = sichtbar, schnell, hohe Motivation – aber Gesamtziel teilweise vergessen
	↓ 5	Bremen	**C**	Nicht mitarbeitergetragene Quick-Hits ohne entsprechende Außenwirkung

- Schnelle Erfolge sind hilfreich – jedoch nicht in jedem Fall erforderlich bei der PS-Einführung.

Bereichs-egoismen	6.10	Tuscal.	**A**	Wirkliches Management-Team, Austausch MA durch Zugänglichkeit, Direktankopplung der Produktionsbereiche
	↑ 9	Juiz deF	**--**	Keine Aussage
	Ø **7,5**	São Bern.	**C**	Werksgröße und Bereichsdenken lassen keine wirkliche Teamatmosphäre – und damit auch keine Ausrichtung auf ein gemeinsames Ziel - aufkommen
	↓ 5	Bremen	**C**	

FK-Coaches & Prozeß-Berater	6.11	Tuscal.	**C**	Keine Unterstützung durch externe Prozeßberater, wenig Reflektion
	↑ 9	Juiz deF		Keine Info
	Ø **7,7**	São Bern.	**A**	Neben der Kaizenbetreuung, gaben die erfahrenen Berater ebenso der Produktions-leitung regelmäßiges Feedback zu Status Quo und Weiterentwicklung der Produktion
	↓ 5	Bremen	/	Noch keine Aussage, da Prozeß erst am Beginn

- Vorsicht: Begriffe wie „Coach“ und „Prozeßberater“ sind oftmals bereits negativ besetzte Begriffe!

Mangelnde Kommuni-kation	6.12	Tuscal.	**A**	Kein Handlungsbedarf (transparente Information)
	↑ 9	Juiz deF	**A**	
	Ø **6,6**	São Bern.	**B**	Produktionsnahe Bereiche arbeiten ‚Hand-in'Hand‘, z.B. Logistik und Instandhaltung, produktions-‚ferne‘ Bereiche haben keine Optimierung im Sinne Kaizen erhalten
	↓ 3	Bremen	**C**	(Noch) zu wenig Interaktion zwischen Planung und Produktion

- Mangelnde Kommunikation oft in Verbindung mit mangelnder Konsequenz bei der Umsetzung (‚fehlender Wille'), mangelndes Verständnis im Top-Management und resultiert fehlender Support.
- Ein weiterer Grund für mangelhafte PS-Einführung kann in der Art der Einführung begründet liegen – die PS-Elemente Einführung muß mitarbeitergetragen ablaufen, dies schafft Vertrauen und Unterstützung!

Monetäre Bewertung von Optimie-rungs-Maßnahmen	6.13		Tuscal.	/	Greenfields wurden anhand TPS-Standard bereits quasi-optimal ausgelegt – Handlungsbedarf zur Optimierung ist deutlich geringer
	↑	9	Juiz deF	/	
	Ø	**7,9**	São Bern.	**A**	Wirtschaftlich-schwierige Unternehmenssituation favorisiert Einsparmaßnahmen
	↓	3	Bremen	**C**	Hohe Auslastung verringert Fokus auf Einsparpotentiale

- Gefahr der westlichen Produktionsphilosophie ist die oft zu kurzfristige Betrachtung von Optimierungsmaßnahmen – der wirkliche ‚Return' ergibt sich erst langfristig! (Ungeduld / kurzfristiges Ergebnisdenken).
- Prinzipiell lassen sich alle Arten von Optimierungspotentialen bewerten – und damit ggf. aus wirtschaftlichen Gründen rechtfertigen!

KVP nicht nur Option – sondern Verpflich-tung	6.14		Tuscal.	**A**	KVP im Rahmen der Ausweisung und Eliminierung von nicht-wertschöpfenden Arbeitsumfängen
	↑	9	Juiz deF	/	*Keine Info*
	Ø	**6,1**	São Bern.	**A**	KVP als feste Unternehmensgröße, klare Zielvorgaben
	↓	1	Bremen	**B**	Nur Experten-KVP ohne Mittragen seitens der Werker

- Argumente wie „hohe Produktionsauslastung, ausreichende Flächen, ..." sind Ausreden, welche oft aus mangelndem Verständnis bzw. Überzeugung bei unbequemen Situationen vorgegeben werden.

Vorbeu-gende Instand-haltung	6.15		Tuscal.	**A**	Beide Greenfields verfügen über Zulieferer im unmittelbaren Zuliefererpark – materialseitig ist ein Produktionsstillstand weniger zu erwarten. Die Instandhaltung ist dezentral in jedem Gewerk und sorgt in Verbindung mit produktiver Instandhaltung der Werker für hohe Anlagenverfügbarkeit.
	↑	9	Juiz deF	**A**	
	Ø	**6,8**	São Bern.	**A**	Niedrige Auslastung, Low-Tech-Anlagen und effektives TPM-Programm
	↓	3	Bremen	**C**	Materialbestände optimiert, jedoch noch zu hoch für Problemerkennung, High-Tech Anlagenstörungen werden weiter kompensiert.

- Zur Vermeidung von Produktionsstillständen sollte die Materialpufferabsenkung langsam aber kontinuierlich geschehen – hilfreich sind Fertigteillager als (nicht genutzte, ‚versiegelte' Sicherheitspuffer) in der PS-Einführungsphase.
- Eine hohe Anlagenverfügbarkeit (stabile, low-tech Prozesse) und Mitarbeiterverfügbarkeit (Flexibilität, Multiskills, niedriger Krankenstand) sind notwendige Voraussetzungen für eine PS-Einführung.

11.8.7 Ganzheitlichkeit von Produktionssystemen

Einführung aller PS-Elemente	7.1		Tuscal.	**A**	Kompletteinführung aller PS-Haupt- und Subelemente
	↑	9	Juiz deF	**A**	
	Ø	**7,3**	São Bern.	**B**	Starker Fokus auf 5S, KVP (Kaizen), TPM & Pull System – Standardisierung, Qualität noch viele Optimierungspotentiale
	↓	5	Bremen	**B**	Kompletteinführung geplant – Bedenken zu Grad der Konsequenz

- Brownfields weisen häufig bereits einzelne PS-Elemente auf – jedoch wurden diese nie im Systemzusammenhang gesehen!

Geringe Verbesse-rung durch Insel-lösungen	7.2		Tuscal.	**A**	Siehe 7.1
	↑	9	Juiz deF	**A**	
	Ø	**7,7**	São Bern.	**B**	Siehe 7.1
	↓	3	Bremen	/	Noch keine Aussage

- Mit dem Ziel einer Gesamteinführung lassen sich alternativ PS-Elemente ebenso einzeln einführen (mit Kurzfristerfolg), danach nächstes Element (Kurzfristerfolg bzw. bereits kombinierter Erfolg Elemente, usw.)
- Jedes einzelne PS-Element für zu bestimmten Verbesserungen – grundsätzlich gilt jedoch, daß „das Produktionssystem mehr ist als die Summe seiner Einzelelemente!"

Bildung von Kausalketten		7.3	Tuscal.	/	Darstellung der Interdependenzen nicht im Rahmen der PS-Einführungen erfolgt
	↑	9	Juiz deF	/	
	Ø	**6,7**	São Bern.	/	Erste Analyse mit Arbeiten von Oeltjenbruns / Orthmann
	↓	5	Bremen	/	

Masterplan		7.4	Tuscal.	**C**	Eine detaillierte Verfolgung der Produktionssystemeinführung fand nicht statt – ein periodisch stattfindender Abgleich war ebenfalls nicht geplant
	↑	9	Juiz deF	**C**	
	Ø	**7,6**	São Bern.	**B**	Kaizenprojekte werden dokumentiert, Gesamtübersicht besteht – Zielplanung fehlt
	↓	3	Bremen	/	Keine Aussage zur Vorgehensweise

- Die regelmäßige Überprüfung der PS-Elemente auf ihren Erfüllungsgrad sollte anfangs häufiger, später in größeren Abständen erfolgen.

Lokalspezif. Anpassung zu vermeiden		7.5	Tuscal.	**A**	Lokalspezifische Anpassungen wurden vermieden – alle wesentlichen TPS-Elemente angewandt
	↑	9	Juiz deF	**A**	
	Ø	**6,0**	São Bern.	**A**	Kaizen-Philosophie basierend auf TPS 1:1 in betroffenen Bereichen umgesetzt
	↓	1	Bremen	**C**	Kompromisse mit AN-Vertretungen schränken Effizienz ein

- 100% ‚Transplantation' widerspricht westlicher Individualität („aufzwängen") – es bedarf massiver Überzeugungsarbeit, bevor sachliche Vermittlung und Einführung erfolgt.
- Anpassungen an die kulturellen Besonderheiten in Ordnung, solange die Grundprinzipien des TPS unverändert bleiben.
- Im Rahmen einer angestrebten 100% Transplantation können sich Zielkonflikte zur lokalen Gesetzeslage sowie unternehmensspezifischen Betriebsvereinbarungen ergeben.

11.8.8 Bedeutung & Funktion einzelner PS-Elemente

Unterschiedl. Bedeutung von PS-Elementen		8.1	Tuscal.	**A**	Beide Greenfields folgen in ihrer PS-Elemente-Einschätzung dem Ansatz aus Kapitel 3.8
	↑	9	Juiz deF	**A**	
	Ø	**7,5**	São Bern.	**A**	Hauptfokus auf Arbeitsplatzorganisation, TPM und Visual Management
	↓	3	Bremen	**B**	Erster Fokus auf 5S, JIT Materialbelieferung und Visual Management

Basis-, Werkzeug-, Zielelemente		8.2	Tuscal.	**A**	PS-Elemente verschieden deutlich vorhanden, aber von jeweiligen Produktionssystemen vorgesehen – die Einteilung in Basis-, Werkzeug- und Zielelemente läßt sich sinngemäß auf alle vier Standorte applizieren
	↑	9	Juiz deF	**A**	
	Ø	**6,7**	São Bern.	**A**	
	↓	1	Bremen	**A**	

- Die Unterteilung in Basis-, Werkzeug- und Zielelemente stellt eine hilfreiche Betrachtungsweise dar – sie erlaubt u.a. die zeitliche Priorisierung von Umsetzungsmaßnahmen.
- Basis-Elemente des Toyota Produktionsystems sind Standardisierung, JIT und Jidoka. (vergleiche dazu Erkenntnisse aus Kapitel 3.8 – Basis-Elemente Standardisierung, Pull System und Visual Management).

Basis-Elemente (aussendend)		8.3	Tuscal.	**A**	Gemäß Kapitel 3.8 Pull System, Standardisierung und Visual Management
	↑	9	Juiz deF	**A**	
	Ø	**7,1**	São Bern.	**B**	Wenig Beachtung der Standardisierung
	↓	4	Bremen	**B**	

- Basis-Elemente lassen sich ebenso als ‚Grundordung' eines Produktionssystems bezeichnen.

Ziel-Elemente (empfangend)		8.4	Tuscal.	**A**	Zielelemente ‚Total Quality Control' (robuste Prozesse und wiederholbar hohe Qualität bei Produkten) und Kontinuierlicher Verbesserungsprozeß (Vermeidung von Verschwendung bei steigender Produktivität) sind Ziele aller Standorte
	↑	9	Juiz deF	**A**	
	Ø	**7,1**	São Bern.	**A**	
	↓	4	Bremen	**A**	

- Ziele des TPS sind hohe Produktqualität, nierige Kosten und kurze Durchlauf- bzw. Reaktionszeiten von der Kundenbestellung bis zur Auslieferung – Ziel<u>elemente</u> sind jedoch Qualität und KVP.

Werkzeug-Elemente (unterstützd)		8.5	Tuscal.	**A**	Training bzw. Mitarbeiterausbildung haben in allen vier Standorten hohe Bedeutung. Hilfsmittel ist die Arbeitsplatzrotation, die eine flexibel einsetzbare Belegschaft bewirkt. Arbeitsorganisation (5S) und Arbeitssicherheit sind Grundvoraussetzungen.
	↑	9	Juiz deF	**A**	
	Ø	**6,7**	São Bern.	**A**	
	↓	3	Bremen	**A**	

Reihenfolge der Einführung	8.6		Tuscal.	**/**	Als Greenfields wurden alle PS-Elemente gleichzeitig eingeführt
	↑	9	Juiz deF	**/**	
	Ø	**6,1**	São Bern.	**B**	Reihenfolge wurde eingehalten – mit Ausnahme der fehlenden Standardisierung
	↓	1	Bremen	**B**	Reihenfolge ebenfalls eingehalten – heute erst bei 5S, JIT und Visual Management

- Die Reihenfolge der PS-Elemente-Einführung wurde häufiger als abhängig von der jeweiligen Unternehmenssituation beschrieben.

11.8.9 Pflege & Instandhaltung

Kontinuität sichern	9.1		Tuscal.	**C**	Außer Basisschulung erfolgten keine weiteren Auffrischungsmaßnahmen
	↑	9	Juiz deF	**C**	Durch frühen Abzug der Sponsoren bzw. PS-Verfechter ist eine Aufrechterhaltung der installierten (aber noch nicht verinnerlichten) PS-Prinzipien zweifelhaft
	Ø	**7,7**	São Bern.	**A**	Kontinuität und Re-Training erfolgt mit jeder Kaizenwoche (als Teilnehmer oder im Rahmen der Abschlußvorstellung der Ergebnisse und Schritte)
	↓	4	Bremen	**/**	Noch unklar

- KVP-Schulungen und –Maßnahmen sind sinnvolle Methoden zur regelmäßigen Erneuerung der Produktionssystem-Prinzipien nach deren vollständiger Einführung.

Bereichs-audit / Begehungen	9.2		Tuscal.	**--**	Keine Infos
	↑	9	Juiz deF	**--**	Keine Infos
	Ø	**8,3**	São Bern.	**--**	Keine Infos
	↓	6	Bremen	**A**	Bereichsaudits (5S) durch Teamleiter / Centerleiter – Aushang der Ergebnisse

- Projektleiter PS-Einführung und / oder externe Auditoren sollten neben den Führungskräften der Bereiche ebenso eigene Überprüfungen sowie Quervergleiche durchführen.

Regelmäs-siger Soll-Ist Abgleich	9.3		Tuscal.	**B**	Greenfields im quasi-optimalen Zustand aufgesetzt, Zielvorgabe bestehen primär im Hinblick auf die Fertigungszeitenreduzierung
	↑	9	Juiz deF	**B**	
	Ø	**7,9**	São Bern.	**A**	Mittelfristige Zielsetzung existieren
	↓	5	Bremen	**/**	Keine Info

Kaizen-projekte	9.4		Tuscal.	**B**	KVP / Kaizen nur im Rahmen der Reduzierung von Taktzeiten
	↑	9	Juiz deF	**C**	Bisher noch nicht angewandt
	Ø	**8,7**	São Bern.	**A**	Jährlich ca. 200 Kaizenprojekte werksweit – davon ca. 30 in großem Rahmen
	↓	7	Bremen	**B**	Kaizenprojekte als Methodik eingeführt – aber nicht mitarbeitergetragen

KVP als fester Bestandteil der Untern.-Philosophie	9.5		Tuscal.	**C**	Bisher nur als Bestandteil des Produktionssystems kommuniziert – keine wirkliche Anwendung
	↑	9	Juiz deF	**C**	
	Ø	**8,0**	São Bern.	**A**	Kaizen positiv belegt, häufig praktiziert, durchweg anerkannt & begrüßt
	↓	5	Bremen	**B**	Seitens der Belegschaft als ‚aufgezwungene' Maßnahme empfunden

Value Stream Mapping	9.6		Tuscal.	**/**	Technik noch unbekannt, daher kaum Verbreitung. Als Mikrokosmos lassen sich Standardarbeitsblätter als Value Stream Maps bezeichnen. Als Makrokosmos sollten alle Wertströme innerhalb der Fabrik visualisiert werden.
	↑	9	Juiz deF	**/**	
	Ø	**7,1**	São Bern.	**/**	
	↓	5	Bremen	**/**	

Eliminierung von Ver-schwendung	9.7		Tuscal.	**A**	Durch die Erstellung von Standardarbeitsblätter wurden nicht-wertschöpfende Arbeitsumfänge identifiziert und eliminiert; Ausgliederung von nicht spezifizierten Werkzeugen und Hilfsstoffen
	↑	9	Juiz deF	**A**	
	Ø	**7,5**	São Bern.	**A**	Kontinuierliche Reduzierung von Materialbeständen, Vereinheitlichung Kleinteile
	↓	3	Bremen	**A**	Materialreduzierung, Arbeitsplatzorganisation

11.9 Grafische Darstellungen der Interdependenzen

11.9.1 Ausgehende Beziehungen des Elementes Standardisierung

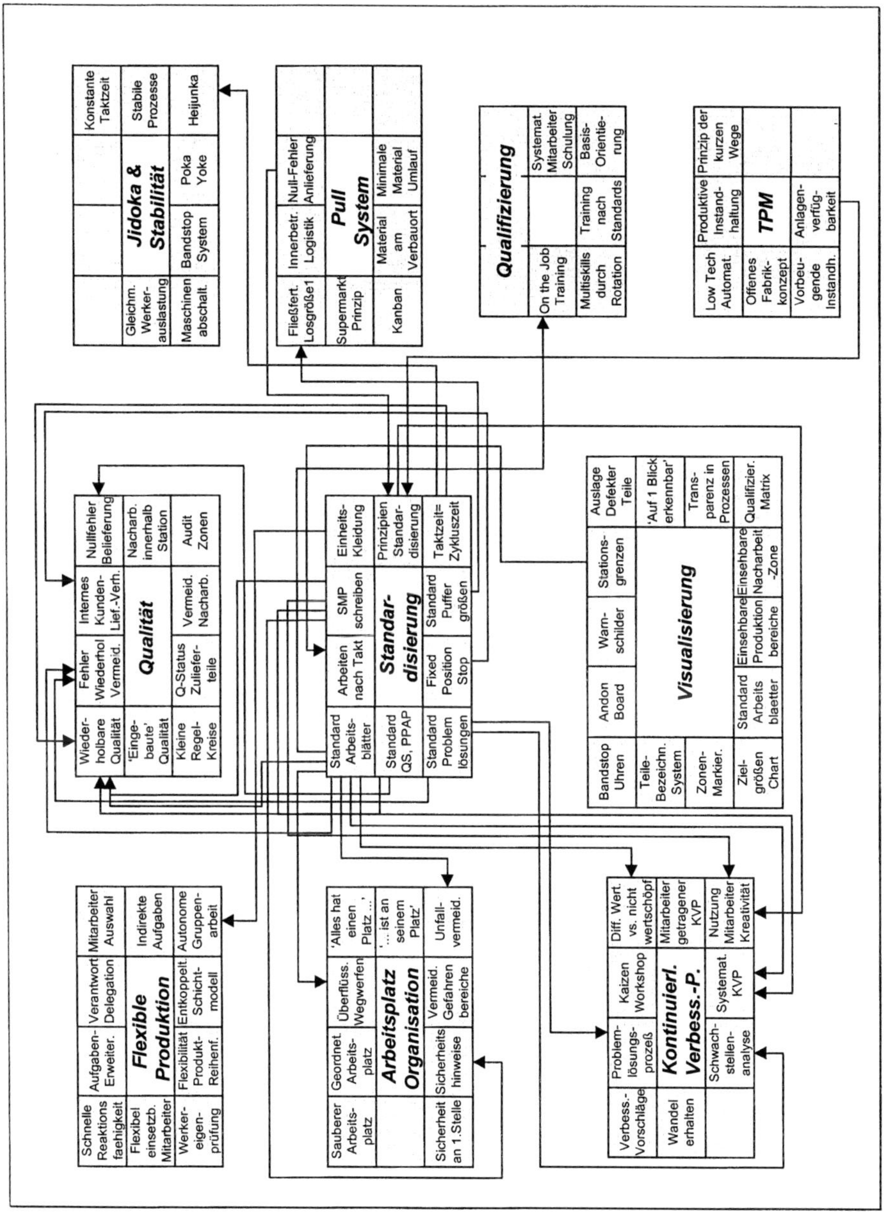

11.9.2 Ausgehende Beziehungen des Elementes Visualisierung

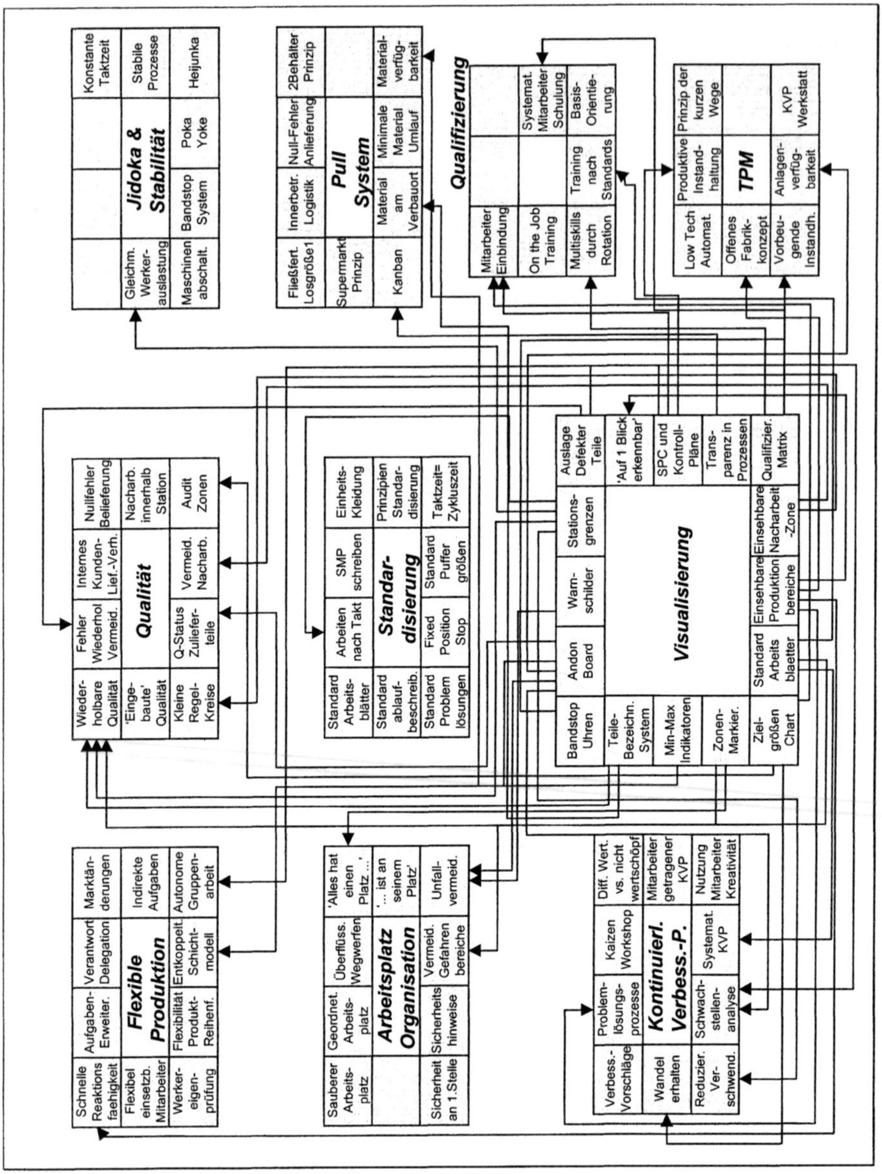

11.9.3 Ausgehende Beziehungen der Elementes Arbeitsplatzorganisation & Sicherheit am Arbeitsplatz sowie dem kontinuierlichen Verbesserungprozeß

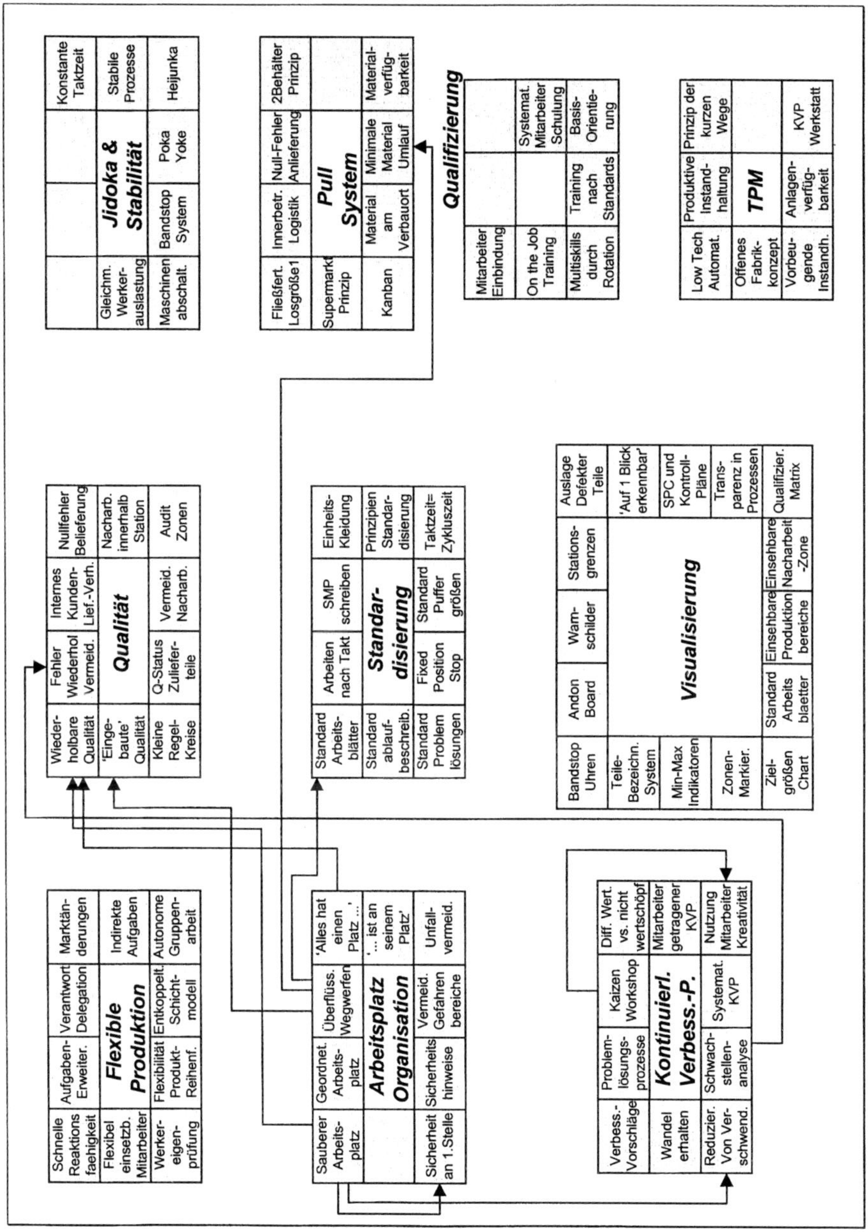

11.9.4 Ausgehende Beziehungen der Elemente TPM / Fabrik- und Anlagenplanung sowie Jidoka und Stabilität

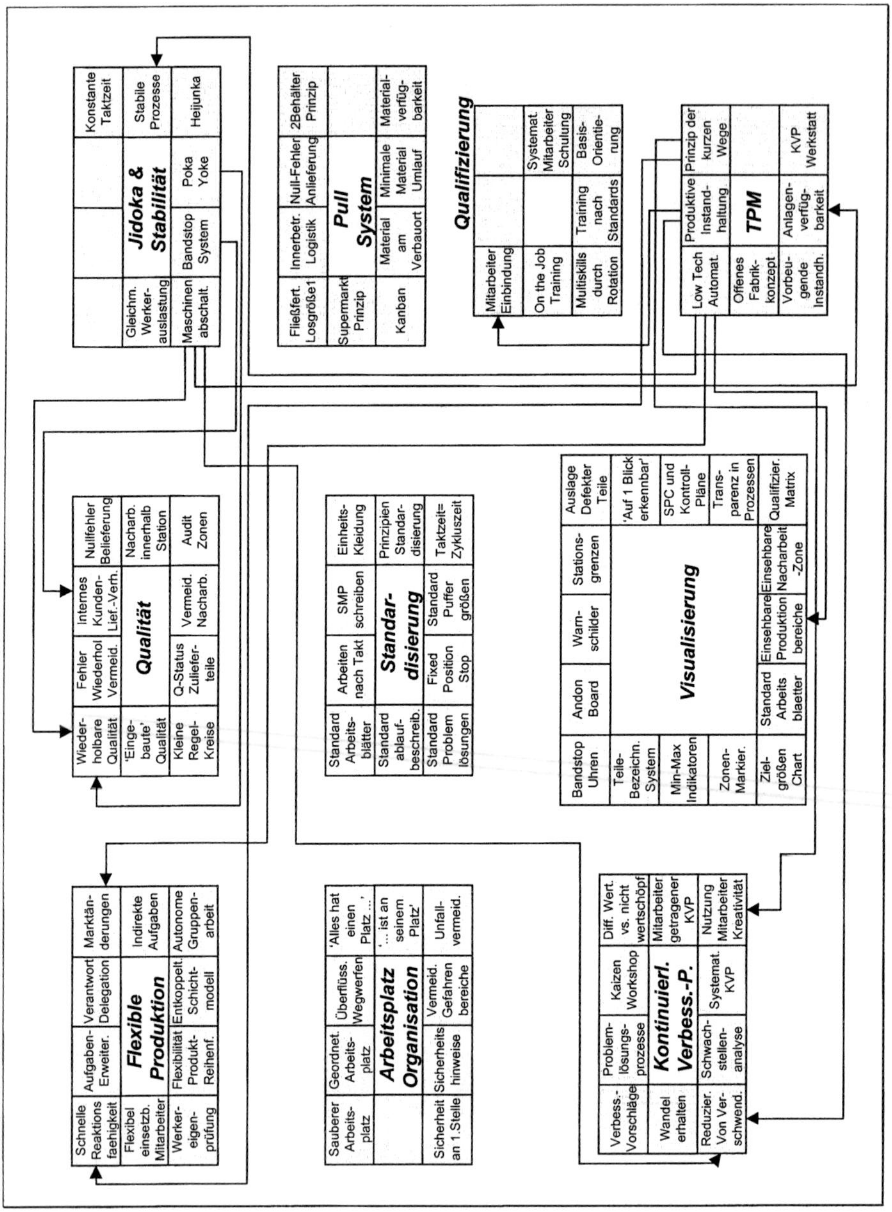

11.9.5 Ausgehende Beziehungen der Elemente Pull System, Flexible Produktion und Qualifizierung

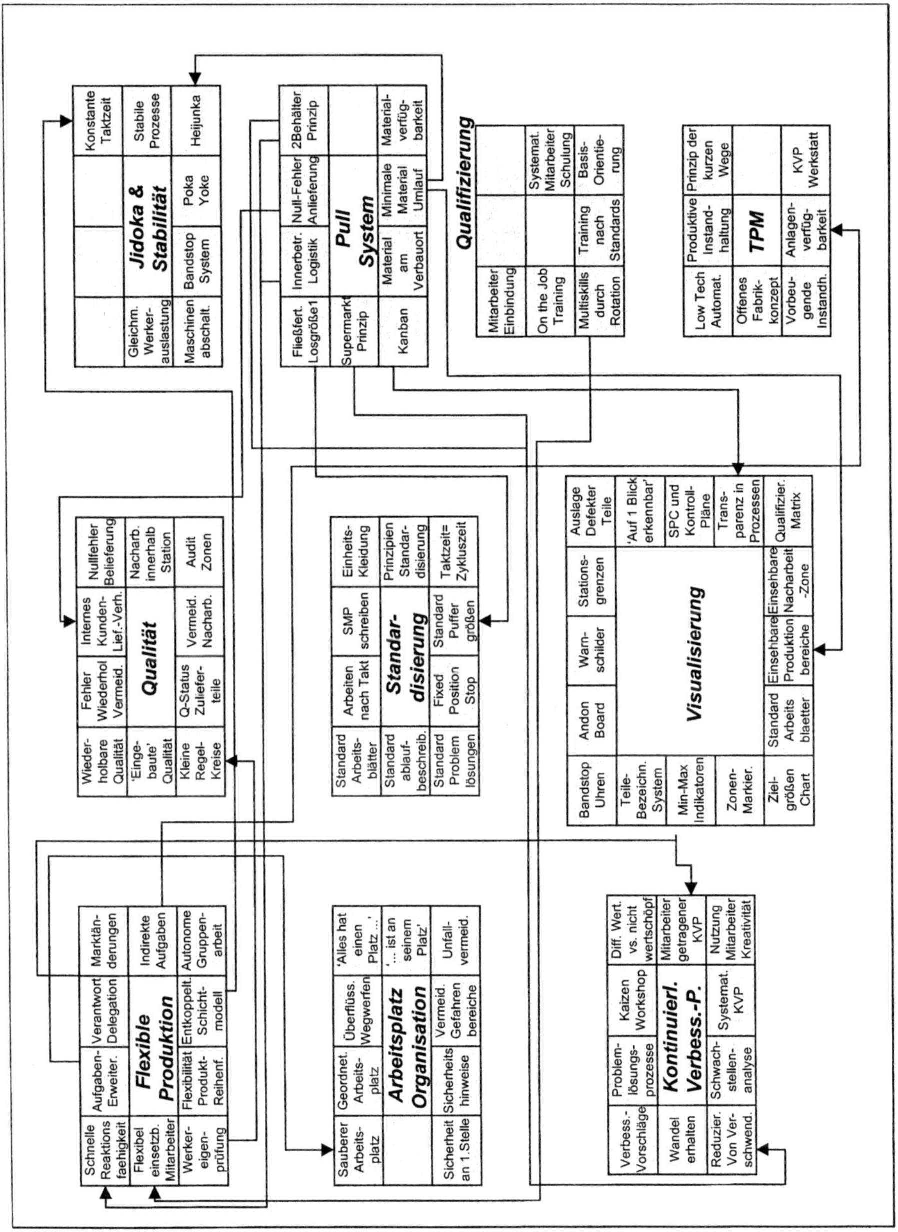

Kausalketten zu Hauptelement **Visualisierung**				
PS-Unterelemente	Aufgabe / Mehrwert	Haupt-Element		Unterelement
Andon-Board	Unfall aufzeigen, verbreiten, Sicherheitsbewußtsein gestärkt Bandstop (Unterstützung anfordern) Fokus auf Problembereiche, Aufdecken von Verschwendung Hinweis auf kurzfristige Überzeitvereinbarung	V1 V3 V4 V5	Arbeitssicherheit TPM KVP Flexible Produktion	Unfall-Wiederhol-Vermeidung Anlagenverfügbarkeit Schwachstellen-Ausweisung Entkoppeltes Schichtmodell
Bandstop-Uhren	Nichtmontierbare Teile Linienspezifische Ausweisung von Anlagenstörung Linienspezifische Ausweisung von Problemabläufen	V6 V7 V8	Qualität TPM KVP	Qualitätsstatus Zulieferteile Vorbeugende Instandhaltung Schwachstellenanalyse
Warnschilder	Hinweis auf Gefahrenquellen	V9	Arbeitssicherheit	Unfall-Wiederhol-Vermeidung
Einsehbare NA-Zonen	Transparenz der Qualitätssituation, Motivation der Produktionsleitung zur Fehlerbehebung	V10 V27	Qualität Qualität	Vermeidung Nacharbeit Kleine Regelkreise
Stationsgrenzen	Arbeiten nur innerhalb der Station Arbeiten nach Takt Keine Beschädigung der Fahrzeuge durch Vorbeilaufen Keine unnützen Laufwege, keine gegens. Behinderung	V11 V12 V13 V14	Standardisierung Stabilität Qualität KVP	Arbeiten nach Takt Gleichmäßige Auslastung Wiederholbare Qualität Verschwendung
Teile-Bezeichnungssystem (Labeling)	Keine Fehlmontage Eindeutige Teilebereitstellung	V15 V16	Qualität Pull System	Wiederholbare Qualität Materialbereitstellung am Verbauort
Zonenmarkierungen	Hinweis auf Gefahrenbereiche, Laufwege Eindeutige Ablage von Ladungsträgern + Betriebsmitteln	V17 V18	Arbeitssicherheit Arbeitsplatzorgan.	Vermeidung Gefahrenbereiche „Alles hat ... , alles ist an seinem Platz“
Zielgrößen-Chart	Transparente Darstellung der Ziele für alle Prozeßbeteiligten Aushängen von Zielvereinbarungen Visualisieren von Auditergebnissen (Fehler pro Fzg)	V19 V20 V36	KVP Qualifizierung Qualität	Wandel erhalten Information der Mitarbeiter Auditzonen
SPC Kontrollblätter	Erkennen von Trendaussagen / Kennwerteverläufe (SPC) Mitarbeiter erhalten Verantwortung für Anlagen + Prozesse	V21 V22	TPM Qualifizierung	Produktive Instandhaltung Mitarbeitereinbindung
Einsehbarkeit Produktionsbereiche	Transparenter Infofluß, schneller Austausch Zustand der Produktion „auf einen Blick“ erkennbar Direkte Kommunikation, schnelle Entscheidungswege, interdisziplinäre Zusammenarbeit	V23 V24 V25 V26	Fabrikplanung Visual Management Flexib. Prod. /KVP	Offenes Fabrikkonzept Auf einen Blick erkennbar Schnelle Reaktionsfähigkeit Problemlösungsprozeß
Auslage defekter Teile	Aussonderung defekter Teile Signalwirkung für Zulieferer („Zur Schaustellen“)	V28 V29	Qualität KVP	Fehlerwiederholvermeidung Schwachstellenausweisung
Qualifizierungsmatrix	Stand der MA-Qualifizierung	V30	Training	Multiskills durch Rotation
Kontroll-, Reinigung, Wartung	Mitarbeiter organisieren sich selbst	V31	Flexible Produktion	Autonome Gruppenarbeit
Min-Max Niveau Indikatoren an Behältern	Nachbestellung Material	V32	Pull System	Materialverfügbarkeit
Standardarbeitsblatt in Station	Teilemontage erfolgt in immer gleichem Ablauf Verbesserungsvorschläge basieren auf dokument. Status Schnelle Orientierung bei Unsicherheit	V33 V34 V35	Qualität KVP Qualifizierung	Wiederholbare Qualität Systematischer (aufbauender) KVP Trainingsmaterial direkt zugänglich
„Auf 1 Blick“ erkennbar	Passiv	P	Visualisierung	
Transparenz in Prozessen	P: Im Umlauf befindliches Material	P	Pull System	Kanban
Qualifizierungsmatrix	Ausbildungsstand jeden Mitarbeiters deutlich	V37	Qualifizierung	Systemat. Mitarbeiterschulung

Kausalketten zu Hauptelement **Qualitätssicherung (Total Quality Control)**

PS-Unterelemente	Aufgabe / Mehrwert		Haupt-Element	Unterelement
Wiederholbare Qualität	P: Dokumentierte Prüfabläufe und Prüfwerte	P	Standardisierung	Standardablaufbeschreibungen
	P: Arbeiten nach Standard	P	Standardisierung	Standardarbeitsblätter
	P: PPAP – Frühe Abschätzung Zuliefererfähigkeiten	P	Standardisierung	Standardablaufbeschreibungen
	P: Keine Beschädigung durch Vorbeilaufen	P	Visualisierung	Stationsgrenzen
	P: Keine Fehlmontage	P	Visualisierung	Teile-Bezeichungssystem
	P: Mitarbeiter verinnerlichen Arbeitsprozesse	P	Standardisierung	SMP-Schreiben
	P: Bei hohem Taktausgleich entsteht Bandtourismus	P	Standardisierung	Taktzeit = Zykluszeit
	P: Sauberer Arbeitsplatz als Voraussetzung	P	Arbeitsplatzorgan.	Sauberer, geordneter Arbeitsplatz
	P: Ordnung als Voraussetzung für Qualität	P	Arbeitsplatzorgan.	Alles hat seinen Platz, ...
	P: Überwachung durch Poka-Yoke	P	Jidoka	Poka-Yoke
	P: Vermeidung von Ausschuß	P	Jidoka	Maschinenselbstabschaltung
Fehlerwiederholvermeidung	P: Systematische Erfassung von Montage- / Teileproblemen	P	KVP	Schwachstellenanalyse
	P: Langfristige Fehlerursachenbehebung	P	Standardisierung	Problemlösungsprozeß
Internes Kunden-Lieferanten-Verhältnis	P: Kein Vergessen von Arbeitsinhalten bei Bandstop	P	Standardisierung	Fixed Position Stop
	P: Ergründen der Problemursache	P	Jidoka	Bandstop
	P: Keine Wareneingangskontrolle	P	Pull System	Nullfehler-Anlieferung
„Eingebaute Qualität' IN der Linie	P: Unterstütztes Erkennen von Fehlern / Problemen	P	Jidoka	Poka-Yoke
	P: Möglichkeit das Band bei Problemen anzuhalten	P	Jidoka	Bandstop
	P: Keine Verwechselung von Teilen oder Werkzeugen	P	Arbeitsplatzorgan.	Überflüssiges entfernen
Kleine Regelkreise	P: Werkereigen- bzw. –Folgekontrolle	P	Flexible Produktion	Werkerselbst- / -folgeprüfung
	P: Einsehbarer Nacharbeitsbereich = Feedback	P	Visualisierung	Einsehbarkeit Produktionsbereiche
Nullfehler-Belieferung	P: Frühe Abschätzung Zulieferer-Robustheit	P	Standardisierung	PPAP – Standardbewertungsverfahren
	P: Gleichbleibende Qualität	P	Standardisierung	Prinzipien der Standardisierung
Fehlerbehebung innerhalb Station	P: Schnelle Problemlösung	P	KVP	Problemlösungsprozeß
	---------------	P	Flexible Produktion	Schnelle Reaktionsfähigkeit
Auditzonen	P: Visualisieren von Auditergebnissen (Fehler pro Fzg)	P	Visualisierung	Feedbacksysteme
Qualitätsstatus Zulieferteile	Passiv	P	Visualisierung	Bandstopp-Uhren
Vermeidung Nacharbeit	P: Transparenz der Qualitätssituation	P	Visualisierung	Einsehbare Nacharbeitszonen

Kausalketten zu Hauptelement **Standardisierung**				
PS-Unterelemente	Aufgabe / Mehrwert	Haupt-Element		Unterelement
Standardsarbeitsblätter (Stationsblätter)	Arbeiten nach Standard (Wiederholbare Qualität)	S1	Qualität	Wiederholbare Qualität
	Einarbeiten neuer Mitarbeiter	S2	Qualifizierung	On the Job Training
	Dokum. Prozesse erlauben schrittweise Prozeßoptimierung	S3	KVP	Systematischer Verbesserungsprozeß
	Herunterbrechen Arbeitsvorgänge in kleine Einheiten	S4	KVP	Diff. Wert- vs. Nichtwertschöpf. Umfänge
	Fehlerwiederholvermeidung durch standardisierte Prozesse	S5	Qualität	Fehlerwiederholvermeidung
	(Lernen aus Fehlern)		------------	------------
	Vermerken von Sicherheitskritischen Abläufen	S6	Arbeitssicherheit	Unfallvermeidung
	P: Überflüssige Teile und Werkzeuge entfernen	P	Arbeitsplatzorgan.	Überflüssiges Entfernen
Standardablaufbeschreibungen	Dokumentierte Prüfabläufe und Prüfwerte	S7	Qualität	Wiederholbare Qualität
	PPAP - Frühe Abschätz. Zuliefererfähigkeit (Robuste Proz.)	S8	Qualität	Nullfehler-Anlieferung
Arbeiten nach Takt	P: Abgeschlossene Arbeitsinhalte erlauben Übersichtlichkeit	P	Visualisierung	Stationsgrenzen
SMP schreiben	Mitarbeiter haben Einfluß auf Arbeitsablaufgestaltung	S9	Qualifizierung	Nutzen der Mitarbeiterkreativität
	Mitarbeiter revidieren Arbeitsprozesse	S10	KVP	Systematischer Verbesserungsprozeß
	Mitarbeiter verinnerlichen Arbeitsprozesse	S11	Qualität	Wiederholbare Qualität
	Beachten von Sicherheitshinweisen	S12	Arbeitssicherheit	Sicherheitshinweise
	Beachten von Qualitätsmerkmalen	S13	Qualität	Wiederholbare Qualität
Einheitskleidung	Schaffen eines „Wir-Gefühls“	S14	Flexible Produktion	Autonome Gruppenarbeit
Standardisierter Problemlösungsprozeß (5W)	Kaskadenförmige Fragetechnik Ermittlung wirkl. Störursache	S15	KVP	Ursachenermittlung
	Systematischer Ansatz → gleiche Ergebnisse	S16	Qualifizierung	Schulung in Problemlösungstechniken
	Langfristige Fehlerursachenbehebung	S17	Qualität	Fehlerwiederholvermeidung
Fixed Position Stop	Bandstillstand erst am Taktende = Vollständiges Abarbeiten aller Arbeitsumfänge (kein Vergessen von Inhalten)	S18	Qualität	Internes Kunden-Lieferanten Prinzip
		---	----------	----------
Standard. Puffergrößen	Kleine standardisierte Puffergrößen fördern gleichmäßige Fließfertigung	S19	Pull System	Fließfertigung in Losgröße 1
		---	----------	----------
Taktzeit = Zykluszeit	Reduzierung des Taktausgleiches	S20	Stabilität	Ausgeglichene Produktion (Heijunka)
	Bei hohem Taktausgleich entsteht ‚Bandtourismus‘!	S21	Qualität	Wiederholbare Qualität
Prinzipien der Standardisierung	Prozeß muß wiederholbar sein (menschliche Bewegungen)	S22	KVP	Nutzung Mitarbeiter-Kreativität
	P: Gleichbleibende Qualität	P	Qualität	Nullfehler-Belieferung
	P: Stabiler Produktionsprozeß	P	TPM	Anlagenverfügbarkeit

PS-Unterelemente	Aufgabe / Mehrwert	Haupt-Element		Unterelement
Sauberer, geordneter Arbeitsplatz	Sauberer AP als Voraussetzung für Qualitätserzeugung	A1	Qualität	Wiederholbare Qualität
	... für Unfallvermeidung	A2	Arbeitssicherheit	Sicherheit an erster Stelle
	... als Grundlage zur Identizifierung von Verschwendung	A3	KVP	Eliminieren von Verschwendung
	P: Sensibilisierung der Werker zur Reinhaltung	P	Qualifizierung	Schulung in 5S
	P: Werker übernehmen indirekte Aufgaben	P	Flexible Produktion	Aufgabenerweiterung
Überflüssiges Wegwerfen	Nur die erforderlichen Teile am Band	A4	Pull System	Minimale Puffergrößen
	Nur die definierten Werkzeuge	A5	Standardisierung	Standardarbeitsblätter
	Keine Verwechselung von Teilen bzw. Werkzeugen	A6	Qualität	„Eingebaute" Qualität
Alles hat seinen Platz – alles ist an seinem Platz (eindeutig)	P: Markieren (Einrahmen) von Standplätzen für Ladungsträger	P	Visualisierung	Zonenmarkierungen
	Ordnung als Voraussetzung für Qualitätserzeugung	A7	Qualität	Wiederholbare Qualität
Sicherheitshinweise	P: Vermerken von Sicherheitskritischen Abläufen (Planer)	P	Standardisierung	Standardarbeitsblätter
	P: Hinweis auf Gefahrenquellen	P	Visualisierung	Warnschilder
	P: Beachten von Sicherheitskritischen Abläufen (Werker)	P	Standardisierung	SMP
Unfallvermeidung	P: Sauberer Arbeitsplatz	P	Arbeitsplatzorgan.	Sauberer, geordneter Arbeitsplatz
	P: Unfall aufzeigen und verbreiten	P	Visualisierung	Andon-Board
	P: Schnelle Hilfe bei Unfällen	P	Fabrikplanung	Zentrale angeordnete Supportbereiche
Vermeidung Gefahrenbereiche	P: Farbliche Zonendifferenzierung (z.B. Gehwege)	P	Visualisierung	Zonenmarkierungen
Sicherheit an erster Stelle	Sauberkeit als Voraussetzung für Sicherheit	A8	Arbeitsplatzorgan.	Sauberer, geordneter Arbeitsplatz
Kausalketten zu Hauptelement **Kontinuierlicher Verbesserungsprozeß (KVP)**				
Problemlösungsprozesse	P: Plan-Do-Check-Action, 5W	P	Standardisierung	Problemlösungsmethoden
	P: Direkte Kommunikation, schnelle Entscheidungswege	P	Visualisierung	Einsehbarkeit Produktionsbereiche
Kaizen-Workshops	Einbinden der Mitarbeiter	K1	Flexible Produktion	Nutzung MA-Kreativität
Mitarbeitergetragener KVP	P: Werker überarbeiten Standardarbeitsblätter	P	Flexible Produktion	Verantwortungsdelegation
	P: Bereiche zum Testen von Ideen	P	Fabrikplanung	KVP-Werkstatt
Wandel erhalten	P: Transp. Darstellung der Ziele für alle Prozeßbeteiligten	P	Visualisierung	Zielgrößen-Charts
Schwachstellenanalyse	Fehlerdatenbank und KVP-Flipchart	K2	Qualität	Fehlerwiederholvermeidung
	P: Linienspezifische Ausweisung von Störquellen	P	Visualisierung	Andon-Board
	P: Signalwirkung für Zulieferer	P	Visualisierung	Auslage defekter Teile
Systematischer KVP	P: Prozeßverbesser. iterativ basier. auf dokument. Standard	P	Standardisierung	Standardarbeitsblätter
Nutzung der MA-Kreativität	P: Mitarbeiter haben Einfluß auf Arbeitsablaufgestaltung	P	Standardisierung	SMP schreiben
	P: Prozeß muß wiederholbar, menschbetont sein	P	Standardisierung	Prinzipien der Standardisierung
	P: Einbinden der Mitarbeiter	P	KVP	Kaizen-Workshops
	P: Ausdruck der MA-Motivation	P	KVP	Verbesserungsvorschläge
	P: Manuelle Umfänge erlauben Werkerinput	P	TPM	Low Tech Automatisierung
Diff.wert- + nw.-schöpf. Umf.	P: Arbeitsvorgänge in Einzelschritte herunterbrechen	P	Standardisierung	Standardarbeitsblätter
Reduzierung von Verschwendung	P: Sauberkeit + Ordnung als Voraussetzung für KVP	P	Arbeitsplatzorgan.	Sauberer, geordneter AP
	P: Personalkostenabbau durch Integration indirekter Arbeiten	P	TPM	Produktive Instandhaltung
	P: Reduzierung Ausschuß	P	Jidoka	Maschinenabschaltung
	P: Reduzierung Fläche durch Vorkommissionierung	P	Pull System	Supermarktprinzip
	P: Schrittweise Umlaufmaterialsenkung	P	Pull System	Kanban
	P: Reduzierung Materialbestand, Kapitalbindung	P	Pull System	2-Behälter Prinzip
	P: Aufdecken von Prozeßstörungen	P	Pull System	Umlaufmaterial-Minimierung

Kausalketten zu Hauptelement **TPM / Fabrik- & Anlagenplanung**				
PS-Unterelemente	Aufgabe / Mehrwert	Haupt-Element		Unterelement
Low Tech (niedriger Automatisierungsgrad)	Störungsarme Anlagen = gleichmäßiger Produktionsfluß	T1	Stabilität	Stabile Prozesse
	Kostenarm auf Neuprodukte umzustellen	T2	Flexible Produktion	Anpassung an Marktänderungen
	Hoher Anteil manueller Umfänge erlaubt Input der Werker	T3	KVP	Nutzung MA-Kreativität
Produktive Instandhaltung	Qualifizierung / Verantwortungsdelegation	T4	Qualifizierung	Aufgaben- & Verantwortungserweiterung
	Integration indirekter Arbeiten	T5	KVP	Reduzierung Personalkosten
Zentrale Anordn. Supportber. (Prinzip der kurzen Wege)	Schnelle Reaktion auf Fehler	T6	Flexible Produktion	Schnelle Reaktionsfähigkeit
	----------	T7	Visualisierung	Einsehbarkeit Produktionsbereiche
	Schnelle Hilfe bei Unfällen	T8	Arbeitssicherheit	Unfallvermeidung
Offenes Fabrikkonzept	Zustand der Produktion „auf einen Blick" erkennbar	T9	Visual.	Einsehbarkeit Produktionsbereiche
	Kurze Entscheid.-wege / direkte Kommunikation (Ruf / Sicht)	T10	Flexible Produktion	Schnelle Problembearbeitung
Vorbeugende Instandhaltung	P: Hinweis auf störungsträchtige Bereiche	P	Visualisierung	Bandstopp-Uhren
Anlagenverfügbarkeit	P: Stabiler Produktionsprozeß	P	Standardisierung	Prinzipien der Standardisierung
	P: Vermeidung Maschinenschaden	P	Jidoka	Maschinenselbstabschaltung
	P: Vorbeugende Wartung durch Werker	P	Flexible Produktion	Indirekte Aufgaben
	P: Fokus auf Problembereiche legen	P	Visualisierung	Andon-Board
KVP-Werkstatt	Bereiche zum Testen von Ideen	T11	KVP	Mitarbeitergetragener KVP

Kausalketten zu Hauptelement **Jidoka (Autonomation) und Stabilität**				
PS-Unterelemente	Aufgabe / Mehrwert	Haupt-Element		Unterelement
Band-Stop System	Ergründen der Problemursache	J1	Qualität	Internes Kunden-Lieferantenverhältnis
Poka-Yoke	Visuelle, akustische oder formschlüssige Überwachung der Montageprozesse	J2	Qualität	Wiederholbare Qualität
		---	---------	-----------
Maschinenabschaltung	Vermeidung der Fertigung von mangelnder Qualität	J3	Qualität	Wiederholbare Qualität
	Vermeidung Maschinenschaden	J4	TPM	Anlagenverfügbarkeit
	Reduzierung Ausschuß	J5	KVP	Reduzierung von Verschwendung
Heijunka - Produktionsnivellierung	P: Gleichmäßige Produktionsauslastung	P	Pull System	Minimale Puffergrößen
	P: Arbeiten nach Takt	P	Visualisierung	Stationsgrenzen
	P: Reduzierung des Taktausgleiches	P	Standardisierung	Taktzeit = Zykluszeit
	Passiv	P	Pull System	Umlaufmaterial Minimierung
Stabile Prozesse	P: Störungsarme Anlagen	P	TPM	Low Tech (niedrige Automatisierung)
Konstante Taktzeit	Passiv	P	Standardisierung	Arbeiten nach Takt
	P: Durch Bandstop verlorene Stückzahlen in direkter Überzeit	P	Flexible Produktion	Entkoppeltes Schichtmodell
Gleichmäßige Werkerauslastung	P: Gleichmäßige Verteilung von Arbeitsinhalten	P	Pull System	Modell-Mix Programme
	P: Beachtung der Vorgabezeit	P	Standardisierung	Arbeiten nach Takt
	P: Verbleiben innerhalb der Stationsgrenzen (Kein Vorarbeiten)	P	Visualisierung	Stationsgrenzen

Kausalketten zu Hauptelement **Pull System (Bedarfsorientierte Materialversorgung)**				
PS-Unterelemente	Aufgabe / Mehrwert	Haupt-Element		Unterelement
Supermarktprinzip	Vorkommissionierung von Montagesets (Kitting)	P1	KVP	Reduzierung Verschwendung (Fläche)
Kanban	Im Umlauf befindlicher Materialbestand deutlich	P2	Visualisierung	Transparenz in Prozessen
	Möglichkeit der schrittweisen Reduzierung (weniger Kanban)	P3	KVP	Eliminierung Verschwendung
Fließfertigung Losgröße 1	P: Gleichmäßige Fließfertigung	P	Standardisierung	Standardisierte Puffergrößen
Innerbetriebliche Logistik	Produktionsorientierte Logistik	P4	Flexible Produktion	Schnelle Reaktionsfähigkeit
Null-Fehler Anlieferung	Keine interne Wareneingangskontrolle	P5	Qualität	Internes Kunden-Lieferanten Verhältnis
2-Behälter Prinzip	Reduzierung Materialbestand (Kapitalbindung, Handling)	P6	KVP	Reduzierung Verschwendung
	Ausreichender Materialbestand sichert Verfügbarkeit	P7	Pull System	Materialverfügbarkeit
	Kurzfristige Änderung Anlieferpunkt möglich	P8	Flexible Produktion	Schnelle Reaktionsfähigkeit
Materialbereitstellung am Verbauort	Synchronisierung von Montageflüssen	P9	Pull System	Fließfertigung in Losgröße 1
	P: Eindeutige Teilebereitstellung	P	Visualisierung	Teile-Bezeichungssystem
Umlaufmaterial-Minimierung	Aufdecken von verdeckten Prozeßstörungen	P10	KVP	Eliminierung von Verschwendung
	Gleichmäßige Produktionsauslastung	P11	Stabilität	Heijunka
	Materialregale maximal bis Brusthöhe	P12	Visualisierung	Einsehbarkeit der Produktionsbereiche
Materialverfügbarkeit	P: Frühzeitige Materialnachbestellung	P	Visualisierung	Min-Max Indikatoren

Kausalketten zu Hauptelement **Flexible Produktion**				
PS-Unterelemente	Aufgabe / Mehrwert	Haupt-Element		Unterelement
Schnelle Reaktionsfähigkeit	P: Unterstützung anfordern über Bandstop	P	Visualisierung	Andon-Board
	P: Direkte Kommunikation, schnelle Entscheidungen	P	Visualisierung	Einsehbare Produktionsbereiche
	P: Kommunikation per Zuruf , Sichtkontakt	P	TPM / Fabrikplanung	Offenes Fabrikkonzept
	P: Produktionsorientierte Logistik	P	Pull System	Innerbetriebliche Logistik
Flexibel einsetzbare Mitarbeiter	P: Bei Krankenstand und Neuprodukt flexibel umsetzbar	P	Qualifizierung	Multikskills durch Rotation
Aufgabenerweiterung	Werker übernehmen indirekte Aufgaben	F1	Arbeitsplatzorgan.	Sauberer, geordneter Arbeitsplatz
Verantwortungsdelegation	Werker überarbeiten Standardarbeitsblätter	F2	KVP	Mitarbeitergetragener KVP
	Werker sind für ihren Arbeitsbereich verantwortlich	F3	Arbeitsplatzorgan.	Sauberer, geordneter Arbeitsplatz
	P: Fähige Mitarbeiter	P	Qualifizierung	Systemat. Mitarbeiterschulung bis Trainer
Flexibilität Produktionsreihenfolge	P: Losgröße 1 erzwingt permanente Bereitschaft für Neu-Umfänge	P	Pull System	Fließfertigung Losgröße 1
Entkoppeltes Schichtmodell	Verlorene Stückzahlen direkter Überzeit wieder abbauen	F4	Stabilität	Konstante Taktzeit
	P: Hinweis auf kurzfristig vereinbarte Überzeit	P	Visualisierung	Andon-Board
Indirekte Aufgaben	Vorbeugende Wartung durch Werker	F5	TPM	Anlagenverfügbarkeit
Autonome Gruppenarbeit	P: Mitarbeiter organisieren sich selbst	P	Visualisierung	Kontroll-, Reinig-, Wartungspläne
	P: Schaffen eines „Wir-Gefühls“	P	Standardisierung	Einheitskleidung
Werkereigenprüfung	Werker überprüfen ihre Arbeit selbst	F6	Qualität	Kleine Regelkreise
Marktänderungen	P: Schnelle Anpassungsfähigkeit	P	TPM / Anlagenplan.	Low-Tech Automatisierung

Kausalketten zu Hauptelement **Qualifizierung**				
PS-Unterelemente	Aufgabe / Mehrwert	Haupt-Element		Unterelement
On the Job Training	---------	---	--------	--------
Multiskills durch Rotation	Breite Erfahrung erlaubt schnelle Anpassung an Neuprodukte	Q1	Flexible Produktion	Flexibel einsetzbare MA
Training nach Standards	P: Unterweisung anhand Standardarbeitsblatt	P	Standardisierung	Standardarbeitsblätter
Basisausbildung / Orientierung	---------	---	--------	---------
Systematische Mitarbeiterschulung bis Trainer	P: Ausbildungsstand jedes Mitarbeiter deutlich Einsatz erfahrener Mitarbeiter als Trainer	P Q2	Visualisierung Flexible Produktion	Qualifizierungsmatrix Aufgaben / Verantwortungserweiterung
Mitarbeitereinbindung	P: Verantwortung für Anlagen und Prozesse P: Aushängen von Zielvereinbarungen	P P	Visualisierung Visualisierung	SPC Kontrollblätter Zielgrößen-Charts

Legende: Wirkzusammenhänge und Abhängigkeiten (Interdependenzen) zwischen PS-Elementen
Kausalzusammenhang von links nach rechts (z.B. Bandstop-Uhren → deuten auf Anlagenstörung → TPM kann Störzeiten effektiv reduzieren).
Ausnahme: (P) Passiver Kausalzusammenhang (Kausalkette gilt dann von rechts nach links)
Jede Kausalität sollte zweimal, d.h. als aktive und passive Kausalkette genannt sein.

12. Stichwortverzeichnis

Lebenslauf

Persönliches:	Henning Oeltjenbruns
	geboren am 15.11.1964 in Oldenburg / Niedersachsen
	Eltern: Hans-Jürgen Oeltjenbruns, Inge Oeltjenbruns geb. Ahlers
Schulbildung:	
07/71 – 06/75	Grundschule Wiefelstede
07/75 – 05/84	Allgemeine Hochschulreife am Gymnasium Rastede
Studium / Praktika:	
07/84 – 12/86	Kaufmännische Ausbildung
01/87 – 08/88	Wehrdienst sowie Praktika in Unternehmen des Maschinen-, Flugzeug- und Automobilbaus
09/88 – 01/92	Wirtschaftsingenieurwesen, Fachrichtung Produktionswirtschaft, Fachhochschule Wilhelmshaven
08/92 – 12/93	Graduiertenstudium zum Master of Science, Fachrichtung Industrial Engineering, Texas Tech University, USA mit Vertiefungen in Fertigungstechnik, Qualitätsmanagement und Betriebsführung
Berufstätigkeit:	
01/92 – 07/92	Simulationsstudien in der Ablaufplanung, DaimlerChrysler AG, Werk Bremen
02/94 – 02/95	Teilnehmer des internationalen Nachwuchsführungskräfte-Programms der DaimlerChrysler AG mit Einsätzen im Motorenwerk Untertürkheim und der Transporterfertigung in Vitoria (Spanien)
03/95 – 10/97	Prozeßingenieur in der Fabrik- und Montageplanung, Mercedes-Benz U.S. International, Inc., Tuscaloosa, Alabama, USA
11/97 – 3/99	Leiter der Montageplanung im Light Truck Projekt LTC, Mercedes-Benz do Brasil, São Paulo, Brasilien
seit 04/99	Projektleiter der Schwere Klasse Lkw Entwicklung HTC, Mercedes-Benz do Brasil
Weitere Tätigkeiten:	
09/96 – 07/97	Projektleitung Wissenstransfer für Standortprojekte (Erfahrungen aus dem M-Klasse Projekt für Folgeprojekte)
06/96 – 10/97	Vertreter der Mercedes-Benz U.S. International, Inc. im Konzernprojekt PROSYS – Rahmen Produktionssystem Pkw
seit 10/98	Vertreter der Mercedes-Benz do Brasil im Konzernprojekt DaimlerChrysler Produktionssystem

Veröffentlichungen

- "Strategische Planung von Fertigungssystemen -- Absicherung von Investitionsentscheidungen", in: ZP - Zeitschrift für Planung, Physica-Verlag, Heidelberg, 1994, Co-Autoren Kolarik & Schnadt-Kirschner.
- "Projekterfahrungen bei der Realisierung eines Automobilwerkes in den USA – Übertragbare Erkenntnisse aus einem Daimler-Benz Projekt für die Planung von Auslandsproduktionsstätten", in: VDI-Z Integrierte Produktion, Springer VDI Verlag, Düsseldorf, Sept. 1998, Co-Autor Lawazceck.
- "Standardized Assembly Process Planning based on the Toyota Production System", in: Conference Manual of the 6th European Concurrent Engineering Conference, Erlangen, April 1999, Co-Autoren Meyer und Bracht.
- "Einführung eines neuen Produktionssystems in ein bestehendes Werk", in: Zeitschrift für wirtschaftliche Fertigung – ZWF, München, März 2000, Co-Autoren Orthmann und Bracht.
- "Standardized Product Creation Process applied to Emerging Markets Vehicle Development" (August 2000). SAE-Conference, São Paulo, Co-Autoren Neidlein und Bracht.